N. BOURBAKI

ÉLÉMENTS DE MATHÉMATIQUE

N. BOURBAKI

ÉLÉMENTS DE
MATHÉMATIQUE

ALGÈBRE
COMMUTATIVE

Chapitres 5 à 7

Springer

ISBN-10 3-540-33939-6 Springer Berlin Heidelberg New York
ISBN-13 978-3-540-33939-7 Springer Berlin Heidelberg New York

Springer est membre du Springer Science+Business Media
springer.com

Maquette de couverture: *design & production*, Heidelberg
Imprimé sur papier non acide 41/3100/YL - 5 4 3 2 1 0 -

CHAPITRE V

ENTIERS

Sauf mention expresse du contraire, tous les anneaux et toutes les algèbres considérés dans ce chapitre sont supposés être commutatifs et avoir un élément unité; tous les homomorphismes d'anneaux sont supposés transformer l'élément unité en l'élément unité. Par un sous-anneau d'un anneau A, *on entend un sous-anneau contenant l'élément unité de* A.

§ 1. Notion d'élément entier.

1. *Eléments entiers sur un anneau*

THÉORÈME 1. — *Soient* A *un anneau (commutatif),* R *une algèbre sur* A (non nécessairement commutative), x *un élément de* R. *Les propriétés suivantes sont équivalentes:*

(E_I) *x est racine d'un polynôme* unitaire *de l'anneau de polynômes* A[X].

(E_{II}) *La sous-algèbre* $A[x]$ *de* R *est un* A*-module de type fini.*

(E_{III}) *Il existe un module fidèle sur l'anneau* $A[x]$ *qui est un* A*-module de type fini.*

Montrons d'abord que (E_I) entraîne (E_{II}). Soit

$$X^n + a_1X^{n-1} + \cdots + a_n$$

un polynôme unitaire de A[X] ayant x pour racine; pour tout entier $q \geqslant 0$, soit M_q le sous-A-module de R engendré par $1, x, \ldots, x^{n+q}$. On a

$$x^{n+q} = - a_1x^{n+q-1} - \cdots - a_nx^q \in M_{q-1}$$

pour tout $q \geqslant 1$, d'où, par récurrence sur q,

$$M_q = M_{q-1} = \cdots = M_0.$$

On en conclut que $A[x]$ est égal à M_0 et est donc un A-module de type fini.

Comme l'anneau commutatif $A[x]$ est un module fidèle sur lui-même, (E_{II}) entraîne (E_{III}).

Enfin, le fait que (E_{III}) entraîne (E_I) résultera du lemme plus précis suivant :

Lemme 1. — *Soient* A *un anneau,* R *une algèbre* (non nécessairement commutative) *sur* A, x *un élément de* R. *Soit* M *un module fidèle sur* $A[x]$ *qui soit un* A*-module de type fini. Si* $\mathfrak{q}$ *est un idéal de* A *tel que* $xM \subset \mathfrak{q}M$, *alors* x *est racine d'un polynôme unitaire à coefficients dans* A, *dont tous les coefficients autres que le coefficient dominant appartiennent à* $\mathfrak{q}$.

En effet, soit $(u_i)_{1 \leqslant i \leqslant n}$ une famille finie d'éléments de M telle que $M = \sum_{i=1}^{n} Au_i$. Pour tout i, il existe par hypothèse une famille finie $(q_{ij})_{1 \leqslant j \leqslant n}$ d'éléments de $\mathfrak{q}$ telle que

$$xu_i = \sum_{j=1}^{n} q_{ij}u_j \qquad \text{pour} \qquad 1 \leqslant i \leqslant n.$$

Par suite (*Alg.*, chap. III, 3e éd., § 8), si d est le déterminant de la matrice $(q_{ij} - \delta_{ij}x)$ à éléments dans $A[x]$ (δ_{ij} désignant l'indice de Kronecker), on a $du_i = 0$ pour tout i, donc $dM = 0$; comme M est supposé être un $A[x]$-module fidèle, on a nécessairement $d = 0$. Cela signifie que x est racine du polynôme $\det(q_{ij} - \delta_{ij}X)$ de $A[X]$ qui, au signe près, est un polynôme unitaire dont les coefficients autres que le coefficient dominant appartiennent à $\mathfrak{q}$.

Définition 1. — *Soient* A *un anneau,* R *une* A*-algèbre* (non nécessairement commutative). *On dit qu'un élément* $x \in R$ *est entier sur* A *s'il vérifie les propriétés équivalentes* (E_I), (E_{II}), (E_{III}) *du th.* 1.

Une relation de la forme $P(x) = 0$, où P est un polynôme *unitaire* de $A[X]$, est encore appelée *équation de dépendance intégrale* à coefficients dans A.

Exemples. — 1) Soient K un corps (commutatif), R une K-algèbre; dire qu'un élément $x \in R$ est entier sur K équivaut à dire que x est racine d'un polynôme *non constant* de l'anneau K[X]; généralisant la terminologie introduite lorsque R est une *extension* de K (*Alg.*, chap. V, § 3, n° 3), on dit aussi que les éléments $x \in R$ entiers sur K sont les éléments de R *algébriques* sur K.

* 2) Les éléments de $\mathbf{Q}(i)$ entiers sur l'anneau $\mathbf{Z}$ sont les éléments de la forme $a + ib$ avec $a \in \mathbf{Z}$ et $b \in \mathbf{Z}$ (« *entiers de Gauss* »); les éléments de $\mathbf{Q}(\sqrt{5})$ entiers sur $\mathbf{Z}$ sont les éléments de la forme $(a + b\sqrt{5})/2$, où a et b appartiennent à $\mathbf{Z}$ et sont tous deux pairs ou tous deux impairs (pour ces deux exemples, voir exerc. 1). *

3) Les *nombres complexes* entiers sur $\mathbf{Z}$ sont encore appelés *entiers algébriques.*

Remarques. — 1) Soit A′ le sous-anneau de R (contenu dans le centre de R) image de A par l'homomorphisme d'anneaux $A \to R$ qui définit la structure de A-algèbre de R. Il est clair qu'il est équivalent de dire qu'un élément de R est entier sur A ou qu'il est entier sur A′.

2) Soit R′ une sous-A-algèbre de R; les éléments de R′ qui sont entiers sur A ne sont autres que les éléments de R qui sont entiers sur A et appartiennent à R′; ceci permet souvent de ne pas spécifier l'algèbre à laquelle appartient un élément entier sur A, lorsqu'il n'en résulte pas de confusion.

Proposition 1. — *Soient* A *un anneau,* R *une algèbre sur* A (non nécessairement commutative), x *un élément de* R. *Pour que* x *soit entier sur* A, *il faut et il suffit que* $A[x]$ *soit contenu dans une sous-algèbre* R′ *de* R *qui soit un* A-*module de type fini.*

La condition est évidemment nécessaire en vertu de la propriété (E_{II}); elle est suffisante en vertu de (E_{III}), car R′ est un $A[x]$-module fidèle (puisqu'il contient l'élément unité de R).

Corollaire. — *Soient* A *un anneau* noethérien, R *une* A-*algèbre* (non nécessairement commutative), x *un élément de* R. *Pour que* x *soit entier sur* A, *il faut et il suffit qu'il existe un sous*-A-*module de type fini de* R *contenant* $A[x]$.

En effet, la condition est nécessaire en vertu de (E_{II}); elle est suffisante, car si $A[x]$ est un sous-A-module d'un A-module de type fini, il est lui-même un A-module de type fini (*Alg.*, chap. VIII, § 2, n° 3, prop. 7).

On ne peut dans cet énoncé omettre l'hypothèse que A est noethérien (exerc. 2).

DÉFINITION 2. — *Soit* A *un anneau. On dit qu'une* A-*algèbre* R (non nécessairement commutative) *est entière sur* A *si tout élément de* R *est entier sur* A. *On dit que* R *est finie sur* A *si* R *est un* A-*module de type fini.*

Il résulte de la prop. 1 que toute A-algèbre finie est *entière*; lorsque R est commutative et est une A-algèbre finie, R est évidemment une A-algèbre *de type fini*, la réciproque étant inexacte.

Exemple 4. — Si M est un A-module de type fini, l'algèbre $\mathrm{End}_A(M)$ des endomorphismes de M est entière sur A en vertu de (E_{III}); en particulier, pour tout entier n, l'algèbre de matrices $\mathbf{M}_n(A) = \mathrm{End}_A(A^n)$ est entière (et même finie) sur A.

PROPOSITION 2. — *Soient* A, A′ *deux anneaux,* R *une* A-*algèbre,* R′ *une* A′-*algèbre* (non nécessairement commutatives), $f: A \to A'$ *et* $g: R \to R'$ *deux homomorphismes d'anneaux tels que le diagramme*

$$\begin{array}{ccc} A & \xrightarrow{f} & A' \\ \downarrow & & \downarrow \\ R & \xrightarrow{g} & R' \end{array}$$

soit commutatif. Si un élément $x \in R$ *est entier sur* A, *alors* $g(x)$ *est entier sur* A′.

En effet, si l'on a $x^n + a_1 x^{n-1} + \cdots + a_n = 0$ avec $a_i \in A$ pour $1 \leqslant i \leqslant n$, on en déduit que

$$(g(x))^n + f(a_1)(g(x))^{n-1} + \cdots + f(a_n) = 0.$$

COROLLAIRE 1. — *Soient* A *un anneau,* B *une* A-*algèbre (commutative),* C *une* B-*algèbre* (non nécessairement commutative). *Alors tout élément* $x \in C$ *qui est entier sur* A *est entier sur* B.

COROLLAIRE 2. — *Soient* K *un corps,* L *une extension de* K, x, x' *deux éléments de* L *conjugués sur* K (*Alg.*, chap. V, § 6, nº 2). *Si* A *est un sous-anneau de* K *et si* x *est entier sur* A, x' *est aussi entier sur* A.

En effet, il existe un K-isomorphisme f de $K(x)$ sur $K(x')$ tel que $f(x) = x'$, et les éléments de A sont invariants par f.

COROLLAIRE 3. — *Soient* A *un anneau,* B *une* A-*algèbre (commutative),* C *une* B-*algèbre* (non nécessairement commutative). *Si* C *est entière sur* A, C *est entière sur* B.

PROPOSITION 3. — *Soit* $(R_i)_{1 \leqslant i \leqslant n}$ *une famille finie de* A-*algèbres* (non nécessairement commutatives) *et soit* $R = \prod_{i=1}^{n} R_i$ *leur produit. Pour qu'un élément* $x = (x_i)_{1 \leqslant i \leqslant n}$ *de* R *soit entier sur* A, *il faut et il suffit que chacun des* x_i *soit entier sur* A. *Pour que* R *soit entière sur* A, *il faut et il suffit que chacune des* R_i *soit entière sur* A.

Il suffit évidemment de prouver la première assertion. La condition est nécessaire en vertu de la prop. 2. Inversement, si chacun des x_i est entier sur A, la sous-algèbre $A[x_i]$ de R_i est un A-module de type fini, donc il en est de même de la sous-algèbre $\prod_{i=1}^{n} A[x_i]$ de R; comme $A[x]$ est contenue dans cette sous-algèbre, x est entier sur A en vertu de la prop. 1.

PROPOSITION 4. — *Soient* A *un anneau,* R *une* A-*algèbre* (non nécessairement commutative), $(x_i)_{1 \leqslant i \leqslant n}$ *une famille finie d'éléments de* R, *deux à deux permutables. Si, pour tout* i, x_i *est entier sur* $A[x_1, \ldots, x_{i-1}]$ *(et en particulier si tous les* x_i *sont entiers sur* A*), alors la sous-algèbre* $A[x_1, \ldots, x_n]$ *de* R *est un* A-*module de type fini.*

Raisonnons par récurrence sur n, la proposition n'étant autre que (E_{II}) pour $n = 1$. L'hypothèse de récurrence entraîne que $B = A[x_1, \ldots, x_{n-1}]$ est un A-module de type fini; comme x_n est entier sur B, $B[x_n] = A[x_1, \ldots, x_n]$ est un B-module de type fini, donc aussi un A-module de type fini (*Alg.*, chap. II, 3e éd., § 1, n° 13, prop. 25).

COROLLAIRE 1. — *Soient* A *un anneau,* R *une* A-*algèbre (commutative). L'ensemble des éléments de* R *entiers sur* A *est une sous-algèbre de* R.

En effet, si x, y sont deux éléments de R entiers sur A, il résulte de la prop. 4 que $A[x, y]$ est un A-module de type fini; comme il contient $x + y$ et xy, le corollaire résulte de la prop. 1.

Dans une algèbre non commutative, la somme et le produit de deux éléments entiers sur A ne sont pas nécessairement entiers sur A (exerc. 4).

Corollaire 2. — *Soient* A *un anneau,* R *une* A-*algèbre* (non nécessairement commutative), E *un ensemble d'éléments de* R, *deux à deux permutables et entiers sur* A. *Alors la sous*-A-*algèbre* B *de* R *engendrée par* E *est entière sur* A.

En effet, tout élément de B appartient à une sous-A-algèbre de B engendrée par une partie finie de E.

Remarque 3. — Il résulte de la prop. 4 que toute A-algèbre *commutative* entière sur A est réunion d'une famille filtrante croissante de sous-algèbres *finies* sur A.

Proposition 5. — *Soient* A *un anneau,* A' *et* R *deux* A-*algèbres (commutatives). Si* R *est entière sur* A, $R \otimes_A A'$ *est entière sur* A'.

Considérons en effet un élément quelconque $x' = \sum_{i=1}^{n} x_i \otimes a'_i$ de $R \otimes_A A'$, où les x_i appartiennent à R et les a'_i à A'; comme $x_i \otimes a'_i = (x_i \otimes 1)a'_i$, et que les $x_i \otimes 1$ sont entiers sur A' (prop. 2), il en est de même de x.

Corollaire. — *Soient* R *un anneau,* A, B, C *des sous-anneaux de* R *tels que* $A \subset B$. *Si* B *est entier sur* A, C[B] *est entier sur* C[A].

En effet, $B \otimes_A C[A]$ est entier sur C[A] en vertu de la prop. 5, donc il en est de même de l'image canonique C[B] de $B \otimes_A C[A]$ dans R (considéré comme A-algèbre) en vertu de la prop. 2.

Proposition 6. — *Soient* A *un anneau,* B *une* A-*algèbre (commutative),* C *une* B-*algèbre* (non nécessairement commutative). *Si* B *est entière sur* A *et si* C *est entière sur* B, *alors* C *est entière sur* A.

Il suffit de voir que tout $x \in C$ est entier sur A. Par hypothèse, il existe un polynôme unitaire $X^n + b_1 X^{n-1} + \cdots + b_n$ à coefficients dans B, ayant x pour racine; alors x est entier sur $B' = A[b_1, \ldots, b_n]$ et $B'[x]$ est donc un B'-module de type fini. Mais comme B est entière sur A, B' est un A-module de type fini (prop. 4); on en conclut que $B'[x]$ est aussi un A-module de type fini (*Alg.*, chap. II, 3e éd., § 1, no 13, prop. 25), et par suite x est entier sur A.

Corollaire. — *Soient* A *un anneau,* R, R' *deux* A-*algèbres (commutatives) entières sur* A. *Alors* $R \otimes_A R'$ *est entière sur* A.

En effet, $R \otimes_A R'$ est entière sur R′ (prop. 5), donc la conclusion résulte de la prop. 6.

2. Fermeture intégrale d'un anneau. Anneaux intégralement clos

Définition 3. — *Soient* A *un anneau,* R *une* A*-algèbre (commutative). La sous-*A*-algèbre* A′ *de* R *formée des éléments de* R *entiers sur* A (n° 1, cor. 1 de la prop. 4) *est appelée la fermeture intégrale de* A *dans* R. *Si* A′ *est égale à l'image canonique de* A *dans* R, *on dit que* A *est intégralement fermé dans* R.

Remarques. — 1) Si $h : A \rightarrow R$ est l'homomorphisme d'anneaux définissant la structure de A-algèbre de R, la fermeture intégrale de A dans R est aussi celle de $h(A)$ dans R. D'autre part, si R′ est une sous-algèbre de R, la fermeture intégrale de A dans R′ est $A' \cap R'$.

2) Si A est un *corps*, la fermeture intégrale A′ de A dans R est formée des éléments de R *algébriques* sur A (n° 1, *Exemple* 1); généralisant la terminologie en usage pour les extensions de corps (*Alg.*, chap. V, § 3, n° 3), on dit encore alors que A′ est la *fermeture algébrique* du corps A dans l'algèbre R, et que A est *algébriquement fermé dans* R si $A' = A$.

Définition 4. — *Si* A *est un anneau* intègre, *on appelle clôture intégrale de* A *la fermeture intégrale de* A *dans son corps des fractions. On dit qu'un anneau est intégralement clos s'il est intègre et égal à sa clôture intégrale.*

On notera qu'un anneau intégralement clos n'est pas nécessairement intégralement fermé dans un anneau qui le contient, comme le montre l'exemple d'un corps non algébriquement clos.

Proposition 7. — *Soient* A *un anneau,* R *une* A*-algèbre. La fermeture intégrale* A′ *de* A *dans* R *est un sous-anneau intégralement fermé dans* R.

En effet, la fermeture intégrale de A′ dans R est entière sur A en vertu du n° 1, prop. 6; elle est donc égale à A′.

Corollaire. — *La clôture intégrale d'un anneau intègre* A *est un anneau intégralement clos.*

En effet, soient K le corps des fractions de A, B la clôture intégrale de A. Il est clair que K est le corps des fractions de B, et il suffit d'appliquer la prop. 7 à $R = K$.

PROPOSITION 8. — *Soient* R *un anneau,* $(B_\lambda)_{\lambda \in L}$ *une famille de sous-anneaux de* R *et pour chaque* $\lambda \in L$, *soit* A_λ *un sous-anneau de* B_λ. *Si chaque* A_λ *est intégralement fermé dans* B_λ, *alors* $A = \bigcap_{\lambda \in L} A_\lambda$ *est intégralement fermé dans* $B = \bigcap_{\lambda \in L} B_\lambda$.

Cela résulte aussitôt de la déf. 3 et du nº 1, cor. 1 de la prop. 2.

COROLLAIRE. — *Toute intersection d'une famille non vide de sous-anneaux intégralement clos d'un anneau intègre est un anneau intégralement clos.*

Soit A l'intersection d'une telle famille $(A_\lambda)_{\lambda \in L}$ de sous-anneaux d'un anneau intègre C. D'après la prop. 8, appliquée en prenant pour R (resp. B_λ) le corps des fractions de C (resp. de A_λ), A est intégralement fermé dans le corps $B = \bigcap_{\lambda \in L} B_\lambda$ et *a fortiori* est intégralement clos.

PROPOSITION 9. — *Soient* A *un anneau,* $(R_i)_{1 \leqslant i \leqslant n}$ *une famille finie de* A*-algèbres,* A'_i *la fermeture intégrale de* A *dans* R_i $(1 \leqslant i \leqslant n)$. *Alors la fermeture intégrale de* A *dans* $R = \prod_{i=1}^{n} R_i$ *est égale à* $\prod_{i=1}^{n} A'_i$.

C'est une conséquence immédiate du nº 1, prop. 3.

COROLLAIRE 1. — *Soient* A *un anneau noethérien réduit,* $\mathfrak{p}_i$ $(1 \leqslant i \leqslant n)$ *ses idéaux premiers minimaux distincts,* K_i *le corps des fractions de l'anneau intègre* $A/\mathfrak{p}_i$ *(canoniquement isomorphe à l'anneau local* $A_{\mathfrak{p}_i}$ (chap. IV, § 2, nº 5, prop. 10)), A'_i *la fermeture intégrale de* A *dans* K_i $(1 \leqslant i \leqslant n)$. *Alors l'isomorphisme canonique de l'anneau total des fractions* B *de* A *sur* $\prod_{i=1}^{n} K_i$ *(loc. cit.) applique la fermeture intégrale de* A *dans* B *sur l'anneau produit* $\prod_{i=1}^{n} A'_i$.

COROLLAIRE 2. — *Pour qu'un anneau noethérien réduit soit intégralement fermé dans son anneau total des fractions il faut et il suffit qu'il soit composé direct d'anneaux (noethériens) intégralement clos (donc intègres).*

3. *Exemples d'anneaux intégralement clos*

Proposition 10. — *Tout anneau principal est intégralement clos.*

Soient A un anneau principal, K son corps des fractions, x un élément de K. Il existe deux éléments étrangers a, b de A tels que $x = ab^{-1}$ (*Alg.*, chap. VII, § 1, n° 2, prop. 1 et chap. VI, § 1, n° 11, prop. 9 (DIV)). Si x est entier sur A, il est racine d'un polynôme $X^n + c_1X^{n-1} + \cdots + c_n$ de A[X]. On a alors $a^n = b(-c_1a^{n-1} - \cdots - c_nb^{n-1})$, ce qui prouve que b divise a^n. Puisque a et b sont étrangers, cela implique que b est inversible dans A (*Alg.*, chap. VI, § 1, n° 12, cor. 1 de la prop. 11 (DIV)); donc $x \in A$.

Lemme 2. — *Soient* R *un anneau,* P *un polynôme unitaire dans* R[X]. *Il existe un anneau* R' *contenant* R *tel que, dans l'anneau de polynômes* R'[X], *le polynôme* P *soit produit de polynômes unitaires de degré* 1.

Procédons par récurrence sur le degré n de P, le lemme étant évident pour $n = 0$ et $n = 1$. Supposons donc $n > 1$. Soit $\mathfrak{a}$ l'idéal de R[X] engendré par P, et soit f l'homomorphisme canonique de R[X] sur $B = R[X]/\mathfrak{a}$. Puisque P est unitaire, on a, pour tout polynôme $Q \in R[X]$, $\deg(PQ) = \deg(P) + \deg(Q)$, d'où $\mathfrak{a} \cap R = 0$; la restriction de f à R est donc injective. Identifiant R au sous-anneau $f(R)$ de B au moyen de f, et posant $b = f(X)$, on voit que b est une racine de P dans B, P étant considéré comme un polynôme de B[X]. Il existe donc un polynôme unitaire Q de B[X], de degré $n - 1$, tel que $P(X) = (X - b)Q(X)$ (*Alg.*, chap. IV, § 1, n° 4, prop. 5). En vertu de l'hypothèse de récurrence, il existe un anneau $R' \supset B$ tel que, dans R'[X], le polynôme Q soit un produit de polynômes unitaires de degré 1; il est clair que dans R'[X], P est alors produit de polynômes unitaires de degré 1.

Proposition 11. — *Soient* A *un anneau,* R *une* A-*algèbre,* P *et* Q *deux polynômes unitaires dans* R[X]. *Si les coefficients de* PQ *sont entiers sur* A, *les coefficients de* P *et de* Q *sont entiers sur* A.

Par double application du lemme 2, on voit qu'il existe un anneau R' contenant R et des familles d'éléments $(a_i)_{1 \leq i \leq m}$,

$(b_j)_{1\leqslant j\leqslant n}$ de R' telles que, dans $R'[X]$, on ait $P[X]=\prod_{i=1}^{m}(X-a_i)$, $Q(X)=\prod_{j=1}^{n}(X-b_j)$; les coefficients de PQ appartiennent à la fermeture intégrale A' de A dans R', donc (n° 2, prop. 7) les éléments a_i $(1\leqslant i\leqslant m)$ et b_j $(1\leqslant j\leqslant n)$ appartiennent à A'. Il en résulte que les coefficients de P et Q sont entiers sur A (n° 1, cor. 1 de la prop. 4).

Soient A un anneau intègre, K son corps des fractions, K' une K-algèbre (non nécessairement commutative). Étant donné un élément $x\in K'$ *algébrique* sur K, les polynômes $P\in K[X]$ tels que $P(x)=0$ forment un idéal $\mathfrak{a}\neq 0$ de K[X], nécessairement principal (*Alg.*, chap. IV, § 1, n° 5, prop. 7). Il existe un polynôme *unitaire* et un seul qui engendre $\mathfrak{a}$; généralisant la terminologie introduite en *Alg.*, chap. V, § 3, n° 1, déf. 3, nous dirons que ce polynôme unitaire est le *polynôme minimal* de x sur K.

Corollaire. — *Soient* A *un anneau intègre,* K *son corps des fractions,* x *un élément d'une* K-*algèbre* K' (non nécessairement commutative). *Si* x *est entier sur* A, *les coefficients du polynôme minimal* P *de* x *sur* K *sont entiers sur* A (et ils appartiennent donc à A si A est *intégralement clos*).

Il existe par hypothèse (n° 1, th. 1) un polynôme *unitaire* $Q\in A[X]$ tel que $Q(x)=0$. Comme P divise Q dans K[X], il résulte de la prop. 11 que les coefficients de P sont entiers sur A.

Soient A un anneau, R une A-algèbre (commutative); l'homomorphisme $\varphi: A\rightarrow R$ définissant la structure de A-algèbre de R se prolonge d'une seule manière en un homomorphisme $A[X]\rightarrow R[X]$ des anneaux de polynômes sur A et R, laissant X invariant, donc R[X] est canoniquement muni d'une structure de A[X]-algèbre.

Proposition 12. — *Soient* A *un anneau,* R *une* A-*algèbre,* P *un polynôme dans* $R[X_1, \ldots, X_n]$. *Pour que* P *soit entier sur* $A[X_1, \ldots, X_n]$, *il faut et il suffit que les coefficients de* P *soient entiers sur* A.

En considérant les polynômes de $R[X_1, \ldots, X_n]$ comme des polynômes en X_n, à coefficients dans $R[X_1, \ldots, X_{n-1}]$, on voit aussitôt qu'on est ramené à démontrer la proposition pour $n=1$. Soit donc P un polynôme de R[X]; il résulte aussitôt du n° 1, prop. 5 que si les coefficients de P sont dans la fermeture intégrale B de A dans R, l'élément P, qui appartient à $B[X] = B \otimes_A A[X]$, est entier sur A[X]. Inversement, supposons que P soit entier sur A[X], et soit

$$Q(Y) = Y^m + F_1 Y^{m-1} + \cdots + F_m$$

un polynôme unitaire à coefficients $F_i \in A[X]$ admettant P pour racine. Soit r un entier strictement supérieur à tous les degrés des polynômes P et F_i $(1 \leqslant i \leqslant m)$, et posons

$$P_1(X) = P(X) - X^r.$$

Alors P_1 est racine du polynôme

$$Q_1(Y) = Q(Y + X^r) = Y^m + G_1 Y^{m-1} + \cdots + G_m$$

à coefficients dans A[X]; on peut donc écrire

$$(1) \qquad - P_1(P_1^{m-1} + G_1 P_1^{m-2} + \cdots + G_{m-1}) = G_m.$$

Or le choix de r implique que $-P_1$ est un polynôme *unitaire* de R[X] et il en est de même de $G_m(X) = Q(X^r)$, les degrés des polynômes $F_k(X)X^{r(m-k)}$ étant tous $< rm$ pour $k \geqslant 1$. On en conclut tout d'abord que le polynôme

$$P_1^{m-1} + G_1 P_1^{m-2} + \cdots + G_{m-1}$$

de R[X] est aussi unitaire; en outre, comme les coefficients de G_m appartiennent à A, la prop. 11 montre que P_1 a ses coefficients entiers sur A, et les coefficients de P sont donc bien entiers sur A.

PROPOSITION 13. — *Soient* A *un anneau,* R *une* A*-algèbre,* A' *la fermeture intégrale de* A *dans* R. *Alors la fermeture intégrale de* $A[X_1, \ldots, X_n]$ *dans* $R[X_1, \ldots, X_n]$ *est égale à* $A'[X_1, \ldots, X_n]$.

Cela résulte de la prop. 12 et de la déf. 3 du n° 2.

COROLLAIRE 1. — *Soient* A *un anneau intègre,* A' *sa clôture intégrale. Alors la clôture intégrale de l'anneau de polynômes* $A[X_1, \ldots, X_n]$ *est* $A'[X_1, \ldots, X_n]$.

En raisonnant par récurrence sur n, on est aussitôt ramené au cas $n = 1$. Soit K le corps des fractions de A, qui est aussi celui de A'; si un élément P du corps des fractions K(X) de A[X] est entier sur A[X], il appartient à l'anneau de polynômes K[X], car ce dernier est principal (*Alg.*, chap. IV, § 1, n° 5, prop. 7), donc intégralement clos (prop. 10); le corollaire résulte donc de la prop. 13 appliquée à R = K.

Corollaire 2. — *Soit* A *un anneau intègre. Pour que l'anneau de polynômes* $A[X_1, \ldots, X_n]$ *soit intégralement clos, il faut et il suffit que* A *soit intégralement clos.*

Corollaire 3. — *Si* K *est un corps, toute algèbre de polynômes* $K[X_1, \ldots, X_n]$ *est un anneau intégralement clos.*

4. *Anneaux complètement intégralement clos*

Définition 5. — *On dit qu'un anneau* A *est complètement intégralement clos s'il est intègre, et si la condition suivante est vérifiée : tout élément* x *du corps des fractions* K *de* A *tel que toutes les puissances* x^n $(n \geqslant 0)$ *soient contenues dans un sous-A-module de type fini de* K, *appartient à* A.

On notera que l'hypothèse que les x^n sont contenus dans un sous-A-module de type fini de K s'exprime encore en disant qu'il existe un élément non nul $d \in A$ tel que $dx^n \in A$ pour tout $n \geqslant 0$; en effet, cette dernière condition signifie que $x^n \in Ad^{-1}$; et inversement, si $(b_i)_{1 \leqslant i \leqslant m}$ est une suite finie d'éléments de K, il existe $d \in A$ tel que $db_i \in A$ pour $1 \leqslant i \leqslant m$, d'où $dM \subset A$ pour le sous-A-module M de K engendré par les b_i.

Il est clair qu'un anneau complètement intégralement clos est intégralement clos; inversement, le cor. de la prop. 1 du n° 1 montre qu'un anneau *noethérien* intégralement clos est complètement intégralement clos. *Par contre, un anneau de valuation de hauteur $\geqslant 2$ (chap. VI, § 4, n° 4) est intégralement clos mais non complètement intégralement clos.$_*$ Si (A_ι) est une famille d'anneaux complètement intégralement clos ayant même corps des fractions K, $A = \bigcap_\iota A_\iota$ est complètement intégralement clos. En effet, si $x \in K$ est tel que, pour un d non nul dans A, dx^n appartienne à A pour tout $n > 0$, l'hypothèse entraîne que $x \in A_\iota$ pour tout ι, donc $x \in A$.

Proposition 14. — *Soit* A *un anneau complètement intégralement clos. Alors tout anneau de polynômes* $A[X_1, \ldots, X_n]$ (resp. *tout anneau de séries formelles* $A[[X_1, \ldots, X_n]]$) *est complètement intégralement clos.*

Par récurrence sur n, il suffit de prouver que A[X] (resp. A[[X]]) est complètement intégralement clos. Soit donc P un élément du corps des fractions de A[X] (resp. A[[X]]) et supposons qu'il existe un élément non nul $Q \in A[X]$ (resp. $Q \in A[[X]]$) tel que $QP^m \in A[X]$ (resp. $QP^m \in A[[X]]$) pour tout entier $m \geqslant 0$. Si K est le corps des fractions de A, A[X] (resp. A[[X]]) est un sous-anneau de K[X] (resp. K[[X]]), et K[X] (resp. K[[X]]) est un anneau principal (*Alg.*, chap. VII, § 1, n° 1) donc intégralement clos (n° 4, prop. 10) et noethérien (*Alg.* chap. VIII, § 2, n° 3), et par suite complètement intégralement clos; on voit donc déjà que l'on a $P \in K[X]$ (resp. $P \in K[[X]]$). Soient $P = \sum_{k=0}^{\infty} a_k X^k$ $(a_k \in K)$ et $Q = \sum_{k=0}^{\infty} b_k X^k$ $(b_k \in A)$ et raisonnons par l'absurde en supposant que les a_k n'appartiennent pas tous à A; il y a donc un plus petit indice i tel que $a_i \notin A$; si l'on pose $P_1 = \sum_{k=0}^{i-1} a_k X^k \in A[X]$, il résulte aussitôt de l'hypothèse que l'on a aussi $Q(P - P_1)^m \in A[X]$ (resp. $Q(P - P_1)^m \in A[[X]]$) pour tout $m \geqslant 0$. Soit j le plus petit entier tel que $b_j \neq 0$; il est clair que dans $Q(P - P_1)^m$ le terme de plus petit degré ayant un coefficient $\neq 0$ est $b_j a_i^m X^{j+mi}$, donc on a $b_j a_i^m \in A$ pour tout $m \geqslant 0$; mais comme A est complètemen intégralement clos, cela entraîne $a_i \in A$, contrairement à l'hypothèse.

C.Q.F.D.

Proposition 15. — *Soit* A *un anneau filtré dont la filtration est exhaustive, et tel que tout idéal principal de* A *soit fermé pour la topologie définie par la filtration. Si l'anneau gradué associé* gr(A) (chap. III, § 2, n° 3) *est complètement intégralement clos, alors* A *est complètement intégralement clos.*

Soit $(A_n)_{n \in \mathbf{Z}}$ la filtration de A; comme $\bigcap_{n \in \mathbf{Z}} A_n$ est l'adhérence de l'idéal (0) (chap. III, § 2, n° 5), l'hypothèse implique d'abord que la filtration (A_n) est séparée, et comme gr(A) est intègre, il en est donc de même de A (chap. III, § 2, n° 3, cor. de la prop. 1). Soit $x = b/a$ un élément du corps des fractions K de A $(a \in A,\ b \in A)$ pour lequel il existe un élément $d \neq 0$ de A tel que $dx^n \in A$ pour tout $n \geqslant 0$. Il s'agit de prouver que $b \in Aa$, et comme par hypothèse l'idéal Aa est fermé, il suffit de montrer que pour tout $n \in \mathbf{Z}$ on a $b \in Aa + A_n$. Comme la filtration de A est exhaustive, il existe un entier $q \in \mathbf{Z}$ tel que $b \in Aa + A_q$. Il suffira donc de prouver que la relation $b \in Aa + A_m$ implique $b \in Aa + A_{m+1}$.

Supposons donc que $b = ay + z$ avec $y \in A$, $z \in A_m$. On a par hypothèse $dx^n \in A$ pour tout $n \geqslant 0$, d'où on tire aussitôt

$d(x - y)^n \in A$ pour tout $n \geqslant 0$; autrement dit, on a $dz^n = a^n t_n$ avec $t_n \in A$ pour tout $n \geqslant 0$. On peut évidemment se limiter au cas où $z \neq 0$. Désignons par v la fonction d'ordre de A (chap. III, § 1, nº 2) et posons $v(d) = n_1$, $v(z) = n_2 \geqslant m$, $v(a) = n_3$; soient d', z', a' les images respectives de d, z, a dans A_{n_1}/A_{n_1+1}, A_{n_2}/A_{n_2+1}, A_{n_3}/A_{n_3+1}. Pour tout $n \geqslant 0$, on a $v(dz^n) = n_1 + nn_2$ (chap. III, § 2, nº 3, prop. 1), donc l'image canonique dans gr(A) de dz^n est $d'z'^n$; de la même manière on voit que l'image canonique dans gr(A) de $a^n t_n$ est de la forme $a'^n t'_n$ avec $t'_n \in \mathrm{gr}(A)$, et comme $a' \neq 0$ on en déduit que pour tout $n \geqslant 0$, on a $d'(z'/a')^n \in \mathrm{gr}(A)$. L'hypothèse que gr(A) est complètement intégralement clos entraîne donc l'existence d'un $s' \in \mathrm{gr}(A)$ tel que $z' = a's'$; en décomposant s' en somme d'éléments homogènes, on voit en outre (puisque z' et a' sont homogènes) que l'on peut supposer s' homogène, c'est-à-dire image d'un élément $s \in A$; on a alors $v(as) = v(z) = n_2$, et $z \equiv as \pmod{A_{n_2+1}}$; comme $n_2 \geqslant m$, on a *a fortiori* $z \equiv as \pmod{A_{m+1}}$, donc $b \equiv a(y + s) \pmod{A_{m+1}}$.

C.Q.F.D.

5. *Fermeture intégrale d'un anneau de fractions*

Soient A un anneau, R une A-algèbre, S une partie multiplicative de A. Rappelons (chap. II, § 2, nº 8) que $S^{-1}R$ est canoniquement muni d'une structure de $S^{-1}A$-algèbre.

Proposition 16. — *Soient* A *un anneau,* R *une* A-*algèbre,* A′ *la fermeture intégrale de* A *dans* R, S *une partie multiplicative de* A. *Alors la fermeture intégrale de* $S^{-1}A$ *dans* $S^{-1}R$ *est* $S^{-1}A'$.

Soit b/s un élément de $S^{-1}A'$ $(s \in S, b \in A')$. Puisque le diagramme

$$\begin{array}{ccc} A & \xrightarrow{i_A^S} & S^{-1}A \\ {\scriptstyle h}\downarrow & & \downarrow{\scriptstyle S^{-1}h} \\ R & \xrightarrow[i_R^S]{} & S^{-1}R \end{array}$$

est commutatif, $b/1$ est entier sur $S^{-1}A$ (nº 1, prop. 2). Comme $1/s \in S^{-1}A$, $b/s = (b/1)(1/s)$ est entier sur $S^{-1}A$.

Inversement, soit r/t $(r \in R, t \in S)$ un élément de $S^{-1}R$ entier sur $S^{-1}A$; alors $r/1 = (t/1)(r/t)$ est entier sur $S^{-1}A$. On a par suite une relation de la forme

$$(r/1)^n + (a_1/s)(r/1)^{n-1} + \cdots + (a_n/s) = 0,$$

avec $a_i \in A$ $(1 \leqslant i \leqslant n)$ et $s \in S$. Cette relation s'écrit aussi

$$(sr^n + a_1 r^{n-1} + \cdots + a_n)/s = 0$$

et par suite il existe $s' \in S$ tel que $s'(sr^n + a_1 r^{n-1} + \ldots + a_n) = 0$; on en déduit que $(s'sr)^n + s'a_1(s'sr)^{n-1} + \cdots + s'^n s^{n-1} a_n = 0$. Par définition, on a donc $s'sr \in A'$, d'où $r/1 \in S^{-1}A'$ et $r/t \in S^{-1}A'$.

Corollaire 1. — *Soient* A *un anneau intègre,* A' *sa clôture intégrale,* S *une partie multiplicative de* A *telle que* $0 \notin S$. *Alors la clôture intégrale de* $S^{-1}A$ *est* $S^{-1}A'$.

En effet, le corps des fractions R de A est aussi le corps des fractions de $S^{-1}A$ puisque $0 \notin S$ (chap. II, § 1, n° 1, *Remarque* 7); on applique à R la prop. 16.

Corollaire 2. — *Soient* A *un anneau intègre,* K *son corps des fractions,* R *une algèbre sur* K, B *la fermeture intégrale de* A *dans* R. *Les éléments de* R *algébriques sur* K (n° 1, *Exemple* 1) *sont les éléments de la forme* $a^{-1}b$ *où* $b \in B$ *et* $a \in A$, $a \neq 0$; *si* L *est la fermeture algébrique de* K *dans* R, *il existe une base de* L *sur* K *contenue dans* B.

La première assertion résulte de la prop. 16 appliquée au cas où $S = A - \{0\}$. Si $(x_\iota)_{\iota \in I}$ est une base de L sur K, il existe donc pour tout $\iota \in I$ un élément $a_\iota \neq 0$ de A tel que $a_\iota x_\iota \in B$; alors $(a_\iota x_\iota)_{\iota \in I}$ est aussi une base de L sur K.

Corollaire 3. — *Soient* A *un anneau intègre,* Ω *l'ensemble des idéaux maximaux de* A. *Pour que* A *soit intégralement clos, il faut et il suffit que, pour tout* $\mathfrak{m} \in \Omega$, $A_\mathfrak{m}$ *soit intégralement clos.*

Il résulte du cor. 1 que la condition est nécessaire. La condition est suffisante, car on a $A = \bigcap_{\mathfrak{m} \in \Omega} A_\mathfrak{m}$ (chap. II, § 3, n° 3, formule (2)), et il suffit d'appliquer le cor. de la prop. 8 du n° 2.

Corollaire 4. — *Soient* A *un anneau intègre,* K *son corps des fractions,* S *une partie multiplicative de* A *telle que* $0 \notin S$.

(i) *Soient* B *un sous-anneau de* K *entier sur* A, *et soit* $\mathfrak{f}$ *l'annulateur du* A-*module* B/A. *Alors* $S^{-1}\mathfrak{f}$ *est contenu dans l'annulateur du* $(S^{-1}A)$-*module* $S^{-1}B/S^{-1}A$, *et est égal à cet annulateur lorsque* B *est un* A-*module de type fini.*

(ii) *Soit* A' *la clôture intégrale de* A. *Pour que* $S^{-1}A$ *soit intégralement clos, il suffit que l'annulateur* $\mathfrak{f}$ *du* A-*module* A'/A *rencontre* S. *Cette condition est aussi nécessaire lorsque* A' *est un* A-*module de type fini.*

(i) Comme $\mathfrak{f}B \subset A$, on a $(S^{-1}\mathfrak{f})(S^{-1}B) \subset S^{-1}A$, donc $S^{-1}\mathfrak{f}$ est contenu dans $\mathrm{Ann}(S^{-1}B/S^{-1}A)$. Lorsque B est un A-module de type fini, l'égalité $S^{-1}\mathfrak{f} = \mathrm{Ann}(S^{-1}B/S^{-1}A)$ est un cas particulier de la formule (9) du chap. II, § 2, nº 4, $S^{-1}B/S^{-1}A$ s'identifiant canoniquement à $S^{-1}(B/A)$.

(ii) En vertu du cor. 1, $S^{-1}A'$ est la clôture intégrale de $S^{-1}A$. Comme les relations $\mathfrak{f} \cap S \neq \emptyset$ et $S^{-1}\mathfrak{f} = S^{-1}A$ sont équivalentes (chap. II, § 2, nº 5, *Remarque*) (ii) est une conséquence immédiate de (i).

Lorsque B est un sous-anneau de K entier sur A, on dit parfois que l'annulateur $\mathfrak{f}$ de B/A (égal par définition au transporteur A:B (chap. I, § 2, nº 10)) est le *conducteur* de B dans A.

Corollaire 5. — *Soient* A *un anneau intègre,* A′ *sa clôture intégrale, et* $\mathfrak{f}$ *l'annulateur du* A*-module* A′/A. *Supposons que* A′ *soit un* A*-module de type fini. Les idéaux premiers* $\mathfrak{p}$ *de* A *tels que* $A_{\mathfrak{p}}$ *ne soit pas intégralement clos sont ceux qui contiennent* $\mathfrak{f}$.

Cela résulte aussitôt du cor. 4, (ii) appliqué à $S = A - \mathfrak{p}$.

On notera que sous les hypothèses du cor. 5, on a $\mathfrak{f} \neq 0$, puisque A′ est un A-module de type fini et que tout élément de K/A (K corps des fractions de A) a un annulateur $\neq 0$.

En géométrie algébrique, le cor. 5 et la remarque précédente montrent que les points où une variété affine V n'est pas normale forment un ensemble fermé distinct de V.

6. Normes et traces d'entiers

Proposition 17. — *Soient* A *un anneau,* B *une* A*-algèbre (commutative),* X *une matrice carrée d'ordre* n *sur* B; *les propriétés suivantes sont équivalentes :*

a) X *est entière sur* A.

*b) Il existe un sous-*A*-module de type fini* M *de* B^n, *tel que* $X.x \in M$ *pour tout* $x \in M$ *et que* M *soit un système de générateurs du* B*-module* B^n.

c) Les coefficients du polynôme caractéristique de X *sont entiers sur* A.

Si $\chi(T) = \det(T.1 - X)$ est le polynôme caractéristique de X, le th. de Hamilton-Cayley montre que $\chi(X) = 0$ (*Alg.*, chap. VII, § 5, nº 4, *Remarque* 1) et comme χ est un polynôme unitaire, *c)* implique *a)* en vertu du nº 1, prop. 6.

Supposons en second lieu *a*) vérifiée. Si $(e_i)_{1 \leqslant i \leqslant n}$ est la base canonique de B^n, le sous-A-module M de B engendré par les $X^k . e_i$ $(1 \leqslant i \leqslant n, k \geqslant 0)$ est un A-module de type fini, puisque la A-algèbre A[X] est un A-module de type fini (nº 1, th. 1); comme M contient les e_i, on voit que *a*) implique *b*); la réciproque est une conséquence du nº 1, th. 1, condition (E_{III}).

Prouvons enfin que *a*) implique *c*); comme X est entière sur A, et *a fortiori* sur l'anneau de polynômes A[T], $T.1 - X$ est aussi entier sur A[T], et en vertu du nº 3, prop. 12, on voit qu'on est ramené (en remplaçant X par $T.1 - X$ et A par A[T]) à prouver que si X est entière sur A, $d = \det(X)$ est un élément de B entier sur A. Or, on a vu ci-dessus que l'endomorphisme u de B^n défini par X laisse stable un sous-A-module M de type fini contenant les e_i; les n-vecteurs $x_1 \wedge x_2 \wedge \cdots \wedge x_n$, où $x_i \in M$ pour $1 \leqslant i \leqslant n$, engendrent donc dans $\bigwedge^n(B^n)$ un sous-A-module de type fini contenant $e_1 \wedge e_2 \wedge \ldots \wedge e_n$, et qui est stable par $\bigwedge^n u$, autrement dit par l'homothétie de rapport d; comme l'annulateur de

$$e_1 \wedge e_2 \wedge \cdots \wedge e_n$$

dans B est réduit à 0, la condition (E_{III}) du nº 1, th. 1 prouve que d est entier sur A.

C.Q.F.D.

COROLLAIRE 1. — *Soient* A *un anneau intègre,* K *son corps des fractions,* K' *une* K-*algèbre de dimension finie* (non nécessairement commutative). *Si* $x \in K'$ *est entier sur* A, *les coefficients du polynôme caractéristique* $Pc_{K'/K}(x;X)$ (*Alg.*, chap. VIII, § 12, nº 2) *sont entiers sur* A.

En effet, si $z \to M(z)$ est la représentation régulière de l'algèbre K' (considérée comme représentation matricielle; cf. *Alg.*, chap. VIII, § 13) $Pc_{K'/K}(x;X)$ est par définition le polynôme caractéristique de la matrice $M(x)$; si x est entier sur A, la matrice $M(x)$ est entière sur A (nº 1, prop. 2), et il suffit d'appliquer la prop. 17.

COROLLAIRE 2. — *Avec les mêmes hypothèses et notations que dans le cor.* 1, $Tr_{K'/K}(x)$ *et* $N_{K'/K}(x)$ *sont entiers sur* A.

En effet, $Tr_{K'/K}(x)$ et $N_{K'/K}(x)$ sont, au signe près, des coefficients de $Pc_{K'/K}(x;X)$ (*Alg.*, chap. VIII, § 12, nº 1, formules (4)), donc sont entiers.

Remarque 1. — Si K' est une algèbre centrale simple sur K et $x \in K'$ est entier sur A, les coefficients du polynôme caractéristique *réduit* de x (*Alg.*, chap. VIII, § 12, nº 3) sont *entiers sur* A. En effet, il y a une puissance de ce polynôme égale à $\mathrm{Pc}_{K'/K}(x; X)$ (*loc. cit.*, prop. 8) et il suffit d'appliquer la prop. 17 et le nº 3, prop. 11.

PROPOSITION 18. — *Soient* A *un anneau intégralement clos,* K *son corps des fractions,* K' *une* K*-algèbre commutative* séparable (A, V, p. 114) *de dimension finie,* A' *la fermeture intégrale de* A *dans* K'. *Alors* A' *est contenu dans un* A*-module de type fini.*

La proposition résultera du lemme plus précis suivant :

Lemme 3. — *Sous les hypothèses de la prop.* 18, *soit* $(w_1, \ldots, w_n)$ *une base de* K' *sur* K, *contenue dans* A' (nº 5, cor. 2 de la prop. 16); *il y a alors une base unique* $(w_1^*, \ldots, w_n^*)$ *de* K' *sur* K *pour laquelle on a* $\mathrm{Tr}_{K'/K}(w_i w_j^*) = \delta_{ij}$ (indice de Kronecker); *si* $d = \mathrm{D}_{K'/K}(w_1, \ldots w_n)$ *est le discriminant de la base* $(w_1, \ldots, w_n)$ (*Alg.*, chap. IX, § 2), *on a* $d \neq 0$ *et*

$$\sum_{i=1}^{n} A w_i \subset A' \subset \sum_{i=1}^{n} A w_i^* \subset d^{-1}\left(\sum_{i=1}^{n} A w_i\right). \tag{2}$$

En particulier, si d *est un élément inversible de* A, A' *est un* A*-module libre de base* $(w_1, \ldots, w_n)$.

Comme K' est une K-algèbre séparable, on a $d \neq 0$ (*Alg.*, chap. IX, § 2, prop. 5) et la forme K-bilinéaire

$$(x, y) \to \mathrm{Tr}_{K'/K}(xy)$$

sur K' est donc non dégénérée (*loc. cit.*, prop. 4); ceci démontre l'existence et l'unicité de la base $(w_i^*)_{1 \leqslant i \leqslant n}$ (*Alg.*, chap. IX, § 1, nº 6, cor. de la prop. 6). Cela étant, la première inclusion de (2) est évidente. Soit x un élément de A'; posons $x = \sum_{i=1}^{n} \xi_i w_i^*$ avec $\xi_i \in K$; pour tout i, on a $\xi_i = \mathrm{Tr}_{K'/K}(x w_i)$, donc ξ_i est entier sur A (cor. 2 de la prop. 17), et comme A est intégralement clos, on a $\xi_i \in A$ pour $1 \leqslant i \leqslant n$; ceci démontre la seconde inclusion (2). Enfin, posons $w_j^* = \sum_{i=1}^{n} \alpha_{ji} w_i$ avec $\alpha_{ji} \in K$; on a alors $\sum_{i=1}^{n} \alpha_{ji} \mathrm{Tr}_{K'/K}(w_i w_k) = \delta_{jk}$ quels que soient j et k; les formules de Cramer montrent que les α_{ji} appartiennent à $d^{-1}A$, d'où la troisième inclusion (2). La dernière assertion résulte aussitôt de (2), qui donne dans ce cas $A' = \sum_{i=1}^{n} Aw_i$.

Dans les deux corollaires qui suivent, les hypothèses et notations sont celles de la prop. 18.

Corollaire 1. — *Si* A *est un anneau noethérien, le* A-*module* A′ *est de type fini, et en particulier l'anneau* A′ *est noethérien.*

En effet A′ est un sous-module d'un A-module de type fini.

Corollaire 2. — *Si* A *est un anneau principal,* A′ *est un* A-*module libre de rang* n.

En effet, tout sous-module d'un A-module libre est alors libre (*Alg.*, chap. VII, § 3, th. 1).

Corollaire 3. — *Soit* E *une extension de degré* n *du corps* **Q** *des nombres rationnels. Le groupe additif de la fermeture intégrale dans* E *de l'anneau* **Z** *des entiers rationnels est un groupe commutatif libre de rang* n.

En effet, **Z** est intégralement clos (n° 3, prop. 10) et E est séparable puisque **Q** est de caractéristique 0. On peut donc appliquer le cor. 2 au cas où A = **Z**, K = **Q** et K′ = E.

Remarque 2. — Les conclusions du cor. 1 ne sont pas nécessairement vraies si on ne suppose pas K′ séparable sur K, même si K′ est un surcorps de K (exerc. 20). Par contre, lorsque A est une K_0-*algèbre intègre de type fini,* où K_0 est un *corps,* la fermeture intégrale de A dans *toute* extension de degré fini du corps des fractions de A est un A-module de type fini et un anneau noethérien, comme nous le verrons au § 3, n° 2, th. 2.

7. Extension des scalaires dans une algèbre intégralement close

Proposition 19. — *Soient* k *un corps,* L *une extension séparable de* k, R *une* k-*algèbre intégralement close. Si l'anneau* $L \otimes_k R$ *est intègre, il est intégralement clos.*

Soit K le corps des fractions de R; comme k est un corps, $L \otimes_k R$ s'identifie canoniquement à une sous-k-algèbre de $L \otimes_k K$ et L et R à des sous-k-algèbres de $L \otimes_k R$. En outre, un élément $s \neq 0$ de R étant non diviseur de 0 dans R, $1 \otimes s$ est non diviseur de zéro dans $L \otimes_k R$ puisque L est plat sur k (chap. I,

§ 2, nº 3); identifiant s à $1 \otimes s$, on voit donc que si $S = R - \{0\}$, $L \otimes_k K$ s'identifie à $S^{-1}(L \otimes_k R)$;, comme $L \otimes_k R$ est supposé *intègre*, $L \otimes_k K$ est ainsi identifié à un sous-anneau du corps des fractions Ω de $L \otimes_k R$.

1º Supposons d'abord que L soit une extension *de degré fini* de k; alors $L \otimes_k K$ est une algèbre de rang fini sur K et par hypothèse n'a pas de diviseur de 0; donc c'est un *corps* (*Alg.*, chap. V, § 2, nº 1, prop. 1), et par suite c'est dans ce cas le *corps des fractions* Ω de $L \otimes_k R$. Soit $(w_1, \ldots, w_n)$ une base de L sur k, qui est donc aussi une base de $L \otimes_k K$ sur K. Il existe une base $(w_1^*, \ldots, w_n^*)$ de L telle que $\mathrm{Tr}_{L/k}(w_i w_j^*) = \delta_{ij}$ (nº 6, lemme 3); tout $z \in L \otimes_k K$ s'écrit d'une seule manière $z = \sum_{i=1}^{n} a_i w_i$ avec $a_i \in K$; on a donc $\mathrm{Tr}_{(L \otimes K)/K}(z w_j^*) = \sum_{i=1}^{n} a_i \mathrm{Tr}_{(L \otimes K)/K}(w_i w_j^*)$ et comme dans L les traces $\mathrm{Tr}_{(L \otimes K)/K}$ et $\mathrm{Tr}_{L/k}$ coïncident (*Alg.*, chap. VIII, § 12, nº 2, formule (13)), on a finalement $\mathrm{Tr}_{(L \otimes K)/K}(z w_j^*) = a_j$ pour $1 \leqslant j \leqslant n$. Notons d'autre part que les éléments de L sont entiers sur k, donc aussi sur R (nº 1, cor. 1 de la prop. 2); par suite (nº 1, prop. 5) $L \otimes_k R$ est entière sur R. Cela étant, supposons $z \in L \otimes_k K$ entier sur $L \otimes_k R$; alors z est aussi entier sur R (nº 1, prop. 6), donc il en est de même de $z w_j^*$ et par suite aussi de $a_j = \mathrm{Tr}_{(L \otimes K)/K}(z w_j^*)$ pour $1 \leqslant j \leqslant n$ (nº 6, cor. 2 de la prop. 17). Comme R est intégralement clos, on a $a_j \in R$ pour tout j, donc $z \in L \otimes_k R$, ce qui démontre la proposition dans ce cas.

2º Supposons maintenant que L soit une extension séparable *de type fini* de k; alors il existe une base de transcendance *séparante* $(x_1, \ldots, x_d)$ de L sur k (*Alg.*, chap. V, § 9, nº 3, th. 2); comme L et K sont algébriquement disjointes sur k dans le corps Ω (*Alg.*, chap. V, § 5, nº 4), les x_i sont algébriquement indépendants sur K; donc $R[x_1, \ldots, x_d]$ est intégralement clos (nº 3, cor. 2 de la prop. 13). Soit T l'ensemble des éléments $\neq 0$ de l'anneau $A = k[x_1, \ldots, x_d] \subset L$, de sorte que le corps $k_1 = k(x_1, \ldots, x_d) \subset L$ est égal à $T^{-1}k[x_1, \ldots, x_d]$; on a

$$k_1 \otimes_k R = (T^{-1}A) \otimes_k R = T^{-1}A \otimes_A (A \otimes_k R)$$
$$= T^{-1}(A \otimes_k R) = T^{-1}R[x_1, \ldots, x_d]$$

par associativité du produit tensoriel, donc cet anneau est intégralement clos (nº 5, cor. 1 de la prop. 16). Mais $L \otimes_k R$ s'identifie à $L \otimes_{k_1} (k_1 \otimes_k R)$ et par définition L est une extension séparable de degré fini de k_1; il résulte donc de 1° que $L \otimes_k R$ est intégralement clos.

3° *Cas général.* Si z est un élément de Ω entier sur $L \otimes_k R$, il vérifie une relation de la forme $z^m + b_1 z^{m-1} + \cdots + b_m = 0$, où les b_i appartiennent à $L \otimes_k R$; il existe donc une sous-extension L' de L, de type fini sur k, telle que les b_i appartiennent à $L' \otimes_k R$ pour $1 \leqslant i \leqslant m$, et z à $L' \otimes_k K$. Il résulte alors de 2° que l'on a $z \in L' \otimes_k R$, donc $L \otimes_k R$ est intégralement clos.

C.Q.F.D.

*Soient V une variété algébrique irréductible affine, k un corps de définition de V, R l'anneau des fonctions régulières sur V définies sur k; lorsque R est intégralement clos, on dit que V est *normale sur* k; la prop. 19 montre que si V est normale sur k, elle reste normale sur toute extension séparable L de k.*

COROLLAIRE. — *Soient k un corps, R et S deux k-algèbres intégralement closes. On suppose que l'anneau $R \otimes_k S$ est intègre et que les corps des fractions K et L de R et S respectivement sont séparables sur k. Alors l'anneau $R \otimes_k S$ est intégralement clos.*

En effet, comme R et S s'identifient à des sous-algèbres de $R \otimes_k S$, K et L s'identifient à des sous-corps du corps des fractions Ω de $R \otimes_k S$, linéairement disjoints sur k (*Alg.*, chap. V, § 2, n° 3, prop. 5). Il résulte alors de la prop. 19 que $R \otimes_k L$ et $K \otimes_k S$ sont intégralement clos; comme leur intersection est $R \otimes_k S$ (chap. I, § 2, n° 6, prop. 7), $R \otimes_k S$ est intégralement clos (n° 2, cor. de la prop. 8).

* Étant données deux variétés affines irréductibles V, W définies sur k, leur produit $V \times W$ est une variété affine, et l'anneau des fonctions régulières sur $V \times W$ s'identifie au produit tensoriel sur k de l'anneau des fonctions régulières sur V et de l'anneau des fonctions régulières sur W. Le cor. de la prop. 19 montre que si V et W sont normales sur k, alors $V \times W$ est normale sur k.*

8. Entiers sur un anneau gradué

Toutes les graduations envisagées dans ce n° sont de type $\mathbf{Z}$; *si* A *est un anneau gradué et si* $i \in \mathbf{Z}$, *on note* A_i *l'ensemble des éléments homogènes de degré* i *de l'anneau* A.

Soient A un anneau gradué et B une A-algèbre graduée. Soit x un élément *homogène* de B qui soit entier sur A; on a donc une relation

$$x^n + a_1 x^{n-1} + \cdots + a_n = 0 \quad \text{avec} \quad a_i \in \mathrm{A} \text{ pour } 1 \leqslant i \leqslant n. \tag{3}$$

Soit $m = \deg(x)$ et soit a'_i la composante homogène de degré mi de a_i $(1 \leqslant i \leqslant n)$; on a évidemment

$$x^n + a'_1 x^{n-1} + \cdots + a'_n = 0 \tag{4}$$

autrement dit x vérifie une équation de dépendance intégrale à coefficients *homogènes*.

Désignons par $\mathrm{A}[\mathrm{X}, \mathrm{X}^{-1}]$ l'anneau de fractions $\mathrm{S}^{-1}\mathrm{A}[\mathrm{X}]$ de l'anneau de polynômes $\mathrm{A}[\mathrm{X}]$ en une indéterminée, S étant la partie multiplicative de $\mathrm{A}[\mathrm{X}]$ formée des puissances X^n de X $(n \geqslant 0)$; comme X est non diviseur de 0 dans $\mathrm{A}[\mathrm{X}]$ il est immédiat que les X^i $(i \in \mathbf{Z})$ forment une *base* sur A du A-module $\mathrm{A}[\mathrm{X}, \mathrm{X}^{-1}]$. Pour tout élément $a \in \mathrm{A}$, de composantes homogènes a_i $(i \in \mathbf{Z})$, on posera

$$j_{\mathrm{A}}(a) = \sum_{i \in \mathbf{Z}} a_i \mathrm{X}^i \in \mathrm{A}[\mathrm{X}, \mathrm{X}^{-1}] \tag{5}$$

il est immédiat que $j_{\mathrm{A}} : \mathrm{A} \to \mathrm{A}[\mathrm{X}, \mathrm{X}^{-1}]$ est un homomorphisme injectif d'anneaux.

Proposition 20. — *Soient* $\mathrm{A} = \bigoplus_{i \in \mathbf{Z}} \mathrm{A}_i$ *un anneau gradué et* B *une* A*-algèbre graduée (commutative). L'ensemble* A′ *des éléments de* B *entiers sur* A *est une sous-algèbre graduée de* B. *Si* $\mathrm{A}_i = 0$ *pour* $i < 0$ *et si* B *est un anneau réduit, on a* $\mathrm{A}'_i = 0$ *pour* $i < 0$.

Le diagramme

$$\begin{array}{ccc} \mathrm{A} & \xrightarrow{\;\rho\;} & \mathrm{B} \\ {\scriptstyle j_{\mathrm{A}}}\downarrow & & \downarrow{\scriptstyle j_{\mathrm{B}}} \\ \mathrm{A}[\mathrm{X}, \mathrm{X}^{-1}] & \xrightarrow[\rho']{} & \mathrm{B}[\mathrm{X}, \mathrm{X}^{-1}] \end{array}$$

(où ρ est l'homomorphisme définissant la structure de A-algèbre de B et ρ' l'homomorphisme qui s'en déduit canoniquement) est commutatif, comme on le vérifie aussitôt sur la définition (5). Soit x un élément de B entier sur A; alors $j_{\mathrm{B}}(x)$ est entier sur $\mathrm{A}[\mathrm{X}, \mathrm{X}^{-1}]$ (nº 1, prop. 2) et il résulte donc du nº 5, prop. 16 qu'il existe un entier $m > 0$ tel que $\mathrm{X}^m j_{\mathrm{B}}(x)$ soit un élément de

B[X] entier sur A[X]. On déduit alors du n° 3, prop. 12, que les coefficients du polynôme $X^m j_B(x)$ sont entiers sur A; comme ces coefficients sont par définition les composantes homogènes de x, on voit que celles-ci sont entières sur A, ce qui prouve que A′ est une sous-algèbre *graduée* de B.

Supposons maintenant que $x \in A'_i$ avec $i < 0$; la remarque du début de ce n° montre que x vérifie une équation de la forme (4) avec $a'_k \in A_{ki}$ pour $1 \leqslant k \leqslant n$. Si $A_j = 0$ pour tout $j < 0$, on a donc $x^n = 0$ et si B est un anneau réduit on en conclut que $x = 0$, donc $A'_i = 0$ pour tout $i < 0$ dans ce cas.

Rappelons (chap. II, § 2, n° 9) que si $A = \bigoplus_{i \in \mathbf{Z}} A_i$ est un anneau gradué et S une partie multiplicative de A formée d'éléments *homogènes*, on définit sur $S^{-1}A$ une structure d'anneau gradué en prenant pour ensemble $(S^{-1}A)_i$ d'éléments homogènes de degré i l'ensemble des éléments de la forme a/s, où $a \in A$ et $s \in S$ sont homogènes et tels que $\deg(a) - \deg(s) = i$.

Lemme 4. — *Soient* $A = \bigoplus_{i \in \mathbf{Z}} A_i$ *un anneau gradué intègre,* S *l'ensemble des éléments homogènes* $\neq 0$ *de* A.

(i) *Tout élément homogène* $\neq 0$ *de* $S^{-1}A$ *est inversible, l'anneau* $K_0 = (S^{-1}A)_0$ *est un corps et l'ensemble des* $i \in \mathbf{Z}$ *tels que* $(S^{-1}A)_i \neq 0$ *est un sous-groupe* $q\mathbf{Z}$ *de* $\mathbf{Z}$ *(avec* $q \geqslant 0$*).*

(ii) *Supposons que* $q \geqslant 1$ *et soit* t *un élément non nul de* $(S^{-1}A)_q$. *Alors le* K_0*-homomorphisme* f *de l'anneau de polynômes* $K_0[X]$ *dans* $S^{-1}A$ *qui transforme* X *en* t *se prolonge en un isomorphisme de* $K_0[X, X^{-1}]$ *sur* $S^{-1}A$, *et* $S^{-1}A$ *est intégralement clos.*

Les assertions de (i) découlent immédiatement des définitions et de l'hypothèse que A est intègre, car si a/s et a'/s' sont deux éléments homogènes $\neq 0$ de $S^{-1}A$, de degrés i et i', aa'/ss' est un élément homogène $\neq 0$ et de degré $i + i'$. Pour démontrer (ii), notons que puisque t est inversible dans $S^{-1}A$, l'homomorphisme f se prolonge d'une seule manière en un homomorphisme $\bar{f}: K_0[X, X^{-1}] \to S^{-1}A$ et l'on a nécessairement $\bar{f}(X^{-1}) = t^{-1}$. D'autre part, par définition de q, tout élément homogène $\neq 0$ de $S^{-1}A$ est de degré qn ($n \in \mathbf{Z}$), donc peut s'écrire d'*une seule* manière sous la forme λt^n avec $\lambda \in K_0$ (puisque $S^{-1}A$ est intègre); donc $\bar{f}$ est bijectif. Enfin, on sait que $K_0[X]$ est intégralement clos (n° 3, prop. 10), donc il en est de même de $K_0[X, X^{-1}]$ (n° 5, cor. 1 de la prop. 16), ce qui achève de prouver le lemme.

Proposition 21. — *Soient* $A = \bigoplus_{i \in \mathbf{Z}} A_i$ *un anneau gradué intègre,* S *l'ensemble des éléments homogènes* $\neq 0$ *de* A. *La clôture intégrale* A' *de* A *est alors un sous-anneau gradué de* $S^{-1}A$. *Si en outre* $A_i = 0$ *pour* $i < 0$, *on a* $A'_i = 0$ *pour* $i < 0$.

Si $A = A_0$, la proposition est triviale. Sinon, on peut appliquer le lemme 4; l'anneau $S^{-1}A$ est intégralement clos et par suite $A' \subset S^{-1}A$; comme $S^{-1}A$ est gradué, il en est de même de A' en vertu de la prop. 20; la dernière assertion résulte aussi de la prop. 20.

Corollaire 1. — *Les hypothèses et notations étant celles de la prop.* 21, *si tout élément homogène de* $S^{-1}A$ *qui est entier sur* A *appartient à* A, *alors* A *est intégralement clos.*

En effet on a, alors $A'_i \subset A$ pour tout $i \in \mathbf{Z}$, donc $A' = A$.

Corollaire 2. — *Si* $A = \bigoplus_{i \in \mathbf{Z}} A_i$ *est un anneau gradué intégralement clos, l'anneau* A_0 *est intégralement clos.*

En effet, le corps des fractions K_0 de A_0 s'identifie (avec les notations de la prop. 21) à un sous-anneau de l'anneau des éléments homogènes de degré 0 de $S^{-1}A$; tout élément de K_0 entier sur A_0 (et *a fortiori* sur A) appartient donc par hypothèse à A_0.

Corollaire 3. — *Soit* $A = \bigoplus_{i \in \mathbf{Z}} A_i$ *un anneau gradué intégralement clos. Alors, pour tout entier* $d > 0$, *l'anneau* $A^{(d)}$ (chap. III, § 1, n° 3) *est intégralement clos.*

Soit U l'ensemble des éléments homogènes $\neq 0$ de $A^{(d)}$, et soit x un élément homogène de $U^{-1}A^{(d)}$ entier sur $A^{(d)}$, donc sur A; comme $x \in S^{-1}A$, x appartient à A par hypothèse; comme son degré est divisible par d, il appartient à $A^{(d)}$, et il résulte donc du cor. 1 que $A^{(d)}$ est intégralement clos.

9. *Application : invariants d'un groupe d'automorphismes d'une algèbre*

Étant donnés un anneau K, une K-algèbre A, et un groupe $\mathcal{G}$, nous dirons que $\mathcal{G}$ *opère sur* A si : 1° l'ensemble A est muni du groupe d'opérateurs $\mathcal{G}$ (*Alg.*, chap. I, § 7, n° 2); 2° pour tout $\sigma \in \mathcal{G}$, l'application $x \rightarrow \sigma . x$ est un *endomorphisme* de la K-algèbre

A (et par suite un *automorphisme* puisqu'elle est bijective (*loc. cit.*)). Nous noterons $A^{\mathcal{G}}$ l'ensemble des éléments de A *invariants* par $\mathcal{G}$; il est clair que c'est une *sous*-K-*algèbre* de A.

Nous dirons que $\mathcal{G}$ est un groupe d'opérateurs *localement fini* sur A si toute *orbite* de $\mathcal{G}$ dans A (*Alg.*, chap. I, 3e éd., *Rectifications au fasc.* IV) est *finie*.

PROPOSITION 22. — *Soient* A *une* K-*algèbre (commutative),* $\mathcal{G}$ *un groupe d'opérateurs localement fini sur* A. *Alors* A *est entière sur la sous-algèbre* $A^{\mathcal{G}}$.

En effet, pour tout $x \in A$, soient x_i $(1 \leqslant i \leqslant n)$ les éléments distincts de l'orbite de x pour $\mathcal{G}$; pour tout $\sigma \in \mathcal{G}$, il existe une permutation π_σ de l'ensemble $\{1, 2, \ldots, n\}$ telle que $\sigma . x_i = x_{\pi_\sigma(i)}$ pour $1 \leqslant i \leqslant n$; par suite les fonctions symétriques élémentaires des x_i sont des éléments de A invariants par $\mathcal{G}$, autrement dit des éléments de $A^{\mathcal{G}}$. Comme x est racine du polynôme unitaire $\prod_{i=1}^{n}(X - x_i)$ et que les coefficients de ce polynôme appartiennent à $A^{\mathcal{G}}$, x est entier sur $A^{\mathcal{G}}$.

THÉORÈME 2. — *Soient* A *une* K-*algèbre de type fini,* $\mathcal{G}$ *un groupe d'opérateurs localement fini sur* A. *Alors* A *est un* $A^{\mathcal{G}}$-*module de type fini; si de plus* K *est noethérien,* $A^{\mathcal{G}}$ *est une* K-*algèbre de type fini.*

Soit $(a_j)_{1 \leqslant j \leqslant m}$ un système de générateurs de la K-algèbre A; comme on a *a fortiori* $A = A^{\mathcal{G}}[a_1, \ldots, a_m]$ et que les a_j sont entiers sur $A^{\mathcal{G}}$ en vertu de la prop. 22, la première assertion résulte du n° 1, prop. 4. La seconde est conséquence du lemme suivant :

Lemme 5. — *Soient* K *un anneau noethérien,* B *une* K-*algèbre de type fini,* C *une sous*-K-*algèbre de* B *telle que* B *soit entière sur* C. *Alors* C *est une* K-*algèbre de type fini.*

Soit $(x_i)_{1 \leqslant i \leqslant n}$ un système fini de générateurs de la K-algèbre B. Pour tout i, il existe par hypothèse un polynôme unitaire $P_i \in C[X]$ tel que $P_i(x_i) = 0$. Soit C′ la sous-K-algèbre de C engendrée par les coefficients des P_i $(1 \leqslant i \leqslant n)$; il est clair que les x_i sont entiers sur C′ et que l'on a $B = C'[x_1, \ldots, x_n]$; donc B est un C′-module de type fini (n° 1, prop. 4). D'autre part,

C′ est un anneau noethérien (chap. III, § 2, nº 10, cor. 3 du th. 2); donc C est un C′-module de type fini, ce qui prouve que C est une K-algèbre de type fini.

Remarque. — L'ensemble des $\sigma \in \mathcal{G}$ tels que $\sigma a_j = a_j$ pour $1 \leqslant j \leqslant m$ laisse évidemment invariant tout élément de A. Le sous-groupe distingué $\mathcal{H}$ de $\mathcal{G}$ laissant invariant tout élément de A est donc d'indice *fini* dans $\mathcal{G}$ et on peut considérer que A est muni du groupe d'opérateurs *fini* $\mathcal{G}/\mathcal{H}$; on a évidemment $A^{\mathcal{G}/\mathcal{H}} = A^{\mathcal{G}}$.

Soient S une partie multiplicative d'un anneau A, $\mathcal{G}$ un groupe opérant sur A et pour lequel S est *stable*; alors, pour tout $\sigma \in \mathcal{G}$, il existe un endomorphisme et un seul $z \rightarrow \sigma.z$ de l'anneau $S^{-1}A$ tel que $\sigma.(a/1) = (\sigma.a)/1$ pour tout $a \in A$; il est donné par la formule $\sigma.(a/s) = (\sigma.a)/(\sigma.s)$ pour $a \in A$ et $s \in S$ (chap. II, § 2, nº 1, prop. 2); si τ est un second élément de $\mathcal{G}$, il est clair que $\sigma.(\tau.z) = (\sigma\tau).z$ pour tout $z \in S^{-1}A$, donc le groupe $\mathcal{G}$ *opère sur l'anneau* $S^{-1}A$.

Proposition 23. — *Soient* A *une* K-*algèbre,* $\mathcal{G}$ *un groupe d'opérateurs localement fini sur* A, S *une partie multiplicative de* A *stable pour* $\mathcal{G}$, $S^{\mathcal{G}}$ *l'ensemble* $S \cap A^{\mathcal{G}}$. *Alors l'application canonique de* $(S^{\mathcal{G}})^{-1}A$ *dans* $S^{-1}A$ (chap. II, § 2, nº 1, cor. 2 de la prop. 2) *est un isomorphisme, qui transforme* $(S^{\mathcal{G}})^{-1}A^{\mathcal{G}}$ *en* $(S^{-1}A)^{\mathcal{G}}$.

En effet, pour tout $s \in S$, soient $s, s_1, \ldots, s_q$ les éléments distincts de l'orbite de s pour $\mathcal{G}$; comme $ss_1 \ldots s_q \in S^{\mathcal{G}}$, la première assertion résulte du chap. II, § 2, nº 3, prop. 8. Identifiant canoniquement $(S^{\mathcal{G}})^{-1}A$ et $S^{-1}A$, il est clair que tout élément de $(S^{\mathcal{G}})^{-1}A^{\mathcal{G}}$ est invariant par $\mathcal{G}$. Réciproquement, soit a/t un élément de $(S^{\mathcal{G}})^{-1}A$ invariant par $\mathcal{G}$ ($a \in A, t \in S^{\mathcal{G}}$); si a_j $(1 \leqslant j \leqslant m)$ sont les éléments distincts de l'orbite de a pour $\mathcal{G}$, on a donc $a_j/t = a/t$ pour $1 \leqslant j \leqslant m$, et par suite il existe $s \in S^{\mathcal{G}}$ tel que $s(a_j - a) = 0$ pour $1 \leqslant j \leqslant m$; autrement dit, sa est invariant par $\mathcal{G}$ et comme $a/t = (sa)/(st)$, on a bien $a/t \in (S^{\mathcal{G}})^{-1}A^{\mathcal{G}}$.

Corollaire. — *Soient* A *un anneau intègre,* K *son corps des fractions,* $\mathcal{G}$ *un groupe d'opérateurs localement fini sur* A. *Alors* $\mathcal{G}$ *opère sur* K *et* $K^{\mathcal{G}}$ *est le corps des fractions de* $A^{\mathcal{G}}$.

En effet, $A - \{0\}$ est stable pour $\mathcal{G}$.

§ 2. Relèvement des idéaux premiers.

1. Le premier théorème d'existence

DÉFINITION 1. — *Soient* A, A′ *deux anneaux,* h: A → A′ *un homomorphisme d'anneaux. On dit qu'un idéal* $\mathfrak{a}'$ *de* A′ *est au-dessus d'un idéal* $\mathfrak{a}$ *de* A *si* $\mathfrak{a} = h^{-1}(\mathfrak{a}')$.

Dire qu'un idéal premier $\mathfrak{p}'$ de A′ est au-dessus d'un idéal premier $\mathfrak{p}$ de A signifie donc que $\mathfrak{p}$ est l'*image* de $\mathfrak{p}'$ par l'application continue ${}^a h$: Spec(A′) → Spec(A) associée à h (chap. II, § 4, n° 3).

On notera que pour qu'il existe un idéal de A′ au-dessus de l'idéal (0) de A, il faut et il suffit que h: A → A′ soit *injective.*

Soit $\mathfrak{a}$ un idéal de A; par passage aux quotients, l'homomorphisme h donne un homomorphisme h_1: $A/\mathfrak{a} \to A'/\mathfrak{a}A'$; dire que $\mathfrak{a}'$ est un idéal de A′ au-dessus de $\mathfrak{a}$ équivaut à dire que $\mathfrak{a}A' \subset \mathfrak{a}'$ et que $\mathfrak{a}'/\mathfrak{a}A'$ est un idéal de $A'/\mathfrak{a}A'$ *au-dessus de* (0).

Lemme 1. — *Soient* h: A → A′ *un homomorphisme d'anneaux,* S *une partie multiplicative de* A, $i = i_A^S$: $A \to S^{-1}A$, $i' = i_{A'}^{h(S)}$: $A' \to S^{-1}A' = (h(S))^{-1}A'$ *les homomorphismes canoniques,* $h_1 = S^{-1}h$: $S^{-1}A \to S^{-1}A'$, *de sorte que l'on a un diagramme commutatif*

$$\begin{array}{ccc} A & \xrightarrow{h} & A' \\ {\scriptstyle i}\downarrow & & \downarrow{\scriptstyle i'} \\ S^{-1}A & \xrightarrow[h_1]{} & S^{-1}A' \end{array}$$

Soit $\mathfrak{p}$ *un idéal premier de* A *tel que* $\mathfrak{p} \cap S = \varnothing$. *Alors* $\mathfrak{a}' \to S^{-1}\mathfrak{a}'$ *est une application surjective de l'ensemble* $\mathfrak{F}$ *des idéaux de* A′ *au-dessus de* $\mathfrak{p}$ *sur l'ensemble* $\mathfrak{F}_1$ *des idéaux de* $S^{-1}A'$ *au-dessus de* $S^{-1}\mathfrak{p}$, *et l'application* $\mathfrak{a}'_1 \to i'^{-1}(\mathfrak{a}'_1)$ *est une bijection de* $\mathfrak{F}_1$ *sur l'ensemble des idéaux appartenant à* $\mathfrak{F}$ *et saturés pour* h(S); *en particulier* $\mathfrak{p}' \to S^{-1}\mathfrak{p}'$ *est une bijection de l'ensemble des idéaux premiers de* A′ *au-dessus de* $\mathfrak{p}$ *sur l'ensemble des idéaux premiers de* $S^{-1}A'$ *au-dessus de* $S^{-1}\mathfrak{p}$.

On sait que $S^{-1}\mathfrak{p}$ est un idéal premier de $S^{-1}A$ et que $i^{-1}(S^{-1}\mathfrak{p}) = \mathfrak{p}$ (chap. II, § 2, n° 5, prop. 11); s'il existe un idéal $\mathfrak{b}'$ de $S^{-1}A'$ au-dessus de $S^{-1}\mathfrak{p}$, on a donc $h^{-1}(i'^{-1}(\mathfrak{b}')) = i^{-1}(h_1^{-1}(\mathfrak{b}')) = \mathfrak{p}$; comme $S^{-1}.i'^{-1}(\mathfrak{b}') = \mathfrak{b}'$ (*loc. cit.*), cela montre déjà que l'image de $\mathfrak{F}$ par l'application $\mathfrak{a}' \to S^{-1}\mathfrak{a}'$ *contient* $\mathfrak{F}_1$. D'autre part, si $\mathfrak{a}' \in \mathfrak{F}$, $a \in A$ et $s \in S$, on a les équivalences suivantes

$$h_1(a/s) \in S^{-1}\mathfrak{a}' \iff h(a)/h(s) \in S^{-1}\mathfrak{a}'$$
$$\iff \text{il existe } t \in S \text{ tel que } h(t)h(a) \in \mathfrak{a}'$$
$$\iff \text{il existe } t \in S \text{ tel que } ta \in \mathfrak{p}$$
$$\iff a/z \in S^{-1}\mathfrak{p}.$$

Donc on a $h_1^{-1}(S^{-1}\mathfrak{a}') = S^{-1}\mathfrak{p}$, ce qui achève de prouver que l'image de $\mathfrak{F}$ par l'application $\mathfrak{a}' \to S^{-1}\mathfrak{a}'$ est égale à $\mathfrak{F}_1$; les autres assertions résultent du chap. II, § 2, n° 5, prop. 11.

PROPOSITION 1. — *Soient* $h: A \to A'$ *un homomorphisme d'anneaux tel que* A' *soit entier sur* A, $\mathfrak{p}'$ *un idéal premier de* A', *et* $\mathfrak{p} = h^{-1}(\mathfrak{p}')$. *Pour que* $\mathfrak{p}$ *soit maximal, il faut et il suffit que* $\mathfrak{p}'$ *le soit.*

Posons en effet $B = A/\mathfrak{p}$, $B' = A'/\mathfrak{p}'$ et soit $h_1: B \to B'$ l'homomorphisme déduit de h par passage aux quotients; B et B' sont intègres et B' est entier sur B (§ 1, n° 1, prop. 2). Dire que $\mathfrak{p}$ (resp. $\mathfrak{p}'$) est maximal signifie que B (resp. B') est un corps. La proposition résulte donc du lemme suivant:

Lemme 2. — *Soient* B *un anneau intègre,* A *un sous-anneau de* B *tel que* B *soit entier sur* A. *Pour que* B *soit un corps, il faut et il suffit que* A *soit un corps.*

Si A est un corps, alors, pour tout $y \neq 0$ dans B, $A[y]$ est par hypothèse (§ 1, th. 1) un A-module de type fini; comme $A[y]$ est intègre, c'est un corps (*Alg.*, chap. V, § 2, n° 1, prop. 1), et *a fortiori* y est inversible dans B, donc B est un corps. Inversement, supposons que B soit un corps, et soit $z \neq 0$ dans A; comme $z^{-1} \in B$, z^{-1} est entier sur A, autrement dit on a une équation de dépendance intégrale

$$z^{-n} + a_1 z^{-(n-1)} + \cdots + a_n = 0$$

où les $a_i \in A$; or cette relation montre que l'on a

$$-z^{-1} = a_1 + a_2 z + \cdots + a_n z^{n-1} \in A$$

donc A est bien un corps.

COROLLAIRE 1. — *Soient* h: $A \to A'$ *un homomorphisme d'anneaux tel que* A' *soit entier sur* A, $\mathfrak{p}$ *un idéal premier de* A, $\mathfrak{p}'$ *et* $\mathfrak{a}'$ *deux idéaux de* A' *au-dessus de* $\mathfrak{p}$ *tels que* $\mathfrak{p}' \subset \mathfrak{a}'$. *Si* $\mathfrak{p}'$ *est premier, on a* $\mathfrak{a}' = \mathfrak{p}'$.

Posons $S = A - \mathfrak{p}$; alors $S^{-1}A'$ est entier sur $S^{-1}A$ (§ 1, n° 5, prop. 16), $S^{-1}\mathfrak{p}$ est un idéal maximal de $S^{-1}A$ (chap. II, § 2, n° 5, prop. 11), $S^{-1}\mathfrak{a}'$ et $S^{-1}\mathfrak{p}'$ sont des idéaux de $S^{-1}A'$ au-dessus de $S^{-1}\mathfrak{p}$ (lemme 1) et l'on a $S^{-1}\mathfrak{a}' \supset S^{-1}\mathfrak{p}'$. Comme $S^{-1}\mathfrak{p}'$ est premier, il est maximal en vertu de la prop. 1, donc $S^{-1}\mathfrak{p}' = S^{-1}\mathfrak{a}'$; par suite $\mathfrak{a}'$ est contenu dans le saturé de $\mathfrak{p}'$ pour $h(S)$, qui est égal à $\mathfrak{p}'$ (chap. II, § 2, n° 5, prop. 11).

Corollaire 2. — *Soient* A' *un anneau intègre,* A *un sous-anneau de* A' *tel que* A' *soit entier sur* A, f *un homomorphisme de* A' *dans un anneau* B. *Si la restriction de* f *à* A *est injective,* f *est injectif.*

En effet, si $\mathfrak{a}'$ est le noyau de f, l'hypothèse signifie que $\mathfrak{a}' \cap A = (0)$; comme A' est intègre, on peut appliquer le cor. 1 en prenant pour $\mathfrak{p}$ et $\mathfrak{p}'$ l'idéal (0) de A et l'idéal (0) de A' respectivement, d'où $\mathfrak{a}' = (0)$.

Corollaire 3. — *Soient* $h: A \to A'$ *un homomorphisme d'anneaux tel que* A' *soit entier sur* A, $\mathfrak{m}$ *un idéal maximal de* A, *et supposons qu'il n'y ait dans* A' *qu'un nombre fini d'idéaux maximaux distincts* $\mathfrak{m}'_j$ $(1 \leqslant j \leqslant n)$ *au-dessus de* $\mathfrak{m}$. *Soit* $\mathfrak{q}'_j$ *le saturé de* $\mathfrak{m}A'$ *pour* $\mathfrak{m}'_j$ (chap. II, § 2, n° 4). *Alors :*

(i) *Dans l'anneau* $A'/\mathfrak{q}'_j$, *les diviseurs de zéro sont les éléments de* $\mathfrak{m}'_j/\mathfrak{q}'_j$ *et ils sont nilpotents* $(1 \leqslant j \leqslant n)$.

(ii) *On a* $\mathfrak{m}A' = \bigcap_j \mathfrak{q}'_j = \prod_j \mathfrak{q}'_j$.

(iii) *L'homomorphisme canonique* $A'/\mathfrak{m}A' \to \prod_j (A'/\mathfrak{q}'_j)$ *est bijectif.*

Pour qu'un idéal premier de A' contienne $\mathfrak{m}A'$, il faut et il suffit que son image réciproque par h contienne $\mathfrak{m}$, donc qu'il soit au-dessus de $\mathfrak{m}$, puisque $\mathfrak{m}$ est maximal dans A; les $\mathfrak{m}'_j$ sont donc les seuls idéaux premiers de A' contenant $\mathfrak{m}A'$ (prop. 1), et par suite $\mathfrak{r}' = \bigcap_j \mathfrak{m}'_j$ est la racine de $\mathfrak{m}A'$ (chap. II, § 2, n° 6, cor. 1 de la prop. 13). Par définition de $\mathfrak{q}'_j$, la classe mod. $\mathfrak{q}'_j$ d'un élément de $A' - \mathfrak{m}'_j$ n'est pas diviseur de 0 dans $A'/\mathfrak{q}'_j$; d'autre part, comme les $\mathfrak{m}'_j$ sont des idéaux maximaux distincts, pour tout indice j il existe un élément a'_j appartenant à $\bigcap_{i \neq j} \mathfrak{m}'_i$ et non à $\mathfrak{m}'_j$ (chap. II, § 1, n° 1, prop. 4); pour tout $x \in \mathfrak{m}'_j$, on a alors $a'_j x \in \mathfrak{r}'$, donc la classe mod. $\mathfrak{q}'_j$ de $a'_j x$ est nilpotente, et comme celle de a'_j n'est pas diviseur de 0, on en conclut que la classe de x est nilpotente;

autrement dit $\mathfrak{m}'_j$ est la *racine* de $\mathfrak{q}'_j$, ce qui prouve (i). Il en résulte que les $\mathfrak{q}'_j$ sont deux à deux étrangers (chap. II, § 1, nº 1, prop. 3); (iii) sera donc une conséquence de (ii), compte tenu du chap. II, § 1, nº 2, prop. 5. Pour établir (ii), notons que dans l'anneau $A'/\mathfrak{m}A'$, les $\mathfrak{m}'_j/\mathfrak{m}A'$ sont les seuls idéaux maximaux et $\mathfrak{q}'_j/\mathfrak{m}A'$ est le saturé de (0) pour $\mathfrak{m}'_j/\mathfrak{m}A'$ (chap. II, § 2, nº 4); on peut donc se borner au cas où $\mathfrak{m}A' = (0)$; l'assertion de (ii) résulte alors du chap. II, § 3, nº 3, cor. 2 du th 1.

Remarque 1. — Si A' est noethérien, il résulte de (i) et (ii) que $(\mathfrak{q}'_j)_{1 \leqslant j \leqslant n}$ est l'*unique décomposition primaire* de $\mathfrak{m}A'$ (chap. IV, § 2, nº 3).

Théorème 1. — *Soient* $h : A \rightarrow A'$ *un homomorphisme* injectif *d'anneaux, tel que* A' *soit entier sur* A, $\mathfrak{p}$ *un idéal premier de* A. *Il existe un idéal premier* $\mathfrak{p}'$ *de* A' *au-dessus de* $\mathfrak{p}$.

Supposons d'abord que A soit un anneau local et $\mathfrak{p}$ l'idéal maximal de A; alors, pour tout idéal maximal $\mathfrak{m}'$ de A', $h^{-1}(\mathfrak{m}')$ est un idéal maximal de A (prop. 1), donc est égal à $\mathfrak{p}$, ce qui démontre le théorème dans ce cas (puisque A' contient A par hypothèse, et n'est donc pas réduit à 0). Dans le cas général, posons $S = A - \mathfrak{p}$; alors $S^{-1}A$ est un anneau local dont $S^{-1}\mathfrak{p}$ est l'idéal maximal (chap. II, § 2, nº 5, prop. 11), $S^{-1}h : S^{-1}A \rightarrow S^{-1}A'$ est injectif (chap. II, § 2, nº 4, th. 1) et $S^{-1}A'$ est entier sur $S^{-1}A$ (§ 1, nº 5, prop. 16); il existe donc un idéal premier $\mathfrak{q}'$ de $S^{-1}A'$ au-dessus de $S^{-1}\mathfrak{p}$, et on sait que $\mathfrak{q}' = S^{-1}\mathfrak{p}'$, où $\mathfrak{p}'$ est un idéal premier de A' au-dessus de $\mathfrak{p}$ (lemme 1).

Si $h : A \rightarrow A'$ n'est pas injectif, le th. 1 n'est plus nécessairement exact, comme le montre l'exemple de l'homomorphisme $\mathbf{Z} \rightarrow \mathbf{Z}/n\mathbf{Z}$ $(n > 1)$. On peut toutefois appliquer le th. 1 à l'injection canonique $h(A) \rightarrow A'$; autrement dit, l'énoncé du th. 1 est valable pour les idéaux premiers $\mathfrak{p}$ *contenant* $\mathrm{Ker}(h)$.

Corollaire 1. — *Avec les hypothèses et notations du th.* 1, *on a* $h^{-1}(\mathfrak{p}A') = \mathfrak{p}$.

En effet, on a $\mathfrak{p}A' \subset \mathfrak{p}'$ et $h^{-1}(\mathfrak{p}') = \mathfrak{p}$.

Corollaire 2. — *Soient* $h : A \rightarrow A'$ *un homomorphisme d'anneaux tel que* A' *soit entier sur* A, $\mathfrak{a}$ *et* $\mathfrak{p}$ *deux idéaux de* A *tels que* $\mathfrak{a} \subset \mathfrak{p}$, $\mathfrak{a}'$ *un idéal de* A' *au-dessus de* $\mathfrak{a}$. *On suppose* $\mathfrak{p}$ *premier. Il existe alors un idéal premier* $\mathfrak{p}'$ *de* A' *au-dessus de* $\mathfrak{p}$ *et contenant* $\mathfrak{a}'$.

Si $h_1 : A/\mathfrak{a} \rightarrow A'/\mathfrak{a}'$ est l'homomorphisme déduit de h par passage aux quotients, h_1 est injectif par hypothèse et $A'/\mathfrak{a}'$ est entier sur $A/\mathfrak{a}$ (§ 1, n° 1, prop. 2); il existe donc un idéal premier $\mathfrak{p}'/\mathfrak{a}'$ de $A'/\mathfrak{a}'$ ($\mathfrak{p}'$ premier dans A') au-dessus de $\mathfrak{p}/\mathfrak{a}$ (th. 1), et $\mathfrak{p}'$ répond à la question.

COROLLAIRE 3. — *Soient* A *un anneau*, A′ *un anneau contenant* A *et entier sur* A. *Si* $\mathfrak{R}'$ *est le radical de* A′, $\mathfrak{R}' \cap A$ *est le radical de* A.

Soit $\mathfrak{R}$ le radical de A. Pour tout idéal maximal $\mathfrak{m}'$ de A′, $\mathfrak{m}' \cap A$ est un idéal maximal de A (prop. 1), donc $\mathfrak{R} \subset \mathfrak{m}' \cap A$ et par suite $\mathfrak{R} \subset \mathfrak{R}' \cap A$ (*Alg.*, chap. VIII, § 5, n° 3, déf. 3). Inversement, soit $x \in \mathfrak{R}' \cap A$; pour tout idéal maximal $\mathfrak{m}$ de A, il existe un idéal premier de A′ au-dessus de $\mathfrak{m}$ (th. 1) et cet idéal $\mathfrak{m}'$ est nécessairement maximal (prop. 1), donc on a $x \in \mathfrak{m}' \cap A = \mathfrak{m}$ et par suite $x \in \mathfrak{R}$.

COROLLAIRE 4. — *Soient* A *un anneau*, A′ *un anneau contenant* A *et entier sur* A, *et* f *un homomorphisme de* A *dans un corps algébriquement clos* L. *Alors* f *se prolonge en un homomorphisme de* A′ *dans* L.

En effet, soit $\mathfrak{p}$ le noyau de f, qui est un idéal premier puisque $f(A) \subset L$ est intègre; soit $\mathfrak{p}'$ un idéal premier de A′ au-dessus de $\mathfrak{p}$ (th. 1). Alors $A/\mathfrak{p}$ s'identifie canoniquement à un sous-anneau de $A'/\mathfrak{p}'$ et $A'/\mathfrak{p}'$ est entier sur $A/\mathfrak{p}$ (§ 1, n° 1, prop. 2). L'homomorphisme f définit, par passage au quotient, un isomorphisme de $A/\mathfrak{p}$ sur le sous-anneau $f(A)$ de L, qui se prolonge en un isomorphisme g du corps des fractions K de $A/\mathfrak{p}$ sur un sous-corps de L. Comme le corps des fractions K′ de $A'/\mathfrak{p}'$ est algébrique sur K, g se prolonge en un isomorphisme g' de K′ sur un sous-corps de L (*Alg.*, chap. V, § 4, n° 2, cor. du th. 1); si $\pi' : A' \rightarrow A'/\mathfrak{p}'$ est l'homomorphisme canonique, $g' \circ \pi'$ est un homomorphisme de A′ dans L prolongeant f.

Remarque 2. — Soit $h : A \rightarrow A'$ un homomorphisme d'anneaux tel que A′ soit entier sur A; alors l'application continue associée ${}^a h$: Spec(A′) → Spec(A) est *fermée*. En effet, pour tout idéal $\mathfrak{a}'$ de A′, $A'/\mathfrak{a}'$ est entier sur A′, donc aussi sur A (§ 1, n° 1, prop. 6) et Spec($A'/\mathfrak{a}'$) s'identifie au sous-espace fermé V($\mathfrak{a}'$) de Spec(A′); pour montrer que ${}^a h$ est fermée, on voit donc (en remplaçant A′ par $A'/\mathfrak{a}'$) qu'il suffit de prouver que l'image de Spec(A′) par ${}^a h$ est une partie *fermée* de Spec(A); or il résulte du th. 1 que cette image n'est autre que l'ensemble des idéaux premiers de A contenant l'idéal Ker(h), et cet ensemble est fermé par définition de la topologie de Spec(A).

PROPOSITION 2. — *Soient* $h : A \to A'$ *un homomorphisme d'anneaux tel que* A' *soit entier sur* A, $\mathfrak{p}$ *un idéal premier de* A, $S = A - \mathfrak{p}$, $(\mathfrak{p}'_\iota)_{\iota \in I}$ *la famille de tous les idéaux premiers de* A' *au-dessus de* $\mathfrak{p}$, $S' = \bigcap_{\iota \in I} (A' - \mathfrak{p}'_\iota)$; *alors on a* $S^{-1}A' = S'^{-1}A'$.

En effet, par définition on a $h(S) \subset S'$, et comme

$$h(S)^{-1}A' = S^{-1}A',$$

il suffit de prouver, en vertu du chap. II, § 2, nº 3, prop. 8, que si un idéal premier $\mathfrak{q}'$ de A' ne rencontre pas $h(S)$, il ne rencontre pas non plus S'. Or, supposons que $\mathfrak{q}' \cap h(S) = \emptyset$, et soit $\mathfrak{q} = h^{-1}(\mathfrak{q}')$; on a donc $\mathfrak{q} \cap S = \emptyset$, autrement dit $\mathfrak{q} \subset \mathfrak{p}$. Comme $\mathfrak{q}'$ est au-dessus de $\mathfrak{q}$ par définition, il résulte du cor. 2 du th. 1 qu'il y a un indice ι tel que $\mathfrak{q}' \subset \mathfrak{p}'_\iota$, donc $\mathfrak{q}' \cap S' = \emptyset$, ce qui achève la démonstration.

PROPOSITION 3. — *Soit* $h : A \to A'$ *un homomorphisme d'anneaux tel que* A' *soit un* A-*module de type fini; alors, pour tout idéal premier* $\mathfrak{p}$ *de* A, *l'ensemble des idéaux premiers de* A' *au-dessus de* $\mathfrak{p}$ *est fini.*

Soit $S = A - \mathfrak{p}$; en vertu du lemme 1, on peut remplacer A par $S^{-1}A$, A' par $S^{-1}A'$ (qui est un $S^{-1}A$-module de type fini) et $\mathfrak{p}$ par $S^{-1}\mathfrak{p}$; autrement dit, on peut supposer que A est un anneau *local* et $\mathfrak{p}$ son idéal maximal. On peut ensuite (d'après la remarque faite au début de ce nº) remplacer A par $A/\mathfrak{p}$, A' par $A'/\mathfrak{p}A'$ et $\mathfrak{p}$ par (0), car $A'/\mathfrak{p}A' = (A/\mathfrak{p}) \otimes_A A'$ est un $(A/\mathfrak{p})$-module de type fini. On est donc finalement ramené à démontrer la proposition lorsque A est un *corps* et $\mathfrak{p} = (0)$; A' est alors une A-algèbre de rang fini, donc *artinienne*, et on sait que dans une telle algèbre il n'y a qu'un nombre *fini* d'idéaux premiers (chap. IV, § 2, nº 5, prop. 9).

2. Groupe de décomposition et groupe d'inertie

DÉFINITION 2. — *Soient* A' *un anneau,* $\mathcal{G}$ *un groupe opérant sur* A' (§ 1, nº 9). *Étant donné un idéal premier* $\mathfrak{p}'$ *de* A', *le sous-groupe des éléments* $\sigma \in \mathcal{G}$ *tels que* $\sigma.\mathfrak{p}' = \mathfrak{p}'$ *s'appelle le groupe de décomposition de* $\mathfrak{p}'$ *(par rapport à* $\mathcal{G}$*) et se note* $\mathcal{G}^Z(\mathfrak{p}')$. *L'anneau* *des éléments de* A' *invariants par* $\mathfrak{G}^Z(\mathfrak{p}')$ *s'appelle l'anneau de décomposition de* $\mathfrak{p}'$ *(par rapport à* $\mathfrak{G}$*) et se note* $A^Z(\mathfrak{p}')$ (*).

On écrit souvent $\mathfrak{G}^Z$ et A^Z au lieu de $\mathfrak{G}^Z(\mathfrak{p}')$ et $A^Z(\mathfrak{p}')$ respectivement, lorsqu'aucune confusion n'est à craindre.

Pour tout $\sigma \in \mathfrak{G}^Z(\mathfrak{p}')$, nous désignerons encore par $z \to \sigma.z$ l'endomorphisme de l'anneau $A'/\mathfrak{p}'$ déduit de l'endomorphisme $x \to \sigma.x$ de A' en passant aux quotients; il est clair que le groupe $\mathfrak{G}^Z(\mathfrak{p}')$ opère ainsi sur l'anneau $A'/\mathfrak{p}'$.

DÉFINITION 3. — *Avec les notations de la déf.* 2, *le sous-groupe de* $\mathfrak{G}^Z(\mathfrak{p}')$ *formé des* σ *tels que l'endomorphisme* $z \to \sigma.z$ *de* $A'/\mathfrak{p}'$ *soit l'identité, s'appelle le groupe d'inertie de* $\mathfrak{p}'$ *(par rapport à* $\mathfrak{G}$*) et se note* $\mathfrak{G}^T(\mathfrak{p}')$ *(ou* $\mathfrak{G}^T$*). L'anneau des éléments de* A' *invariants par* $\mathfrak{G}^T(\mathfrak{p}')$ *s'appelle l'anneau d'inertie de* $\mathfrak{p}'$ *(par rapport à* $\mathfrak{G}$*) et se note* $A^T(\mathfrak{p}')$ *(ou* A^T*)* (**).

Si A est le sous-anneau de A' formé des invariants de $\mathfrak{G}$, il est clair que l'on a

(1) $$A \subset A^Z(\mathfrak{p}') \subset A^T(\mathfrak{p}') \subset A'.$$

Il résulte des déf. 2 et 3 que pour tout $\rho \in \mathfrak{G}$, on a

(2) $$\mathfrak{G}^Z(\rho.\mathfrak{p}') = \rho\mathfrak{G}^Z(\mathfrak{p}')\rho^{-1}, \qquad \mathfrak{G}^T(\rho.\mathfrak{p}') = \rho\mathfrak{G}^T(\mathfrak{p}')\rho^{-1}.$$

Si, pour tout $\sigma \in \mathfrak{G}^Z(\mathfrak{p}')$, $\bar{\sigma}$ est l'automorphisme $z \to \sigma.z$ de $A'/\mathfrak{p}'$, $\sigma \to \bar{\sigma}$ est un homomorphisme (dit *canonique*) de $\mathfrak{G}^Z$ dans le groupe Γ_0 des automorphismes de $A'/\mathfrak{p}'$ laissant invariants les éléments de $A^Z/(\mathfrak{p}' \cap A^Z)$ (identifié canoniquement à un sous-anneau de $A'/\mathfrak{p}'$) et par définition $\mathfrak{G}^T(\mathfrak{p}')$ est le *noyau* de cet homomorphisme canonique; $\mathfrak{G}^T$ est donc un *sous-groupe distingué* de $\mathfrak{G}^Z$. Si k' est le corps des fractions de $A'/\mathfrak{p}'$, tout automorphisme de $A'/\mathfrak{p}'$ se prolonge d'une seule manière en un automorphisme de k', si bien que l'on peut aussi considérer $\sigma \to \bar{\sigma}$ comme un homomorphisme de $\mathfrak{G}^Z(\mathfrak{p}')$ dans le groupe des automorphismes de k'. On notera enfin que puisque $\mathfrak{G}^T$ est distingué dans $\mathfrak{G}^Z$, A^T est *stable* pour $\mathfrak{G}^Z$.

Lemme 3. — *Soient* A' *un anneau,* $\mathfrak{G}$ *un groupe opérant sur* A', A *l'anneau des invariants de* $\mathfrak{G}$, $\mathfrak{p}'$ *un idéal premier de* A',

---

(*) La lettre Z est l'initiale du mot allemand « Zerlegung » qui signifie « décomposition ».

(**) La lettre T est l'initiale du mot allemand « Trägheit » qui signifie « inertie ».

S *une partie multiplicative de* A *ne rencontrant pas* $\mathfrak{p}'$. *Alors on a* $\mathcal{G}^Z(S^{-1}\mathfrak{p}') = \mathcal{G}^Z(\mathfrak{p}')$, $\mathcal{G}^T(S^{-1}\mathfrak{p}') = \mathcal{G}^T(\mathfrak{p}')$ *et, si* $\mathcal{G}$ *est localement fini,* $S^{-1}A^Z(\mathfrak{p}') = A^Z(S^{-1}\mathfrak{p}')$, $S^{-1}A^T(\mathfrak{p}') = A^T(S^{-1}\mathfrak{p}')$.

Comme les éléments de S sont invariants par $\mathcal{G}$, il est clair que si $\sigma.\mathfrak{p}' = \mathfrak{p}'$, on a aussi $\sigma.(S^{-1}\mathfrak{p}') = S^{-1}\mathfrak{p}'$. Inversement, supposons que $\sigma \in \mathcal{G}$ soit tel que $\sigma.(S^{-1}\mathfrak{p}') = S^{-1}\mathfrak{p}'$; alors, si $x \in \mathfrak{p}'$, on a $(\sigma.x)/1 \in S^{-1}\mathfrak{p}'$ et il existe par suite $s \in S$ tel que $s(\sigma.x) \in \mathfrak{p}'$, d'où $\sigma.x \in \mathfrak{p}'$ puisque $\mathfrak{p}'$ est premier et $s \notin \mathfrak{p}'$; ceci prouve que $\sigma.\mathfrak{p}' \subset \mathfrak{p}'$ et on montre de même que $\sigma^{-1}.\mathfrak{p}' \subset \mathfrak{p}'$, donc $\sigma.\mathfrak{p}' = \mathfrak{p}'$ et $\sigma \in \mathcal{G}^Z(\mathfrak{p}')$. Si $\sigma \in \mathcal{G}^T(\mathfrak{p}')$, on a $\sigma.x - x \in \mathfrak{p}'$ pour tout $x \in A'$, donc aussi, pour tout $s \in S$, $\sigma.(x/s) - (x/s) = (\sigma.x - x)/s \in S^{-1}\mathfrak{p}'$, et par suite $\sigma \in \mathcal{G}^T(S^{-1}\mathfrak{p}')$. Inversement, supposons que $\sigma \in \mathcal{G}^T(S^{-1}\mathfrak{p}')$; pour tout $x \in A'$ on a alors $\sigma.(x/1) - (x/1) \in S^{-1}\mathfrak{p}'$, et par suite il existe $s \in S$ tel que $s(\sigma.x - x) \in \mathfrak{p}'$, d'où comme plus haut $\sigma.x - x \in \mathfrak{p}'$, ce qui montre que $\sigma \in \mathcal{G}^T(\mathfrak{p}')$. Les dernières assertions résultent du § 1, n° 9, prop. 23.

Théorème 2. — *Soient* A' *un anneau,* $\mathcal{G}$ *un groupe fini opérant sur* A', A *l'anneau des invariants de* $\mathcal{G}$, *de sorte que* A' *est entier sur* A (§ 1, n° 9, prop. 22).

(i) *Étant donnés deux idéaux premiers* $\mathfrak{p}'$, $\mathfrak{q}'$ *de* A' *au-dessus d'un même idéal premier* $\mathfrak{p}$ *de* A, *il existe* $\sigma \in \mathcal{G}$ *tel que* $\mathfrak{q}' = \sigma.\mathfrak{p}'$; *autrement dit,* $\mathcal{G}$ *opère transitivement dans l'ensemble des idéaux premiers de* A' *au-dessus de* $\mathfrak{p}$.

(ii) *Soient* $\mathfrak{p}'$ *un idéal premier de* A', $\mathfrak{p} = \mathfrak{p}' \cap A$, k (resp. k') *le corps des fractions de* $A/\mathfrak{p}$ (resp. $A'/\mathfrak{p}'$). *Alors* k' *est une extension quasi-galoisienne* (*) *de* k, *et l'homomorphisme canonique* $\sigma \to \bar{\sigma}$ *de* $\mathcal{G}^Z(\mathfrak{p}')$ *dans le groupe* Γ *des* k*-automorphismes de* k' *définit, par passage au quotient, un isomorphisme de* $\mathcal{G}^Z(\mathfrak{p}')/\mathcal{G}^T(\mathfrak{p}')$ *sur* Γ.

(i) Si $x \in \mathfrak{q}'$, on a $\prod_{\sigma \in \mathcal{G}} \sigma.x \in \mathfrak{q}' \cap A = \mathfrak{p} \subset \mathfrak{p}'$; donc il existe $\sigma \in \mathcal{G}$ tel que $\sigma.x \in \mathfrak{p}'$, c'est-à-dire $x \in \sigma^{-1}.\mathfrak{p}'$. On en conclut que $\mathfrak{q}' \subset \bigcup_{\sigma \in \mathcal{G}} \sigma.\mathfrak{p}'$, donc (comme $\mathcal{G}$ est fini et les $\sigma.\mathfrak{p}'$ premiers) il existe $\sigma \in \mathcal{G}$ tel que $\mathfrak{q}' \subset \sigma.\mathfrak{p}'$ (chap. II, § 1, n° 1, prop. 2); comme $\mathfrak{q}'$ et $\sigma.\mathfrak{p}'$ sont tous deux au-dessus de $\mathfrak{p}$, on a $\mathfrak{q}' = \sigma.\mathfrak{p}'$ (n° 1, cor. 1 de la prop. 1).

(*) Afin d'éviter des confusions avec d'autres sens du mot « normal », nous emploierons désormais les termes « extension quasi-galoisienne » comme synonymes des termes « extension normale » définis en *Alg.*, chap. V, § 6, n° 2, déf. 2.

(ii) Pour voir que k' est une extension quasi-galoisienne de k, il suffit de prouver que tout élément $\bar{x} \in A'/\mathfrak{p}'$ est racine d'un polynôme P de $k[X]$ dont toutes les racines sont dans $A'/\mathfrak{p}'$ (*Alg.*, chap. V, § 6, n° 3, cor. 3 de la prop. 9). Or, soit $x \in A'$ un représentant de la classe $\bar{x}$; le polynôme $Q(X) = \prod_{\sigma \in \mathcal{G}} (X - \sigma . x)$ a tous ses coefficients dans A; soit P(X) le polynôme de $(A/\mathfrak{p})[X]$ dont les coefficients sont les images de ceux de Q par l'homomorphisme canonique $\pi : A \rightarrow A/\mathfrak{p}$. Comme π peut être considéré comme la restriction à A de l'homomorphisme canonique $\pi' : A' \rightarrow A'/\mathfrak{p}'$, on voit que, dans $(A'/\mathfrak{p}')[X]$, P est produit des facteurs linéaires $X - \pi'(\sigma . x)$, et répond par suite à la question, puisque $\bar{x} = \pi'(x)$.

Il est clair que pour tout $\sigma \in \mathcal{G}^Z$, $\bar{\sigma}$ est un k-automorphisme de k'; il reste à voir que $\sigma \rightarrow \bar{\sigma}$ applique $\mathcal{G}^Z$ *sur* le groupe de *tous* les k-automorphismes de k'. Posons $S = A - \mathfrak{p}$; on ne change pas k et k' en remplaçant A' et $\mathfrak{p}'$ par $S^{-1}A'$ et $S^{-1}\mathfrak{p}'$ respectivement, en vertu du § 1, n° 9, prop. 23 et de la relation $S^{-1}\mathfrak{p}' \cap S^{-1}A = S^{-1}(A \cap \mathfrak{p}') = S^{-1}\mathfrak{p}$ (chap. II, § 2, n° 4); il résulte du lemme 3 que l'on ne change pas ainsi non plus $\mathcal{G}^Z$ ni la façon dont opère $\mathcal{G}^Z$ sur k'; on peut par suite se borner au cas où $\mathfrak{p}$ est *maximal*, auquel cas on sait qu'il en est de même de $\mathfrak{p}'$ (n° 1, prop. 1), et tout élément de k' est donc de la forme $\pi'(x)$ pour un $x \in A'$; on a vu ci-dessus qu'un tel élément est racine d'un polynôme de $k[X]$ de degré $\leqslant$ Card $(\mathcal{G})$. Comme toute extension séparable de degré fini de k admet un élément primitif (*Alg.*, chap. V, § 7, n° 7, prop. 12 et § 11, n° 4, prop. 4), on voit que toute extension séparable de degré fini de k contenue dans k' est de degré $\leqslant$ Card $(\mathcal{G})$, d'où résulte que la *plus grande* extension séparable k'_s de k contenue dans k' (*Alg.*, chap. V, § 7, n° 6, prop. 11) est de degré $\leqslant$ Card $(\mathcal{G})$ (*Alg.*, chap. V, § 3, n° 2, *Remarque* 2). Soit $y \in A'$ un élément tel que $\pi'(y)$ soit élément primitif de k'_s. Les idéaux $\sigma . \mathfrak{p}'$ pour $\sigma \in \mathcal{G} - \mathcal{G}^Z$ sont maximaux et distincts de $\mathfrak{p}'$ par définition; il existe par suite $x \in A'$ tel que $x \equiv y \pmod{\mathfrak{p}'}$ et $x \in \sigma^{-1}\mathfrak{p}'$ pour $\sigma \in \mathcal{G} - \mathcal{G}^Z$ (chap. II, § 1, n° 2, prop. 5). Cela étant, soit u un k-automorphisme de k' et soit $P(X) = \prod_{\sigma \in \mathcal{G}} (X - \pi'(\sigma . x))$; comme $\pi'(x)$ est racine de P et que $P \in k[X]$, $u(\pi'(x))$ est aussi racine de P dans k', donc il existe $\tau \in \mathcal{G}$ tel que

$$u(\pi'(x)) = \pi'(\tau . x);$$

mais on a $u(\pi'(x)) \neq 0$ et pour $\sigma \in \mathcal{G} - \mathcal{G}^Z$ on a $\sigma . x \in \mathfrak{p}'$, donc

$\pi'(\sigma.x) = 0$; on en conclut que l'on a nécessairement $\tau \in \mathcal{G}^Z$. Mais comme u et $\bar{\tau}$ ont même valeur pour l'élément primitif $\pi'(y) = \pi'(x)$ de k'_s, ils coïncident dans k'_s, et comme k' est une extension radicielle de k'_s, ils coincident dans k'. C.Q.F.D.

Corollaire. — *Les hypothèses et les notations étant celles du th. 2, soient* f_1, f_2 *deux homomorphismes de* A' *dans un corps* L, *ayant même restriction à* A. *Alors il existe* $\sigma \in \mathcal{G}$ *tel que*

$$f_2(x) = f_1(\sigma.x)$$

pour tout $x \in \mathrm{A}'$.

Soit $\mathfrak{p}'_i$ le noyau de f_i $(i = 1, 2)$ qui est un idéal premier de A'; par hypothèse on a $\mathfrak{p}'_1 \cap \mathrm{A} = \mathfrak{p}'_2 \cap \mathrm{A}$ et cette intersection est un idéal premier $\mathfrak{p}$ de A; il existe par suite $\tau \in \mathcal{G}$ tel que $\tau.\mathfrak{p}'_2 = \mathfrak{p}'_1$ (th. 2, (i)); remplaçant f_1 par l'homomorphisme $x \rightarrow f_1(\tau.x)$, on peut donc supposer que $\mathfrak{p}'_2 = \mathfrak{p}'_1$ (idéal que nous noterons $\mathfrak{p}'$). Par passage au quotient, on déduit alors de f_1 et f_2 deux homomorphismes injectifs f'_1, f'_2 de $\mathrm{A}'/\mathfrak{p}'$ dans L qui se prolongent donc en deux homomorphismes injectifs f''_1, f''_2 du corps des fractions k' de $\mathrm{A}'/\mathfrak{p}'$ dans L. Comme k' est une extension quasi-galoisienne de k, il en est de même de $k''_1 = f''_1(k')$ et $k''_2 = f''_2(k')$ (k étant identifié à un sous-corps de L), et comme il y a un k-isomorphisme de k''_1 sur k''_2, on a $k''_1 = k''_2$ (*Alg.*, chap. V, § 6, prop. 6). Ainsi $f''^{-1}_1 \circ f''_2$ est un k-automorphisme de k'; en vertu du th. 2, (ii), il est donc de la forme $\bar{\sigma}$, où $\sigma \in \mathcal{G}^Z(\mathfrak{p}')$. En particulier, pour tout $x \in \mathrm{A}'$ les éléments $f_2(x)$ et $f_1(\sigma.x)$ sont égaux.

Remarques. — 1) On notera que sous les hypothèses du th. 2, il se peut que k' soit de degré *infini* sur k lorsque k' n'est pas séparable sur k (exerc. 9).

2) Il est clair que k' est une extension *galoisienne de* k lorsque le corps k est *parfait*. Elle est alors de degré fini sur k.

Proposition 4. — *Soient* A' *un anneau,* $\mathcal{G}$ *un groupe fini opérant sur* A', $\mathcal{H}$ *un sous-groupe de* $\mathcal{G}$, A *et* B *les anneaux d'invariants de* $\mathcal{G}$ *et* $\mathcal{H}$ *respectivement,* $\mathfrak{p}'$ *un idéal premier de* A'; *posons* $\mathfrak{p} = \mathrm{A} \cap \mathfrak{p}'$, $\mathfrak{p}(\mathrm{B}) = \mathrm{B} \cap \mathfrak{p}'$.

(i) *Pour que* $\mathcal{H}$ *soit contenu dans le groupe de décomposition* $\mathcal{G}^Z(\mathfrak{p}')$, *il faut et il suffit que* $\mathfrak{p}'$ *soit le seul idéal premier de* A' *au-dessus de* $\mathfrak{p}(\mathrm{B})$.

(ii) *Si* $\mathcal{H}$ *contient* $\mathcal{G}^Z(\mathfrak{p}')$, *les conditions suivantes sont satisfaites :*

a) Les anneaux $\mathrm{A}/\mathfrak{p}$ *et* $\mathrm{B}/\mathfrak{p}(\mathrm{B})$ *ont même corps des fractions.*

b) L'idéal maximal de l'anneau local $B_{\mathfrak{p}(B)}$ *est égal à* $\mathfrak{p}B_{\mathfrak{p}(B)}$.

(iii) *Supposons de plus que* A′ *soit intègre et que l'on ait* $\bigcap_{n\geqslant 0} \mathfrak{p}^n A'_{\mathfrak{p}'} = 0$; *alors les conditions a) et b) de* (ii) *entraînent que* $\mathcal{G}^Z(\mathfrak{p}')$ *laisse invariants les éléments de* B.

(i) Il résulte du th. 2, (i) que les idéaux premiers de A′ au-dessus de $\mathfrak{p}(B)$ sont les idéaux de la forme $\sigma.\mathfrak{p}'$, où $\sigma \in \mathcal{H}$; d'où aussitôt (i).

(ii) Posons $S = A - \mathfrak{p}$; on sait que les anneaux d'invariants de $\mathcal{G}$ et $\mathcal{H}$ dans $S^{-1}A'$ sont respectivement $S^{-1}A$ et $S^{-1}B$ (§ 1, n° 9, prop. 23) et l'on a $\mathcal{G}^Z(S^{-1}\mathfrak{p}') = \mathcal{G}^Z(\mathfrak{p}')$ (lemme 3); enfin on a $S^{-1}\mathfrak{p}(B) = S^{-1}\mathfrak{p}' \cap S^{-1}B$ (chap. II, § 2, n° 4), l'anneau local de l'idéal premier $S^{-1}\mathfrak{p}(B)$ de l'anneau $S^{-1}B$ est canoniquement isomorphe à $B_{\mathfrak{p}(B)}$ et son corps résiduel est isomorphe au corps des fractions de $B/\mathfrak{p}(B)$ (chap. II, § 2, n° 5, prop. 11). On peut donc, pour démontrer (ii), se borner au cas où $\mathfrak{p}$ est *maximal.* Pour établir *a*), il nous suffira de prouver que l'on a

$$B = A + \mathfrak{p}(B) \tag{3}$$

car cela montrera que les corps $A/\mathfrak{p}$ et $B/\mathfrak{p}(B)$ sont *canoniquement isomorphes.* En vertu du th. 2, il n'y a qu'un nombre fini d'idéaux premiers de A′ au-dessus de $\mathfrak{p}$, et en vertu du th. 1 du n° 1, il y a au moins un idéal premier de A′ au-dessus de tout idéal premier de B; cela entraîne qu'il n'y a qu'un nombre *fini* d'idéaux premiers de B au-dessus de $\mathfrak{p}$; désignons par $\mathfrak{n}_j$ $(1 \leqslant j \leqslant r)$ ceux de ces idéaux qui sont $\neq \mathfrak{p}(B)$. Soit x un élément de B; comme les idéaux $\mathfrak{p}(B)$ et $\mathfrak{n}_j$ sont maximaux (n° 1, prop. 1), il existe $y \in B$ tel que $y \equiv x$ (mod. $\mathfrak{p}(B)$) et $y \in \mathfrak{n}_j$ pour $1 \leqslant j \leqslant r$ (chap. II, § 1, n° 2, prop. 5). Soient $y_1 = y, y_2, \ldots, y_q$ les éléments distincts de l'orbite de y pour $\mathcal{G}$; il est clair que

$$z = y_1 + y_2 + \cdots + y_q \in A,$$

et pour établir (3), il suffira de montrer que l'on a $y_i \in \mathfrak{p}'$ pour $i \geqslant 2$, car alors on en déduira que $z - y \in \mathfrak{p}' \cap B = \mathfrak{p}(B)$, d'où $x \in A + \mathfrak{p}(B)$ puisque $x \equiv y$ (mod. $\mathfrak{p}(B)$). Soit donc $i \geqslant 2$ et soit $\sigma \in \mathcal{G}$ tel que $\sigma.y = y_i$; montrons que $\sigma^{-1}.\mathfrak{p}'$ n'est pas au-dessus de $\mathfrak{p}(B)$. Sinon, en effet, il existerait $\tau \in \mathcal{H}$ tel que $\sigma^{-1}.\mathfrak{p}' = \tau.\mathfrak{p}'$ (th. 2, (i)), d'où $(\tau^{-1}\sigma^{-1}).\mathfrak{p}' = \mathfrak{p}'$, autrement dit $\tau^{-1}\sigma^{-1} \in \mathcal{G}^Z \subset \mathcal{H}$ par hypothèse, d'où $\sigma \in \mathcal{H}$; mais comme $y \in B$ et $\sigma.y \neq y$, cela est absurde. On en conclut que $\sigma^{-1}.\mathfrak{p}'$ est au-dessus d'un des idéaux $\mathfrak{n}_j$, et comme $y \in \mathfrak{n}_j$ par construction, on a bien $y \in \sigma^{-1}.\mathfrak{p}'$, ou $y_i = \sigma.y \in \mathfrak{p}'$.

Pour prouver b), il suffira d'établir que $\mathfrak{p}(B)$ est contenu dans le *saturé* $\mathfrak{q}$ de l'idéal $\mathfrak{p}B$ pour $\mathfrak{p}(B)$ (chap. II, § 2, nº 4, prop. 10); comme $\mathfrak{p}(B)$ n'est contenu dans aucun des $\mathfrak{n}_j$ $(1 \leqslant j \leqslant r)$, il suffira même de prouver que l'on a

$$(4) \qquad \mathfrak{p}(B) \subset \mathfrak{q} \cup \mathfrak{n}_1 \cup \cdots \cup \mathfrak{n}_r$$

en vertu du chap. II, § 1, nº 1, prop. 2. Pour cela, considérons un élément $u \in \mathfrak{p}(B)$ n'appartenant à aucun des $\mathfrak{n}_j$ $(1 \leqslant j \leqslant r)$ (chap. II, § 1, nº 1, prop. 2); soient $u_1 = u, u_2, \ldots, u_m$ les éléments distincts de l'orbite de u pour $\mathcal{G}$; posons $w = u_1 u_2 \ldots u_m$, $v = u_2 \ldots u_m$; il est clair que l'on a $w \in A$; d'autre part, si $\tau \in \mathcal{H}$, on a $\tau . u = u$, donc nécessairement $\tau . u_i \neq u$ pour $i \geqslant 2$, ce qui montre que $\tau . v = v$, donc $v \in B$. On montre comme dans la démonstration de a) que si $\sigma \in \mathcal{G}^Z$ est tel que $\sigma . u = u_i$ avec $i \geqslant 2$, $\sigma^{-1} . \mathfrak{p}'$ est au-dessus de l'un des $\mathfrak{n}_j$, et comme $u \notin \mathfrak{n}_j$ on a aussi $u \notin \sigma^{-1} . \mathfrak{p}'$, autrement dit $u_i \notin \mathfrak{p}'$. On en conclut que $v \notin \mathfrak{p}'$, et par suite $v \notin \mathfrak{p}(B)$. Par ailleurs il est clair que $w \in \mathfrak{p}' \cap A = \mathfrak{p}$, et la relation $w = uv$ montre que u est dans le saturé de $\mathfrak{p}B$ pour $\mathfrak{p}(B)$, donc établit (4).

(iii) Supposons que A' soit intègre, que $\bigcap_{n \geqslant 0} \mathfrak{p}^n A'_{\mathfrak{p}'} = 0$ et que les conditions a) et b) de (ii) soient vérifiées. Avec les mêmes notations que dans (ii), il est clair que $S^{-1}A'$ est intègre et $S^{-1}A'_{\mathfrak{p}'} = A'_{\mathfrak{p}'}$; on peut donc remplacer A' et $\mathfrak{p}'$ par $S^{-1}A'$ et $S^{-1}\mathfrak{p}'$, autrement dit, supposer encore que l'idéal $\mathfrak{p}$ est *maximal*. Les hypothèses a) et b) entraînent alors que

$$(5) \qquad B_{\mathfrak{p}(B)} = A + \mathfrak{p}B_{\mathfrak{p}(B)}$$

Par récurrence sur n, on en déduit que $B_{\mathfrak{p}(B)} = A + \mathfrak{p}^n B_{\mathfrak{p}(B)}$ pour tout $n > 0$. Soient alors σ un élément de $\mathcal{G}^Z$ et x un élément de B. Pour tout $n > 0$, il existe $a_n \in A$ tel que $x - a_n \in \mathfrak{p}^n B_{\mathfrak{p}(B)} \subset \mathfrak{p}^n A'_{\mathfrak{p}'}$; comme $\sigma . a_n = a_n$ et $\sigma . \mathfrak{p}' = \mathfrak{p}'$, on en déduit que $\sigma . x - x \in \mathfrak{p}^n A'_{\mathfrak{p}'}$. Cette relation ayant lieu pour tout n, on conclut de l'hypothèse que $\sigma . x = x$.

Remarques. — 3) Si A' est intègre et noethérien, la condition $\bigcap_{n \geqslant 1} \mathfrak{p}^n A'_{\mathfrak{p}'} = 0$ est toujours vérifiée (chap. III, § 3, nº 2, cor. de la prop. 5). On peut montrer que cette condition est aussi satisfaite si on suppose que A' est intègre et A noethérien.

4) Lorsque $\mathfrak{p}$ n'est pas un idéal maximal de A, on n'a pas nécessairement la relation (3) sous les hypothèses de (ii) et par suite $A/\mathfrak{p}$ et $B/\mathfrak{p}(B)$ ne sont pas nécessairement isomorphes, même lorsque l'on prend $\mathcal{H} = \mathcal{G}^Z$, d'où $B = A^Z$ (exerc. 10).

COROLLAIRE 1. — *Sous les hypothèses du th.* 2, *les anneaux* $A/\mathfrak{p}$ *et* $A^Z/(\mathfrak{p}' \cap A^Z)$ *ont même corps de fractions, et l'idéal maximal de l'anneau local* $(A^Z)_{\mathfrak{p}' \cap A^Z}$ *est engendré par* $\mathfrak{p}$.

COROLLAIRE 2. — *Soient* A′ *un anneau intègre,* $\mathcal{G}$ *un groupe fini opérant sur* A′, A *l'anneau des invariants de* $\mathcal{G}$, $\mathfrak{p}'$ *un idéal premier de* A′; *soient* K, K^Z *et* K′ *les corps des fractions de* A, A^Z *et* A′ *respectivement. Alors* K′ *est extension galoisienne de* K, *et les sous-corps* L *de* K′ *contenant* K *et tels que* $\mathfrak{p}'$ *soit le seul idéal premier de* A′ *au-dessus de l'idéal* $\mathfrak{p}' \cap L$ *de* $A' \cap L$, *ne sont autres que ceux qui contiennent* K^Z.

En effet, $\mathcal{G}$ opère sur K′ et K est le corps des invariants de $\mathcal{G}$ dans K′ (§ 1, n° 9, prop. 23 appliquée à $S = A - \{0\}$), et de même K^Z est le corps des invariants de $\mathcal{G}^Z$; par définition K′ est donc extension galoisienne de K. Si $\mathcal{H}$ est le sous-groupe de $\mathcal{G}$ formé des $\sigma \in \mathcal{G}$ laissant invariants les éléments de L, dire que L contient K^Z signifie que $\mathcal{H}$ est contenu dans $\mathcal{G}^Z$ (*Alg.*, chap. V, § 10, n° 5, th. 3), et comme L est le corps des invariants de $\mathcal{H}$ dans K′, $A' \cap L$ est l'anneau des invariants de $\mathcal{H}$ dans A′; la seconde assertion résulte donc de la prop. 4, (i).

DÉFINITION 4. — *Les hypothèses et notations étant celles du cor.* 2 *de la prop.* 4, *on dit qu'un idéal premier* $\mathfrak{p}$ *de* A *se décompose complètement dans* K′ *si le nombre des idéaux premiers de* A′ *au-dessus de* $\mathfrak{p}$ *est égal à* $[K' : K]$.

Il revient au même de dire que, pour un idéal premier $\mathfrak{p}'$ de A′ au-dessus de $\mathfrak{p}$, le sous-groupe $\mathcal{G}^Z(\mathfrak{p}')$ est égal au sous-groupe $\mathcal{N}$ laissant invariants tous les éléments de A′, ou que $A^Z(\mathfrak{p}') = A'$, ou que $\mathcal{G}/\mathcal{N}$ opère *fidèlement* dans l'ensemble des idéaux premiers de A′ au-dessus de $\mathfrak{p}$.

COROLLAIRE 3. — *Soient* A′ *un anneau intègre,* $\mathcal{G}$ *un groupe* commutatif *fini opérant sur* A′, A *l'anneau des invariants de* $\mathcal{G}$, $\mathfrak{p}$ *un idéal premier de* A, K *et* K′ *les corps des fractions de* A *et* A′ *respectivement. Alors les idéaux premiers de* A′ *au-dessus de* $\mathfrak{p}$ *ont tous même anneau de décomposition* A^Z, *et le corps des fractions* K^Z *de* A^Z *est le plus grand corps intermédiaire entre* K *et* K′ *dans lequel* $\mathfrak{p}$ *se décompose complètement.*

Si $\mathfrak{p}'$ est un idéal premier de A′ au-dessus de $\mathfrak{p}$, on a $\mathcal{G}^Z(\sigma.\mathfrak{p}') = \mathcal{G}^Z(\mathfrak{p}')$ puisque $\mathcal{G}$ est commutatif (formule (2)), donc (th. 2, (i)) tous les idéaux premiers de A′ au-dessus de $\mathfrak{p}$ ont même groupe de décomposition $\mathfrak{G}^Z$, et par suite même anneau de décomposition A^Z; leur nombre est $(\mathfrak{G}:\mathfrak{G}^Z)$. Soit L un corps intermédiaire entre K et K′ et soit $\mathcal{H}$ le sous-groupe de $\mathfrak{G}$ laissant invariants les éléments de L; le groupe de décomposition de $\mathfrak{p}'$ par rapport à $\mathcal{H}$ est $\mathfrak{G}^Z \cap \mathcal{H}$; comme $A' \cap L$ est l'anneau des invariants de $\mathcal{H}$ dans A′, le nombre d'idéaux premiers de A′ au-dessus de $\mathfrak{p}' \cap L$ est $(\mathcal{H}:(\mathfrak{G}^Z \cap \mathcal{H})) = (\mathcal{H}\mathfrak{G}^Z:\mathfrak{G}^Z)$ (puisque $\mathfrak{G}$ est commutatif). Le nombre d'idéaux premiers de $A' \cap L$ au-dessus de $\mathfrak{p}$ est donc $(\mathfrak{G}:\mathcal{H}\mathfrak{G}^Z)$. Pour que $\mathfrak{p}$ se décompose complètement dans L, il faut et il suffit donc que l'on ait $(\mathfrak{G}:\mathcal{H}\mathfrak{G}^Z) = [L:K] = (\mathfrak{G}:\mathcal{H})$, et comme $\mathcal{H} \subset \mathcal{H}\mathfrak{G}^Z$, cela équivaut à $\mathcal{H}\mathfrak{G}^Z = \mathcal{H}$, ou encore à $\mathfrak{G}^Z \subset \mathcal{H}$, et finalement à $L \subset K^Z$.

Proposition 5. — *Les hypothèses et notations étant celles du th.* 2, *le corps des fractions* k^T *de* $A^T/(\mathfrak{p}' \cap A^T)$ *est égal à la plus grande extension séparable* k'_s *de* k *contenue dans* k'.

Comme dans la prop. 4, on peut se ramener au cas où $\mathfrak{p}$ est un idéal maximal de A, ce qui entraîne que $\mathfrak{p}'$, $\mathfrak{p}' \cap A^Z$ et $\mathfrak{p}' \cap A^T$ sont maximaux dans A′, A^Z et A^T respectivement (nº 1, prop. 1).

Pour tout $x \in A'$, le polynôme $P(X) = \prod_{\sigma \in \mathfrak{G}^T} (X - \sigma.x)$ a ses coefficients dans l'anneau d'inertie A^T, et par définition de $\mathfrak{G}^T$, toutes ses racines dans A′ sont congrues mod. $\mathfrak{p}'$; le polynôme $\pi'(P)$ sur $A^T/(\mathfrak{p}' \cap A^T)$ dont les coefficients sont les images canoniques de ceux de P par l'homomorphisme $\pi' : A' \to A'/\mathfrak{p}'$ a donc toutes ses racines dans $A'/\mathfrak{p}'$ égales à l'image de x, ce qui montre que k' est une extension *radicielle* de k^T; d'où $k'_s \subset k^T$, puisque tout élément de k'_s est séparable sur k, et *a fortiori* sur k^T.

On sait que k'_s est une extension galoisienne de k (*Alg.*, chap. V, § 10, nº 9, prop. 14) et il résulte du th. 2 que son groupe de Galois est isomorphe à $\mathfrak{G}' = \mathfrak{G}^Z/\mathfrak{G}^T$. Comme k^T est une extension radicielle de k'_s, k^T est une extension quasi-galoisienne de k, et le facteur séparable du degré de k^T sur k est $q = (\mathfrak{G}^Z : \mathfrak{G}^T)$. Il reste à voir que k^T est une extension *séparable* de k. Nous avons vu plus haut que $\mathfrak{G}'$ s'identifie à un groupe d'automorphismes de A^T, et que A^Z est l'anneau des invariants de $\mathfrak{G}'$. Si $x \in A^T$, le polynôme $Q(X) = \prod_{\sigma' \in \mathfrak{G}'} (X - \sigma'(x))$ a donc ses coefficients dans A^Z; le polynôme sur $A^Z/(\mathfrak{p}' \cap A^Z)$ dont les coefficients sont les images de ceux de Q par π' est de degré q et a pour racine

$\pi'(x) \in A^T/(\mathfrak{p}' \cap A^T)$. Comme $A^Z/(\mathfrak{p}' \cap A^Z) = k$ en vertu de la prop. 4, (ii), on voit que tout élément de k^T est de degré $\leqslant q$ sur k.

Cela étant, soit k_1 le corps des invariants du groupe des k-automorphismes de l'extension quasi-galoisienne k^T de k; on a $[k^T : k_1] = q$ (*Alg.*, chap. V, § 10, n° 9, prop. 14). Soit u un élément primitif de k^T sur k_1; comme il est de degré q sur k_1 et de degré $\leqslant q$ sur k, il est de degré q sur k et son polynôme minimal sur k_1 a ses coefficients dans k; ceci montre que u est séparable sur k. D'autre part, pour tout $v \in k_1$, il existe une puissance p^f de l'exposant caractéristique p telle que $v^{p^f} \in k$. On en conclut que $k(u - v)$, qui contient

$$(u - v)^{p^f} = u^{p^f} - v^{p^f},$$

contient u^{p^f} et par conséquent $k(u^{p^f})$. Mais comme u est séparable sur k, on a $k(u) = k(u^{p^f})$ (*Alg.*, chap. V, § 8, n° 3, prop. 4), d'où $k(u) \subset k(u - v)$. Comme u est de degré q sur k et $u - v$ de degré $\leqslant q$, il en résulte que $k(u) = k(u - v)$, d'où $v \in k(u)$. Ceci montre que v est séparable sur k, donc $k_1 = k$ et k^T est séparable sur k. C.Q.F.D.

COROLLAIRE. — *Si l'ordre du groupe d'inertie $\mathcal{G}^T(\mathfrak{p}')$ est étranger à l'exposant caractéristique p de k, le corps k' est une extension galoisienne de k.*

En effet, avec les notations de la démonstration de la prop. 5, le polynôme $\pi'(P)$ a ses coefficients dans $k^T = k'_s$ et toutes ses racines égales à $\pi'(x)$; on en déduit aussitôt que $\pi'(P)$ est une puissance du polynôme minimal de $\pi'(x)$ sur k'_s; mais ce dernier a un degré égal à une puissance de p, donc, comme le degré de $\pi'(P)$ est égal à l'ordre de $\mathcal{G}^T$, l'hypothèse entraîne que $\pi'(x) \in k'_s$, autrement dit $k'_s = k'$.

3. *Décomposition et inertie pour les anneaux intégralement clos*

Lemme 4. — *Soient* A *un anneau intégralement clos,* K *son corps des fractions,* p *l'exposant caractéristique de* K, K' *une extension radicielle de* K *et* A' *un sous-anneau de* K' *contenant* A *et entier sur* A. *Pour tout idéal premier* $\mathfrak{p}$ *de* A, *il existe un idéal premier* $\mathfrak{p}'$ *et un seul de* A' *au-dessus de* $\mathfrak{p}$ *et* $\mathfrak{p}'$ *est l'ensemble des* $x \in A'$ *tels qu'il existe un entier* $m \geqslant 0$ *pour lequel* $x^{p^m} \in \mathfrak{p}$.

L'existence de $\mathfrak{p}'$ résulte du nº 1, th. 1. Si $x \in \mathfrak{p}'$, il existe $m \geqslant 0$ tel que $x^{p^m} \in \mathrm{K}$, d'où $x^{p^m} \in \mathrm{A}$ puisque A est intégralement clos, donc $x^{p^m} \in \mathfrak{p}' \cap \mathrm{A} = \mathfrak{p}$. Inversement, si $x \in \mathrm{A}'$ est tel que $x^{p^m} \in \mathfrak{p} \subset \mathfrak{p}'$, on a $x \in \mathfrak{p}'$ puisque $\mathfrak{p}'$ est premier.

Remarque 1. — Il résulte du § 1, nº 3, cor. de la prop. 11 que la fermeture intégrale de A dans K' est l'ensemble des $x \in \mathrm{K}'$ tels qu'il existe $m \geqslant 0$ pour lequel $x^{p^m} \in \mathrm{A}$ (*Alg.*, chap. V, § 8, nº 1, prop. 1).

PROPOSITION 6. — *Soient* A *un anneau intégralement clos,* K *son corps des fractions,* K' *une extension quasi-galoisienne de* K, A' *la fermeture intégrale de* A *dans* K'. *Alors :*

(i) *Pour tout idéal premier* $\mathfrak{p}$ *de* A, *le groupe* $\mathcal{G}$ *des* K-*automorphismes de* K' *opère transitivement dans l'ensemble des idéaux premiers de* A' *au-dessus de* $\mathfrak{p}$.

(ii) *Pour tout idéal premier* $\mathfrak{p}'$ *de* A', *le corps des fractions* k' *de* $\mathrm{A}'/\mathfrak{p}'$ *est une extension quasi-galoisienne du corps des fractions* k *de* $\mathrm{A}/(\mathrm{A} \cap \mathfrak{p}')$, *et l'homomorphisme canonique* $\sigma \to \bar{\sigma}$ *de* $\mathcal{G}^{\mathrm{Z}}(\mathfrak{p}')$ *dans le groupe* Γ *des* k-*automorphismes de* k' *définit, par passage au quotient, une bijection de* $\mathcal{G}^{\mathrm{Z}}(\mathfrak{p}')/\mathcal{G}^{\mathrm{T}}(\mathfrak{p}')$ *sur* Γ.

A) Supposons d'abord que K' soit une extension *galoisienne de degré fini* de K. On a $\mathrm{A} = \mathrm{A}' \cap \mathrm{K}$ puisque A est intégralement clos, et A est donc l'anneau des invariants de $\mathcal{G}$ dans A'. Comme $\mathcal{G}$ est fini, la proposition résulte dans ce cas du nº 2, th. 2.

B) Supposons en second lieu que K' soit une extension *galoisienne quelconque* de K. Alors K' est une réunion d'une famille filtrante croissante $(\mathrm{K}_\alpha)_{\alpha \in \mathrm{I}}$ d'extensions galoisiennes de degré fini de K. Pour démontrer (i), considérons deux idéaux premiers $\mathfrak{p}'$, $\mathfrak{q}'$ de A' au-dessus de $\mathfrak{p}$. Pour tout $\alpha \in \mathrm{I}$, $\mathfrak{p}' \cap \mathrm{K}_\alpha$ et $\mathfrak{q}' \cap \mathrm{K}_\alpha$ sont deux idéaux premiers de $\mathrm{A}' \cap \mathrm{K}_\alpha$ au-dessus de $\mathfrak{p}$. Puisque $\mathrm{A}' \cap \mathrm{K}_\alpha$ est la fermeture intégrale de A dans K_α et que les restrictions à K_α des éléments de $\mathcal{G}$ forment le groupe des K-automorphismes de K_α, il résulte du cas A) qu'il existe $\sigma \in \mathcal{G}$ tel que $\sigma.(\mathfrak{p}' \cap \mathrm{K}_\alpha) = \mathfrak{q}' \cap \mathrm{K}_\alpha$. Soit $\mathcal{E}_\alpha$ l'ensemble des $\sigma \in \mathcal{G}$ qui possèdent cette dernière propriété. Soit $\sigma \in \mathcal{G} - \mathcal{E}_\alpha$; alors, pour tout $\tau \in \mathcal{G}$ laissant invariants les éléments de K_α, on a $(\sigma\tau).(\mathfrak{p}' \cap \mathrm{K}_\alpha) = \sigma.(\mathfrak{p}' \cap \mathrm{K}_\alpha) \neq \mathfrak{q}' \cap \mathrm{K}_\alpha$, donc $\sigma\tau \in \mathcal{G} - \mathcal{E}_\alpha$. Il en résulte que $\mathcal{E}_\alpha$ est *fermé* dans le groupe de Galois topologique $\mathcal{G}$ (*Alg.*, chap. V, App. II, nº 1), et il est clair que la famille

$(\mathcal{E}_\alpha)_{\alpha \in I}$ est filtrante décroissante. Comme $\mathcal{G}$ est compact (*loc. cit.*, n° 2, prop. 3) et les $\mathcal{E}_\alpha$ non vides, l'intersection $\mathcal{E}$ de la famille $(\mathcal{E}_\alpha)$ est non vide, et on a $\sigma.\mathfrak{p}' = \mathfrak{q}'$ pour tout $\sigma \in \mathcal{E}$, d'où (i).

Pour démontrer (ii), notons que k' est réunion de la famille filtrante croissante $(k_\alpha)_{\alpha \in I}$, où k_α est le corps des fractions de $(A' \cap K_\alpha)/(\mathfrak{p}' \cap K_\alpha)$. Comme chaque k_α est extension quasi-galoisienne de k en vertu de A), il en est de même de k' (*Alg.*, chap. V, § 6, n° 3, prop. 8). D'autre part, soit u un k-automorphisme de k', et soit $\pi' : A' \to A'/\mathfrak{p}'$ l'homomorphisme canonique. En vertu du n° 2, th. 2 appliqué à $A' \cap K_\alpha$, il existe, pour tout α, un ensemble non vide $\mathcal{F}_\alpha$ d'éléments $\sigma \in \mathcal{G}$ tels que $\sigma.(\mathfrak{p}' \cap K_\alpha) = \mathfrak{p}' \cap K_\alpha$ et $u(\pi'(x)) = \pi'(\sigma.x)$ pour tout $x \in A' \cap K_\alpha$. On voit comme ci-dessus que $\mathcal{F}_\alpha$ est fermé dans $\mathcal{G}$, et comme $(\mathcal{F}_\alpha)$ est une famille filtrante décroissante, son intersection $\mathcal{F}$ est non vide. Il est clair que pour $\sigma \in \mathcal{F}$, on a $\sigma \in \mathcal{G}^Z(\mathfrak{p}')$ et $\bar{\sigma} = u$, ce qui achève de prouver (ii) dans ce cas.

C) *Cas général.* — Le corps des invariants K_1 de $\mathcal{G}$ est une extension radicielle de K (*Alg.*, chap. V, § 10, n° 9, prop. 14); il existe donc un seul idéal premier $\mathfrak{p}_1$ de $A_1 = A' \cap K_1$ au-dessus de $\mathfrak{p}$ (lemme 4). Si $\mathfrak{p}'$ et $\mathfrak{q}'$ sont deux idéaux premiers de A' au-dessus de $\mathfrak{p}$, ils sont par suite au-dessus de $\mathfrak{p}_1$; comme K' est une extension galoisienne de K_1 et que $A' \cap K_1$ est intégralement clos (§ 1, n° 2, prop. 7 et cor. de la prop. 8), il résulte de B) qu'il existe $\sigma \in \mathcal{G}$ tel que $\sigma.\mathfrak{p}' = \mathfrak{q}'$; d'où (i). D'autre part, il est clair que le corps des fractions k_1 de $A_1/\mathfrak{p}_1$ est extension radicielle de k (A étant intégralement clos); comme k' est extension quasi-galoisienne de k_1 d'après B), k' est extension quasi-galoisienne de k, tout k-isomorphisme de k' dans une extension algébriquement close de k' étant un k_1-isomorphisme. Cette dernière remarque montre aussi, compte tenu de B), que tout k-automorphisme de k' est de la forme $\bar{\sigma}$ où $\sigma \in \mathcal{G}^Z(\mathfrak{p}')$, ce qui achève de démontrer (ii). C.Q.F.D.

Remarque 2. — Supposons que K' soit une extension *galoisienne* de K et gardons les notations de la démonstration de la prop. 6; pour tout α, soit $\mathcal{G}^Z_\alpha$ (resp. $\mathcal{G}^T_\alpha$) le sous-groupe de $\mathcal{G}$ formé des σ dont la restriction à $A' \cap K_\alpha$ appartient à $\mathcal{G}^Z(\mathfrak{p}' \cap K_\alpha)$ (resp. à $\mathcal{G}^T(\mathfrak{p}' \cap K_\alpha)$). La démonstration de la prop. 6 montre que ces sous-groupes sont *fermés* dans $\mathcal{G}$, et que

$$\mathcal{G}^Z(\mathfrak{p}') = \bigcap_\alpha \mathcal{G}^Z_\alpha \quad \text{et} \quad \mathcal{G}^T(\mathfrak{p}') = \bigcap_\alpha \mathcal{G}^T_\alpha.$$

En outre, l'ensemble des restrictions à $A' \cap K_\alpha$ des éléments de $\mathcal{G}^Z_\alpha$ (resp. $\mathcal{G}^T_\alpha$) est le groupe $\mathcal{G}^Z(\mathfrak{p}' \cap K_\alpha)$ (resp. $\mathcal{G}^T(\mathfrak{p}' \cap K_\alpha)$) tout entier, tout K-automorphisme de K_α se prolongeant en un élément de $\mathcal{G}$.

Sous les mêmes hypothèses, l'anneau $A^Z(\mathfrak{p}')$ (resp. $A^T(\mathfrak{p}')$) est *réunion* de la famille filtrante des $A^Z(\mathfrak{p}' \cap K_\alpha)$ (resp. $A^T(\mathfrak{p}' \cap K_\alpha)$) : en effet, tout $x \in A^Z(\mathfrak{p}')$ (resp. tout $x \in A^T(\mathfrak{p}')$) appartient à un des K_α, et d'après ce qui précède, il existe un β tel que $K_\alpha \subset K_\beta$ et que les restrictions à $A' \cap K_\alpha$ des éléments de $\mathcal{G}^Z(\mathfrak{p}')$ (resp. $\mathcal{G}^T(\mathfrak{p}')$) soient les mêmes que les restrictions à $A' \cap K_\alpha$ des éléments de $\mathcal{G}^Z(\mathfrak{p}' \cap K_\beta)$ (resp. $\mathcal{G}^T(\mathfrak{p}' \cap K_\beta)$), les groupes $\mathcal{G}^Z(\mathfrak{p}' \cap K_\alpha)$ et $\mathcal{G}^T(\mathfrak{p}' \cap K_\beta)$ étant finis; donc x appartient à $A^Z(\mathfrak{p}' \cap K_\beta)$ (resp. $A^T(\mathfrak{p}' \cap K_\beta)$).

Corollaire 1. — *Les hypothèses étant celles de la prop.* 6, *soient* f *un homomorphisme de* A *dans un corps* L, g_1, g_2 *deux homomorphismes de* A' *dans* L *qui prolongent* f. *Il existe alors un* K-*automorphisme* σ *de* K' *tel que* $g_1 = g_2 \circ \sigma$.

La démonstration à partir de la prop. 6 est la même que celle du cor. du th. 2 à partir de ce dernier.

Corollaire 2. — *Soient* A *un anneau intégralement clos,* K *son corps des fractions,* K' *une extension algébrique de degré fini de* K, A' *un sous-anneau de* K' *contenant* A *et entier sur* A.

(i) *Pour tout idéal premier* $\mathfrak{p}$ *de* A, *l'ensemble des idéaux premiers de* A' *au-dessus de* $\mathfrak{p}$ *est fini.*

(ii) *Si* $\mathfrak{p}'$ *est un idéal premier de* A' *au-dessus de* $\mathfrak{p}$, *tout élément de* $A'/\mathfrak{p}'$ *est de degré* $\leqslant [K' : K]$ *sur le corps des fractions de* $A/\mathfrak{p}$.

(i) Soient K'' l'extension quasi-galoisienne de K engendrée par K' dans une clôture algébrique de K', A'' la fermeture intégrale de A dans K''. Le corps K'' est une extension de K de degré fini (*Alg.*, chap. V, § 6, nº 3, cor. 1 de la prop. 9), donc son groupe de K-automorphismes est fini; il en résulte que l'ensemble des idéaux premiers de A'' au-dessus de $\mathfrak{p}$ est fini (prop. 6, (i)). D'autre part, comme A'' est entier sur A', l'application $\mathfrak{p}'' \to \mathfrak{p}'' \cap A'$ de l'ensemble des idéaux premiers de A'' au-dessus de $\mathfrak{p}$ dans l'ensemble des idéaux premiers de A' au-dessus de x est surjective (nº 1, th. 1).

(ii) Les coefficients du polynôme minimal (sur K) d'un élément quelconque $x' \in A'$ appartiennent à A (§ 1, nº 3, cor. de la prop. 10); en appliquant aux coefficients de ce polynôme l'homomorphisme canonique $\pi' : A' \to A'/\mathfrak{p}'$, on obtient pour la classe mod. $\mathfrak{p}'$ de x une équation de dépendance intégrale à coefficients dans $A/\mathfrak{p}$ et de degré $\leqslant [K' : K]$; d'où la conclusion.

COROLLAIRE 3. — *Les hypothèses et notations étant celles du cor. 2, si* A *est semi-local, il en est de même de* A'.

En effet, pour tout idéal maximal $\mathfrak{m}'$ de A', $\mathfrak{m}' \cap A$ est un idéal maximal de A (n° 1, prop. 1); le corollaire résulte donc du cor. 2, puisque par hypothèse l'ensemble des idéaux maximaux de A est fini.

COROLLAIRE 4. — *Soient* A *un anneau intégralement clos,* K *son corps des fractions,* K' *une extension galoisienne de* K, A' *la fermeture intégrale de* A *dans* K', $\mathfrak{p}'$ *un idéal premier de* A', $\mathfrak{p} = A \cap \mathfrak{p}'$, k *et* k' *les corps des fractions de* $A/\mathfrak{p}$ *et* $A'/\mathfrak{p}'$ *respectivement. Alors :*

(i) *Le corps des fractions de* $A^Z/(\mathfrak{p}' \cap A^Z)$ *est égal à* k, *et l'idéal maximal de l'anneau local de* A^Z *relatif à* $\mathfrak{p}' \cap A^Z$ *est engendré par* $\mathfrak{p}$.

(ii) *Le corps des fractions* k^T *de* $A^T/(\mathfrak{p}' \cap A^T)$ *est la plus grande extension séparable de* k *contenue dans* k'.

L'anneau A est l'anneau des invariants dans A' du groupe de Galois de K' sur K; lorsque K' est de degré *fini* sur K, le corollaire résulte donc des prop. 4 et 5 du n° 2. Considérons maintenant le cas général, K' étant donc réunion d'une famille filtrante croissante (K_α) d'extensions galoisiennes de degré fini de K. Alors :

(i) Si x, y sont deux éléments de A^Z, avec $y \notin \mathfrak{p}'$, il y a un indice α tel que x et y appartiennent à $A^Z(\mathfrak{p}' \cap K_\alpha)$ (*Remarque* 2); en vertu de la prop. 4 du n° 2, il y a x_0, y_0 dans A, avec $y_0 \notin \mathfrak{p}'$, tels que $xy_0 - x_0 y \in \mathfrak{p}'$, ce qui prouve la première assertion de (i); si en outre $x \in \mathfrak{p}'$, on peut supposer y_0 tel que

$$xy_0 \in \mathfrak{p}A^Z(\mathfrak{p}' \cap K_\alpha) \subset \mathfrak{p}A^Z(\mathfrak{p}'),$$

ce qui démontre la seconde assertion de (i).

(ii) Supposons maintenant que $x \in A^T$; il existe α tel que $x \in A^T(\mathfrak{p}' \cap K_\alpha)$ (*Remarque* 2) et la prop. 5 du n° 2 montre que la classe $\bar{x}$ de x mod. $(\mathfrak{p}' \cap K_\alpha \cap A^T)$ est algébrique séparable sur k; *a fortiori* la classe mod. $(\mathfrak{p}' \cap A^T)$ de x est séparable sur k; pour achever de prouver le corollaire, il suffit de montrer que k' est une extension *radicielle* de k^T. Or, k' est réunion de la famille filtrante croissante des corps des fractions k_α des anneaux $(A' \cap K_\alpha)/(\mathfrak{p}' \cap K_\alpha)$. Il résulte donc de la prop. 5 que si un élément de k' appartient à k_α, il est radiciel sur le corps des fractions de

$$A^T(\mathfrak{p}' \cap K_\alpha)/(\mathfrak{p}' \cap A^T(\mathfrak{p}' \cap K_\alpha))$$

et *a fortiori* sur k^T (en vertu de la *Remarque* 2).

DÉFINITION 5. — *Les hypothèses et notations étant celles de la prop.* 6, *le corps des invariants* $K^Z(\mathfrak{p}')$ (resp. $K^T(\mathfrak{p}')$) *du groupe* $\mathcal{G}^Z(\mathfrak{p}')$ (resp. $\mathcal{G}^T(\mathfrak{p}')$) *dans le corps* K' *s'appelle le corps de décomposition* (resp. *corps d'inertie*) *de* $\mathfrak{p}'$ *par rapport à* K.

On écrit aussi K^Z (resp. K^T) au lieu de $K^Z(\mathfrak{p}')$ (resp. $K^T(\mathfrak{p}')$). Il résulte du § 1, nº 9, prop. 23 que K^Z (resp. K^T) est le *corps des fractions* de l'anneau A^Z (resp. A^T); A^Z (resp. A^T) est la fermeture intégrale de A dans K^Z (resp. K^T).

Remarques. — 3) Sous les conditions du cor. 4 de la prop. 6, et en supposant $[K' : K]$ *fini*, le nombre des idéaux premiers distincts au-dessus de $\mathfrak{p}$ est $[K^Z : K]$, ce degré étant égal à l'indice $(\mathcal{G} : \mathcal{G}^Z)$ en vertu de la théorie de Galois; en outre, il résulte de la théorie de Galois que l'on a

$$(6) \qquad [K^T : K^Z] = (\mathcal{G}^Z : \mathcal{G}^T) = [k^T : k].$$

4) Soient A un anneau intégralement clos, K son corps des fractions, K' une extension algébrique de degré *fini* de K, A' la fermeture intégrale de A dans K'. Alors, pour tout idéal premier $\mathfrak{p}$ de A, *le nombre d'idéaux premiers de* A' *au-dessus de* $\mathfrak{p}$ *est au plus* $[K' : K]_s$ (facteur séparable du degré de K' sur K). En effet, on peut d'abord se borner au cas où K' est une extension séparable de K, car en général K' est extension radicielle de la plus grande extension séparable K_0 de K contenue dans K', on a $[K' : K]_s = [K_0 : K]$ par définition, et si A_0 est la fermeture intégrale de A dans K_0, les idéaux premiers de A_0 et de A' se correspondent biunivoquement (lemme 4). Supposons donc K' séparable sur K, et soient N l'extension galoisienne de K engendrée par K' dans une clôture algébrique de K, $\mathcal{G}$ son groupe de Galois, B la fermeture intégrale de A dans N, $\mathfrak{P}$ un idéal premier de B au-dessus de $\mathfrak{p}$. Soient $\mathcal{H}$ le groupe de Galois de N sur K', $\mathcal{G}^Z$ le groupe de décomposition de $\mathfrak{P}$; les idéaux premiers de B au-dessus de $\mathfrak{p}$ sont les $s.\mathfrak{P}$

pour $s \in \mathcal{G}$ (n° 2, th. 2), et la relation $s.\mathfrak{P} = s'.\mathfrak{P}$ signifie que $s' = sg$ où $g \in \mathcal{G}^Z$. D'autre part, pour que $s.\mathfrak{P} \cap K' = s'.\mathfrak{P} \cap K'$, il faut et il suffit que $s'.\mathfrak{P} = ts.\mathfrak{P}$, où $t \in \mathcal{H}$ (n° 2, th. 2), d'où finalement $s' = tsg$ avec $t \in \mathcal{H}$ et $g \in \mathcal{G}^Z$. Le nombre des idéaux premiers de A′ au-dessus de $\mathfrak{p}$ est donc égal au *nombre de classes de* $\mathcal{G}$ *pour la relation d'équivalence « il existe* $t \in \mathcal{H}$ *et* $g \in \mathcal{G}^Z$ *tels que* $s' = tsg$ *» entre* s *et* s'*;* il est clair que ce nombre est au plus égal à l'indice $(\mathcal{G} : \mathcal{H})$, nombre de classes à droite de $\mathcal{G}$ suivant $\mathcal{H}$, et l'on a $(\mathcal{G} : \mathcal{H}) = [K' : K]$ par la théorie de Galois.

PROPOSITION 7. — *Soient* A *un anneau intégralement clos,* K *son corps des fractions,* K′ *une extension galoisienne de* K, $\mathcal{G}$ *son groupe de Galois,* A′ *la fermeture intégrale de* A *dans* K′, $\mathfrak{p}'$ *un idéal premier de* A′, $\mathfrak{p} = A \cap \mathfrak{p}'$. *Enfin, soit* L *un sous-corps de* K′ *contenant* K, *et soit* $\mathfrak{p}(L) = \mathfrak{p}' \cap L$.

(i) *Le corps de décomposition* (resp. *d'inertie*) *de* $\mathfrak{p}'$ *par rapport à* L *est* $L(K^Z)$ (resp. $L(K^T)$); *si en outre* L *est une extension galoisienne de* K, *le corps de décomposition de* $\mathfrak{p}(L)$ *par rapport à* K *est* $L \cap K^Z$.

(ii) *Si* L *est contenu dans* K^Z, $A/\mathfrak{p}$ *et* $(A' \cap L)/\mathfrak{p}(L)$ *ont même corps des fractions, et dans l'anneau local de* $A' \cap L$ *correspondant à l'idéal premier* $\mathfrak{p}(L)$, *l'idéal maximal est engendré par* $\mathfrak{p}$. *Réciproquement, si ces deux conditions sont vérifiées, et si en outre* $\bigcap_{n \geqslant 0} \mathfrak{p}^n A'_{\mathfrak{p}'} = 0$, L *est contenu dans* K^Z.

(i) Si $\mathcal{H}$ est le sous-groupe de $\mathcal{G}$ laissant invariants les éléments de L, il est clair que le groupe de décomposition (resp. d'inertie) de $\mathfrak{p}'$ par rapport à L est $\mathcal{G}^Z \cap \mathcal{H}$ (resp. $\mathcal{G}^T \cap \mathcal{H}$), et la première assertion résulte de la théorie de Galois lorsque K′ est une extension galoisienne *finie* de K (*Alg.*, chap. V, § 10, n° 6, cor. 1 du th. 3); dans le cas général, elle découle de ce que A^Z (resp. A^T) est réunion des $A^Z(\mathfrak{p}' \cap K_\alpha)$ (resp. $A^T(\mathfrak{p}' \cap K_\alpha)$) avec les notations de la *Remarque* 2 : tout élément $x \in K'$ appartient à un K_α et s'il est invariant par $\mathcal{G}^Z(\mathfrak{p}') \cap \mathcal{H}$ (resp. $\mathcal{G}^T(\mathfrak{p}') \cap \mathcal{H}$) il l'est aussi par $\mathcal{G}^Z(\mathfrak{p}' \cap K_\beta) \cap \mathcal{H}$ (resp. $\mathcal{G}^T(\mathfrak{p}' \cap K_\beta) \cap \mathcal{H}$) pour un β convenable; donc il appartient d'après le début du raisonnement à $L(K^Z(\mathfrak{p}' \cap K_\beta)) \subset L(K^Z)$ (resp. à $L(K^T(\mathfrak{p}' \cap K_\beta)) \subset L(K^T)$). Supposons maintenant que L soit une extension galoisienne de K; la restriction à L de tout $\sigma \in \mathcal{G}^Z$ laisse alors invariant $\mathfrak{p}(L) = \mathfrak{p}' \cap L$, donc appartient au groupe de décomposition de $\mathfrak{p}(L)$ par rapport à K. Réciproquement, soit τ un automorphisme de L appartenant à ce groupe, et soit σ un prolongement de τ en un K-automorphisme de K′;

posons $\mathfrak{q}' = \sigma.\mathfrak{p}'$. Comme $\mathfrak{p}'$ et $\mathfrak{q}'$ sont tous deux au-dessus de $\mathfrak{p}(L)$, il existe un automorphisme $\rho \in \mathcal{H}$ tel que $\mathfrak{q}' = \rho.\mathfrak{p}'$, d'où $\rho^{-1}\sigma \in \mathcal{G}^Z$, et τ est restriction de $\rho^{-1}\sigma$ à L; autrement dit, le groupe de décomposition de $\mathfrak{p}(L)$ par rapport à K est identique au groupe des restrictions à L des automorphismes $\sigma \in \mathcal{G}^Z$, ce qui démontre la seconde assertion.

(ii) Dire que $L \subset K^Z$ signifie que $\mathcal{H} \supset \mathcal{G}^Z$, et les assertions de (ii) sont donc des cas particuliers du nº 2, prop. 4, (ii) et (iii) lorsque $[K' : K]$ est fini. Dans le cas général, on raisonne comme dans la démonstration de la prop. 6.

4. *Deuxième théorème d'existence*

Théorème 3. — *Soient* A *un anneau intégralement clos,* A′ *un anneau contenant* A *et entier sur* A. *On suppose que* 0 *est le seul élément de* A *qui soit diviseur de* 0 *dans* A′. *Soient* $\mathfrak{p}$, $\mathfrak{q}$ *deux idéaux premiers de* A *tels que* $\mathfrak{q} \supset \mathfrak{p}$, *et* $\mathfrak{q}'$ *un idéal premier de* A′ *au-dessus de* $\mathfrak{q}$. *Alors il existe un idéal premier* $\mathfrak{p}'$ *de* A′ *au-dessus de* $\mathfrak{p}$ *et tel que* $\mathfrak{q}' \supset \mathfrak{p}'$.

Supposons d'abord A′ *intègre.* Soient K, K′ les corps des fractions de A et A′ respectivement; soient K″ la clôture algébrique de K′ et A″ la fermeture intégrale de A dans K″; on a $A \subset A' \subset A''$. Soient $\mathfrak{p}''$ un idéal premier de A″ au-dessus de $\mathfrak{p}$ (nº 1, th. 1), $\mathfrak{q}''$ un idéal premier de A″ au-dessus de $\mathfrak{q}$ et tel que $\mathfrak{p}'' \subset \mathfrak{q}''$ (nº 1, cor. 2 du th. 1), enfin $\mathfrak{q}''_1$ un idéal premier de A″ au-dessus de $\mathfrak{q}'$ (nº 1, th. 1). En vertu du nº 3, prop. 6, (i), il existe un K-automorphisme σ de K″ tel que $\sigma.\mathfrak{q}'' = \mathfrak{q}''_1$. Alors $\sigma.\mathfrak{p}''$ est un idéal premier de A″ au-dessus de $\mathfrak{p}$ tel que $\sigma.\mathfrak{p}'' \subset \mathfrak{q}''_1$, donc $\mathfrak{p}' = A' \cap \sigma.\mathfrak{p}''$ est un idéal premier de A′ au-dessus de $\mathfrak{p}$ et contenu dans $A' \cap \mathfrak{q}''_1 = \mathfrak{q}'$.

Passons au cas général. Comme A est intègre et $\mathfrak{q}'$ premier, les parties $A - \{0\}$ et $A' - \mathfrak{q}'$ de A′ sont multiplicatives; donc leur produit $S = (A - \{0\})(A' - \mathfrak{q}')$ est une partie multiplicative de A′, qui ne contient pas 0 puisque les éléments non nuls de A ne sont pas diviseurs de 0 dans A′. Il existe alors (chap. II, § 2, nº 5, cor. 2 de la prop. 11) un idéal premier $\mathfrak{m}'$ de A′ disjoint de S, autrement dit tel que $\mathfrak{m}' \subset \mathfrak{q}'$ et $\mathfrak{m}' \cap A = 0$. Soit *h* l'homomorphisme canonique $A' \to A'/\mathfrak{m}'$. La restriction de *h* à A est injective, donc *h*(A) est intégralement clos. Comme $\mathfrak{m}' \subset \mathfrak{q}'$, $h(\mathfrak{q}')$ est un idéal premier de $A'/\mathfrak{m}'$ au-dessus de $h(\mathfrak{q})$;

puisque $A'/\mathfrak{m}'$ est intègre, la première partie de la démonstration prouve qu'il existe un idéal premier $\mathfrak{n}'$ de $A'/\mathfrak{m}'$ tel que $\mathfrak{n}' \cap h(A) = h(\mathfrak{p})$ et $h(\mathfrak{q}') \supset \mathfrak{n}'$. L'idéal $\mathfrak{p}' = h^{-1}(\mathfrak{n}')$ est un idéal premier de A', et on a $\mathfrak{q}' \supset \mathfrak{p}'$, puisque $\mathfrak{q}'$ contient le noyau de h. Comme $\mathfrak{n}' \supset h(\mathfrak{p})$, on a $\mathfrak{p}' \supset \mathfrak{p}$. Enfin, pour $x \in \mathfrak{p}' \cap A$, on a $h(x) \in \mathfrak{n}' \cap h(A) = h(\mathfrak{p})$, donc $x \in \mathfrak{p}$ puisque la restriction de h à A est injective; donc $\mathfrak{p}' \cap A = \mathfrak{p}$.

C.Q.F.D.

COROLLAIRE. — *Les hypothèses sur* A *et* A′ *étant celles du th.* 3, *soit* $\mathfrak{p}$ *un idéal premier de* A. *Les idéaux premiers de* A′ *au-dessus de* $\mathfrak{p}$ *sont les éléments minimaux de l'ensemble* $\mathfrak{E}$ *des idéaux premiers de* A′ *contenant* $\mathfrak{p}A'$.

En effet, un idéal premier de A' au-dessus de $\mathfrak{p}$ est minimal dans $\mathfrak{E}$, en vertu du n° 1, cor. 1 de la prop. 1. Inversement, soit $\mathfrak{q}'$ un élément minimal de $\mathfrak{E}$. Comme $\mathfrak{q}' \cap A \supset \mathfrak{p}$, le th. 3 montre qu'il existe un idéal premier $\mathfrak{p}'$ de A' au-dessus de $\mathfrak{p}$ tel que $\mathfrak{q}' \supset \mathfrak{p}'$. Comme $\mathfrak{p}'$ contient $\mathfrak{p}A'$, l'hypothèse faite sur $\mathfrak{q}'$ entraîne que $\mathfrak{q}' = \mathfrak{p}'$, donc $\mathfrak{q}'$ est au-dessus de $\mathfrak{p}$.

* Soient V, V′ deux variétés algébriques affines, f un morphisme de V′ dans V tel que $f(V')$ soit dense dans V. Soit A (resp. A′) l'anneau des fonctions régulières sur V (resp. V′); la donnée de f permet d'identifier A à un sous-anneau de A′; supposons que A′ soit *entier* sur A. Le th. 1 du n° 1 montre que pour toute sous-variété irréductible W de V, il existe une sous-variété irréductible W′ de V′ telle que $f(W')$ soit une partie dense de W; en particulier tout point de V est l'image d'une sous-variété irréductible de V′, ce qui montre que f est *surjective.* De même, la restriction de f à toute sous-variété irréductible W′ de V′ applique W′ *sur* une sous-variété irréductible de V. Le cor. 2 du th. 1, n° 1, montre que si W et X sont deux sous-variétés irréductibles de V telles que $W \supset X$, et si W′ est une sous-variété irréductible de V′ telle que $f(W') = W$, alors il existe une sous-variété irréductible X′ de V′ *contenue dans* W′ et telle que $f(X') = X$.

Lorsque A est intégralement clos, on dit que V est *normale.* Le th. 3 montre que si V est normale, si W et X sont des sous-variétés irréductibles de V telles que $W \supset X$, et si X′ est une sous-variété irréductible de V′ telle que $f(X') = X$, alors il existe une sous-variété W′ de V′ *contenant* X′ et telle que $f(W') = W$. Enfin, le cor. du th. 3 montre que si V est normale et si W est une sous-variété irréductible de V, les sous-variétés irréductibles W′ de V′ telles que $f(W') = W$ ne sont autres que les composantes irréductibles de $f^{-1}(W)$.*

§ 3. Algèbres de type fini sur un corps.

1. *Le lemme de normalisation*

Dans ce numéro et le suivant, k désigne un *corps commutatif*.

Théorème 1. — (Lemme de normalisation.) *Soit* A *une k-algèbre de type fini, et soit* $\mathfrak{a}_1 \subset \mathfrak{a}_2 \subset \ldots \subset \mathfrak{a}_p$ *une suite finie croissante d'idéaux de* A *telle que* $p \geqslant 1$ *et* $\mathfrak{a}_p \neq$ A. *Il existe une suite finie* $(x_i)_{1 \leqslant i \leqslant n}$ *d'éléments de* A, *algébriquement indépendants sur* k (chap. III, § 1, n° 1) *et tels que :*

a) A *soit entier sur l'anneau* $B = k[x_1, \ldots, x_n]$.

b) Il existe une suite croissante $(h(j))_{1 \leqslant j \leqslant p}$ *d'entiers telle que, pour tout* j *l'idéal* $\mathfrak{a}_j \cap B$ *de* B *soit engendré par* $x_1, \ldots, x_{h(j)}$.

Remarquons d'abord qu'il suffit de démontrer le théorème *lorsque* A *est une algèbre de polynômes* $k[Y_1, \ldots, Y_m]$. En effet, dans le cas général, A est isomorphe au quotient d'une telle algèbre A′ par un idéal $\mathfrak{a}'_0$; notons $\mathfrak{a}'_j$ l'image réciproque de $\mathfrak{a}_j$ dans A′ et soient x'_i $(1 \leqslant i \leqslant r)$ des éléments de A′ vérifiant les conditions de l'énoncé pour l'anneau A′ et la suite croissante d'idéaux $\mathfrak{a}'_0 \subset \mathfrak{a}'_1 \subset \cdots \subset \mathfrak{a}'_p$. Alors les images x_i des x'_i dans A pour $i > h(0)$ vérifient les conditions voulues; c'est évident pour la condition *b*), et pour la condition *a*) cela résulte du § 1, n° 1, prop. 2; enfin, si les x_i $(h(0) + 1 \leqslant i \leqslant r)$ n'étaient pas algébriquement indépendants sur k, il y aurait un polynôme non nul $Q \in k[X_{h(0)+1}, \ldots, X_r]$ tel que $Q(x'_{h(0)+1}, \ldots, x'_r) \in \mathfrak{a}'_0 \cap B'$, en posant $B' = k[x'_1, \ldots, x'_r]$; mais par hypothèse, tout élément de $\mathfrak{a}'_0 \cap B'$ peut s'écrire d'une seule manière comme polynôme par rapport aux x'_j $(1 \leqslant j \leqslant r)$ à coefficients dans k, et dont chaque monôme contient au moins un des x'_j pour $1 \leqslant j \leqslant h(0)$; on aboutit donc à une contradiction, ce qui prouve notre assertion.

Nous supposerons donc dans toute la suite de la démonstration que $A = k[Y_1, \ldots, Y_m]$, et nous raisonnerons par récurrence sur p.

A) $p = 1$. Distinguons deux cas :

A 1) *L'idéal* $\mathfrak{a}_1$ *est un idéal principal engendré par un élément* $x_1 \notin k$.

On a $x_1 = P(Y_1, \ldots, Y_m)$, où P est un polynôme non constant. Nous allons voir que, pour un choix convenable d'entiers

$r_i > 0$, l'anneau A est *entier sur* $B = k[x_1, x_2, \ldots, x_m]$, avec

(1) $$x_i = Y_i - Y_1^{r_i} \quad (2 \leqslant i \leqslant m).$$

Il suffit pour cela de choisir les r_i de sorte que Y_1 soit *entier sur* B (§ 1, n° 1, prop. 4). Or, on a la relation

(2) $$P(Y_1, x_2 + Y_1^{r_2}, \ldots, x_m + Y_1^{r_m}) - x_1 = 0$$

Soit $P = \sum_{\mathbf{p}} a_{\mathbf{p}} Y^{\mathbf{p}}$ où $\mathbf{p} = (p_1, \ldots, p_m)$, les p_i étant des entiers $\geqslant 0$, $Y^{\mathbf{p}} = Y_1^{p_1} \ldots Y_m^{p_m}$, les $a_{\mathbf{p}}$ des éléments $\neq 0$ de k, et un des indices $\mathbf{p}$ au moins étant distinct de $(0, \ldots, 0)$; la relation (2) s'écrit

(3) $$\sum_{\mathbf{p}} a_{\mathbf{p}} Y_1^{p_1}(x_2 + Y_1^{r_2})^{p_2} \ldots (x_m + Y_1^{r_m})^{p_m} - x_1 = 0.$$

Posons $f(\mathbf{p}) = p_1 + r_2 p_2 + \cdots + r_m p_m$, et supposons les r_i choisis de sorte que tous les $f(\mathbf{p})$ soient distincts (il suffit par exemple de prendre $r_i = h^i$, où h est un entier strictement supérieur à tous les p_j (*Ens.*, chap. III, § 5, n° 7, prop. 8)). Il y aura alors un système $\mathbf{p} = (p_1, \ldots, p_m)$ et un seul tel que $f(\mathbf{p})$ soit maximum, et la relation (3) s'écrit

(4) $$a_{\mathbf{p}} Y_1^{f(\mathbf{p})} + \sum_{j < f(\mathbf{p})} Q_j(x_1, \ldots, x_m) Y_1^j = 0$$

où les Q_j sont des polynômes de $k[Y_1, \ldots, Y_m]$; comme $a_{\mathbf{p}} \neq 0$ est inversible dans k, (4) est bien une équation de dépendance intégrale à coefficients dans B, d'où notre assertion.

Le corps des fractions $k(Y_1, \ldots, Y_m)$ de A est donc algébrique sur le corps des fractions $k(x_1, \ldots, x_m)$ de B, ce qui prouve (*Alg.*, chap. V, § 5, n° 3, th. 4) que les x_i $(1 \leqslant i \leqslant m)$ sont algébriquement indépendants. De plus, on a $\mathfrak{a}_1 \cap B = Bx_1$; en effet, tout élément $z \in \mathfrak{a}_1 \cap B$ s'écrit $z = x_1 z'$ avec $z' \in A \cap k(x_1, \ldots, x_m)$; mais on a $A \cap k(x_1, \ldots, x_m) = k[x_1, \ldots, x_m] = B$ puisque B est intégralement clos (§ 1, n° 3, cor. 2 de la prop. 13); on a par suite $z' \in B$, ce qui achève de démontrer les propriétés *a*) et *b*) dans ce cas.

A 2) *Cas général* $(p = 1)$.

On raisonne par récurrence sur m, le cas $m = 0$ étant trivial. On peut évidemment supposer $\mathfrak{a}_1 \neq 0$ (sans quoi on peut prendre $x_i = Y_i$ pour $1 \leqslant i \leqslant m$ et $h(1) = 0$). Soit x_1 un élément non nul de $\mathfrak{a}_1$; en vertu de A 1), il existe $t_2, \ldots, t_m$ tels que $x_1, t_2, \ldots, t_m$ soient algébriquement indépendants sur k, que A soit entier sur $C = k[x_1, t_2, \ldots, t_m]$ et que $x_1A \cap C = x_1C$. En vertu de l'hypothèse de récurrence, il existe des éléments $x_2, \ldots, x_m$ de $k[t_2, \ldots, t_m]$ et un entier h tels que $k[t_2, \ldots, t_m]$ soit entier sur $B' = k[x_2, \ldots, x_m]$, que $x_2, \ldots, x_m$ soient algébriquement indépendants sur k et que l'idéal $\mathfrak{a}_1 \cap B'$ soit engendré par $x_2, \ldots, x_h$. Alors C est entier sur $B = k[x_1, x_2, \ldots, x_m]$ (§ 1, n° 1, cor. de la prop. 5), donc il en est de même de A (§ 1, n° 1, prop. 6); le même raisonnement que dans le cas A 1) montre que $x_1, \ldots, x_m$ sont algébriquement indépendants sur k; enfin, comme $x_1 \in \mathfrak{a}_1$ et $B = B'[x_1]$, on a $\mathfrak{a}_1 \cap B = Bx_1 + (\mathfrak{a}_1 \cap B')$, et comme $\mathfrak{a}_1 \cap B'$ est engendré (dans B') par $x_2, \ldots, x_h$, $\mathfrak{a}_1 \cap B$ est engendré (dans B) par $x_1, x_2, \ldots, x_h$.

B) *Passage de* $p - 1$ *à* p.

Soient $t_1, \ldots, t_m$ des éléments de A satisfaisant aux conditions du théorème pour la suite croissante d'idéaux $\mathfrak{a}_1 \subset \cdots \subset \mathfrak{a}_{p-1}$, et posons $r = h(p-1)$. En vertu de A 2), il existe des éléments $x_{r+1}, \ldots, x_m$ de $k[t_{r+1}, \ldots, t_m]$ et un entier s tels que

$$C = k[t_{r+1}, \ldots, t_m]$$

soit entier sur $B' = k[x_{r+1}, \ldots, x_m]$, que $x_{r+1}, \ldots, x_m$ soient algébriquement indépendants sur k et que l'idéal $\mathfrak{a}_p \cap B'$ soit engendré par $x_{r+1}, \ldots, x_s$. En posant $x_i = t_i$ pour $i \leqslant r$, la famille $(x_i)_{1 \leqslant i \leqslant m}$ obtenue répond à la question avec $h(p) = s$. En effet, A est entier sur $C[t_1, \ldots, t_r] = C[x_1, \ldots, x_r]$, donc aussi sur $B = k[x_1, \ldots, x_m] = B'[x_1, \ldots, x_r]$, puisque C est entier sur B' (§ 1, n° 1, cor. de la prop. 5 et prop. 6); on montre comme dans le cas A 1) que les x_i sont algébriquement indépendants sur k. D'autre part, pour $j \leqslant p - 1$, l'idéal

$$\mathfrak{a}_j \cap k[x_1, \ldots, x_r, t_{r+1}, \ldots, t_m]$$

est par hypothèse l'ensemble des polynômes en $x_1, \ldots, x_r, t_{r+1}, \ldots, t_m$ dont tous les monômes contiennent un des éléments $x_1, \ldots, x_{h(j)}$ comme $x_{r+1}, \ldots, x_m$ sont des polynômes en $t_{r+1}, \ldots, t_m$ à coefficients dans k, on voit aussitôt qu'un polynôme en $x_1, \ldots, x_r$, $x_{r+1}, \ldots, x_m$ (à coefficients dans k) ne peut appartenir à $\mathfrak{a}_j$ que si tous ses monômes contiennent un des éléments $x_1, \ldots, x_{h(j)}$. Enfin, comme $x_1, \ldots, x_r$ appartiennent à $\mathfrak{a}_{p-1}$, donc aussi à $\mathfrak{a}_p$, $\mathfrak{a}_p \cap B'[x_1, \ldots, x_r]$ est formé des polynômes en $x_1, \ldots, x_r$ à coefficients dans B', dont le terme constant appartient à $\mathfrak{a}_p \cap B'$; par suite cet idéal est engendré par $x_1, \ldots, x_r, x_{r+1}, \ldots, x_t$.

C.Q.F.D.

COROLLAIRE 1. — *Soient* A *un anneau intègre*, B *une* A-*algèbre de type fini contenant* A *comme sous-anneau. Il existe alors un élément* $s \neq 0$ *de* A *et une sous-algèbre* B' *de* B *isomorphe à une algèbre de polynômes* $A[Y_1, \ldots, Y_n]$ *tels que* $B[s^{-1}]$ (chap. II, § 2, n° 1) *soit entier sur* $B'[s^{-1}]$.

Posons $S = A - \{0\}$, et soit $k = S^{-1}A$ le corps des fractions de A; il est clair que $S^{-1}B$ est une k-algèbre de type fini, et comme elle contient par hypothèse k (chap. II, § 2, n° 4, th. 1) elle n'est pas réduite à 0. En vertu du th. 1 (appliqué pour $p = 1$ et $\mathfrak{a}_1 = 0$) il existe donc une suite finie $(x_i)_{1 \leqslant i \leqslant n}$ d'éléments de $S^{-1}B$ algébriquement indépendants sur k et tels que $S^{-1}B$ soit entier sur $k[x_1, \ldots, x_n]$. Soit $(z_j)_{1 \leqslant j \leqslant m}$ un système de générateurs de la A-algèbre B; dans $S^{-1}B$, chacun des $z_j/1$ vérifie une équation de dépendance intégrale

$$(5) \qquad (z_j/1)^{q_j} + \sum_{h<q_j} P_{hj}(x_1, \ldots, x_n)(z_j/1)^h = 0$$

où les P_{hj} sont des polynômes en les x_i à coefficients dans k. Il existe un élément $s \neq 0$ de A tel que l'on puisse écrire $x_i = y_i/s$ avec $y_i \in B$ pour $1 \leqslant i \leqslant n$, et que tous les coefficients des P_{hj} soient de la forme c/s avec $c \in A$; enfin, remplaçant au besoin s par un produit d'éléments de S, on peut supposer que l'on ait, dans B

$$(6) \qquad sz_j^{q_j} + \sum_{h<q_j} Q_{hj}z_j^h = 0$$

où les Q_{hj} sont des polynômes en $y_1, \ldots, y_n$, à coefficients dans A; si on pose $z'_j = sz_j$, on voit, en multipliant (6) par s^{q_j-1}, que z'_j est entier sur $B' = A[y_1, \ldots, y_n]$. Montrons que les y_i sont algébriquement indépendants sur A; en effet, si on a une relation de la forme $\sum_{\mathbf{p}} a_{\mathbf{p}} y_1^{p_1} \ldots y_n^{p_n} = 0$ avec $a_{\mathbf{p}} \in A$ pour tout $\mathbf{p}$, on en déduit $\sum_{\mathbf{p}} a'_{\mathbf{p}} x_1^{p_1} \ldots x_n^{p_n} = 0$ dans $S^{-1}B$, avec $a'_{\mathbf{p}} = a_{\mathbf{p}} s^{p_1+\cdots+p_n}$ dans k; par hypothèse, on a donc $a'_{\mathbf{p}} = 0$ pour tout $\mathbf{p}$, d'où $a_{\mathbf{p}} = 0$ pour tout $\mathbf{p}$. En outre, dans l'anneau $B[s^{-1}]$, chacun des $z'_j/1$ est entier sur $B'[s^{-1}]$ (§ 1, n° 1, prop. 2), et comme $z_j/1 = (z'_j/1)(1/s)$ dans $B[s^{-1}]$, on voit que les $z_j/1$ sont entiers sur $B'[s^{-1}]$, ce qui achève la démonstration (§ 1, n° 1, prop. 4).

COROLLAIRE 2. — *Soient* K *un corps*, A *un sous-anneau de* K *et* L *le corps des fractions de* A. *Si* K *est une* A-*algèbre de type fini,* $[K:L]$ *est fini et il existe* $a \neq 0$ *dans* A *tel que* $L = A[a^{-1}]$.

En effet, il résulte du cor. 1 qu'il existe des éléments $x_1, \ldots, x_n$ de K et un élément $a \neq 0$ de A tels que $x_1, \ldots, x_n$ soient algébriquement indépendants sur A (et par suite sur L) et que K soit entier sur le sous-anneau $A[x_1, \ldots, x_n, a^{-1}]$. Il résulte donc du § 2, nº 1, lemme 2 que $A[x_1, \ldots, x_n, a^{-1}]$ est un corps. Mais les seuls éléments inversibles d'un anneau de polynômes $C[Y_1, \ldots, Y_n]$ sur un anneau intègre C sont les éléments inversibles de C; appliquant cette remarque à $C = A[a^{-1}]$, on voit qu'on a nécessairement $n = 0$ et que $A[a^{-1}]$ est un corps, égal à L par définition de ce dernier. Comme K est entier sur L et est une L-algèbre de type fini, le degré $[K:L]$ est fini (§ 1, nº 1, prop. 4).

Corollaire 3. — *Soient* A *un anneau intègre,* B *une* A*-algèbre de type fini,* b *un élément de* B *tel que* $zb^n \neq 0$ *pour tout* $z \neq 0$ *dans* A *et tout entier* $n > 0$. *Soit* $\rho : A \to B$ *l'homomorphisme canonique; il existe* $a \neq 0$ *dans* A *tel que, pour tout homomorphisme* f *de* A *dans un corps algébriquement clos* L, *tel que* $f(a) \neq 0$, *il existe un homomorphisme* g *de* B *dans* L *tel que* $g(b) \neq 0$ *et que* $f = g \circ \rho$.

L'hypothèse faite sur b entraîne que si h est l'homomorphisme canonique $x \to x/1$ de B dans $B[b^{-1}]$, l'homomorphisme $h \circ \rho$ de A dans $B[b^{-1}]$ est injectif. En vertu du cor. 1, il existe donc un élément $a \neq 0$ de A et un sous-anneau B' de $B[b^{-1}]$ tel que $B[b^{-1}, a^{-1}]$ soit entier sur $B'[a^{-1}]$ et que B' soit isomorphe à une algèbre de polynômes $A[Y_1, \ldots, Y^n]$. Soit f un homomorphisme de A dans un corps algébriquement clos L, tel que $f(a) \neq 0$; il existe un homomorphisme de $A[Y_1, \ldots, Y_n]$ dans L prolongeant f, donc il existe un homomorphisme f' de B' dans L prolongeant f. Comme $f'(a) \neq 0$ dans L, il existe un homomorphisme f'' de $B'[a^{-1}]$ dans L tel que

$$f''(x/a^n) = f'(x).(f(a))^{-n}$$

pour tout $x \in B'$ et tout $n > 0$ (chap. II, § 2, nº 1, prop. 1). Enfin, comme $B[b^{-1}, a^{-1}]$ est entier sur $B'[a^{-1}]$, il existe un homomorphisme f''' de $B[b^{-1}, a^{-1}]$ dans L prolongeant f'' (§ 2, nº 1, cor. 4 du th. 1). Si $j : x \to x/1$ est l'homomorphisme canonique de B dans $B[b^{-1}, a^{-1}]$, $g = f''' \circ j$ répond à la question car $j(b)$ est inversible dans $B[b^{-1}, a^{-1}]$, donc $f'''(j(b)) \neq 0$, dans L.

On notera que si on suppose B intègre et $A \subset B$ dans le cor. 3, l'hypothèse faite sur b équivaut à $b \neq 0$.

2. *Fermeture intégrale d'une algèbre de type fini sur un corps*

THÉORÈME 2. — *Soient* A *une k-algèbre intègre de type fini,* K *son corps des fractions,* A' *la fermeture intégrale de* A *dans un corps* K', *extension algébrique de degré fini de* K. *Alors* A' *est un* A*-module de type fini et une k-algèbre de type fini.*

En vertu du th. 1, il existe une sous-algèbre C de A isomorphe à une algèbre de polynômes $k[X_1, \ldots, X_n]$, et telle que A soit entière sur C; A' est évidemment la fermeture intégrale de C dans K' (§ 1, n° 1, prop. 6); on peut donc se borner au cas où $A = k[X_1, \ldots, X_n]$. Soit N l'extension quasi-galoisienne de K' (dans une clôture algébrique de K') engendrée par K', qui est une extension algébrique de degré fini de K (*Alg.*, chap. V, § 6, n° 3, cor. 1 de la prop. 9). Il suffira de prouver que la fermeture intégrale B de A dans N est un A-module de type fini, car A' est un sous-A-module de B et A est un anneau noethérien (chap. III, § 2, n° 10, cor. 2 du th. 2). On peut donc se borner au cas où K' est une extension *quasi-galoisienne* de K. On sait alors (*Alg.*, chap. V, § 10, n° 9, prop. 14) que K' est une extension *galoisienne* (de degré fini) d'une extension *radicielle* K'' (de degré fini) de K. Si A'' est la fermeture intégrale de A dans K'', A' est la fermeture intégrale de A'' dans K', et il suffira de prouver que A'' est un A-module de type fini et A' un A''-module de type fini. Or, si l'on a prouvé que A'' est un A-module de type fini, c'est un anneau noethérien, intégralement clos par définition; le fait que A' est un A''-module de type fini résultera du § 1, n° 6, cor. 1 de la prop. 18.

On voit donc qu'on peut se borner au cas où $A = k[X_1, \ldots, X_n]$ et où K' est une extension *radicielle* de degré fini de $K = k(X_1, \ldots, X_n)$. Alors K' est engendré par une famille finie d'éléments $(y_i)_{1 \leqslant i \leqslant m}$, et il existe une puissance q de l'exposant caractéristique de k telle que l'on ait $y_i^q \in k(X_1, \ldots, X_n)$. Soient c_j $(1 \leqslant j \leqslant r)$ les coefficients des numérateurs et dénominateurs des fractions rationnelles en $X_1, \ldots, X_n$ égales aux y_i^q $(1 \leqslant i \leqslant m)$. Alors K' est contenu dans l'extension $L = k'(X_1^{q^{-1}}, \ldots X_n^{q^{-1}})$, où $k' = k(c_1^{q^{-1}}, \ldots c_r^{q^{-1}})$, (on se place dans une clôture algébrique de K'), et A' est contenu dans la fermeture algébrique B′ de A dans L′. Or, k' est algébrique sur k, donc $C' = k'[X_1, \ldots, X_n]$ est entier sur A (§ 1, n° 1, prop. 5); comme $k'[X_1^{q^{-1}}, \ldots, X_n^{q^{-1}}]$ est intégralement clos (§ 1, n° 3, cor. 2 de la prop. 13), on voit que cet anneau est la fermeture intégrale de C′ dans L′, donc aussi celle de A (§1, n° 1, prop. 6), autrement dit $B' = k'[X_1^{q^{-1}}, \ldots, X_n^{q^{-1}}]$. Or il est clair que B′ est un C′-module de type fini (§ 1, n° 1, prop. 4), et comme k' est une extension de degré fini de k, C′ est un A-module de type fini, donc B′ est un A-module de type fini; puisque A est noethérien et $A' \subset B'$, A′ est un A-module de type fini.

C.Q.F.D.

3. *Le théorème des zéros*

PROPOSITION 1. — *Soient* A *une algèbre de type fini sur un corps* k *et* L *une clôture algébrique de* k.

(i) *Si* $A \neq \{0\}$, *il existe un* k*-homomorphisme de* A *dans* L.

(ii) *Soient* f_1, f_2 *deux* k*-homomorphismes de* A *dans* L. *Pour que* f_1 *et* f_2 *aient même noyau, il faut et il suffit qu'il existe un* k*-automorphisme* s *de* L *tel que* $f_2 = s \circ f_1$.

(iii) *Soit* $\mathfrak{a}$ *un idéal de* A. *Pour que* $\mathfrak{a}$ *soit maximal, il faut et il suffit qu'il soit le noyau d'un* k*-homomorphisme de* A *dans* L.

(iv) *Pour qu'un élément* x *de* A *soit tel que* $f(x) = 0$ *pour tout* k*-homomorphisme* f *de* A *dans* L, *il faut et il suffit que* x *soit nilpotent.*

L'assertion (i) résulte du n° 1, cor. 3 du th. 1 appliqué en remplaçant A par k, B par A, b par l'élément unité de B, f par l'injection canonique de k dans L.

Si f est un k-homomorphisme de A dans L, $f(A)$ est un sous-anneau de L contenant k; comme L est une extension algébrique de k, $f(A)$ est un *corps* (*Alg.*, chap. V, § 3, n° 2, prop. 3) et si $\mathfrak{a}$ est le noyau de f, $A/\mathfrak{a}$, isomorphe à $f(A)$, est donc un corps, ce qui prouve que $\mathfrak{a}$ est maximal. Inversement, si $\mathfrak{a}$ est un idéal maximal de A, il résulte de (i) qu'il existe un k-homomorphisme de $A/\mathfrak{a}$ dans L, donc un k-homomorphisme de A dans L, dont le noyau $\mathfrak{b}$ contient $\mathfrak{a}$; mais comme $\mathfrak{a}$ est maximal, on a $\mathfrak{b} = \mathfrak{a}$; ceci prouve (iii).

Démontrons (ii). Si s est un k-automorphisme de L tel que $f_2 = s \circ f_1$, il est clair que f_1 et f_2 ont même noyau. Réciproquement, supposons que f_1 et f_2 aient même noyau; il existe alors un k-isomorphisme s_0 du corps $f_1(A)$ sur le corps $f_2(A)$ tel que $f_2 = s_0 \circ f_1$; mais en vertu de *Alg.*, chap. V, § 6, n° 3, prop. 7, s_0 se prolonge en un k-automorphisme s de L, et on a donc $f_2 = s \circ f_1$.

Enfin, si $x \in A$ est tel que $x^n = 0$, pour tout k-homomorphisme f de A dans L, on a $(f(x))^n = f(x^n) = 0$, donc $f(x) = 0$ puisque L est un corps. Inversement, supposons que $x \in A$ ne soit pas nilpotent; alors $A[x^{-1}]$ est une A-algèbre de type fini (donc une k-algèbre de type fini) non réduite à 0 (chap. II, § 2, n° 1, *Remarque* 3), donc il existe un k-homomorphisme g de $A[x^{-1}]$ dans L en vertu de (i). Si $j : A \to A[x^{-1}]$ est l'homomorphisme canonique, $f = g \circ j$ est un k-homomorphisme de A dans L, et on a $f(x)g(1/x) = g(x/1)g(1/x) = g(1) = 1$, d'où $f(x) \neq 0$.

C.Q.F.D.

Soient k un corps et L un surcorps de k; on dit qu'un élément $\mathbf{x} = (x_1, \ldots, x_n)$ de L^n est *zéro dans* L^n *d'un idéal* $\mathfrak{r}$ *de l'anneau de polynômes* $k[X_1, \ldots, X_n]$ si l'on a

$$P(\mathbf{x}) = P(x_1, \ldots, x_n) = 0$$

pour *tout* $P \in \mathfrak{r}$.

Lemme 1. — *Soient* A *une algèbre de type fini sur un corps* k, $(a_i)_{1 \leqslant i \leqslant n}$ *un système de générateurs de cette algèbre,* $\mathfrak{r}$ *l'idéal des relations algébriques entre les* a_i *à coefficients dans* k (*Alg.*, chap. IV, § 2, n° 1). *Pour tout surcorps* L *de* k, *l'application* $f \to (f(a_i))_{1 \leqslant i \leqslant n}$ *est une bijection de l'ensemble des* k*-homomorphismes de* A *dans* L *sur l'ensemble des zéros de* $\mathfrak{r}$ *dans* L^n.

Il existe un homomorphisme h de k-algèbres de $k[X_1, \ldots, X_n]$ sur A et un seul tel que $h(X_i) = a_i$ pour $1 \leqslant i \leqslant n$, et par définition $\mathfrak{r}$ est le noyau de h. L'application $f \to f \circ h$ est une bijection de l'ensemble des k-homomorphismes de A dans L sur l'ensemble des k-homomorphismes de $k[X_1, \ldots, X_n]$ dans L, nuls dans $\mathfrak{r}$. Pour tout polynôme $P \in k[X_1, \ldots, X_n]$ et tout élément $\mathbf{x} = (x_1, \ldots, x_n) \in L^n$, posons $h_{\mathbf{x}}(P) = P(\mathbf{x})$; alors l'application $\mathbf{x} \to h_{\mathbf{x}}$ est une bijection de L^n sur l'ensemble des k-homomorphismes de $k[X_1, \ldots, X_n]$ dans L (un tel homomorphisme étant déterminé par ses valeurs aux X_i $(1 \leqslant i \leqslant n)$); dire que $h_{\mathbf{x}}$ est nul dans $\mathfrak{r}$ signifie que $\mathbf{x}$ est un zéro de $\mathfrak{r}$ dans L^n, d'où le lemme.

Si on applique la prop. 1 à l'algèbre $A = k[X_1, \ldots, X_n]/\mathfrak{r}$, où $\mathfrak{r}$ est un idéal de $k[X_1, \ldots, X_n]$ distinct de l'anneau tout entier, on obtient, en vertu du lemme 1, l'énoncé suivant :

Proposition 2 (théorème des zéros de Hilbert). — *Soient* k *un corps,* L *une clôture algébrique de* k.

(i) *Tout idéal* $\mathfrak{r}$ *de* $k[X_1, \ldots, X_n]$ *ne contenant pas* 1 *admet au moins un zéro dans* L^n.

(ii) *Soient* $\mathbf{x} = (x_1, \ldots, x_n)$, $\mathbf{y} = (y_1, \ldots, y_n)$ *deux éléments de* L^n; *pour que l'ensemble des polynômes de* $k[X_1, \ldots, X_n]$ *nuls en* $\mathbf{x}$ *soit identique à l'ensemble des polynômes de* $k[X_1, \ldots, X_n]$ *nuls en* $\mathbf{y}$, *il faut et il suffit qu'il existe un* k*-automorphisme* s *de* L *tel que* $y_i = s(x_i)$ *pour* $1 \leqslant i \leqslant n$.

(iii) *Pour qu'un idéal* $\mathfrak{a}$ *de* $k[X_1, \ldots, X_n]$ *soit maximal, il faut et il suffit qu'il existe un* $\mathbf{x}$ *dans* L^n *tel que* $\mathfrak{a}$ *soit l'ensemble des polynômes de* $k[X_1, \ldots, X_n]$ *nuls en* $\mathbf{x}$.

(iv) *Pour qu'un polynôme* Q *de* $k[X_1, \ldots, X_n]$ *soit nul dans l'ensemble des zéros dans* L^n *d'un idéal* $\mathfrak{r}$ *de* $k[X_1, \ldots, X_n]$, *il faut et il suffit qu'il existe un entier* $m > 0$ *tel que* $Q^m \in \mathfrak{r}$.

4. *Anneaux de Jacobson*

Définition 1. — *On dit qu'un anneau* A *est un anneau de Jacobson si tout idéal premier de* A *est intersection d'une famille d'idéaux maximaux.*

Exemples. — 1) Tout corps est un anneau de Jacobson.

2) L'anneau **Z** est un anneau de Jacobson, l'unique idéal premier non maximal (0) étant l'intersection des idéaux maximaux (p) de **Z**, où p parcourt l'ensemble des nombres premiers (cf. prop. 4).

3) Soit A un anneau de Jacobson et soit $\mathfrak{a}$ un idéal de A. Alors $A/\mathfrak{a}$ est un anneau de Jacobson, car les idéaux de $A/\mathfrak{a}$ sont de la forme $\mathfrak{b}/\mathfrak{a}$, où $\mathfrak{b}$ est un idéal de A contenant $\mathfrak{a}$, et $\mathfrak{b}/\mathfrak{a}$ est premier (resp. maximal) si et seulement si $\mathfrak{b}$ l'est.

Proposition 3. — *Pour qu'un anneau* A *soit un anneau de Jacobson, il faut et il suffit que, pour tout idéal* $\mathfrak{a}$ *de* A, *le radical de* $A/\mathfrak{a}$ *soit égal à son nilradical* (chap. II, § 2, n° 6).

Le radical (resp. nilradical) de $A/\mathfrak{a}$ est l'intersection des idéaux maximaux (resp. premiers) de $A/\mathfrak{a}$ (*Alg.*, chap. VIII, § 6, n° 3, déf. 3 et *Alg. comm.*, chap. II, § 2, n° 6, prop. 13). La condition énoncée signifie donc que pour tout idéal $\mathfrak{a}$ de A, l'intersection des idéaux premiers contenant $\mathfrak{a}$ est égale à l'intersection des idéaux maximaux contenant $\mathfrak{a}$. Cette condition est évidemment vérifiée pour tout idéal $\mathfrak{a}$ de A si A est un anneau de Jacobson; réciproquement, si elle est vérifiée pour tout idéal premier de A, A est un anneau de Jacobson par définition.

Corollaire. — *Soit* A *un anneau de Jacobson; pour tout idéal* $\mathfrak{a}$ *de* A, *la racine de* $\mathfrak{a}$ *est l'intersection des idéaux maximaux de* A *contenant* $\mathfrak{a}$.

Il suffit de remarquer que $A/\mathfrak{a}$ est un anneau de Jacobson.

Proposition 4. — *Soient* A *un anneau principal,* $(p_\lambda)_{\lambda \in L}$ *un système représentatif d'éléments extrémaux de* A (*Alg.*, chap. VII, § 1, n° 3, déf. 2). *Pour que* A *soit un anneau de Jacobson, il faut et il suffit que* L *soit infini.*

En effet, les idéaux maximaux de A sont les Ap_λ (*loc. cit.*, n° 2, prop. 2). Si L est fini, leur intersection est l'idéal Ax, où $x = \prod_{\lambda \in L} p_\lambda$ (*ibid.*), donc est différente de (0); au contraire, si L est infini, l'intersection des Ap_λ est (0), tout élément $\neq 0$ de A n'étant divisible que par un nombre fini d'éléments extrémaux (*loc. cit.*, n° 3, th. 2). La proposition résulte alors de ce que (0) est le seul idéal premier non maximal de A (*Alg.* chap. VI, § 1, n° 13, prop. 14 (DIV)).

Proposition 5. — *Soient* A *un anneau,* B *une* A-*algèbre entière sur* A. *Si* A *est un anneau de Jacobson, il en est de même de* B.

Remplaçant A par son image canonique dans B, on peut supposer que $A \subset B$. Soit $\mathfrak{p}'$ un idéal premier de B, et soit $\mathfrak{p} = A \cap \mathfrak{p}'$. Il existe par hypothèse une famille $(\mathfrak{m}_\lambda)_{\lambda \in L}$ d'idéaux maximaux de A dont l'intersection est égale à $\mathfrak{p}$. Pour tout $\lambda \in L$, il existe un idéal maximal $\mathfrak{m}'_\lambda$ de B au-dessus de $\mathfrak{m}_\lambda$ et contenant $\mathfrak{p}'$ (§ 2, n° 1, prop. 1 et cor. 2 du th. 1). Si l'on pose $\mathfrak{q}' = \bigcap_{\lambda \in L} \mathfrak{m}'_\lambda$, on a donc $\mathfrak{q}' \cap A = \bigcap_{\lambda \in L} \mathfrak{m}_\lambda = \mathfrak{p}$, et $\mathfrak{q}' \supset \mathfrak{p}'$, d'où $\mathfrak{q}' = \mathfrak{p}'$ (§ 2, n° 1, cor. 1 de la prop. 1).

Théorème 3. — *Soient* A *un anneau de Jacobson,* B *une* A-*algèbre de type fini,* $\rho : A \to B$ *l'homomorphisme canonique. Alors* :

(i) B *est un anneau de Jacobson.*

(ii) *Pour tout idéal maximal* $\mathfrak{m}'$ *de* B, $\mathfrak{m} = \rho^{-1}(\mathfrak{m}')$ *est un idéal maximal de* A *et* $B/\mathfrak{m}'$ *est une extension algébrique de degré fini de* $A/\mathfrak{m}$.

Soient $\mathfrak{p}'$ un idéal premier de B, $\mathfrak{p} = \rho^{-1}(\mathfrak{p}')$. Soit v un élément $\neq 0$ de $B/\mathfrak{p}'$. Comme $B/\mathfrak{p}'$ est une $(A/\mathfrak{p})$-algèbre intègre de type fini et que l'homomorphisme canonique $\varphi : A/\mathfrak{p} \to B/\mathfrak{p}'$ est injectif, il existe un élément $u \neq 0$ de $A/\mathfrak{p}$ tel que pour tout homomorphisme f de $A/\mathfrak{p}$ dans un corps algébriquement clos L, dont le noyau ne contient pas u, il existe un homomorphisme g de $B/\mathfrak{p}'$ dans L, dont le noyau ne contient pas v, et pour lequel $f = g \circ \varphi$ (n° 1, cor. 3 du th. 1). Puisque A est un anneau de Jacobson, il existe un idéal maximal $\mathfrak{m}$ de A contenant $\mathfrak{p}$ et tel que $u \notin \mathfrak{m}/\mathfrak{p}$. Prenons pour L une clôture algébrique de $A/\mathfrak{m}$ et pour f l'homomorphisme canonique $A/\mathfrak{p} \to L$; soit

$$g : B/\mathfrak{p}' \to L$$

un homomorphisme tel que $f = g \circ \varphi$ et $g(v) \neq 0$. On a $A/\mathfrak{m} \subset g(B/\mathfrak{p}') \subset L$, donc $g(B/\mathfrak{p}')$ est un sous-corps de L (*Alg.*, chap. V, § 3, n° 2, prop. 3), et le noyau de g est par suite un idéal maximal de $B/\mathfrak{p}'$ ne contenant pas v. On voit ainsi que l'intersection des idéaux maximaux de $B/\mathfrak{p}'$ est réduite à 0, ce qui prouve que B est un anneau de Jacobson. En outre, si $\mathfrak{p}'$ est maximal, g est nécessairement injectif, donc $\mathfrak{p} = \mathfrak{m}$ est maximal; enfin $B/\mathfrak{p}'$ est alors une algèbre de type fini sur le corps $A/\mathfrak{m}$, donc est une extension de degré fini de $A/\mathfrak{m}$ (n° 1, cor. 2 du th. 1).

Corollaire 1. — *Toute algèbre* A *de type fini sur* $\mathbf{Z}$ *est un anneau de Jacobson; pour qu'un idéal premier* $\mathfrak{p}$ *de* A *soit maximal, il faut et il suffit que l'anneau* $A/\mathfrak{p}$ *soit fini.*

Si l'anneau intègre $A/\mathfrak{p}$ est fini, c'est un corps, car pour tout $u \neq 0$ dans $A/\mathfrak{p}$, l'application $v \to uv$ de $A/\mathfrak{p}$ dans lui-même est injective, donc bijective puisque $A/\mathfrak{p}$ est fini. Inversement, pour tout idéal maximal $\mathfrak{m}$ de A, l'image réciproque de $\mathfrak{m}$ dans $\mathbf{Z}$ est un idéal maximal (p) et $A/\mathfrak{m}$ est de degré fini sur le corps premier $\mathbf{Z}/(p) = \mathbf{F}_p$, en vertu du th. 3.

Corollaire 2. — *Soit* $(P_\lambda)_{\lambda \in L}$ *une famille de polynômes de* $\mathbf{Z}[X_1, \ldots, X_n]$, *et soit* Q *un polynôme de* $\mathbf{Z}[X_1, \ldots, X_n]$ *tel que pour tout système d'éléments* $(x_i)_{1 \leqslant i \leqslant n}$ *appartenant à un corps fini et pour lequel* $P_\lambda(x_1, \ldots, x_n) = 0$ *pour tout* λ, *on ait aussi* $Q(x_1, \ldots, x_n) = 0$. *Alors, si* $\mathfrak{a}$ *est l'idéal de* $\mathbf{Z}[X_1, \ldots, X_n]$ *engendré par les* P_λ, *il existe un entier* $m > 0$ *tel que* $Q^m \in \mathfrak{a}$. *En outre, pour tout anneau réduit* R *et tout système* $(y_i)_{1 \leqslant i \leqslant n}$ *d'éléments de* R *tel que* $P_\lambda(y_1, \ldots, y_n) = 0$ *pour tout* λ, *on a aussi* $Q(y_1, \ldots, y_n) = 0$.

La seconde assertion découle de la première puisque l'idéal de $\mathbf{Z}[X_1, \ldots, X_n]$ formé des polynômes P tels que $P(y_1, \ldots, y_n) = 0$ contient $\mathfrak{a}$. Pour démontrer la première assertion, il suffit de remarquer que pour tout idéal maximal $\mathfrak{m}$ de $A = \mathbf{Z}[X_1, \ldots, X_n]$ contenant $\mathfrak{a}$, $A/\mathfrak{m}$ est un corps fini (cor. 1), et l'hypothèse entraîne que l'image canonique de Q dans $A/\mathfrak{m}$ est nulle; donc Q appartient à l'intersection des idéaux maximaux de A contenant $\mathfrak{a}$, qui est la racine de $\mathfrak{a}$ (cor. de la prop. 3).

Corollaire 3. — *Soit* A *un anneau de Jacobson. S'il existe une* A-*algèbre de type fini* B *contenant* A, *et qui soit un corps, alors* A *est un corps et* B *est une extension algébrique de* A.

En effet, il suffit d'appliquer le th. 3, (ii) avec $\mathfrak{m}' = (0)$.

§ 1

1) Soit d un entier rationnel non divisible par un carré dans $\mathbf{Z}$. Montrer que les éléments du corps $K = \mathbf{Q}(\sqrt{d})$ qui sont entiers sur $\mathbf{Z}$ sont les éléments de la forme $a + b\sqrt{d}$ avec $a \in \mathbf{Z}$, $b \in \mathbf{Z}$ si $d - 1 \not\equiv 0$ (mod. 4) et les éléments de la forme $(a + b\sqrt{d})/2$ avec $a \in \mathbf{Z}, b \in \mathbf{Z}$, a et b tous deux pairs ou tous deux impairs, si $d - 1 \equiv 0$ (mod. 4) (cf. *Alg.*, chap. VII, § 1, exerc. 8). En déduire que l'anneau $A = \mathbf{Z}[\sqrt{5}]$ n'est pas intégralement clos, et donner un exemple d'un élément de $\mathbf{Q}(\sqrt{5})$ entier sur A mais dont le polynôme minimal sur le corps des fractions de A n'ait pas ses coefficients dans A.

2) Soient K un corps commutatif, A la sous-K-algèbre de l'algèbre de polynômes K[X, Y] engendrée par les monômes $Y^k X^{k+1}$ $(k \geqslant 0)$. Montrer que XY est tel que A[XY] soit contenu dans un A-module de type fini, mais que XY n'est pas entier sur A.

3) Donner un exemple d'une suite infinie (K_n) d'extensions d'un corps commutatif K, de degrés finis sur K, telle que la K-algèbre $\prod_n K_n$ ne soit pas algébrique sur K.

4) Dans l'anneau de matrices $\mathbf{M}_2(\mathbf{Q})$, donner un exemple de deux éléments entiers sur $\mathbf{Z}$, mais dont ni la somme ni le produit ne sont entiers sur $\mathbf{Z}$ (considérer des matrices de la forme $I + N$, où N est nilpotente).

5) Soient A un anneau commutatif, B un anneau commutatif contenant A, x un élément inversible de B. Montrer que tout élément de $A[x] \cap A[x^{-1}]$ est entier sur A. (Si $y = a_0 + \cdots + a_p x^{-p} = b_0 + \cdots + b_q x^q$, où les a_i et b_j sont dans A, montrer que le sous-A-module de B engendré par $1, x, \ldots, x^{p+q-1}$ est un A[y]-module fidèle.)

6) Soient A un anneau commutatif, B une A-algèbre commutative; on suppose que les idéaux premiers *minimaux* de B sont en nombre *fini*; soient $\mathfrak{p}_i$ $(1 \leqslant i \leqslant n)$ ces idéaux (on notera que cette hypothèse est vérifiée si B est noethérien). Pour qu'un élément $x \in B$ soit entier sur A, il faut et il suffit que chacune de ses images canoniques x_i dans $B/\mathfrak{p}_i$ soit entière sur A. (Si cette condition est vérifiée, montrer d'abord que x est entier sur la sous-algèbre de B engendrée

par le nilradical $\mathfrak{N} = \bigcap_i \mathfrak{p}_i$ de B, et utiliser le fait que les éléments de $\mathfrak{N}$ sont nilpotents).

7) Donner un exemple d'anneau réduit A intégralement fermé dans son anneau total des fractions, qui n'est pas un produit d'anneaux intègres (prendre la fermeture intégrale d'un corps K dans un produit infini $\prod_n K_n$ d'extensions algébriques convenables de K).

8) Soient A un anneau commutatif, B une A-algèbre finie. Montrer qu'il existe une A-algèbre finie C qui est un A-module *libre*, et un A-homomorphisme surjectif $C \to B$.

9) Montrer que l'anneau quotient $\mathbf{Z}[X]/(X^2 + 4)$ n'est pas intégralement clos, bien que $\mathbf{Z}[X]$ le soit.

10) Soit A un anneau complètement intégralement clos. Montrer que pour tout ensemble I, l'anneau de polynômes $A[X_\iota]_{\iota \in I}$ et l'anneau de séries formelles $A[[X_\iota]]_{\iota \in I}$ (*Alg.*, chap. IV, 5, exerc. 1) sont complètement intégralement clos. (Utiliser la prop. 14 du n° 4 et le lemme suivant : pour toute partie finie J de I et tout $P \in A[[X_\iota]]_{\iota \in J}$, soit P_J la série formelle de $A[[X_\iota]]_{\iota \in J}$ déduite de P en remplaçant par 0 dans P tous les X_ι d'indice $\iota \notin J$; si P, Q sont deux séries formelles telles que P_J soit divisible par Q_J dans $A[[X_\iota]]_{\iota \in J}$ pour tout J, alors P est divisible par Q dans $A[[X_\iota]]_{\iota \in I}$. On remarquera pour cela que si J, J′ sont deux parties finies de I telles que $J \subset J'$, et si $P_{J'} = L'Q_{J'}$, et $P_J = LQ_J$, L se déduit de L′ en remplaçant par 0 dans L′ les X_ι d'indice $\iota \in J' - J$).

11) *a*) Soient R un anneau intègre, (A_α) une famille filtrante croissante de sous-anneaux de R, A la réunion des A_α. Montrer que si chacun des A_α est intégralement clos, il en est de même de A.

b) Soient K un corps commutatif, $R = K(X, Y)$ le corps des fractions rationnelles à deux indéterminées sur K. Pour tout entier $n > 0$, on désigne par A_n le sous-anneau $K[X, Y, YX^{-n}]$ de R. Montrer que les A_n sont complètement intégralement clos mais qu'il n'en est pas de même de leur réunion A. (Pour qu'un élément de la forme $P(X, Y).X^{-ns}$, où $P \in K[X, Y]$, appartienne à A_n, montrer qu'il faut et il suffit que P appartienne à $\mathfrak{J}^s$, en désignant par $\mathfrak{J}$ l'idéal de $K[X, Y]$ engendré par X^n et Y.)

¶ *12) Soit A l'anneau des fonctions entières (à valeurs complexes) d'une variable complexe. C'est un anneau intègre dont le corps des fractions est le corps des fonctions méromorphes d'une variable complexe.

a) Montrer que A est complètement intégralement clos.

b) Pour tout $x \in A$, soit $Z(x)$ l'ensemble des zéros de x (qui est une partie fermée de $\mathbf{C}$, discrète (et par suite dénombrable) si $x \neq 0$). Si $\mathfrak{a}$ est un idéal de A distinct de A et de (0), montrer que les $Z(x)$, pour $x \in \mathfrak{a}$, forment la base d'un filtre $\mathfrak{F}_\mathfrak{a}$. (Si x et y sont deux fonctions entières sans zéro commun, montrer, en utilisant le th. de Mittag-Leffler, que l'on peut écrire $\frac{1}{xy} = \frac{u}{x} + \frac{v}{y}$, où u et v sont dans A, et en déduire que $Ax + Ay = A$). Inversement, pour tout filtre $\mathfrak{F}$ sur $\mathbf{C}$ auquel appartient une partie fermée et discrète de $\mathbf{C}$, l'ensemble $\mathfrak{a}(\mathfrak{F})$ des $x \in A$ pour lesquels $Z(x) \in \mathfrak{F}$ est un idéal de A. Montrer que l'on a $\mathfrak{F}_{\mathfrak{a}(\mathfrak{F})} = \mathfrak{F}$ pour tout filtre $\mathfrak{F}$ auquel appartient une partie fermée discrète de **C**, et $\mathfrak{a}(\mathfrak{F}) \supset \mathfrak{a}$ pour tout idéal $\mathfrak{a}$ de A distinct de A et de (0).

c) Si $\mathfrak{p} \neq (0)$ est un idéal premier de A, montrer que $\mathfrak{F}_{\mathfrak{p}}$ est un ultrafiltre. (En se bornant au cas où tous les ensembles de $\mathfrak{F}_{\mathfrak{p}}$ sont infinis, montrer que si $M \in \mathfrak{F}_{\mathfrak{p}}$ est réunion de deux ensembles infinis M′, M″ sans point commun, un de ces ensembles appartient à $\mathfrak{F}_{\mathfrak{p}}$). Inversement, pour tout ultrafiltre $\mathfrak{U}$ sur **C** auquel appartient une partie fermée discrète de **C**, $\mathfrak{a}(\mathfrak{U})$ est un idéal maximal de A; réciproque.

d) Soit $\mathfrak{U}$ un ultrafiltre sur **C**, image par l'injection canonique $\mathbf{Z} \to \mathbf{C}$ d'un ultrafiltre non trivial sur **Z**. Montrer qu'il existe des idéaux premiers non maximaux $\mathfrak{p}$ de A tels que $\mathfrak{F}_{\mathfrak{p}} = \mathfrak{U}$. (Pour tout $x \in \mathfrak{a}(\mathfrak{U})$ et tout $n \in \mathbf{Z}$, soit $\omega_x(n)$ l'ordre de x au point n ($\omega_x(n) = 0$ si $x(n) \neq 0$); considérer l'ensemble $\mathfrak{p}$ des $x \in \mathfrak{a}(\mathfrak{U})$ tels que $\lim_{\mathfrak{U}} \omega_x = +\infty$).

e) Avec les notations de *d*), soit $\mathfrak{m}$ l'idéal maximal $\mathfrak{a}(\mathfrak{U})$. Montrer que l'anneau $A_{\mathfrak{m}}$ n'est pas complètement intégralement clos (considérer la fonction méromorphe $1/(\sin \pi z)$).$_*$

¶ 13) Soient A un anneau local intègre, K son corps des fractions. On considère les deux propriétés suivantes :

(i) A est hensélien (chap. III, § 4, exerc. 3).

(ii) Pour toute extension L de K, de degré fini sur K, la fermeture intégrale A′ de A dans L est un anneau local.

Montrer que (i) entraîne (ii), et que la réciproque est vraie lorsque A est intégralement clos. (Pour voir que (i) entraîne (ii), remarquer que A′ est réunion d'une famille filtrante croissante de A-algèbres finies et utiliser la définition d'un anneau hensélien. Pour voir que (ii) entraîne (i) lorsque A est intégralement clos, montrer que si $P \in A[X]$ est un polynôme unitaire irréductible, et si $f: A \to k$ est l'homomorphisme canonique de A sur son corps résiduel k, $\bar{f}(P)$ est irréductible dans $k[X]$. On notera pour cela que P est irréductible dans K[X] et on considérera le corps $L = K[X]/(f)$).

Lorsque la condition (ii) est remplie, la fermeture intégrale A′ de A dans toute extension de K est un anneau local. Cas des anneaux locaux séparés et complets; si A est un anneau local noethérien séparé et complet, toute A-algèbre contenue dans A′ et qui est un A-module de type fini est un anneau local séparé et complet.

14) Soient A un anneau intègre complètement intégralement clos, K son corps des fractions. Montrer que pour toute extension L de K, la fermeture intégrale A′ de A dans L est un anneau complètement intégralement clos. (Se ramener au cas où L est une extension quasi-galoisienne de degré fini m de K; si $x \in L$ est tel qu'il existe $d \in A'$ tel que $dx^n \in A'$ pour tout $n \geqslant 0$, montrer d'abord qu'on peut supposer que $d \in A$, puis en déduire que si c_i $(1 \leqslant i \leqslant m)$ sont les coefficients du polynôme minimal de x sur K, on a $d^m c_i^n \in A$ pour tout $n \geqslant 0$).

15) Soit K un corps commutatif de caractéristique 0, contenant toutes les racines de l'unité, et tel qu'il existe des extensions galoisiennes

de K dont le groupe de Galois ne soit pas résoluble (cf. par exemple *Alg.*, chap. V, App. I, n° 1, prop. 2). Soit Ω une clôture algébrique de K, et soit Ω_0 l'ensemble des éléments $z \in \Omega$ tels que l'extension galoisienne de K engendrée par z dans Ω admette un groupe de Galois résoluble.

a) Montrer que Ω_0 est un sous-corps de Ω distinct de Ω (cf. *Alg.*, chap. V, § 10, n° 4, th. 1).

b) Soit A le sous-anneau de $\Omega[X]$ formé des polynômes P tels que $P(0) \in \Omega_0$. Montrer que A n'est pas intégralement clos, mais que tout élément de son corps des fractions $\Omega(X)$ dont une puissance appartient à A est lui-même dans A.

16) Soient B un anneau, A un sous-anneau de B, $\mathfrak{f}$ l'idéal de A annulateur du A-module B/A. Soit U le complémentaire dans X = Spec (A) de l'ensemble fermé $V(\mathfrak{f})$, et soit $u = {}^a\rho$, où ρ: A $\rightarrow$ B est l'injection canonique. Montrer que la restriction de u à $u^{-1}(U)$ est un homéomorphisme de $u^{-1}(U)$ sur U (pour tout élément $g \in \mathfrak{f}$, considérer le spectre de l'anneau A_g, identifié à l'ensemble ouvert $X_g \subset U$).

17) Soient K un corps, B l'anneau de polynômes $K[X_n]_{n \in \mathbf{N}}$, A le sous-anneau de B engendré par les monômes X_n^2 et X_n^3 pour tout $n \in \mathbf{N}$; montrer que B est la clôture intégrale de A, et que le conducteur de B dans A est réduit à 0; mais si $S = A - \{0\}$, le conducteur de $S^{-1}B$ dans $S^{-1}A$ n'est pas réduit à 0, et $S^{-1}A$ est intégralement clos.

18) Soient A un anneau intègre, K son corps des fractions, M un A-module de type fini, u un endomorphisme de M, $u \otimes 1$ l'endomorphisme correspondant du K-espace vectoriel de dimension finie $M_{(K)} = M \otimes_A K$. Montrer que les coefficients du polynôme caractéristique de $u \otimes 1$ sont entiers sur A (utiliser la condition (E_{III}) du th. 1 du n° 1).

19) *a*) Soient A un anneau intégralement clos, K son corps des fractions, L une extension algébrique séparable de K, x un élément de L entier sur A, K′ le corps $K(x) \subset L$, F le polynôme minimal de x sur K. Si x est de degré n sur K, montrer que la fermeture intégrale de A dans K′ est contenue dans le A-module engendré par les éléments $1/F'(x)$, $x/F'(x)$, ..., $x^{n-1}/F'(x)$ de K′. (Si $z \in K'$ est entier sur A, écrire

$$zF'(x) = g(x), \quad \text{où} \quad g(X) = b_0 + b_1X + \cdots + b_{n-1}X^{n-1} \in K[X].$$

Montrer à l'aide de la formule d'interpolation de Lagrange que l'on a $g(X) = \mathrm{Tr}_{K'[X]/K[X]}\left(z.\dfrac{F(X)}{X-x}\right)$).

b) Soient A un anneau intégralement clos, K son corps des fractions, p l'exposant caractéristique de K. On suppose que le sous-anneau $A^{1/p}$ de $K^{1/p}$, formé des racines p-èmes des éléments de A, soit un A-module de type fini. Montrer que pour toute extension E de K, de degré fini, la fermeture intégrale de A dans E est un A-module de type fini (se ramener au cas où E est une extension quasi-galoisienne).

¶ *20) Soient K_0 un corps parfait de caractéristique $p > 0$, K le corps de fractions rationnelles $K_0(X_n)_{n\in\mathbf{N}}$, B l'anneau de séries formelles $K[[Z]]$, où Z est une indéterminée; si $\mathfrak{m}$ est l'idéal maximal de B, B est séparé et complet pour la topologie $\mathfrak{m}$-adique et est un anneau de valuation discrète. Soient $L = K((Z))$ le corps des fractions de B, E_0 le sous-corps de L engendré par L^p et les éléments Z et X_n (pour $n \in \mathbf{N}$).

a) Montrer que l'élément $c = \sum_{n=0}^{\infty} X_n Z^n$ de L n'appartient pas à E_0.

b) Soit E un élément maximal de l'ensemble des sous-corps de L contenant E_0 et ne contenant pas c; on pose $A = B \cap E$. Montrer que A est un anneau de valuation discrète (donc noethérien) dont E est le corps des fractions; si $\mathfrak{m}'$ est l'idéal maximal de A, on a $\mathfrak{m}'^k = \mathfrak{m}^k \cap A$ et A est dense dans B pour la topologie $\mathfrak{m}$-adique; $L = K(c)$ est une extension de K de degré p, et B est la fermeture intégrale de A dans L, mais B n'est pas un A-module de type fini (utiliser le chap. III, § 3, exerc. 9 *b*).*

¶ 21) *a*) Soient K_0 un corps parfait de caractéristique $p > 0$, L le corps de fractions rationnelles $K_0(X_n)_{n\in\mathbf{N}}$, A′ l'anneau de séries formelles $L[[Y, Z]]$, où Y et Z sont deux indéterminées, A l'anneau produit tensoriel $K[[Y, Z]] \otimes_K L$, où l'on a posé $K = L^p \subset L$; A est un anneau local noethérien non complet, dont le complété s'identifie à A′ (chap. III, § 3, exerc. 17), et A′ est entier sur A. On désigne par c_n l'élément $X_n Y + X_{n+1} YZ + X_{n+2} YZ^2 + \cdots$ de A′. Soit B le sous-anneau de A′ engendré par A et les éléments c_n $(n \geqslant 0)$. Si $C = A[c_0]$, C est noethérien, l'anneau B (qui n'est pas intégralement clos) est contenu dans la clôture intégrale de C et contient C; mais montrer que B n'est pas noethérien (observer que c_n n'appartient pas à l'idéal de B engendré par les c_i d'indice $i < n$).

b) On suppose $p = 2$; K_0, K et L ayant la même signification que dans *a*), on considère cette fois l'anneau de séries formelles $A' = L[[Y, Z, T]]$ à trois indéterminées, le sous-anneau

$$A = K[[Y, Z, T]] \otimes_K L,$$

et l'on pose

$$b = Y \sum_{n\geqslant 0} X_{2n} T^n + Z \sum_{n\geqslant 0} X_{2n+1} T^n.$$

Montrer que l'anneau $A[b]$ est noethérien, mais que sa clôture intégrale B n'est pas un anneau noethérien. (Comme $b^2 \in A$, tout élément du corps des fractions de $A[b]$ est de la forme $P + Qb$, où P et Q sont combinaisons linéaires d'un nombre fini de X_k, à coefficients dans le corps des fractions de $K[[Y, Z, T]]$; pour qu'un tel élément soit entier sur $A[b]$, montrer qu'il faut et il suffit qu'il appartienne à A′. Montrer que B est engendré par les éléments

$$b_i = Y \sum_{n\geqslant 0} X_{2(i+n)} T^n + Z \sum_{n\geqslant 0} X_{2(i+n)+1} T^n \quad \text{pour} \quad i \geqslant 0,$$

et conclure le raisonnement comme dans *a*)).

22) Soient A un anneau intégralement clos, K son corps des fractions; montrer que, pour toute extension L de K, il existe un sous-anneau intégralement clos B de L, dont L est le corps des fractions, et tel que $B \cap K = A$ (considérer L comme extension algébrique d'une extension transcendante pure $E = K(X_\iota)_{\iota \in I}$ de K, et se ramener ainsi au cas où L est extension algébrique de K, en utilisant l'exerc. 11 *a*)).

23) *a*) Soient K un corps commutatif, *n* un entier étranger à la caractéristique de K, P un polynôme de K[X] n'ayant que des racines simples (dans une clôture algébrique de K). Si on pose $f(X, Y) = Y^n - P(X)$, montrer que si K contient les racines *n*-èmes de l'unité, l'anneau $A = K[X, Y]/(f)$ est intégralement clos et a pour corps des fractions l'extension séparable L de K(X) engendrée par une racine *y* de *f* (considéré comme un polynôme de K(X)[Y]). (Montrer que si un élément *z* de L est entier sur K[X], il appartient à A; pour cela, écrire *z* sous la forme $z = \sum_{i=0}^{n-1} a_i(X)y^i$, où $a_i(X) \in K(X)$. Montrer que les éléments $a_i(X)y^i$ $(0 \leqslant i \leqslant n-1)$ sont entiers sur K[X] et en déduire que les $(a_i(X))^n(P(X))^i$ sont des éléments de K[X]; conclure qu'il en est de même des $a_i(X)$).

b) On suppose que K est un corps non parfait de caractéristique $p \neq 2$; soit $a \in K$ un élément n'appartenant pas à K^p, soit E le corps $K(a^{1/p})$, et posons $P(X) = X^p - a$, $f(X, Y) = Y^2 - P(X)$. Si A est l'anneau intégralement clos $K[X, Y]/(f)$, montrer que $B = E \otimes_K A$ est intègre mais non intégralement clos (considérer l'élément $y/(X - a^{1/p})$ du corps des fractions de B).

24) Soit Δ un groupe commutatif sans torsion noté additivement. Soient A un anneau commutatif, B une A-algèbre commutative, $h : A \rightarrow B$ l'homomorphisme d'anneaux définissant la structure d'algèbre de B. Alors $h^{(\Delta)} : A^{(\Delta)} \rightarrow B^{(\Delta)}$ (*Alg.*, chap. II, 3e éd., § 11, exerc. 1) est un homomorphisme (d'anneaux) de l'algèbre $A^{(\Delta)}$ du groupe Δ par rapport à A, dans l'algèbre $B^{(\Delta)}$ du groupe Δ par rapport à B. Soit $P = \sum_{\alpha \in \Delta} b_\alpha \otimes X^\alpha$ un élément de $B^{(\Delta)}$. Montrer que pour que P soit entier sur $A^{(\Delta)}$, il faut et il suffit que chacun des éléments $b_\alpha \in B$ soit entier sur A. (Se ramener au cas où Δ est de type fini, puis au cas où $\Delta = \mathbf{Z}$). Montrer que si A est intègre et intégralement clos, il en est de même de $A^{(\Delta)}$.

25) Soit Δ un groupe commutatif totalement ordonné. Étendre aux anneaux gradués de type Δ les propositions 20 et 21 du no 8 (pour la prop. 20, utiliser l'exerc. 24; pour la prop. 21, généraliser le lemme 4 du no 8 au cas où Δ est de type fini, puis démontrer la prop. 21 en passant à la limite inductive).

¶ 26) *a*) Soit A un anneau intègre tel que pour tout $a \neq 0$ dans A, l'idéal A*a* soit intersection d'une famille $(\mathfrak{q}_\iota)$ de saturés de A*a* pour des idéaux premiers $\mathfrak{p}_\iota$ minimaux parmi ceux qui contiennent *a*, tels que les anneaux $A_{\mathfrak{p}_\iota}$ soient intégralement clos (resp. complètement intégralement clos). Montrer alors que A est intégralement clos (resp. complètement intégralement clos).

b) Soient A un anneau local fortement laskérien (chap. IV, § 2, exerc. 28), $\mathfrak{m}$ son idéal maximal. On suppose que pour un $a \in A$, $\mathfrak{m}$ soit un idéal premier *immergé* faiblement associé à A/Aa (chap. IV, § 1, exerc. 17). Montrer que $Aa : \mathfrak{m}$ est contenu dans tout idéal primaire pour tout idéal premier $\mathfrak{p} \neq \mathfrak{m}$ faiblement associé à A/Aa (considérer le transporteur $\mathfrak{q} : \mathfrak{m}$ pour un tel idéal primaire $\mathfrak{q}$, cf. chap. IV, § 2, exerc. 30). Si de plus on suppose que A est intègre, montrer que l'on ne peut avoir, pour un idéal premier $\mathfrak{p}$ minimal parmi ceux qui contiennent Aa, la relation $\mathfrak{p}.(Aa : \mathfrak{m}) = Aa$ (si $\mathfrak{q}$ est le saturé de Aa pour $\mathfrak{p}$, remarquer que la relation précédente entraînerait $\mathfrak{q}A_{\mathfrak{p}} = \mathfrak{q}\mathfrak{p}A_{\mathfrak{p}}$ dans $A_{\mathfrak{p}}$, et conclure à l'aide de l'exerc. 29 *d*) du chap. IV, § 2).

c) Montrer que si A est un anneau fortement laskérien intègre, et s'il existe un élément $a \neq 0$ de A tel qu'il y ait des idéaux premiers faiblement associés à A/Aa et *immergés*, A n'est pas complètement intégralement clos. (Se ramener au cas considéré dans *b*); avec les notations de *b*), il existe alors $b \in Aa : \mathfrak{m}$ tel que $b \notin Aa$, et l'on a $b\mathfrak{p} \subset a\mathfrak{m}$; en déduire par récurrence sur n que l'on a $b^n\mathfrak{p} \subset a^n\mathfrak{m}$ pour tout n).

d) Déduire en particulier de *a*) et *c*) que, pour qu'un anneau noethérien intègre A soit intégralement clos, il est nécessaire et suffisant que, pour tout $a \neq 0$ dans A, les idéaux premiers $\mathfrak{p}$ associés à A/Aa soient non immergés et tels que $A_{\mathfrak{p}}$ soit intégralement clos (cf. chap. VII, § 1, n° 4, prop. 8).

27) Soient A un anneau intègre intégralement clos mais non complètement intégralement clos, K son corps des fractions; soit $a \neq 0$ un élément non inversible de A, pour lequel il existe $d \neq 0$ dans A tel que $da^{-n} \in A$ pour tout entier $n \geqslant 0$. Montrer que dans le corps des séries formelles $K((X))$, il existe une série formelle $\sum_{k=1}^{\infty} u_k X^k = f(X)$ vérifiant l'équation $(f(X))^2 - af(X) + X = 0$, donc entière sur $A[[X]]$, appartenant au corps des fractions de $A[[X]]$, mais n'appartenant pas à $A[[X]]$, de sorte que $A[[X]]$ n'est pas intégralement clos.

28) Soient k un corps, A_0 l'anneau de polynômes $k[X_n, Y_n]_{n \in \mathbf{Z}}$ par rapport à deux familles infinies d'indéterminées. Soit G un groupe monogène infini (donc isomorphe à $\mathbf{Z}$), et soit σ un générateur de $\mathcal{G}$. On définit G comme opérant sur A_0 par les conditions $\sigma(Y_n) = Y_n$ et $\sigma(X_n) = X_{n+1}$ pour tout $n \in \mathbf{Z}$. Soit $\mathfrak{J}$ l'idéal de A_0 engendré par les éléments $Y_n(X_n - X_{n+1})$ pour tout $n \in \mathbf{Z}$, et soit A l'anneau quotient $A_0/\mathfrak{J}$; comme $\sigma(\mathfrak{J}) \subset \mathfrak{J}$, le groupe $\mathcal{G}$ opère aussi sur A par passage au quotient. Soit S la partie multiplicative de A engendrée par les images canoniques des Y_n dans A, de sorte que S est formée d'éléments invariants par G. Montrer que l'on a $S^{-1}(A^{\mathcal{G}}) \neq (S^{-1}A)^{\mathcal{G}}$.

29) Soient k un corps de caractéristique $\neq 2$, A l'anneau de polynômes $k[T]$ à une indéterminée, a, b deux éléments de k tels que $a \neq 0$, $b \neq 0$, $a \neq b$. Soient $K = k(T)$ le corps des fractions de A, L, M les extensions de K obtenues en adjoignant à K respectivement une racine de $X^2 - T(T - a)$ et une racine de $X^2 - T(T - b)$. Soient B, C les fermetures intégrales de A dans L et M respectivement, qui sont des A-modules libres de type fini. Montrer que $L \otimes_K M$

est un corps, extension finie séparable de K, mais que $B \otimes_A C$, qui s'identifie canoniquement à un sous-anneau de $L \otimes_K M$, n'est pas la fermeture intégrale de A dans $L \otimes_K M$.

§ 2.

1) Donner un exemple d'homomorphisme injectif d'anneaux $\rho : A \rightarrow B$ tel que B soit une A-algèbre finie, que l'application ${}^a\rho$: $\mathrm{Spec}(B) \rightarrow \mathrm{Spec}(A)$ soit surjective, mais que B ne soit pas un A-module plat. Inversement donner un exemple d'une A-algèbre fidèlement plate, de type fini, mais non entière sur A.

2) Soit A un anneau tel que Spec(A) soit séparé (chap. II, § 4, exerc. 16). Pour toute A-algèbre B entière sur A, montrer que Spec(B) est séparé.

3) Soient A un anneau, A′ un anneau contenant A et entier sur A. Pour tout idéal $\mathfrak{a}$ de A, montrer que la racine de $\mathfrak{a}$ est l'intersection de A et de la racine de $\mathfrak{a}A'$. Montrer que cette dernière est l'ensemble des éléments $x \in A'$ vérifiant une équation de dépendance intégrale dont les coefficients (autres que le coefficient dominant) appartiennent à $\mathfrak{a}$ (on remarquera que si y, z sont deux éléments de A′ vérifiant une telle équation de dépendance intégrale, il en est de même de $y - z$).

4) Soient A un anneau noethérien, $\rho : A \rightarrow B$ un homomorphisme d'anneaux faisant de B un A-module de type fini, N un B-module de type fini. Montrer que les idéaux premiers $\mathfrak{p} \in \mathrm{Ass}(\rho_*(N))$ sont les images réciproques par ρ des idéaux premiers $\mathfrak{q} \in \mathrm{Ass}(N)$.

5) Soit K un corps; dans l'anneau intègre K[X, Y] des polynômes à deux indéterminées sur K, on considère les sous-anneaux $A = K[X^4, Y^4]$, $A' = K[X^4, X^3Y, XY^3, Y^4]$; A est noethérien et A′ une A-algèbre finie. Soit $\mathfrak{p} = AY^4$, qui est un idéal premier de A; montrer que $\mathfrak{m} = A'X^4 + A'X^3Y + A'XY^3 + A'Y^4$ est un idéal premier (immergé) associé à l'idéal $\mathfrak{p}A'$ de A′, mais n'est pas au-dessus de $\mathfrak{p}$ (noter que $\mathfrak{m}$ est l'annulateur de la classe de X^2Y^6 dans l'anneau $A'/\mathfrak{p}A'$) (cf. § 1, exerc. 26 *d*).

6) Définir une suite croissante de corps de nombres algébriques $K_0 = \mathbf{Q}$, K_1, ..., K_n, ... tels que, si on désigne par A_n la fermeture intégrale de $\mathbf{Z}$ dans K_n, p un nombre premier $\neq 2$, K_n soit une extension quadratique de K_{n-1} et qu'il existe dans A_n un idéal premier $\mathfrak{p}_n$ au-dessus de (p) tel qu'il y ait dans A_{n+1} deux idéaux premiers distincts $\mathfrak{p}_{n+1}$, $\mathfrak{p}'_{n+1}$ au-dessus de $\mathfrak{p}_n$ (observer que, dans un corps fini de caractéristique $\neq 2$, il y a toujours des éléments non carrés). Soient K la réunion des K_n, A′ la fermeture intégrale de $\mathbf{Z}$ dans K; montrer qu'il existe une infinité d'idéaux (maximaux) de A′ au-dessus de l'idéal maximal (p) de $\mathbf{Z}$.

¶ 7) Soient A un anneau noethérien intègre, A′ sa clôture intégrale. Montrer que pour tout idéal premier $\mathfrak{p}$ de A, il n'existe qu'un nombre fini d'idéaux premiers de A′ au-dessus de $\mathfrak{p}$. (Se ramener d'abord au cas où A est un anneau local d'idéal maximal $\mathfrak{p}$; considérer son complété $\hat{A}$ et l'anneau total des fractions B de $\hat{A}$, et noter que le corps des fractions K de A s'identifie à un sous-anneau de B (chap. III, § 3, n° 4, cor. 2 du th. 3). Remarquer que le spectre de B est fini, et par suite que dans B il n'y a qu'un nombre fini d'idempotents orthogonaux deux à deux. Soit alors $C \supset A$ un sous-anneau de K qui soit un A-module de type fini, donc semi-local. Remarquer que le complété $\hat{C}$ de C s'identifie à un sous-anneau de B; conclure en notant que $\hat{C}$ est un produit d'un nombre fini d'anneaux locaux, ce nombre étant égal au nombre des idéaux maximaux de C). Généraliser à la fermeture intégrale d'un anneau noethérien dans son anneau total de fractions (se ramener au cas d'un anneau réduit).

8) On dit qu'un anneau local intègre A est *unibranche* si sa clôture intégrale est un anneau local.

a) Soient A un anneau local intègre, K son corps des fractions. Pour que A soit unibranche, il faut et il suffit que toute sous-A-algèbre de K qui est un A-module de type fini, soit un anneau local.

b) Montrer que si le complété d'un anneau local noethérien A est intègre, A est unibranche (si B est une A-algèbre finie contenue dans K, montrer que le sous-anneau du corps des fractions de $\hat{A}$ engendré par B et $\hat{A}$ est isomorphe à $B \otimes_A \hat{A}$, en utilisant la platitude du A-module $\hat{A}$; puis utiliser *a*) et le chap. III, § 2, n° 13, cor. de la prop. 19).

9) Soient k_0 un corps, A′ l'anneau de polynômes $k_0[X_n]_{n \in \mathbf{N}}$ par rapport à une suite infinie d'indéterminées; c'est un anneau intégralement clos dont le corps des fractions est $K' = k_0(X_n)_{n \in \mathbf{N}}$. On désigne par σ le k_0-automorphisme de A′ tel que

$$\sigma(X_{2n}) = -X_{2n} + X_{2n+1}, \qquad \sigma(X_{2n+1}) = X_{2n+1}$$

pour tout $n \geqslant 0$; σ et l'automorphisme identique forment un groupe $\mathcal{G}$ d'automorphismes de A′. Soit A l'anneau des invariants de $\mathcal{G}$, et soit K son corps des fractions; K′ est une extension séparable de degré 2 de K et A′ la fermeture intégrale de A dans K′.

a) Montrer que A′ est un A-module admettant une base *infinie*. (Si k_0 est de caractéristique $\neq 2$, montrer que, si l'on pose $Y_n = X_{2n} - \frac{1}{2}X_{2n+1}$, A est le sous-anneau de A′ engendré par les X_{2n+1} et les produits Y_nY_m pour $n \geqslant 0, m \geqslant 0$. Si k_0 est de caractéristique 2, A′ est engendré par les X_{2n+1} et les $X_{2n}^2 + X_{2n}X_{2n+1}$ pour $n \geqslant 0$).

b) Soit $\mathfrak{m}'$ l'idéal maximal de A′ engendré par tous les X_n, et soit $\mathfrak{m} = A \cap \mathfrak{m}'$; montrer que l'on a $\mathfrak{m}' = \mathfrak{m}A'$, que $\mathfrak{m}'$ est le seul idéal de A′ au-dessus de $\mathfrak{m}$ et que les corps $A/\mathfrak{m}$ et $A'/\mathfrak{m}'$ sont canoniquement isomorphes.

c) Soit $\mathfrak{p}'$ l'idéal premier de A′ engendré par les X_{2n+1} pour $n \geqslant 0$, et soit $\mathfrak{p} = \mathfrak{p}' \cap A$; soient k, k' les corps des fractions de $A/\mathfrak{p}$ et $A'/\mathfrak{p}'$ respectivement; $\mathfrak{p}'$ est le seul idéal premier de A′ au-dessus de $\mathfrak{p}$. Si k_0 n'est pas de caractéristique 2, k' est une extension séparable de degré 2 de k; si k_0 est de caractéristique 2, k' est une extension radicielle de degré infini de k.

10) *a*) Soit A' l'anneau de polynômes $\mathbf{Z}[X, Y]$ à deux indéterminées, et soit σ l'automorphisme de A' laissant invariant Y et tel que $\sigma(X) = -X$; σ et l'automorphisme identique forment un groupe $\mathcal{G}$ d'automorphismes de A', et l'anneau des invariants de $\mathcal{G}$ est $A = \mathbf{Z}[X^2, Y]$. Soient $\mathfrak{p}'$ l'idéal premier $A'(Y - 2X)$, $\mathfrak{p} = A \cap \mathfrak{p}'$; le groupe de décomposition $\mathcal{G}^Z(\mathfrak{p}')$ est réduit à l'élément neutre. Montrer que $A/\mathfrak{p}$ et $A'/\mathfrak{p}'$ ne sont pas isomorphes (considérer les produits tensoriels de ces anneaux avec $\mathbf{Z}/2\mathbf{Z}$).

b) Soient K un corps de caractéristique $\neq 2$, A' l'anneau de polynômes $K[X, Y]$, $\mathcal{G}$ le groupe d'automorphismes de A' formé de l'identité et du $K[Y]$-automorphisme σ de A' tel que $\sigma(X) = -X$; l'anneau des invariants A de $\mathcal{G}$ est $K[X^2, Y]$. Soient $\mathfrak{p}'$ l'idéal premier $A'(X^3 - Y)$ de A' et $\mathfrak{p} = A \cap \mathfrak{p}'$; le groupe de décomposition $\mathcal{G}^Z(\mathfrak{p}')$ est réduit à l'élément neutre, mais $A/\mathfrak{p}$ et $A'/\mathfrak{p}'$ ne sont pas isomorphes.

¶ 11) *a*) Soient A un anneau local intégralement clos, $\mathfrak{m}$ son idéal maximal, K son corps des fractions, K' une extension galoisienne de K, de degré fini, A' la fermeture intégrale de A dans K', $\mathfrak{m}'$ un idéal maximal de A' au-dessus de $\mathfrak{m}$, $B = A^Z(\mathfrak{m}')$ son anneau de décomposition, $\mathfrak{n} = \mathfrak{m}' \cap B$. Pour tout entier $k > 0$, on a $B = A + \mathfrak{n}^k$ (raisonner comme dans la prop. 4). Il existe en outre un élément primitif z de K^Z (corps des fractions de B) tel que $z \in \mathfrak{n}$; en déduire que $\mathfrak{n} \cap A[z] = \mathfrak{m}A[z]$.

b) Montrer que pour tout entier k, on a $\mathfrak{m}^k B_{\mathfrak{n}} \cap A = \mathfrak{m}^k$. (Si $x \in \mathfrak{m}^k B_{\mathfrak{n}} \cap A$, remarquer qu'il existe $t \in A[z]$ (où z est défini dans *a*)) tel que $t \notin \mathfrak{n}$ et $tx \in \mathfrak{m}^k A[z]$; écrivant $t = t_0 + t_1 z + \cdots + t_{r-1} z^{r-1}$ (où r est le degré $[K^Z : K]$), en déduire que $t_0 x \in \mathfrak{m}^k$ et $t_0 \notin \mathfrak{m}$).

c) On suppose maintenant que K' est une extension galoisienne *quelconque* de K. Gardant les mêmes notations que ci-dessus, montrer que l'on a encore $B = A + \mathfrak{n}^k$ et $\mathfrak{m}^k B_{\mathfrak{n}} \cap A = \mathfrak{m}^k$ (remarquer que tout élément de $A^Z(\mathfrak{m}')$ est contenu dans l'anneau de décomposition de $\mathfrak{m}' \cap C$, où C est la fermeture intégrale de A dans une sous-extension galoisienne de degré fini de K').

d) Sous les hypothèses de *c*), montrer que si A est noethérien, il en est de même de $B_{\mathfrak{n}}$. (Observer que le séparé complété de $B_{\mathfrak{n}}$ pour la topologie $\mathfrak{m}$-adique s'identifie au complété $\hat{A}$ de A d'après *c*); si $\varphi : B_{\mathfrak{n}} \to \hat{A}$ est l'homomorphisme canonique, montrer que pour tout idéal $\mathfrak{a}$ de $B_{\mathfrak{n}}$ on a $\overset{-1}{\varphi}(\mathfrak{a}\hat{A}) = \mathfrak{a}$, en utilisant le fait que dans $\hat{A}$ tout idéal est de type fini, donc que $\mathfrak{a}\hat{A}$ est engendré par un nombre fini d'éléments de $\mathfrak{a}$, et se ramener ainsi au cas où K' est une extension de degré fini de K).

12) Soient K un corps, K' une extension galoisienne de degré fini de K, C l'anneau de polynômes $K'[X, Y]$, B l'anneau quotient C/CXY, x et y les images canoniques de X, Y dans B. Soient A' le sous-anneau $K[x] + yK'[y]$ de B. Le groupe de Galois $\mathcal{G}$ de K' sur K opère fidèlement dans A', l'anneau des invariants A de $\mathcal{G}$ dans A' étant $K[x, y]$. Soit S l'ensemble des puissances de x dans A'. Montrer que l'on a $S^{-1}A' = S^{-1}A$, et que $\mathcal{G}$ n'opère pas fidèlement dans $S^{-1}A'$.

¶ 13) *a*) Soient K un corps de caractéristique 0, $\mathfrak{n}$ l'idéal de l'anneau de polynômes $K[X, Y, Z]$ engendré par $Y^2 - X^2 - X^3$. Montrer que $\mathfrak{n}$ est premier, et que l'anneau intègre $A = K[X, Y, Z]/\mathfrak{n}$ n'est pas intégralement clos : si x, y, z sont les images de X, Y, Z dans A, l'élément $t = y/x$ du corps des fractions L de A est entier sur A mais n'appartient pas à A. Soit $A' \supset A$ le sous-anneau $K[x, t, z]$ de L, qui est entier sur A. On considère dans A l'idéal premier $\mathfrak{p}$ engendré par $xz - y$ et $z^2 - 1 - x$, et l'idéal maximal $\mathfrak{q} \supset \mathfrak{p}$ engendré par $x, y, z - 1$. On considère d'autre part dans A' l'idéal maximal $\mathfrak{q}'$ engendré par $x, t + 1$ et $z - 1$; montrer que $\mathfrak{q}'$ est au-dessus de $\mathfrak{q}$ mais qu'il n'existe aucun idéal premier $\mathfrak{p}' \subset \mathfrak{q}'$ de A' au-dessus de $\mathfrak{p}$. (Considérer un homomorphisme de $A'/\mathfrak{p}A'$ dans un surcorps de K et montrer que l'image de $\mathfrak{q}'$ pour un tel homomorphisme est nécessairement 0.)

b) Soit A' l'anneau quotient de l'anneau de polynômes $\mathbf{Z}[X]$ par l'idéal $\mathfrak{n}$ engendré par $2X$ et $X^2 - X$; soit x l'image de X dans A'; A' est entier sur $\mathbf{Z}$ mais le nombre 2 est diviseur de 0 dans A'. Soient $\mathfrak{q}'$ l'idéal premier de A' engendré par 2 et $x - 1$; on a $\mathfrak{q}' \cap \mathbf{Z} = 2\mathbf{Z}$; si $\mathfrak{p}$ est l'idéal premier (0) dans $\mathbf{Z}$, montrer qu'il n'existe aucun idéal premier $\mathfrak{p}' \subset \mathfrak{q}'$ dans A' qui soit au-dessus de $\mathfrak{p}$.

c) Soient K un corps, $\mathfrak{n}$ l'idéal de l'anneau de polynômes $K[X, Y, Z]$ engendré par $X^2, XY, XZ, YZ - Y$ et $Z^2 - Z$, A' l'anneau quotient $K[X, Y, Z]/\mathfrak{n}$, x, y, z les images de X, Y, Z dans A', A le sous-anneau $K[x, y]$ de A'; A est intégralement fermé dans son anneau total des fractions, et A' est entier sur A. On considère dans A l'idéal premier $\mathfrak{p}$ engendré par x et l'idéal maximal $\mathfrak{q}$ engendré par x et y. On considère d'autre part dans A' l'idéal maximal $\mathfrak{q}'$ engendré par x, y, z; montrer que $\mathfrak{q}'$ est au-dessus de $\mathfrak{q}$, mais qu'il n'existe aucun idéal premier $\mathfrak{p}' \subset \mathfrak{q}'$ au-dessus de $\mathfrak{p}$ (même méthode que dans *a*)).

* Interpréter géométriquement les exemples de *a*) et *c*).*

¶ 14) *a*) Soient A un sous-anneau d'un corps K, x un élément $\neq 0$ de K. Montrer que si x n'est pas entier sur A, il existe un idéal maximal de $A[x^{-1}]$ qui contient x^{-1} et que pour tout idéal maximal $\mathfrak{m}$ de $A[x^{-1}]$ contenant x^{-1}, l'idéal $A \cap \mathfrak{m}$ est maximal dans A (observer que x n'appartient pas à l'anneau $A[x^{-1}]$).

b) Soient A un anneau local intègre, $\mathfrak{m}$ son idéal maximal, K un corps contenant A, k le corps résiduel de A. Soit $x \in K$ tel que $x \notin A$ et $x^{-1} \notin A$ et supposons que A soit intégralement fermé dans l'anneau $A[x]$. Montrer qu'il existe un homomorphisme $A[x] \to k[X]$ de A-algèbres qui prolonge l'homomorphisme canonique $A \to k$ et qui transforme x en X. (Il s'agit de prouver que si $\sum_{i=0}^{n} a_i x^i = 0$, où $a_i \in A$ pour tout i, alors tous les a_i appartiennent à $\mathfrak{m}$. Sinon on aurait une relation $a_n x^{n-p} + \cdots + a_p = -(a_{p+1}x^{-1} + \cdots + a_0 x^{-p})$, où a_p est inversible dans A; utilisant l'exerc. 5 du § 1, montrer que la valeur commune b des deux membres appartient à A, et en utilisant *a*), montrer que l'on a nécessairement $b \in \mathfrak{m}$; en conclure que x^{-1} serait entier sur A, ce qui est absurde.)

c) Sous les hypothèses de b), montrer que l'idéal $\mathfrak{m}A[x]$ de $A[x]$ est premier et non maximal.

15) Soient A un anneau, $\mathfrak{p}$ un idéal premier de A. Montrer que dans l'anneau de polynômes $B = A[X]$, l'idéal $\mathfrak{p}B = \mathfrak{q}$ est premier; l'idéal maximal de l'anneau local $B_\mathfrak{q}$ est égal à $\mathfrak{p}B_\mathfrak{q}$; si k est le corps des fractions de $A/\mathfrak{p}$, $B_\mathfrak{q}/\mathfrak{p}B_\mathfrak{q}$ est isomorphe au corps des fractions rationnelles $k(X)$. Si A est intégralement clos, il en est de même de $B_\mathfrak{q}$.

16) Soient A un anneau intègre, K son corps des fractions, K′ une extension de degré fini n de K, A′ un sous-anneau de K′ contenant A, ayant K′ pour corps des fractions et entier sur A. Soient $\mathfrak{m}$ un idéal maximal de A, B l'anneau local $A[X]_{\mathfrak{m}A[X]}$ (exerc. 15).

a) Le sous-anneau $B' = B[A']$ de $K'(X)$ est entier sur B; son corps des fractions est $K'(X)$ et on a $[K'(X) : K(X)] = n$.

b) Pour tout idéal maximal $\mathfrak{m}'$ de A′ contenant $\mathfrak{m}$, $\mathfrak{n}' = \mathfrak{m}'B'$ est un idéal maximal de B′; si l'on pose $\mathfrak{n} = \mathfrak{m}B$, on a

$$[(A'/\mathfrak{m}') : (A/\mathfrak{m})] = [(B'/\mathfrak{n}') : (B/\mathfrak{n})] \text{ et } [(A'/\mathfrak{m}') : (A/\mathfrak{m})]_s = [(B'/\mathfrak{n}') : (B/\mathfrak{n})]_s.$$

(Observer que $(A'/\mathfrak{m}') \otimes_A B$ est isomorphe au corps $(A'/\mathfrak{m}')(X)$ et en déduire que $B'/\mathfrak{n}'$ est isomorphe à $(A'/\mathfrak{m}')(X)$).

c) L'application $\mathfrak{m}' \to \mathfrak{m}'B'$ est une bijection de l'ensemble des idéaux maximaux de A′ contenant $\mathfrak{m}$ sur l'ensemble des idéaux maximaux de B′; la bijection réciproque est $\mathfrak{n}' \to \mathfrak{n}' \cap A'$.

¶ 17) a) Soient K un corps infini, E une extension algébrique séparable de K, de degré fini, g un polynôme de K[X]. Montrer qu'il existe un élément $x \in E$ tel que $E = K(x)$ et que le polynôme minimal de x sur K soit étranger à g (raisonner comme dans *Alg.*, chap. V, § 7, nº 7, prop. 12).

b) Soient k un corps, A une k-algèbre primaire (chap. IV, § 2, exerc. 32), $\mathfrak{m}$ son unique idéal premier. Si $A/\mathfrak{m}$ est une extension transcendante de k, il existe dans A des éléments non algébriques sur k. Si $A/\mathfrak{m}$ est algébrique sur k et si d est un entier au plus égal au facteur séparable du degré de $A/\mathfrak{m}$ sur k (donc un entier quelconque si ce facteur séparable est infini), montrer qu'il existe dans A des éléments dont le polynôme minimal sur k est de degré $\geqslant d$. Si de plus $A/\mathfrak{m}$ n'est pas séparable sur k, ou si $\mathfrak{m} \neq 0$, il existe dans A un élément dont le polynôme minimal sur k est de degré $> d$. (Lorsque $A/\mathfrak{m}$ n'est pas séparable sur k, utiliser *Alg.*, chap. V, § 8, exerc. 5. Si $A/\mathfrak{m}$ est séparable et de degré d sur k, et si $x \in A$ est tel que $\xi \in A/\mathfrak{m}$, classe de x, soit un élément primitif de $A/\mathfrak{m}$, dont $f \in k[X]$ est le polynôme minimal, observer que $f'(\xi) \neq 0$ et en déduire que si $y \neq 0$ est un élément de $\mathfrak{m}$, on a $f(x + y) \neq 0$.)

c) Soient k un corps infini, A une k-algèbre composée directe de r algèbres primaires A_i $(1 \leqslant i \leqslant r)$; soient $\mathfrak{m}_i$ l'idéal maximal de A_i, d_i un entier au plus égal au facteur séparable du degré de $A_i/\mathfrak{m}_i$ sur k si A_i est algébrique et si ce facteur est fini, un entier arbitraire dans le cas contraire. Montrer qu'il existe dans A un élément qui est non algébrique sur k ou dont le polynôme minimal sur k est de degré $\geqslant \sum_{i=1}^{r} d_i$; si en outre un des $\mathfrak{m}_i$ est $\neq 0$, ou si un des corps $A_i/\mathfrak{m}_i$

n'est pas une extension algébrique séparable de k, il existe dans A un élément non algébrique sur k ou dont le polynôme minimal sur k est de degré $> \sum_{i=1}^{r} d_i$ (utiliser a) et b)).

¶ 18) Soient A un anneau local intègre et intégralement clos, K son corps des fractions, $\mathfrak{m}$ son idéal maximal, $k = A/\mathfrak{m}$ son corps résiduel. Soient K′ une extension algébrique de K, de degré fini n, A′ un sous-anneau de K′ contenant A, entier sur A et ayant K′ pour corps des fractions, $\mathfrak{m}_i$ $(1 \leqslant i \leqslant r)$ les idéaux maximaux de A′. On dit que l'idéal $\mathfrak{m}$ est *non ramifié* dans A′ s'il existe une base $(w_i)_{1\leqslant i\leqslant n}$ de K′ sur K, formée d'éléments de A′ et dont le discriminant $D_{K'/K}(w_1, \ldots, w_n)$ (*Alg.*, chap. IX, § 2) appartient à $A - \mathfrak{m}$.

a) Montrer que si $\mathfrak{m}$ est non ramifié dans A′, K′ est une extension séparable de K, A′ est la fermeture intégrale de A dans K′ et est un A-module *libre* dont toute base sur A est une base de K′ sur K; $\mathfrak{m}A'$ est le radical de A′, et $A'/\mathfrak{m}A'$ est une k-algèbre semi-simple de rang n sur k, séparable sur k, composée directe des corps $A'/\mathfrak{m}'_i$.

b) Soit d_i le facteur séparable du degré de $A'/\mathfrak{m}'_i$ sur $A/\mathfrak{m}$. Montrer que si k est infini, on a $\sum_i d_i \leqslant n$ (utiliser l'exerc. 17 c)); en outre, les conditions suivantes sont équivalentes :

α) $\mathfrak{m}$ est non ramifié dans A′.

β) A′ est un A-module de type fini et $A'/\mathfrak{m}A'$ est une k-algèbre semi-simple et séparable sur k.

γ) $\sum_{i=1}^{r} d_i \leqslant n$.

(Pour voir que β) entraîne γ), remarquer qu'il y a un système de générateurs du A-module A′ dont les classes mod. $\mathfrak{m}A'$ forment une base de $A'/\mathfrak{m}A'$ sur k, en utilisant le chap. II, § 3, nº 2, cor. 2 de la prop. 4; en déduire que l'on a $[K' : K] \leqslant [(A'/\mathfrak{m}A') : k]$. Pour voir que γ) entraîne α), utiliser l'exerc. 17 c) pour montrer qu'il existe une base de $A'/\mathfrak{m}A'$ sur k formée des puissances ξ^i d'un élément $\xi (0 \leqslant i \leqslant n-1)$; si $x \in A'$ est un élément de la classe ξ, en déduire que $D_{K'/K}(1, x, \ldots, x^{n-1})$ appartient à $A - \mathfrak{m}$). Donner un exemple où K′ est séparable sur K, $A'/\mathfrak{m}A' = A/\mathfrak{m}$ et où A′ n'est pas un A-module de type fini (cf. exerc. 9 c)).

c) Étendre les résultats de b) au cas où k est fini (avec les notations de l'exerc. 16, montrer que si $\mathfrak{n}$ est non ramifié dans B′, alors $\mathfrak{m}$ est non ramifié dans A′; en tenant compte du fait que $B/\mathfrak{n}$ est infini, utiliser 16 c), obtenant ainsi un élément $z \in B'$ tel que

$$D_{K'(X)/K(X)}(1, z, \ldots, z^{n-1}) \in B - \mathfrak{n};$$

montrer qu'on peut supposer que z est un polynôme de A′[X], et en exprimant le discriminant précédent comme polynôme en X, obtenir l'existence d'un système de n éléments w_i $(1 \leqslant i \leqslant n)$ de A′ tel que $D_{K'/K}(w_1, \ldots, w_n) \in A - \mathfrak{m}$).

¶ 19) Soient A un anneau intègre et intégralement clos, K son corps des fractions, K′ une extension algébrique de K, de degré fini n, A′ un sous-anneau de K′ contenant A, entier sur A et ayant K′ pour corps des fractions; si $\mathfrak{p}$ est un idéal premier de A, on désigne par $A'_{\mathfrak{p}}$ l'anneau de fractions de A′ dont les dénominateurs sont dans $A - \mathfrak{p}$. On dit que $\mathfrak{p}$ est *non ramifié dans* A′ si $\mathfrak{p}A_{\mathfrak{p}}$ est non ramifié dans $A'_{\mathfrak{p}}$.

a) Soient $\mathfrak{p}'_i$ $(1 \leqslant i \leqslant r)$ les idéaux premiers de A′ au-dessus de $\mathfrak{p}$. Soit d_i le facteur séparable du degré du corps des fractions de $A'/\mathfrak{p}'_i$ sur le corps des fractions de $A/\mathfrak{p}$; montrer que l'on a $\sum_{i=1}^{r} d_i \leqslant n$. (Se ramener à l'exerc. 18).

b) Les conditions suivantes sont équivalentes :

α) L'idéal $\mathfrak{p}$ est non ramifié dans A′.

β) A′ contient une base de K′ sur K dont le discriminant appartient à $A - \mathfrak{p}$.

γ) On a $\sum_{i=1}^{r} d_i = n$.

En particulier, si $r = n$, $\mathfrak{p}$ est non ramifié dans A′.

Donner un exemple où $\mathfrak{p}$ est non ramifié dans A′ mais où A′ n'est pas un A-module de type fini (cf. exerc. 9*a*)).

c) On dit que A est *non ramifié* dans A′ (ou dans K′) si tout idéal premier de A est non ramifié dans A′. Montrer que A′ est alors un A-module *fidèlement plat* (cf. chap. II, § 3, n° 4, cor. de la prop. 15). Soit K″ une extension algébrique de K′ de degré fini n'; soient A′ la fermeture intégrale de A dans K′, A″ la fermeture intégrale de A′ dans K″; pour que A soit non ramifié dans A″, il faut et il suffit que A soit non ramifié dans A′ et que A′ soit non ramifié dans A″.

d) Soient k un corps, A une k-algèbre intègre et intégralement close, K son corps des fractions. Soit k' une extension algébrique séparable de k, de degré fini n sur k. Montrer que si $k' \otimes_k K$ est un corps, A est non ramifié dans $k' \otimes_k K$ (considérer un élément primitif x de k' sur k, et la base de $k' \otimes_k K$ sur K formée des x^i pour $0 \leqslant i \leqslant n-1$).

20) Soient A l'anneau intègre défini au chap. III, § 3, exerc. 15 *b*), C l'anneau local $A_{\mathfrak{m}}$, $\mathfrak{n} = \mathfrak{m}A_{\mathfrak{m}}$ l'idéal maximal de C, L le corps des fractions de A et de C. Si x, y sont les images canoniques de X et Y dans C, montrer que $t = y/x$ n'appartient pas à C, mais que $t^2 \in C$, de sorte que C n'est pas intégralement clos; en outre $C' = C[t]$ est la clôture intégrale de C et est isomorphe à $S^{-1}K[T]$ (T indéterminée), où S est la partie multiplicative de K[T] formée des polynômes qui ne sont divisibles ni par $T - 1$ ni par $T + 1$. Montrer que C′ est un C-module de type fini, et que les idéaux (maximaux) de C′ au-dessus de $\mathfrak{n}$ sont les idéaux principaux $\mathfrak{q}_1 = (t-1)C'$ et $\mathfrak{q}_2 = (t+1)C'$; mais les anneaux locaux $C'_{\mathfrak{q}_1}$ et $C'_{\mathfrak{q}_2}$ ne sont pas des C-algèbres entières.

21) Soient A un anneau intégralement clos contenant le corps **Q**, K son corps des fractions, L une extension algébrique de K, B la

fermeture intégrale de A dans L. Montrer que pour tout idéal $\mathfrak{a}$ de A, on a $A \cap \mathfrak{a}B = \mathfrak{a}$.

¶ 22) Soient A un anneau intègre noethérien, K son corps des fractions, A′ un sous-anneau de K contenant A. On suppose que A est intégralement fermé dans A′ et que pour tout idéal premier $\mathfrak{p}$ de A, il existe un idéal premier $\mathfrak{p}'$ de A′ au-dessus de A. Alors on a $A' = A$. (Raisonner par l'absurde : soit $x \in A' \cap \complement A$, et soit $\mathfrak{a} = A \cap (x^{-1}A)$, qui est un idéal distinct de A. Soit $\mathfrak{p}$ un idéal premier associé à $A/\mathfrak{a}$; le transporteur $\mathfrak{b} = \mathfrak{a} : \mathfrak{p}$ est alors distinct de $\mathfrak{a}$ (chap. IV, § 1, nº 4, prop. 9), et par suite il existe $y \in \mathfrak{b}$ tel que $xy \notin A$ et $xy\mathfrak{p} \subset \mathfrak{p}A' \cap A = \mathfrak{p}$; en déduire une contradiction.)

§ 3.

¶ 1) Soient A un anneau, $\mathfrak{p}$ un idéal premier de A, B une A-algèbre de type fini, et soit $\mathfrak{r}_1 \subset \cdots \subset \mathfrak{r}_m$ une suite croissante non vide d'idéaux de B au-dessus de $\mathfrak{p}$. Montrer qu'il existe un élément $a \in A - \mathfrak{p}$, et une famille finie $(y_k)_{1 \leqslant k \leqslant q}$ d'éléments de B, ayant les propriétés suivantes :

1º Si l'on pose $B' = A[y_1, \ldots, y_q]$, et si S est l'ensemble des puissances de a, l'anneau $S^{-1}B$ est entier sur $S^{-1}B'$.

2º Pour tout i tel que $1 \leqslant i \leqslant m$, il existe un entier $h(i) \geqslant 0$ tel que $\mathfrak{r}_i$ contienne $y_1, \ldots, y_{h(i)}$ et que pour tout polynôme $P \in A[X_{h(i)+1}, \ldots, X_q]$, la relation $P(y_{h(i)+1}, \ldots, y_q) \in \mathfrak{r}_i$ entraîne que tous les coefficients de P appartiennent à $\mathfrak{p}$.

L'idéal $\mathfrak{r}_i \cap B'$ est alors engendré par $\mathfrak{p}$ et par les y_k tels que $k \leqslant h(i)$. (Raisonner par récurrence sur m, se ramenant ainsi au cas $m = 1$. Soit alors $\mathfrak{r} = \mathfrak{r}_1$; raisonner par récurrence sur le nombre n des générateurs de la A-algèbre B. Soit $(x_i)_{1 \leqslant i \leqslant n}$ un tel système de générateurs, et soit $\mathfrak{s}$ l'idéal de $A[X_1, \ldots, X_n]$ formé des P tels que $P(x_1, \ldots, x_n) \in \mathfrak{r}$; on a $\mathfrak{s} \supset \mathfrak{p}A[X_1, \ldots, X_n]$; distinguer deux cas suivant que $\mathfrak{s}$ est ou non égal à $\mathfrak{p}A[X_1, \ldots, X_n]$. Dans le second cas, il y a un polynôme $Q \in A[X_1, \ldots, X_n]$ dont aucun coefficient $\neq 0$ n'est dans $\mathfrak{p}$ et qui appartient à $\mathfrak{s}$. Montrer qu'on peut déterminer des entiers $m_i (2 \leqslant i \leqslant n)$ tels que si l'on pose $x'_1 = Q(x_1, \ldots, x_n)$, $x'_i = x_i - x_1^{m_i} (2 \leqslant i \leqslant n)$, il existe un élément $b \in A - \mathfrak{p}$ pour lequel bx_1 soit entier sur $C = A[x'_2, \ldots, x'_n]$; appliquer l'hypothèse de récurrence à la A-algèbre $B_1 = A[x'_2, \ldots, x'_n]$ et à l'idéal $\mathfrak{r} \cap B_1$.)

2) Soient K un corps, B le quotient de l'anneau de polynômes K[X, Y] à deux indéterminées par l'idéal $\mathfrak{a}$ de K[X, Y] engendré par X^2 et XY ; on note x et y les images dans B des éléments X, Y ; soit A le sous-anneau $K[x]$ de B. Montrer que les éléments x et y^n $(n \geqslant 0)$ forment une base de B sur K et que B n'est pas entier sur A. D'autre part, il n'existe dans B aucun élément algébriquement libre sur A. En déduire un contre-exemple au cor. 1 du th. 1 du nº 1 lorsque A n'est pas intègre.

3) Soient K un corps infini, L un surcorps de K, $(x_i)_{1 \leqslant i \leqslant n}$

une famille finie d'éléments de L, d le degré de transcendance de $K(x_1, \ldots, x_n)$ sur K. Montrer qu'il existe d éléments $z_j = \sum_{i=1}^{n} a_{ji}x_i$ de L (où les $a_{ji} \in K$) tels que $K[x_1, \ldots, x_n]$ soit entier sur $K[z_1, \ldots, z_d]$. Si l'on suppose de plus que $K(x_1, \ldots, x_n)$ est une extension séparable de K, montrer qu'on peut prendre les a_{ji} tels que les z_j forment une base de transcendance séparante de $K(x_1, \ldots, x_n)$ sur K (raisonner par récurrence sur n lorsque $n > d$).

4) Soient B un anneau intègre, A un sous-anneau de B. On suppose qu'il existe $n \geqslant 1$ éléments $t_1, \ldots, t_n$ de B algébriquement indépendants sur A et tels que B soit entier sur $A[t_1, \ldots, t_n]$. Soient $\mathfrak{n}$ un idéal maximal de B, et $\mathfrak{p} = \mathfrak{n} \cap A$. Il y a alors un idéal premier $\mathfrak{q}$ de B contenu dans $\mathfrak{n}$, distinct de $\mathfrak{n}$ et contenant $\mathfrak{p}$. (Se ramener d'abord au cas où A est intégralement clos en considérant la clôture intégrale A′ de A (contenue dans le corps des fractions de B) et l'anneau $B' = B[A']$; dans le cas où A est intégralement clos, utiliser le th. 3 du § 2, n° 4.)

¶ 5) Soient A un anneau intègre, $B \supset A$ un sous-anneau du corps des fractions K de A; on suppose que A est intégralement fermé dans B, et que B contient un élément t tel que B soit un $A[t]$-module de type fini.

a) Soit F un polynôme $\neq 0$ de A[X] tel que $F(t)$ appartienne au conducteur $\mathfrak{f}$ de B par rapport à $A[t]$; montrer que si c est le coefficient dominant de F, c appartient à la racine de $\mathfrak{f}$. (En considérant les anneaux $A[c^{-1}]$ et $B[c^{-1}]$, se ramener à montrer que lorsque $c = 1$, on a nécessairement $B = A[t]$. On peut d'autre part supposer $F(t) \neq 0$, sans quoi $t \in A$. Pour tout $x \in B$, on a par hypothèse

$$xF(t) = F(t)Q(t) + R(t)$$

où Q et R sont des polynômes de A[X] et $\deg(R) < \deg(F)$; on peut se borner au cas où $R(t) \neq 0$; si $y = R(t)(F(t))^{-1} = x - Q(t)$, montrer que t est entier sur $A[y^{-1}]$ et en déduire que y est entier sur A.)

b) On suppose en outre que A soit noethérien; soit $\mathfrak{q}$ un idéal premier de B appartenant à $\mathrm{Ass}(B/\mathfrak{f})$. Montrer que si ω est l'homomorphisme canonique de B dans le corps des fractions de $B/\mathfrak{q}$, $\omega(t)$ est transcendant sur le corps des fractions de $A/(\mathfrak{q} \cap A)$. (Si $\mathfrak{p} = \mathfrak{q} \cap A[t]$, il y a un élément $y \in B$ tel que $\mathfrak{q}$ soit l'ensemble des $z \in B$ pour lesquels $zy \in \mathfrak{f}$; montrer que $\mathfrak{p}$ est le conducteur de $B' = A[t] + By$ par rapport à $A[t]$. Raisonner alors par l'absurde en utilisant *a*.)

c) On suppose que A soit noethérien. Soient $\mathfrak{n}$ un idéal maximal de B et $\mathfrak{p} = A \cap \mathfrak{n}$. Montrer que si $A_{\mathfrak{p}} \neq B_{\mathfrak{n}}$, il existe un idéal premier de B contenu dans $\mathfrak{n}$, distinct de $\mathfrak{n}$ et contenant $\mathfrak{p}$. (Soit $\mathfrak{f}$ le conducteur de B par rapport à $A[t]$. Supposons d'abord que $\mathfrak{n} \supset \mathfrak{f}$; considérer un élément minimal $\mathfrak{q}$ dans l'ensemble des idéaux premiers de B contenus dans $\mathfrak{n}$ et contenant $\mathfrak{f}$; considérer l'image canonique de A dans $B/\mathfrak{q}$ et utiliser *b*) et l'exerc. 4. Si $\mathfrak{n} \not\supset \mathfrak{f}$, l'anneau local $B_{\mathfrak{n}}$ est égal à l'anneau local $A[t]_{\mathfrak{n}_1}$, où $\mathfrak{n}_1 = \mathfrak{n} \cap A[t]$ (§ 1, exerc. 16).

Si $t \in A_{\mathfrak{p}}$, montrer que $A_{\mathfrak{p}} = B_{\mathfrak{n}}$. Si au contraire $A_{\mathfrak{p}} \neq B_{\mathfrak{n}}$, déduire du § 2, exerc. 14 *c*) que $\mathfrak{p}A_{\mathfrak{p}}[t]$ est un idéal premier non maximal de $A_{\mathfrak{p}}[t]$, et en conclure que $\mathfrak{p}B_{\mathfrak{n}}$ est un idéal premier de $B_{\mathfrak{n}}$ distinct de $\mathfrak{n}B_{\mathfrak{n}}$.)

6) On dit qu'un anneau A est *intégralement noethérien* s'il est intègre, noethérien, et si pour toute suite finie $(t_i)_{1 \leqslant i \leqslant n}$ d'éléments d'un surcorps du corps des fractions de A, la clôture intégrale de $A[t_1, \ldots, t_n]$ est un $A[t_1, \ldots, t_n]$-module de type fini. Toute algèbre intègre de type fini sur un corps est un anneau intégralement noethérien (nº 2, th. 2).

a) Toute algèbre intègre de type fini sur un anneau intégralement noethérien est un anneau intégralement noethérien. Tout anneau de fractions d'un anneau intégralement noethérien, non réduit à 0, est intégralement noethérien.

b) Soient A un anneau intégralement noethérien, $(t_i)_{1 \leqslant i \leqslant n}$ une suite finie d'éléments d'un surcorps du corps des fractions K de A, B un sous-anneau de $K(t_1, \ldots, t_n)$ contenant A et entier sur A. Alors B est un A-module de type fini. (Remarquer que le corps des fractions de B est une extension algébrique de degré fini de K, en utilisant *Alg.*, chap. V, § 5, nº 7.)

¶ 7) Soient A un anneau intégralement noethérien (exerc. 6), $(t_i)_{1 \leqslant i \leqslant n}$ une suite finie d'éléments d'un surcorps du corps des fractions de A, B l'anneau $A[t_1, \ldots, t_n]$, $\mathfrak{n}$ un idéal maximal de B, $\mathfrak{p} = A \cap \mathfrak{n}$, A′ la fermeture intégrale de A dans B, $\mathfrak{p}' = \mathfrak{n} \cap A'$. Alors, si les anneaux locaux $A'_{\mathfrak{p}'}$ et $B_{\mathfrak{n}}$ sont distincts, il existe un idéal premier de B contenu dans $\mathfrak{n}$, distinct de $\mathfrak{n}$ et contenant $\mathfrak{p}$ (« *théorème principal de Zariski* »). (A l'aide de l'exerc. 6 *b*), se ramener au cas où $A' = A$, puis se ramener au cas où A est un anneau local d'idéal maximal $\mathfrak{p}$. Montrer que $B/\mathfrak{n}$ est alors une extension algébrique de degré fini de $A/\mathfrak{p}$ (cf. nº 4, th. 3); en déduire que pour tout anneau C tel que $A \subset C \subset B$, $\mathfrak{n} \cap C$ est un idéal maximal de C. Raisonner alors par récurrence sur n, en notant B_i la fermeture intégrale de $A[t_1, \ldots, t_i]$ dans B; distinguer deux cas suivant que t_{i+1} est transcendant ou algébrique sur le corps de fractions de B_i; dans le premier cas, utiliser l'exerc. 4, et dans le second l'exerc. 5 *c*)).

8) Soit A un anneau. Pour que A soit un anneau de Jacobson, il faut et il suffit que, pour tout idéal maximal $\mathfrak{m}'$ de l'anneau de polynômes A[X], $\mathfrak{m}' \cap A$ soit un idéal maximal de A. (Remarquer que si un anneau intègre B admet un radical $\mathfrak{R} \neq 0$ et si $b \in \mathfrak{R}$, $b \neq 0$, l'intersection de B et d'un idéal maximal de B[X] contenant $1 + bX$ ne peut contenir b.)

9) Donner un exemple d'un anneau de Jacobson intègre A et d'un anneau de Jacobson B contenant A et tel qu'il existe un idéal maximal de B dont l'intersection avec A n'est pas un idéal maximal.

¶ 10) Soient k un corps, L un ensemble infini, A l'anneau de polynômes $k[X_\lambda]_{\lambda \in L}$. Si k_0 est le corps premier contenu dans k, on désigne par b le cardinal d'une base de transcendance de k sur k_0, et l'on pose $c = \text{Card}(L)$.

a) Pour tout idéal $\mathfrak{a}$ de A, montrer qu'il existe un système de générateurs S de $\mathfrak{a}$ tel que $\text{Card}(S) \leqslant c$. (Considérer les intersections de $\mathfrak{a}$ et des sous-anneaux $k[X_\lambda]_{\lambda\in J}$ pour les parties finies J de L.)

b) On suppose que $c < b$. Montrer que si $\mathfrak{m}$ est un idéal maximal de A, $A/\mathfrak{m}$ est une extension algébrique de k. (Soit K le sous-corps de k engendré sur k_0 par les coefficients des polynômes formant un système de générateurs de $\mathfrak{m}$, de cardinal $\leqslant c$; soit $\mathfrak{m}_0 = \mathfrak{m} \cap K[X_\lambda]_{\lambda\in L}$, de sorte que l'on a $\mathfrak{m} = \mathfrak{m}_0 \otimes_K k$, et $A/\mathfrak{m} = (K[X_\lambda]_{\lambda\in L}/\mathfrak{m}_0)\otimes_K k$. Remarquer enfin qu'il existe un K-isomorphisme du corps des fractions de $K[X_\lambda]_{\lambda\in L}/\mathfrak{m}_0$ dans une clôture algébrique de k.) En déduire que A est alors un anneau de Jacobson (utiliser l'exerc. 8).

c) On suppose que $b < c$; alors $\mathrm{Card}(k) \leqslant c$, de sorte qu'il existe une bijection $\lambda \rightarrow \xi_\lambda$ d'une partie L′ de L sur k,L′ ayant un complémentaire non vide dans L. Soit $\lambda_0 \in L - L'$; montrer qu'il existe un k-homomorphisme u de A sur un sous-corps du corps des fractions rationnelles $k(Y)$ tel que $u(X_{\lambda_0}) = Y$, $u(X_\lambda) = 1/(Y - \xi_\lambda)$ pour $\lambda \in L'$, $u(X_\lambda) = 0$ pour $\lambda \in L - (L' \cup \{\lambda_0\})$; si $\mathfrak{m}$ est le noyau de u, $A/\mathfrak{m}$ n'est donc pas une extension algébrique de k.

d) Sous les mêmes hypothèses que dans *c*), montrer que A n'est pas un anneau de Jacobson. (Noter qu'il existe des k-algèbres B qui ne sont pas des anneaux de Jacobson (par exemple des anneaux locaux) telles que $\mathrm{Card(B)} = b$.)

CHAPITRE VI

VALUATIONS

Sauf mention expresse du contraire, tous les anneaux considérés dans ce chapitre sont supposés être commutatifs et posséder un élément unité. Tous les homomorphismes d'anneaux sont supposés transformer l'élément unité en l'élément unité. Tout sous-anneau d'un anneau A *est supposé contenir l'élément unité de* A.

Si A *est un anneau local, son idéal maximal sera noté* $\mathfrak{m}(A)$, *son corps résiduel* $A/\mathfrak{m}(A)$ *sera noté* $\kappa(A)$, *et le groupe multiplicatif des éléments inversibles de* A *sera noté* $U(A)$; *on a donc* $U(A) = A - \mathfrak{m}(A)$.

§ 1. Anneaux de valuation.

1. Relation de domination entre anneaux locaux

Définition 1. — *Soient* A *et* B *deux anneaux locaux. On dit que* B *domine* A *si* A *est un sous-anneau de* B *et si* $\mathfrak{m}(A) = A \cap \mathfrak{m}(B)$.

Proposition 1. — *Soient* A *et* B *des anneaux locaux tels que* A *soit un sous-anneau de* B. *Les conditions suivantes sont équivalentes :*

a) *on a* $\mathfrak{m}(A) \subset \mathfrak{m}(B)$;

b) B *domine* A;

c) *l'idéal* $B\mathfrak{m}(A)$ *engendré par* $\mathfrak{m}(A)$ *dans* B *ne contient pas* 1.

Si $\mathfrak{m}(A) \subset \mathfrak{m}(B)$, $\mathfrak{m}(B) \cap A$ est un idéal de A qui ne contient pas 1 et qui contient l'idéal maximal $\mathfrak{m}(A)$; il lui est par suite égal, et *a*) implique *b*). Si B domine A, l'idéal $B\mathfrak{m}(A)$ est contenu dans $\mathfrak{m}(B)$, donc ne contient pas 1 ; ainsi *b*) implique *c*). Si *c*) est satisfaite, $B\mathfrak{m}(A)$ est contenu dans l'unique idéal maximal $\mathfrak{m}(B)$ de B, d'où *a*).

On notera que, si K est un anneau, la relation « B domine A » est une *relation d'ordre* dans l'ensemble des sous-anneaux locaux de K.

Soient A et B deux anneaux locaux tels que B domine A. L'injection canonique $A \rightarrow B$ définit, par passage aux quotients, un isomorphisme du corps $\kappa(A)$ sur un sous-corps de $\kappa(B)$; cet isomorphisme permet d'identifier $\kappa(A)$ à un sous-corps de $\kappa(B)$.

Exemples. — 1) Soient A un anneau local noethérien, $\hat{A}$ son complété; l'anneau local $\hat{A}$ domine alors A (Chap. III, § 3, n° 5, prop. 9).

2) Soient B un anneau intègre, A un sous-anneau de B, $\mathfrak{p}'$ un idéal premier de B, et $\mathfrak{p} = A \cap \mathfrak{p}'$. On a $\mathfrak{p}A_{\mathfrak{p}} \subset \mathfrak{p}'B_{\mathfrak{p}'}$, de sorte que $B_{\mathfrak{p}'}$ domine $A_{\mathfrak{p}}$.

2. *Anneaux de valuation*

Théorème 1. — *Soient* K *un corps, et* V *un sous-anneau de* K. *Les conditions suivantes sont équivalentes :*

a) V *est un élément maximal de l'ensemble des sous-anneaux locaux de* K, *cet ensemble étant ordonné par la relation* « B *domine* A » *entre* A *et* B.

b) *Il existe un corps algébriquement clos* L, *et un homomorphisme* h *de* V *dans* L *qui est maximal dans l'ensemble des homomorphismes de sous-anneaux de* K *dans* L, *ordonné par la relation « g est un prolongement de f » entre f et g.*

c) *Si* $x \in K - V$, *alors* $x^{-1} \in V$.

d) *Le corps des fractions de* V *est* K, *et l'ensemble des idéaux principaux de* V *est totalement ordonné par la relation d'inclusion.*

e) *Le corps des fractions de* V *est* K, *et l'ensemble des idéaux de* V *est totalement ordonné par la relation d'inclusion.*

Nous démontrerons le théorème suivant le schéma logique

$$a) \Longrightarrow b) \Longrightarrow c) \Longrightarrow d) \Longrightarrow e) \Longrightarrow a).$$

Supposons *a*) satisfaite. Alors V est un anneau local. Soient L une clôture algébrique du corps résiduel $\kappa(V)$, et *h* l'homomorphisme canonique de V dans L. Soient V′ un sous-anneau de K contenant V, et h' un homomorphisme de V′ dans L prolongeant h. Si $\mathfrak{p}'$ est le noyau de h', on a $\mathfrak{p}' \cap V = \mathfrak{m}(V)$; donc (nº 1, *Exemple* 2) $V'_{\mathfrak{p}'}$ domine V, ce qui entraîne $V'_{\mathfrak{p}'} = V$ et $V' = V$. Ainsi b) est satisfaite.

Supposons b) satisfaite. Soient L un corps algébriquement clos, h un homomorphisme de V dans L; supposons h maximal dans l'ensemble des homomorphismes de sous-anneaux de K dans L; soit $\mathfrak{p}$ le noyau de h. Les éléments de $h(V - \mathfrak{p})$ étant inversibles dans L, h se prolonge en un homomorphisme de $V_{\mathfrak{p}}$ dans L (Chap. II, § 2, nº 1, prop. 1); donc $V = V_{\mathfrak{p}}$, ce qui montre que V est un anneau local, et que $\mathfrak{p}$ est son idéal maximal. Soit x un élément non nul de K; il nous faut montrer que l'un au moins des éléments x, x^{-1} appartient à V, c'est-à-dire, en vertu du caractère maximal de h, que h peut être prolongé à $V[x]$ ou à $V[x^{-1}]$. Si x est entier sur V, ceci résulte du Chap. V, § 2, nº 1, cor. 4 du th. 1. Si x n'est pas entier sur V, nous utiliserons le lemme suivant :

Lemme 1. — *Soient* A *un sous-anneau d'un anneau* B, x *un élément de* B *non entier sur* A; *alors l'anneau de fractions* B_x (chap. II, § 5, nº 1) *n'est pas réduit à* 0, *et il existe dans le sous-anneau* $A[1/x]$ *de* B_x *des idéaux maximaux contenant* $1/x$; *en outre, si* $\mathfrak{M}$ *est un quelconque de ces idéaux maximaux, l'image réciproque de* $\mathfrak{M}$ *dans* A *est un idéal maximal.*

Comme x n'est pas entier sur A, il n'est pas nilpotent et on a donc $B_x \neq 0$; en outre, on a $x/1 \notin A[1/x]$, sans quoi on aurait une relation de la forme $x/1 = a_0/1 + a_1/x + \cdots + a_n/x^n$ pour un $n \geqslant 0$ (avec $a_i \in A$ pour $0 \leqslant i \leqslant n$), ce qui équivaut à

$$x^{n+h} - a_0 x^{n+h-1} - a_1 x^{n+h-2} - \cdots - a_n x^{h-1} = 0$$

pour un $h \geqslant 1$ convenable; mais une telle relation entraînerait que x est entier sur A, contrairement à l'hypothèse. L'existence d'un idéal maximal de $A[1/x]$ contenant $1/x$ résulte donc de ce que $1/x$ n'est pas inversible dans $A[1/x]$ (*Alg.*, chap. I, § 8, nº 7, th. 2).

Soit alors $\mathfrak{M}$ un idéal maximal de $A[1/x]$ contenant $1/x$; soient $\varphi : A \rightarrow A[1/x]$, $p : A[1/x] \rightarrow A[1/x]/\mathfrak{M}$ les homomorphismes canoniques; on a $p(A[1/x]) = p(\varphi(A))[p(1/x)] = p(\varphi(A))$ puisque $p(1/x) = 0$; cela prouve que $p(\varphi(A))$ est un corps, donc l'image réciproque $\overset{-1}{\varphi}(\mathfrak{M})$ est un idéal maximal de A.

Appliquons ce lemme pour $A = V$ et $B = K$; il y a donc un idéal maximal $\mathfrak{M}$ de $V[x^{-1}]$ contenant x^{-1}, et $\mathfrak{M} \cap V$ est un idéal maximal de V; on a $\mathfrak{M} \cap V = \mathfrak{p}$ puisque V est local; notant f l'homomorphisme canonique de $V[x^{-1}]$ sur $V[x^{-1}]/\mathfrak{M}$, on a $f(x^{-1}) = 0$, d'où $V/\mathfrak{p} = f(V) = f(V[x^{-1}])$; comme h définit par passage au quotient un homomorphisme injectif $\bar{h}$ de $V/\mathfrak{p}$ dans L, $\bar{h} \circ f$ est un homomorphisme de $V[x^{-1}]$ dans L prolongeant h. Donc *c*) est satisfaite.

Supposons maintenant *c*) satisfaite. Il est clair que K est le corps des fractions de V. Soient a et b des éléments de V tels que $Va \not\subset Vb$; montrons que $Vb \subset Va$. C'est vrai si $b = 0$; sinon la relation $a \notin Vb$ entraîne $b^{-1}a \notin V$, d'où, en vertu de *c*), $a^{-1}b \in V$, et par suite $Vb \subset Va$. Donc *d*) est satisfaite.

Supposons *d*) satisfaite. Soient $\mathfrak{a}$ et $\mathfrak{b}$ des idéaux de V tels que $\mathfrak{a} \not\subset \mathfrak{b}$. Il existe $a \in \mathfrak{a}$ tel que $a \notin \mathfrak{b}$. Pour tout $b \in \mathfrak{b}$ on a $a \notin Vb$, d'où $Va \not\subset Vb$, et par suite $Vb \subset Va \subset \mathfrak{a}$ (d'après *c*)), et $b \in \mathfrak{a}$. On a donc $\mathfrak{b} \subset \mathfrak{a}$, ce qui montre que la condition *e*) est satisfaite.

Supposons enfin *e*) satisfaite. Comme V possède un idéal maximal, il n'en possède qu'un seul, et est donc un anneau local. Soit V' un sous-anneau local de K dominant V, et soit x un élément non nul de V'; posons $x = ab^{-1}$ avec $a \in V$, $b \in V$. L'un des idéaux Va, Vb est contenu dans l'autre. Si $Va \subset Vb$, on a $x \in V$. Si $Vb \subset Va$, on a $x^{-1} \in V$; comme l'idéal $V'\mathfrak{m}(V)$ ne contient pas 1 (n° 1, prop. 1), on a $x^{-1} \notin \mathfrak{m}(V)$, d'où de nouveau $x \in V$ puisque V est local. Tout élément de V' appartient donc à V; on en conclut que *a*) est satisfaite.

DÉFINITION 2. — *Les notations étant celles du th.* 1, *on dit que* V *est un anneau de valuation pour le corps* K *si les conditions équivalentes a*), *b*), *c*), *d*), *e*) *sont satisfaites. On dit qu'un anneau est un anneau de valuation s'il est intègre et si c'est un anneau de valuation pour son corps des fractions.*

THÉORÈME 2. — *Soient* K *un corps, et* h *un homomorphisme d'un sous-anneau* A *de* K *dans un corps algébriquement clos* L. *Il existe alors un anneau de valuation* V *pour* K *et un homomorphisme* h' *de* V *dans* L *tels que* V *contienne* A, *que* h' *prolonge* h *et que* $h'^{-1}(0) = \mathfrak{m}(V)$.

Soit $\mathfrak{H}$ l'ensemble des homomorphismes de sous-anneaux de K dans L, ordonné par la relation de prolongement. Cet ensemble est inductif; en effet, si $(h_\alpha)_{\alpha \in I}$ est une famille totalement ordonnée non vide d'éléments de $\mathfrak{H}$, et si B_α est l'anneau de définition de h_α, les B_α forment une famille totalement ordonnée de sous-anneaux de K, et leur réunion B est donc un sous-anneau de K; il existe donc une application $\bar{h}$ et une seule de B dans L qui prolonge les h_α (*Ens.*, chap. II, § 4, nº 6, prop. 7) et l'on voit aussitôt que $\bar{h}$ est un homomorphisme de B dans L. Le théorème de Zorn montre donc qu'il existe un élément maximal h' de $\mathfrak{H}$ qui prolonge h. L'anneau de définition V de h' est un anneau de valuation pour K (th. 1); si $\mathfrak{p}$ est le noyau de h', h' se prolonge en un homomorphisme de $V_\mathfrak{p}$ dans L (Chap. II, § 2, nº 1, prop. 1), d'où $V_\mathfrak{p} = V$ et $\mathfrak{p} = \mathfrak{m}(V)$.

Corollaire. — *Tout sous-anneau local* A *d'un corps* K *est dominé par au moins un anneau de valuation pour* K.

On applique le th. 2 à l'homomorphisme canonique h de A dans une clôture algébrique L de $A/\mathfrak{m}(A)$.

3. *Caractérisation des éléments entiers*

Théorème 3. — *Soit* A *un sous-anneau d'un corps* K. *La fermeture intégrale* A' *de* A *dans* K *est l'intersection des anneaux de valuation pour* K *qui contiennent* A; *si* A *est local,* A' *est l'intersection des anneaux de valuation pour* K *qui dominent* A.

Soient x un élément de A', et V un anneau de valuation pour K contenant A; comme x est entier sur V, il existe un idéal premier $\mathfrak{p}'$ de $V[x]$ tel que $\mathfrak{p}' \cap V = \mathfrak{m}(V)$ (Chap. V, § 2, nº 1, th. 1); il est clair qu'alors l'anneau local $(V[x])_{\mathfrak{p}'}$ domine V, donc lui est égal; d'où $x \in V$. Inversement soit y un élément de K qui ne soit pas entier sur A; il existe alors un idéal maximal $\mathfrak{M}$ de $A[y^{-1}]$ qui contient y^{-1} (nº 2, lemme 1); il existe aussi un anneau de valuation V pour K qui domine $(A[y^{-1}])_\mathfrak{M}$ (nº 2, cor. du th. 2); comme $y^{-1} \in \mathfrak{m}(V)$, on a $y \notin V$. De plus $\mathfrak{M} \cap A$ est un idéal maximal de A (nº 2, lemme 1); donc, si A est local, on a $\mathfrak{M} \cap A = \mathfrak{m}(A)$, et V domine A. C.Q.F.D.

Corollaire 1. — *Tout anneau de valuation est intégralement clos.*

Corollaire 2. — *Pour qu'un anneau intègre soit intégralement clos, il faut et il suffit qu'il soit l'intersection d'une famille d'anneaux de valuation pour son corps des fractions.*

Dans le cas d'un anneau noethérien, le cor. 2 peut être précisé (chap. VII, § 1, n° 3, cor. du th. 1).

Corollaire 3. — *Soient* K *un corps,* K′ *une extension de* K, *et* A *un anneau de valuation pour* K. *La fermeture intégrale de* A *dans* K′ *est l'intersection des anneaux de valuation* V′ *pour* K′ *tels que* $V' \cap K = A$.

En effet le th. 1, *c*) montre que, si V′ est un anneau de valuation pour K′, $V' \cap K$ est un anneau de valuation pour K, et V′ domine $V' \cap K$. Pour que V′ domine A, il est nécessaire et suffisant que $V' \cap K$ domine A, donc lui soit égal.

4. *Exemples d'anneaux de valuation*

1) Tout corps est un anneau de valuation.

2) Si V′ est un anneau de valuation pour un corps K′, et si K est un sous-corps de K′, $V' \cap K$ est, d'après le n° 2, th. 1, *c*), un anneau de valuation pour K.

3) La proposition suivante fournit de nombreux exemples d'anneaux de valuation :

Proposition 2. — *Soit* A *un anneau local dont l'idéal maximal soit un idéal principal* A*p*. *Si* $\bigcap_{n=1}^{\infty} Ap^n = (0)$ (*par exemple si* A *est noethérien*, cf. chap. III, § 3, n° 2, cor. de la prop. 5), *les seuls idéaux de* A *sont* (0) *et les* Ap^n; *alors, ou bien* p *est nilpotent, ou bien* A *est un anneau de valuation.*

Filtrons en effet A par les Ap^n, et notons v la fonction d'ordre correspondante (chap. III, § 2, n° 2). Comme

$$\bigcap_{n=1}^{\infty} Ap^n = (0),$$

la relation $v(x) = +\infty$ implique $x = 0$. Soient $\mathfrak{a}$ un idéal $\neq (0)$ de A, et a un élément de $\mathfrak{a}$ pour lequel v prenne sa plus petite valeur; posons $v(a) = s$ $(s \neq +\infty)$. On a $\mathfrak{a} \subset Ap^s$. En particulier, il existe $u \in A$ tel que $a = up^s$; comme $a \notin Ap^{s+1}$, on a $u \notin Ap$; donc u est inversible et l'on a $p^s \in Aa \subset \mathfrak{a}$. Il en résulte que $\mathfrak{a} = Ap^s$, d'où notre première assertion. On voit aussi que tout élément $a \neq 0$ de A s'écrit sous la forme $a = up^{v(a)}$ avec u inversible. Si $a' = u'p^{v(a')}$ (u' inversible) est un autre élément non nul de A, on a $aa' = uu'p^{v(a)+v(a')}$; donc, si p n'est pas nilpotent, on a $aa' \neq 0$, et A est intègre. Alors, comme l'ensemble des idéaux de A est totalement ordonné par inclusion, on en conclut que A est un anneau de valuation (th. 1, *e*)).

C.Q.F.D.

Par exemple, si p est un nombre premier, l'anneau local $\mathbf{Z}_{(p)}$ est un anneau de valuation. Soit $B = K[X_1, \ldots, X_n]$ l'anneau des polynômes en n lettres sur un corps K; l'idéal BX_1 est premier, puisque B/BX_1 est isomorphe à $K[X_2, \ldots, X_n]$; donc B_{BX_1} est un anneau de valuation; il se compose des fractions rationnelles PQ^{-1}, où P et Q sont des polynômes et où $Q(0, X_2, \ldots, X_n) \neq 0$.

* Plus généralement, on verra que, si F est un élément extrémal de $B = K[X_1, \ldots, X_n]$, B_{BF} est un anneau de valuation (cf. Chap. VII, § 3, nº 5).*

L'anneau de séries formelles $K[[T]]$ en une indéterminée sur un corps K est un anneau local intègre et noethérien dont l'idéal maximal est principal; c'est donc un anneau de valuation. Par contre l'anneau $K[[T_1, T_2]]$ des séries formelles en deux indéterminées, qui est un anneau local intègre et noethérien, n'est pas un anneau de valuation, car aucun des éléments T_1, T_2 n'y est multiple de l'autre.

PROPOSITION 3. — *Soient* A *un anneau principal et* K *son corps des fractions. Les anneaux de valuation pour* K *contenant* A *et distincts de* K *sont les anneaux de la forme* A_{Ap}, *où* p *est un élément extrémal de* A.

Il est clair que A_{Ap} (p extrémal) est un anneau de valuation contenant A et distinct de K (prop. 2). Inversement, soit V un anneau de valuation distinct de K et contenant A. Comme $V \neq K$, $\mathfrak{m}(V)$ contient un élément $x \neq 0$; écrivant $x = a/b$ avec $a \in A$ et $b \in A$ on voit que $A \cap \mathfrak{m}(V)$ contient l'élément non nul a. Comme $A \cap \mathfrak{m}(V)$ est premier, il est de la forme Ap avec p extrémal dans A. On a alors $A_{Ap} \subset V$, $pA_{Ap} \subset \mathfrak{m}(V)$, de sorte que V domine A_{Ap}; comme A_{Ap} est un anneau de valuation pour K (prop. 2), on a $V = A_{Ap}$.

COROLLAIRE 1. — *Tout anneau de valuation pour le corps* $\mathbf{Q}$ *et distinct de* $\mathbf{Q}$ *est de la forme* $\mathbf{Z}_{(p)}$ *où* p *est un nombre premier.*

En effet tout sous-anneau de $\mathbf{Q}$ contient $\mathbf{Z}$.

COROLLAIRE 2. — *Soient* K *un corps*, K(X) *le corps des fractions rationnelles en une indéterminée sur* K, *et* V *un anneau de valuation pour* K(X) *contenant* K *et distinct de* K(X). *Si* $X \in V$, *il existe un polynôme irréductible* $P \in K[X]$ *tel que* $V = (K[X])_{(P)}$; *sinon* V *est l'anneau local de* $K[X^{-1}]$ *en l'idéal premier* $X^{-1}K[X^{-1}]$ (*autrement dit* V *se compose des fractions* A/B, *où* $A \in K[X]$ *et* $B \in K[X]$, *telles que* $\deg(A) \leqslant \deg(B)$).

Si $X \in V$, on a $K[X] \subset V$, et l'assertion faite résulte de la prop. 3. Si $X \notin V$, on a $X^{-1} \in V$, d'où $K[X^{-1}] \subset V$; alors V est l'anneau local de $K[X^{-1}]$ en un idéal premier $\mathfrak{p}$ (prop. 3), et cet idéal contient X^{-1} puisque X^{-1} n'est pas inversible dans V; on a donc $\mathfrak{p} = X^{-1}K[X^{-1}]$ puisque ce dernier idéal est maximal. Enfin considérons une fraction rationnelle A(X)/B(X), où A et B sont des polynômes, de degrés respectifs a et b; on a $A(X) = X^a A'(X^{-1})$ et $B(X) = X^b B'(X^{-1})$, où A′ et B′ sont des polynômes tels que $A'(0) \neq 0$ et $B'(0) \neq 0$; donc, pour que A(X)/B(X) appartienne à l'anneau local de $K[X^{-1}]$ en $X^{-1}K[X^{-1}]$, il faut et il suffit qu'on ait $a \leqslant b$.

§ 2. Places

1. Notion de morphisme pour les lois de composition non partout définies

Définition 1. — *Soient* E *et* E′ *deux ensembles munis chacun d'une loi de composition interne notée* $(x, y) \to x * y$, *non nécessairement partout définie. On dit qu'une application* $f : E \to E'$ *est un morphisme si, quels que soient* x, y *dans* E *tels que* $f(x) * f(y)$ *soit défini, le composé* $x * y$ *est aussi défini et l'on a :*

$$f(x * y) = f(x) * f(y). \tag{1}$$

Plus brièvement, on peut dire que la formule (1) doit être vérifiée chaque fois que le membre de *droite* a un sens.

La notion de morphisme est distincte de celle de *représentation* (*Alg.*, chap. I, § 1, nº 1), où l'on exige que la formule (1) soit vérifiée chaque fois que le membre de *gauche* a un sens. Bien entendu, les deux notions coïncident pour les lois de composition partout définies.

Définition 2. — *Soient* E *et* E′ *deux ensembles, munis chacun d'une famille de lois de composition internes* $(x, y) \to x *_\alpha y$, $\alpha \in I$. *On dit qu'une application* $f : E \to E'$ *est un morphisme si c'est un morphisme pour chacune des lois de composition* $(x, y) \to x *_\alpha y$.

Tout comme les représentations, les morphismes vérifient les axiomes (MO_I), (MO_{II}), (MO_{III}) de *Ens.*, chap. IV, § 2. Si $f: E \to E'$ est un morphisme, $f(E)$ est une partie stable de E'.

2. *Places*

Si K est un corps, rappelons que l'on note $\widetilde{K}$ l'ensemble somme de K et d'un élément noté ∞ (*Alg.*, chap. II, 3e éd., § 9, n° 9); les lois de composition de K se prolongent à $\widetilde{K}$ en posant *(loc. cit.)*

$$(2) \quad a + \infty = \infty \quad \text{pour} \quad a \in K, a \neq \infty,$$
$$(3) \quad \infty . a = a . \infty = \infty \quad \text{pour} \quad a \in \widetilde{K}, a \neq 0.$$

Les seuls composés non définis sont donc les composés $\infty + \infty$, $\infty . 0$ et $0 . \infty$. D'autre part, les applications $x \to -x$ et $x \to x^{-1}$ se prolongent de même à $\widetilde{K}$ en posant $-\infty = \infty$, $0^{-1} = \infty$, $\infty^{-1} = 0$. Nous écrirons aussi $x + (-y) = x - y$.

L'ensemble $\widetilde{K}$, dit *corps projectif* associé à K, peut être identifié à la *droite projective* $\mathbf{P}_1(K)$ (*loc. cit.*).

DÉFINITION 3. — *Soient* K *et* L *deux corps. On appelle place de* K *à valeurs dans* L *tout morphisme* f *de* $\widetilde{K}$ *dans* $\widetilde{L}$ *(pour l'addition et la multiplication) tel que* $f(1) = 1$.

Autrement dit, si x et y sont des éléments de $\widetilde{K}$, et si $f(x) + f(y)$ (resp. $f(x)f(y)$) est défini, alors $x + y$ (resp. xy) est défini, et l'on a

$$(4) \qquad f(x + y) = f(x) + f(y)$$
$$(5) \qquad f(xy) = f(x)f(y).$$

Comme $\infty + \infty$ n'est pas défini, il en est de même de $f(\infty) + f(\infty)$, ce qui montre que

$$(6) \qquad f(\infty) = \infty.$$

De même, puisque $0 . \infty$ n'est pas défini, il en est de même de $f(0)f(\infty)$, ce qui, en vertu de (6), entraîne

$$(7) \qquad f(0) = 0.$$

On a d'autre part

$$(8) \qquad f(a^{-1}) = f(a)^{-1} \quad \text{pour tout } a \in \widetilde{K}.$$

En effet, si $f(a)f(a^{-1})$ est défini, aa^{-1} est défini, donc égal à 1; on a alors $f(a)f(a^{-1}) = f(1) = 1$, ce qui prouve (8) dans ce cas. Si $f(a)f(a)^{-1}$ n'est pas défini, on a, soit $f(a) = 0$ et $f(a^{-1}) = \infty$, soit $f(a) = \infty$ et $f(a^{-1}) = 0$, et (8) est encore vérifiée.

On démontre de même la formule

$$(9) \qquad f(-a) = -f(a) \qquad \text{pour tout} \qquad a \in \widetilde{K}.$$

Des formules (8) et (9), il résulte que f est aussi un morphisme pour les lois de composition $(x, y) \to x - y$ et $(x, y) \to xy^{-1}$.

Pour $x \in \widetilde{K}$, on dit que f est *finie* en x si $f(x) \neq \infty$; ceci implique $x \in K$, en vertu de (6).

Si $f : \widetilde{K} \to \widetilde{L}$ est une place, $f(\widetilde{K})$ est un sous-ensemble de $\widetilde{L}$ qui est stable pour les lois de composition $(x, y) \to x + y$, $(x, y) \to x - y$, $(x, y) \to xy$ et $(x, y) \to xy^{-1}$, et qui contient 1. Si E est l'ensemble des éléments finis de $f(\widetilde{K})$, E est un *sous-corps* de L et l'on a $f(\widetilde{K}) = \widetilde{E}$. Par abus de langage, on dit que E est le *corps des valeurs* de f.

L'application *composée* de deux places est une place.

Soit f un isomorphisme d'un corps K sur un sous-corps d'un corps L; prolongeons f à $\widetilde{K}$ en posant $f(\infty) = \infty$. On obtient ainsi une place de K à valeurs dans L, qui est dite *triviale*, et qu'on identifie souvent à l'isomorphisme f.

3. *Places et anneaux de valuation*

Proposition 1. — *Soient* K *un corps*, A *un anneau de valuation pour* K, *et* $\kappa(A)$ *le corps résiduel de* A. *Prolongeons l'application canonique de* A *sur* $\kappa(A)$ *en une application* h_A : $\widetilde{K} \to (\kappa(A))^{\sim}$ *par la formule* $h_A(x) = \infty$ *si* $x \notin A$. *L'application* h_A *ainsi définie est une place de* K *dont le corps des valeurs est* $\kappa(A)$.

Il est clair qu'on a $h_A(1) = 1$.

Montrons que h_A est un morphisme pour l'addition. Soient x, y deux éléments de $\widetilde{K}$ tels que $h_A(x) + h_A(y)$ soit défini. L'un des deux éléments x, y appartient alors à A, donc $x + y$ est défini. Si $x \in A$ et $y \in A$, il est clair que

$$h_A(x) + h_A(y) = h_A(x + y)$$

est vérifiée. Si $x \in A$ et $y \notin A$, on a $x + y \notin A$, et les deux membres de la formule ci-dessus valent ∞.

Montrons enfin que h_A est un morphisme pour la multiplication. Soient $x \in \breve{K}$, $y \in \breve{K}$ tels que $h_A(x)h_A(y)$ soit défini. Si $x \in A$ et $y \in A$, il est clair que xy est défini, et qu'on a $h_A(x)h_A(y) = h_A(xy)$. Supposons maintenant que l'un des éléments x, y, par exemple y, n'appartienne pas à A; comme $h_A(y) = \infty$, on a $h_A(x) \neq 0$, c'est-à-dire $x \notin \mathfrak{m}(A)$, d'où $x^{-1} \in A$; il s'ensuit que xy est défini et que $xy \notin A$, d'où $h_A(xy) = \infty = h_A(x)h_A(y)$. Ceci démontre la prop. 1.

Si j est un isomorphisme de $\kappa(A)$ sur un sous-corps d'un corps L, $j \circ h_A : \breve{K} \to \breve{L}$ est une place de K à valeurs dans L. Ce procédé fournit en fait *toutes* les places de K. De façon plus précise :

PROPOSITION 2. — *Soient* K *et* L *deux corps, et* f *une place de* K *à valeurs dans* L. *Il existe alors un anneau de valuation* A *pour* K *et un isomorphisme* j *de* $\kappa(A)$ *sur un sous-corps de* L *tels que* $f = j \circ h_A$; *ces conditions déterminent* A *et* j *de manière unique. L'anneau* A *est l'ensemble des* $x \in K$ *tels que* $f(x) \neq \infty$, *et* $\mathfrak{m}(A)$ *est l'ensemble des* $x \in K$ *tels que* $f(x) = 0$.

Si l'on a $f = j \circ h_A$, la condition $f(x) \neq \infty$ (resp. $f(x) = 0$) équivaut à la condition $h_A(x) \neq \infty$ (resp. $h_A(x) = 0$), donc à la condition $x \in A$ (resp. $x \in \mathfrak{m}(A)$). Donc A est déterminé de manière unique, et, comme h_A est surjectif, j est aussi unique.

Soit maintenant f une place quelconque de K à valeurs dans L; notons A l'ensemble des $x \in K$ tels que $f(x) \neq \infty$. Si $x \in A$ et $y \in A$, les composés $f(x) - f(y)$ et $f(x)f(y)$ sont définis et $\neq \infty$, ce qui montre que $x - y \in A$ et $xy \in A$; donc A est un sous-anneau de K. Si $x \notin A$, on a $f(x) = \infty$, donc $f(x^{-1}) = 0$ et x^{-1} appartient au noyau $\mathfrak{m}$ de l'homomorphisme f' obtenu en restreignant f à A. Inversement, si $y \in \mathfrak{m}$, on a $y^{-1} \notin A$. Ceci montre que A est un anneau de valuation pour K, et que $\mathfrak{m}$ est son idéal maximal. Soit j l'homomorphisme injectif de $\kappa(A)$ dans L déduit de f' par passage au quotient. On a $f(x) = j(h_A(x))$ pour tout $x \in A$, et cette égalité reste vraie pour $x \notin A$, les deux membres étant alors égaux à ∞.

C.Q.F.D.

La décomposition $f = j \circ h_A$ est appelée la *décomposition canonique* de la place f. On dit que A est *l'anneau* de f, que $\mathfrak{m}(A)$ est *l'idéal* de f, et que $\kappa(A)$ est le *corps résiduel* de f. Pour que deux places $f : \breve{K} \to \breve{L}$ et $f' : \breve{K} \to \breve{L}'$ aient même anneau, il faut et il suffit qu'il existe un isomorphisme s du corps des valeurs de f sur celui de f' tel que $f' = s \circ f$; on dit alors que f et f' sont *équivalentes*. On voit qu'on peut traduire tout résultat sur les anneaux de valuation en un résultat sur les places, et inversement; c'est ce que nous ferons dans les numéros suivants.

Exemples de places. — 1) Soit K un corps. L'application identique de K est une place triviale, d'anneau K et d'idéal (0).

2) Soit k un corps. Pour tout $u \in \widetilde{k((T))}$, posons $f(u) = \infty$ si $u \notin k[[T]]$ et définissons $f(u)$ comme étant le terme constant de u si $u \in k[[T]]$. Alors f est une place de $k((T))$, de corps résiduel k, d'anneau $k[[T]]$. En effet, $k[[T]]$ est un anneau de valuation pour $k((T))$ (§ 1, n° 4, *Exemple* 3), et la restriction de f à $k[[T]]$ s'identifie à l'homomorphisme canonique de $k[[T]]$ sur son corps résiduel.

3) Soient k un corps, a un élément de k, et A l'ensemble des $u \in k(X)$ tels que a soit substituable dans u (*Alg.*, chap. IV, § 3, n° 2). Si $\mathfrak{p}$ désigne l'idéal premier $(X - a)$ de $k[X]$, on a $A = k[X]_{\mathfrak{p}}$, de sorte que A est un anneau de valuation pour $k(X)$ (§ 1, n° 4, prop. 2). Pour tout $u \in \widetilde{k(X)}$, posons $f(u) = \infty$ si $u \notin A$, et $f(u) = u(a)$ si $u \in A$. Alors f est une place de $k(X)$, de corps résiduel k et d'anneau A; en effet la restriction de f à A est un homomorphisme de A sur k (*Alg.*, chap. IV, § 3, prop. 2), de noyau $\mathfrak{p}A = \mathfrak{m}(A)$. On dit que l'élément $f(u) \in \widetilde{k}$ s'obtient en faisant $X = a$ dans u.

4) Soient S une variété analytique complexe connexe de dimension 1, et K le corps des fonctions méromorphes sur S. Pour tout $z_0 \in S$, l'application $f \mapsto f(z_0)$ de K dans $\widetilde{\mathbf{C}}$ est une place de K, dont l'anneau est l'ensemble des $f \in K$ qui sont holomorphes en z_0, et dont l'idéal est l'ensemble des $f \in K$ qui sont nulles en z_0. C'est cet exemple, et d'autres analogues, qui sont à l'origine de la terminologie de « place ».

4. Extension des places

Proposition 3. — *Soient* K *un corps,* S *un sous-anneau de* K, *et* f *un homomorphisme de* S *dans un corps algébriquement clos* L. *Il existe alors une place de* K *à valeurs dans* L *qui prolonge* f.

Compte tenu de la prop. 1, c'est une traduction du th. 2 du § 1, nº 2.

PROPOSITION 4. — *Soient* K *un corps,* f *une place de* K *à valeurs dans un corps* L, *et* K' *une extension de* K. *Il existe alors une extension* L' *de* L *et une place* f' *de* K' *à valeurs dans* L' *qui prolonge* f. *Si* $x_1, \ldots, x_n$ *sont des éléments de* K' *algébriquement indépendants sur* K, *et* $a_1, \ldots, a_n$ *des éléments quelconques de* L, *on peut choisir* f' *de manière que* $f'(x_i) = a_i$ *pour* $1 \leqslant i \leqslant n$.

Soient V l'anneau de f, g la restriction de f à V, et g' le prolongement de g à $V[x_1, \ldots, x_n]$ tel que $g'(x_i) = a_i$ pour $1 \leqslant i \leqslant n$. Il suffit de prendre pour L' une clôture algébrique de L, et d'appliquer la prop. 3 à g' et L' : on obtient une place f' : $\widetilde{K'} \to \widetilde{L'}$ qui prolonge g'; si $x \in \widetilde{K} - V$, on a $x^{-1} \in \mathfrak{m}(V)$, d'où $f'(x^{-1}) = g(x^{-1}) = 0$, et $f'(x) = \infty = f(x)$; donc f' prolonge f.

5. Caractérisation des éléments entiers au moyen des places

PROPOSITION 5. — *Soient* K *un corps,* S *un sous-anneau de* K, h *un homomorphisme de* S *dans un corps, et* $\mathfrak{p}$ *le noyau de* h. *Pour qu'un élément* x *de* K *soit entier sur l'anneau local* $S_{\mathfrak{p}}$, *il faut et il suffit que toute place de* K *prolongeant* h *soit finie en* x.

Si f est une place de K prolongeant h, f est finie sur $S_{\mathfrak{p}}$ et nulle sur $\mathfrak{p}S_{\mathfrak{p}}$, donc l'anneau de la place f domine $S_{\mathfrak{p}}$. Réciproquement, si V est un anneau de valuation pour K qui domine $S_{\mathfrak{p}}$, V est l'anneau d'une place f dont la restriction à S est un homomorphisme ayant même noyau que h; remplaçant f par une place équivalente, on voit que V est l'anneau d'une place de K qui prolonge h. Dire que toute place de K prolongeant h est finie en x équivaut à dire que x appartient à tous les anneaux de valuation pour K qui dominent $S_{\mathfrak{p}}$. La proposition résulte alors du th. 3 du § 1, nº 3.

PROPOSITION 6. — *Soient* K *un corps,* S *un sous-anneau de* K. *Pour qu'un élément* x *de* K *soit entier sur* S, *il faut et il suffit que toute place de* K *finie sur* S *soit finie en* x.

C'est aussi une conséquence du th. 3 du § 1, nº 3.

§ 3. Valuations.

1. Valuations sur un anneau

Soit Γ un groupe commutatif *totalement ordonné*, noté additivement. Dans la suite de ce chapitre, nous aurons à considérer, pour un tel groupe, l'ensemble obtenu en adjoignant à Γ un élément noté $+\infty$; nous noterons Γ_∞ cet ensemble, et nous le munirons : 1º d'un ordre total pour lequel $+\infty$ est le *plus grand élément*, autrement dit tel que $\alpha < +\infty$ pour tout $\alpha \in \Gamma$; 2º d'une structure de monoïde commutatif dont la loi induit sur Γ la loi de groupe donnée, et est définie par les conditions

$$(+\infty) + (+\infty) = +\infty, \qquad \alpha + (+\infty) = +\infty$$

pour tout $\alpha \in \Gamma$; on vérifie aussitôt que cette loi est associative et commutative et que la relation $\alpha \leqslant \beta$ dans Γ_∞ entraîne $\alpha + \gamma \leqslant \beta + \gamma$ pour tout $\gamma \in \Gamma_\infty$.

DÉFINITION 1. — *Soient* C *un anneau (non nécessairement commutatif),* Γ *un groupe commutatif totalement ordonné, noté additivement. On appelle valuation de* C *à valeurs dans* Γ *toute application* v: $C \to \Gamma_\infty$ *qui vérifie les conditions suivantes :*

(VL$_{\text{I}}$) $v(xy) = v(x) + v(y)$ *pour* $x \in C, y \in C$.

(VL$_{\text{II}}$) $v(x + y) \geqslant \inf(v(x), v(y))$ *pour* $x \in C, y \in C$.

(VL$_{\text{III}}$) $v(1) = 0$ *et* $v(0) = +\infty$.

Si C est $\neq 0$ et n'a pas de diviseur de zéro autre que 0, l'unique application v_0 de C dans Γ_∞ telle que $v_0(x) = 0$ pour $x \neq 0$ et $v_0(0) = +\infty$ est une valuation, dite *valuation impropre* de C. Si $z \in C$ est tel que $z^n = 1$ pour un entier $n \geqslant 1$, on a, d'après (VL$_{\text{I}}$), $nv(z) = v(z^n) = 0$, donc $v(z) = 0$ pour *toute* valuation v de C, puisque Γ est un groupe totalement ordonné. En particulier on a $v(-1) = 0$, d'où $v(-x) = v(x)$ pour tout $x \in C$. En outre, il résulte de (VL$_{\text{I}}$) que $v(xy) = v(yx)$ quels que soient x, y dans C. Si x est inversible dans C, on a $v(x^{-1}) = -v(x)$.

PROPOSITION 1. — *Soit* v *une valuation d'un anneau* C *(non nécessairement commutatif). Quels que soient les éléments* $x_i \in C$ $(1 \leqslant i \leqslant n)$, *on a*

$$(1) \qquad v\left(\sum_{i=1}^{n} x_i\right) \geqslant \inf_{1 \leqslant i \leqslant n} v(x_i)$$

En outre, s'il existe un seul indice k *tel que* $v(x_k) = \inf_{1 \leqslant i \leqslant n} v(x_i)$, *les deux membres de* (1) *sont égaux. En particulier, si* $v(x) \neq v(y)$, *on a* $v(x+y) = \inf(v(x), v(y))$.

La relation (1) se déduit de l'axiome (VL_{II}) par récurrence sur n. S'il existe un seul indice k tel que $v(x_k) = \inf_{1 \leqslant i \leqslant n} v(x_i)$, on a, en posant $y = \sum_{i \neq k} x_i$ et $z = \sum_{i=1}^{n} x_i$, $v(y) > v(x_k)$ et $v(z) \geqslant v(x_k)$ d'après (1); si l'on avait $v(z) > v(x_k)$, la relation $x_k = z - y$ donnerait $v(x_k) \geqslant \inf(v(z), v(y)) > v(x_k)$, ce qui est absurde; d'où $v(z) = v(x_k)$, ce qui démontre la seconde assertion.

COROLLAIRE. — *Si une suite finie d'éléments* $(x_i)_{1 \leqslant i \leqslant n}$ *de* C (*pour* $n \geqslant 2$) *est telle que* $\sum_{i=1}^{n} x_i = 0$, *il existe au moins deux indices distincts* j, k *tels que* $v(x_j) = v(x_k) = \inf_{1 \leqslant i \leqslant n} v(x_i)$.

S'il n'y avait qu'un seul indice k tel que $v(x_k) = \inf_{1 \leqslant i \leqslant n} v(x_i)$, la prop. 1 montrerait que $v(x_k) = v(0) = +\infty$, d'où $v(x_i) = +\infty$ pour tout i, contrairement à la relation $n \geqslant 2$ et à l'hypothèse faite sur k.

Remarques. — 1) Si $v \colon C \to \Gamma_\infty$ est une valuation de C et $u \colon B \to C$ un homomorphisme d'un anneau B dans C, il est immédiat que l'application composée $B \xrightarrow{u} C \xrightarrow{v} \Gamma_\infty$ est une *valuation de* B à valeurs dans Γ.

2) Les conditions (VL_I) et (VL_{II}) montrent aussitôt que l'ensemble $\overset{-1}{v}(+\infty)$ est un *idéal bilatère* $\mathfrak{p}$ dans C distinct de C en vertu de (VL_{III}); en outre, si x, y sont deux éléments de C tels que $v(xy) = +\infty$, il résulte de (VL_I) que l'on a nécessairement $v(x) = +\infty$ ou $v(y) = +\infty$; autrement dit, l'anneau quotient $C/\mathfrak{p}$ *n'a pas de diviseur de* 0 *autre que* 0; on vérifie aussitôt que l'application $\bar{v} \colon C/\mathfrak{p} \to \Gamma_\infty$ déduite de v par passage au quotient est une *valuation de* $C/\mathfrak{p}$, l'image réciproque de $+\infty$ par cette valuation se réduisant à 0.

2. *Valuations sur un corps*

PROPOSITION 2. — *Soient* K *un corps (non nécessairement commutatif),* v *une valuation de* K, *à valeurs dans* Γ. *Alors:*

(i) *Pour* $x \neq 0$, *on a* $v(x) \neq +\infty$.

(ii) *L'ensemble* A *des* $x \in K$ *tels que* $v(x) \geqslant 0$ *est un sous-anneau de* K.

(iii) *Pour tout* $\alpha \geqslant 0$ *dans* Γ, *l'ensemble* V_α (resp. V'_α) *des* $x \in A$ *tels que* $v(x) > \alpha$ (resp. $v(x) \geqslant \alpha$) *est un idéal bilatère de* A, *et tout idéal* $\neq (0)$ *de* A *(à gauche ou à droite) contient un des* V'_α.

(iv) *L'ensemble* $\mathfrak{m}(A)$ *des* $x \in A$ *tels que* $v(x) > 0$ *est le plus grand idéal* $\neq A$ *de* A; $U(A) = A - \mathfrak{m}(A)$ *est l'ensemble des éléments inversibles de* A *et* $\kappa(A) = A/\mathfrak{m}(A)$ *est un corps (non nécessairement commutatif).*

(v) *Pour tout* $x \in K - A$, *on a* $x^{-1} \in \mathfrak{m}(A)$.

L'assertion (i) résulte de ce que $\overset{-1}{v}(+\infty)$ est un idéal de K non égal à K. La vérification du fait que A est un anneau et les V_α et V'_α des idéaux bilatères est triviale en vertu des axiomes (VL_I), (VL_{II}) et (VL_{III}). Si $\mathfrak{a}$ est un idéal (à gauche, par exemple) de A et si $x \neq 0$ appartient à A, tout $y \in A$ tel que $v(y) \geqslant v(x)$ peut s'écrire $y = zx$ avec $z = yx^{-1}$, donc $v(z) = v(y) - v(x) \geqslant 0$, et par suite $z \in A$; autrement dit l'idéal à gauche Ax contient les V'_α pour $\alpha \geqslant v(x)$. L'ensemble $U(A) = A - \mathfrak{m}(A)$ est l'ensemble des $x \in K$ tels que $v(x) = 0$; si $x \in U(A)$ on a

$$v(x^{-1}) = -v(x) = 0,$$

d'où $x^{-1} \in U(A)$; réciproquement, si $y \in A$ est inversible dans A, on a $v(y) \geqslant 0$, $v(y^{-1}) \geqslant 0$ et $v(y) + v(y^{-1}) = 0$, d'où $v(y) = 0$ et $y \in U(A)$; ceci prouve (iv), et (v) découle aussitôt des définitions.

On dit que A (resp. $\mathfrak{m}(A)$, $\kappa(A)$) est l'*anneau* (resp. l'*idéal*, le *corps résiduel*) de la valuation v sur K.

Il est clair que U(A) est le *noyau* de l'homomorphisme v : $K^* \to \Gamma$, et que l'*image* $v(K^*)$ par v du groupe multiplicatif K^* est un *sous-groupe* du groupe additif Γ, dit *groupe des ordres* ou *groupe des valeurs* de v, qui est donc isomorphe à $K^*/U(A)$; pour un $x \in K$, l'élément $v(x)$ de Γ_∞ est parfois appelé la *valuation* ou l'*ordre de* x pour v. On dit que deux valuations v, v' de K sont *équivalentes* si elles ont *même anneau.*

Proposition 3. — *Pour que deux valuations* v, v' *sur un corps (non nécessairement commutatif)* K *soient équivalentes, il faut et il suffit qu'il existe un isomorphisme* λ *du groupe ordonné* $v(K^*)$ *sur le groupe ordonné* $v'(K^*)$ *tel que* $v' = \lambda \circ v$.

En effet, supposons v et v' équivalentes; par hypothèse, l'anneau A de la valuation v étant le même que celui de v', v et v' (restreints à K^*) se factorisent en des homomorphismes $K^* \to K^*/U(A) \xrightarrow{\mu} v(K^*)$, $K^* \to K^*/U(A) \xrightarrow{\nu} v'(K^*)$, où μ et ν sont des isomorphismes; en outre, l'ensemble des éléments positifs de $v(K^*)$ (resp. $v'(K^*)$) est l'image par μ (resp. ν) de l'ensemble des classes mod. U(A) des éléments $\neq 0$ de $\mathfrak{m}(A)$; on en conclut que $\lambda = \nu \circ \mu^{-1}$ répond à la question, la réciproque étant évidente.

Supposons maintenant que K soit un corps *commutatif*; alors, pour toute valuation v de K, l'anneau A de la valuation v est un *anneau de valuation pour* K au sens du § 1, n° 2, déf. 2 (ce qui justifie la terminologie); cela résulte aussitôt de la prop. 2, *c*) et du § 1, n° 2, th. 1, *c*). *Inversement*, rappelons que pour tout anneau intègre B dont K est le corps des fractions, la relation de divisibilité $x|y$ (équivalente à $y \in Bx$) fait de K^* un groupe préordonné, dont le *groupe ordonné associé* Γ_B est le quotient $K^*/U(B)$ de K^* par le groupe U(B) des éléments inversibles de B, les éléments positifs de ce groupe étant ceux de $B^*/U(B)$ (où $B^* = B - \{0\}$); l'application $x \to Bx$ définit, par passage au quotient, un isomorphisme du groupe ordonné $K^*/U(B)$ sur le groupe (ordonné par la relation $\supset$) des idéaux fractionnaires principaux non nuls de K (*Alg.*, chap. VI, § 1, n°5). Les anneaux A ayant pour corps des fractions K et pour lesquels le groupe $\Gamma_A = K^*/U(A)$ est *totalement ordonné* sont précisément les *anneaux de valuation pour* K (§ 1, n° 2, th. 1, *d*)). Si l'on désigne par v_A l'homomorphisme canonique de K^* sur Γ_A, il est immédiat que v_A (prolongé par $v_A(0) = +\infty$) est une *valuation* (dite *canonique*) de K dont l'anneau est A; toute valuation équivalente à v_A s'écrit $v = \sigma \circ v_A$, où σ est un isomorphisme de Γ_A sur un sous-groupe du groupe où v prend ses valeurs (prop. 3); on dit que $\sigma \circ v_A$ est la *factorisation canonique de* v.

PROPOSITION 4. — *Soient* C *un anneau intègre,* K *son corps des fractions,* $C^* = C - \{0\}$, *et* $v : C \to \Gamma_\infty$ *une valuation de* C *telle que* $v(x) \neq +\infty$ *pour* $x \in C^*$. *Il existe alors une valuation* w *et une seule de* K *qui prolonge* v, *et* $w(K^*)$ *est le sous-groupe de* Γ *engendré par* $v(C^*)$.

D'après le th. 2 d'*Alg.*, chap. I, § 2, n° 7, il existe un homomorphisme w et un seul de K^* dans Γ qui prolonge $v|C^*$, et $w(K^*)$ est engendré par $v(C^*)$. Il reste à prouver que w vérifie l'axiome (VL_{II}). Soient donc $x \in K^*$, $y \in K^*$ tels que $x + y \in K^*$; il existe $a \in C^*$ tel que $ax \in C^*$ et $ay \in C^*$, d'où $a(x+y) \in C^*$. Puisque la restriction de w à C^* vérifie (VL_{II}) on a

$$w(a(x+y)) \geqslant \inf(w(ax), w(ay)).$$

Retranchant $w(a)$ des deux membres, on obtient bien

$$w(x+y) \geqslant \inf(w(x), w(y)).$$

3. *Traductions*

Soient K un corps (commutatif), f une place de K, v une valuation de K, et A un anneau de valuation pour K. Nous dirons que A, f et v sont *associés*, si A est l'anneau de f et l'anneau de v. En vertu du n° 1 et du § 2, n° 3, chacun des trois objets A, f et v détermine alors les deux autres (à une équivalence près en ce qui concerne les places et les valuations). On a en particulier les équivalences suivantes :

$$\begin{array}{llll} x \in A & \Longleftrightarrow f(x) \neq \infty & & \Longleftrightarrow v(x) \geqslant 0 \\ x \in \mathfrak{m}(A) & \Longleftrightarrow f(x) = 0 & & \Longleftrightarrow v(x) > 0 \\ x \in A - \mathfrak{m}(A) = U(A) & \Longleftrightarrow f(x) \neq 0 & \text{et} \quad f(x) \neq \infty & \Longleftrightarrow v(x) = 0 \\ x \in K - A & \Longleftrightarrow f(x) = \infty & & \Longleftrightarrow v(x) < 0. \end{array}$$

Tout résultat portant sur les anneaux de valuation, les places ou les valuations se traduit en un résultat portant sur les deux autres notions. Ainsi la prop. 4 du § 2, n° 4, donne :

PROPOSITION 5. — *Soient* K *un corps,* v *une valuation de* K *et* K' *une extension de* K. *Il existe une valuation* v' *de* K' *dont la restriction à* K *est équivalente à* v.

Soient Γ_v et $\Gamma_{v'}$ les groupes des ordres de v et v'. Puisque la restriction de v' à K est équivalente à v, il existe un isomorphisme λ de Γ_v sur un sous-groupe de $\Gamma_{v'}$, tel que $v' = \lambda \circ v$ sur K. Si l'on identifie Γ_v à $\lambda(\Gamma_v)$ au moyen de λ, on voit que v' prolonge v.

On notera que $\Gamma_{v'}$ est en général *distinct de* $\lambda(\Gamma_v)$, et que la classe d'équivalence de v' n'est pas nécessairement unique. Nous reviendrons là-dessus au § 8.

En traduisant le th. 3 du § 1, n° 3 (ou la prop. 6 du § 2, n° 5) on obtient :

PROPOSITION 6. — *Soient* K *un corps,* A *un sous-anneau de* K, *et* x *un élément de* K. *Pour que* x *soit entier sur* A, *il faut et il suffit que toute valuation de* K *positive dans* A *soit positive en* x.

A partir de maintenant, nous laisserons en général au lecteur le soin d'effectuer des traductions analogues aux précédentes.

4. *Exemples de valuations*

Les exemples d'anneaux de valuation donnés au § 1, n° 4, nous fournissent les exemples 1 à 4 ci-dessous :

Exemple 1. — Toute valuation d'un corps *fini* F est impropre, puisque tout élément de F^* est une racine de l'unité.

Exemple 2. — Si K est un sous-corps d'un corps K′, la *restriction* à K d'une valuation de K′ est une valuation de K.

Exemple 3. — Soient k un corps, et $K = k((T))$. L'application v qui, à toute série formelle non nulle, fait correspondre son *ordre* (*Alg.*, chap. IV, § 5, n° 7), est une valuation de K dont le groupe des ordres est $\mathbf{Z}$, et l'anneau $k[[T]]$. La place associée est l'homomorphisme canonique $f: k[[T]] \to k$, prolongé à $k((T))$ en posant $f(u) = \infty$ si $u \notin k[[T]]$.

Exemple 4. — Soient A un anneau principal, K son corps des fractions, et p un élément extrémal de A. Pour $x \in K^*$, notons $v_p(x)$ l'exposant de p dans la décomposition de x en éléments extrémaux (*Alg.*, chap. VII, § 1, n° 3, th. 2); on voit aussitôt que v_p est une valuation, dont le groupe des ordres est $\mathbf{Z}$ et l'anneau A_{Ap}. D'après la prop. 3 du § 1, n° 4, on obtient ainsi, à une équivalence près, toutes les valuations non impropres de K qui sont positives sur A. Prenant $A = \mathbf{Z}$, on retrouve les valuations p-adiques de $\mathbf{Q}$ (*Top. Gén.*, chap. IX, § 3, n° 2); ces valuations sont, à une équivalence près, les seules valuations non impropres de $\mathbf{Q}$ (§ 1, n° 4, cor. 1 de la prop. 3). Prenant $A = k[X]$, où k est un corps, les valuations non impropres de $k(X)$ dont la restriction à k est impropre sont (à une équivalence près) : d'une part les valuations v_P où P parcourt l'ensemble des polynômes unitaires irréductibles de $k[X]$, d'autre part la valuation v définie par $v(P/Q) = \deg(Q) - \deg(P)$ pour $P \in k[X]$ et $Q \in k[X]$ (§ 1, n° 4, cor. 2 de la prop. 3); toutes ces valuations ont évidemment $\mathbf{Z}$ pour groupe des ordres, et leurs corps résiduels sont des extensions algébriques monogènes de k (*Alg.*, chap. V, § 3, n° 1).

Exemple 5. — L'application $P(X, Y) \to P(T, e^T)$ de $\mathbf{C}[X, Y]$ dans $\mathbf{C}((T))$ est injective (*Fonc. Var. Réelle*, chap. IV, § 2, prop. 9), donc se prolonge en un isomorphisme de $\mathbf{C}(X, Y)$ sur un sous-corps de $\mathbf{C}((T))$. La restriction à ce sous-corps de la valuation de $\mathbf{C}((T))$ définie dans l'exemple 3 définit une valuation de $\mathbf{C}(X, Y)$, impropre sur $\mathbf{C}$, dont le groupe des ordres est $\mathbf{Z}$ et le corps résiduel $\mathbf{C}$.

La proposition 4 du n° 2 permet de construire une valuation dont le groupe des ordres et le corps résiduel sont donnés :

Exemple 6. — Soient Γ un groupe totalement ordonné, et k un corps. Soient Γ_+ le monoïde des éléments positifs de Γ, et C l'algèbre de Γ_+ sur k. Par définition, C possède une base $(x_\alpha)_{\alpha \in \Gamma_+}$ sur k dont la table de multiplication est $x_\alpha x_\beta = x_{\alpha+\beta}$. Si $x = \sum_\alpha a_\alpha x_\alpha$ est un élément non nul de C, posons $v(x) = \inf_{a_\alpha \neq 0} (\alpha)$ et posons $v(0) = +\infty$; on vérifie immédiatement que l'application v de C dans Γ_∞ satisfait aux conditions ($\mathrm{VL_I}$) et ($\mathrm{VL_{II}}$) du n° 1, et que C est intègre. Soient K le corps des fractions de C, et w la valuation de K qui prolonge v (prop. 4, n° 2). Comme tout élément de Γ est différence de deux éléments positifs, w admet Γ pour groupe des ordres. Soient A l'anneau de w, et $\mathfrak{m}$ son idéal maximal; on va montrer que A est somme directe de $\mathfrak{m}$ et de k (identifié à $k.1$), ce qui prouvera que le corps résiduel de w est isomorphe à k. Il est clair que $\mathfrak{m} \cap k = (0)$. D'autre part, en notant $\mathfrak{p}$ l'idéal de C engendré par les x_α où $\alpha > 0$, tout élément x de valuation 0 dans K se met sous la forme $(a + y)/(b + z)$ avec $a \in k^*$, $b \in k^*$, $y \in \mathfrak{p}$ et $z \in \mathfrak{p}$; on a alors

$$x = ab^{-1} + (by - az)\, b^{-1}(b + z)^{-1}$$

d'où $w(x - ab^{-1}) > 0$ et $x \equiv ab^{-1} \pmod{\mathfrak{m}}$; ceci démontre notre assertion.

Si $\Gamma = \mathbf{Z} \times \mathbf{Z}$, on a $K = k(X, Y)$, et la construction précédente fournit donc des valuations de $k(X, Y)$, impropres sur k, dont le groupe des ordres est $\mathbf{Z} \times \mathbf{Z}$ et le corps résiduel k. Ces valuations dépendent de la structure d'ordre choisie sur $\mathbf{Z} \times \mathbf{Z}$. On peut, par exemple, munir $\mathbf{Z} \times \mathbf{Z}$ de l'ordre lexicographique. Ou bien, α étant un nombre irrationnel, on peut identifier $\mathbf{Z} \times \mathbf{Z}$ à un sous-groupe de $\mathbf{R}$ par l'homomorphisme $(m, n) \to m + n\alpha$ (homomorphisme qui est injectif car α est irrationnel), et munir $\mathbf{Z} \times \mathbf{Z}$ de l'ordre induit par celui de $\mathbf{R}$.

D'autres constructions de valuations utilisant la prop. 4 du nº 2 seront décrites au § 10.

5. *Idéaux d'un anneau de valuation*

DÉFINITION 2. — *Soit* G *un ensemble ordonné. Un sous-ensemble* M *de* G *est dit majeur si les relations* $x \in \mathrm{M}$ *et* $y \geqslant x$ *entraînent* $y \in \mathrm{M}$.

Soient K un corps, v une valuation de K, A l'anneau de v, et G le groupe des ordres de v. Pour tout ensemble majeur $\mathrm{M} \subset \mathrm{G}$, soit $\mathfrak{a}(\mathrm{M})$ l'ensemble des $x \in \mathrm{K}$ tels que $v(x) \in \mathrm{M} \cup \{+\infty\}$. Il est clair que $\mathfrak{a}(\mathrm{M})$ est un sous-A-module de K.

PROPOSITION 7. — *L'application* $\mathrm{M} \rightarrow \mathfrak{a}(\mathrm{M})$ *est une bijection croissante de l'ensemble des sous-ensembles majeurs de* G *sur l'ensemble des sous-*A*-modules de* K.

Soit $\mathfrak{b}$ un sous-A-module de K. L'ensemble des $v(x)$ pour $x \in \mathfrak{b} - (0)$ est un sous-ensemble majeur $\mathrm{M}(\mathfrak{b})$ de G. La prop. 7 sera démontrée si l'on prouve les formules :

(2) $\mathrm{M}(\mathfrak{a}(\mathrm{N})) = \mathrm{N}$ pour tout sous-ensemble majeur N de G;

(3) $\mathfrak{a}(\mathrm{M}(\mathfrak{b})) = \mathfrak{b}$ pour tout sous-A-module $\mathfrak{b}$ de K.

La formule (2) est facile, car, pour tout $m \in \mathrm{N}$, il existe $x \in \mathrm{K}$ tel que $v(x) = m$. On a évidemment $\mathfrak{b} \subset \mathfrak{a}(\mathrm{M}(\mathfrak{b}))$; inversement, soit $x \in \mathfrak{a}(\mathrm{M}(\mathfrak{b}))$ et supposons $x \neq 0$; on a $v(x) \in \mathrm{M}(\mathfrak{b})$, donc il existe $y \in \mathfrak{b}$ tel que $v(x) = v(y)$; d'où $x = uy$ avec $v(u) = 0$, ce qui prouve qu'on a $x \in \mathrm{A}y \subset \mathfrak{b}$, et termine la démonstration.

COROLLAIRE. *Soit* G_+ *l'ensemble des éléments positifs de* G. *L'application* $\mathrm{M} \rightarrow \mathfrak{a}(\mathrm{M})$ *est une bijection de l'ensemble des sous-ensembles majeurs de* G_+ *sur l'ensemble des idéaux de* A.

En effet, comme $\mathrm{A} = \mathfrak{a}(\mathrm{G}_+)$, $\mathfrak{a}(\mathrm{M}) \subset \mathrm{A}$ équivaut à $\mathrm{M} \subset \mathrm{G}_+$.

Par exemple l'idéal maximal $\mathfrak{m}(\mathrm{A})$ est égal à $\mathfrak{a}(\mathrm{S})$, où S désigne l'ensemble des éléments strictement positifs de G.

6. *Valuations discrètes*

DÉFINITION 3. — *Soient* K *un corps (non nécessairement commutatif),* v *une valuation de* K, *et* Γ *le groupe des ordres de* v. *On dit que* v *est discrète s'il existe un isomorphisme (nécessairement unique) du groupe ordonné* Γ *sur* **Z**. *Soit* γ *l'élément de* Γ

correspondant à 1 *par cet isomorphisme; tout élément* u *de* K *tel que* $v(u) = \gamma$ *s'appelle une uniformisante de* v. *Une valuation discrète est dite normée si son groupe des ordres est* **Z**.

Par exemple la valuation v_p définie par un élément extrémal p d'un anneau principal *ou factoriel$_*$, est une valuation discrète normée qui admet p pour uniformisante. En particulier, si k est un corps, $k[[T]]$ est l'anneau d'une valuation discrète de $k((T))$, qui admet T pour uniformisante. *Soient S une variété analytique complexe connexe de dimension 1, K le corps des fonctions méromorphes sur S, et z_0 un point de S; l'ensemble des $f \in K$ qui sont holomorphes en z_0 est l'anneau d'une valuation discrète v; pour qu'une fonction $f \in K$ soit une uniformisante pour v, il faut et il suffit qu'elle soit holomorphe et nulle en z_0 et qu'il existe un voisinage V de z_0 dans S tel que la restriction de f à V soit homéomorphisme de V sur un voisinage de l'origine dans **C**. C'est cet exemple, et d'autres analogues, qui sont à l'origine du mot « uniformisante »$_*$.

Proposition 8. — *Soient* K *un corps (non nécessairement commutatif),* v *une valuation discrète de* K, A *l'anneau de* v, *et* u *une uniformisante pour* v. *Les idéaux non nuls de* A *sont bilatères et de la forme* $Au^n (n \geqslant 0)$.

On peut supposer v *normée*, de sorte que $v(u) = 1$. Pour tout $x \in K^*$, il y a un entier $n \in \mathbf{Z}$ tel que $v(x) = n = v(u^n)$, donc on peut écrire $x = zu^n = u^n z'$, où z, z' sont deux éléments *inversibles* de l'anneau A; d'où la proposition.

Proposition 9. — *Soit* A *un anneau local intègre distinct de son corps des fractions. Les conditions suivantes sont équivalentes :*

a) A *est l'anneau d'une valuation discrète.*

b) A *est principal.*

c) *L'idéal* $\mathfrak{m}(A)$ *est principal, et on a* $\bigcap_{n=1}^{\infty} \mathfrak{m}(A)^n = (0)$.

d) A *est un anneau noethérien et* $\mathfrak{m}(A)$ *est principal.*

e) A *est un anneau de valuation noethérien.*

La prop. 8 montre que *a*) entraîne *b*), *d*) et *e*). Si A est principal, on a $\mathfrak{m}(A) = Au$ et tout idéal non nul de A est de la forme Au^n puisque A est local (*Alg.*, chap. VII, § 1, n° 3, th. 2); on a donc $\bigcap_{n=0}^{\infty} \mathfrak{m}(A)^n = 0$; ceci montre que *b*) implique *c*). D'autre part *d*) implique *c*) (chap. III, § 3, n° 2, cor. de la prop. 5);

d'après la prop. 2 du § 1, n° 4, *c*) implique *a*). Ainsi les conditions *a*), *b*), *c*), *d*) sont équivalentes et entraînent *e*). Enfin, supposons *e*) vraie et montrons que *b*) est vraie; il suffira de prouver le lemme suivant :

Lemme 1. — *Soit* A *un anneau de valuation. Tout* A-*module sans torsion de type fini est libre. Tout idéal de type fini de* A *est principal. Tout* A-*module sans torsion est plat.*

Soit E un A-module sans torsion de type fini, et soient $x_1, \ldots, x_n$ des générateurs de E en nombre minimum; montrons qu'ils sont linéairement indépendants. Si $\sum_{i=1}^{n} a_i x_i = 0$ $(a_i \in \mathrm{A})$ est une relation non triviale entre les x_i, l'un des a_i, soit a_1, divise tous les autres puisque l'ensemble des idéaux principaux de A est totalement ordonné par inclusion (§ 1, n° 2, th. 1); on a $a_1 \neq 0$ puisque la relation est non triviale. Comme E est sans torsion, on peut diviser par a_1, ce qui revient à supposer qu'on a $a_1 = 1$. Mais alors x_1 est combinaison linéaire de $x_2, \ldots, x_n$, contrairement au caractère minimal de n. Donc E est libre.

En particulier tout idéal $\mathfrak{a}$ de type fini de A est principal, tous les éléments d'un système de générateurs de $\mathfrak{a}$ étant multiples de l'un d'eux. La prop. 3 du chap. I, § 2, n° 4 montre alors que tout A-module sans torsion est plat.

§ 4. Hauteur d'une valuation.

1. Inclusion des anneaux de valuation d'un même corps

PROPOSITION 1. — *Soient* K *un corps, et* A *un anneau de valuation pour* K. *Alors :*

a) *Tout anneau* B *tel que* $\mathrm{A} \subset \mathrm{B} \subset \mathrm{K}$ *est un anneau de valuation pour* K;

b) *L'idéal maximal* $\mathfrak{m}(\mathrm{B})$ *d'un tel anneau est contenu dans* A, *et c'est un idéal premier de* A;

c) *L'application* $\mathfrak{p} \rightarrow \mathrm{A}_{\mathfrak{p}}$ *est une bijection décroissante de l'ensemble des idéaux premiers de* A *sur l'ensemble des anneaux* B *tels que* $\mathrm{A} \subset \mathrm{B} \subset \mathrm{K}$; *sa bijection réciproque est l'application* $\mathrm{B} \rightarrow \mathfrak{m}(\mathrm{B})$.

Si B est un anneau tel que $\mathrm{A} \subset \mathrm{B} \subset \mathrm{K}$, et si $x \in \mathrm{K} - \mathrm{B}$, on a $x \in K - A$, d'où $x^{-1} \in \mathfrak{m}(A) \subset B$, ce qui prouve à la fois que B est un anneau de valuation pour K, et que $\mathfrak{m}(B) \subset \mathfrak{m}(A)$; comme $\mathfrak{m}(B) = \mathfrak{m}(B) \cap A$ est un idéal premier de A, on a démontré *a*) et *b*). En outre, on a $A_{\mathfrak{m}(B)} \subset B$; inversement, si $x \in B - A$, on a $x^{-1} \in A$ et $x^{-1} \notin \mathfrak{m}(B)$, donc $x \in A_{\mathfrak{m}(B)}$; ainsi $A_{\mathfrak{m}(B)} = B$. Soit enfin $\mathfrak{p}$ un idéal premier de A; posons $B = A_{\mathfrak{p}}$; on a $\mathfrak{m}(B) \cap A = \mathfrak{p}$ (Chap. II, § 2, n° 5, prop. 11), et $\mathfrak{m}(B) \subset A$ d'après *b*); donc $\mathfrak{m}(B) = \mathfrak{p}$, ce qui montre que les applications $\mathfrak{p} \to A_{\mathfrak{p}}$ et $B \to \mathfrak{m}(B)$ de l'énoncé sont des bijections réciproques.

COROLLAIRE. — *L'ensemble des sous-anneaux de* K *contenant* A *est totalement ordonné par inclusion.*

En effet, l'ensemble des idéaux premiers de A est totalement ordonné par inclusion (§ 1, n° 2, th. 1 *e*)), et l'application $\mathfrak{p} \to A_{\mathfrak{p}}$ renverse les relations d'inclusion.

PROPOSITION 2. — *Soient* K *un corps,* B *un anneau de valuation pour* K, *et* h_B *la place de* K *associée à* B (*à valeurs dans* $\kappa(B)$). *Alors l'application* $A \to h_B(A)$ *définit une bijection de l'ensemble* $\mathfrak{A}$ *des anneaux de valuation pour* K *contenus dans* B, *sur l'ensemble* $\mathfrak{A}'$ *des anneaux de valuation pour* $\kappa(B)$.

Si $A \in \mathfrak{A}$, on a $h_B(A) \in \mathfrak{A}'$: en effet, si $x' = h_B(x)$ (où $x \in B$) est un élément de $\kappa(B) - h_B(A)$, on a $x \notin A$, donc $x^{-1} \in A$ et $h_B(x)^{-1} \in h_B(A)$. D'autre part, pour $A \in \mathfrak{A}$, on a $A \supset \mathfrak{m}(B)$ (prop. 1, *b*)), donc l'application $A \to h_B(A)$ est injective. Enfin, soient $A' \in \mathfrak{A}'$ et $A = \overset{-1}{h_B}(A') \subset B$; on va montrer, ce qui achèvera la démonstration, que $A \in \mathfrak{A}$; en effet, si $x \in K - A$, on a, soit $x \notin B$, soit $x \in B$; si $x \notin B$, on a $x^{-1} \in \mathfrak{m}(B) \subset A$; si $x \in B$, on a $h_B(x) \in \kappa(B)$ et $h_B(x) \notin A'$, donc $h_B(x^{-1}) \in A'$, et on en conclut encore que $x^{-1} \in A$; donc $A \in \mathfrak{A}$.

COROLLAIRE. — *Soient* A *et* B *deux anneaux de valuation pour* K, *avec* $A \subset B$; *posons* $A' = h_B(A)$, *qui est un anneau de valuation pour* $\kappa(B)$. *Le corps résiduel* $\kappa(A')$ *de* A' *est canoniquement isomorphe au corps résiduel* $\kappa(A)$ *de* A, *et la place* h_A *associée à* A *est la composée* $h_{A'} \circ h_B$ *des places associées à* A' *et* B.

En effet, puisque l'anneau local A' est un quotient de l'anneau local A, leurs corps résiduels sont canoniquement isomorphes, et l'égalité $h_A(x) = h_{A'}(h_B(x))$ est vraie pour $x \in A$. D'autre part, si $x \in B - A$, on a $h_B(x) \notin A'$, et les deux membres de l'égalité sont égaux à ∞; il en est de même si $x \in K - B$.

Remarque. — Réciproquement, soient f une place de K à valeurs dans K′, et f' une place de K′ à valeurs dans K″. Alors $f' \circ f$ est une place de K dont l'anneau est contenu dans l'anneau de la place f.

2. *Sous-groupes isolés d'un groupe ordonné*

Pour étudier la situation du nº 1 du point de vue des valuations, nous aurons besoin de la déf. 1 et de la prop. 3 ci-dessous.

Définition 1. — *Un sous-groupe* H *d'un groupe ordonné* G *est dit isolé si les relations* $0 \leqslant y \leqslant x$ *et* $x \in \mathrm{H}$ *entraînent* $y \in \mathrm{H}$.

Exemple 1. — Soient A et B deux groupes ordonnés; munissons $\mathrm{A} \times \mathrm{B}$ de l'ordre lexicographique (i.e. « $(a, b) \leqslant (a', b')$ » équivaut à « $(a < a')$ ou $(a = a'$ et $b \leqslant b')$ »). Le deuxième facteur B de $\mathrm{A} \times \mathrm{B}$ est alors, comme on le voit aussitôt, un sous-groupe isolé de $\mathrm{A} \times \mathrm{B}$.

Proposition 3. — *Soient* G *un groupe ordonné, et* P *l'ensemble de ses éléments positifs.*

a) Le noyau d'un homomorphisme croissant de G *dans un groupe ordonné est un sous-groupe isolé de* G.

b) Réciproquement, soient H *un sous-groupe isolé de* G, *et* g *l'homomorphisme canonique de* G *sur* G/H. *Alors* $g(\mathrm{P})$ *est l'ensemble des éléments positifs pour une structure de groupe ordonné sur* G/H. *En outre, si* G *est totalement ordonné, il en est de même de* G/H.

a) Soit f un homomorphisme croissant de G dans un groupe ordonné; notons H le noyau de f. Si $0 \leqslant y \leqslant x$ et $x \in \mathrm{H}$, on a $0 \leqslant f(y) \leqslant f(x) = 0$, d'où $f(y) = 0$, c'est-à-dire $y \in \mathrm{H}$. Donc H est isolé.

b) Soient H un sous-groupe isolé de G et $g : \mathrm{G} \to \mathrm{G/H}$. Posons $\mathrm{P}' = g(\mathrm{P})$. Il est clair que $\mathrm{P}' + \mathrm{P}' \subset \mathrm{P}'$. On a

$$\mathrm{P}' \cap (-\mathrm{P}') = \{0\},$$

car, si x et y sont des éléments de P tels que $g(x) = -g(y)$, on a $x + y \in \mathrm{H}$, d'où $x \in \mathrm{H}$ et $y \in \mathrm{H}$ puisque H est isolé; donc $g(x) = g(y) = 0$. Ainsi P′ est l'ensemble des éléments positifs pour une structure de groupe ordonné sur G/H (*Alg.* chap. VI, § 1, nº 3, prop. 3). Enfin, si G est totalement ordonné, on a $P \cup (-P) = G$, d'où $P' \cup (-P') = G/H$, donc G/H est totalement ordonné (*loc. cit.*).

Exemple 2. — Si nous reprenons l'exemple où G est un produit lexicographique $A \times B$ et où $H = B$, le groupe ordonné G/H s'identifie canoniquement à A.

3. *Comparaison des valuations*

Soient K un corps, et A un anneau de valuation pour K. Pour tout sous-anneau B de K contenant A, on a $U(A) \subset U(B)$. On a donc un homomorphisme canonique λ de $\Gamma_A = K^*/U(A)$ *sur* $\Gamma_B = K^*/U(B)$, dont le noyau est $U(B)/U(A)$. Notant v_A et v_B les valuations canoniques de K définies par A et B (§ 3, n° 2), on a donc

$$v_B = \lambda \circ v_A. \tag{1}$$

Comme $A \subset B$, λ transforme les éléments positifs de Γ_A en éléments positifs de Γ_B, donc est croissant. Par suite (prop. 3), le noyau H_B de λ est un sous-groupe isolé de Γ_A, et λ se factorise en $\Gamma_A \longrightarrow \Gamma_A/H_B \xrightarrow{\mu} \Gamma_B$, où μ est un homomorphisme bijectif et croissant, donc un *isomorphisme* de groupes totalement ordonnés; donc Γ_B s'identifie au groupe totalement ordonné quotient Γ_A/H_B.

Proposition 4. — *L'application* $B \to H_B$ *est une bijection croissante de l'ensemble des sous-anneaux de* K *contenant* A *sur l'ensemble des sous-groupes isolés de* Γ_A.

En effet, la donnée de H_B définit v_B à une équivalence près, donc détermine B sans ambiguïté. D'autre part, soit H un sous-groupe isolé de Γ_A; considérant Γ_A/H comme un groupe totalement ordonné (prop. 3), l'application composée

$$K^* \xrightarrow{v_A} \Gamma_A \longrightarrow \Gamma_A/H$$

est une valuation de K dont l'anneau contient A.

Remarque. — Avec les hypothèses précédentes, notons f l'homomorphisme canonique de B sur $\kappa(B)$, et posons $A' = f(A)$; c'est un anneau de valuation pour $\kappa(B)$ (prop. 2, n° 1). On a $\overset{-1}{f}(\kappa(B)^*) = U(B)$, $\overset{-1}{f}(A') = A$, $\overset{-1}{f}(\mathfrak{m}(A')) = \mathfrak{m}(A)$, donc

$$\overset{-1}{f}(U(A')) = U(A).$$

Il en résulte un isomorphisme canonique de U(B)/U(A) sur $\kappa(B)^*/U(A') = \Gamma_{A'}$. La suite exacte

$$0 \to U(B)/U(A) \to \Gamma_A \to \Gamma_B \to 0$$

donne donc une suite exacte

$$0 \to \Gamma_{A'} \to \Gamma_A \to \Gamma_B \to 0.$$

Exemple. — Soient k un corps,

$$E = k(X) \qquad \text{et} \qquad K = k(X, Y) = E(Y)$$

(X, Y indéterminées). Soit $B = E[Y]_{(Y)}$ l'anneau de valuation pour K défini par l'élément extrémal Y de l'anneau principal E[Y] (§ 1, n° 4, prop. 3). Le corps résiduel $\kappa(B)$ s'identifie canoniquement à $E[Y]/(Y) = E$. Soit, de même, $A' = k[X]_{(X)}$ l'anneau de valuation pour $E = k(X)$ défini par l'élément extrémal X de $k[X]$. En désignant par h_B la place de E associée à B, et en posant $A = \overset{-1}{h}_B(A')$, on définit un anneau de valuation A pour K contenu dans B, et l'on a $\kappa(A) = \kappa(A') = k$. La place canonique $h_A : K \to k$ peut se décrire ainsi : si $f(X, Y)$ est un élément de K, on fait d'abord $Y = 0$ dans f (ce qui donne un élément de $\widetilde{E} = k(X)^{\sim}$), puis $X = 0$ dans le résultat obtenu. Les groupes $\Gamma_{A'}$ et Γ_B sont canoniquement isomorphes à $\mathbf{Z}$ (§ 3, n° 4, *Exemple* 4). *On montre sans difficulté (cf. § 10, n° 2, lemme 2) que le groupe Γ_A est isomorphe au produit lexicographique $\mathbf{Z} \times \mathbf{Z}$, et que la valuation v_A est équivalente à la valuation définie au § 3, n° 4, fin de l'*Exemple* 6.*

4. *Hauteur d'une valuation*

Soit G un groupe totalement ordonné. Étant donnés deux sous-groupes isolés H et H' de G, l'un d'eux est contenu dans l'autre : en effet, dans le cas contraire, il existerait un élément positif x de H n'appartenant pas à H' et un élément positif x' de H' n'appartenant pas à H ; soit, par exemple, $x \geqslant x'$; comme H est isolé, on obtient $x' \in H$, d'où contradiction.

Ceci résulte aussi de la prop. 4 du n° 3 et du cor. de la prop. 1 du n° 1, en tenant compte du fait que tout groupe totalement ordonné est le groupe des ordres d'une valuation (§ 3, n° 4, *Exemple* 6).

DÉFINITION 2. — *Soit* G *un groupe totalement ordonné. Si le nombre des sous-groupes isolés de* G *distincts de* G *est fini et égal à* n, *on dit que* G *est de hauteur* n. *Si ce nombre est infini, on dit que* G *est de hauteur infinie.*

Exemples. — 1) La hauteur du groupe $G = \{0\}$ est 0.

2) Les groupes **Z** et **R** sont de hauteur 1.

3) Soient G un groupe totalement ordonné et H un sous-groupe isolé de G. Si l'on désigne par $h(H)$ et $h(G/H)$ les hauteurs des groupes totalement ordonnés H et G/H, on a

$$h(G) = h(H) + h(G/H), \tag{2}$$

puisque l'ensemble des sous-groupes isolés de G est totalement ordonné par inclusion. En particulier, si G est le produit lexicographique de deux groupes totalement ordonnés H et H′, on a

$$h(G) = h(H) + h(H') \tag{3}$$

(cf. n° 2, *Exemple* 2); ainsi le produit lexicographique $\mathbf{Z} \times \mathbf{Z}$ est de hauteur 2.

Par contre la hauteur de $\mathbf{Z} \times \mathbf{Z}$, ordonné par plongement dans **R** (cf. § 3, n° 4, fin de l'*Exemple* 6) est égale à 1 (cf. prop. 8 ci-dessous).

DÉFINITION 3. — *On appelle hauteur d'une valuation la hauteur du groupe des ordres de cette valuation.*

Par exemple une valuation discrète est de hauteur 1. Seules les valuations impropres sont de hauteur 0. Les prop. 1 et 4 entraînent :

PROPOSITION 5. — *La hauteur d'une valuation est égale au nombre des idéaux premiers non nuls de son anneau.*

5. *Valuations de hauteur 1*

PROPOSITION 6. — *Soient* K *un corps,* A *un sous-anneau de* K. *Supposons que* A *ne soit pas un corps. Alors les conditions suivantes sont équivalentes :*

a) A *est l'anneau d'une valuation de hauteur* 1 *de* K;

b) A *est un anneau de valuation pour* K, *et n'a d'autres idéaux premiers que* (0) *et* $\mathfrak{m}(A)$;

c) A *est maximal parmi les sous-anneaux de* K *distincts de* K.

La prop. 5 du n° 4 montre que *a*) implique *b*), et la prop. 1 du n° 1 montre que *b*) implique *c*). Reste à montrer que *c*) implique *a*). Supposons A maximal parmi les sous-anneaux de K distincts de K. Soient $\mathfrak{m}$ un idéal maximal de A, et V un anneau de valuation pour K dominant $A_{\mathfrak{m}}$ (§ 1, n° 2, cor. du th. 2); comme $\mathfrak{m}(V) \cap A = \mathfrak{m}$ et que $\mathfrak{m} \neq (0)$ (puisque A n'est pas un corps), on a $V \neq K$, d'où $V = A$, ce qui montre que A est l'anneau d'une valuation v de K. Ceci étant, v est de hauteur 1 d'après les prop. 1 (n° 1) et 5 (n° 4).

PROPOSITION 7. — *Pour qu'une valuation d'un corps soit de hauteur* 1, *il faut et il suffit que son groupe des ordres soit isomorphe à un sous-groupe ordonné non nul de* **R**.

Cela résulte en effet de la proposition suivante:

PROPOSITION 8. — *Soit* G *un groupe totalement ordonné non réduit à* 0. *Les conditions suivantes sont équivalentes:*

a) G *est de hauteur* 1;

b) *quels que soient* $x > 0$ *et* $y \geqslant 0$ *dans* G, *il existe un entier* $n \geqslant 0$ *tel que* $y \leqslant nx$;

c) G *est isomorphe à un sous-groupe non réduit à* 0 *du groupe additif ordonné* **R**.

Soit x un élément positif de G, et soit H_x l'ensemble des $y \in G$ tels qu'il existe un entier $n \geqslant 0$ vérifiant $|y| \leqslant nx$. On vérifie aisément que H_x est un sous-groupe isolé de G, et que tout sous-groupe isolé de G contenant x contient H_x. La condition *a*) équivaut donc à « $H_x = G$ pour tout $x > 0$ », c'est-à-dire à la condition *b*).

Il est clair que *c*) implique *b*). Réciproquement, supposons vérifiée la condition *b*), et notons Q l'ensemble des éléments > 0 de G. Supposons d'abord que Q ait un plus petit élément x; pour tout $y \in Q$, soit n le plus petit entier tel que $y \leqslant nx$; si l'on avait $y < nx$, on aurait aussi $nx - y \geqslant x$, d'où $y \leqslant (n-1)x$ contrairement au choix de n; on a donc $y = nx$, ce qui montre que $G = \mathbf{Z}x$ est isomorphe à $\mathbf{Z} \subset \mathbf{R}$. Supposons maintenant que Q n'ait pas de plus petit élément; appliquons à l'ensemble ordonné $P = Q \cup \{0\}$ la prop. 1 de *Top. Gén.*, chap. V, § 2 (ce qui est possible, puisque la condition *b*) n'est autre que « l'axiome d'Archimède »); on voit qu'il existe une application strictement croissante f de P dans $\mathbf{R}_+$ telle que

$$f(x+y) = f(x) + f(y)$$

pour $x \in \mathrm{P}$ et $y \in \mathrm{P}$; par linéarité f se prolonge en un isomorphisme de G sur un sous-groupe de **R**, ce qui prouve que *b*) implique *c*).

Proposition 9. — *Soient* K *un corps,* v *une valuation non impropre de* K, *et* A *l'anneau de* v. *Pour que* A *soit complètement intégralement clos* (chap. V, § 1, n° 4, déf. 5), *il faut et il suffit que* v *soit de hauteur* 1.

Supposons v de hauteur 1. Soit $x \in \mathrm{K}$ tel que les $x^n (n \geqslant 0)$ soient tous contenus dans un sous-A-module de type fini de K. Il existe $d \in \mathrm{A} - \{0\}$ tel que $dx^n \in \mathrm{A}$ pour tout $n \geqslant 0$. On a donc $v(d) + nv(x) \geqslant 0$, c'est-à-dire $n(-v(x)) \leqslant v(d)$ pour tout $n \geqslant 0$, d'où $-v(x) \leqslant 0$ (prop. 8, *b*)) et $x \in \mathrm{A}$. Ainsi A est complètement intégralement clos.

Supposons maintenant que v ne soit pas de hauteur 1. Il existe alors $y \in \mathfrak{m}(\mathrm{A})$ et $t \in \mathrm{A}$ tels que $nv(y) < v(t)$ pour tout $n \geqslant 0$ (prop. 8, *b*)). On a donc $ty^{-n} \in \mathrm{A}$ pour tout $n \geqslant 0$, mais $y^{-1} \notin \mathrm{A}$. Donc A n'est pas complètement intégralement clos.

Corollaire. — *Soient* K *un corps,* $(v_\alpha)_{\alpha \in \mathrm{I}}$ *une famille de valuations de hauteur* 1 *de* K, *et* A *l'intersection des anneaux des* v_α. *Alors* A *est complètement intégralement clos.*

Un anneau complètement intégralement clos n'est pas toujours intersection d'anneaux de valuations de hauteur 1 (exerc. 6).

§ 5. Topologie définie par une valuation.

1. *Topologie définie par une valuation*

Soient K un corps non nécessairement commutatif, v une valuation de K, et G le groupe totalement ordonné $v(\mathrm{K}^*)$. Pour tout $\alpha \in \mathrm{G}$, soit V_α l'ensemble des $x \in \mathrm{K}$ tels que $v(x) > \alpha$; cet ensemble est un sous-groupe additif de K (§ 3, n° 1). Il existe une topologie $\mathcal{T}_v$ et une seule sur K, compatible avec la structure de groupe additif de K, pour laquelle les V_α forment un système fondamental de voisinages de 0 (*Top. Gén.*, chap. III, § 1, n° 2, *Exemple*). Pour que v soit impropre, il faut et il suffit que $\mathcal{T}_v$ soit la topologie discrète.

Lemme 1. — *Soient* $x \in K^*$, $y \in K^*$, *et* $\alpha \in G$. *Si*

$$v(x - y) > \sup(\alpha + 2v(y), v(y)),$$

on a $v(x^{-1} - y^{-1}) > \alpha$.

En effet on a $x^{-1} - y^{-1} = x^{-1}(y - x)y^{-1}$, donc

$$v(x^{-1} - y^{-1}) = v(x - y) - v(x) - v(y).$$

Si $v(x - y) > v(y)$, la prop. 1 du § 3, n° 1 entraîne que $v(x) = v(y)$, puisque $x = y + (x - y)$. En outre, si $v(x - y) > \alpha + 2v(y)$, on a $v(x^{-1} - y^{-1}) > \alpha + 2v(y) - 2v(y) = \alpha$.

Proposition 1. — *La topologie* $\mathcal{T}_v$ *est séparée et compatible avec la structure de corps de* K. *L'application* $v : K^* \to G$ *est continue si l'on munit* G *de la topologie discrète.*

Soient $x \in K^*$ et $\alpha = v(x)$; on a $x \notin V_\alpha$, ce qui montre que $\mathcal{T}_v$ est séparée. Quels que soient $x_0 \in K$ et $\alpha \in G$, il existe $\beta \in G$ tel que $x_0 V_\beta \subset V_\alpha$ et $V_\beta x_0 \subset V_\alpha$ (il suffit de prendre $\beta \geqslant \alpha - v(x_0)$). D'autre part, si $\alpha \geqslant 0$, on a $V_\alpha V_\alpha \subset V_\alpha$. Les axiomes (AV_I) et (AV_{II}) de *Top. gén.*, chap. III, 3e éd., § 6, n° 3, étant ainsi satisfaits, $\mathcal{T}_v$ est compatible avec la structure d'anneau de K. Soit $x_0 \in K^*$; si $x \in K^*$ vérifie $v(x - x_0) > \sup(\alpha + 2v(x_0), v(x_0))$, on a $v(x^{-1} - x_0^{-1}) > \alpha$ (lemme 1), ce qui montre que $x \to x^{-1}$ est continue, et que $\mathcal{T}_v$ est donc compatible avec la structure de corps de K. Enfin, la seule condition $v(x - x_0) > v(x_0)$ entraîne $v(x) = v(x_0)$ (§ 3, n° 1, prop. 1), donc l'application $v : K^* \to G$ est continue si l'on munit G de la topologie discrète. C.Q.F.D.

Soient $\alpha \in G$, et V'_α l'ensemble des $x \in K$ tels que $v(x) \geqslant \alpha$. Si $\beta < \alpha$, on a $V_\beta \supset V'_\alpha \supset V_\alpha$. Si v n'est pas impropre, on voit donc que les V'_α forment un système fondamental de voisinages de 0 pour $\mathcal{T}_v$.

Les V_α et les V'_α sont des sous-groupes additifs ouverts, donc fermés de K, donc le corps topologique K est *totalement discontinu*. Comme tout idéal non nul de l'anneau de v contient un V_α, il est *ouvert et fermé* dans K. La topologie quotient du corps résiduel de v est donc *discrète*.

Soit A l'anneau de v. Si v est discrète, la prop. 8 du § 3, n° 6, montre que la topologie induite par $\mathcal{T}_v$ sur A est la topologie $\mathfrak{m}(A)$-adique. Il n'en est pas de même en général (exerc. 4).

Proposition 2. — *Soient* K *un corps non nécessairement commutatif,* v *une valuation non impropre de* K, A *l'anneau de* v, $\mathfrak{m}$ *l'idéal de* v. *Pour que* K, *muni de la topologie* $\mathcal{T}_v$, *soit localement compact, il faut et il suffit que les conditions suivantes soient satisfaites :*

(i) K *est complet;*

(ii) v *est discrète;*

(iii) *le corps résiduel* $\kappa(A)$ *est fini.*

S'il en est ainsi, A *est compact.*

Supposons K localement compact. Il est alors complet (*Top. gén.*, chap. III, 3e éd., § 3, n° 3, cor. 1 de la prop. 4); de plus il existe un voisinage compact de 0, qui contient un voisinage V'_α, où α appartient au groupe des valeurs de v; autrement dit, il existe $a \neq 0$ dans K* tel que $A.a$ soit compact, et il en résulte que $A = (A.a)a^{-1}$ est compact. Comme tout idéal $\mathfrak{b} \neq (0)$ de A est ouvert, $A/\mathfrak{b}$ est compact et discret (*Top. gén.*, chap. III, 3e éd., § 2, n° 5, prop. 14), donc fini, et en particulier $\kappa(A) = A/\mathfrak{m}$ est fini. En outre, pour $y \neq 0$ dans $\mathfrak{m}$, l'anneau A/Ay étant fini, il n'y a qu'un nombre fini d'idéaux de A contenant Ay, et l'ensemble P des éléments de la forme $v(x)$ tels que

$$0 < v(x) \leqslant v(y)$$

est *fini*; comme $v(K^*)$ est totalement ordonné, P a un plus petit élément γ. Pour tout $x \in A$ tel que $v(x) > 0$, on a donc, soit $v(x) > v(y) \geqslant \gamma$, soit $v(x) \leqslant v(y)$ et alors $v(x) \geqslant \gamma$ par définition, si bien que γ est *le plus petit* des éléments > 0 de $v(K^*)$. Comme P est fini, il y a un plus grand entier $m \geqslant 0$ tel que $m\gamma \in P$, d'où $m\gamma \leqslant v(y) < (m+1)\gamma$. On en déduit $0 \leqslant v(y) - m\gamma < \gamma$, et par définition de γ, cela entraîne $v(y) = m\gamma$. On a donc $v(K^*) = \mathbf{Z}.\gamma$ et la valuation v est discrète.

Réciproquement, supposons les conditions (i), (ii), (iii) vérifiées. On peut se borner au cas où v est normée; soit u une uniformisante pour v. On a $\kappa(A) = A/Au$, donc A/Au est fini. Comme $x \to xu^n$ définit par passage aux quotients un isomorphisme de groupe additif de A/Au sur Au^n/Au^{n+1}, A/Au^j est fini pour tout $j \geqslant 0$. Comme A est fermé dans K, il est complet, donc isomorphe à la limite projective des A/Au^j (*Top. Gén.*, chap. III, 3e éd., § 7, n° 3, prop. 2), et par conséquent compact. Puisque A est ouvert dans K, on voit donc que K est localement compact.

Remarque. — On notera qu'il suffit dans cette démonstration de supposer que A est *complet*.

Nous verrons au § 9 qu'un corps K vérifiant les conditions de la prop. 2 admet un centre qui est, soit une extension algébrique de degré fini d'un corps p-adique, soit un corps $\mathbf{F}_q((T))$ de séries formelles sur corps fini; en outre K est de rang fini sur son centre.

2. *Espaces vectoriels topologiques sur un corps muni d'une valuation*

Soient toujours K un corps (non nécessairement commutatif), v une valuation de K, et G son groupe des ordres. On munit K de la topologie $\mathcal{T}_v$.

Proposition 3. — *Soit* E *un espace vectoriel topologique à gauche sur* K, *séparé et de dimension* 1. *On suppose* v *non impropre. Pour tout* $x_0 \neq 0$ *dans* E, *l'application* $a \to ax_0$ *de* K_s *sur* E *est un isomorphisme topologique.*

Cette application est un isomorphisme algébrique continu. Il suffit de montrer qu'elle est bicontinue. Soit $\alpha \in G$. Il s'agit de montrer qu'il existe un voisinage V de 0 dans E tel que la relation $ax_0 \in V$ entraîne $v(a) > \alpha$. Soit $a_0 \in K^*$ tel que $v(a_0) = \alpha$. Comme E est séparé, il existe un voisinage W de 0 dans E tel que $a_0 x_0 \notin W$. Comme v n'est pas impropre, il existe un voisinage W′ de 0 dans E et un élément β de G tels que les relations $y \in W'$, $v(a) \geqslant \beta$ entraînent $ay \in W$. Soit $a_1 \in K^*$ tel que $v(a_1) = -\beta$. Les relations $ax_0 \in a_1^{-1}W'$ et $v(a) \leqslant \alpha$ entraînent $a_1 a x_0 \in W'$ et $v(a_0 a^{-1} a_1^{-1}) = \alpha + \beta - v(a) \geqslant \beta$, donc $a_0 x_0 = a_0 a^{-1} a_1^{-1}(a_1 a x_0) \in W$, ce qui est absurde; autrement dit, la relation $ax_0 \in a_1^{-1}W'$ entraîne $v(a) > \alpha$.

Corollaire. — *Soient* E *un espace vectoriel topologique à gauche sur* K, H *un hyperplan fermé de* E, *et* D *un sous-espace vectoriel de dimension* 1 *de* E *supplémentaire algébrique de* H. *On suppose* v *non impropre. Alors* D *est un supplémentaire topologique de* H.

Compte tenu des prop. 1 et 3, la démonstration est la même que celle d'*Esp. Vect. Top.*, chap. I, § 2, cor. 2 du th. 1.

Proposition 4. — *On suppose* v *non impropre et* K *complet. Soit* E *un espace vectoriel topologique à gauche sur* K, *séparé et de dimension finie* n. *Pour toute base* $(e_i)_{1 \leqslant i \leqslant n}$ *de* E *sur* K, *l'application* $(a_i) \to \sum_{i=1}^{n} a_i e_i$ *de* K_s^n *sur* E *est un isomorphisme d'espaces vectoriels topologiques.*

Compte tenu de la prop. 3 et de son corollaire, la démonstration est la même que celle d'*Esp. Vect. Top.*, chap. I, § 2, th. 2.

COROLLAIRE. — *On suppose* v *non impropre et* K *complet. Soient* E *un espace vectoriel topologique séparé sur* K, *et* F *un sous-espace vectoriel de dimension finie de* E. *Alors* F *est fermé.*

En effet, F est complet.

3. Complétion d'un corps muni d'une valuation

PROPOSITION 5. — *Soient* K *un corps non nécessairement commutatif,* v *une valuation de* K, *et* G *le groupe* $v(K^*)$ *muni de la topologie discrète.*

a) L'anneau complété $\hat{K}$ *de* K (*muni de* $\mathcal{T}_v$) *est un corps topologique.*

b) L'application $v : K^* \to G$ *se prolonge de manière unique en une application continue* $\hat{v} : \hat{K}^* \to G$. *L'application* $\hat{v}$ (*prolongée par* $\hat{v}(0) = +\infty$) *est une valuation de* $\hat{K}$ *et* $\hat{v}(\hat{K}^*) = v(K^*)$.

c) La topologie de $\hat{K}$ *est la topologie définie par la valuation* $\hat{v}$.

d) Pour tout $\alpha \in G$, *soient* V_α, V'_α *les sous-groupes de* K *définis par les conditions* $v(x) > \alpha$, $v(x) \geqslant \alpha$. *Alors les adhérences* $\overline{V_\alpha}, \overline{V'_\alpha}$ *de* V_α, V'_α *dans* $\hat{K}$ *sont définies par les conditions* $\hat{v}(x) > \alpha$, $\hat{v}(x) \geqslant a$ *respectivement.*

e) L'anneau de $\hat{v}$ *est le complété* $\hat{A}$ *de l'anneau* A *de* v; *l'idéal de* $\hat{v}$ *est le complété* $\hat{\mathfrak{m}}$ *de l'idéal* $\mathfrak{m}$ *de* v.

f) On a $\hat{A} = A + \hat{\mathfrak{m}}$; *le corps résiduel de* $\hat{v}$ *s'identifie canoniquement à celui de* v.

Pour prouver *a*), il suffit (*Top. gén.*, chap. III, 3e éd., § 6, n° 8, prop. 7) de démontrer ceci : soit $\mathfrak{F}$ un filtre de Cauchy (pour la structure uniforme additive) sur K^* auquel 0 n'est pas adhérent; alors l'image de $\mathfrak{F}$ par la bijection $x \to x^{-1}$ est un filtre de Cauchy (pour la structure uniforme additive). En effet, puisque 0 n'est pas adhérent à $\mathfrak{F}$, il existe $M \in \mathfrak{F}$ et $\beta \in G$ tels que β soit un majorant de $v(M)$. Soit $\alpha \in G$. Si M' est un élément de $\mathfrak{F}$ contenu dans M et tel que $v(x-y) > \sup(\alpha + 2\beta, \beta)$ pour $x \in M'$ et $y \in M'$, on a $v(x^{-1} - y^{-1}) > \alpha$ pour $x \in M'$ et $y \in M'$ (n° 1, lemme 1). D'où *a*).

D'après la prop. 1 du n° 1, $v|K^*$ est une représentation continue de K^* dans G, donc se prolonge de manière unique en une représentation continue $\hat{v}$ de $\hat{K}^*$ dans G. La relation

$$\hat{v}(x + y) \geqslant \inf(\hat{v}(x), \hat{v}(y))$$

est vraie dans K^*, donc reste vraie dans $\hat{K}^*$ par continuité. Ainsi $\hat{v}$ (prolongée par $\hat{v}(0) = +\infty$) est une valuation de $\hat{K}$, et *b*) est démontré.

Démontrons *d*). Soient $\alpha \in G$ et $x \in \overline{V}_\alpha - \{0\}$. Pour y dans V_α assez voisin de x, on a $\hat{v}(x) = \hat{v}(y) = v(y)$, donc $\hat{v}(x) > \alpha$. Réciproquement, soit $x \in \hat{K}^*$ tel que $\hat{v}(x) > \alpha$; pour y dans K^* assez voisin de x, on a $v(y) = \hat{v}(y) = \hat{v}(x)$, donc $y \in V_\alpha$, d'où $x \in \overline{V}_\alpha$. Ainsi $\overline{V}_\alpha$ est l'ensemble des $x \in \hat{K}$ tels que $\hat{v}(x) > \alpha$. On raisonne de façon analogue pour V'_α. Ceci prouve *d*).

Compte tenu de la prop. 7 de *Top. gén.*, chap. III, 3e éd., § 3, nº 4, l'assertion *c*) est une conséquence de *d*). L'assertion *e*) est un cas particulier de *d*). Enfin, soit $x \in \hat{A}$; il existe $y \in A$ tel que $\hat{v}(x - y) > 0$; alors $z = x - y \in \hat{\mathfrak{m}}$, donc $x = y + z \in A + \hat{\mathfrak{m}}$; ainsi $\hat{A} = A + \hat{\mathfrak{m}}$, ce qui démontre *f*).

Remarque. — Pour tout $x \in \hat{K}$ n'appartenant pas à $\hat{A}$, il existe $x_0 \in K$ tel que $\hat{v}(x - x_0) > 0$, $\hat{v}(x) = \hat{v}(x_0) = v(x_0) < 0$; on a donc $x_0^{-1}x \in \hat{A}$, et comme $x_0^{-1} \in A$, on voit que si l'on pose $S = A - \{0\}$, on peut écrire $\hat{K} = S^{-1}\hat{A}$.

§ 6. Valeurs absolues.

1. *Préliminaires sur les valeurs absolues*

Soit K un corps (commutatif ou non). Rappelons (*Top. gén.*, chap. IX, § 3, nº 2, déf. 2) qu'on appelle *valeur absolue* sur K toute application f de K dans $\mathbf{R}_+$ vérifiant les axiomes suivants :

(VA_I) *La relation* $f(x) = 0$ *équivaut à* $x = 0$.

(VA_{II}) $f(xy) = f(x)f(y)$ *quels que soient* x, y *dans* K.

(VA_{III}) $f(x + y) \leqslant f(x) + f(y)$ *quels que soient* x, y *dans* K.

Il résulte de (VA_I) et (VA_{II}) que l'on a $f(1) = 1$, $f(-1) = 1$, et $f(x^{-1}) = \dfrac{1}{f(x)}$ pour $x \neq 0$.

Pour une application f de K dans $\mathbf{R}_+$, et un nombre réel $A > 0$, nous noterons (U_A) la relation

$$f(x+y) \leqslant A.\sup(f(x), f(y)) \quad \textit{quels que soient } x, y \textit{ dans } K.$$

Nous noterons $\mathfrak{V}(K)$ *l'ensemble des applications* f *de* K *dans* $\mathbf{R}_+$ *vérifiant* (VA_I) *et* (VA_{II}) *et pour lesquelles il existe un* $A > 0$ *(dépendant de* f*) tel que* (U_A) *soit vraie.*

On remarquera que si $f \in \mathfrak{V}(K)$, on a, en faisant $x = 1$, $y = 0$ dans (U_A), $1 = f(1) \leqslant A.\sup(f(1), f(0)) = A$.

Proposition 1. — *Pour qu'une application* f *de* K *dans* $\mathbf{R}_+$ *vérifiant* (VA_I) *et* (VA_{II}) *appartienne à* $\mathfrak{V}(K)$, *il faut et il suffit que* $f(1+x)$ *soit borné dans l'ensemble des* $x \in K$ *tels que* $f(x) \leqslant 1$.

En effet, si f vérifie (U_A), on a $f(1+x) \leqslant A$ si $f(x) \leqslant 1$. Inversement, supposons que $f(x+1) \leqslant A$ pour les $x \in K$ tels que $f(x) \leqslant 1$ (ce qui entraîne $A \geqslant f(1) = 1$); alors, si $x = 0$ ou $y = 0$, la condition (U_A) est vérifiée; si au contraire $x \neq 0$ et $y \neq 0$, on peut par exemple supposer $f(y) \leqslant f(x)$, donc, d'après (VA_{II}), $f(yx^{-1}) \leqslant 1$, et par suite $f(1 + yx^{-1}) \leqslant A$, ce qui donne, en vertu de (VA_{II}), $f(x+y)f(x)^{-1} \leqslant A$; d'où

$$f(x+y) \leqslant Af(x) \leqslant A.\sup(f(x), f(y)).$$

Si f est une valeur absolue sur K, on a $f(n.1) \leqslant n$ par récurrence sur l'entier $n > 0$ à partir de (VA_{III}); réciproquement:

Proposition 2. — *Soit* f *une application de* K *dans* $\mathbf{R}_+$ *appartenant à* $\mathfrak{V}(K)$; *s'il existe* $C > 0$ *tel que* $f(n.1) \leqslant C.n$ *pour tout entier* $n > 0$, f *est une valeur absolue sur* K.

Par récurrence sur $r > 0$, on déduit de (U_A) la relation

$$(1) \qquad f(x_1 + x_2 + \cdots + x_{2^r}) \leqslant A^r \sup_{1 \leqslant i \leqslant 2^r} f(x_i)$$

pour toute famille (x_i) de 2^r éléments de K. Posons $n = 2^r - 1$; pour tout $x \in K$, on déduit de (1)

$$(f(1+x))^n = f((1+x)^n) = f\left(\sum_{i=0}^{n} \binom{n}{i} x^i\right) \leqslant A^r \sup\left(f\left(\binom{n}{i}\right)(f(x))^i\right)$$

$$\leqslant CA^r \sum_{i=0}^{n} \binom{n}{i} (f(x))^i = CA^r(1 + f(x))^n$$

car $f\left(\binom{n}{i}\right) \leqslant C\binom{n}{i}$; on a donc

$$f(1+x) \leqslant C^{1/n}A^{r/n}(1 + f(x)).$$

Faisant tendre r vers $+\infty$, il vient $f(1+x) \leqslant 1 + f(x)$ pour tout $x \in K$; appliquant cette inégalité en remplaçant x par xy^{-1} (pour $y \neq 0$) et tenant compte de (VA_{II}), on obtient la relation (VA_{III}), ce qui prouve la proposition.

Corollaire 1. — *Pour qu'une application f de K dans $\mathbf{R}_+$ soit une valeur absolue, il faut et il suffit qu'elle vérifie les conditions* (VA_I), (VA_{II}) *et* (U_2).

C'est nécessaire, car (VA_{III}) entraîne

$$f(x+y) \leqslant f(x) + f(y) \leqslant 2 \sup(f(x), f(y)).$$

Inversement, supposons que f vérifie (VA_I), (VA_{II}) et (U_2); pour tout entier $n > 0$, soit r le plus petit entier tel que $2^r \geqslant n$; si dans (1) on remplace A par 2, les x_i d'indice $i \leqslant n$ par 1 et les x_i d'indice $i > n$ par 0, on obtient $f(n.1) \leqslant 2^r < 2n$; on peut alors appliquer la prop. 2 avec $C = 2$, donc f est une valeur absolue.

Corollaire 2. — *Pour qu'une application f de K dans $\mathbf{R}_+$ appartienne à $\mathfrak{V}(K)$, il faut et il suffit qu'elle soit de la forme g^t, où $t > 0$ et g est une valeur absolue sur* K.

En effet, dire que f vérifie (U_A) équivaut à dire que f^s vérifie (U_{A^s}); comme il existe $s > 0$ tel que $A^s \leqslant 2$, le cor. 1 montre que pour une telle valeur de s, f^s est une valeur absolue.

2. *Valeurs absolues ultramétriques*

On dit qu'une application f de K dans $\mathbf{R}_+$ est une *valeur absolue ultramétrique* si elle vérifie les conditions (VA_I), (VA_{II}) et (U_1) (ce qui entraîne évidemment que f est une valeur absolue).

Proposition 3. — *Soit f une application de K dans $\mathbf{R}_+$. Les propriétés suivantes sont équivalentes :*

a) *f est une valeur absolue ultramétrique.*

b) *Il existe une valuation v de K, à valeurs dans $\mathbf{R}$, et un nombre réel a tels que $0 < a < 1$ et $f = a^v$.*

c) *f appartient à $\mathfrak{V}(K)$ et l'on a $f(n.1) \leqslant 1$ pour tout entier $n > 0$.*

d) *Pour tout $s > 0$, f^s est une valeur absolue.*

Pour tout nombre réel c tel que $0 < c < 1$, l'application $t \to c^t$ est un isomorphisme du groupe ordonné $\mathbf{R}$ (muni de l'ordre opposé à l'ordre usuel) sur le groupe ordonné $\mathbf{R}_+^*$; cela montre l'équivalence de *a*) et *b*). Il est clair que *a*) implique *c*); *c*) entraîne *d*), car on déduit de *c*) que $(f(n.1))^s \leqslant 1 \leqslant n$ pour tout entier $n > 0$ et la prop. 2 du n° 1 montre que f^s est une valeur absolue. Enfin *d*) entraîne *a*) : en effet, si f^s est une valeur absolue, elle vérifie (U_2), donc f vérifie $U_{2^{1/s}})$ pour tout $s > 0$, et par suite aussi (U_1) en faisant tendre s vers $+\infty$.

Corollaire. — *Si* K *est un corps (non nécessairement commutatif) de caractéristique* $p > 0$, *toute fonction de* $\mathfrak{V}(K)$ *est une valeur absolue ultramétrique.*

En effet, tout élément $z = n.1$ (n entier > 0) non nul appartient au sous-corps premier $\mathbf{F}_p$ de K, donc vérifie la relation $z^{p-1} = 1$, ce qui entraîne $f(z) = 1$ et l'on peut appliquer la prop. 3, *c*).

Étant donné un nombre réel c tel que $0 < c < 1$, les formules

$$f(x) = c^{v(x)}, \qquad v(x) = \log_c f(x)$$

établissent donc une correspondance biunivoque entre valeurs absolues ultramétriques sur K et valuations de K à valeurs réelles. A la valeur absolue impropre (*Top. gén.*, chap. IX, § 3, n° 2) correspond la valuation impropre. Soient v_1, v_2 deux valuations de K à valeurs réelles, et f_1, f_2 les valeurs absolues correspondantes; pour que v_1 et v_2 soient équivalentes, il faut et il suffit que f_1 et f_2 le soient : en effet, dire que v_1 et v_2 sont équivalentes revient à dire que les relations $v_1(x) \geqslant 0$ et $v_2(x) \geqslant 0$ sont équivalentes, ou encore que les relations $f_1(x) \leqslant 1$ et $f_2(x) \leqslant 1$ sont équivalentes; il suffit donc d'appliquer la prop. 5 de *Top. gén.*, chap. IX, § 3, n° 2. En outre (*loc. cit.*) pour que les topologies définies sur K par f_1 et f_2 soient identiques, il faut et il suffit que f_1 et f_2 soient équivalentes.

3. *Valeurs absolues sur Q*

Proposition 4. — *Soit* f *une application de* $\mathbf{Q}$ *dans* $\mathbf{R}_+$ *appartenant à* $\mathfrak{V}(\mathbf{Q})$. *Alors :*

(i) *Ou bien* f *est la valeur absolue impropre sur* $\mathbf{Q}$.

(ii) *Ou bien il existe un nombre réel* a *et un nombre premier* p *tels que* $0 < a < 1$ *et* $f = a^{v_p}$, *où* v_p *est la valuation* p*-adique.*

(iii) *Ou bien il existe* $s > 0$ *tel que* $f(x) = |x|^s$ *pour tout* $x \in \mathbf{Q}$.

Dans le cas (iii), *pour que* f *soit une valeur absolue sur* $\mathbf{Q}$, *il faut et il suffit que* $0 < s \leqslant 1$.

Supposons d'abord que l'on ait $f(n) \leqslant 1$ pour tout entier $n > 0$. En vertu de la prop. 3 du n° 2, il existe un nombre réel b et une valuation v de $\mathbf{Q}$ tels que $0 < b < 1$ et $f = b^v$. Or, on sait (§ 3, n° 4, *Exemple* 4) que les seules valuations sur $\mathbf{Q}$ sont (à équivalence près) la valuation impropre et les valuations p-adiques v_p; on est donc dans l'un des cas (i) ou (ii).

Supposons désormais qu'il existe un entier $h > 0$ tel que $f(h) > 1$; en vertu du n° 1, cor. 2 de la prop. 2, il existe un nombre $\rho > 0$ tel que f^ρ soit une valeur absolue; posons

$$g(x) = \rho \log(f(x))/\log|x|$$

pour tout nombre rationnel $x \neq 0$. Soient a, b deux entiers $\geqslant 2$; pour tout entier $n \geqslant 2$, notons $q(n)$ la partie entière de $n.\log a/\log b$, autrement dit le plus petit entier m tel que $a^n < b^{m+1}$; le développement de a^n de base b est donc

$$a^n = c_0 + c_1 b + \cdots + c_{q(n)} b^{q(n)} \tag{2}$$

avec $0 \leqslant c_i < b$ pour $0 \leqslant i \leqslant q(n)$. Comme f^ρ est une valeur absolue, on a $f^\rho(c_i) \leqslant c_i \leqslant b$, et l'on déduit donc de (2) que

$$\begin{aligned}(f(a))^{n\rho} = (f(a^n))^\rho &\leqslant b(1 + (f(b))^\rho + \cdots + (f(b))^{\rho q(n)})\\ &\leqslant b(q(n)+1)\,(\sup(1, (f(b))^\rho))^{q(n)}.\end{aligned}$$

Prenant les logarithmes des deux membres de cette inégalité et divisant par $n.\log a$, on obtient

$$g(a) \leqslant \frac{\log b}{n.\log a} + \frac{\log(q(n)+1)}{q(n)} \cdot \frac{q(n)}{n \log a} + \frac{\sup(0, \rho \log f(b))}{\log a} \cdot \frac{q(n)}{n}. \tag{3}$$

Notons maintenant que lorsque n tend vers $+\infty$, $q(n)/n$ tend vers $\log a/\log b$; par suite $q(n)$ tend vers $+\infty$ et

$$\log(q(n)+1)/q(n)$$

tend vers 0 (*Fonct. var. réelle*, chap. III, § 2, n° 1). Passant à la limite dans (3), il vient

$$g(a) \leqslant \frac{\sup(0, \rho \log f(b))}{\log b} = \sup(0, g(b)). \tag{4}$$

Mais l'on a $f(h) > 1$, d'où $g(h) > 0$; si l'on remplace a par h dans (4), on obtient $\sup(0, g(b)) > 0$, donc

$$\sup(0, g(b)) = g(b).$$

Quels que soient les entiers a, b au moins égaux à 2, on a donc $g(a) \leqslant g(b)$, et par suite $g(a) = g(b)$ en échangeant les rôles de a et b. Autrement dit, il existe une constante λ telle que $g(a) = \lambda$ pour tout entier $a \geqslant 2$; si l'on pose $s = \lambda/\rho$, on a donc $f(a) = |a|^s$ pour tout entier $a \geqslant 2$. Comme $f(xy) = f(x)f(y)$ et $f(-x) = f(x)$, on a $f(x) = |x|^s$ pour tout $x \in \mathbf{Q}$. Enfin, si $0 < s \leqslant 1$, on sait que $x \to |x|^s$ est une valeur absolue (*Top. gén.*, chap. IX, § 3, n° 2); réciproquement, si s est tel que $x \to |x|^s$ soit une valeur absolue sur $\mathbf{Q}$, on a $(1 + 1)^s \leqslant 1^s + 1^s$, c'est-à-dire $2^s \leqslant 2$, d'où $s \leqslant 1$. C.Q.F.D.

4. *Structure des corps munis d'une valeur absolue non ultramétrique*

Théorème 1 (Gelfand-Mazur). — *Soit* K *une algèbre sur le corps* $\mathbf{R}$ *ayant les deux propriétés suivantes:*

1° K *est un corps (non nécessairement commutatif).*

2° *Il existe sur* K *une norme* $x \to \|x\|$ *compatible avec la structure d'algèbre de* K (*Top. gén.*, chap. IX, § 3, n° 7, déf. 9).

Alors l'algèbre K *est isomorphe à l'une des algèbres* $\mathbf{R}$, $\mathbf{C}$ *ou* $\mathbf{H}$.

Rappelons (*loc. cit.*) que l'on peut toujours supposer que l'on a $\|xy\| \leqslant \|x\|.\|y\|$ quels que soient x, y dans K. Nous munirons K de la topologie (compatible avec la structure d'algèbre) définie par la norme.

A) *Premier cas:* K *est commutatif et il existe* $j \in \mathrm{K}$ *tel que* $j^2 = -1$. Il existe alors un isomorphisme σ du corps $\mathbf{C}$ sur un sous-corps de K tel que $\sigma(\xi + i\eta) = \xi.1 + \eta.j$ pour ξ, η dans $\mathbf{R}$. Nous allons prouver par l'absurde que l'on a $\mathrm{K} = \sigma(\mathbf{C})$. Supposons donc qu'il existe $x \in \mathrm{K} - \sigma(\mathbf{C})$; pour tout $z \in \mathbf{C}$, $x - \sigma(z)$ est donc inversible dans K; posons $\mathrm{F}(z) = (x - \sigma(z))^{-1}$; comme σ est continue et que l'inverse est continu dans K (*Top. gén.*, chap. IX, § 3, n° 7, prop. 13 appliquée à l'algèbre complétée de K), F est une application continue de $\mathbf{C}$ dans K. On peut d'ailleurs écrire, pour $z \neq 0$,

$$\mathrm{F}(z) = (\sigma(z))^{-1}(x(\sigma(z))^{-1} - 1)^{-1}.$$

Mais comme $(\sigma(z))^{-1} = \sigma(z^{-1})$ tend vers 0 lorsque z tend vers l'infini dans $\mathbf{C}$, on voit que $\mathrm{F}(z)$ tend alors vers 0; autrement dit, $z \to \|\mathrm{F}(z)\|$ est une fonction numérique continue et $\geqslant 0$ dans $\mathbf{C}$, tendant vers 0 au point à l'infini, et qui peut par suite être considérée comme une fonction continue sur l'espace compact $\widetilde{\mathbf{C}}$ obtenu par adjonction à $\mathbf{C}$ d'un point à l'infini. La borne supérieure α de $\|F\|$ dans $\mathbf{C}$ est donc finie et > 0, et l'ensemble P des nombres complexes z tels que $\|F(z)\| = \alpha$ est fermé et non vide (*Top. gén.*, chap. IV, § 6, nº 1, th. 1).

Soit $z \in P$; posons $y = x - \sigma(z)$ et soit t un nombre complexe $\neq 0$ tel que $\|\sigma(t)\| < \alpha^{-1}$, d'où $\|\sigma(t).y^{-1}\| < 1$ par définition de α. La suite des $(\sigma(t)y^{-1})^n$ et celle des $n(\sigma(t)y^{-1})^n$ tendent donc vers 0 dans K lorsque n tend vers $+\infty$, car il en est ainsi des suites des normes correspondantes dans $\mathbf{R}$. Notons d'autre part que pour tout polynôme $H(T) = \prod_{k=1}^{p}(T - \sigma(c_k))$ où les c_k sont des nombres complexes deux à deux distincts, on a, dans le corps K(T) des fractions rationnelles

$$\frac{H'(T)}{H(T)} = \sum_{k=1}^{p} \frac{1}{T - \sigma(c_k)}. \tag{5}$$

Appliquons cette formule au polynôme

$$H(T) = T^n - (\sigma(t))^n = \prod_{k=0}^{n-1}(T - \sigma(\omega_n^k t)),$$

où $\omega_n = \exp(2\pi i/n)$, et substituons à T l'élément $y \in K$, qui est distinct de tous les $\sigma(\omega_n^k t)$. Il vient (dans le corps commutatif K)

$$\frac{ny^{n-1}}{y^n - (\sigma(t))^n} = \frac{1}{y - \sigma(t)} + \sum_{k=1}^{n-1} \frac{1}{y - \sigma(\omega_n^k t)}. \tag{6}$$

Compte tenu des définitions de F et de y, on obtient

$$\begin{aligned} F(z+t) + \sum_{k=1}^{n-1} F(z + \omega_n^k t) - nF(z) \\ = \frac{ny^{n-1}}{y^n - (\sigma(t))^n} - \frac{n}{y} = \frac{1}{y} \cdot \frac{n(\sigma(t)y^{-1})^n}{1 - (\sigma(t)y^{-1})^n}. \end{aligned} \tag{7}$$

Mais en vertu du choix de t et des remarques faites plus haut, le dernier membre de (7) tend vers 0 lorsque n tend vers $+\infty$; donc

$$\|F(z+t)\| = \lim_{n \to +\infty} \left\| nF(z) - \sum_{k=1}^{n-1} F(z + \omega_n^k t) \right\|. \tag{8}$$

Or on a $\|F(z)\| = \alpha$ et $\|F(z + \omega_n^k t)\| \leqslant \alpha$ par définition de α, d'où

$$\left\| nF(z) - \sum_{k=1}^{n-1} F(z + \omega_n^k t) \right\|$$
$$\geqslant n\,\|F(z)\| - \sum_{k=1}^{n-1} \|F(z + \omega_n^k t)\| \geqslant n\alpha - (n-1)\alpha = \alpha.$$

En vertu de (8), on a par suite, en faisant tendre n vers $+\infty$, $\|F(z + t)\| \geqslant \alpha$, et par définition de α cela entraîne

$$\|F(z + t)\| = \alpha,$$

autrement dit $z + t \in P$. Cela prouve que l'ensemble P est *ouvert* dans **C**; comme il est aussi fermé et non vide et que **C** est connexe, on a $P = \mathbf{C}$ et $\|F\|$ est donc constante dans **C**; comme cette fonction tend vers 0 au point à l'infini, on a $\|F(z)\| = 0$ dans **C**, et en particulier $\|F(0)\| = \|x^{-1}\| = 0$, ce qui est absurde.

B) *Deuxième cas:* K *est commutatif, et* -1 *n'est pas le carré d'un élément de* K.

Soit L le corps commutatif obtenu par adjonction à K d'une racine j de $T^2 + 1$; L est un espace vectoriel sur K admettant $(1, j)$ pour base, et L est évidemment une algèbre sur **R**. Il est clair que la fonction $x + yj \to \|x\| + \|y\|$ est une norme sur L compatible avec sa structure d'espace vectoriel sur **R**; d'autre part, pour $z = x + yj$, $z' = x' + y'j$ dans L, on a

$$\begin{aligned}\|zz'\| = \|xx' - yy'\| + \|xy' + x'y\| &\leqslant \|xx'\| + \|yy'\| + \|xy'\| + \|x'y\| \\ &\leqslant \|x\|.\|x'\| + \|y\|.\|y'\| + \|x\|.\|y'\| + \|x'\|.\|y\| \\ &= (\|x\| + \|y\|)(\|x'\| + \|y'\|) = \|z\|.\|z'\|.\end{aligned}$$

La norme ainsi définie est par suite compatible avec la structure de **R**-algèbre de L. En vertu du cas A), L est une **R**-algèbre isomorphe à **C**; or la seule sous-**R**-algèbre de **C** distincte de **C** est **R**, donc K est isomorphe à **R**.

C) *Troisième cas:* K *est non commutatif.*

Soient Z le centre de K, x un élément de K non dans Z; le sous-corps $Z(x)$ de K est commutatif et la norme induite par celle de K est compatible avec la structure de **R**-algèbre de $Z(x)$; comme $Z \neq Z(x)$ et que Z et $Z(x)$ sont des **R**-algèbres isomorphes à **R** ou à **C** en vertu de A) et B), Z est nécessairement isomorphe à **R** et $Z(x)$ à **C**. Pour tout $x \in K$, $Z(x)$ est donc de rang $\leqslant 2$ sur Z. Or on a le lemme suivant:

Lemme 1. — *Soit* D *un corps de centre* L, *tel que pour tout* $x \in D$, $L(x)$ *soit une extension de* L *de degré* $\leqslant m$. *Alors le rang de* D *sur* L *est* $\leqslant m^2$.

On peut évidemment se borner au cas où $D \neq L$. Il existe alors dans D une extension commutative algébrique *séparable* E de L, de degré fini > 1 (*Alg.*, chap. VIII, § 10, nº 3, lemme 1); comme $E = L(x)$ pour un x convenable dans E (*Alg.*, chap. V, § 7, nº 7, prop. 12 et chap. VII, § 5, nº 7), on a par hypothèse $[E:L] \leqslant m$. Supposons l'extension séparable E prise telle que $[E:L]$ soit fini et le plus grand possible, et considérons le *commutant* $E' \supset E$ de E dans D, qui est un corps de centre E, tel que

$$[D:E'] = [E:L] \leqslant m$$

(*Alg.*, chap. VIII, § 10, nº 2, th. 2). Si l'on avait $E \neq E'$, il existerait dans E′ une extension algébrique séparable F de E, de degré fini > 1 (*Alg.*, chap. VIII, § 10, nº 3, lemme 1); F serait donc une extension algébrique séparable de L (*Alg.*, chap. V, § 7, nº 4, prop. 7) de degré fini $> [E:L]$, contrairement à la définition de E; on a donc $E' = E$, d'où $[D:L] = [D:E][E:L] \leqslant m^2$.

Appliquant ce lemme à K avec $m = 2$, on voit que K est un surcorps non commutatif de rang fini de **R**, donc nécessairement isomorphe au corps de quaternions **H** (*Alg.*, chap. VIII, § 11, nº 2, th. 2). C.Q.F.D.

Remarque 1). — Indiquons le principe d'une démonstration plus courte du th. de Gelfand-Mazur, valable lorsque, au lieu de 2°, on suppose seulement qu'il existe sur K une topologie localement convexe séparée compatible avec sa structure de corps : on se ramène (comme dans les cas B) et C)) au cas où K est une algèbre commutative *sur* **C**; si $x \in K - \mathbf{C}.1$, on considère comme plus haut l'application $z \to (x - z.1)^{-1}$ de **C** dans K, qui est continue et dérivable dans **C**. Pour tout élément x' du *dual* K′ de l'espace localement convexe K, $z \to \langle (x - z.1)^{-1}, x' \rangle$ est donc une fonction *entière* et *bornée* dans **C**, donc constante en vertu du th. de Liouville, et l'on conclut, comme dans la partie A) de la démonstration du th. 1, que cela implique nécessairement $\langle (x - z.1)^{-1}, x' \rangle = 0$ pour tout $z \in \mathbf{C}$ et tout $x' \in K'$; le th. de Hahn-Banach montre que cette conclusion est absurde, puisque $(x - z.1)^{-1} \neq 0$. On notera que le raisonnement de la partie A) de la démonstration du th. 1 ne diffère du précédent qu'en apparence, car ce raisonnement n'est en fait qu'un cas particulier de celui qui sert à prouver le principe du maximum pour les fonctions analytiques, la sommation sur les racines de l'unité et le passage à la limite équivalant au calcul de l'intégrale $\int_\gamma \frac{F(z+t)\,dt}{t}$ le long d'un cercle de centre 0, et l'utilisation de la formule de Cauchy étant ici évitée grâce à la forme particulière de la fonction F.

THÉORÈME 2 (Ostrowski). — *Soient* K *un corps (non nécessairement commutatif),* f *un élément de* $\mathfrak{V}(K)$ *qui n'est pas une valeur absolue ultramétrique. Il existe alors un nombre réel* $s > 0$ *et un seul et un isomorphisme* j *de* K *sur un sous-corps partout dense de l'un des corps* **R**, **C** *ou* **H**, *tels que* $f(x) = |j(x)|^s$ *pour tout* $x \in K$ (*). *Pour que* f *soit une valeur absolue sur* K, *il faut et il suffit que* $s \leqslant 1$.

En vertu du n° 2, cor. de la prop. 3, K est de caractéristique 0, donc une algèbre sur **Q**; pour tout $x \in \mathbf{Q}$, posons $h(x) = f(x.1)$; il est clair que $h \in \mathfrak{V}(\mathbf{Q})$, et l'on peut donc appliquer la prop. 4 du n° 3; on ne peut être dans le cas (i) ou (ii) de l'énoncé de cette proposition, car cela entraînerait $f(n.1) \leqslant 1$ pour tout entier $n > 0$, et f serait une valeur absolue ultramétrique en vertu du n° 2, prop. 3. Il existe donc un nombre réel $s > 0$ tel que $h(x) = |x|^s$ pour tout $x \in \mathbf{Q}$, c'est-à-dire $f(x.1) = |x|^s$; posons $g = f^{1/s}$. Alors on a $g \in \mathfrak{V}(K)$ et $g(n.1) = n$ pour tout entier $n > 0$; la prop. 2 du n° 1 montre par suite que g est une valeur absolue sur K.

Pour $x \in \mathbf{Q}$ et $y \in K$, on a $g(xy) = |x|g(y)$, donc g est une *norme* sur K compatible avec sa structure de **Q**-algèbre (pour la valeur absolue usuelle sur **Q**). Le complété $\hat{K}$ de K est par suite une algèbre normée sur $\hat{\mathbf{Q}} = \mathbf{R}$ (*Top. gén.*, chap. IX, § 3, n° 7); soit $\hat{g}$ la norme sur $\hat{K}$, prolongement continu de g. Comme g est une valeur absolue sur K, $\hat{K}$ est un corps et $\hat{g}$ une valeur absolue sur $\hat{K}$ (*Top. gén.*, chap. IX, § 3, n° 3, prop. 6). En vertu du th. 1, il existe un isomorphisme $\hat{j}$ de **R**-algèbres de $\hat{K}$ sur l'un des corps **R**, **C** ou **H**, et $g'(x) = |\hat{j}(x)|$ est par suite une valeur absolue sur $\hat{K}$; comme $\hat{K}$ est de dimension finie sur **R**, et que g' et $\hat{g}$ coïncident dans le sous-corps **R**.1 de $\hat{K}$, on a $g' = \hat{g}$ en vertu du lemme suivant :

(*) Sur **H**, on pose $|z|^2 = z.\bar{z} = \bar{z}.z$, $\bar{z}$ étant le quaternion conjugué de z.

Lemme 2. — *Soient* L *un corps (non nécessairement commutatif),* K *un sous-corps de* L *tel que* L *soit un espace vectoriel à gauche de dimension finie sur* K. *Soient* g *une valeur absolue sur* L, f *sa restriction à* K. *Si* K *est complet et non discret pour* f, L *est complet pour* g; *si en outre* g' *est une seconde valeur absolue sur* L *ayant la même restriction* f *à* K, *on a* $g' = g$.

Comme la topologie définie par g est séparée et compatible avec la structure de K-espace vectoriel à gauche de L, la première assertion résulte de *Esp. vect. top.*, chap. I, § 2, nº 3, th. 2. En outre les topologies sur L définies par g et g' sont identiques (*loc. cit.*); il existe par suite un nombre réel $s > 0$ tel que $g' = g^s$ (*Top. gén.*, chap. IX, § 3, nº 2, prop. 5). Soit x un élément de K tel que $f(x) \neq 1$; l'égalité $g'(x) = g(x)$ prouve que $s = 1$.

Revenant à la démonstration du th. 2, on voit que si l'on note j la restriction de $\hat{j}$ à K, j est un isomorphisme de K sur un sous-corps partout dense de **R**, **C** ou **H** et l'on a $g(x) = |j(x)|$ pour $x \in$ K, d'où $f(x) = |j(x)|^s$.

Notons enfin que si f est une valeur absolue sur K, h est une valeur absolue sur **Q** et l'on a $s \leqslant 1$ en vertu du nº 3, prop. 4; réciproquement, si $s \leqslant 1$, $f = g^s$ est une valeur absolue sur K puisqu'il en est ainsi de g (*Top. gén.*, chap. IX, § 3, nº 2); cela prouve la dernière assertion de l'énoncé. C.Q.F.D.

Remarques. — 2) Si K est un corps et une algèbre normée sur **R**, la norme n'est pas nécessairement une valeur absolue sur K; par exemple, $\xi + i\eta \rightarrow |\xi| + |\eta|$ est une norme sur **C** compatible avec sa structure d'algèbre sur **R**.

3) Pour une démonstration du cas C) du th. 1 qui n'utilise pas les résultats généraux d'*Alg.*, chap. VIII, voir exerc. 2.

§ 7. Théorème d'approximation.

1. *Intersection d'un nombre fini d'anneaux de valuation*

Proposition 1. — *Soient* K *un corps,* $(A_i)_{1 \leqslant i \leqslant n}$ *une famille finie d'anneaux de valuation pour* K, *et* $B = \bigcap_{i=1}^{n} A_i$. *Posons* $\mathfrak{p}_i = B \cap \mathfrak{m}(A_i)$. *Alors* $A_i = B_{\mathfrak{p}_i}$ *pour tout* i, *et le corps des fractions de* B *est* K.

Il est clair que $B_{\mathfrak{p}_i} \subset A_i$. Pour prouver l'inclusion opposée, nous aurons besoin du lemme suivant :

Lemme 1. — *Soient* v_i $(1 \leqslant i \leqslant n)$ *des valuations d'un corps* K, *et* $x \in K^*$. *Il existe alors un polynôme* $f(X)$ *de la forme*

$$(1)\quad f(X) = 1 + n_1 X + \cdots + n_{k-1}X^{k-1} + X^k \qquad (k \geqslant 2,\ n_j \in \mathbf{Z} \text{ pour } 1 \leqslant j \leqslant k-1)$$

tel que $f(x) \neq 0$ *et que l'élément* $z = f(x)^{-1}$ *jouisse des propriétés suivantes pour* $1 \leqslant i \leqslant n$:

$$v_i(z) = 0 \quad \text{si} \quad v_i(x) \geqslant 0$$
$$v_i(z) + v_i(x) > 0 \quad \text{si} \quad v_i(x) < 0.$$

Admettons pour un moment ce lemme, et montrons comment il entraîne que $A_1 \subset B_{\mathfrak{p}_1}$. Soit x un élément non nul de A_1. Appliquons le lemme à x et à des valuations v_i associées aux A_i. On a $v_i(z) \geqslant 0$ et $v_i(zx) \geqslant 0$ pour tout i, donc $z \in B$ et $zx \in B$. Comme $v_1(x) \geqslant 0$, on a $v_1(z) = 0$, donc $z \notin \mathfrak{p}_1$. Donc $x = xz/z \in B_{\mathfrak{p}_1}$. Le corps des fractions de B contient alors A_1, et est donc K.

Passons à la démonstration du lemme. Soit I l'ensemble des indices i tels que $v_i(x) \geqslant 0$. Pour $i \in I$, soit A_i l'anneau de la valuation v_i, et notons $\bar{x}_i$ l'image canonique de x dans $\kappa(A_i)$. Pour tout $i \in I$, construisons un polynôme f_i de la façon suivante : s'il existe un polynôme $g(X)$ de la forme (1) tel que $g(\bar{x}_i) = 0$ dans $\kappa(A_i)$, nous prendrons pour f_i un tel polynôme ; sinon nous prendrons $f_i = 1$. Posons alors $f(X) = 1 + X^2 \prod_{i \in I} f_i(X)$. C'est évidemment un polynôme de la forme (1). Si $i \in I$, on a $f(x) \in A_i$, et aussi $f(\bar{x}_i) \neq 0$ par construction ; donc $f(x) \notin \mathfrak{m}(A_i)$, $v_i(f(x)) = 0$ et $v_i(z) = 0$. Si $i \notin I$, on a $v_i(x) < 0$, d'où $v_i(f(x)) = kv_i(x)$ (§ 3, n° 1, prop. 1), et $v_i(x) + v_i(z) = (1-k)v_i(x) > 0$ (puisque $k \geqslant 2$). D'où le lemme.

PROPOSITION 2. — *Les hypothèses étant celles de la prop.* 1, *supposons de plus que* $A_i \not\subset A_j$ *pour* $i \neq j$. *Alors les* $\mathfrak{p}_i$ *sont des idéaux maximaux de* B *deux à deux distincts, et tout idéal maximal de* B *est égal à un des* $\mathfrak{p}_i$.

Si on avait $\mathfrak{p}_i \subset \mathfrak{p}_j$ pour $i \neq j$, on aurait $A_i = B_{\mathfrak{p}_i} \supset B_{\mathfrak{p}_j} = A_j$. Il suffit alors d'appliquer le Chap. II, § 3, n° 5, cor. de la prop. 17.

COROLLAIRE 1. — *Supposons que* $A_i \not\subset A_j$ *pour* $i \neq j$. *Pour toute famille d'éléments* $a_i \in A_i$ $(1 \leqslant i \leqslant n)$, *il existe* $x \in B$ *tel que* $x \equiv a_i$ (mod. $\mathfrak{m}(A_i)$) *pour* $1 \leqslant i \leqslant n$.

Puisque les $\mathfrak{p}_i$ sont des idéaux maximaux de B, on a $A_i/\mathfrak{m}(A_i) = B_{\mathfrak{p}_i}/\mathfrak{p}_i B_{\mathfrak{p}_i} = B/\mathfrak{p}_i$, et l'on peut donc supposer que $a_i \in B$ pour tout i. Le corollaire résulte alors du fait que l'application canonique de B dans $\prod_{i=1}^{n}(B/\mathfrak{p}_i)$ est surjective (Chap. II, § 1, n° 2, prop. 5).

Corollaire 2. — *Supposons que* $A_i \not\subset A_j$ *pour* $i \neq j$. *Il existe des éléments* x_i $(1 \leqslant i \leqslant n)$ *de* K *tels que* $v_i(x_i) = 0$ *et* $v_j(x_i) > 0$ *pour* $i \neq j$.

Pour chaque indice i, on applique le cor. 1 à la famille (a_j) telle que $a_i = 1$ et $a_j = 0$ pour $j \neq i$.

Corollaire 3. — *Tout anneau de valuation pour* K *contenant* B *contient l'un des* A_i.

On peut se borner au cas où $A_i \not\subset A_j$ pour $i \neq j$. Soit V un anneau de valuation pour K contenant B. Posons

$$\mathfrak{p} = \mathfrak{m}(V) \cap B.$$

Il existe un idéal maximal $\mathfrak{p}_i$ de B contenant $\mathfrak{p}$, d'où

$$A_i = B_{\mathfrak{p}_i} \subset B_{\mathfrak{p}} \subset V.$$

2. *Valuations indépendantes*

Définition 1. — *Soient* A *et* A' *deux anneaux de valuation pour un même corps* K. *On dit que* A *et* A' *sont indépendants si* K *est l'anneau engendré par* A *et* A'. *Deux valuations de* K *sont dites indépendantes si leurs anneaux sont indépendants, dépendantes dans le cas contraire.*

Une valuation impropre de K est indépendante de toute valuation de K. Pour que deux valuations *de hauteur* 1 de K soient indépendantes, il faut et il suffit qu'elles soient inéquivalentes (§ 4, n° 5, prop. 6, *c*)).

Théorème 1 (Théorème d'approximation pour les valuations). *Soient* v_i $(1 \leqslant i \leqslant n)$ *des valuations deux à deux indépendantes d'un corps* K, *et* Γ_i *le groupe des ordres de* v_i. *Soient* $a_i \in K$ *et* $\alpha_i \in \Gamma_i$ $(1 \leqslant i \leqslant n)$. *Il existe alors* $x \in K$ *tel que* $v_i(x - a_i) \geqslant \alpha_i$ *pour tout* i.

Si v_i est impropre, on a $\alpha_i = 0$ et la relation $v_i(x - a_i) \geqslant \alpha_i$

est vraie pour tout $x \in \mathrm{K}$. On peut donc supposer les v_i *non impropres.*

Soient A_i l'anneau de v_i, $\mathrm{B} = \bigcap_{i=1}^{n} \mathrm{A}_i$ et $\mathfrak{p}_i = \mathfrak{m}(\mathrm{A}_i) \cap \mathrm{B}$. D'après la prop. 1 du n° 1, les a_i peuvent s'écrire $a_i = b_i/s$ ($b_i \in \mathrm{B}$, $s \in \mathrm{B} - \{0\}$); si l'on pose $x = y/s$ et $\alpha'_i = \alpha_i + v_i(s)$, on devra avoir $v_i(y - b_i) \geqslant \alpha'_i$. Ceci montre qu'on peut supposer que $a_i \in \mathrm{B}$ pour tout i; on peut aussi supposer que $\alpha_i > 0$ pour tout i. Soit $\mathfrak{v}_i$ l'ensemble des $z \in \mathrm{K}$ tels que $v_i(z) \geqslant \alpha_i$; posons $\mathfrak{q}_i = \mathfrak{v}_i \cap \mathrm{B}$. Pour $x \in \mathrm{B}$, $v_i(x - a_i) \geqslant \alpha_i$ équivaut à $x \equiv a_i \ (\mathfrak{q}_i)$. Il s'agit donc de montrer que l'homomorphisme canonique $\mathrm{B} \rightarrow \prod_{i=1}^{n} (\mathrm{B}/\mathfrak{q}_i)$ est surjectif, c'est-à-dire qu'on a $\mathfrak{q}_i + \mathfrak{q}_j = \mathrm{B}$ pour $i \neq j$ (Chap. II, § 1, n° 2, prop. 5). Comme les idéaux maximaux de B sont les $\mathfrak{p}_i$ (prop. 2), il suffira pour cela de montrer que l'on a $\mathfrak{q}_i \not\subset \mathfrak{p}_j$ pour $i \neq j$.

Supposons qu'il existe i, j tels que l'on ait $\mathfrak{q}_i \subset \mathfrak{p}_j$ et $i \neq j$. Nous verrons dans un instant que la racine de $\mathfrak{q}_i$ est un idéal *premier* $\mathfrak{p}$ de B. On a alors $\mathfrak{p} \subset \mathfrak{p}_j$, et aussi $\mathfrak{p} \subset \mathfrak{p}_i$ puisque $\alpha_i > 0$, donc $\mathfrak{q}_i \subset \mathfrak{p}_i$. On a donc $\mathrm{A}_j = \mathrm{B}_{\mathfrak{p}_j} \subset \mathrm{B}_{\mathfrak{p}}$ (n° 1, prop. 1), et, de même, $\mathrm{A}_i \subset \mathrm{B}_{\mathfrak{p}}$. Or, comme $\mathfrak{v}_i \neq (0)$ et que $\mathfrak{v}_i = \mathrm{B}_{\mathfrak{p}_i}\mathfrak{q}_i$ (chap. II, § 2, n° 4, prop. 10), on a $\mathfrak{q}_i \neq (0)$, d'où $\mathfrak{p} \neq (0)$ et $\mathrm{B}_{\mathfrak{p}} \neq \mathrm{K}$. Ceci contredit l'hypothèse que A_i et A_j sont indépendants.

Reste à montrer que $\mathfrak{p}$ est premier. Or ceci résulte du lemme suivant :

Lemme 2. — Soient A *un anneau de valuation, et* $\mathfrak{b}$ *un idéal de* A *distinct de* A. *Alors la racine* $\mathfrak{r}$ *de* $\mathfrak{b}$ *est un idéal premier.*

Supposons qu'on ait $xy \in \mathfrak{r}$. Il existe alors $n \geqslant 1$ tel que $(xy)^n \in \mathfrak{b}$. Notons v une valuation associée à A. Si, par exemple, on a $v(x) \geqslant v(y)$, on a $v(x^{2n}) \geqslant v(x^n y^n)$, d'où $x^{2n} \in \mathfrak{b}$ et $x \in \mathfrak{r}$.

COROLLAIRE 1. — *Pour toute famille d'éléments* $\gamma_i \in \Gamma_i$ $(1 \leqslant i \leqslant n)$, *il existe* $x \in \mathrm{K}$ *tel que* $v_i(x) = \gamma_i$ $(1 \leqslant i \leqslant n)$.

On peut supposer $\mathrm{A}_i \neq \mathrm{K}$ pour tout i. Alors, il existe pour tout i un $a_i \in \mathrm{K}$ tel que $v_i(a_i) = \gamma_i$ et un $\alpha_i \in \Gamma_i$ tel que $\gamma_i < \alpha_i$. Appliquons le th. 1 à ces éléments a_i : il existe $x \in \mathrm{K}$ tel que $v_i(x - a_i) > v_i(a_i)$; d'où, comme $x = a_i + (x - a_i)$, $v_i(x) = v_i(a_i) = \gamma_i$ (§ 3, n° 1, prop. 1).

COROLLAIRE 2. — *Soit* $\mathcal{T}_i$ *la topologie définie sur* K *par* v_i; *munissons* K^n *de la topologie produit des* $\mathcal{T}_i$. *Si les* v_i *sont non impropres, la diagonale de* K^n *est dense dans* K^n.

PROPOSITION 3. — *Soient v et v' deux valuations non impropres d'un même corps* K. *Pour que v et v' définissent la même topologie sur* K, *il faut et il suffit qu'elles soient dépendantes.*

Supposons les topologies $\mathcal{T}_v$ et $\mathcal{T}_{v'}$, définies par v et v', identiques. Puisque $\mathcal{T}_v$ est séparée, la diagonale de K^2 est fermée, donc v et v' sont dépendantes (cor. 2 du th. 1).

Inversement, supposons v et v' dépendantes. Alors leurs anneaux A et A' sont contenus dans un même anneau A'' distinct de K, et A'' est l'anneau d'une valuation v'' (§ 4, nº 1, prop. 1). Il suffit de montrer que la topologie $\mathcal{T}_{v''}$ est identique à $\mathcal{T}_v$. Soient Γ et Γ'' les groupes des ordres de v et v''. Il existe un homomorphisme croissant λ de Γ sur Γ'' tel que $v'' = \lambda \circ v$ (§ 4, nº 3). Si $\alpha'' \in \Gamma''$, soit $\alpha \in \overset{-1}{\lambda}(\alpha'')$; la condition $v(x) \geqslant \alpha$ entraîne $v''(x) \geqslant \alpha''$. Soient $\beta \in \Gamma$, et $\beta'' = \lambda(\beta)$; la condition $v(x) \leqslant \beta$ entraîne $v''(x) \leqslant \beta''$, donc la condition $v''(x) > \beta''$ entraîne $v(x) > \beta$. Comme v et v'' sont non impropres, les inégalités envisagées définissent des systèmes fondamentaux de voisinages de 0 pour $\mathcal{T}_v$ et $\mathcal{T}_{v''}$. Donc $\mathcal{T}_v = \mathcal{T}_{v''}$, ce qui termine la démonstration.

Remarques. — 1) La prop. 3 montre que la relation « v et v' sont dépendantes » est une *relation d'équivalence.*

2) Compte tenu des relations entre valuations de hauteur 1 et valeurs absolues ultramétriques (§ 6, nº 2), la prop. 3 résulte aussi, dans le cas des valuations de hauteur 1, de la caractérisation des valeurs absolues équivalentes (*Top. gén.*, chap. IX, 2e éd., § 3, nº 2, prop. 5).

PROPOSITION 4. — *Soient $v_1, \ldots, v_n (n \geqslant 2)$ des valuations deux à deux dépendantes d'un même corps* K. *Alors les anneaux* $A_1, \ldots, A_n$ *de* $v_1, \ldots, v_n$ *engendrent un sous-anneau de* K *distinct de* K.

Pour $n = 2$, la prop. 4 résulte de la déf. 1. Supposons-la établie pour $n - 1$ valuations. Il existe alors un sous-anneau A de K distinct de K et contenant $A_1, \ldots, A_{n-1}$; il existe aussi un sous-anneau $B \neq K$ contenant A_{n-1} et A_n. Comme A et B contiennent A_{n-1}, ils sont comparables pour l'inclusion (§ 4, nº 1, cor. de la prop. 1). Le plus grand des deux contient donc tous les A_i.

3. *Cas des valeurs absolues*

THÉORÈME 2 (Théorème d'approximation pour les valeurs absolues). — *Soient $f_i (1 \leqslant i \leqslant n)$ des valeurs absolues non* *impropres et deux à deux inéquivalentes sur un même corps* K. *Soient* a_i $(1 \leqslant i \leqslant n)$ *des éléments de* K, *et* ε *un nombre réel* > 0. *Il existe alors* $x \in \mathrm{K}$ *tel que* $f_i(x - a_i) \leqslant \varepsilon$ *pour tout* i.

Notons K_i le corps K muni de la topologie définie par f_i. Le résultat à démontrer équivaut au suivant : dans le produit $\mathrm{P} = \mathrm{K}_1 \times \cdots \times \mathrm{K}_n$, l'adhérence $\overline{\mathrm{D}}$ de la diagonale D est égale à P. Ceci est évident pour $n = 1$. Nous supposerons que ce point est établi dans le cas de k valeurs absolues pour $k < n$.

Montrons d'abord qu'il existe, pour $2 \leqslant h \leqslant n$, un élément x_h de K tel que $f_1(x_h) < 1$, $f_2(x_h) > 1$, et $f_i(x_h) \neq 1$ pour $3 \leqslant i \leqslant h$. Raisonnons par récurrence sur h. Si $h = 2$, ceci résulte du fait que f_1 et f_2 sont inéquivalentes. Supposons donc démontrée l'existence de x_{h-1}, et prouvons celle de x_h. Si $f_h(x_{h-1}) \neq 1$, on peut prendre $x_h = x_{h-1}$; si $f_h(x_{h-1}) = 1$, on choisit $z \in \mathrm{K}^*$ tel que $f_h(z) \neq 1$, et $x_h = z(x_{h-1})^s$ répond à la question pour s assez grand. On a ainsi prouvé l'existence de x_n.

Quand l'entier q tend vers l'infini, $f_1(x_n^q)$ tend vers 0, $f_2(x_n^q)$ tend vers $+\infty$, et $f_i(x_n^q)$ tend vers 0 ou $+\infty$ pour $i \geqslant 3$. Posant $y_q = x_n^q(1 + x_n^q)^{-1}$, on a $1 - y_q = (1 + x_n^q)^{-1}$; donc la suite (y_q) tend vers 0 dans K_1, vers 1 dans K_2, et vers 0 ou 1 dans K_i pour $i \geqslant 3$. En changeant la numérotation des K_i, on peut donc supposer qu'il existe un entier r $(1 \leqslant r < n)$ tel que $\overline{\mathrm{D}}$ contienne le point $(e_1, \ldots, e_n)$ où $e_i = 1$ pour $1 \leqslant i \leqslant r$ et $e_i = 0$ pour $r + 1 \leqslant i \leqslant n$. Or, $\overline{\mathrm{D}}$ est un sous-K-espace vectoriel de P. Donc $\overline{\mathrm{D}}$ contient les diagonales D′ et D″ de $\mathrm{P}' = \mathrm{K}_1 \times \cdots \times \mathrm{K}_r$ et $\mathrm{P}'' = \mathrm{K}_{r+1} \times \cdots \times \mathrm{K}_n$. D'après l'hypothèse de récurrence, $\mathrm{P}' = \overline{\mathrm{D}'}$ et $\mathrm{P}'' = \overline{\mathrm{D}''}$. Donc $\overline{\mathrm{D}} = \mathrm{P}$. C.Q.F.D.

§ 8. Prolongements d'une valuation à une extension algébrique.

1. Indice de ramification. Degré résiduel

Soient K un corps, L une extension de K, et A′ un anneau de valuation pour L. Comme on l'a vu au § 1, n° 4, l'anneau $\mathrm{A} = \mathrm{K} \cap \mathrm{A}'$ est un anneau de valuation pour K, et l'on a $\mathfrak{m}(\mathrm{A}) = \mathfrak{m}(\mathrm{A}') \cap \mathrm{K}$. Si v' est une valuation associée à A′, la restriction v de v' à K est une valuation de K associée à A ;

le groupe des ordres Γ_v de v est un sous-groupe du groupe des ordres $\Gamma_{v'}$ de v'.

DÉFINITION 1. — *On appelle indice de ramification de* v' *par rapport à* v (ou par rapport à K), *et l'on note* $e(v'/v)$, (ou $e(A'/A)$, ou parfois $e(L/K)$) *l'indice* $(\Gamma_{v'} : \Gamma_v)$.

Cet indice est un entier naturel, ou $+\infty$. Lorsque v'_0 est une valuation *équivalente* à v', on dira encore que $e(v'/v)$ est l'indice de ramification *de* v'_0 *par rapport à* v. Si $e(v'/v) = 1$, on dit que v' est *non ramifiée* par rapport à v.

D'autre part le corps résiduel $\kappa(A)$ de v s'identifie à un sous-corps du corps résiduel $\kappa(A')$ de v'.

DÉFINITION 2. — *On appelle degré résiduel de* v' *par rapport à* v (ou par rapport à K), *et l'on note* $f(v'/v)$ (ou $f(A'/A)$, ou parfois $f(L/K)$), *le degré* $[\kappa(A') : \kappa(A)]$.

Ce degré est un entier naturel, ou bien $+\infty$.

Lemme 1. — *Soient* K, K′, K″ *trois corps tels que* $K \subset K' \subset K''$, v'' *une valuation de* K″, v *et* v' *ses restrictions à* K *et* K′. *On a les relations :*

$$(1) \quad e(v''/v) = e(v''/v')e(v'/v), \qquad f(v''/v) = f(v''/v')f(v'/v).$$

C'est évident.

Lemme 2. — *Soient* K *un corps,* L *une extension de degré fini* n *de* K, v' *une valuation de* L, *et* v *sa restriction à* K. *On a l'inégalité*

$$(2) \qquad e(v'/v)f(v'/v) \leqslant n;$$

en particulier $e(v'/v)$ *et* $f(v'/v)$ *sont finis.*

En effet, prenons des entiers naturels r et s respectivement inférieurs à $e(v'/v)$ et $f(v'/v)$. Il suffit de montrer qu'on a $rs \leqslant n$. Vu la définition de r, il existe des éléments x_i de L $(1 \leqslant i \leqslant r)$ tels que $v'(x_i) \not\equiv v'(x_j)$ (mod. Γ_v) pour $i \neq j$. Vu la définition de s, il existe des éléments y_k $(1 \leqslant k \leqslant s)$ de l'anneau A′ de v' dont les images canoniques $\bar{y}_k$ dans $\kappa(A')$ sont linéairement indépendantes sur $\kappa(A)$; on a évidemment $v'(y_k) = 0$ pour tout k. Nous allons montrer que les rs éléments $x_i y_k$ sont linéairement indépendants sur K, ce qui établira bien l'inégalité $rs \leqslant n$.

Supposons donc qu'il existe une relation linéaire non triviale de la forme

$$(3) \qquad \sum_{i,k} a_{ik}x_i y_k = 0 \quad (a_{ik} \in \mathrm{K}).$$

Choisissons les indices j, m de sorte que

$$v'(a_{jm}x_j y_m) \leqslant v'(a_{ik}x_i y_k)$$

pour tout couple (i, k); on a alors $a_{jm} \neq 0$. Si $i \neq j$, on ne peut avoir $v'(a_{ik}x_i y_k) = v'(a_{jm}x_j y_m)$ car ceci entraînerait

$$v'(x_i) - v'(x_j) = v'(a_{jm}) - v'(a_{ik}) \in \Gamma_v,$$

contrairement au choix des x_i. En multipliant (3) par $(a_{jm}x_j)^{-1}$, on obtient une relation de la forme

$$\sum_k b_k y_k + z = 0, \qquad \text{où} \qquad b_k = \frac{a_{jk}x_j}{a_{jm}x_j} \in \mathrm{A}', \ z \in \mathrm{A}'$$

et $v'(b_k) \geqslant 0$, $v'(z) > 0$. D'où, dans $\kappa(\mathrm{A}')$, une relation de la forme $\sum_k \bar{b}_k \bar{y}_k = 0$. Comme $b_m = 1$, ceci contredit l'hypothèse faite sur y_k.

Proposition 1. — *Soient* K *un corps,* L *une extension algébrique de* K, v' *une valuation de* L, v *sa restriction à* K, A *et* A′ *les anneaux de* v *et* v'. *Alors* $\Gamma_{v'}/\Gamma_v$ *est un groupe de torsion, et* $\kappa(\mathrm{A}')$ *est une extension algébrique de* $\kappa(\mathrm{A})$.

Soit en effet (L_α) la famille des sous-extensions de degré fini de L; posons $\Gamma_\alpha = v'(\mathrm{L}_\alpha^*)$. Le groupe $\Gamma_{v'}$ est réunion de la famille filtrante croissante formée par les Γ_α; comme les groupes Γ_α/Γ_v sont finis (lemme 2), $\Gamma_{v'}/\Gamma_v$ est un groupe de torsion. On raisonne de même pour prouver que $\kappa(\mathrm{A}')$ est une extension algébrique de $\kappa(\mathrm{A})$.

Corollaire 1. — *La hauteur de* v' *est égale à celle de* v.

Ceci résulte en effet de la prop. 1 et du lemme suivant :

Lemme 3. — *Soient* G′ *un groupe totalement ordonné,* G *un sous-groupe de* G′ *et* $\mathfrak{S}'$ (resp. $\mathfrak{S}$) *l'ensemble des sous-groupes isolés de* G′ (resp. G). *L'application* $\mathrm{H}' \to \mathrm{H}' \cap \mathrm{G}$ *applique* $\mathfrak{S}'$ *sur* $\mathfrak{S}$. *Cette application est bijective si* G′/G *est un groupe de torsion.*

Il est clair que $\mathrm{H}' \in \mathfrak{S}'$ implique $\mathrm{H}' \cap \mathrm{G} \in \mathfrak{S}$. Soit maintenant $\mathrm{H} \in \mathfrak{S}$; notons H′ l'ensemble des $x' \in \mathrm{G}'$ tels qu'il existe $h \in \mathrm{H}$

vérifiant $-h \leqslant x' \leqslant h$; on vérifie aussitôt que H' est un sous-groupe isolé de G'; on a $H' \cap G = H$ puisque H est isolé; donc l'application $H' \to H' \cap G$ est surjective. Supposons enfin que G'/G soit un groupe de torsion; soient H'_1 et H'_2 deux sous-groupes isolés de G' tels que $H'_1 \cap G = H'_2 \cap G$; on a, par exemple, $H'_1 \supset H'_2$ (cf. § 4, nº 4); alors H'_1/H'_2 est un groupe totalement ordonné, et est isomorphe à un groupe quotient de $H'_1/(H'_1 \cap G)$ qui lui-même s'identifie à un sous-groupe de G'/G; donc H'_1/H'_2 est un groupe de torsion, et se réduit par conséquent à 0.

C.Q.F.D.

Corollaire 2. — *Pour que* v' *soit impropre* (resp. *de hauteur* 1), *il faut et il suffit que* v *soit impropre* (resp. *de hauteur* 1).

Corollaire 3. — *Supposons que* L *soit une extension de degré fini de* K. *Pour que* v' *soit discrète, il faut et il suffit que* v *soit discrète.*

Si v' est discrète, Γ_v est isomorphe à un sous-groupe non nul de $\mathbf{Z}$ (cor. 2), donc à $\mathbf{Z}$. Réciproquement, si v est discrète, Γ_v est isomorphe à $\mathbf{Z}$, et $\Gamma_{v'}/\Gamma_v$ est un groupe fini (lemme 2); donc $\Gamma_{v'}$ est un groupe commutatif de type fini, de rang 1, et sans torsion; par conséquent il est isomorphe à $\mathbf{Z}$.

2. *Prolongement d'une valuation et complétion*

Définition 3. — *Soient* K *un corps,* v *une valuation de* K, *et* L *une extension de* K. *On appelle système complet de prolongements de* v *à* L *une famille* $(v'_\iota)_{\iota \in I}$ *de valuations de* L *prolongeant* v, *telle que toute valuation de* L *prolongeant* v *soit équivalente à une* v'_ι *et à une seule.*

Proposition 2. — *Soient* K *un corps,* v *une valuation de* K, $\hat{K}$ *le complété de* K *pour* v, $\hat{v}$ *le prolongement continu de* v *à* $\hat{K}$, *et* L *une extension de degré fini* n *de* K.

a) *Soit* v' *une valuation de* L *prolongeant* v; *notons* $\hat{L}_{v'}$ *le complété de* L *pour* v' *et* $\hat{v}'$ *le prolongement continu de* v' *à* $\hat{L}_{v'}$; *en identifiant* $\hat{K}$ *à l'adhérence de* K *dans* $\hat{L}_{v'}$, *on a*

(4) $$e(\hat{v}'/\hat{v}) = e(v'/v), \quad f(\hat{v}'/\hat{v}) = f(v'/v),$$

(5) $$[\hat{L}_{v'} : \hat{K}] \leqslant n,$$

(6) $$e(v'/v)f(v'/v) \leqslant [\hat{L}_{v'} : \hat{K}]$$

b) Tout ensemble de valuations deux à deux indépendantes de L *prolongeant une valuation non impropre* v *est fini. Notons* $v'_1, \ldots, v'_s$ *des valuations deux à deux indépendantes de* L *prolongeant* v, *telles que toute valuation de* L *prolongeant* v *soit dépendante de l'une des* v'_i; *soient* L_i *le corps* L *muni de la topologie définie par* v'_i, $\hat{\mathrm{L}}_i$ *son complété; posons* $n_i = [\hat{\mathrm{L}}_i : \hat{\mathrm{K}}]$. *Alors l'application canonique* φ : $\hat{\mathrm{K}} \otimes_{\mathrm{K}} \mathrm{L} \to \prod_{i=1}^{s} \hat{\mathrm{L}}_i$ *(prolongeant par continuité l'application diagonale* $\mathrm{L} \to \prod_{i=1}^{s} \mathrm{L}_i$*) est surjective, son noyau est le radical de* $\hat{\mathrm{K}} \otimes_{\mathrm{K}} \mathrm{L}$, *et l'on a*

$$\sum_{i=1}^{s} n_i \leqslant n. \tag{7}$$

Démontrons d'abord *a*). On peut supposer v non impropre. Comme v et $\hat{v}$ (resp. v' et $\hat{v}'$) ont même groupe des ordres et même corps résiduel (§ 5, n° 3, prop. 5, *b*) et *f*)), (4) est vraie. On en déduit (6) au moyen du lemme 2. Enfin le sous-$\hat{\mathrm{K}}$-espace vectoriel de $\hat{\mathrm{L}}_{v'}$ engendré par L est fermé (§ 5, n° 2, cor. de la prop. 4) et partout dense, donc égal à $\hat{\mathrm{L}}_{v'}$; ceci démontre (5).

Passons à *b*). On peut encore supposer v non impropre. Soit $(v'_1, \ldots, v'_r)$ une famille finie quelconque de valuations deux à deux indépendantes de L prolongeant v. L'image de L dans $\prod_{i=1}^{r} \mathrm{L}_i$ par l'application diagonale est partout dense (§ 7, n° 2, th. 1) et $\prod_{i=1}^{r} \mathrm{L}_i$ est dense dans $\prod_{i=1}^{r} \hat{\mathrm{L}}_i$. Donc l'image canonique de $\hat{\mathrm{K}} \otimes_{\mathrm{K}} \mathrm{L}$ dans $\prod_{i=1}^{r} \hat{\mathrm{L}}_i$ est partout dense. D'autre part cette image est un sous-$\hat{\mathrm{K}}$-espace vectoriel de $\prod_{i=1}^{r} \hat{\mathrm{L}}_i$; comme $\prod_{i=1}^{r} \hat{\mathrm{L}}_i$ est de dimension finie sur $\hat{\mathrm{K}}$ d'après (5), l'image de $\hat{\mathrm{K}} \otimes_k \mathrm{L}$ est fermée (§ 5, n° 2, cor. de la prop. 4), donc égale à $\prod_{i=1}^{r} \hat{\mathrm{L}}_i$. Comme la dimension de $\hat{\mathrm{K}} \otimes_k \mathrm{L}$ sur $\hat{\mathrm{K}}$ est n, on a $\sum_{i=1}^{r} n_i \leqslant n$. Ceci montre en particulier que l'entier r est majoré par n, et démontre la première assertion de *b*).

Prenons maintenant $(v'_1, \ldots, v'_s)$ comme dans l'énoncé. La surjectivité de $\varphi : \hat{\mathrm{K}} \otimes_{\mathrm{K}} \mathrm{L} \to \prod_{i=1}^{s} \hat{\mathrm{L}}_i$ et la relation (7) ont déjà été démontrées. Il reste à vérifier que le noyau $\mathfrak{n}$ de φ est le radical $\mathfrak{r}$ de $\hat{K} \otimes_K L$. Comme $\prod_{i=1}^{s} \hat{L}_i$ est semi-simple, on a $\mathfrak{r} \subset \mathfrak{n}$. D'autre part, pour tout idéal maximal $\mathfrak{m}$ de $\hat{K} \otimes_K L$, le corps quotient $L(\mathfrak{m}) = (\hat{K} \otimes_K L)/\mathfrak{m}$ est une extension composée de $\hat{K}$ et L sur K (*Alg.*, chap. VIII, § 8, prop. 1). Il existe une valuation w de $L(\mathfrak{m})$ prolongeant $\hat{v}$ (§ 3, n° 3, prop. 5); la restriction v' de w à L prolonge v. Comme $[L(\mathfrak{m}) : \hat{K}]$ est fini, $L(\mathfrak{m})$ est complet pou w (§ 5, n° 2, prop. 4). Or l'adhérence de L dans $L(\mathfrak{m})$ est un corps contenant $\hat{K}$ et L, donc est égale à $L(\mathfrak{m})$. Par conséquent $L(\mathfrak{m})$ s'identifie au complété $\hat{L}_{v'}$, et $\mathfrak{m}$ est le noyau de l'application canonique de $\hat{K} \otimes_K L$ sur $\hat{L}_{v'}$. Or, par hypothèse il existe un indice i tel que v' et v'_i soient dépendantes; d'où $\hat{L}_{v'} = \hat{L}_i$ (§ 7, n° 2, prop. 3). Ainsi on a $\mathfrak{n} \subset \mathfrak{m}$, ce qui prouve qu'on a $\mathfrak{n} \subset \mathfrak{r}$, et achève la démonstration.

COROLLAIRE 1. — *Si* K *est complet pour* v, *et si* v *est non impropre, deux valuations de* L *prolongeant* v *sont dépendantes.*

En effet, on a $\hat{K} \otimes_K L = L$.

COROLLAIRE 2. — *Si* $\hat{K}$ *ou* L *est séparable sur* K, *l'application canonique* $\varphi : \hat{K} \otimes_K L \to \prod_{i=1}^{s} \hat{L}_i$ *est un isomorphisme.*

En effet le radical de $\hat{K} \otimes_K L$ est alors nul (*Alg.*, chap. VIII, § 7, n° 3, th. 1).

Remarque. — La prop. 2, *b*) montre que toute *extension composée* de $\hat{K}$ et L sur K (*Alg.*, chap. VIII, § 8) est isomorphe à l'un des complétés $\hat{L}_i$, et que ceux-ci sont des extensions composées deux à deux non isomorphes.

3. La relation $\sum_i e_i f_i \leqslant n$.

Soient K un corps, v une valuation de K, et L une extension de degré fini n de K. Soient $(v'_1, \ldots, v'_r)$ des valuations deux à deux *inéquivalentes* de L prolongeant v; si elles sont *indépendantes* (ce qui est toujours le cas si v est de hauteur 1), on a $\sum_{i=1}^{r} e(v'_i/v) f(v'_i/v) \leqslant n$ en vertu de la prop. 2 (formules (6) et (7)). Nous allons voir que ce résultat est vrai dans le cas général. De façon précise :

THÉORÈME 1. — *Soient* K *un corps*, v *une valuation de* K, *et* L *une extension de degré fini* n *de* K. *Alors* :

a) *Tout système complet* $(v'_i)_{i \in I}$ *de prolongements de* v *à* L *est fini.*

b) *On a* $\sum_{i \in I} e(v'_i/v) f(v'_i/v) \leqslant n$, *et a fortiori* $\mathrm{Card}(I) \leqslant n$.

c) *Les anneaux des* v'_i *sont deux à deux non comparables pour la relation d'inclusion.*

Le théorème étant trivial si v est impropre, nous supposerons v non impropre. Soit $(v'_1, \ldots, v'_s)$ une famille finie quelconque de valuations deux à deux inéquivalentes de L prolongeant v. Nous allons d'abord prouver que $\sum_{i=1}^{s} e(v'_i/v) f(v'_i/v) \leqslant n$. Ceci démontrera *a*) et *b*).

Nous raisonnerons par récurrence sur s, et supposerons donc notre inégalité établie dans le cas de $0, 1, \ldots, s-1$ valuations. Nous distinguerons 2 cas.

1) Supposons qu'il existe au moins deux valuations v'_i indépendantes. Il existe alors (§ 7, n° 2, *Remarque* 1), une partition $[1, s] = I_1 \cup \cdots \cup I_t$ de $[1, s]$ telle que :

(i) pour que v'_i et v'_j soient dépendantes, il faut et il suffit que i et j appartiennent à un même I_k ;

(ii) $\mathrm{Card}(I_k) < s$ pour tout k.

Choisissons dans chaque I_k un indice $i(k)$. Notons $\hat{L}_{i(k)}$ le complété de L pour $v'_{i(k)}$, et posons $n(k) = [\hat{L}_{i(k)} : \hat{K}]$. Pour tout $i \in I_k$, v'_i définit sur L la même topologie que $v'_{i(k)}$ (§ 7, n° 2, prop. 3)), donc se prolonge en une valuation $\hat{v}'_i$ de $\hat{L}_{i(k)}$ dont la restriction à $\hat{K}$ est $\hat{v}$. Puisque les v'_i pour $i \in I_k$ sont deux à deux inéquivalentes, il en est de même des $\hat{v}'_i$. L'hypothèse de récurrence appliquée au couple $(\hat{K}, \hat{L}_{i(k)})$ montre, en vertu de la prop. 2, *a*), formule (4), que l'on a $\sum_{i \in I_k} e(v'_i/v) f(v'_i/v) \leqslant n(k)$. Comme $\sum_{k=1}^{t} n(k) \leqslant n$ (prop. 2, *b*), formule (7)), on a bien $\sum_{i=1}^{s} e(v'_i/v) f(v'_i/v) \leqslant n$.

2) Passons au cas où deux quelconques des v'_i sont dépendantes. Soit A'_i l'anneau de v'_i $(1 \leqslant i \leqslant s)$; en notant A l'anneau de v, on a $A'_i \cap K = A$ pour tout i. Soit B' le sous-anneau de L engendré par $A'_1, \ldots, A'_s$; posons $B = B' \cap K$: on a $B \supset A$. Alors B est l'anneau d'une

valuation w de K, et B′ l'anneau d'une valuation non impropre w' de L prolongeant w (§ 7, n° 2, prop. 4); le corps $\kappa(B')$ est une extension de degré $f(w'/w)$ de $\kappa(B)$. Considérons les images canoniques $\overline{A}'_i$, $\overline{A}$ de A'_i et A dans $\kappa(B')$; alors $\overline{A}$ est l'anneau d'une valuation $\bar{v}$ de $\kappa(B)$, et les $\overline{A}'_i$ sont les anneaux de valuations $\bar{v}'_i$ de $\kappa(B')$ prolongeant $\bar{v}$. Comme les A'_i engendrent B′, les $\overline{A}'_i$ engendrent $\kappa(B')$, donc les $\bar{v}'_i$ ne sont pas toutes dépendantes (§ 7, n° 2, prop. 4). D'après la première partie de la démonstration, on a

$$\sum_{i=1}^{s} e(\bar{v}'_i/\bar{v})\, f(\bar{v}'_i/\bar{v}) \leqslant [\kappa(B') : \kappa(B)] = f(w'/w)$$

donc

$$\sum_{i=1}^{s} e(w'/w)\, e(\bar{v}'_i/\bar{v})\, f(\bar{v}'_i/\bar{v}) \leqslant e(w'/w) f(w'/w) \leqslant n \quad \text{(n° 1, lemme 1).}$$

La démonstration de *a*) et *b*) sera donc terminée si nous prouvons que l'on a

$$(8) \qquad f(\bar{v}'_i/\bar{v}) = f(v'_i/v), \qquad e(w'/w) e(\bar{v}'_i/\bar{v}) = e(v'_i/v).$$

Remarquons, pour cela, que v et $\bar{v}$ (resp. v'_i et $\bar{v}'_i$) ont même corps résiduel (§ 4, n° 1, cor. de la prop. 2); ceci prouve la première égalité. Pour la seconde on a, en vertu de la *Remarque* du § 4, n° 3, le diagramme commutatif suivant, où les lignes sont des suites exactes, et où les flèches verticales représentent les injections canoniques :

$$\begin{array}{ccccccccc} 0 & \rightarrow & \Gamma_{\bar{v}} & \rightarrow & \Gamma_v & \rightarrow & \Gamma_w & \rightarrow & 0 \\ & & \downarrow & & \downarrow & & \downarrow & & \\ 0 & \rightarrow & \Gamma_{\bar{v}'_i} & \rightarrow & \Gamma_{v'_i} & \rightarrow & \Gamma_{w'} & \rightarrow & 0. \end{array}$$

On en déduit, ce qui démontre la seconde formule (8), qu'on a une suite exacte

$$0 \rightarrow \Gamma_{\bar{v}'_i}/\Gamma_{\bar{v}} \rightarrow \Gamma_{v'_i}/\Gamma_v \rightarrow \Gamma_{w'}/\Gamma_w \rightarrow 0$$

en vertu du chap. I, § 1, n° 4, prop. 2.

Pour terminer la démonstration du th. 1, il reste à prouver *c*). Si l'anneau de v'_i contient celui de v'_j, $\Gamma_{v'_i}$ s'identifie à un groupe quotient $\Gamma_{v'_j}/H$, H étant un sous-groupe isolé (§ 4, n° 3). Comme l'application canonique composée $\Gamma_v \rightarrow \Gamma_{v'_j} \rightarrow \Gamma_{v'_j}/H = \Gamma_{v'_i}$ est injective, on a $H \cap \Gamma_v = \{0\}$, d'où $H = \{0\}$ (lemme 3, n° 1). Alors v'_i et v'_j sont équivalentes, d'où $i = j$. C.Q.F.D.

Remarque. — L'intersection C des anneaux A'_i des valuations v'_i $(i \in I)$ est la *fermeture intégrale* de A dans L (§ 1, n° 3, cor. 3 du th. 3); il résulte en outre de *c*) et du § 7, n° 1, prop. 1 et 2, que C est un anneau *semi-local*, que ses idéaux maximaux sont les intersections $\mathfrak{m}_i = C \cap \mathfrak{m}(A'_i)$ et que $A'_i = C_{\mathfrak{m}_i}$ pour tout $i \in I$.

4. *Indice initial de ramification*

Définition 4. — *Soient* G *un groupe commutatif totalement ordonné, et* H *un sous-groupe d'indice fini de* G. *On appelle indice initial de* H *dans* G, *et l'on note* $\varepsilon(G, H)$, *le nombre des sous-ensembles majeurs de* G *formés d'éléments strictement positifs, et contenant tous les éléments* >0 *de* H.

Cet indice initial est un entier naturel, en vertu de la proposition suivante :

Proposition 3. — *Les hypothèses sont celles de la déf. 4. Si l'ensemble des éléments strictement positifs de* G *n'a pas de plus petit élément, on a* $\varepsilon(G, H) = 1$ *quel que soit* H. *S'il existe un plus petit élément* >0 *de* G, *et si l'on note* G' *le sous-groupe qu'il engendre, on a* $\varepsilon(G, H) = (G' : (G' \cap H))$.

Dans le premier cas, soit x un élément >0 de G. L'ensemble des $y \in G$ tels que $0 < y < x$ est infini, donc il existe deux éléments de cet ensemble qui sont distincts et congrus modulo H; leur différence est un élément z de H tel que $0 < z < x$. Donc tout sous-ensemble majeur qui contient tous les éléments strictement positifs de H contient x, donc tous les éléments >0 de G.

Dans le second cas, soit x le plus petit élément >0 de G, et soit n le plus petit entier >0 tel que $nx \in H$. Il est clair que $n = (G' : (G' \cap H))$. D'autre part, en notant $M(y)$ l'ensemble des $z \in G$ tels que $y \leqslant z$ $(y \in G)$, on voit aussitôt que les ensembles majeurs de la déf. 4 ne sont autres que $M(x), M(2x), \ldots, M(nx)$.

C.Q.F.D.

Corollaire. — *L'indice initial* $\varepsilon(G, H)$ *divise l'indice* $(G : H)$, *et lui est égal si* G *est isomorphe à* $\mathbf{Z}$.

En particulier, on a $\varepsilon(G, H) \leqslant (G : H)$.

Définition 5. — *Soient* K *un corps,* L *une extension de degré fini de* K, w *une valuation de* L, v *sa restriction à* K,

Γ_w *et* Γ_v *leurs groupes des ordres. On appelle indice initial de ramification de* w *par rapport à* v *(ou par rapport à* K*) et l'on note* $\varepsilon(w/v)$, *l'indice initial de* Γ_v *dans* Γ_w.

D'après le corollaire ci-dessus, $\varepsilon(w/v)$ divise $e(w/v)$, avec égalité dans le cas d'une valuation discrète.

PROPOSITION 4. — *Les hypothèses sont celles de la déf.* 5. *Soient* A *et* $\mathfrak{m}$ (resp. A' *et* $\mathfrak{m}'$) *l'anneau et l'idéal de la valuation* v (resp. w). *On a*

$$[A'/\mathfrak{m}A' : A/\mathfrak{m}] = \varepsilon(w/v)f(w/v).$$

Les idéaux de A' contenant $\mathfrak{m}A'$ et distincts de A' correspondent en effet aux sous-ensembles majeurs de Γ_w formés d'éléments > 0 et contenant les éléments > 0 de Γ_v (§ 3, n° 5, cor. de la prop. 7). Ils sont donc en nombre égal à $\varepsilon(w/v)$, et, comme ils forment un ensemble totalement ordonné par inclusion, ce nombre est égal à la longueur de l'anneau quotient $A'/\mathfrak{m}A'$. Or un module de longueur 1 sur A' est un espace vectoriel de dimension 1 sur $A'/\mathfrak{m}'$, donc un module de longueur $f(w/v)$ sur A; donc, comme $A'/\mathfrak{m}A'$ est de longueur $\varepsilon(w/v)$ sur A', il est de longueur $\varepsilon(w/v)f(w/v)$ sur A, c'est-à-dire sur $A/\mathfrak{m}$. C.Q.F.D.

5. La relation $\sum_i e_i f_i = n$

PROPOSITION 5. — *Soient* K *un corps,* v *une valuation de* K, A *son anneau,* $\mathfrak{m}$ *son idéal,* L *une extension de degré fini* n *de* K, B *la fermeture intégrale de* A *dans* L, *et* $(v'_i)_{1 \leqslant i \leqslant s}$ *un système complet de prolongements de* v *à* L. *On a alors*

$$[B/\mathfrak{m}B : A/\mathfrak{m}] = \sum_{i=1}^{s} \varepsilon(v'_i/v)f(v'_i/v).$$

Soit A_i l'anneau de v'_i; on a $A_i = B_{\mathfrak{m}_i}$, où $\mathfrak{m}_i$ parcourt la famille des idéaux maximaux de B (n° 3, *Remarque*). Soit $\mathfrak{q}_i$ le saturé de $\mathfrak{m}B$ par rapport à $\mathfrak{m}_i$ (Chap. II, § 2, n° 4). D'après le Chap. V, cor. 3 de la prop. 1, n° 1, § 2, l'homomorphisme canonique $B/\mathfrak{m}B \to \prod_{i=1}^{s} B/\mathfrak{q}_i$ est un isomorphisme, et $\mathfrak{m}_i$ est le seul idéal maximal de B contenant $\mathfrak{q}_i$. Donc $B/\mathfrak{q}_i$ est canoniquement isomorphe à $(B/\mathfrak{q}_i)_{\mathfrak{m}_i}$ (Chap. II, § 3, n° 3, prop. 8), c'est-à-dire à $B_{\mathfrak{m}_i}/\mathfrak{m}B_{\mathfrak{m}_i} = A_i/\mathfrak{m}A_i$. On a donc un isomorphisme canonique $B/\mathfrak{m}B \rightarrow \prod_{i=1}^{s} A_i/\mathfrak{m}A_i$, d'où le résultat en vertu de la prop. 4 du n° 4.

Corollaire. — *Avec les mêmes hypothèses et notations, on a*

$$[B/\mathfrak{m}B : A/\mathfrak{m}] = \sum_{i=1}^{s} \varepsilon(v'_i/v)f(v'_i/v') \leqslant \sum_{i=1}^{s} e(v'_i/v)f(v'_i/v) \leqslant n.$$

On sait en effet qu'on a $\varepsilon(v'_i/v) \leqslant e(v'_i/v)$ (n° 4, cor. de la prop. 3) et $\sum_{i=1}^{s} e(v'_i/v)f(v'_i/v) \leqslant n$ (n° 3, th. 1).

Théorème 2. — *Les hypothèses et notations étant celles de la prop.* 5, *les conditions suivantes sont équivalentes :*

a) B *est un* A-*module de type fini;*

b) B *est un* A-*module libre;*

c) *on a* $[B/\mathfrak{m}B : A/\mathfrak{m}] = n$;

d) *on a* $\sum_{i=1}^{n} e(v'_i/v)f(v'_i/v) = n$, *et* $\varepsilon(v'_i/v) = e(v'_i/v)$ *pour tout* i.

L'équivalence de *a*) et *b*) résulte du lemme 1, § 3, n° 6. Il est clair que *b*) implique *c*) (*Alg.*, chap. II, 3e éd., § 1, n° 5, formule (19)). L'équivalence de *c*) et *d*) résulte du cor. de la prop. 5. Reste à voir que *c*) implique *b*).

De façon générale, si M est un A-module, nous noterons V(M) l'espace vectoriel $M/\mathfrak{m}M$ sur $A/\mathfrak{m}$. L'hypothèse *c*) signifie que $\dim(V(B)) = n$. Soient $x_1, \ldots, x_n$ des éléments de B dont les images canoniques dans V(B) forment une base de V(B), et soit $L \subset B$ le sous-A-module qu'ils engendrent. Comme L est sans torsion et de type fini, il est libre (§ 3, n° 6, lemme 1). Nous allons voir que $B = L$. Soit $y \in B$; posons $M = L + Ay$; c'est encore un A-module libre. Les injections canoniques $L \rightarrow M \rightarrow B$ donnent des homomorphismes canoniques $V(L) \rightarrow V(M) \rightarrow V(B)$. Comme les rangs de L et M sont $\leqslant n$, il en est de même des dimensions de V(L) et V(M). Or, par hypothèse, $V(L) \rightarrow V(B)$ est surjectif, et V(B) est de dimension n, donc V(L) et V(M) sont de dimension n, et $V(L) \rightarrow V(M)$ est surjectif. Comme M est de type fini, $L \rightarrow M$ est surjectif (Chap. II, § 3, n° 2, cor. 1 de la prop. 4), d'où $L = M$, $y \in L$ et $B = L$. Donc B est libre.

C.Q.F.D.

Remarque 1. — Lorsque v est *discrète*, on a $\varepsilon(v'_i/v) = e(v'_i/v)$ (nº 4), et la condition *d*) se réduit à $\sum_{i=1}^{s} e(v'_i/v)f(v'_i/v) = n$.

Corollaire 1. — *Avec les mêmes hypothèses et notations, on suppose de plus* v *discrète et* L *séparable. Alors*

$$\sum_{i=1}^{s} e(v'_i/v)f(v'_i/v) = n.$$

En effet la fermeture intégrale B de A est alors un A-module libre de rang n, puisque A est principal (Chap. V, § 1, nº 6, cor. 2 de la prop. 18).

Corollaire 2. — *Soient* K *un corps,* v *une valuation discrète de* K *pour laquelle* K *est complet, et* L *une extension de degré fini* n *de* K. *Alors* v *admet un prolongement* v' *et un seul à* L *(à une équivalence près), l'anneau* A′ *de* v' *est un module libre de type fini sur l'anneau* A *de* v, *et l'on a* $e(v'/v)f(v'/v) = n$.

En effet, tous les prolongements de v à L sont dépendants (nº 2, cor. de la prop. 2); puisqu'ils sont discrets (nº 1, cor. 3 de la prop. 1), ils sont par conséquent équivalents (§ 4, nº 5, prop. 6, *c*)). Ceci démontre l'unicité de v'. La fermeture intégrale de A dans L est donc A′ (§ 1, nº 3, cor. 3 du th. 3). Comme v est discrète, la topologie induite sur A par celle de K est la topologie $\mathfrak{m}$-adique (où $\mathfrak{m} = \mathfrak{m}(A)$); l'anneau A est complet, car il est fermé dans K. On en conclut que, puisque $A'/\mathfrak{m}A'$ est un $(A/\mathfrak{m})$-espace vectoriel de dimension finie (nº 4, prop. 4), A′ est un A-module de type fini (chap. III, § 2, nº 9, cor. 3 de la prop. 12). Il est donc libre et l'on a $e(v'/v)f(v'/v) = n$ en vertu du th. 2.

Corollaire 3. — *Supposons que* v *soit de hauteur* 1 *et que les conditions équivalentes du th.* 2 *soient vérifiées; si* $\hat{L}_i$ *est le complété de* L *pour* v'_i, *le degré* $n_i = [\hat{L}_i : \hat{K}]$ *est égal à* $e(v'_i/v)f(v'_i/v)$ *pour tout* i *et l'homomorphisme canonique*

$$\varphi : \hat{K} \otimes_K L \to \prod_{i=1}^{s} \hat{L}_i$$

(nº 2, prop. 2) *est bijectif. Pour tout* $x \in L$, *le polynôme caracté-*

ristique $\mathrm{Pc}_{\mathrm{L}/\mathrm{K}}(x;\mathrm{X})$ *est égal au produit des polynômes caractéristiques* $\mathrm{Pc}_{\hat{\mathrm{L}}_i/\hat{\mathrm{K}}}(x;\mathrm{X})$ $(1 \leqslant i \leqslant s)$; *en particulier, on a*

$$(9)\quad \begin{cases} \mathrm{Tr}_{\mathrm{L}/\mathrm{K}}(x) = \sum_{i=1}^{s} \mathrm{Tr}_{\hat{\mathrm{L}}_i/\hat{\mathrm{K}}}(x) \\ \mathrm{N}_{\mathrm{L}/\mathrm{K}}(x) = \prod_{i=1}^{s} \mathrm{N}_{\hat{\mathrm{L}}_i/\hat{\mathrm{K}}}(x) \\ v(\mathrm{N}_{\mathrm{L}/\mathrm{K}}(x)) = \sum_{i=1}^{s} n_i v'_i(x). \end{cases}$$

(La dernière relation (9) a un sens, car on peut évidemment supposer que les v'_i, qui sont de hauteur 1 en vertu du cor. 2 de la prop. 1 du n° 1, prennent, ainsi que v, leurs valeurs dans un sous-groupe de $\mathbf{R}$).

Comme les v'_i sont deux à deux inéquivalentes et de hauteur 1, elles sont indépendantes, et la prop. 2 du n° 2 montre donc que l'on a $e(v'_i/v)f(v'_i/v) \leqslant n_i$ pour tout i, et $\sum_{i=1}^{s} n_i \leqslant n$. La première assertion résulte donc de ces inégalités et de la relation $\sum_{i=1}^{s} e(v'_i/v)f(v'_i/v) = n$. Par l'isomorphisme φ, l'endomorphisme $z \to z(1 \otimes x)$ de $\hat{\mathrm{K}} \otimes_{\mathrm{K}} \mathrm{L}$ (pour $x \in \mathrm{L}$) se transporte en l'endomorphisme de $\prod_{i=1}^{s} \hat{\mathrm{L}}_i$ laissant stable chacun des facteurs et se réduisant dans chaque facteur à la multiplication par x (L étant plongé canoniquement dans son complété $\hat{\mathrm{L}}_i$); d'où l'assertion relative au polynôme caractéristique de x et les deux premières formules (9). Enfin, soit E une extension quasi-galoisienne de $\hat{\mathrm{K}}$ de degré fini, contenant $\hat{\mathrm{L}}_i$; comme $\hat{\mathrm{K}}$ est complet et $\hat{v}$ de hauteur 1, il n'existe (à une équivalence près) qu'une seule valuation w sur E prolongeant $\hat{v}$ (n° 2, cor. 1 de la prop. 2); pour tout $\hat{\mathrm{K}}$-automorphisme σ de E, on a donc $w(\sigma(x)) = v'_i(x)$. Par suite $\hat{v}(\mathrm{N}_{\hat{\mathrm{L}}_i/\hat{\mathrm{K}}}(x)) = n_i v'_i(x)$ (*Alg.*, chap. VIII, § 12, n° 2, formule (15)), ce qui prouve la troisième formule (9).

COROLLAIRE 4. — *Sous les hypothèses du cor.* 3, *si* L *est une extension séparable de* K, *chacun des* $\hat{\mathrm{L}}_i$ *est une extension séparable de* $\hat{\mathrm{K}}$. *Si de plus* L *est une extension galoisienne de* K, *de groupe de Galois* $\mathfrak{G}$, *et si* $\mathfrak{G}_i$ *désigne le groupe de décomposition de l'idéal de* v'_i *dans* B (chap. V, § 2, n° 2, déf. 2), *alors* $\hat{\mathrm{L}}_i$ *est une extension galoisienne de* $\hat{\mathrm{K}}$, *dont le groupe de Galois est isomorphe à* $\mathfrak{G}_i$.

Il est clair que $\hat{L}_i = \hat{K}(L)$; donc, si L est séparable sur K, $\hat{L}_i$ l'est sur $\hat{K}$ (*Alg.*, chap. V, § 7, n° 6, prop. 10). Supposons maintenant L galoisienne. Tout automorphisme $\sigma \in \mathcal{G}_i$ est *continu* dans L pour la topologie définie par v'_i, le fait que les idéaux des v'_i sont deux à deux non comparables par inclusion (§ 7, n° 2, cor. 1 du th. 1) entraînant nécessairement que $v'_i = v'_i \circ \sigma$ par définition de $\mathcal{G}_i$; donc σ peut se prolonger par continuité en un $\hat{K}$-automorphisme $\hat{\sigma}$ de $\hat{L}_i$. Cela prouve que le nombre de $\hat{K}$-automorphismes de $\hat{L}_i$ est au moins égal à $\mathrm{Card}(\mathcal{G}_i)$. Mais comme les valuations v'_i sont deux à deux conjuguées par $\mathcal{G}$ (chap. V, § 2, n° 3, prop. 6), on a $s = (\mathcal{G} : \mathcal{G}_i)$, d'où

$$\mathrm{Card}(\mathcal{G}_i) = n/s \leqslant n_i,$$

et d'autre part $n = sn_i$ en vertu du cor. 3; cela prouve que $\hat{L}_i$ est une extension galoisienne de $\hat{K}$ et que les prolongements par continuité des automorphismes $\sigma \in \mathcal{G}_i$ sont les seuls $\hat{K}$-automorphismes de $\hat{L}_i$.

Remarque 2. — Une partie des résultats précédents s'étend au cas des valuations sur un corps K *non nécessairement commutatif* (cf. § 3, n° 1). Soit L un surcorps de K, et soient v' une valuation sur L, v sa restriction à K, A' et A les anneaux respectifs des valuations v' et v; on définit alors l'indice de ramification $e(v'/v)$ comme au n° 1; d'autre part, $\kappa(A)$ s'identifie à un sous-corps de $\kappa(A')$, et l'on appelle *rang résiduel* (à gauche) de v' par rapport à v le nombre $f(v'/v)$ égal à la dimension du $\kappa(A)$-espace vectoriel à gauche $\kappa(A')$, lorsque cette dimension est finie, et $+\infty$ dans le cas contraire. Alors, si L est un K-espace vectoriel à gauche de dimension *finie* n, le lemme 2 du n° 1 et sa démonstration subsistent sans changement. En outre, si K est *complet* pour v, les assertions du cor. 2 du th. 2 du n° 5 (autres que l'existence de v') sont encore valables (n désignant la dimension de L comme K-espace vectoriel à gauche) avec la démonstration suivante :

En premier lieu la topologie définie par v' sur L est séparée et compatible avec sa structure de K-espace vectoriel à gauche, donc deux prolongements de v à L donnent sur L la même topologie (§ 5, n° 2, prop. 4), ce qui prouve que ces prolongements sont les mêmes à une équivalence près (§ 6, n° 2). Montrons ensuite que si $\mathfrak{m} = \mathfrak{m}(A)$, $A'/\mathfrak{m}A'$ est un $(A/\mathfrak{m})$-espace vectoriel à gauche de dimension $e(v'/v)f(v'/v)$. En effet, posons $e = e(v'/v)$; on peut supposer que $v(K^*) = \mathbf{Z}$, $v'(L^*) = e^{-1}\mathbf{Z}$; soient u' un élément de L tel que $v'(u') = e^{-1}$, u un élément de K tel que $v(u) = 1$; on a donc $u = zu'^e$, où $z \in L$ est tel que $v'(z) = 0$. Comme $\mathfrak{m}$ est engendré par u (comme idéal à gauche ou à droite de A), on a $\mathfrak{m}A' = u'^e A' = A'u'^e$, et il suffit de prouver que, pour $0 \leqslant k \leqslant e - 1$, $A'u'^k/A'u'^{k+1}$ est un $(A/\mathfrak{m})$-espace vectoriel à gauche de dimension $f(v'/v)$. Mais $t \to tu'^k$ est un isomorphisme du A-module à gauche A′ sur le A-module à gauche $A'u'^k$, transformant $A'u'$ en $A'u'^{k+1}$, et qui donne donc par passage aux quotients un $(A/\mathfrak{m})$-isomorphisme de $A'/A'u'$ sur $A'u'^k/A'u'^{k+1}$, d'où notre assertion par définition de $f(v'/v)$, u' engendrant l'idéal maximal de A′. On termine la démonstration comme lorsque K et L sont commutatifs (le fait qu'un A-module sans torsion de type fini est libre se démontrant comme au § 3, n° 6, lemme 1).

6. *Anneaux de valuation dans une extension algébrique*

Proposition 6. — *Soient* K *un corps,* v *une valuation de* K, A *son anneau,* L *une extension algébrique de* K, A′ *la fermeture intégrale de* A *dans* L. *Soient* $\mathfrak{B}$ *l'ensemble des anneaux des valuations de* L *qui prolongent* v, $\mathfrak{M}'$ *l'ensemble des idéaux maximaux de* A′. *Alors l'application* $V \to \mathfrak{m}(V) \cap A'$ *est une bijection de* $\mathfrak{B}$ *sur* $\mathfrak{M}'$, *et* $\mathfrak{m}' \to A'_{\mathfrak{m}'}$ *est la bijection réciproque.*

Tout idéal maximal $\mathfrak{m}'$ de A′ est tel que $\mathfrak{m}' \cap A$ soit l'idéal maximal $\mathfrak{m}$ de A (chap. V, § 2, n° 1, prop. 1), et $A'_{\mathfrak{m}'}$ est dominé par un anneau de valuation V de L (qui est donc l'anneau d'une valuation de L prolongeant v) (§ 1, n° 2, cor. du th. 2). Le corps L est réunion de la famille filtrante des sous-extensions K_α de L qui sont de degré fini sur K, et il suffira, pour voir que $V = A'_{\mathfrak{m}'}$, de prouver que $V \cap K_\alpha = A'_{\mathfrak{m}'} \cap K_\alpha$ pour tout α. Or, si on pose $A'_\alpha = A' \cap K_\alpha$, A'_α est la fermeture intégrale de A dans K_α, donc est intersection des anneaux des valuations de K_α qui prolongent v, et ces anneaux $V_{i\alpha}$ sont en nombre fini et sont les anneaux locaux $(A'_\alpha)_{\mathfrak{m}'_{i\alpha}}$ de $A'_\alpha (1 \leqslant i \leqslant n)$, où les $\mathfrak{m}'_{i\alpha}$ sont les idéaux maximaux distincts de A'_α (n° 3, *Remarque*); mais $\mathfrak{m}' \cap A'_\alpha$ est un des $\mathfrak{m}'_{i\alpha}$ et $V \cap K_\alpha$ est donc égal à l'anneau local correspondant $(A'_\alpha)_{\mathfrak{m}'_{i\alpha}} \subset A'_{\mathfrak{m}'}$, ce qui achève de montrer que

$V = A'_{\mathfrak{m}'}$. Inversement, si $V \in \mathfrak{V}$, on a $A' \subset V$ (§ 3, nº 3, prop. 6), et si $\mathfrak{m}' = \mathfrak{m}(V) \cap A'$, on a $\mathfrak{m}' \cap A = \mathfrak{m}$, donc $\mathfrak{m}'$ est un idéal maximal de A' (chap. V, § 2, nº 1, prop. 1), et le raisonnement précédent montre que $V = A'_{\mathfrak{m}'}$. C.Q.F.D.

PROPOSITION 7. — *Soient* K *un corps,* L *une extension quasi-galoisienne de* K, $\mathfrak{f}$ *et* $\mathfrak{f}'$ *des places de* L *à valeurs dans un même corps* F. *On suppose que les restrictions de* $\mathfrak{f}$ *et* $\mathfrak{f}'$ *à* K *coïncident. Il existe alors un* K*-automorphisme* s *de* L *tel que* $\mathfrak{f}' = \mathfrak{f} \circ s$.

Soit en effet A l'anneau de la place de K restriction commune de $\mathfrak{f}$ et $\mathfrak{f}'$. Les anneaux de $\mathfrak{f}$ et $\mathfrak{f}'$ contiennent la fermeture intégrale A' de A dans L (§ 1, nº 3, cor. 3 du th. 3), donc (chap. V, § 2, nº 3, cor. 1 de la prop. 6), il existe un K-automorphisme s de L tel que les restrictions de $\mathfrak{f}'$ et de $\mathfrak{f} \circ s$ à A' soient égales; si $\mathfrak{m}'$ est le noyau commun de ces restrictions, $\mathfrak{m}' \cap A$ est l'idéal maximal de A, donc $\mathfrak{m}'$ est un idéal maximal de A' et les places $\mathfrak{f}'$ et $\mathfrak{f} \circ s$ coïncident dans l'anneau $A'_{\mathfrak{m}'}$; mais en vertu de la prop. 6, le seul anneau de valuation de L dominant $A'_{\mathfrak{m}'}$ est l'anneau $A'_{\mathfrak{m}'}$ lui-même, donc les anneaux des places $\mathfrak{f}'$ et $\mathfrak{f} \circ s$ sont les mêmes. C.Q.F.D.

COROLLAIRE 1. — *Soient* K *un corps,* v *une valuation de* K, L *une extension quasi-galoisienne de* K, *et* v', v'' *deux extensions de* v *à* L. *Il existe alors un* K*-automorphisme* s *de* L *tel que* v'' *soit équivalente à* $v' \circ s$.

Soient $\mathfrak{f}'$ et $\mathfrak{f}''$ des places de K associées à v' et v''; en les remplaçant au besoin par des places équivalentes, on peut supposer qu'elles prennent toutes deux leurs valeurs dans la clôture algébrique du corps résiduel de v (nº 1, prop. 1). Il existe alors un K-automorphisme s de L tel que $\mathfrak{f}'' = \mathfrak{f}' \circ s$ (prop. 7); ainsi v'' est équivalente à $v' \circ s$ en vertu de la correspondance entre places et valuations (§ 3, nº 3).

COROLLAIRE 2. — *Soient* K *un corps,* $\mathfrak{f}$ *une place* (resp. v *une valuation*) *de* K, *et* L *une extension radicielle de* K. *Alors toutes les extensions de* $\mathfrak{f}$ (resp. v) *à* L *sont équivalentes.*

En effet L est une extension quasi-galoisienne, et son seul automorphisme est l'identité. Le cor. 2 résulte donc de la prop. 7 (resp. du cor. 1).

PROPOSITION 8. — *Soient* K *un corps,* v *une valuation de* K, L *une extension quasi-galoisienne de degré fini* n *de* K, *et*

$(v'_i)_{1 \leq i \leq g}$ *un système complet de prolongements de* v *à* L. *Alors* $e(v'_i/v)$ *et* $f(v'_i/v)$ *ont des valeurs* e *et* f *indépendantes de* i. *On a* $efg \leqslant n$. *Si la fermeture intégrale dans* L *de l'anneau* A *de* v *est un* A*-module de type fini, on a* $efg = n$.

Ceci résulte aussitôt des th. 1 (n° 3) et 2 (n° 5).

7. *Prolongement des valeurs absolues.*

PROPOSITION 9. — *Soient* K *un corps,* L *une extension algébrique de* K, *et* f *une valeur absolue sur* K. *Alors* f *se prolonge en une valeur absolue sur* L.

Supposons d'abord qu'il existe une valuation v de K à valeurs réelles telle que $f(x) = e^{-v(x)}$. Il existe une valuation v' de L dont la restriction à K est équivalente à v (§ 3, n° 3, prop. 5). Alors v' est de hauteur 0 ou 1 (n° 1, cor. 2 de la prop. 1), donc peut être supposée à valeurs réelles. La restriction de l'application $x \rightarrow e^{-v'(x)}$ à K est une valeur absolue équivalente à f, donc de la forme f^s avec $s > 0$ (*Top. gén.*, chap. IX, § 3, n° 2, prop. 5). On en conclut que

$$x \rightarrow e^{-v'(x)/s}$$

est une valeur absolue sur L prolongeant f.

Supposons maintenant f non ultramétrique. Alors K s'identifie à un sous-corps de $\mathbf{C}$ de manière que $f(x) = |x|^s$ où $0 \leqslant s \leqslant 1$ (§ 6, n° 4, th. 2). Comme $\mathbf{C}$ est algébriquement clos, L s'identifie à un sous-corps de $\mathbf{C}$, et la valeur absolue $x \rightarrow |x|^s$ prolonge f.

PROPOSITION 10. — *Soient* K *un corps,* f *une valeur absolue sur* K *telle que* K *soit complet et non discret pour* f, *et* L *une extension algébrique de* K. *Alors* f *se prolonge de manière unique en une valeur absolue* f' *sur* L, *et si* L *est de degré fini* n, *on a* $f'(x) = (f(\mathrm{N}_{\mathrm{L}/\mathrm{K}}(x)))^{1/n}$ *pour tout* $x \in \mathrm{L}$.

L'existence de f' résulte de la prop. 9, et son unicité (sur toute sous-extension de degré fini de L, donc sur L tout entier) du lemme 2 du § 6, n° 4. Soit f' l'unique prolongement de f à la clôture algébrique de K, et supposons L de degré fini n. On sait que $\mathrm{N}_{\mathrm{L}/\mathrm{K}}(x) = \prod_{i=1}^{n} x_i$, où chaque x_i est conjugué de x sur K (*Alg.*, chap. VIII, § 12, n° 2, prop. 4). Vu l'unicité de f', on a $f'(x_i) = f'(x)$ pour tout i, d'où la formule annoncée.

PROPOSITION 11. — *Soient* K *un corps*, f *une valeur absolue non ultramétrique sur* K, $\hat{K}$ *le complété de* K *pour* f, $\hat{f}$ *le prolongement continu de* f *à* $\hat{K}$, *et* L *une extension de degré fini* n *de* K.

a) *Soit* f' *une valeur absolue de* L *prolongeant* f; *notons* $\hat{L}_{f'}$ *le complété de* L *pour* f', *et identifions* $\hat{K}$ *à l'adhérence de* K *dans* $\hat{L}_{f'}$; *on a* $[\hat{L}_{f'} : \hat{K}] \leqslant n$.

b) *Les valeurs absolues de* L *prolongeant* f *sont en nombre fini. Si on les note* $f'_1, \ldots, f'_s$, *et si l'on désigne par* $\hat{L}_i$ *le complété de* L *pour* f'_i, *l'application canonique* $\hat{K} \otimes_K L \to \prod_{i=1}^{s} \hat{L}_i$ *est un isomorphisme, et l'on a*

$$\sum_{i=1}^{s} [\hat{L}_i : \hat{K}] = n. \tag{10}$$

La démonstration est la même que celle des assertions analogues de la prop. 2 (n° 2). On remplace les références

§ 7, n° 2, th. 1; § 5, n° 2, cor. de la prop. 4

par les suivantes :

§ 7, n° 3, th. 2; *Esp. Vect. Top.*, chap. I, § 2, n° 3, cor. 1 du th. 2.

On observe que deux prolongements de f à L qui définissent la même topologie sont égaux (*Top. gén.*, chap. IX, § 3, n° 2, prop. 5). Enfin, comme f est non ultramétrique, K est de caractéristique 0, donc le radical de $\hat{K} \otimes_K L$ est nul.

Remarques. — 1) La prop. 11 *b*) montre que toute extension composée de $\hat{K}$ et L sur K est isomorphe à l'un des complétés $\hat{L}_i$, et que ceux-ci sont des extensions composées deux à deux non isomorphes.

2) Nous savons que les complétés $\hat{K}$ et $\hat{L}_i$ sont isomorphes à **R** ou **C** (§ 6, n° 4, th. 2). Lorsque $\hat{K}$ est isomorphe à **C**, il en est de même de $\hat{L}_i$ pour tout i, et (10) montre que le nombre des prolongements f'_i est *égal à* n. Lorsque $\hat{K}$ est isomorphe à **R** (par exemple lorsque $K = \mathbf{Q}$), notons r_1 (resp. r_2) le nombre d'indices i tels que $\hat{L}_i$ soit isomorphe à **R** (resp. **C**); alors (10) s'écrit :

$$r_1 + 2r_2 = n. \tag{11}$$

PROPOSITION 12. — *Soient* K *un corps*, f *une valeur absolue sur* K, L *une extension quasi-galoisienne de* K, f' *et* f'' *deux prolongements de* f *à* L. *Il existe alors un* K*-automorphisme* s *de* L *tel que* $f'' = f' \circ s$.

Lorsque f est ultramétrique, le cor. 1 de la prop. 7 (n° 6) montre qu'il existe un K-automorphisme s de L tel que f'' et $f' \circ s$ soient des valeurs absolues équivalentes; il existe alors un nombre réel $a > 0$ tel que $f''(x) = (f'(s(x)))^a$ pour tout $x \in \mathrm{L}$. Si f est non impropre, on prend $x \in \mathrm{K}^*$ tel que $f(x) \neq 1$, ce qui montre que $a = 1$. Si f est impropre, il en est de même de f' et f'' (cor. 2 de la prop. 1, n° 1), et l'on peut prendre pour s l'automorphisme identique.

Si f est non ultramétrique, il existe des $\mathbf{Q}$-isomorphismes u', u'' de L sur des sous-corps de $\mathbf{C}$ et des exposants réels $a' > 0$, $a'' > 0$ tels que $f'(x) = |u'(x)|^{a'}$ et $f''(x) = |u''(x)|^{a''}$ pour tout $x \in \mathrm{L}$ (§ 6, n° 4, th. 2). Prenant $x = 2$, on voit que $a' = a''$. Les restrictions de u' et u'' à K se prolongent par continuité en des isomorphismes u_1 et u_2 de $\hat{\mathrm{K}}$ sur $\mathbf{R}$ (resp. $\mathbf{C}$). Alors $u_2 \circ u_1^{-1}$ est un automorphisme du corps *valué* $\mathbf{R}$ (resp. $\mathbf{C}$), et est donc l'identité (resp. l'identité ou l'automorphisme $c : \zeta \to \bar{\zeta}$). En remplaçant au besoin u' par $c \circ u'$, on voit que l'on peut supposer que les restrictions de u' et u'' à K coïncident. Identifiant K à un sous-corps de $\mathbf{C}$ au moyen de cette commune restriction, u' et u'' sont des K-isomorphismes de L sur des sous-corps de $\mathbf{C}$. Comme L est extension quasi-galoisienne de K, il existe un K-automorphisme s de L tel que $u'' = u' \circ s$; puisque $a' = a''$, on en déduit aussitôt que $f'' = f' \circ s$. C.Q.F.D.

Remarque 3. — Lorsque $\hat{\mathrm{K}}$ est isomorphe à $\mathbf{R}$, la prop. 12 montre que tous les complétés $\hat{\mathrm{L}}_i$ de L (notations de la prop. 11) sont isomorphes entre eux. Ainsi, avec les notations de la *Remarque* 2) ci-dessus, on a, soit $r_1 = n$ et $r_2 = 0$, soit $r_1 = 0$ et $2r_2 = n$.

§ 9. Application : corps localement compacts.

1. Fonction module sur un corps localement compact.

Soit K un corps localement compact (non nécessairement commutatif). Rappelons que l'on a défini (*Intégr.*, chap. VII,

§ 1, n° 10, déf. 6) la fonction mod (ou mod_K) sur K comme suit : on a $\mathrm{mod}_K(0) = 0$ et pour $x \neq 0$ dans K, le nombre $\mathrm{mod}_K(x)$ est le module de l'automorphisme $y \to xy$ du groupe additif de K.

Proposition 1. — *Si* K *est un corps localement compact, la fonction* mod_K *appartient à* $\mathfrak{V}(K)$ (§ 6, n° 1). *En outre :*

(i) *Si* $s > 0$ *est tel que* $(\mathrm{mod}_K)^s = g$ *soit une valeur absolue, alors* g *définit la topologie de* K.

(ii) *Si* K *est non discret et si* mod_K *est une valeur absolue ultramétrique, il existe une valuation discrète normée* v *sur* K, *dont l'anneau est compact et le corps résiduel fini à* q *éléments, de sorte que* $\mathrm{mod}_K = q^{-v}$. *La topologie de* K *est définie par* v.

Cela résulte du § 6, n° 1, prop. 1, du § 5, n° 1, prop. 2 et d'*Intégr.*, chap. VII, § 1, n° 10, prop. 12 et 13.

Proposition 2. — *Soient* K, K′ *deux corps localement compacts (non nécessairement commutatifs) tels que* K *soit un sous-corps topologique de* K′ *et que* K *soit non discret. Alors :*

(i) K′ *est un espace vectoriel à gauche* (resp. *à droite*) *de dimension finie sur* K.

(ii) *Si* K *est contenu dans le centre de* K′, *on a, pour tout* $x \in K'$

$$\mathrm{mod}_{K'}(x) = \mathrm{mod}_K(N_{K'/K}(x)). \tag{1}$$

En effet, comme K est un corps valué complet non discret, l'assertion (i) résulte de *Esp. vect. top.*, chap. I, § 2, n° 4, th. 3; l'assertion (ii) n'est autre que *Intégr.*, chap. VII, § 1, n° 11, prop. 17.

Corollaire 1. — *Tout corps localement compact dont le centre est non discret est de rang fini sur son centre.*

En effet, le centre Z d'un corps localement compact K est fermé dans K, donc localement compact.

Corollaire 2. — *Soient* K′ *un corps localement compact et* K *un sous-corps fermé de* K′ *(non nécessairement commutatifs). Si* K′ *est un espace vectoriel à gauche* (resp. *à droite*) *de dimension finie* n *sur* K, *on a*

$$\mathrm{mod}_{K'}(x) = (\mathrm{mod}_K(x))^n \quad \textit{pour tout} \quad x \in K. \tag{2}$$

En effet, de façon générale, on sait que dans un espace vectoriel (à gauche ou à droite) de dimension finie n sur K, l'homothétie de rapport $x \in K$ a un module égal à $(\mathrm{mod}_K(x))^n$; il suffit d'appliquer cela à K'.

2. *Existence de représentants.*

Proposition 3. — *Soit* K *un corps (non nécessairement commutatif) localement compact non discret dont la topologie soit définie par une valuation discrète* v; *soient* A *l'anneau et* $\mathfrak{m}$ *l'idéal de* v, *et posons* $\mathrm{Card}(A/\mathfrak{m}) = q = p^f$ *(p premier). Alors, il existe un système de représentants* S *de* $A/\mathfrak{m}$ *dans* A *et une uniformisante* u *pour* v, *tels que* $0 \in S$, *que* $S^* = S \cap K^*$ *soit un sous-groupe cyclique de* K^* *et que* $u^{-1}Su = S$. *En outre, tout élément de* A *s'écrit d'une seule manière sous la forme* $\sum_{i=0}^{\infty} s_i u^i$, *où* $s_i \in S$.

Nous utiliserons le lemme suivant :

Lemme 1. — *Soient* x, y *deux éléments permutables de* A *tels que* $x - y \in \mathfrak{m}^j$ $(j \geqslant 1)$; *alors* $x^{p^n} - y^{p^n} \in \mathfrak{m}^{j+n}$ *pour tout entier* $n \geqslant 0$.

Par récurrence sur n, on se ramène à prouver le lemme pour $n = 1$. Alors $x^p - y^p = (x-y)(x^{p-1} + x^{p-2}y + \cdots + y^{p-1})$; le second facteur est une somme de p termes, deux à deux congrus mod. $\mathfrak{m}$, et comme $A/\mathfrak{m}$ est de caractéristique p, on a $p.1 \in \mathfrak{m}$ dans A, donc on a $x^{p-1} + x^{p-2}y + \cdots + y^{p-1} \in \mathfrak{m}$; d'où $x^p - y^p \in \mathfrak{m}^{j+1}$.

On sait que le groupe multiplicatif $(A/\mathfrak{m})^*$ est un groupe cyclique ayant $q-1$ éléments (*Alg.*, chap. V, § 11, n° 1, th. 1); soit x un représentant dans A d'un générateur de ce groupe; on a donc $x^q - x \in \mathfrak{m}$, d'où, en vertu du lemme 1, $x^{q^{n+1}} - x^{q^n} \in \mathfrak{m}^{1+fn}$, puisque x^q et x sont permutables. Cela prouve que $(x^{q^n})_{n \geqslant 0}$ est une suite de Cauchy dans A; comme A est compact, donc complet, cette suite a une limite s dans A, qui est évidemment telle que $s \equiv x \pmod{\mathfrak{m}}$ et $s^q = s$. Comme $s \neq 0$, on a $s^{q-1} = 1$, plus précisément s est une *racine primitive* $(q-1)$*-ème de l'unité* dans A. Il est clair que l'ensemble S, formé de 0 et des puissances s^j $(0 \leqslant j \leqslant q-2)$ est un *système de représentants* des classes de A mod. $\mathfrak{m}$, et est *stable* pour la multiplication dans A.

Soit maintenant a une uniformisante pour v, et considérons l'automorphisme intérieur $y \to a^{-1}ya$ de K; il transforme A en lui-même, $\mathfrak{m}$ en lui-même, donc, par passage aux quotients, il définit un automorphisme du corps $A/\mathfrak{m}$; on sait (*Alg.*, chap. V, § 11, n° 4, prop. 5) qu'un tel automorphisme est de la forme $z \to z^{p^r}$ avec $0 \leqslant r \leqslant f-1$. On a donc $a^{-1}s^j a \equiv s^{jp^r} (\text{mod}.\,\mathfrak{m})$ pour $0 \leqslant j \leqslant q-2$; comme $a \in \mathfrak{m}$ et $s \notin \mathfrak{m}$, cela entraîne $s^{-j}as^{jp^r} \equiv a$ (mod. $\mathfrak{m}^2$).

Posons

$$u = \sum_{j=0}^{q-2} s^{-j}as^{jp^r}.$$

On a $u \equiv (q-1)a \equiv -a\ (\text{mod}.\,\mathfrak{m}^2)$ puisque $p.1 \in \mathfrak{m}$; on en conclut que u est aussi une uniformisante pour v; en outre on a

$$s^{-1}us^{p^r} = u \tag{3}$$

d'où l'on déduit que $u^{-1}Su = S$.

Enfin, pour tout $x \in A$ il existe une suite (s_i) $(i \in \mathbf{N})$ et une seule telle que $s_i \in S$ pour tout i et $x \equiv \sum_{i=0}^{n} s_i u^i$ (mod. $\mathfrak{m}^{n+1}$) pour tout $n \geqslant 0$: c'est immédiat par récurrence sur n, tout élément t de $\mathfrak{m}^{n+1}$ vérifiant une relation de la forme $t \equiv t'u^{n+1}$ (mod. $\mathfrak{m}^{n+2}$), où t' est un élément de S déterminé de façon unique. On a donc $x = \sum_{i=0}^{\infty} s_i u^i$ et la famille (s_i) vérifiant cette relation et telle que $s_i \in S$ pour tout i est déterminée de façon unique.

3. *Structure des corps localement compacts.*

Les complétés $\mathbf{R}$ et $\mathbf{Q}_p$ du corps $\mathbf{Q}$ pour les valeurs absolues non impropres sur $\mathbf{Q}$ (p premier quelconque) sont localement compacts. D'autre part, pour toute puissance $q = p^f$ d'un nombre premier p, le corps $\mathbf{F}_q((T))$ des séries formelles sur le corps fini $\mathbf{F}_q$, muni de la valuation définie au § 3, n° 4, *Exemple* 3, est *localement compact*: en effet l'idéal maximal de l'anneau de valuation $\mathbf{F}_q[[T]]$ est engendré par T; on sait que cet anneau est complet pour la topologie (T)-adique (chap. III, § 2, n° 6, prop. 6) et comme le corps résiduel $\mathbf{F}_q$ est fini, la prop. 2 du § 5, n° 1, prouve notre assertion. Inversement :

THÉORÈME 1. — *Soit* K *un corps (non nécessairement commutatif) localement compact non discret.*

(i) *Si* K *est de caractéristique* 0 *et si* mod_K *n'est pas une valeur absolue ultramétrique, alors* K *est isomorphe à l'un des corps* **R**, **C** *ou* **H**.

(ii) *Si* K *est de caractéristique* 0 *et si* mod_K *est une valeur absolue ultramétrique,* K *est une algèbre de rang fini sur un corps p-adique* $\mathbf{Q}_p$.

(iii) *Si* K *est de caractéristique* $p \neq 0$, *il est isomorphe à un corps ayant pour centre un corps de séries formelles* $\mathbf{F}_q((T))$ *(où* q *est une puissance de* p*), et de rang fini sur son centre.*

(i) Il résulte du th. d'Ostrowski (§ 6, n° 4, th. 2) que K est un corps topologique isomorphe à un sous-corps partout dense de **R**, **C** ou **H**, et comme K est complet il est isomorphe à **R**, **C** ou **H**.

(ii) Soient A l'anneau de la valeur absolue mod_K, $\mathfrak{m}$ son idéal maximal. On sait que $A/\mathfrak{m}$ est un corps fini (§ 5, n° 1, prop. 2), donc la valeur absolue induite par mod_K sur **Q** a un corps résiduel fini, ce qui n'est possible que si elle est équivalente à une valeur absolue p-adique (§ 6, n° 3, prop. 4); l'adhérence de **Q** dans K est par suite isomorphe à $\mathbf{Q}_p$ et est contenue dans le centre de K puisque ce dernier est fermé dans K; on conclut par la prop. 2 du n° 1.

(iii) La seconde assertion résulte de la première et du cor. de la prop. 2 du n° 1. Pour démontrer la première assertion, notons que mod_K est nécessairement une valeur absolue ultramétrique (§ 6, n° 2, cor. de la prop. 3); avec les notations de la démonstration de la prop. 3 du n° 2, le centre Z de K est formé des éléments permutables à la fois à s et à u; mais en vertu de (3), on a $u^{-1}su = s^{p^r}$ d'où

$$u^{-j}su^j = s^{p^{rj}} = s,$$

de sorte que $u^q \in Z$, et l'on en conclut que Z n'est pas discret. Comme Z est localement compact, on voit qu'on est ramené au cas où K est *commutatif*. La sous-$\mathbf{F}_p$-algèbre $\mathbf{F}_p[s]$ dans K est alors un corps fini puisque $s^{q-1} = 1$, et l'on a évidemment $y^q = y$ pour tout élément de ce corps, qui est donc identique à S et isomorphe à $\mathbf{F}_q$ puisque $S \subset \mathbf{F}_p[s]$ a q éléments. La somme de deux éléments de S étant dans S, l'application qui, à toute série formelle $\sum_{i=0}^{\infty} s_i T^i \in \mathbf{F}_q[[T]]$, fait correspondre l'élément $\sum_{i=0}^{\infty} s_i u^i$, est un homomorphisme bijectif de l'anneau $\mathbf{F}_q[[T]]$ sur l'anneau A, d'où aussitôt la conclusion.

Corollaire 1. — *Tout corps localement compact non discret est de rang fini sur son centre.*

Corollaire 2. — *Tout corps localement compact est connexe ou totalement discontinu; s'il est connexe, il est isomorphe à* **R**, **C** *ou* **H**.

En effet, si la topologie d'un corps K est définie par une valeur absolue ultramétrique, K est totalement discontinu pour cette topologie.

Remarque. — Soit s un entier > 0; le sous-corps $\mathbf{F}_q((T^s)) = L$ de $K = \mathbf{F}_q((T))$ est fermé dans K et l'on a $e(K/L) = s$ et $f(K/L) = 1$. On voit donc qu'il y a des sous-corps fermés non discrets L de K tels que $e(K/L)$ (et *a fortiori* le degré $[K:L]$) soit arbitrairement grand (contrairement à ce qui se passe pour les corps localement compacts de caractéristique 0, où tout sous-corps localement compact L d'un tel corps K contient nécessairement **R** ou $\mathbf{Q}_p$ et où par suite $[K:L]$ est borné).

§ 10. Prolongements d'une valuation à une extension transcendante.

1. *Cas d'une extension transcendante monogène.*

Lemme 1. — *Soient* K *un corps,* v *une valuation de* K, Γ *son groupe des ordres,* Γ' *un groupe totalement ordonné contenant* Γ, *et* ξ *un élément de* Γ'. *Il existe une valuation* w *et une seule de* K(X) *telle que, pour* $P = \sum_j a_j X^j$ $(a_j \in K)$, *on ait* $w(P) = \inf_j(v(a_j) + j\xi)$.

En vertu de la prop. 4 du § 3, nº 2, il suffit de montrer que la formule

$$w(\sum_j a_j X^j) = \inf_j(v(a_j) + j\xi) \tag{1}$$

définit une valuation de l'anneau K[X]. Comme

$$v(a_j + b_j) + j\xi \geqslant \inf(v(a_j), v(b_j)) + j\xi = \inf(v(a_j) + j\xi, v(b_j) + j\xi),$$

on a

$$w(P + Q) \geqslant \inf(w(P), w(Q)) \tag{2}$$

pour P, Q dans K[X], l'égalité ayant lieu si $w(P) \neq w(Q)$. Démontrons que l'on a

$$w(PQ) = w(P) + w(Q) \tag{3}$$

pour $P = \sum_j a_j X^j$ et $Q = \sum_j b_j X^j$. Soit i (resp. k) le plus petit des entiers j tels que $v(a_j) + j\xi$ (resp. $v(b_j) + j\xi$) prenne sa valeur minimum; notons α (resp. β) cette valeur minimum. Pour j, j' dans $\mathbf{N}$, on a

$$w(a_j b_{j'} X^{j+j'}) = v(a_j) + j\xi + v(b_{j'}) + j'\xi \geqslant \alpha + \beta,$$

d'où $w(PQ) \geqslant \alpha + \beta$ d'après (2). Considérons maintenant le terme cX^{i+k} de degré $i + k$ de PQ; on a $c = \sum_{n \in \mathbf{Z}} a_{i+n} b_{k-n}$; d'après le choix de i et k, l'élément

$$w(a_{i+n} b_{k-n} X^{i+k}) = v(a_{i+n}) + (i+n)\xi + v(b_{k-n}) + (k-n)\xi$$

prend une fois et une seule, pour $n = 0$, sa valeur minimum $\alpha + \beta$; on a donc $w(cX^{i+k}) = \alpha + \beta$, d'où, d'après (1),

$$w(PQ) = \alpha + \beta = w(P) + w(Q). \qquad \text{C.Q.F.D.}$$

PROPOSITION 1. — *Soient* K *un corps,* v *une valuation de* K, Γ *son groupe des ordres,* Γ' *un groupe totalement ordonné contenant* Γ, *et* ξ *un élément de* Γ' *tel que les relations* $n\xi \in \Gamma$, $n \in \mathbf{Z}$, *entraînent* $n = 0$. *Il existe alors une valuation* w *et une seule de* K(X) *à valeurs dans* Γ' *et prolongeant* v, *telle que* $w(X) = \xi$. *Le corps résiduel de* w *est égal à celui de* v, *et son groupe des ordres est le sous-groupe* $\Gamma + \mathbf{Z}\xi$ *de* Γ'.

Démontrons d'abord l'unicité de w. Soit $P = \sum_j a_j X^j$ un élément de K[X]. On a $w(a_j X^j) = v(a_j) + j\xi$, ce qui montre que les monômes $a_j X^j$ tels que $a_j \neq 0$ ont des valeurs distinctes pour w. Il s'ensuit que $w(P) = \inf_j(v(a_j) + j\xi)$, ce qui montre à la fois l'unicité de w sur K[X] (donc aussi sur K(X)) et le fait que le groupe des ordres de w est $\Gamma + \mathbf{Z}\xi$. On voit en outre que, si $P \neq 0$, on peut écrire $P = aX^n(1 + u)$ avec $a \in K^*$, $n \in \mathbf{N}$, $u \in K(X)$ et $w(u) > 0$; tout élément $R \neq 0$ de K(X) peut donc s'écrire sous la forme $R = bX^n(1 + u')$, avec $b \in K^*$, $n \in \mathbf{Z}$, $u' \in K(X)$ et $w(u') > 0$; on a $w(R) = v(b) + n\xi$, donc $w(R) = 0$ si et seulement si $v(b) = 0$ et $n = 0$; ainsi, lorsque $w(R) = 0$, R et b sont congrus modulo l'idéal de w, ce qui montre que le corps résiduel de w est égal à celui de v.

Enfin l'existence de w résulte du lemme 1.

PROPOSITION 2. — *Soient* K *un corps,* v *une valuation de* K, Γ *son groupe des ordres, et* k *son corps résiduel. Il existe une valuation* w *et une seule de* K(X) *prolongeant* v, *telle que* $w(X) = 0$

et que l'image t *de* X *dans le corps résiduel* k' *de* w *soit transcendante sur* k. *Le groupe des ordres de* w *est égal à celui de* v, *et son corps résiduel est* $k(t)$.

Pour montrer l'unicité de w, il nous suffira de montrer que, si $\mathrm{P} = \sum_j a_j \mathrm{X}^j$ est un élément non nul de K[X], on a

$$w(\mathrm{P}) = \inf_j (v(a_j)).$$

Quitte à diviser P par un élément de K*, on peut supposer qu'on a $v(a_j) \geqslant 0$ pour tout j, et que l'un des $v(a_j)$ est nul. Comme $w(\mathrm{X}) = 0$, P appartient alors à l'anneau de w; notant $\overline{a}_j$ l'image canonique de a_j dans k, l'image canonique de P dans le corps résiduel k' est $\sum_j \overline{a}_j t^j$; comme t est transcendant sur k et que l'un des $\overline{a}_j$ est non nul, cette image est non nulle, d'où

$$w(\mathrm{P}) = 0 = \inf_j (v(a_j)).$$

Démontrons maintenant l'existence de w. La formule $w(\mathrm{P}) = \inf_j(v(a_j))$ (pour $\mathrm{P} = \sum_j a_j \mathrm{X}^j$) définit une valuation w de K(X) en vertu du lemme 1, et w a évidemment même groupe des ordres que v. On a $w(\mathrm{X}) = 0$. Montrons que l'image canonique t de X dans le corps résiduel k' de w est transcendante sur k: en effet, si $\sum_j \overline{a}_j t^j = 0$ avec $\overline{a}_j \in k$ pour tout j, on a, en désignant par a_j un représentant de $\overline{a}_j$ dans l'anneau de v, $w(\sum_j a_j \mathrm{X}^j) > 0$; d'où $v(a_j) > 0$ pour tout j, donc $\overline{a}_j = 0$ pour tout j. Montrons enfin qu'on a $k' = k(t)$: en effet, tout élément R de K(X) peut s'écrire $\mathrm{R} = c(\sum_j a_j \mathrm{X}^j)/(\sum_j b_j \mathrm{X}^j)$, avec c, a_j, b_j dans K, $v(a_j) \geqslant 0$ et $v(b_j) \geqslant 0$ pour tout j, l'un des $v(a_j)$ et l'un des $v(b_j)$ étant nul; on a $w(\mathrm{R}) \geqslant 0$ si et seulement si $v(c) \geqslant 0$; en notant f l'homomorphisme canonique de l'anneau de w sur k', on a

$$f(\mathrm{R}) = f(c)(\sum_j f(a_j)t^j)/(\sum_j f(b_j)t^j),$$

ce qui démontre notre assertion.

Remarque. — Il ne faudrait pas croire que les deux types de prolongements de v à K(X) que nous venons de rencontrer soient les seuls; il peut exister un troisième type de prolongement, où Γ'/Γ est un groupe de torsion, et k' une extension algébrique (non nécessairement de degré fini) de k. Ce troisième type n'est pas nécessairement fourni par le procédé décrit dans le lemme 1 (cf. § 3, exerc. 1).

2. *Rang rationnel d'un groupe commutatif.*

Définition 1. — *On appelle rang rationnel d'un groupe commutatif* G *la dimension du* **Q**-*espace vectoriel* $G \otimes_{\mathbf{Z}} \mathbf{Q}$.

Cette dimension peut aussi être définie comme la borne supérieure (finie ou infinie) des cardinaux r tels qu'il existe r éléments de G linéairement indépendants sur **Z** (*Alg.*, chap. II, 3e éd., § 7, n° 10, prop. 26). Le rang rationnel de G est *nul* si et seulement si G est un groupe de torsion. Pour un sous-groupe d'un groupe additif $\mathbf{R}^n$, la notion de rang rationnel coïncide avec celle définie en *Top. gén.*, chap. VII, § 1.

Dans la suite de ce paragraphe, nous noterons $r(G)$ le rang rationnel du groupe commutatif G. Si G' est un sous-groupe de G, on a (puisque **Q** est un **Z**-module plat) la formule d'additivité

(4) $$r(G) = r(G') + r(G/G').$$

Proposition 3. — *Soient* G *un groupe commutatif totalement ordonné, et* H *un sous-groupe de* G. *Si l'on note* $h(G)$ *et* $h(H)$ *les hauteurs de* G *et* H (§ 4, n° 4), *on a l'inégalité*

(5) $$h(G) \leqslant h(H) + r(G/H).$$

Soit, en effet, $G_0 \subset G_1 \subset \cdots \subset G_n$ une suite strictement croissante de sous-groupes isolés de G. On doit établir l'inégalité

(6) $$n \leqslant h(H) + r(G/H).$$

Elle est évidente pour $n = 0$. Supposons $n \geqslant 1$, et raisonnons par récurrence sur n. En appliquant l'hypothèse de récurrence au groupe G_{n-1} et à son sous-groupe $H \cap G_{n-1}$, on obtient

(7) $$n - 1 \leqslant h(H \cap G_{n-1}) + r(G_{n-1}/(H \cap G_{n-1})).$$

Distinguons alors deux cas :

a) On a $H \cap G_{n-1} = H$, autrement dit $H \subset G_{n-1}$. L'inégalité (7) s'écrit

(8) $$n \leqslant h(H) + r(G_{n-1}/H) + 1.$$

Or G/G_{n-1} est un groupe totalement ordonné non réduit à 0; ce n'est donc pas un groupe de torsion, et l'on a $r(G/G_{n-1}) \geqslant 1$.

D'où, d'après (4), $r(G/H) \geqslant r(G_{n-1}/H) + 1$. En portant dans (8), on obtient bien l'inégalité (6) cherchée.

b) On a $H \cap G_{n-1} \neq H$. Comme $H \cap G_{n-1}$ est un sous-groupe isolé de H, on en conclut que $h(H) \geqslant h(H \cap G_{n-1}) + 1$. D'autre part on a évidemment $r(G/H) \geqslant r(G_{n-1}/(H \cap G_{n-1}))$. En portant dans (7), on obtient encore (6).

Corollaire. — *Pour tout groupe commutatif totalement ordonné* G, *on a* $h(G) \leqslant r(G)$.

On fait $H = \{0\}$ dans la prop. 3.

Proposition 4. — *Soit* G *un groupe commutatif totalement ordonné. On suppose que* G *est de type fini, et qu'on a* $h(G) = r(G)$. *Alors* G *est isomorphe à* $\mathbf{Z}^{r(G)}$ *ordonné lexicographiquement.*

Posons $r = r(G) = h(G)$. Si $r = 0$, on a $G = \{0\}$. Si $r = 1$, la structure des groupes commutatifs de type fini montre qu'on a un isomorphisme j de G sur $\mathbf{Z}$ (*Alg.*, chap. VII, § 4, n° 6, th. 3). Or $\mathbf{Z}$ ne possède que deux structures d'ordre total compatibles avec sa structure de groupe, à savoir la structure d'ordre usuelle et son opposée. Donc j ou $-j$ est un isomorphisme du groupe ordonné G sur $\mathbf{Z}$ muni de l'ordre usuel.

Supposons maintenant qu'on ait $r \geqslant 2$, et raisonnons par récurrence sur r. Soit H un sous-groupe isolé de G, de hauteur $r-1$. On a $r(H) + r(G/H) = r$ (formule (4)), $r(H) \geqslant h(H) = r-1$ et $r(G/H) \geqslant h(G/H) = 1$ (cor. de la prop. 3), d'où $r(H) = r-1$ et $r(G/H) = 1$. L'hypothèse de récurrence montre que H est isomorphe à $\mathbf{Z}^{r-1}$ ordonné lexicographiquement, et le cas $r = 1$ montre que G/H est isomorphe à $\mathbf{Z}$. Comme $\mathbf{Z}$ est un Z-module libre, H est un *facteur direct* dans G (*Alg.*, chap. II, 3e éd., § 1, n° 11, prop. 21). Le lemme suivant montre alors que G est isomorphe (non canoniquement) au produit lexicographique $H \times (G/H)$, ce qui achève la démonstration.

Lemme 2. — *Soit* H *un sous-groupe isolé d'un groupe commutatif totalement ordonné* G. *Si* H *est facteur direct dans* G, *le groupe ordonné* G *est isomorphe au groupe* $(G/H) \times H$ *ordonné lexicographiquement.*

Soit j un isomorphisme de groupes de $(G/H) \times H$ sur G tel que $j(0, x) = x$ pour tout $x \in H$, et que $j(y, x)$ admette y pour classe modulo H. Comme $(G/H) \times H$ est totalement ordonné, tout revient à montrer que j est *croissant* (*Ens.*, chap. III, 2e éd., § 1, n° 12, prop. 11). Soit (y, x) un élément $\geqslant 0$ de $(G/H) \times H$ ordonné lexicographiquement. Si $y > 0$, la classe de $j(y, x)$ modulo H est un élément > 0, d'où $j(y, x) > 0$, car, sinon, on aurait $y \leqslant 0$ (§ 4, nº 2, prop. 3). Si $y = 0$ et $x \geqslant 0$, on a $j(y, x) = x \geqslant 0$. Donc j est bien croissant.

3. *Cas d'une extension transcendante quelconque.*

Dans ce nº nous utiliserons les notations suivantes : K est un corps, K′ une extension de K, v une valuation de K, v' un prolongement de v à K′, Γ et k (resp. Γ' et k') le groupe des ordres et le corps résiduel de v (resp. v'). Nous poserons :

$$d(K'/K) = \dim.\mathrm{al}_K K' = \text{degré de transcendance de } K' \text{ sur } K;$$
$$s(v'/v) = \dim.\mathrm{al}_k k' = \text{degré de transcendance de } k' \text{ sur } k;$$
$$r(v'/v) = r(\Gamma'/\Gamma) = \text{rang rationnel de } \Gamma'/\Gamma,$$

si les membres de droite sont finis; sinon, nous conviendrons de poser $d(K'/K) = +\infty$ (resp. $s(v'/v) = +\infty$, $r(v'/v) = +\infty$).

Théorème 1. — *Soient* $x_1, \ldots, x_s$ *des éléments de l'anneau de* v' *dont les images canoniques* $\bar{x}_i$ *dans* k' *soient algébriquement indépendantes sur* k, *et* $y_1, \ldots, y_r$ *des éléments de* K′ *tels que les images canoniques des* $v'(y_j)$ *dans* Γ'/Γ *soient linéairement indépendantes sur* $\mathbf{Z}$. *Alors les* $r + s$ *éléments* $x_1, \ldots, x_s, y_1, \ldots, y_r$ *de* K′ *sont algébriquement indépendants sur* K; *la restriction de* v' *à* $K(x_1, \ldots, x_s, y_1, \ldots, y_r)$ *admet* $k(\bar{x}_1, \ldots, \bar{x}_s)$ *pour corps résiduel, et* $\Gamma + \mathbf{Z}v'(y_1) + \cdots + \mathbf{Z}v'(y_r)$ *pour groupe des ordres.*

Notre assertion est évidente si $r + s = 0$. Procédons par récurrence sur $r + s$. Si $r' \leqslant r$, $s' \leqslant s$ et $r' + s' < r + s$, l'hypothèse de récurrence montre que les hypothèses du th. 1 sont vérifiées si l'on remplace K par $K(x_1, \ldots, x_{s'}, y_1, \ldots, y_{r'})$ et les familles $(x_1, \ldots, x_s)$, $(y_1, \ldots, y_r)$ par $(x_{s'+1}, \ldots, x_s)$, $(y_{r'+1}, \ldots, y_r)$. Nous sommes donc ramenés à l'un des deux cas suivants :

a) On a un élément x de l'anneau de v' tel que $\bar{x}$ soit transcendant sur k; il s'agit de montrer que x est transcendant sur K, et que la restriction de v' à $K(x)$ admet $k(\bar{x})$ pour corps résiduel et Γ pour groupe des ordres.

b) On a un élément y de K′ tel que les relations $nv'(y) \in \Gamma$ et $n \in \mathbf{Z}$ entraînent $n = 0$; il s'agit de montrer que y est transcendant sur K, et que la restriction de v' à $K(y)$ admet k pour corps résiduel, et $\Gamma + \mathbf{Z}v'(y)$ pour groupe des ordres.

Or la prop. 1 du § 8, n° 1 montre que x (resp. y) ne peut être algébrique sur K. Les autres assertions de *a*) (resp. *b*)) s'en déduisent aussitôt en vertu de la prop. 2 (resp. prop. 1) du n° 1.

Corollaire 1. — *On a l'inégalité*

$$(9) \qquad s(v'/v) + r(v'/v) \leqslant d(K'/K).$$

De plus, si K' *est une extension de type fini de* K, *et s'il y a égalité dans* (9), *alors* Γ'/Γ *est un* $\mathbf{Z}$*-module de type fini, et* k' *est une extension de type fini de* k.

Soient r et s des entiers naturels tels que $r \leqslant r(v'/v)$ et $s \leqslant s(v'/v)$; montrons, ce qui prouvera (9), qu'on a $r + s \leqslant d(K'/K)$. Par hypothèse, il existe des éléments $x_1, \ldots, x_s, y_1, \ldots, y_r$ de K' qui vérifient les hypothèses du th. 1. Il sont donc algébriquement indépendants sur K, ce qui démontre l'inégalité $r + s \leqslant d(K'/K)$.

Si K' est une extension de type fini de K, $d(K'/K)$ est fini, donc $s(v'/v)$ et $r(v'/v)$ sont aussi finis; notons-les s et r. Il existe des éléments $x_1, \ldots, x_s, y_1, \ldots, y_r$ de K' qui vérifient les hypothèses du th. 1. Si $r + s = d(K'/K)$, ces éléments forment une base de transcendance de K' sur K, et K' est donc une extension algébrique de degré fini de $K'' = K(x_1, \ldots, y_r)$. Soient Γ'' et k'' le groupe des ordres et le corps résiduel de la restriction de v' à K''. D'après le th. 1, Γ''/Γ est un $\mathbf{Z}$-module de type fini, et k'' est une extension pure de type fini de k. D'autre part, comme K' est une extension algébrique de degré fini de K'', Γ'/Γ'' est un groupe fini, et k' est une extension algébrique de degré fini de k'' (§ 8, n° 1, lemme 2). Ceci démontre le corollaire 1.

Corollaire 2. — *Soient* h *et* h' *les hauteurs de* v *et* v'. *On a alors*

$$(10) \qquad s(v'/v) + h' \leqslant d(K'/K) + h.$$

En effet, d'après la prop. 3, on a $h' \leqslant r(v'/v) + h$.

Corollaire 3. — *Supposons que* K' *soit une extension de type fini de* K, *que* Γ *soit isomorphe à* $\mathbf{Z}^h$ *(ordonné lexicographiquement), et qu'il y ait égalité dans la formule* (10). *Alors* Γ' *est isomorphe à* $\mathbf{Z}^{h'}$ *(ordonné lexicographiquement), et* k' *est une extension de type fini de* k.

S'il y a égalité dans (10), il y a égalité dans (9), d'où le fait que k' est une extension de type fini de k, et que Γ' est un **Z**-module de type fini. De plus, en comparant (9) et (10), on voit que $h' - h = r(\Gamma'/\Gamma)$, d'où $h' = r(\Gamma')$, et la prop. 4 (n° 2) montre alors que Γ' est isomorphe à $\mathbf{Z}^{h'}$ ordonné lexicographiquement.

COROLLAIRE 4. — *Supposons que v soit impropre (auquel cas $k = \mathrm{K}$). On a alors*

$$(11) \qquad h(\Gamma') + d(k'/\mathrm{K}) \leqslant r(\Gamma') + d(k'/\mathrm{K}) \leqslant d(\mathrm{K}'/\mathrm{K}).$$

Si, en particulier, v' est de hauteur 1, on a

$$(12) \qquad d(k'/\mathrm{K}) \leqslant d(\mathrm{K}'/\mathrm{K}) - 1;$$

de plus, si K' est une extension de type fini de K et s'il y a égalité dans (12), alors v' est une valuation discrète, et k' est une extension de type fini de K.

C'est une série de cas particuliers des corollaires 1, 2, 3.

§ 1.

1) Soient K un corps; pour tout sous-anneau A de K, on désigne par L(A) l'ensemble des anneaux locaux $A_{\mathfrak{p}}$ de A pour les idéaux premiers $\mathfrak{p}$ de A (ces anneaux locaux étant identifiés à des sous-anneaux de K).

a) Pour qu'un sous-anneau local M de K domine un anneau $A_{\mathfrak{p}} \in L(A)$, il faut et il suffit que $A \subset M$; l'anneau local $A_{\mathfrak{p}}$ dominé par M est alors unique et correspond à l'idéal premier $\mathfrak{p} = \mathfrak{m}(M) \cap A$.

b) Soient M, N deux sous-anneaux locaux de K, P le sous-anneau de K engendré par $M \cup N$. Montrer que les conditions suivantes sont équivalentes :

α) Il existe un idéal premier $\mathfrak{p}$ de P tel que $\mathfrak{m}(M) = \mathfrak{p} \cap M$, $\mathfrak{m}(N) = \mathfrak{p} \cap N$.

β) L'idéal $\mathfrak{a}$ engendré dans P par $\mathfrak{m}(M) \cup \mathfrak{m}(N)$ est distinct de P.

γ) Il existe un sous-anneau local Q de K dominant à la fois M et N.

Lorsque ces conditions sont satisfaites, on dit que M et N sont *apparentés.*

c) Soient A, B deux sous-anneaux de K, C le sous-anneau de K engendré par $A \cup B$. Montrer que les conditions suivantes sont équivalentes :

α) Pour tout anneau local $Q \subset K$ contenant A et B, on a $A_{\mathfrak{p}} = B_{\mathfrak{q}}$, avec $\mathfrak{p} = \mathfrak{m}(Q) \cap A$, $\mathfrak{q} = \mathfrak{m}(Q) \cap B$.

β) Pour tout idéal premier $\mathfrak{r}$ de C, on a $A_{\mathfrak{p}} = B_{\mathfrak{q}}$, où $\mathfrak{p} = \mathfrak{r} \cap A$, $\mathfrak{q} = \mathfrak{r} \cap B$.

γ) Si $M \in L(A)$ et $N \in L(B)$ sont apparentés, ils sont identiques.

δ) On a $L(A) \cap L(B) = L(C)$.

(Utiliser *a*) et *b*)).

2) Pour qu'un anneau intègre A soit un anneau de valuation, il faut et il suffit que tout idéal de A soit irréductible (*Alg.*, chap. II, 3e éd., § 2, exerc. 16).

3) Montrer que tout anneau de valuation est cohérent (chap. I, § 2, exerc. 12).

4) Soient K un corps, $\mathfrak{F}$ un ensemble d'anneaux de valuation pour K, totalement ordonné par inclusion. Montrer que l'intersection des anneaux appartenant à $\mathfrak{F}$ est un anneau de valuation pour K.

5) Soient K un corps, A un sous-anneau intégralement clos de K ayant K pour corps des fractions, (A_α) une famille d'anneaux de valuation pour K dont l'intersection soit A. Alors, si L est une extension de K, la fermeture intégrale de A dans L est l'intersection des anneaux de valuation pour L qui dominent un des A_α.

¶ 6) Soient R un anneau, A un sous-anneau de R tel que $S = R - A$ soit non vide et que le produit de deux éléments de S appartienne à S.

a) Soient a, a' deux éléments de A, s, s' deux éléments de S tels que $sa \in A$ et $s'a' \in A$. Montrer que l'un des deux éléments sa', $s'a$ appartient à A. En déduire que l'ensemble $\mathfrak{p}_1$ des éléments $a \in A$ pour lesquels il existe $s \in S$ tel que $sa \in A$ est un idéal premier de A.

b) Montrer que l'ensemble $\mathfrak{p}_0$ des $a \in A$ tels que $sa \in A$ pour tout $s \in S$ est un idéal premier de R et de A; c'est le plus grand idéal de R contenu dans A, et l'on a $\mathfrak{p}_0 \subset \mathfrak{p}_1$.

c) L'ensemble $\mathfrak{n}$ des éléments $x \in R$ tels qu'il existe $s \in S$ pour lequel $sx = 0$ est à la fois un idéal de R et un idéal de A, et l'on a $\mathfrak{n} \subset \mathfrak{p}_0$.

d) L'anneau A est intégralement fermé dans R.

e) Si R est un corps, A est un anneau de valuation pour R, $\mathfrak{p}_0 = (0)$ et $\mathfrak{p}_1$ est l'idéal maximal de A.

¶ 7) Soit R un anneau. On dit qu'un couple $(A, \mathfrak{p})$ formé d'un sous-anneau A de R et d'un idéal premier $\mathfrak{p}$ de A est *maximal* pour R s'il n'existe aucun couple $(A', \mathfrak{p}')$ formé d'un sous-anneau A' de R et d'un idéal premier $\mathfrak{p}'$ de A' tels que $A \subset A'$, $A' \neq A$ et $\mathfrak{p}' \cap A = \mathfrak{p}$.

a) Pour tout sous-anneau B de R et tout idéal premier $\mathfrak{q}$ de B, il existe un couple $(A, \mathfrak{p})$ maximal pour R tel que $A \supset B$ et $\mathfrak{q} = \mathfrak{p} \cap B$.

b) Pour qu'un couple $(A, \mathfrak{p})$ soit maximal pour R, il faut et il suffit que, pour tout $s \in R - A$, il existe une famille finie d'éléments $c_i \in \mathfrak{p}$ $(1 \leqslant i \leqslant n)$ tels que l'élément $b = c_1 s + c_2 s^2 + \cdots + c_n s^n$ appartienne à $A - \mathfrak{p}$ (utiliser le chap. II, § 2, nº 5, cor. 3 de la prop. 11).

c) Montrer que si le couple $(A, \mathfrak{p})$ est maximal pour R, le produit de deux éléments de $R - A$ appartient à $R - A$. (Si s, s' sont dans $R - A$ et $ss' = a \in A$, considérer les plus petits entiers n, m tels qu'il existe des $c_i \in \mathfrak{p}$ $(1 \leqslant i \leqslant n)$ pour lesquels $b = \sum_i c_i s^i \in A - \mathfrak{p}$ et des $c'_j \in \mathfrak{p}$ $(1 \leqslant j \leqslant m)$ pour lesquels $b' = \sum_j c'_j s'^j \in A - \mathfrak{p}$; en supposant par exemple $n \geqslant m$, considérer le produit $bb' \in A - \mathfrak{p}$ et obtenir une contradiction avec la définition de l'entier n).

d) Sous les hypothèses de *c*), posons $S = R - A$; montrer que l'idéal $\mathfrak{p}_1$ de A, formé des $a \in A$ tels qu'il existe un $s \in S$ pour lequel $sa \in A$, est contenu dans $\mathfrak{p}$ (utiliser *b*)). A fortiori l'idéal $\mathfrak{p}_0$ de A, formé des $a \in A$ tels que $sa \in A$ pour tout $s \in S$, est contenu dans $\mathfrak{p}$ (exerc. 6 *b*)). On pose $A' = A/\mathfrak{p}_0$, $\mathfrak{p}' = \mathfrak{p}/\mathfrak{p}_0$, $R' = R/\mathfrak{p}_0$; le couple $(A', \mathfrak{p}')$ est alors maximal pour l'anneau intègre R' et, pour tout $a' \in A'$ non nul, il existe $s' \in S' = R' - A'$ tel que $s'a' \in S'$.

e) Soit $(A, \mathfrak{p})$ un couple maximal pour un anneau intègre R, tel que, pour tout $a \in A$ non nul, il existe $s \in S = R - A$ tel que $sa \in S$.

On pose $S_0 = S \cup \{1\}$, et l'on désigne par R_0 l'anneau de fractions $S_0^{-1}R$; l'homomorphisme canonique $R \to R_0$ est injectif et identifie donc R à un sous-anneau de R_0. Montrer que R_0 est un corps, identifié au corps des fractions de R. Soit $(B, \mathfrak{q})$ un couple maximal pour R_0 tel que $B \supset A$ et $\mathfrak{q} \cap A = \mathfrak{p}$. Montrer que $B \cap R = A$; autrement dit, A est l'intersection de R et d'un anneau de valuation pour R_0 et $\mathfrak{p}$ l'intersection de A et de l'idéal maximal de cet anneau de valuation.

f) Soient K_0 un corps, A_0 l'anneau de polynômes $K_0[X]$, B l'anneau de séries formelles $A_0[[Y]]$, R l'anneau de fractions B_Y, formé des séries formelles $Y^{-h}f(Y)$, où $f \in B$ et $h \geqslant 0$. Soient $\mathfrak{p}$ l'idéal premier YB des séries formelles sans terme constant, $A = K_0 + \mathfrak{p}$, qui est un sous-anneau de B. Montrer que A est l'intersection de R et d'un anneau de valuation C pour le corps des fractions K de R, et $\mathfrak{p}$ l'intersection de A et de l'idéal maximal de C; en outre, le corps des fractions de A est égal à celui de R, et tout $a \neq 0$ dans A est de la forme $s^{-1}s'$, où s, s' sont dans $S = R - A$. Cependant, le couple $(A, \mathfrak{p})$ n'est pas maximal pour R.

¶ 8) Étant donné un anneau A, on dit qu'un polynôme $P(X_1, \ldots, X_n)$ à coefficients dans A est *dominé* s'il est de la forme $X^\alpha + \sum_\beta c_\beta X^\beta$, avec $\beta < \alpha$ dans l'ensemble ordonné produit $\mathbf{N}^n$ pour tous les β tels que $c_\beta \neq 0$. On dit que, dans un anneau R, un sous-anneau A est *paravaluatif* si, pour tout polynôme dominé $P \in A[X_1, \ldots, X_n]$ (n quelconque), on a $P(s_1, \ldots, s_n) \neq 0$ quels que soient les éléments $s_i \in R - A$ ($1 \leqslant i \leqslant n$).

a) Montrer que si A est paravaluatif dans R, le produit de deux éléments de $S = R - A$ appartient à S.

b) Soit A un sous-anneau d'un anneau R tel que le produit de deux éléments de $S = R - A$ appartienne à S; soit $\mathfrak{p}_0$ l'idéal premier de A et de R formé des $a \in A$ tels que $sa \in A$ pour tout $s \in S$ (exerc. 6 *b*)). Pour que A soit paravaluatif dans R, il faut et il suffit que $A/\mathfrak{p}_0$ soit paravaluatif dans $R/\mathfrak{p}_0$.

c) Soient R un anneau, h: $R \to R'$ un homomorphisme d'anneaux. Si A' est un sous-anneau paravaluatif dans R', $A = h^{-1}(A')$ est paravaluatif dans R. En déduire que si $(A, \mathfrak{p})$ est un couple maximal pour R (exerc. 7), A est paravaluatif dans R (utiliser *b*) et l'exerc. 7 *d*) et *e*)).

d) Soient R' un anneau, R un sous-anneau de R'. Si A est un sous-anneau paravaluatif de R, montrer qu'il existe un sous-anneau A' paravaluatif dans R' tel que $A' \cap R = A$. (Si $S = R - A$, et $S_0 = S \cup \{1\}$, considérer l'anneau $T' = S_0^{-1}R'$ et l'homomorphisme canonique h: $R' \to T'$. Soient B le sous-anneau de T' engendré par $h(A) \cup (h(S))^{-1}$ et $\mathfrak{b}$ l'idéal de B engendré par $(h(S))^{-1}$. Montrer que $\mathfrak{b} \neq B$; considérer un couple maximal $(A'', \mathfrak{p}'')$ pour T' tel que $B \subset A''$ et $\mathfrak{b} \subset \mathfrak{p}''$, et prendre $A' = h^{-1}(A'')$).

Conclure de là que si R est un anneau intègre, les sous-anneaux paravaluatifs de R sont les intersections de R et des *anneaux de valuation* pour le corps des fractions de R.

¶ 9) *a*) Soient R un anneau, A un sous-anneau de R, x un élément de R, S l'ensemble des x^k ($k \geqslant 0$) dans R. Montrer que pour que x soit entier sur A, il faut et il suffit que $x/1 \in A[1/x]$ dans l'anneau $S^{-1}R$. Si x n'est pas entier sur A, montrer qu'il existe un idéal maximal $\mathfrak{m}$ de $A[1/x]$ contenant $1/x$, et que l'image réciproque de $\mathfrak{m}$ par l'homomorphisme canonique $A \rightarrow A[1/x]$ est un idéal maximal dans A.

b) Montrer que la fermeture intégrale A' de A dans R est l'intersection des sous-anneaux paravaluatifs dans R (exerc. 8) qui contiennent A. (Pour voir que A' est contenu dans chacun de ces anneaux, utiliser l'exerc. 8 *a*) et l'exerc. 6 *d*); pour voir que si $x \in R$ n'est pas entier sur A, il existe un sous-anneau B de R, paravaluatif dans R et tel que $x \notin B$, utiliser *a*), l'exerc. 7 *a*) et l'exerc. 8 *c*), en raisonnant comme dans le th. 3 du n° 3).

§ 2.

1) Soient Ω une extension d'un corps K, E et F deux extensions de K contenues dans Ω et linéairement disjointes sur K, L une extension de K contenue dans E. Soit f une place de E à valeurs dans L, qui se réduit à l'automorphisme identique dans K. Montrer qu'il existe une place de $K(E \cup F)$ et une seule à valeurs dans $K(L \cup F)$, prolongeant f et se réduisant à l'automorphisme identique dans F. (Si A est l'anneau de f, observer que f se prolonge d'une seule manière en un homomorphisme g de $F[A]$ dans $K(L \cup F)$ se réduisant à l'identité dans F, et que si $\mathfrak{m}$ est l'idéal de f, tout élément $z \in F[A]$ tel que $g(z) = 0$ peut s'écrire xu, où $x \in \mathfrak{m}$, $u \in F[A]$ et $g(u) \neq 0$. Conclure en remarquant que $K(E \cup F)$ est le corps des fractions de $F[A]$.)

2) Soient K, K' deux extensions d'un corps k, f et f' des places respectives de K et K' à valeurs dans un même corps algébriquement clos L. On suppose que les restrictions de f et f' à k coïncident. Montrer qu'il existe une extension composée (F, i, i') de K et K' (*Alg.*, chap. VIII, § 8) et une place g de F à valeurs dans L tels que $f(x) = g(i(x))$ pour $x \in \widetilde{K}$ et $f'(x) = g(i'(x'))$ pour $x' \in \widetilde{K}'$. (Soient V, V' les anneaux de f et f', A leur intersection commune avec k, h: $V \otimes_A V' \rightarrow L$ l'homomorphisme tel que $h(a \otimes a') = f(a) f'(a')$ pour $a \in V$, $a' \in V'$. En utilisant le fait que V et V' sont des A-modules plats (§ 3, n° 5, lemme 1), prouver que si $a \neq 0$, $a' \neq 0$, $a \otimes a' = (a \otimes 1)(1 \otimes a')$ n'est pas diviseur de zéro; si S est la partie multiplicative de $B = V \otimes_A V'$ formée de ces éléments, $S^{-1}B$ contient des sous-corps K_1, K'_1 respectivement isomorphes à K et K', et est l'anneau engendré par $K_1 \cup K'_1$. Montrer que, si $\mathfrak{q}$ est le noyau de h, il existe un idéal premier $\mathfrak{p}$ de B tel que $\mathfrak{p} \subset \mathfrak{q}$ et $\mathfrak{p} \cap S = \emptyset$, et montrer que l'on peut prendre pour F le corps des fractions de $S^{-1}B/S^{-1}\mathfrak{p}$.)

3) *a*) Soient K un corps, f une place de K à valeurs dans un corps ordonnable L (*Alg.*, chap. VI, § 2, exerc. 8); montrer que K est ordonnable. (Noter que pour une famille finie d'éléments $(a_i)_{1 \leqslant i \leqslant n}$ de K, il y a toujours un indice j tels que $f(a_i/a_j) \neq \infty$ pour tout i).

Si $(x_i)_{1\leqslant i\leqslant n}$ est une suite d'éléments de K telle que $f\big(\sum_{i=1}^{n} x_i^2\big) \neq \infty$, montrer que l'on a $f(x_i) \neq \infty$ pour tout i.

b) Soient K un corps ordonné, G un sous-corps de K; montrer que l'anneau F(G) des éléments de K non infiniment grands par rapport à G (*loc. cit.*, exerc. 11) est un anneau de valuation pour K, et l'idéal I(G) des éléments de F(G) infiniment petits par rapport à G est l'idéal maximal de cet anneau; on a donc ainsi sur K une place à valeurs dans $k(G) = F(G)/I(G)$, qui se réduit à l'identité dans G; on dit que c'est la *place canonique* de K par rapport à G.

c) Montrer que s'il n'existe aucune extension de G contenue dans K, distincte de G et comparable à G, $k(G)$ est algébrique sur G (remarquer que si $t \in K$ n'appartient pas à G, le corps $G(t)$ contient un élément $u \neq 0$ infiniment petit par rapport à G, et que $G(t)$ est algébrique sur $G(u)$).

¶ 4) On dit qu'un corps ordonné K est *euclidien* si pour tout $x \geqslant 0$ dans K, il existe $y \in K$ tel que $x = y^2$.

a) Soient K un corps ordonné euclidien, G un sous-corps de K tel qu'il n'existe aucune extension de G contenue dans K, distincte de G et comparable à G. Montrer que si f est une place de K à valeurs dans un corps ordonné L, extension algébrique de G, et se réduisant à l'identité dans G, alors f est équivalente à la place canonique de K par rapport à G. (On peut considérer que f prend ses valeurs dans un corps ordonné maximal N extension algébrique de L. Observer que G est euclidien, et que si $x \in G$, $y \in K$ et $x < y$, on a $f(y) = \infty$ ou $f(y) > x$. Si A et $\mathfrak{p}$ sont l'anneau et l'idéal de la place f, montrer successivement que l'on a $\mathfrak{p} \subset I(G)$, $F(G) \subset A$, $I(G) \subset \mathfrak{p}$ et $A \subset F(G)$, en notant que N est comparable à G).

b) Soient K un corps ordonné euclidien, f une place de K à valeurs dans un corps ordonné maximal L, A et $\mathfrak{p}$ l'anneau et l'idéal de f. Soit G un sous-corps maximal parmi les sous-corps E de K tels que $E \cap \mathfrak{p} = 0$. Montrer que $G \subset A$ et que G est algébriquement fermé dans K, et par suite euclidien. Prouver qu'il n'existe aucune extension de G contenue dans K, distincte de G et comparable à G. En outre, le sous-corps de L engendré par $f(A)$ est algébrique sur $f(G)$ et f est par suite équivalente à la place canonique de K par rapport à G.

c) Soient K un corps ordonné maximal, L un sous-corps ordonné maximal de K, distinct de K et tel que K soit comparable à L (*Alg.*, chap. VI, § 2, exerc. 15). Montrer qu'il n'existe aucune place f de K à valeurs dans L, se réduisant à l'automorphisme identique dans L.

¶ 5) Soient K un corps, f une place de K à valeurs dans un corps ordonné maximal L.

a) Pour tout $\alpha \in K$, montrer qu'il existe une extension de f, soit à $K(\sqrt{\alpha})$, soit à $K(\sqrt{-\alpha})$, qui soit une place à valeurs dans L. (Considérer deux cas, suivant qu'il existe $a \in K$ tel que $f(a^2\alpha)$ ne soit ni 0 ni ∞, ou que $f(x^2\alpha)$ est égal à 0 ou à ∞ pour tout $x \in K$).

b) Déduire de *a*) qu'il existe une extension E de K qui soit un corps ordonné maximal et un prolongement de f à E qui soit une place de E à valeurs dans L. (Se ramener au cas où K est euclidien et utiliser l'exerc. 4 *a*)).

6) Soient A un anneau intégralement clos, K son corps des fractions, $\mathfrak{p}$ un idéal premier de A, k le corps des fractions de $A/\mathfrak{p}$. Montrer que si $A_{\mathfrak{p}}$ n'est pas un anneau de valuation, il existe un anneau de valuation V pour K qui domine $A_{\mathfrak{p}}$ et dont le corps résiduel est une extension transcendante de k (utiliser le chap. V, § 2, exerc. 14 *b*)).

§ 3.

¶ 1) *a*) Soient L un corps, T une indéterminée; dans le corps des séries formelles L((T)), on considère la série

$$s = c_0 + c_1 T^{1!} + c_2 T^{2!} + \cdots + c_n T^{n!} + \cdots$$

où les $c_i \in L$ sont tous $\neq 0$. Montrer que s est transcendant sur le sous-corps L(T) de L((T)). (Raisonner par l'absurde en supposant qu'il existe une relation $a_0(T) + a_1(T)s + \cdots + a_q(T)s^q = 0$ où les $a_i(T)$ sont des polynômes de L(T) tels que $a_q \neq 0$; former l'équation vérifiée par $s' = s - c_0 - c_1 T^{1!} - \cdots - c_{n-1} T^{(n-1)!}$, et montrer que pour n assez grand son terme constant est un polynôme de degré $< n!$, d'où contradiction).

b) Soient k un corps, X, Y, Z, T quatre indéterminées, $K = k(X, Y, Z)$, E une clôture algébrique de $k(X)$; dans E, pour tout n, on désigne par x_n un élément tel que $x_n^n = X$. Dans le corps de séries formelles E((T)), on considère l'élément

$$s = x_1 T + x_2 T^{2!} + \cdots + x_n T^{n!} + \cdots$$

Les éléments s et T sont algébriquement indépendants sur E en vertu de *a*). On considère l'homomorphisme $f \colon K \to E((T))$ tel que $f(X) = X$, $f(Y) = T$, $f(Z) = s$. Si v est la valuation discrète sur E((T)) définie par l'ordre des séries formelles (n° 3, *Exemple* 3), $v \circ f$ est une valuation discrète sur K; montrer que le corps résiduel de $v \circ f$ est le sous-corps $k(x_1, x_2, \ldots, x_n, \ldots)$ de E et est donc de degré infini sur k.

¶ 2) Soient Γ un groupe totalement ordonné, k un corps.

a) Soient A, B deux parties de Γ *bien ordonnées* par l'ordre induit; montrer que l'ensemble $A + B$ est bien ordonné et que, pour tout $\gamma \in A + B$, l'ensemble des couples $(\alpha, \beta) \in A \times B$ tels que $\alpha + \beta = \gamma$ est fini. (Pour prouver la première assertion, raisonner par l'absurde, et montrer qu'on pourrait alors définir une suite strictement décroissante (γ_n) d'éléments de $A + B$ telle que $\gamma_n = \alpha_n + \beta_n$, où $\alpha_n \in A$, $\beta_n \in B$, la suite (α_n) est strictement croissante et la suite (β_n) strictement décroissante; conclure à l'aide d'*Ens.*, chap. III, § 4, exerc. 3).

b) Soit $S(\Gamma, k)$ l'ensemble des familles $x = (x_\alpha)_{\alpha \in \Gamma}$ telles que $x_\alpha \in k$ pour tout $\alpha \in \Gamma$ et que l'ensemble des α pour lesquels $x_\alpha \neq 0$ soit une partie *bien ordonnée* de Γ. Montrer que $S(\Gamma, k)$ est un sous-groupe additif de k^Γ; en outre, si $x = (x_\alpha)$, $y = (y_\alpha)$ sont deux éléments de $S(\Gamma, k)$, l'ensemble C des $\alpha + \beta$, pour les couples (α, β) tels que $x_\alpha \neq 0$ et $y_\beta \neq 0$, est bien ordonné d'après *a*), et, pour tout $\gamma \in C$, l'élément $z_\gamma = \sum_{\alpha+\beta=\gamma} x_\alpha y_\beta$ est défini dans k; si l'on pose $z_\alpha = 0$ pour $\alpha \notin C$, l'élément $z = (z_\alpha) \in k^\Gamma$ appartient à $S(\Gamma, k)$; on le note xy. Montrer que pour cette loi de composition et l'addition du groupe produit k^Γ, l'ensemble $S(\Gamma,k)$ est un *corps*; en outre, pour tout $x = (x_\alpha) \neq 0$ de $S(\Gamma, k)$, soit λ le plus petit des $\alpha \in \Gamma$ tels que $x_\alpha \neq 0$; si l'on pose $v(x) = \lambda$ (et $v(0) = +\infty$), montrer que v est une valuation sur $S(\Gamma, k)$ ayant k pour corps résiduel et Γ pour groupe des valeurs. On dit que v est la *valuation canonique* sur le corps $S(\Gamma, k)$. Le corps k s'identifie canoniquement à un sous-corps de $S(\Gamma,k)$. Pour tout $\alpha \in \Gamma$, on désigne par u_α l'élément $(x_\lambda)_{\lambda \in \Gamma}$ tel que $x_\alpha = 1$, $x_\lambda = 0$ pour $\lambda \neq \alpha$; pour tout $z \in S(\Gamma,k)$ non nul, il y a alors un couple $(t, \alpha) \in k \times \Gamma$ et un seul tel que $v(z) = \alpha$, $v(z - tu_\alpha) > \alpha$. On dit que tu_α est le *terme dominant* de z.

¶ 3) Soient K un corps, w une valuation sur K, Γ le groupe des valeurs de w et k le corps résiduel de w. On forme le corps $S(\Gamma, k)$ correspondant et l'on conserve les notations de l'exerc. 2. Pour tout $t \in k$, soit t^0 un élément de classe t dans l'anneau de valuation de w; pour tout $\alpha \in \Gamma$, soit u^0_α un élément de K tel que $w(u^0_\alpha) = \alpha$.

a) Soit M une partie de $S(\Gamma, k)$ contenant les éléments tu_α pour tout couple $(t, \alpha) \in k \times \Gamma$; on suppose qu'il existe une bijection $x \to x^0$ de M sur une partie M^0 de K et que les conditions suivantes soient vérifiées: 1° $(tu_\alpha)^0 = t^0 u^0_\alpha$ pour tout couple $(t, \alpha) \in k \times \Gamma$; 2° si $x = (x_\alpha)$ appartient à M et si C_x est la partie bien ordonnée de Γ formée des α tels que $x_\alpha \neq 0$, alors, pour tout segment D de C_x, l'élément $(x_\lambda)_{\lambda \in D}$ appartient à M; 3° si x, y sont deux éléments de M et si tu_α est le terme dominant de $x - y$, alors on a $w(x^0 - y^0 - t^0 u^0_\alpha) > w(x^0 - y^0)$. Si z' est un élément de K n'appartenant pas à M^0, montrer qu'il existe un élément $z \notin M$ dans $S(\Gamma, k)$ tel que l'application qui coïncide avec $x \to x^0$ dans M et fait correspondre z' à z vérifie encore les conditions précédentes. (Noter que si $w(z') = \alpha$, il existe un t^0 tel que $w(z' - t^0 u^0_\alpha) > \alpha$; poser $z_\alpha = tu_\alpha$, puis montrer par récurrence transfinie que l'on peut déterminer les z_β d'indice $\beta > \alpha$ de sorte que $z = (z_\lambda)_{\lambda \in \Gamma}$ réponde à la question).

b) Déduire de *a*) que l'on a $\text{Card}\,(K) \leqslant \text{Card}\, S(\Gamma, k)$.

4) Soient A un anneau local intègre, K son corps des fractions, $\mathfrak{m}$ son idéal maximal, v une valuation de K dont l'anneau B domine A. On suppose, soit que $\mathfrak{m}$ est un idéal de type fini, soit que v est une valuation discrète; alors il existe dans $\mathfrak{m}$ un élément x tel que $v(x) = \inf_{y \in \mathfrak{m}} v(y)$. Soit A′ le sous-anneau de K engendré par A et par les éléments yx^{-1}, où y parcourt $\mathfrak{m}$; soit A_1 l'anneau local de A′ relatif à l'idéal premier $\mathfrak{p} \cap A'$, où $\mathfrak{p}$ est l'idéal de la valuation v. Montrer que l'anneau A_1 ne dépend pas du choix de l'élément x vérifiant les conditions précédentes (on dit que A_1 est le « premier transformé quadratique de A le long de v »); si A est noethérien, il en est de même de A_1.

¶ 5) Soient k un corps, $K = k(X, Y)$ le corps des fractions rationnelles à 2 indéterminées sur k. On pose $x_1 = X$, $y_1 = Y$, et pour $n \geqslant 1$, on définit par récurrence les éléments $x_{n+1} = y_n$ et $y_{n+1} = x_n y_n^{-1}$ de K.

a) On pose $A_n = k[x_n, y_n]$; la suite (A_n) est croissante, et si $\mathfrak{m}_n = A_n x_n + A_n y_n$, $\mathfrak{m}_n$ est un idéal maximal de A_n et l'on a $\mathfrak{m}_n = A_n \cap \mathfrak{m}_{n+1}$; dans l'anneau $A = \bigcap_n A_n$, $\mathfrak{m} = \bigcap_n \mathfrak{m}_n$ est un idéal maximal.

b) Soit v la valuation de K définie par $v(X) = \rho = (1 + \sqrt{5})/2$, $v(Y) = 1$; soient B et $\mathfrak{p}$ l'anneau et l'idéal de v; montrer que l'on a $\mathfrak{m} = \mathfrak{p} \cap A$ (remarquer que l'on a $\rho^2 - \rho - 1 = 0$, et utiliser cette remarque pour calculer $v(y_n)$). Montrer que pour qu'un monôme $X^i Y^j$ (i, j entiers positifs ou négatifs) appartienne à A, il faut et il suffit que $i\left(\frac{1+\sqrt{5}}{2}\right) + j > 0$; pour tout monôme $z = X^i Y^j$, on a donc, soit $z \in A$, soit $1/z \in A$.

c) Montrer que l'on a $B = A_{\mathfrak{m}}$ (écrire un élément $t \in B$ sous forme d'un quotient de deux polynômes en X et Y, et mettre en évidence dans chacun d'eux les monômes pour lesquels v prend la plus petite valeur).

d) Montrer que pour tout n, $(A_{n+1})_{\mathfrak{m}_{n+1}}$ est le premier transformé quadratique de $(A_n)_{\mathfrak{m}_n}$ le long de v (exerc. 4).

6) *a*) Soit A un anneau de valuation. Étendre aux A-modules de type fini les résultats de *Alg.*, chap. VII, § 4, nos 1 à 4 (théorie des facteurs invariants).

b) Soient K un corps, v une valuation sur K, A l'anneau de v, Γ le groupe des ordres de v. Soit $U = (\alpha_{ij})$ une matrice carrée d'ordre n à éléments dans A, et de déterminant 0 ; montrer qu'il existe $\lambda \in \Gamma$ tel que pour toute matrice carrée $U' = (\alpha'_{ij})$ d'ordre n, à éléments dans A, et vérifiant les conditions $v(\alpha'_{ij} - \alpha_{ij}) > \lambda$ pour tout couple (i, j), les facteurs invariants de U' soient les mêmes que ceux de U.

c) Les hypothèses étant celles de *b*), généraliser les résultats suivants d'*Alg.*, chap. IX : § 5, n° 1, th. 1 et exerc. 1, et § 6, exerc. 10 (pour ce dernier, on supposera que K n'est pas de caractéristique 2 et que $v(2) = 0$).

7) Montrer que l'anneau intègre B défini dans le chap. II, § 3, exerc. 2 *b*), est un anneau local dont l'idéal maximal est principal, mais n'est pas un anneau de valuation.

8) Montrer que si un anneau de valuation A est fortement laskérien (chap. IV, § 2, exerc. 28), A est un corps ou un anneau de valuation discrète (utiliser l'exerc. 29 du chap. IV, § 2).

§ 4.

1) *a*) Soient G un groupe totalement ordonné, M un ensemble majeur dans G_+ ne contenant pas 0. Montrer qu'il existe un *plus grand* sous-groupe isolé H de G ne rencontrant pas M.

b) Soient A un anneau de valuation, v une valuation associée à A. Pour qu'un idéal $\mathfrak{p} \neq 0$ de A soit premier, il faut et il suffit que $\mathfrak{p}$ corresponde à un ensemble majeur M dans le groupe totalement ordonné G des valeurs de v tel que, si H est le plus grand sous-groupe isolé de G ne rencontrant pas M, M soit le complémentaire de H_+ dans G_+.

c) Avec les notations de *b*), pour qu'un idéal $\mathfrak{q}$ de A soit $\mathfrak{p}$-primaire, il faut et il suffit qu'il vérifie une des conditions suivantes : ou bien $H = \{0\}$ (et $\mathfrak{p}$ est alors maximal), ou bien $\mathfrak{q} = \mathfrak{p}$.

d) Pour qu'un idéal $\mathfrak{a}$ de A, distinct de 0 et de A, soit tel que $\mathfrak{a}^2 = \mathfrak{a}$, il faut et il suffit que $\mathfrak{a}$ corresponde à un ensemble majeur M tel que si H est le plus grand sous-groupe isolé de G ne rencontrant pas M, l'image M' de M dans le groupe totalement ordonné $G' = G/H$ n'ait pas de plus petit élément; $\mathfrak{a}$ est alors un idéal premier.

2) Soit G un groupe totalement ordonné.

a) Pour tout élément $a > 0$ de G, soient $H(a)$ le plus petit sous-groupe isolé contenant a, $H^-(a)$ le plus grand sous-groupe isolé ne contenant pas a; montrer que $H(a)/H^-(a)$ est isomorphe à un sous-groupe de $\mathbf{R}$.

b) Inversement, si H est un sous-groupe isolé de G tel qu'il existe un plus grand élément (pour la relation d'inclusion) H' dans l'ensemble des sous-groupes isolés de G contenus dans H et $\neq$ H, on a $H = H(a)$ et $H' = H^-(a)$ pour tout $a \in H_+ \cap \complement H'_+$. On dit qu'un tel sous-groupe isolé H est *principal* et que H' est son *prédécesseur.*

c) Si H_1, H_2 sont deux sous-groupes de G, isolés et distincts tels que $H_1 \subset H_2$, montrer qu'il existe deux sous-groupes isolés H, H' de G tels que $H_1 \subset H' \subset H \subset H_2$ et que H/H' soit isomorphe à un sous-groupe non nul de $\mathbf{R}$.

d) Soit Σ l'ensemble (totalement ordonné pour la relation d'inclusion) des sous-groupes isolés de G, et soit $\Theta \subset \Sigma$ l'ensemble des sous-groupes isolés principaux. Montrer que Σ est isomorphe à l'*achèvement* (*Ens.*, chap. III, § 1, exerc. 15) de Θ.

3) *a*) Soit Θ un ensemble totalement ordonné, et pour chaque $s \in \Theta$ soit A_s un sous-groupe de $\mathbf{R}$ non réduit à 0. Soit

$$\Gamma(\Theta, (A_s)_{s \in \Theta}) = G$$

le sous-groupe du produit $\prod_{s \in \Theta} A_s$ formé des fonctions f dont le support est une partie bien ordonnée de Θ. On définit sur G une structure d'ordre compatible avec sa structure de groupe en prenant comme ensemble G_+ des éléments $\geqslant 0$ l'ensemble formé de la fonction 0 et des fonctions $f \neq 0$ telles que $f(\theta) > 0$ pour le plus petit élément θ du support de f. Montrer que G est un groupe totalement ordonné, et que Θ est canoniquement isomorphe à l'ensemble des sous-groupes isolés principaux de G ordonné par la relation $\supset$; en outre, si $H(a)$ correspond à $s \in \Theta$ par cet isomorphisme, $H(a)/H^-(a)$ est isomorphe à A_s.

b) On considère le sous-groupe G' du groupe totalement ordonné $\mathbf{Q} \times \mathbf{Q}$ (pour l'ordre lexicographique) engendré par les éléments (p_n^{-1}, np_n^{-1}), où (p_n) est la suite strictement croissante des nombres premiers.

Montrer que le seul sous-groupe isolé H' de G', distinct de 0 et de G', est le groupe $\{0\} \times \mathbf{Z}$; mais G' n'est pas isomorphe à un sous-groupe du produit $H' \times (G'/H')$, ordonné suivant l'ordre lexicographique.

4) Soit A un anneau de valuation qui n'est pas un corps.

a) Montrer que pour que A soit un anneau de valuation discrète, il faut et il suffit que tout idéal premier de A soit principal.

b) Montrer que si A est l'anneau d'une valuation de hauteur un, le corps des fractions de A est une A-algèbre de type fini.

* 5) Soient K un corps, $\mathfrak{M}$ l'ensemble des sous-anneaux de K qui ne sont pas des corps. Montrer qu'un élément maximal de $\mathfrak{M}$ est un anneau de valuation de hauteur 1 pour son corps des fractions L, et que K est une extension algébrique de L. Les conditions suivantes sont équivalentes :

α) $\mathfrak{M}$ n'est pas vide.

β) $\mathfrak{M}$ admet un élément maximal.

γ) Il existe une valuation de hauteur 1 sur K.

δ) K n'est pas une extension algébrique d'un corps premier fini (cf. § 8, nº 1). *

¶ 6) *a*) Soit S un espace compact *hyperstonien* sans point isolé (*Intégr.*, chap. V, § 5, exerc. 14). Soit $\mathcal{C}_0(S)$ l'espace vectoriel des fonctions numériques, finies ou non, définies dans S, continues dans S et telles que les ensembles $\overset{-1}{f}(-\infty)$ et $\overset{-1}{f}(+\infty)$ soient rares dans S (*Intégr.*, chap. II, § 1, exerc. 13 *g*)). Montrer que pour toute mesure $\mu > 0$ sur S, il existe des fonctions f de $\mathcal{C}_0(S)$ dont l'intégrale supérieure est infinie (remarquer que pour toute partie fermée rare N de S, il existe une fonction de $\mathcal{C}_0(S)$ égale à $+\infty$ dans N; montrer alors qu'on peut se borner à considérer le cas où la mesure μ est normale et définir f convenablement comme borne supérieure d'une suite de fonctions de $\mathcal{C}(S)$).

b) Soit G le sous-groupe ordonné de $\mathcal{C}_0(S)$ formé des fonctions de $\mathcal{C}_0(S)$ dont les valeurs sont dans $\mathbf{Z}$ ou $\pm\infty$. Montrer que G est complètement réticulé et n'est isomorphe (en tant que groupe ordonné) à aucun sous-groupe d'un groupe produit $\mathbf{R}^I$.

c) Soient K un corps, $A_0 = K[[X_s]]_{s \in S}$ l'anneau des séries formelles à coefficients dans K, par rapport à la famille d'indéterminées (X_s) ayant l'espace S comme ensemble d'indices (*Alg.*, chap. IV, § 5, exerc. 1). Soit $\mathfrak{b}$ l'ensemble des séries formelles $P \in A_0$ ayant la propriété suivante : il existe un ensemble *rare* $N \subset S$ tel que tout monôme de P dont le coefficient est $\neq 0$ contienne un X_s pour lequel $s \in N$. Montrer que $\mathfrak{b}$ est un idéal de A_0 et que l'anneau $A = A_0/\mathfrak{b}$ est intègre et complètement intégralement clos (pour prouver ce dernier point, appliquer le chap. V, § 1, nº 4, prop. 14, en raisonnant comme dans le chap. V, § 1, exerc. 10; on utilisera aussi le fait que dans S tout ensemble maigre est rare).

d) Soit f un élément $\geqslant 0$ du groupe G, et soit N l'ensemble rare des points où $f(s) = \pm\infty$. Soit p_f l'élément de A image de la série formelle $\prod_{s \notin N} (1 + X_s)^{f(s)}$; l'application $f \to p_f$ est un isomorphisme du monoïde additif G_+ sur un sous-monoïde multiplicatif de A. En déduire que A ne peut être intersection d'une famille d'anneaux de valuation de hauteur 1 pour son corps des fractions (montrer que cela entraînerait que G est isomorphe à un sous-groupe d'un produit $\mathbf{R}^{I}$). (Cf. exerc. 8 et 9).

¶ 7) On dit qu'un anneau local intègre A est de *dimension* 1 si A n'est pas un corps et s'il n'y a aucun idéal premier de A distinct de (0) et de l'idéal maximal $\mathfrak{m}$ de A. Pour tout idéal $\mathfrak{a}$ de A, on désigne par $A : \mathfrak{a}$ le sous-A-module du corps des fractions de A, transporteur de $\mathfrak{a}$ dans A (qui contient toujours A). Dans ce qui suit, A est supposé de dimension 1.

a) Montrer que si A est fortement laskérien (chap. IV, § 2, exerc. 28), on a $A : \mathfrak{m} \neq A$. (Dans le cas contraire, remarquer que l'on aurait $A : \mathfrak{m}^r = A$ pour tout entier $r > 0$; d'autre part, tout idéal $\neq 0$ de A et contenu dans $\mathfrak{m}$ est $\mathfrak{m}$-primaire, et il en est ainsi en particulier de tout idéal principal $Ax \subset \mathfrak{m}$ (avec $x \neq 0$); noter enfin que l'on a $\mathfrak{m}^h \neq \mathfrak{m}^k$ pour $h \neq k$ (chap. IV, § 2, exerc. 29 *d*))).

b) Montrer que pour un anneau local intègre A de dimension 1 et fortement laskérien, les propriétés suivantes sont équivalentes:

α) A est complètement intégralement clos.

β) L'idéal maximal $\mathfrak{m}$ est principal.

γ) Tout idéal $\mathfrak{m}$-primaire est de la forme $\mathfrak{m}^k$.

δ) L'idéal $\mathfrak{m}$ est inversible (chap. II, § 5, nº 6), ce qui équivaut à $\mathfrak{m}.(A : \mathfrak{m}) = A$.

ε) A est un anneau de valuation discrète.

(Pour montrer que α) entraîne δ), utiliser *a*), et observer que si $\mathfrak{m}.(A : \mathfrak{m})^k = \mathfrak{m}$ pour tout $k > 0$, A n'est pas complètement intégralement clos (cf. chap. VII, § 1, exerc. 4). Pour voir que δ) entraîne γ), remarquer que pour tout idéal $\mathfrak{a} \neq 0$ contenu dans $\mathfrak{m}$, on peut alors écrire $\mathfrak{a} = \mathfrak{m}\mathfrak{a}_1$ avec $\mathfrak{a}_1 \neq 0$, et utiliser le chap. IV, § 2, exerc. 29 *d*). Enfin, pour voir que γ) entraîne β), observer que $\mathfrak{m} \neq \mathfrak{m}^2$ et que γ) entraîne que $\mathfrak{m}/\mathfrak{m}^2$ est un $(A/\mathfrak{m})$-espace vectoriel de dimension 1).

c) Montrer, avec les notations du chap. III, § 3, exerc. 15 *b*), que l'anneau local $A_{\mathfrak{m}}$ est noethérien, intègre, de dimension 1, mais non intégralement clos.

d) Soient K un corps algébriquement clos, A le sous-anneau du corps K(X, Y) des fractions rationnelles en deux indéterminées sur K, formé des éléments $f \in K(X, Y)$ tels que 0 soit substituable à X dans f et que $f(0, Y)$ appartienne à K. Montrer que A est un anneau local fortement laskérien, de dimension 1 et intégralement clos, mais qu'il n'est pas complètement intégralement clos. (Si B est l'anneau de polynômes K[X, Y], $\mathfrak{p}$ l'idéal premier BX de B, noter que A est le sous-anneau de $B_{\mathfrak{p}}$ égal à $K + \mathfrak{p}B_{\mathfrak{p}}$) (*).

¶ 8) Soient A un anneau local intègre de dimension 1 (exerc. 7), K son corps des fractions. Montrer que pour que A soit intersection

(*) On peut donner des exemples d'anneaux locaux de dimension 1, qui sont *complètement intégralement clos*, mais ne sont pas des anneaux de valuation (cf. P. Ribenboim, Sur une note de Nagata relative à un problème de Krull, *Math. Zeitsch.*, t. LXIV (1956), pp. 159-168).

d'anneaux de valuation (pour K) de hauteur 1, il faut et il suffit que A soit complètement intégralement clos. On prouvera successivement que :

a) Un sous-anneau de K contenant A et l'inverse d'un élément $\neq 0$ de l'idéal maximal $\mathfrak{m}$ de A est égal à K (utiliser le fait que tout idéal de A, distinct de 0 et de A, est $\mathfrak{m}$-primaire).

b) Si $B \supset A$ est un sous-anneau de K distinct de K, il existe un anneau de valuation V, de hauteur 1, tel que $B \subset V$ (utiliser *a*)).

c) Soit $z \in K - A$; montrer qu'on ne peut avoir $z\mathfrak{m} \subset \mathfrak{m}$ en raisonnant comme dans l'exerc. 7 *b*). En déduire qu'il existe un anneau de valuation V de hauteur 1 tel que $A \subset V$ et $z \notin V$. (Si $z\mathfrak{m} \subset A$, utiliser *a*); sinon, il y a un $x \in \mathfrak{m}$ tel que $xy = z \in K - A$; observer que $z \notin A[z^{-1}]$ et utiliser *b*) pour montrer l'existence de V).

¶ 9) Soit A un anneau intègre, complètement intégralement clos et laskérien (chap. IV, § 2, exerc. 23). On suppose en outre que, pour tout $x \neq 0$ dans A, les idéaux premiers $\mathfrak{p}_i$ faiblement associés à A/Ax (chap. IV, § 1, exerc. 17) sont tous de *hauteur* 1, c'est-à-dire que pour tout *i*, $\mathfrak{p}_i$ ne contient aucun idéal premier distinct de lui-même et de 0 (cf. chap. VII, § 1, n° 6). Montrer que dans ces conditions A est intersection d'anneaux de valuation de hauteur 1. (Montrer d'abord que A est l'intersection de tous les anneaux $A_{\mathfrak{p}}$, où $\mathfrak{p}$ parcourt l'ensemble des idéaux premiers de hauteur 1, en utilisant l'exerc. 17 *i*) du chap. IV, § 1. Prouver ensuite que ces anneaux locaux $A_{\mathfrak{p}}$ sont complètement intégralement clos, en utilisant la condition (LA_I) du chap. IV, § 2, exerc. 23. Appliquer enfin l'exerc. 8). Les hypothèses précédentes sont en particulier remplies lorsque A est un anneau intègre laskérien, complètement intégralement clos, et dans lequel tout idéal admet une seule décomposition primaire (chap. IV, § 2, exerc. 26).

¶ 10) Soit A un anneau dans lequel l'ensemble des idéaux principaux est totalement ordonné par inclusion.

a) Montrer que A est un anneau local, dans lequel le nilradical $\mathfrak{N}$ est un idéal premier. Montrer que, ou bien $\mathfrak{N}^2 = \mathfrak{N}$, ou bien $\mathfrak{N}$ est nilpotent; l'anneau $A/\mathfrak{N}$ est un anneau de valuation.

b) Si $\mathfrak{L}$ est l'ensemble totalement ordonné des idéaux principaux de A, montrer que l'ensemble des idéaux de A est totalement ordonné par inclusion et est isomorphe à l'*achèvement* de l'ensemble $\mathfrak{L}$ (*Ens.*, chap. III, § 1, exerc. 15).

c) On suppose que $\mathfrak{N}^2 = 0$; alors $\mathfrak{N}$ peut être considéré comme module sur l'anneau de valuation $V = A/\mathfrak{N}$; soient K le corps des fractions de V, Γ le groupe des ordres d'une valuation v de K correspondant à V; montrer qu'il existe dans Γ deux ensembles majeurs $M \subset M'$ tels que $\mathfrak{N}$ soit un V-module isomorphe à $\mathfrak{a}(M')/\mathfrak{a}(M)$ (notations du § 3, n° 4).

d) Réciproquement, étant donnés un anneau de valuation V de corps des fractions K et de groupe des ordres Γ, ainsi que deux ensembles majeurs $M \subset M'$ dans Γ, on pose $Q = \mathfrak{a}(M')/\mathfrak{a}(M)$ et sur le groupe additif produit $A = V \times Q$, on définit une multiplication en posant

$$(z, t)(z', t') = (zz', zt' + z't);$$

montrer que dans A l'ensemble des idéaux principaux est totalement ordonné par inclusion; l'ensemble $\mathfrak{N}$ des couples $(0, t)$ où $t \in Q$ est le nilradical de A, on a $\mathfrak{N}^2 = 0$, et $A/\mathfrak{N}$ est isomorphe à V.

e) Pour tout nombre premier p, l'anneau $A = \mathbf{Z}/p^2\mathbf{Z}$ est tel que l'ensemble des idéaux principaux de A soit totalement ordonné par inclusion, et le nilradical $\mathfrak{N}$ de A est tel que $\mathfrak{N}^2 = 0$; mais montrer que l'anneau A n'est pas isomorphe à l'anneau construit (à partir de $V = A/\mathfrak{N}$ et de $Q = \mathfrak{N}$) suivant la méthode de *d*) (noter que A ne contient pas de sous-anneau isomorphe à $\mathbf{Z}/p\mathbf{Z}$).

f) Montrer que pour tout nombre premier p, l'algèbre A du groupe U_p (*Alg.*, chap. VII, § 2, exerc. 3) par rapport au corps premier $\mathbf{F}_p$, est un anneau dans lequel les idéaux principaux forment un ensemble totalement ordonné par inclusion et le nilradical $\mathfrak{N}$ est tel que $\mathfrak{N}^2 = \mathfrak{N}$, mais A n'est pas isomorphe au quotient d'un anneau de valuation par un idéal.

11) Soit K un corps muni d'une valuation v de hauteur 1.

a) Soit $P(X) = a_0X^n + a_1X^{n-1} + \cdots + a_n$ un polynôme de K[X] de degré $n > 1$ et tel que $a_n \neq 0$; montrer qu'il existe une suite strictement croissante $(i_k)_{0 \leqslant k \leqslant r}$ d'entiers de l'intervalle $[0, n]$ telle que : 1° $i_0 = 0$, $i_r = n$; 2° $v(a_{i_k})$ est fini pour $0 \leqslant k \leqslant r$; 3° pour tout indice j tel que $0 \leqslant j \leqslant n$, distinct des i_k, tel que $v(a_j)$ soit fini, le point

$$(j, v(a_j)) \in \mathbf{R}^2$$

est au-dessus de la droite passant par les points $(i_k, v(a_{i_k}))$ et $(i_{k+1}, v(a_{i_{k+1}}))$ et strictement au-dessus de cette droite si $j < i_k$ ou si $j > i_{k+1}$. On dit que la réunion des segments joignant les points $(i_k, v(a_{i_k}))$ et $(i_{k+1}, v(a_{i_{k+1}}))$ est le *polygone de Newton* de P, les segments précédents en sont appelés les *côtés* et les points $(i_k, v(a_{i_k}))$ les *sommets*.

b) On suppose que tous les zéros de P appartiennent à K. Montrer que pour que les valuations de tous les zéros de P soient les mêmes, il faut et il suffit que $r = 1$ (autrement dit, que le polygone de Newton se réduise à *un seul côté*). (Pour montrer que la condition est suffisante, considérer le polygone de Newton d'un produit P_1P_2 où tous les zéros de P_1 sont inversibles dans l'anneau de v, tandis que tous ceux de P_2 appartiennent à l'idéal de v).

c) On suppose que tous les zéros de P appartiennent à K; on forme le polygone de Newton de P et on pose

$$\rho_k = i_{k+1} - i_k, \quad \sigma_k = (v(a_{i_{k+1}}) - v(a_{i_k}))/\rho_k,$$

Montrer que, pour $0 \leqslant k \leqslant r - 1$, P admet exactement ρ_k zéros (comptés avec leur ordre de multiplicité) dont les valuations sont toutes égales à σ_k (utiliser *b*), et raisonner par récurrence sur r).

d) Généraliser au cas d'une valuation quelconque v (on plongera le groupe Γ des ordres de v dans le $\mathbf{Q}$-espace vectoriel $\Gamma_{(\mathbf{Q})}$, qui est muni naturellement d'une structure de groupe totalement ordonné).

§ 5.

¶ 1) Soient A un anneau intègre, K son corps des fractions, $\mathcal{T}$ une topologie linéaire sur A (chap. III, § 2, exerc. 21).

a) Pour que les voisinages de 0 pour $\mathcal{T}$ constituent un système fondamental de voisinages de 0 pour une topologie $\mathcal{T}_K$ compatible avec la structure d'anneau de K, il faut et il suffit que $\mathcal{T}$ soit la topologie $\mathcal{T}_u(A)$ (chap. III, § 2, exerc. 24); alors A est une partie bornée pour $\mathcal{T}_K$ et $\mathcal{T}_K$ est une topologie séparée localement bornée (*Top. gén.*, chap. III, 3e éd., § 6, exerc. 12 et 20 *e*)). Pour que K soit complet (resp. linéairement compact, resp. strictement linéairement compact (chap. III, § 2, exerc. 21)) pour $\mathcal{T}_K$, il faut et il suffit que A le soit pour $\mathcal{T}$.

b) Pour que la topologie $\mathcal{T}_K$ (où $\mathcal{T} = \mathcal{T}_u(A)$) soit compatible avec la structure de corps de K, il faut et il suffit que le radical $\mathfrak{R}(A)$ de A soit $\neq 0$.

¶ 2) Soient K un corps (commutatif), $\mathcal{T}$ une topologie séparée non discrète sur K, compatible avec la structure d'anneau de K. Pour que la topologie $\mathcal{T}$ soit définie par une valuation de K ou une valeur absolue sur K, il faut et il suffit que $\mathcal{T}$ soit localement rétrobornée (*Top. gén.*, chap. III, 3e éd., § 6, exerc. 22. S'il existe dans K des éléments topologiquement nilpotents, utiliser l'exerc. 22 *d*) de *Top. gén.*, chap. III, 3e éd., § 6 et l'exerc. 13 de *Top. gén.*, chap. IX, 2e éd., § 3. Dans le cas contraire, utiliser l'exerc. 22 *f*) de *Top. gén.*, chap. III, 3e éd., § 6).

¶ 3) Soient A un anneau noethérien intègre, K son corps des fractions, $\mathcal{T}_u$ la topologie $\mathcal{T}_u(A)$ sur A, $\mathcal{T}_K$ la topologie correspondante sur K (exerc. 1).

a) Si A est un anneau de Zariski de radical $\mathfrak{r} \neq 0$ et si A est complet pour la topologie $\mathfrak{r}$-adique, montrer que A est complet pour la topologie $\mathcal{T}_u$ (*Top. gén.*, chap. III, 3e éd., § 3, no 5, cor. 2 de la prop. 9).

b) On suppose que $\mathcal{T}_K$ est non discrète et est définie par une valuation v de K. Montrer alors que v est une valuation discrète et que A est un sous-anneau ouvert de l'anneau V de v; réciproque. (En utilisant l'hypothèse, qui entraîne $A \neq K$, et la prop. 1 du § 4, no 1, on peut supposer que $A \subset V$. En utilisant le fait que A est ouvert pour $\mathcal{T}_K$, montrer que V est un A-module de type fini et conclure à l'aide du § 3, no 5, prop. 9. Pour la réciproque, on observera que A est un anneau local dont l'idéal maximal $\mathfrak{m}$ et (0) sont les seuls idéaux premiers, et dans lequel tout idéal $\mathfrak{a} \neq 0$ est par suite $\mathfrak{m}$-primaire). La clôture intégrale de A est alors V. Donner un exemple où $A \neq V$ (prendre pour V un anneau de séries formelles $k[[T]]$, où k est un corps).

c) En déduire un exemple de corps topologique complet non discret, dont la topologie n'est pas localement rétrobornée (utiliser *b*) et l'exerc. 2).

4) Soient V une valuation sur un corps K, A l'anneau de v, $\mathfrak{m}$ son idéal maximal.

a) Pour que la topologie définie par v sur A soit identique à la topologie $\mathfrak{m}$-adique, il faut et il suffit que A soit un corps ou un anneau de valuation discrète.

b) Pour que la topologie définie par v fasse de A un anneau strictement linéairement compact (chap. III, § 2, exerc. 21), il faut et il suffit que A soit un corps ou un anneau de valuation discrète (utiliser *a*) et le chap. III, § 2, exerc. 22 *a*)).

5) *a*) Soient K un corps, v une valuation sur K, Γ le groupe des ordres de v. Pour que K soit linéairement compact (chap. III, § 2, exerc. 15) pour la topologie $\mathcal{C}_v$, il faut et il suffit que pour toute partie *bien ordonnée* B de Γ et toute famille $(a_\beta)_{\beta \in B}$ d'éléments de K telle que, pour $\lambda < \mu < \nu$, on ait $v(a_\lambda - a_\mu) < v(a_\mu - a_\nu)$, il existe un élément $a \in K$ tel que $v(a - a_\lambda) = v(a_\lambda - a_\mu)$ pour tout couple d'indices λ, μ tels que $\mu > \lambda$. (Utiliser l'exerc. 4 de *Ens.*, chap. III, 2e éd., § 2). Lorsqu'il en est ainsi, l'anneau A de la valuation v est aussi linéairement compact pour la topologie discrète.

b) Montrer que le corps $S(\Gamma, k) = K$ défini au § 3, exerc. 2, est linéairement compact pour $\mathcal{C}_v$. On prend pour Γ le groupe totalement ordonné $\mathbf{Q}$ des nombres rationnels, et l'on considère le sous-anneau K_0 de K formé des $x = (x_\alpha)$ tels que l'ensemble des $\alpha \in \mathbf{Q}$ pour lesquels $x_\alpha \neq 0$ soit fini ou soit l'ensemble des points d'une suite strictement croissante tendant vers $+\infty$. Montrer que K_0 est un corps qui est complet pour la valuation v_0 induite par la valuation canonique v de K, et que v_0 a même groupe des valeurs et même corps résiduel que v, mais que K_0 n'est pas linéairement compact (cf. § 10, exerc. 2).

¶ 6) *a*) Soient A un anneau de valuation, M un A-module, M′ un sous-module de M. Montrer que pour que M′ soit un sous-module *pur* de M (chap. I, § 2, exerc. 24), il faut et il suffit que pour tout $\alpha \in A$, on ait $M' \cap (\alpha M) = \alpha M'$.

b) Soit M′ un sous-module pur de M, tel que, si l'on munit M′ de la topologie dont les $\alpha M'$ (où $\alpha \in A$, $\alpha \neq 0$) forment un système fondamental de voisinages de 0, M′ soit linéairement compact. Montrer que pour tout élément $x \in M$, il existe un $y' \in M'$ tel que $x' = x + y'$ ait la propriété suivante : pour tout $\alpha \in A$ tel que $x + M' \in \alpha(M/M')$, on a $x' \in \alpha M$. (Pour chacun des $\alpha \in A$ tels que $x + M' \in \alpha(M/M')$, considérer la partie S_α de M′ formée des y'_α tels que $x + y'_\alpha \in \alpha M$).

c) On suppose que A soit un anneau de valuation linéairement compact; soit K le corps des fractions de A. Montrer que si M est un A-module sans torsion tel que $M_{(K)}$ admette une base dénombrable, M est somme directe d'une famille dénombrable de A-modules de rang 1. (Considérer M comme réunion d'une suite croissante (M'_i) de sous-modules purs tels que M'_i soit de rang i, et pour chaque i, appliquer *b*) à M'_i et à son sous-module M'_{i-1}).

d) Les hypothèses sur A et M étant les mêmes que dans *c*), soit N un sous-module pur de M, de rang fini. Montrer que N est facteur direct de M (observer que tout A-module qui est somme directe d'un nombre fini de A-modules de rang 1 est linéairement compact et utiliser *b*)).

e) Les hypothèses sur M et M′ étant celles de *b*), montrer que pour tout $x \in M$, il existe $y' \in M'$ tel que l'annulateur de $x' = x + y'$ soit égal à l'annulateur de l'élément $x + M' \in M/M'$. (Soit $\mathfrak{a}$ l'annulateur de $x + M'$; pour tout $\alpha \in \mathfrak{a}$, soit T_α la partie de M′ formée des y' tels que $\alpha(x + y') = 0$; montrer que l'intersection des T_α n'est pas vide).

f) On suppose que A soit un anneau de valuation tel que pour tout idéal $\mathfrak{a} \neq 0$, le A-module $A/\mathfrak{a}$ soit linéairement compact (pour la topologie discrète). Montrer que tout A-module de torsion de type fini M est somme directe d'un nombre fini de A-modules monogènes. (Si $(z_i)_{1 \leqslant i \leqslant n}$ est un système de générateurs de M, raisonner par récurrence sur n, en considérant un des z_i dont l'annulateur est le plus petit et en remarquant que le sous-module de M qu'il engendre est pur).

¶ 7) Soient K un corps, v une valuation discrète sur K telle que K soit *complet* pour $\mathcal{T}_v$; on désigne par A et $\mathfrak{p}$ l'anneau et l'idéal de v, par $U = A - \mathfrak{p}$ l'ensemble des éléments inversibles de A. Soit u un isomorphisme de K sur un sous-corps de K.

a) Montrer que l'on a $u(\mathfrak{p}) \subset A$ et $u(U) \subset U$. (Pour prouver le premier point, observer que pour tout $z \in \mathfrak{p}$ l'équation $x^n = 1 + z$ admet une solution dans A pour tout $n > 0$ étranger à la caractéristique du corps résiduel de v en utilisant le lemme de Hensel; si l'on avait $v(u(z)) < 0$, en déduire que l'entier $v(u(z))$ devrait être divisible par tout entier $n > 0$ étranger à la caractéristique du corps résiduel de v. Déduire alors la seconde assertion de la première).

b) Déduire de *a*) que, ou bien $u(K^*) \subset U$, ou bien u est continu (considérer l'image par u d'une uniformisante de v).

c) Donner un exemple de corps algébriquement clos Ω tel qu'en prenant $K = \Omega((X))$, K soit isomorphe à un sous-corps de K contenu dans $U \cup \{0\}$ (cf. *Alg.*, chap. V, § 5, exerc. 13).

¶ 8) *a*) Soient K un corps, v une valuation de hauteur 1 sur K, A son anneau. Soient H une partie compacte de K (pour la topologie $\mathcal{T}_v$), $a \neq 0$ un point de K. Montrer qu'il existe un polynôme $f \in K[X]$ sans terme constant et tel que $f(a) = 1$, $f(H) \subset A$. (Prouver qu'on peut prendre pour f un polynôme de la forme

$$1 - (1 - a^{-1}X)(1 - c_1^{-1}X)^{n(1)} \ldots (1 - c_r^{-1}X)^{n(r)}$$

où les c_i sont des éléments de H tels que $v(c_i) < v(a)$, convenablement choisis, et les $n(i)$ des entiers > 0 assez grands).

b) Soit X un espace compact totalement discontinu; on munit l'anneau $\mathcal{C}(X; K)$ des applications continues de X dans K de la topologie de la convergence uniforme. Soit B un sous-anneau de $\mathcal{C}(X; K)$ contenant les constantes et séparant les points de X; montrer que B est dense dans $\mathcal{C}(X; K)$ (Utiliser *a*) et *Top. gén.*, chap. X, 2e éd., § 4, exerc. 21 *b*)).

¶ 9) Soient A un anneau de valuation discrète, π une uniformisante de A, K le corps des fractions de A; on suppose A *complet* pour la topologie π-adique. Les A-modules injectifs (*Alg.*, chap. II, 3e éd., § 2, exerc. 11) sont identiques aux A-modules divisibles (*Alg.*, chap. VII, § 2, exerc. 3) et sont sommes directes de A-modules isomorphes soit à K, soit à K/A (*Alg.*, chap. VII, § 2, exerc. 3). En outre, tout A-module monogène est isomorphe à un sous-module de K/A. On appelle *dual torique (algébrique)* d'un A-module M le A-module $\mathrm{Hom}_A(M, K/A)$, que l'on note M^*; l'application canonique $c_M : M \to M^{**}$ est injective (*Alg.*, chap. II, 3e éd., § 2, exerc. 13 *b*)). Pour tout sous-module N de M, le sous-module N^0 de M^* formé des u tels que $u(x) = 0$, est appelé l'*orthogonal* de N dans M^*; le dual de M/N s'identifie canoniquement à N^0 et le dual de N à M^*/N^0. Le dual torique d'une limite inductive $\varinjlim M_\alpha$ est canoniquement isomorphe à la limite projective $\varprojlim M_\alpha^*$.

a) On sait que les A-modules de rang un (*Alg.*, chap. VII, § 4, exerc. 22) sont isomorphes à un module de l'une des formes A, K, K/A ou $A/\pi^h A$. Montrer que les duals toriques algébriques de K ou de $A/\pi^h A$ leur sont respectivement isomorphes, que le dual torique de A est isomorphe à K/A et que celui de K/A est isomorphe à A (on utilisera la connaissance des sous-A-modules de K et le fait que A est complet (pour le dual de K/A)). En déduire que pour tout A-module M de rang fini, M^* est un module de même rang et que l'homomorphisme canonique c_M est bijectif.

b) Soient M un A-module, N un sous-module de rang fini de M. Montrer que l'orthogonal de N^0 dans M^{**} s'identifie (par c_M) à N (utiliser *a*)).

c) Montrer qu'un A-module M qui est noethérien (resp. artinien) est de rang fini (plonger M dans son enveloppe injective (*Alg.*, chap. II, 3e éd., § 2, exerc. 18)); alors M^* est artinien (resp. noethérien).

d) On désigne par $\sigma(M^*, M)$ la topologie (sur M^*) de la convergence simple dans M (K/A étant muni de la topologie discrète). Montrer que si N est un sous-module de M, $\sigma(N^0, M/N)$ est induite sur N^0 par $\sigma(M^*, M)$, et que $\sigma(M^*/N^0, N)$ est quotient par N^0 de la topologie $\sigma(M^*, M)$. (Pour le second point, on notera que si P est un sous-module de M tel que $N \subset P$, le dual de P/N s'identifie à N^0/P^0). Si $M = \varinjlim M_\alpha$, la topologie $\sigma(M^*, M)$ est limite projective des topologies $\sigma(M_\alpha^*, M_\alpha)$.

e) Les topologies $\sigma(K, K)$ et $\sigma(A, K/A)$ sont les topologies π-adiques; les topologies $\sigma(A/\pi^h A, A/\pi^h A)$ et $\sigma(K/A, A)$ sont les topologies discrètes. En déduire que pour tout A-module M, le module M^*, muni de $\sigma(M^*, M)$ est *linéairement compact* (chap. III, § 2, exerc. 15; on considérera M comme module quotient d'un A-module libre).

f) Soient M, N deux A-modules; pour tout homomorphisme u : $M \to N$, on note ${}^t u$ l'homomorphisme $\mathrm{Hom}(u, 1_{K/A})$ de N^* dans M^*, tel que $({}^t u(w))(x) = w(u(x))$ pour tout $x \in M$ et tout $w \in N^*$; montrer que ${}^t u$ est continu pour les topologies $\sigma(N^*, N)$ et $\sigma(M^*, M)$. Si u est l'endomorphisme $x \to \pi x$ de M, ${}^t u$ est l'endomorphisme $w \to \pi w$ de M^*. Pour tout sous-module P de M, on a $(u(P))^0 = {}^t u^{-1}(P^0)$.

¶ 10) Les hypothèses et notations sont celles de l'exerc. 9.

a) Si M est un A-module *topologique* discret, montrer que M est un module de torsion. Si de plus M est linéairement compact, montrer que M est artinien (si N est le noyau de l'endomorphisme $x \to \pi x$, observer que N est linéairement compact et discret, et peut être considéré comme $(A/\pi A)$-espace vectoriel; utiliser alors l'exerc. 20 *d*) du chap. II, § 2).

b) Déduire de *a*) que tout A-module topologique linéairement compact est strictement linéairement compact (chap. II, § 2, exerc. 19).

c) On appelle *dual torique topologique* d'un A-module topologique M le sous-module M' du dual torique algébrique M^*, formé des homomorphismes continus de M dans K/A (ce dernier étant muni de la topologie discrète). Si la topologie de M est linéaire (chap. II, § 2, exerc. 14) et si N est un sous-module fermé de M, montrer que le dual torique topologique de M/N s'identifie à $N^0 \cap M'$ et celui de N à $M'/(N^0 \cap M')$ (pour déterminer le dual de N, remarquer que, pour tout homomorphisme continu u de N dans K/A, il existe un sous-module ouvert U de M tel que $u(x) = 0$ dans $N \cap U$, puis utiliser l'exerc. 9).

d) Pour un A-module topologique M de rang fini, le dual torique topologique M' est égal au dual torique algébrique M^* (se ramener au cas des modules de rang un).

e) Soit M un A-module topologique séparé dont la topologie est linéaire; montrer que pour tout $x \neq 0$ dans M, il existe un $u \in M'$ tel que $u(x) \neq 0$ (remarquer qu'il existe un sous-module ouvert U de M tel que $x \notin U$); autrement dit, l'application canonique $M \rightarrow (M')^*$ est injective. En déduire que si N est un sous-module fermé de M, $N^0 \cap M'$ est dense dans N^0 pour la topologie $\sigma(M^*, M)$ (utiliser *d*)), et par suite on a $N = M \cap (N^0 \cap M')^0$ dans M^{**}.

Montrer que M est dense dans $(M')^*$ pour la topologie $\sigma((M')^*, M')$.

f) Soit M un A-module topologique linéairement compact; montrer que l'injection canonique $M \rightarrow (M')^*$ est une *bijection*, et que la topologie de M (identifié à $(M')^*$) est égale à $\sigma(M, M')$. (Observer que si U est un sous-module ouvert de M, M/U est artinien par *a*), et par suite U^0 est noethérien (exerc. 9 *c*)), et en déduire l'identité des topologies considérées sur M; terminer à l'aide de *e*)).

g) Soient M, N deux A-modules topologiques dont les topologies sont linéaires; pour tout homomorphisme *continu* $u : M \rightarrow N$, on a ${}^t u(N') \subset M'$, et l'on désigne encore par ${}^t u$ (par abus de notation) l'application linéaire de N' dans M' ayant même graphe que ${}^t u$. Si M et N sont séparés, montrer que la restriction à M de ${}^t({}^t u)$ coïncide avec u (M et N étant respectivement considérés comme plongés canoniquement dans $(M')^*$ et $(N')^*$); en outre, pour tout sous-module fermé Q de N, on a $(u^{-1}(Q))^0 \cap M' = {}^t u(Q^0)$ (utiliser *e*)).

h) Soit M un A-module linéairement compact; déduire de *g*) et de l'exerc. 9 *f*) que, pour que M soit sans torsion, il faut et il suffit que M' soit divisible, et pour que M soit divisible, il faut et il suffit que M' soit sans torsion.

§ 6.

¶ 1) Tout élément z du corps p-adique $\mathbf{Q}_p$ (p nombre premier) s'écrit d'une seule manière $p^h \sum_{k=0}^{\infty} c_k p^k$ avec $h \in \mathbf{Z}$, $c_0 \neq 0$, $0 \leqslant c_k < p$ pour tout $k \geqslant 0$ (« développement p-adique » de z).

a) Montrer que pour que $z \in \mathbf{Q}$, il faut et il suffit qu'il existe deux entiers $m \geqslant 0, n \geqslant 1$ tels que $c_{k+n} = c_k$ pour tout $k \geqslant m$. (Observer que si $z = a/b \in \mathbf{Q}$ où b n'est pas divisible par p, on a

$$a - b \sum_{k=0}^{n} c_k p^k = a_{n+1} p^{n+1}$$

où a_{n+1} est un entier, et la suite des $|a_k|$ (valeur absolue ordinaire) est bornée).

b) On suppose que la suite croissante (k_n) des entiers k tels que $c_k \neq 0$ soit telle que $\limsup_{n\to\infty} (k_{n+1}/k_n) = +\infty$. Montrer que z est transcendant sur $\mathbf{Q}$. (Pour $x \in \mathbf{Q}$, on désigne respectivement par $|x|$ et $|x|_p$ la valeur absolue usuelle et une valeur absolue p-adique. Supposons que $\mathrm{P} \in \mathbf{Z}[\mathrm{X}]$ soit un polynôme irréductible tel que $\mathrm{P}(z) = 0$; si $z_n = p^h \sum_{k=0}^{\infty} c_k p^k$, montrer que $|\mathrm{P}(z_n)/(z - z_n)|_p$ tend vers une limite $\neq 0$ lorsque n tend vers $+\infty$, en utilisant la formule de Taylor; obtenir alors une contradiction avec l'hypothèse en considérant les valeurs absolues usuelles $|\mathrm{P}(z_n)|$).

2) Soient D un corps non commutatif de caractéristique $\neq 2$, et Z son centre. On suppose que tout sous-corps commutatif K de D contenant Z est de degré $\leqslant 2$ sur Z.

a) Montrer sans utiliser le lemme 1, que $[\mathrm{D} : \mathrm{Z}] = 4$. (Soit $a \in \mathrm{D} - \mathrm{Z}$ tel que $a^2 \in \mathrm{Z}$ et soit $\sigma(x) = axa^{-1}$ pour tout $x \in \mathrm{D}$; remarquer que D se décompose en somme directe de deux sous-espaces vectoriels sur Z, D_+ et D_-, tels que $\sigma(x) = x$ dans D_+, $\sigma(x) = -x$ dans D_-; noter aussi que D_+ est un sous-corps de D et D_- un espace vectoriel de dimension 1 sur D_+; enfin, montrer que D_+ ne peut être distinct de $\mathrm{Z}(a)$).

b) Montrer que D est une algèbre de quaternions sur Z. (Former une base de D sur Z à l'aide de a).

§ 7.

1) Soit $(\varphi_\iota)_{\iota \in \mathrm{I}}$ une famille de places d'un corps K, prenant leurs valeurs dans un nombre fini de corps; on suppose en outre que pour un $x \in \mathrm{K}$, l'ensemble des $\varphi_\iota(x)$ soit fini. Montrer qu'il existe un polynôme $f(\mathrm{X})$ de la forme (1) du nº 1 tel que $f(x) \neq 0$ et que l'élément $z = f(x)^{-1}$ jouisse des propriétés suivantes: (i) $\varphi_\iota(x) = \infty$ implique $\varphi_\iota(xz) = 0$ et $\varphi_\iota(z) = 0$; (ii) $\varphi_\iota(x) \neq \infty$ implique $\varphi_\iota(xz) \neq \infty$ et $\varphi_\iota(z) \neq 0$. (Même démonstration que pour le lemme 1).

2) Les hypothèses et notations étant celles de la prop. 1 du nº 1, soit $\mathfrak{q}$ un idéal premier de B; montrer que $\mathrm{B}_{\mathfrak{q}}$ est un anneau de valuation.

3) Soient $\mathrm{A}_i (1 \leqslant i \leqslant n)$ des anneaux de valuation deux à deux indépendants pour un corps K, et soit $\mathrm{A} = \bigcap_i \mathrm{A}_i$. Pour tout i, soit $\mathfrak{a}_i$

un idéal $\neq 0$ de A_i, et posons $\mathfrak{a} = \bigcap_i \mathfrak{a}_i$; montrer que pour tout i, on a $\mathfrak{a}_i = A_i\mathfrak{a}$. Inversement, si $\mathfrak{b}$ est un idéal $\neq 0$ de A et si l'on pose $\mathfrak{b}_i = A_i\mathfrak{b}$, on a $\mathfrak{b} = \bigcap_i \mathfrak{b}_i$ (utiliser le th. 1 du nº 2).

§ 8.

1) Soient K un corps, $A = K[[X, Y, Z]]$ l'anneau de séries formelles à trois indéterminées sur K; soit v' (resp. v'') la valuation sur A à valeurs dans le groupe $\mathbf{Z} \times \mathbf{Z}$ ordonné lexicographiquement, telle que $v'(X) = (1, 0)$, $v'(Y) = (0, 1)$, $v'(P(Z)) = (0, 0)$ pour tout $P \neq 0$ dans $K[[Z]]$ (resp. $v''(X) = (1, 0)$, $v''(Q(Y)) = (0, 0)$ pour tout $Q \neq 0$ dans $K[[Y]]$, $v''(Z) = (0, 1)$). Soit σ l'automorphisme de A laissant invariants les éléments de K et X, et tel que $\sigma(Y) = Z$, $\sigma(Z) = Y$; si B est le sous-anneau de A formé des éléments invariants par σ, E (resp. F) le corps des fractions de A (resp. B), les valuations v' et v'' (étendues canoniquement à E) ont même restriction v à F, F est *complet* pour la topologie définie par v et E est une extension quadratique de F ; les deux valuations v', v'' sur E sont dépendantes mais non équivalentes.

2) Soit K_0 le corps obtenu par adjonction au corps 2-adique $\mathbf{Q}_2$ des racines de tous les polynômes $X^{2^n} - 2$; soit v l'unique valuation sur K_0 prolongeant la valuation 2-adique, et soit K le complété de K_0 pour v. Montrer que le polynôme $X^2 - 3$ est irréductible dans $K[X]$; soit K' le corps des racines de ce polynôme et soit v' le prolongement de v à K'; on a

$$n = [K' : K] = 2, \qquad e(v'/v) = f(v'/v) = 1.$$

3) Soit k le corps de fractions rationnelles $\mathbf{F}_p(X_n)_{n \in \mathbf{N}}$ à une infinité d'indéterminées sur le corps premier $\mathbf{F}_p$, et soit $K = k(U, V)$ le corps des fractions rationnelles à deux indéterminées sur k.

a) Montrer que l'élément $P(U) = \sum_{n=0}^{\infty} X_n^p U^{np}$ du corps de séries formelles $k((U))$ n'est pas algébrique sur le corps $k(U)$ des fractions rationnelles. L'application $F(U, V) \to F(U, P(U))$ de $k[U, V]$ dans $k((U))$ se prolonge en un isomorphisme de K sur un sous-corps de $k((U))$; la restriction à ce sous-corps de la valuation de $k((U))$ égale à l'ordre des séries formelles (§ 3, nº 3, *Exemple* 3) est une valuation discrète v sur K, dont le corps résiduel est k.

b) Soit K' l'extension algébrique $K(V^{1/p})$ de K, de sorte que $[K' : K] = p$; si v' est l'unique valuation pour K' prolongeant v, montrer que l'on a $e(v'/v) = f(v'/v) = 1$. L'anneau de la valuation v' n'est donc pas un module de type fini sur l'anneau de la valuation v.

4) Soient k un corps, $K = k(X, Y)$ le corps des fractions rationnelles à deux indéterminées sur k, v la valuation sur K à valeurs dans le groupe $\mathbf{Z} \times \mathbf{Z}$ ordonné lexicographiquement, telle que $v(X) = (0,1)$, $v(Y) = (1, 0)$. Soit K' le corps $K(\sqrt{X})$; montrer que v a un seul prolongement v' à K' et que l'on a $e(v'/v) = 2$,

$f(v'/v) = 1$, mais l'anneau de la valuation v' n'est pas un module de type fini sur l'anneau de la valuation v.

5) Soient K un corps, A un anneau de valuation pour K, L une extension algébrique de K de degré fini. Soit $A' \supset A$ un second anneau de valuation pour K; soient $A'_i (1 \leqslant i \leqslant m)$ les anneaux de valuation pour L tels que $A'_i \cap K = A'$, et soient k'_i leurs corps résiduels respectifs. Soient k le corps résiduel de A', A'' l'anneau de valuation pour k image canonique de A; soient enfin $A''_{ij} (1 \leqslant j \leqslant n_i)$ les anneaux de valuation pour k'_i tels que $A''_{ij} \cap k = A''$, et A_{ij} les images réciproques dans A'_i des $A''_{ij} (1 \leqslant i \leqslant m, 1 \leqslant j \leqslant n_i)$.

a) Montrer que les A_{ij} sont des anneaux de valuation pour L, deux à deux distincts, tels que $A_{ij} \cap K = A$, et que tout anneau de valuation B pour L tel que $B \cap K = A$ est égal à l'un des A_{ij}.

b) Montrer que l'on a

$$e(A_{ij}/A) = e(A'_i/A')e(A''_{ij}/A'') \quad \text{et} \quad f(A_{ij}/A) = f(A''_{ij}/A'').$$

¶ 6) Soient K un corps, v une valuation sur K, A l'anneau de v.

a) Supposons que A soit hensélien (chap. III, § 4, exerc. 3) auquel cas on dit aussi, par abus de langage, que K est *hensélien pour* v. Alors, pour toute extension algébrique L de K et toute valuation v' sur L prolongeant v, l'anneau A' de v' est hensélien (chap. III, § 4, exerc. 4).

b) Si K est complet pour v et v de hauteur 1, A est hensélien. Donner un exemple où K est complet pour v et v est de hauteur 2, mais A n'est pas hensélien (cf. exerc. 1).

c) Si K est *linéairement compact* pour v, montrer que K est hensélien. (Avec les notations de la condition (H) du chap. III, § 4, exerc. 3, on désigne par $\mathfrak{T}$ l'ensemble des idéaux premiers de A, ordonné (totalement) par inclusion, $\mathfrak{L}$ l'ensemble des couples $(\mathfrak{B}, \varphi)$, où $\mathfrak{B}$ est une partie bien ordonnée (pour la relation $\supset$) de $\mathfrak{T}$ et φ: $\mathfrak{p} \to (Q_\mathfrak{p}, Q'_\mathfrak{p})$ une application de $\mathfrak{B}$ dans l'ensemble $A[X] \times A[X]$, ayant les propriétés suivantes : 1° $Q_\mathfrak{p}$ et $Q'_\mathfrak{p}$ sont unitaires et de degrés respectifs $\deg(\overline{Q})$ et $\deg(\overline{Q}')$; 2° si $\mathfrak{p} \supset \mathfrak{q}$ sont deux éléments de $\mathfrak{B}$, les coefficients des polynômes $Q_\mathfrak{p} - Q_\mathfrak{q}$ et $Q'_\mathfrak{p} - Q'_\mathfrak{q}$ appartiennent à $\mathfrak{p}$; 3° les coefficients de $P - Q_\mathfrak{p}Q'_\mathfrak{p}$ appartiennent à $\mathfrak{p}$; 4° $\bar{f}(Q_\mathfrak{p}) = \overline{Q}$, $\bar{f}(Q'_\mathfrak{p}) = \overline{Q}'$. On définit sur $\mathfrak{L}$ une relation d'ordre en posant $(\mathfrak{B}, \varphi) \leqslant (\mathfrak{B}', \varphi')$ lorsque $\mathfrak{B} \subset \mathfrak{B}'$ et que φ' est un prolongement de φ à $\mathfrak{B}'$. Prouver que $\mathfrak{L}$ admet un élément maximal $(\mathfrak{B}_0, \varphi_0)$ et que $\mathfrak{B}_0$ a un dernier élément égal à (0) : on raisonnera par l'absurde en considérant deux cas, suivant que $\mathfrak{B}_0$ a ou n'a pas de dernier élément; dans le premier cas, si $\mathfrak{p}$ est ce dernier élément, considérer un élément $c \in A$ tel que $v(c)$ soit la plus petite valeur prise par v dans l'ensemble des coefficients de $P - Q_\mathfrak{p}Q'_\mathfrak{p}$, et le plus petit idéal premier $\mathfrak{p}'$ de A contenant c; lorsque $\mathfrak{p}' = \mathfrak{p}$, utiliser l'exerc. 2 *a*) du § 4 et le fait qu'un quotient d'un module linéairement compact par un sous-module fermé est linéairement compact, donc complet. Si au contraire $\mathfrak{B}_0$ n'a pas de dernier élément, utiliser directement l'hypothèse que A est linéairement compact).

d) Avec les notations de l'exerc. 5, montrer que pour que A soit hensélien, il faut et il suffit que A' et A'' le soient. (Noter que si $P \in A'[X]$, il existe $a \in A$ tel que $a^n P(X/a) \in A[X]$ (où n est le degré de P); pour vérifier l'axiome (H) du chap. III, § 4, exerc. 3 pour A', on peut donc se borner aux polynômes de A[X]; utiliser le fait que $A' = A_{\mathfrak{p}}$, où $\mathfrak{p}$ est un idéal premier de A contenu dans l'idéal maximal $\mathfrak{m}$, et noter que si deux polynômes de $(A/\mathfrak{p})[X]$ sont fortement étrangers, il en est de même de leurs images dans $(A/\mathfrak{m})[X]$).

e) Supposons que A soit hensélien; alors, pour toute extension algébrique L de K, il n'existe (à une équivalence près) qu'une seule valuation sur L prolongeant v. (Si $P \in A[X]$ est un polynôme irréductible unitaire, $x_i (1 \leqslant i \leqslant m)$ les racines distinctes de P dans son corps des racines N, montrer que pour toute valuation v' sur N prolongeant v, les $v'(x_i)$ sont tous égaux pour $1 \leqslant i \leqslant m$). Réciproquement, si l'anneau de valuation A possède cette propriété, il est hensélien (observer que, dans la fermeture intégrale A' de A dans L, il ne peut exister qu'un seul idéal maximal au-dessus de $\mathfrak{m}$ (chap. V, § 1, exerc. 13), et en conclure que si $P \in A[X]$ est un polynôme irréductible unitaire, son image dans $(A/\mathfrak{m})$ [X] ne peut être produit de deux polynômes étrangers.)

7) Soient K un corps, v une valuation sur K, A l'anneau de v, $\mathfrak{m}$ l'idéal de v. On suppose A hensélien; soit L une extension de K de degré fini n; soient v' l'unique valuation sur L prolongeant v (exerc. 6 *e*)), A' son anneau, $\mathfrak{m}'$ son idéal. Soit x un élément quelconque de A'; montrer que le degré sur $A/\mathfrak{m}$ de la classe $\bar{x}$ de x dans $A'/\mathfrak{m}'$ est un diviseur de n, et que l'ordre de la classe de $v'(x)$ dans $\Gamma_{v'}/\Gamma_v$ est un diviseur de n (considérer le polynôme minimal de x sur K).

¶ 8) Soient K' un corps, B l'anneau d'une valuation v sur K', $\mathcal{G}$ un groupe fini d'automorphismes de K', K le sous-corps de K' formé des éléments invariants par $\mathcal{G}$, et posons $A = K \cap B$, qui est un anneau de valuation pour K, correspondant à la valuation $w = v|K$.

a) Les valuations sur K' qui prolongent w sont les $v \circ \sigma$, où $\sigma \in \mathcal{G}$ (n° 6, cor. 1 de la prop. 6) et la fermeture intégrale A' de A dans K' est l'intersection des $\sigma.B$, où σ parcourt $\mathcal{G}$. Si $\mathfrak{p}(B)$ est l'intersection de A' et de l'idéal maximal $\mathfrak{m}(B)$, on a $\sigma.\mathfrak{p}(B) = \mathfrak{p}(\sigma.B)$. Montrer que le groupe de décomposition $\mathcal{G}^Z(\mathfrak{p}(B))$ (chap. V, § 2, n° 2) est le sous-groupe de $\mathcal{G}$ formé des σ tels que $\sigma.B = B$; on posera $\mathcal{G}^Z = \mathcal{G}^Z(\mathfrak{p}(B))$, on désignera par K^Z le sous-corps de K' formé des éléments invariants par $\mathcal{G}^Z$, par B^Z l'anneau de la valuation induite sur K^Z par v, égal à $B \cap K^Z$; on rappelle que les corps résiduels de B^Z et de A sont les mêmes et que l'idéal maximal $\mathfrak{m}(B^Z)$ est engendré par $\mathfrak{m}(A)B^Z$ (chap. V, § 2, n° 2, prop. 4).

b) On désigne par v^Z la restriction de v à K^Z, par Γ et Γ^Z les groupes des ordres de w et de v^Z. Montrer que l'on a $\Gamma = \Gamma^Z$. (Soit $\mathcal{G}^D \supset \mathcal{G}^Z$ le sous-groupe de $\mathcal{G}$ formé des $\sigma \in \mathcal{G}$ tels que $\sigma.B$ soit dépendant de B (§ 7, n° 2). Raisonner par récurrence sur l'ordre de $\mathcal{G}$. Si $(\mathcal{G} : \mathcal{G}^D) > 1$, soient K'' le corps des invariants de $\mathcal{G}^D$, $A'' = K'' \cap B$; montrer que le groupe des ordres de $v|K''$ est égal à Γ : pour cela, utiliser le th. d'approximation (§ 7, nº 2, th. 1) afin de prouver que pour tout $x \in K''$, il existe $y \in K''$ tel que $v(y) = v(x)$ et $v(y_i) = 0$ pour les conjugués y_i de y par rapport à K, *distincts de* y; on peut alors remplacer $\mathcal{G}$ par $\mathcal{G}^D$ et appliquer l'hypothèse de récurrence. Si $\mathcal{G}^D = \mathcal{G}$, soit B_0 l'anneau de valuation pour K′ engendré par les $\sigma.B$ pour $\sigma \in \mathcal{G}$; soient $\overline{K'} = \kappa(B_0)$ son corps résiduel, $\pi : B_0 \to \overline{K'}$ l'homomorphisme canonique, $\overline{B} = \pi(B)$, anneau de valuation pour $\overline{K'}$, $\overline{v}$ la valuation correspondante sur $\overline{K'}$ telle que $v = \overline{v} \circ \pi$ dans B_0, de sorte que le groupe des ordres $\overline{\Delta}$ de $\overline{v}$ est un sous-groupe du groupe Δ des ordres de v; si $\Delta_0 = \Delta/\overline{\Delta}$ et si $\varpi : \Delta \to \Delta_0$ est l'homomorphisme canonique, $v_0 = \varpi \circ v$ est une valuation sur K′ correspondant à B_0, invariante par $\mathcal{G}$. Par passage aux quotients, $\mathcal{G}$ définit un groupe d'automorphismes $\overline{\mathcal{G}}$ de $\overline{K'}$; soit $\mathfrak{N}$ le noyau de l'homomorphisme canonique $\mathcal{G} \to \overline{\mathcal{G}}$; montrer que $\mathfrak{N} \subset \mathcal{G}^Z$ et en déduire que lorsque $\mathfrak{N} \neq \{e\}$, on peut remplacer $\mathcal{G}$ par $\mathcal{G}/\mathfrak{N}$ et appliquer l'hypothèse de récurrence. Supposons enfin que $\mathfrak{N} = \{e\}$; soient $A_0 = K \cap B_0$, w_0 la restriction de v_0 à K; montrer que le groupe des ordres de w_0 est Δ_0 et que $\pi(A_0) = \overline{K}$ est le corps des invariants de $\overline{\mathcal{G}}$ (cf. nº 1, lemme 2); si $\overline{w}$ est la restriction à $\overline{K}$ de $\overline{v}$ et $\overline{\Gamma}$ son groupe des ordres, Δ_0 est donc canoniquement isomorphe à $\Gamma/\overline{\Gamma}$. D'autre part, le groupe $\overline{\mathcal{G}}^Z(\mathfrak{p}(\overline{B}))$ est l'image canonique de $\mathcal{G}^Z(\mathfrak{p}(B))$ dans $\overline{\mathcal{G}}$; observer que l'on a $\overline{\mathcal{G}}^D \neq \overline{\mathcal{G}}$ et que l'on peut par suite appliquer l'hypothèse de récurrence pour prouver que $\overline{\Gamma}$ est égal au groupe des ordres $\overline{\Gamma}^Z$ de la restriction de $\overline{v}$ à $\overline{K}^Z$).

c) Soit $\mathcal{G}^T = \mathcal{G}^T(\mathfrak{p}(B))$ le groupe d'inertie de $\mathfrak{p}(B)$ (chap. V, § 2, nº 2), et désignons par K^T le sous-corps de K′ formé des invariants de $\mathcal{G}^T$, par B^T l'anneau de la valuation induite sur K^T par v, égal à $B \cap K^T$; on rappelle que si k et k' sont les corps résiduels de A et B, le corps résiduel k^T de B^T est la plus grande extension séparable de k contenue dans l'extension quasi-galoisienne k' de k, et que $\mathcal{G}^Z/\mathcal{G}^T$ est canoniquement isomorphe au groupe des k-automorphismes de k' (ou de k^T) (chap. V, § 2, th. 2 et prop. 5). Soient v^T la restriction de v à K^T; montrer que le groupe des ordres de v^T est encore égal à Γ (appliquer le lemme 2 du nº 1 à l'extension K^T de K^Z).

9) Soient K un corps, L une extension algébrique de K de degré fini, v' une valuation sur L, A′ son anneau, v la restriction de v' à K, $A = A' \cap K$ son anneau.

a) On suppose que A est hensélien (exerc. 6); montrer que le produit $e(v'/v)f(v'/v)$ divise $n = [L:K]$ et que le quotient $n/e(v'/v)f(v'/v)$ est une puissance de l'exposant caractéristique du corps résiduel k de v. (Se ramener au cas où L est une extension galoisienne de K; utiliser les exerc. 6 *e*) et 7, ainsi que le chap. V, § 2, th. 2 et prop. 5).

b) Supposons en outre que n ne soit pas divisible par l'exposant caractéristique du corps résiduel k de v et que $f(v'/v) = 1$. Montrer que pour tout entier m égal à l'ordre d'un élément γ du groupe $\Gamma_{v'}/\Gamma_v$, il existe un $x \in L$ tel que la classe de $v'(x) \bmod. \Gamma_v$ soit égale à γ et que $x^m \in K$.

¶ 10) Soit w la valuation 2-adique sur le corps 2-adique $\mathbf{Q}_2$; sur le corps des fractions rationnelles $\mathbf{Q}_2(X)$, on considère la valuation discrète v prolongeant w et telle que

$$v(a_0 + a_1X + \cdots + a_nX^n) = \inf_i(w(a_i))$$

(§ 10, nº 1, lemme 1); soit K le complété de $\mathbf{Q}_2(X)$ pour cette valuation, et désignons encore sa valuation par v. Soit L le corps des racines du polynôme $(Y^2 - X)^2 - 2$ de K[Y], et soit v' l'unique valuation de L prolongeant v. Montrer que $[L : K] = 8$, $e(v'/v) = 4$, $f(v'/v) = 2$; si k (resp. k') est le corps résiduel de v (resp. v'), k' est une extension radicielle de k, de degré 2; montrer qu'il n'existe aucune sous-extension E de L telle que $[E : K] = 2$, pour laquelle le corps résiduel de la restriction de v' à E soit égal à k'. (On aurait nécessairement $E = K(\sqrt{\alpha})$, où $\alpha \in K$ ne serait pas carré dans K mais tel que $\alpha \equiv X$ (mod. 2); exprimer $\sqrt{\alpha}$ à l'aide d'une base convenable de L sur $K(\sqrt{2})$, et observer qu'il n'existe dans $K(\sqrt{2})$ aucun élément dont le carré est congru à X mod. 2.)

¶ 11) Soient K un corps, L une extension galoisienne de K, de degré fini, $\mathcal{G}$ son groupe de Galois. Soit v une valuation sur L, de corps résiduel k et de groupe des ordres Γ; on suppose que v est invariante par $\mathcal{G}$ et que la restriction $v|K$ a même corps résiduel k que v, de sorte que $\mathcal{G} = \mathcal{G}^Z = \mathcal{G}^T$ (notations de l'exerc. 8).

a) Soient $x \in L^*$, $\sigma \in \mathcal{G}$. Montrer que $x^{-1}\sigma(x)$ est une unité pour v, que son image $\varepsilon_\sigma(x)$ dans k^* ne dépend que de la valuation $v(x)$ et de la classe de σ modulo le groupe des commutateurs $\mathcal{G}'$ de $\mathcal{G}$, et que l'on définit ainsi une application **Z**-bilinéaire (encore notée ε) $(\mathcal{G}/\mathcal{G}') \times \Gamma \to k^*$, qui est égale à 1 dans $(\mathcal{G}/\mathcal{G}') \times v(K^*)$.

b) Pour tout $\sigma \in \mathcal{G}$, soit $\varphi(\sigma)$ l'homomorphisme $\Gamma/v(K^*) \to k^*$ faisant correspondre $\varepsilon_\sigma(x)$ à $v(x)$ pour tout $x \in L^*$; on définit ainsi un homomorphisme $\varphi : \mathcal{G} \to \mathrm{Hom}_{\mathbf{Z}}(\Gamma/v(K^*), k^*)$. Montrer que, si p est l'exposant caractéristique de k, le noyau $\mathfrak{N}$ de φ a pour ordre une puissance de p. (Dans le cas contraire, il existerait un $\sigma \neq e$ dans $\mathfrak{N}$ et un nombre premier $q \neq p$ tels que $\sigma^q = e$; pour un x entier dans $L - K$, écrire $\sigma(x) = x + y$ avec $v(y) > v(x)$, et calculer $\sigma^q(x)$ pour obtenir une contradiction.) En déduire que $\mathcal{G}$ est un groupe *résoluble*.

c) On suppose que $n = [L : K]$ soit premier à p; montrer que φ est bijectif, que l'on a $e(L/K) = n$ et que si ν est le ppcm des ordres des éléments de $\mathcal{G}$, k^* contient les racines ν-èmes de l'unité. (Utiliser *b*) et le lemme 2 du nº 1).

¶ 12) Soient K un corps, v une valuation sur K, A l'anneau de la valuation v, Γ son groupe des ordres.

a) Soit $f(X) = a_0X^n + a_1X^{n-1} + \cdots + a_n$ un polynôme de A[X] tel que $v(a_0) = 0$, dont toutes les racines appartiennent à K; soient x_i $(1 \leqslant i \leqslant r)$ ces racines distinctes et soit k_i l'ordre de multiplicité de x_i $(1 \leqslant i \leqslant r)$. Soit

$$g(X) = b_0X^n + b_1X^{n-1} + \cdots + b_n = b_0(X - y_1) \cdots (X - y_n)$$

un second polynôme de A[X] tel que $v(b_0) = 0$ et que les y_h appartiennent à K. Montrer qu'il existe $\lambda_0 \in \Gamma$ tel que $v(x_i - x_j) < \lambda_0$ pour tout couple d'indices distincts i, j et que, pour tout $\lambda \geqslant \lambda_0$, il existe $\mu \geqslant \lambda$ tel que les relations $v(a_i - b_i) \geqslant \mu$ pour tout i entraînent que, pour $1 \leqslant i \leqslant r$, il y a exactement k_i indices h tels que $v(x_i - y_h) \geqslant \lambda$. (Évaluer d'abord de deux manières $v(f(y_h))$ pour montrer que l'on a nécessairement $v(x_i - y_h) \geqslant \lambda$ pour un i au moins; puis évaluer $v\left(\frac{f'(z)}{f(z)} - \frac{g'(z)}{g(z)}\right)$ en des points $z \in \mathrm{K}$ convenables). Si en outre $b_i = a_i$ sauf pour $i = n - 1$, montrer que dès que λ_0 est assez grand, les y_h sont tous distincts (évaluer $f'(y_h)/f(y_h)$ en supposant que y_h n'est pas racine simple de g).

b) On suppose désormais que K est la clôture algébrique d'un sous-corps K_0 tel que $\mathrm{A}_0 = \mathrm{A} \cap \mathrm{K}_0$ soit *hensélien*. Supposons que le polynôme f appartienne à $\mathrm{A}_0[\mathrm{X}]$ et soit *irréductible et séparable* sur K_0. Soit $z \in \mathrm{K}$ tel que $v(z - x_i) > v(z - x_j)$ pour tout $j \neq i$; montrer alors que l'on a $\mathrm{K}_0(x_i) \subset \mathrm{K}_0(z)$. (Montrer que $z - x_i$ est égal à tous ses conjugués par rapport à $\mathrm{K}_0(x_i)$.)

c) Supposons que $f \in \mathrm{A}_0[\mathrm{X}]$ soit *séparable*, et soit $f = a_0 \prod_{i=1}^{r} f_i$ la décomposition de f en polynômes irréductibles unitaires de $\mathrm{K}_0[\mathrm{X}]$ (qui appartiennent en fait à $\mathrm{A}_0[\mathrm{X}]$, cf. chap. V, § 1, n° 3, prop. 11). Montrer (avec les notations de *a*)) que si μ est pris assez grand, la décomposition de g en facteurs irréductibles unitaires de $\mathrm{K}_0[\mathrm{X}]$ peut s'écrire $b_0 \prod_{i=1}^{r} g_i$ où, pour tout i, g_i est de même degré que f_i (décomposition dite « du même type » que celle de f), et en outre les corps des racines de f_i et de g_i sont les mêmes pour tout i. (Montrer d'abord que g est séparable; considérer ensuite une extension galoisienne de degré fini de K_0 contenant les racines de f et de g, et envisager la façon dont le groupe de Galois de cette extension permute ces racines; utiliser enfin *b*)).

d) Donner un exemple où f est irréductible mais non séparable et où, quel que soit $\mu \geqslant \lambda_0$, il existe un polynôme

$$g(\mathrm{X}) = b_0\mathrm{X}^n + b_1\mathrm{X}^{n-1} + \cdots + b_n \in \mathrm{A}_0[\mathrm{X}]$$

avec $v(a_i - b_i) \geqslant \mu$ pour tout i, et qui ne soit pas irréductible (prendre K_0 tel que $\mathrm{K} \neq \mathrm{K}_0$ et que K soit une extension radicielle de K_0).

¶ 13) *a*) Soient K un corps, v une valuation non impropre sur K. Soient E un ensemble filtré par un ultrafiltre $\mathfrak{U}$, $\xi \to x_\xi$, $\xi \to y_\xi$ deux applications de E dans K muni de la topologie $\mathcal{T}_v$. Montrer que si l'application $\xi \to x_\xi y_\xi$ converge vers 0 dans K suivant $\mathfrak{U}$, il en est de même de l'une des deux applications $\xi \to x_\xi$, $\xi \to y_\xi$. (Observer que si $\xi \to x_\xi$ n'a pas de valeur d'adhérence suivant $\mathfrak{U}$, l'application $z \to x_\xi^{-1}$ est bornée dans un ensemble de $\mathfrak{U}$.)

b) Soit f un polynôme non constant de K[X]. Montrer que si $\xi \to f(x_\xi)$ converge vers 0 dans K suivant $\mathfrak{U}$, $\xi \to x_\xi$ converge dans $\hat{\mathrm{K}}$ (décomposer f en facteurs dans une extension algébrique de K, et utiliser *a*)).

c) Supposons que K soit algébriquement fermé dans $\hat{K}$. Alors l'application $x \rightarrow f(x)$ de K dans lui-même est fermée (utiliser *b*)). En déduire que si g est une fraction rationnelle de K(X), et B une partie fermée et bornée de K, alors $g(B-P)$ (où P est l'ensemble des pôles de g dans B) est fermé dans K.

d) Supposons que la clôture algébrique de K soit une extension radicielle de K. Montrer alors que $\hat{K}$ est algébriquement clos. (Appliquer *b*) à une clôture algébrique de $\hat{K}$ et à un polynôme $f \in \hat{K}[X]$; utiliser aussi l'exerc. 12 *a*).)

¶ 14) *a*) Pour qu'un corps K soit hensélien pour une valuation v, il faut et il suffit que K soit la plus grande extension algébrique et séparable de K contenue dans $\hat{K}$ et que $\hat{K}$ soit hensélien. (Pour voir que la condition est nécessaire, utiliser l'exerc. 12 *b*); pour montrer qu'elle est suffisante, observer que, pour vérifier la condition (H) du chap. III, § 4, exerc. 3, on peut se borner au cas où P est séparable sur K, en notant que si Q est un facteur irréductible de P dans $\hat{K}[X]$ tel que Q^{p^e} appartienne à K[X], alors Q est un p.g.c.d. de P et de Q^{p^e} dans $\hat{K}[X]$.) Cas où v est de hauteur 1 (cf. exerc. 6 *b*)).

b) Déduire de *a*) qu'il existe dans le corps p-adique $\mathbf{Q}_p$ un sous-corps dénombrable hensélien pour la valuation p-adique.

c) Donner un exemple de corps hensélien K pour une valuation discrète, non complet et tel que $\hat{K}$ soit une extension radicielle de degré fini de K (cf. chap. V, § 1, exerc. 20).

¶ 15) *a*) Soient K un corps, v_1, v_2 deux valuations indépendantes (§ 7, n° 2) sur K, K_1, K_2 les complétés de K pour v_1 et v_2 respectivement. Soient L_1, L_2 deux corps tels que $K \subset L_1 \subset K_1$, $K \subset L_2 \subset K_2$, qui soient henséliens (pour les prolongements par continuité de v_1 et v_2 respectivement). Soient $g_1 \in L_1[X]$, $g_2 \in L_2[X]$ deux polynômes séparables ayant même degré n. Montrer qu'il existe un polynôme $h \in K[X]$ qui, dans $L_i[X]$, a le même type de décomposition (exerc. 12 *c*)) que g_i $(i = 1, 2)$. (Se ramener au cas où g_1 et g_2 sont dans K[X] et sont unitaires; considérer le polynôme $a^n g_1(X/a) + b^n g_2(X/b) - X^n$, où $v_1(a) \leqslant 0$, $v_2(a) > 0$ est arbitrairement grand et $v_1(b) > 0$ est arbitrairement grand.)

b) Déduire de *a*) que si K est hensélien pour v_1, la clôture algébrique de L_2 est radicielle sur L_2, et K_2 est algébriquement clos (prendre g_2 irréductible et $g_1 \in K[X]$ produit de n facteurs distincts du premier degré).

c) Déduire de *b*) que si K est hensélien pour v_1 et v_2, la clôture algébrique de K est radicielle sur K.

d) Montrer que si K est hensélien pour une valuation discrète v, la clôture algébrique de K ne peut être radicielle sur K, et par suite K ne peut être hensélien pour aucune valuation indépendante de v (utiliser *Alg.*, chap. V, § 11, exerc. 12).

16) Soit K un corps hensélien pour une valuation v de hauteur 1. Si L est une extension algébrique séparable de K, de degré *infini*, montrer que L ne peut être complet pour la valuation prolongeant v (et encore notée v). (Former une suite (x_p) d'éléments de L, telle

que le degré n_p de x_p par rapport à K tende vers $+\infty$ et que $v(x_{p+1} - x_p)$ soit strictement supérieure aux valuations des différences de x_p et de ses conjugués par rapport à K; montrer que la suite (x_p) est une suite de Cauchy qui ne peut converger dans E, en utilisant l'exerc. 12 *b*)).

¶ 17) Soient K un corps hensélien pour une valuation v, non algébriquement clos, L un sous-corps de K tel que [K:L] soit fini. Montrer que dans ces conditions L est hensélien pour la restriction de v. (Dans le cas contraire, il existerait deux prolongements v_1, v_2 de $v|L$ à une clôture algébrique Ω de K tels que les restrictions de v_1 et v_2 à une extension algébrique L' de L, de degré fini, seraient non équivalentes. En déduire qu'il existerait sur une extension quasi-galoisienne convenable K' de L, contenant K et de degré fini sur L, deux valuations v_1', v_2' non équivalentes, pour lesquelles K' serait hensélien; utilisant l'exerc. 15 *c*), montrer que si $E = L^{p^{-\infty}}$ (p étant l'exposant caractéristique de Ω), on aurait $E \neq \Omega$ mais Ω serait une extension de degré fini de E; terminer le raisonnement à l'aide d'*Alg.*, chap. VI, 2e éd., § 2 exerc. 31.)

¶ 18) Soient K un corps hensélien pour une valuation v, k le corps résiduel de v, et supposons que toute extension algébrique de degré fini de k soit *cyclique* sur k (ce qui est par exemple le cas lorsque k est fini). Soient A l'anneau de v, $f \in A[X]$ un polynôme unitaire, tel que, si $f(X) = (X - \alpha_1) \ldots (X - \alpha_n)$, où les α_i appartiennent à une clôture algébrique de K, l'élément $D = \prod_{i<j} (\alpha_i - \alpha_j)^2$ de A (« discriminant » de f) soit tel que $v(D) = 0$. Soient $\bar{f}_j$ $(1 \leqslant j \leqslant s)$ les facteurs irréductibles de l'image canonique $\bar{f}$ de f dans $k[X]$, et soit r_j le degré de $\bar{f}_j$. Montrer que le groupe de Galois sur K du corps des racines de f, considéré comme groupe de permutations des α_i, est engendré par une permutation σ qui se décompose en cycles de longueurs respectives $r_1, r_2, \ldots, r_s$ (observer qu'il n'existe qu'une seule extension de k d'un degré donné, à un k-isomorphisme près). En déduire que, pour que D soit un *carré* dans A, il faut et il suffit que $n - s$ soit *pair* (« *théorème de Stickelberger* »; examiner à quelle condition $\sqrt{D}$ est invariant par σ).

19) Soit K un corps hensélien pour une valuation v. Soient E un espace vectoriel de dimension finie sur K, Q une forme quadratique non dégénérée sur E, telle que la relation $Q(x) = 0$ entraîne $x = 0$. Soit $\Phi(x, y) = Q(x + y) - Q(x) - Q(y)$ la forme bilinéaire associée. Montrer que l'on a $2v(\Phi(x, y)) \geqslant v(Q(x)) + v(Q(y))$; en déduire que l'on a

$$v(Q(x + y)) \geqslant \inf (v(Q(x)), v(Q(y)).$$

¶ 20) Soit K un corps de caractéristique $\neq 2$, hensélien pour une valuation v; soit $\xi \to \bar{\xi}$ un automorphisme involutif de K tel que $v(\bar{\xi}) = v(\xi)$, et soit Φ une forme hermitienne non dégénérée sur un espace vectoriel E de dimension finie sur K.

a) Soit $U = (\alpha_{ij})$ la matrice de Φ par rapport à une base (e_i) de E; montrer qu'il existe un élément λ du groupe des ordres de v

tel que, si Φ' est une seconde forme hermitienne sur E, dont la matrice $U' = (\alpha'_{ij})$ par rapport à (e_i) vérifie les conditions $v(\alpha_{ij} - \alpha'_{ij}) > \lambda$ pour tout couple (i, j), alors Φ et Φ' sont équivalentes. (Raisonner comme dans *Alg.*, chap. IX, § 6, exerc. 6, en utilisant l'exerc. 14 *a*) ci-dessus.)

b) On suppose que $\xi \to \bar{\xi}$ est l'identité (donc Φ est une forme symétrique) et que la valuation v est discrète, normée et telle que $v(2) = 0$; soit π une uniformisante pour v. Montrer que Φ est caractérisée, à une équivalence près, par son indice ν et par deux formes bilinéaires symétriques Ψ_1, Ψ_2 *d'indice* 0 sur des espaces vectoriels k^r et k^s respectivement, où k est le corps résiduel de v et $r + s = n - 2\nu$. (A l'aide d'une décomposition de Witt, se ramener au cas où Φ est d'indice 0; à l'aide de l'exerc. 19, montrer que, pour tout $i \geqslant 0$, l'ensemble M_i des $x \in E$ tels que $v(\Phi(x, x)) \geqslant i$ est un module sur l'anneau A de la valuation v. Montrer que si $x \in M_i$, $y \in M_{i+1}$, on a $v(\Phi(x, y)) \geqslant i + 1$, et par passage aux quotients, on déduit donc de Φ des formes bilinéaires symétriques sur les k-espaces vectoriels M_0/M_1 et M_1/M_2. On utilisera l'exerc. 6 *c*) du § 3 et le fait que l'équation $\xi^2 = \alpha$ a une solution dans A pour $\alpha \equiv 1 \pmod{\pi}$.) Cas où k est fini (cf. *Alg.*, chap. IX, § 6, exerc. 4.)

21) Soient K un corps, v une valuation discrète sur K, A l'anneau de v, π une uniformisante de v, k le corps résiduel de v.

a) Soient P, R deux polynômes de A[X], P étant unitaire, et supposons que : 1° $\deg(R) < h . \deg(P)$, où $h \geqslant 1$ est un entier; 2° l'image canonique $\overline{P}$ de P dans $k[X]$ est irréductible. Montrer alors que si le polynôme $Q = P^h + \pi R$ est réductible dans $\hat{K}[X]$, on a nécessairement $h > 1$, et $\overline{P}$ divise l'image canonique $\overline{R}$ de R dans $k[X]$. En déduire que pour un polynôme irréductible unitaire donné $r(X) \in k[X]$ et un entier donné $h \geqslant 1$, il existe un polynôme irréductible et séparable $Q \in A[X]$ tel que son image canonique $\overline{Q}$ soit égale à r^h.

b) Soient $k' = k(\alpha)$ une extension algébrique de k, de degré m, et h un entier $\geqslant 1$. Montrer qu'il existe une extension algébrique L de K de degré hm, telle qu'il n'y ait qu'une seule valuation v' (à une équivalence près) sur L prolongeant v, que l'on ait $e(v'/v) = h$, $f(v'/v) = m$ et que le corps résiduel de v' soit isomorphe à k' (utiliser *a*)).

22) *a*) S'il existe une valuation discrète sur un corps K, montrer que la clôture algébrique de K est de degré infini sur K.

b) Soit K une extension de type fini d'un corps K_0. Montrer que si K n'est pas algébrique sur K_0, il existe une valuation discrète v sur K telle que $v(x) = 0$ dans K_0.

§ 9.

1) *a*) Soient K un corps (non nécessairement commutatif), $\mathfrak{T}$ une topologie d'espace localement compact sur K, compatible avec la structure d'*anneau* de K; montrer que $\mathfrak{T}$ est compatible avec la structure de *corps* de K. (Utiliser le th. de R. Ellis (*Top. gén.*, chap. X,

§ 3, exerc. 25) ou raisonner directement en reprenant les démonstrations de *Intégr.*, chap. VII, § 1, n° 10 et celles de la prop. 1 du présent paragraphe).

b) Donner un exemple de topologie localement compacte sur un corps commutatif K, qui est compatible avec la structure de groupe additif de K, mais non avec sa structure d'anneau. (Prendre pour K le corps des fractions d'un anneau d'intégrité compact A (A étant par exemple un anneau de séries formelles $k[[X, Y]]$, où k est fini), et prendre pour système fondamental de voisinages de 0 dans K les voisinages de 0 dans A).

¶ 2) *a*) Dans un espace $\mathbf{R}^n$ ($n \geqslant 2$), soit U un ensemble ouvert non vide et d'extérieur non vide; montrer que la frontière de U contient un ensemble parfait non vide (cf. *Top. gén.*, chap. I, 3e éd., § 9, exerc. 17).

b) Déduire de *a*) que si A est une partie partout dense de $\mathbf{R}^n$ qui rencontre tout ensemble parfait dans $\mathbf{R}^n$, A est connexe.

c) Montrer qu'il existe dans $\mathbf{C}$ un sous-corps partout dense K, *connexe* et *localement connexe,* et qui est une extension *transcendante pure* de $\mathbf{Q}$ (appliquer *Top. gén.*, chap. IX, 2e éd., § 5, exerc. 18 *b*) et *c*), en construisant K par récurrence transfinie, utilisant *b*) et la méthode décrite dans *Ens.*, chap.III, 2e éd., § 6, exerc. 24). En déduire qu'il existe un sous-corps $K' \supset K$ de $\mathbf{C}$, isomorphe (algébriquement) à $\mathbf{R}$, connexe et localement connexe.

d) Montrer, en utilisant *c*), qu'il existe sur $\mathbf{C}$ une topologie d'espace connexe et localement connexe, compatible avec la structure de corps, et pour laquelle le complété de $\mathbf{C}$ est une algèbre sur $\mathbf{C}$, composée directe de deux corps isomorphes à $\mathbf{C}$.

3) Soit K un corps localement compact commutatif, non discret, totalement discontinu; soit A l'anneau de la valeur absolue mod_K sur K, et soit U le groupe des unités de A. Pour tout entier $n > 0$, on désigne par ${}_nU$ le sous-groupe des racines n-èmes de l'unité dans K, par U^n le sous-groupe de U formé des puissances n-èmes d'éléments de U. Montrer que si n est premier à la caractéristique de K, U^n est un sous-groupe ouvert de U, et que l'on a

$$\mathrm{Card}\,(U/U^n) = \mathrm{mod}_K(n).\mathrm{Card}({}_nU)$$

(utiliser l'exerc. 14 de *Intégr.*, chap. VII, § 2, et *Alg. comm.*, chap. III, § 4, n° 6, cor. 1 du th. 2 pour montrer que si $\mathfrak{m}$ est l'idéal maximal de A, l'image par $x \to x^n$ de $1 + \mathfrak{m}^k$ est $1 + n.\mathfrak{m}^k$ pour k assez grand).

4) *a*) Soient K un corps commutatif, v une valuation sur K telle que K soit hensélien pour v (§ 8, exerc. 6). On suppose en outre que K et le corps résiduel k de K soient de caractéristique 0. Montrer qu'il existe un sous-corps K_0 de l'anneau A de v tel que l'application canonique $A \to k$, restreinte à K_0, soit un isomorphisme de K_0 sur k. (Soit H un sous-corps de A tel que l'image de H par l'application canonique soit un isomorphisme sur un sous-corps E de k; montrer que si $E \neq k$, il existe $\alpha \notin H$ dans A tel que le sous-corps $H(\alpha)$ de K soit contenu dans A et canoniquement isomorphe

à $E(\bar{\alpha})$, où $\bar{\alpha}$ est la classe de α dans k; on distinguera deux cas suivant que $\bar{\alpha}$ est algébrique ou transcendant sur E).

b) On suppose en outre que v soit une valuation discrète et que K soit complet pour v; déduire de *a*) que K est isomorphe au corps de séries formelles $k((T))$.

5) *a*) Soient K un corps commutatif, v une valuation de hauteur 1 sur K telle que K soit complet pour v, A l'anneau de v; on suppose en outre que le corps résiduel k de v soit parfait et de caractéristique $p > 0$. Pour tout élément $\xi \in k^*$ et tout entier n, soit x_n un élément de la classe $\xi^{p^{-n}}$ dans A; montrer que la suite $(x_n^{p^n})$ est une suite de Cauchy dans A, dont la limite est indépendante du choix des x_n dans les classes $\xi^{p^{-n}}$. Si cette limite est notée $\varphi(\xi)$, montrer que φ est l'unique isomorphisme u du groupe multiplicatif k^* dans le groupe multiplicatif K^*, tel que pour tout $\xi \in k^*$, $u(\xi)$ soit un élément de A appartenant à la classe ξ.

b) Si K est aussi de caractéristique p, montrer que φ, prolongé à k par $\varphi(0) = 0$, est un isomorphisme du corps k sur un sous-corps de K. En déduire une nouvelle démonstration du th. 1, (iii) du n° 3.

c) On suppose k *fini*. Montrer que si r est étranger à p, le groupe $(K^*)^r$ des puissances r-èmes d'éléments de K^* est d'indice fini dans K^* (utiliser le lemme de Hensel). Montrer que si en outre v est discrète et K de caractéristique 0, le même résultat est valable sans restriction sur r (observer que tout élément de $1 + p^2A$ est une puissance p-ème).

§ 10.

1) Soient K un corps, P le sous-corps premier de K; on appelle *dimension absolue* de K, le nombre $\text{dim.al}_P K$ si P est de caractéristique $p > 0$, et le nombre $\text{dim.al}_P K + 1$ si P est de caractéristique 0. Soient v une valuation sur K, h sa hauteur, r son rang rationnel, k son corps résiduel.

a) Supposons que la dimension absolue n de K soit finie. Alors, si s est la dimension absolue de k, on a $r + s \leqslant n$.

b) Supposons en outre que K soit une extension de type fini de P. Alors, si $r + s = n$, k est une extension de type fini de son corps premier et le groupe des ordres de v est isomorphe à $\mathbf{Z}^r$; si $h + s = n$, k est une extension de type fini de son corps premier et le groupe des ordres de v est isomorphe à $\mathbf{Z}^r$ ordonné lexicographiquement; enfin, si $s = n - 1$, v est une valuation discrète et k est une extension de type fini de son corps premier.

¶ 2) Soient K un corps, v une valuation sur K, L une extension de K, v' une valuation sur L prolongeant v; on dit que L est une *extension immédiate* (pour v') si l'on a $e(v'/v) = f(v'/v) = 1$. Le complété $\hat{K}$ de K est une extension immédiate de K.

a) Pour que L soit une extension immédiate de K, il faut et il suffit que pour tout $x \in L - K$, il existe $y \in K$ tel que $v'(x - y) > v'(x)$.

b) Pour tout corps K, montrer qu'il existe une extension immédiate *maximale* L de K, c'est-à-dire n'admettant aucune extension immédiate distincte d'elle-même (utiliser le § 3, exerc. 3 *b*)).

c) Montrer que si K est linéairement compact pour la topologie définie par v, il n'admet pas d'extension immédiate autre que lui-même (utiliser *a*), en notant qu'avec les notations de *a*), l'ensemble des $v'(x - y)$ pour $y \in K$ n'a pas de plus grand élément dans le groupe des valeurs de v').

d) Supposons que K ne soit pas linéairement compact; soient B une partie bien ordonnée du groupe des ordres de v et $(a_\beta)_{\beta \in B}$ une famille d'éléments de K telle que pour $\lambda < \mu < \nu$, on ait

$$v(a_\lambda - a_\mu) < v(a_\mu - a_\nu),$$

mais qu'il n'existe aucun $x \in K$ tel que $v(x - a_\lambda) = v(a_\lambda - a_\mu)$ pour tout couple (λ, μ) tel que $\lambda < \mu$. Pour toute extension E de K et tout prolongement w de v à E, désignons par $D_E(\lambda)$ l'ensemble des $z \in E$ tels que $v(z - a_\lambda) \geqslant \gamma_\lambda$, où γ_λ, est la valeur commune des $v(a_\lambda - a_\mu)$ pour $\lambda < \mu$; l'hypothèse est donc que $\bigcap_{\beta \in B} D_K(\beta) = \emptyset$ (§ 5, exerc. 5 *a*)). Soit Ω une clôture algébrique de K et soit v_0 un prolongement de v à Ω; montrer que si P est un polynôme de K[X], pour qu'il existe $\lambda \in B$ tel que $v(P(a_\mu)) = v(P(a_\lambda))$ pour tout $\lambda \leqslant \mu$, il faut et il suffit qu'aucun zéro de P dans Ω n'appartienne à $\bigcap_{\beta \in B} D_\Omega(\beta)$. Si P possède cette propriété et si E et w ont les mêmes significations que ci-dessus, montrer que, pour tout $z \in \bigcap_{\beta \in B} D_E(\beta)$, on a $w(P(z) - P(a_\mu)) > w(P(z)) = v(P(a_\mu))$ dès que μ est assez grand (décomposer P(X) en facteurs dans $\Omega[X]$). En déduire que l'on a une des deux situations suivantes :

1° Ou bien $\bigcap_{\beta \in B} D_\Omega(\beta) \neq \emptyset$, et si θ est un élément de cette intersection dont le degré sur K est le plus petit possible, $K(\theta)$ est une extension immédiate de K distincte de K.

2°) Ou bien $\bigcap_{\beta \in B} D_\Omega(\beta) = \emptyset$; il y a alors une valuation v' de K(X) prolongeant v et telle que $v(P(X)) = v(P(a_\mu))$ pour μ assez grand, et K(X), muni de v', est une extension immédiate de K (utiliser le critère de *a*)).

e) Déduire de *c*) et *d*) que pour que K soit linéairement compact, il faut et il suffit que K ne possède aucune extension immédiate autre que K.

CHAPITRE VII

DIVISEURS

Tous les anneaux considérés dans ce Chapitre sont supposés commutatifs et possédant un élément unité. Tous les homomorphismes d'anneaux sont supposés transformer l'élément unité en l'élément unité. Tout sous-anneau d'un anneau A *est supposé contenir l'élément unité de* A.

§ 1. Anneaux de Krull

1. Idéaux divisoriels d'un anneau intègre

DÉFINITION 1.—*Soient* A *un anneau intègre,* K *son corps des fractions. On appelle idéal fractionnaire de* A (*ou de* K, *par abus de langage*) *tout sous-*A*-module* $\mathfrak{a}$ *de* K *tel qu'il existe un élément* $d \neq 0$ *de* A *pour lequel* $d\mathfrak{a} \subset$ A.

Tout sous-A-module $\mathfrak{a}$ *de type fini* de K est un idéal fractionnaire: en effet, si $(a_i)_{1 \leqslant i \leqslant n}$ est un système de générateurs de $\mathfrak{a}$, on peut écrire $a_i = b_i/d_i$ où $b_i \in$ A, $d_i \in$ A et $d_i \neq 0$; si $d = d_1 \cdots d_n$, il est clair que $d\mathfrak{a} \subset$ A. En particulier les sous-A-modules *monogènes* de K sont des idéaux fractionnaires (rappelons qu'ils ont été appelés *idéaux principaux fractionnaires* en *Alg.*, chap. VI, § 1, n° 5). Si A est *noethérien*, tout idéal fractionnaire est un A-module *de type fini*. Tout sous-A-module d'un idéal fractionnaire de A est un idéal fractionnaire. Tout idéal de A est un idéal fractionnaire; pour éviter des confusions, on dit encore que ce sont les idéaux *entiers* de A.

Nous noterons I(A) l'ensemble des idéaux fractionnaires *non nuls* de A. Etant donnés deux éléments $\mathfrak{a}$, $\mathfrak{b}$ de I(A), nous écrirons $\mathfrak{a} \prec \mathfrak{b}$ (ou $\mathfrak{b} \succ \mathfrak{a}$) la relation « tout idéal principal fractionnaire contenant $\mathfrak{a}$ contient aussi $\mathfrak{b}$ »; il est clair que cette relation est une relation de *préordre* dans I(A). Notons R la relation d'équivalence associée « $\mathfrak{a} \prec \mathfrak{b}$ et $\mathfrak{b} \prec \mathfrak{a}$ » (*Ens.*, chap. III, § 1, n° 2) et D(A) l'ensemble quotient I(A)/R ; nous dirons que les éléments de D(A) sont les *diviseurs* de A, et pour tout idéal fractionnaire $\mathfrak{a} \in$ I(A), nous noterons div $\mathfrak{a}$ (ou $\text{div}_A \mathfrak{a}$) l'image canonique de $\mathfrak{a}$ dans D(A) et nous dirons que div $\mathfrak{a}$ est le *diviseur de* $\mathfrak{a}$; si $\mathfrak{a} = Ax$ est un idéal principal fractionnaire, on écrit div(x) au lieu de div(Ax), et on dit que div(x) est le *diviseur de* x ; les éléments de D(A) de la forme div(x) sont appelés *diviseurs principaux*. Par passage au quotient, la relation de préordre $\prec$ sur I(A) définit sur D(A) une *relation d'ordre* que nous noterons $\leqslant$.

Pour tout $\mathfrak{a} \in$ I(A) il existe par hypothèse un $d \neq 0$ dans A tel que $\mathfrak{a} \subset Ad^{-1}$; l'intersection $\tilde{\mathfrak{a}}$ des idéaux principaux fractionnaires contenant $\mathfrak{a}$ est donc un élément de I(A). Il est clair que la relation $\mathfrak{a} \prec \mathfrak{b}$ est équivalente à la relation $\tilde{\mathfrak{a}} \supset \tilde{\mathfrak{b}}$; la relation $\mathfrak{a} \supset \mathfrak{b}$ entraîne donc $\mathfrak{a} \prec \mathfrak{b}$. Pour que deux éléments $\mathfrak{a}$, $\mathfrak{b}$ de I(A) soient équivalents modulo R, il faut et il suffit que $\tilde{\mathfrak{a}} = \tilde{\mathfrak{b}}$.

DÉFINITION 2. — *On appelle idéal fractionnaire divisoriel de* A *tout élément* $\mathfrak{a}$ *de* I(A) *tel que* $\mathfrak{a} = \tilde{\mathfrak{a}}$.

Autrement dit un idéal divisoriel n'est autre qu'une intersection non nulle d'une famille non vide d'idéaux principaux fractionnaires. Toute intersection non nulle d'idéaux divisoriels est un idéal divisoriel. Si $\mathfrak{a}$ est divisoriel, il en est de même de $\mathfrak{a}x$ pour tout $x \in K^*$, l'application $\mathfrak{b} \to \mathfrak{b}x$ étant une bijection de l'ensemble des idéaux principaux fractionnaires sur lui-même. Pour tout $\mathfrak{a} \in$ I(A), $\tilde{\mathfrak{a}}$ est le plus petit idéal divisoriel contenant $\mathfrak{a}$, et est équivalent à $\mathfrak{a}$ modulo R. D'ailleurs, si $\mathfrak{b}$ est un idéal divisoriel équivalent à $\mathfrak{a}$ modulo R, on a $\tilde{\mathfrak{a}} = \tilde{\mathfrak{b}} = \mathfrak{b}$. Donc $\tilde{\mathfrak{a}}$ est l'unique idéal divisoriel $\mathfrak{b}$ tel que div $\mathfrak{a}$ = div $\mathfrak{b}$ (autrement dit, la restriction de l'application $\mathfrak{a} \to$ div $\mathfrak{a}$ à l'ensemble des idéaux *divisoriels* est *injective*).

Soient $\mathfrak{a}$ et $\mathfrak{b}$ deux idéaux fractionnaires de K. Rappelons (chap. I, § 2, n° 10) qu'on note $\mathfrak{b} : \mathfrak{a}$ l'ensemble des $x \in K$ tels que $x\mathfrak{a} \subset \mathfrak{b}$; c'est évidemment un A-module ; si $\mathfrak{b} \in$ I(A) et $\mathfrak{a} \in$ I(A), on a $\mathfrak{b} : \mathfrak{a} \in$ I(A) ; en effet, si d est un élément non nul de A tel que $d\mathfrak{b} \subset A$ et $d\mathfrak{a} \subset A$ et si a est un élément non nul de $A \cap \mathfrak{a}$, on a $da(\mathfrak{b} : \mathfrak{a}) \subset A$; d'autre part, si $b \neq 0$ appartient à $\mathfrak{b}$, on a $bd\mathfrak{a} \subset \mathfrak{b}$, donc $bd \in \mathfrak{b} : \mathfrak{a}$ et $\mathfrak{b} : \mathfrak{a} \neq 0$.

La définition de $\mathfrak{b} : \mathfrak{a}$ peut encore s'écrire :

$$(1) \qquad \mathfrak{b} : \mathfrak{a} = \bigcap_{x \in \mathfrak{a}, x \neq 0} \mathfrak{b}x^{-1}.$$

PROPOSITION 1. — *a) Si* $\mathfrak{b}$ *est un idéal divisoriel, et si* $\mathfrak{a} \in I(A)$, $\mathfrak{b} : \mathfrak{a}$ *est divisoriel.*

b) Soient $\mathfrak{a}$, $\mathfrak{b}$ *dans* $I(A)$. *Pour que* $\operatorname{div} \mathfrak{a} = \operatorname{div} \mathfrak{b}$, *il faut et il suffit que* $A : \mathfrak{a} = A : \mathfrak{b}$.

c) Pour tout $\mathfrak{a} \in I(A)$, *on a* $\tilde{\mathfrak{a}} = A : (A : \mathfrak{a})$.

L'assertion *a)* résulte aussitôt de la formule (1) puisque, si $\mathfrak{b}$ est divisoriel, il en est de même de $\mathfrak{b}x^{-1}$ pour tout $x \neq 0$.

Pour démontrer *b)*, notons $P(\mathfrak{a})$ l'ensemble des idéaux principaux fractionnaires contenant $\mathfrak{a}$; la relation $Ax \in P(\mathfrak{a})$ équivaut à $x^{-1}\mathfrak{a} \subset A$, donc à $x^{-1} \in A : \mathfrak{a}$. Comme la relation $\operatorname{div} \mathfrak{a} = \operatorname{div} \mathfrak{b}$ est par définition équivalente à $P(\mathfrak{a}) = P(\mathfrak{b})$, elle est aussi équivalente à $A : \mathfrak{a} = A : \mathfrak{b}$.

Enfin, comme $\mathfrak{a}(A : \mathfrak{a}) \subset A$, on a $\mathfrak{a} \subset A : (A : \mathfrak{a})$. Remplaçant $\mathfrak{a}$ par $A : \mathfrak{a}$ dans cette formule, on voit que $A : \mathfrak{a} \subset A : (A : (A : \mathfrak{a}))$; d'autre part, la relation $\mathfrak{a} \subset A : (A : \mathfrak{a})$ implique

$$A : \mathfrak{a} \supset A : (A : (A : \mathfrak{a})).$$

On a donc $A : \mathfrak{a} = A : (A : (A : \mathfrak{a}))$, et il résulte de *b)* que $\operatorname{div} \mathfrak{a} = \operatorname{div}(A : (A : \mathfrak{a}))$. Comme $A : (A : \mathfrak{a})$ est divisoriel en vertu de *a)*, on a bien $\tilde{\mathfrak{a}} = A : (A : \mathfrak{a})$, ce qui prouve *c)*.

Remarque. — Au cours de la démonstration précédente, on a prouvé que $A : \mathfrak{a} = A : (A : (A : \mathfrak{a}))$ pour tout idéal $\mathfrak{a} \in I(A)$, ce qui est un cas particulier de *Ens.*, chap. III, 3e éd., § 1, n° 5, prop. 2.

PROPOSITION 2. — (i) *Dans* $D(A)$, *tout ensemble majoré non vide admet une borne supérieure. Plus précisément, si* $(\mathfrak{a}_\iota)$ *est une famille majorée non vide d'éléments de* $I(A)$, *on a*

$$\sup_\iota (\operatorname{div} \mathfrak{a}_\iota) = \operatorname{div}\Big(\bigcap_\iota \tilde{\mathfrak{a}}_\iota\Big).$$

(ii) *Dans* $D(A)$, *tout ensemble minoré non vide admet une borne inférieure. Plus précisément, si* $(\mathfrak{a}_\iota)$ *est une famille minorée non vide d'éléments de* $I(A)$, *on a*

$$\inf_\iota (\operatorname{div} \mathfrak{a}_\iota) = \operatorname{div}\Big(\sum_\iota \mathfrak{a}_\iota\Big).$$

(iii) *L'ensemble* $D(A)$ *est réticulé.*

Soit $(\mathfrak{a}_\iota)$ une famille majorée non vide d'éléments de $I(A)$. Dire qu'un idéal divisoriel $\mathfrak{b}$ majore cette famille revient à dire qu'il est contenu dans tous les $\tilde{\mathfrak{a}}_\iota$, c'est-à-dire que $\mathfrak{b}$ est contenu dans $\bigcap_\iota \tilde{\mathfrak{a}}_\iota$. On a donc $\bigcap_\iota \tilde{\mathfrak{a}}_\iota \neq (0)$, et $\bigcap_\iota \tilde{\mathfrak{a}}_\iota$ est par suite un idéal divisoriel, ce qui démontre (i).

Soit maintenant $(\mathfrak{a}_\iota)$ une famille minorée non vide d'éléments de I(A). Dire qu'un idéal divisoriel $\mathfrak{b}$ minore cette famille veut dire qu'il contient tous les $\tilde{\mathfrak{a}}_\iota$, c'est-à-dire (puisque $\mathfrak{b}$ est divisoriel) qu'il contient tous les $\mathfrak{a}_\iota$, ou encore qu'on a $\mathfrak{b} \supset \sum_\iota \mathfrak{a}_\iota$. Ceci démontre (ii).

Enfin, pour prouver (iii), il suffit, en vertu de (i) et (ii), de prouver que, si $\mathfrak{a}$, $\mathfrak{b}$ sont dans I(A), l'ensemble $\{\mathfrak{a}, \mathfrak{b}\}$ est à la fois majoré et minoré dans I(A); or il est majoré par $\mathfrak{a} \cap \mathfrak{b}$ (qui est différent de (0)). Il est minoré par $\mathfrak{a} + \mathfrak{b}$, car on a $\mathfrak{a} + \mathfrak{b} \in$ I(A): en effet, si d et d' sont des éléments non nuls de A tels que $d\mathfrak{a} \subset$ A et $d'\mathfrak{b} \subset$ A, on a $dd'(\mathfrak{a} + \mathfrak{b}) \subset$ A.

COROLLAIRE. — *Si* x, y *et* $x + y$ *sont dans* K^*, *on a* $\operatorname{div}(x + y) \geqslant \inf(\operatorname{div}(x), \operatorname{div}(y))$.

En effet $A(x + y) \subset Ax + Ay$, donc $\operatorname{div}(x + y) \geqslant \operatorname{div}(Ax + Ay)$.

2. *Structure de monoïde sur* D(A)

PROPOSITION 3. — *Soient* $\mathfrak{a}$, $\mathfrak{a}'$, $\mathfrak{b}$, $\mathfrak{b}'$ *des éléments de* I(A). *Les relations* $\mathfrak{a} \succ \mathfrak{a}'$ *et* $\mathfrak{b} \succ \mathfrak{b}'$ *impliquent* $\mathfrak{a}\mathfrak{b} \succ \mathfrak{a}'\mathfrak{b}'$.

On peut se borner au cas où $\mathfrak{b} = \mathfrak{b}'$. Soit alors Ax un idéal principal fractionnaire contenant $\mathfrak{a}'\mathfrak{b}$; pour tout élément non nul y de $\mathfrak{b}$, on a $Ax \supset \mathfrak{a}'y$, donc $Axy^{-1} \supset \mathfrak{a}'$, d'où $Axy^{-1} \supset \mathfrak{a}$ et $Ax \supset \mathfrak{a}y$. Faisant varier y, on voit que $Ax \supset \mathfrak{a}\mathfrak{b}$, d'où $\mathfrak{a}\mathfrak{b} \succ \mathfrak{a}'\mathfrak{b}$.

C.Q.F.D.

Il résulte de la prop. 3 que la multiplication dans I(A) définit, par passage au quotient, une loi de composition dans D(A), qui est évidemment associative et commutative. On la note additivement, de sorte qu'on peut écrire:

$$\operatorname{div}(\mathfrak{a}\mathfrak{b}) = \operatorname{div} \mathfrak{a} + \operatorname{div} \mathfrak{b}, \tag{2}$$

pour $\mathfrak{a}$, $\mathfrak{b}$ dans I(A). Il est clair que div(1) est un élément neutre pour cette addition; on note cet élément 0. La prop. 3 prouve en outre que la structure d'ordre sur D(A) est *compatible* avec cette addition (*Alg*., chap. VI, § 1, n° 1), et de façon plus précise, on a (n° 1, prop. 2, (ii)):

$$\begin{aligned}\inf(\operatorname{div} \mathfrak{a} + \operatorname{div} \mathfrak{b}, \operatorname{div} \mathfrak{a} + \operatorname{div} \mathfrak{c}) &= \inf(\operatorname{div}(\mathfrak{a}\mathfrak{b}), \operatorname{div}(\mathfrak{a}\mathfrak{c})) = \operatorname{div}(\mathfrak{a}\mathfrak{b} + \mathfrak{a}\mathfrak{c}) \\ &= \operatorname{div}(\mathfrak{a}(\mathfrak{b} + \mathfrak{c})) = \operatorname{div} \mathfrak{a} + \operatorname{div}(\mathfrak{b} + \mathfrak{c}) = \operatorname{div} \mathfrak{a} + \inf(\operatorname{div} \mathfrak{b}, \operatorname{div} \mathfrak{c}).\end{aligned}$$

Pour qu'un idéal fractionnaire $\mathfrak{a} \neq 0$ soit tel que $\operatorname{div} \mathfrak{a} \geqslant 0$ dans D(A), il faut et il suffit que $\mathfrak{a} \subset$ A (autrement dit, que $\mathfrak{a}$ soit un idéal *entier* de A).

Pour deux éléments x, y de K^*, la relation $\operatorname{div}(x) = \operatorname{div}(y)$ est équivalente à $Ax = Ay$; l'ensemble des diviseurs principaux de A muni de la relation d'ordre et de la loi de monoïde induite par celles de D(A), est un *groupe ordonné*, canoniquement isomorphe au groupe multiplicatif des idéaux principaux fractionnaires, ordonné par la relation d'ordre opposée à l'inclusion (*Alg.*, chap. VI, § 1, n° 5). La relation S entre deux éléments P, Q de D(A) :

$$\text{« il existe } x \in K^* \text{ tel que } P = Q + \operatorname{div}(x) \text{ »}$$

est donc une relation d'équivalence, puisque la relation $P = Q + \operatorname{div}(x)$ est équivalente à $Q = P + \operatorname{div}(x^{-1})$; si P et Q sont congrus modulo S, on dit que ce sont des *diviseurs équivalents* de A. Il est clair en outre que la relation S est compatible avec la loi du monoïde D(A), et cette dernière définit donc, par passage aux quotients, une structure de monoïde sur D(A)/S ; on dit que ce monoïde est le *monoïde des classes de diviseurs de* A.

PROPOSITION 4. — *Soient* $\mathfrak{a}$, $\mathfrak{b}$ *deux idéaux fractionnaires divisoriels de* A. *Les propriétés suivantes sont équivalentes :*

a) $\operatorname{div} \mathfrak{a}$ *et* $\operatorname{div} \mathfrak{b}$ *sont des diviseurs équivalents ;*

b) il existe $x \in K^*$ *tel que* $\mathfrak{b} = x\mathfrak{a}$.

En effet, si $\operatorname{div} \mathfrak{b} = \operatorname{div} \mathfrak{a} + \operatorname{div}(x)$ pour un $x \in K^*$, on a $\operatorname{div} \mathfrak{b} = \operatorname{div}(x\mathfrak{a})$ et comme $\mathfrak{b}$ et $x\mathfrak{a}$ sont divisoriels, on a $\mathfrak{b} = x\mathfrak{a}$, ce qui prouve la proposition.

Soit $\mathfrak{a}$ un idéal fractionnaire *inversible* (chap. II, § 5, n° 6) ; on a alors $\mathfrak{a} = A : (A : \mathfrak{a})$ (*loc. cit.*, prop. 10), donc $\mathfrak{a}$ est *divisoriel* (n° 1, prop. 1). Le groupe J(A) des idéaux fractionnaires inversibles s'identifie donc à un sous-groupe du monoïde D(A), et l'image canonique de J(A) dans D(A)/S au groupe des classes des A-modules *projectifs de rang* 1 (chap. II, § 5, n° 7, cor. 2 de la prop. 12 et *Remarque* 1).

THÉORÈME 1. — *Soit* A *un anneau intègre. Pour que le monoïde* D(A) *des diviseurs de* A *soit un groupe, il faut et il suffit que* A *soit complètement intégralement clos.*

Supposons que D(A) soit un groupe. Soit $x \in K$; supposons que $A[x]$ soit contenu dans un sous-A-module de type fini de K. Alors, on a vu (n° 1) que $\mathfrak{a} = A[x]$ est un élément de I(A). On a $x\mathfrak{a} \subset \mathfrak{a}$, donc $\operatorname{div}(x) + \operatorname{div} \mathfrak{a} \geqslant \operatorname{div} \mathfrak{a}$. Puisque D(A) est un groupe ordonné, on en conclut que $\operatorname{div}(x) \geqslant 0$, d'où $x \in A$. Ainsi A est complètement intégralement clos (chap. V, § 1, n° 4, déf. 5).

Réciproquement, supposons A complètement intégralement clos. Soit $\mathfrak{a}$ un idéal divisoriel. Nous allons montrer que $\operatorname{div} \mathfrak{a} + \operatorname{div}(A : \mathfrak{a}) = 0$, ce qui prouvera que D(A) est un groupe. Comme on a $\mathfrak{a}(A : \mathfrak{a}) \subset A$, il suffit (n° 1) de voir que tout idéal principal fractionnaire Ax^{-1} qui contient $\mathfrak{a}(A : \mathfrak{a})$ contient aussi A. Or, pour $y \in K^*$, la relation $Ay \supset \mathfrak{a}$ entraîne $y^{-1} \in A : \mathfrak{a}$, d'où $y^{-1}\mathfrak{a} \subset \mathfrak{a}(A : \mathfrak{a}) \subset Ax^{-1}$, donc $x\mathfrak{a} \subset Ay$. Comme $\mathfrak{a}$ est divisoriel, on en déduit $x\mathfrak{a} \subset \mathfrak{a}$, d'où $x^n\mathfrak{a} \subset \mathfrak{a}$ pour tout $n \in \mathbf{N}$. Il existe des éléments x_0, x_1 de K^* tels que $Ax_0 \subset \mathfrak{a} \subset Ax_1$; on a donc $x^n x_0 \in Ax_1$, d'où $x^n \in Ax_1 x_0^{-1}$. Comme A est complètement intégralement clos, on a $x \in A$, c'est-à-dire $Ax^{-1} \supset A$, ce qui achève la démonstration.

On notera que si A est complètement intégralement clos (et même noethérien), un idéal divisoriel de A n'est pas nécessairement inversible, autrement dit, on a en général $J(A) \neq D(A)$ (exerc. 2 et § 3, n° 2, prop. 1).

COROLLAIRE. — *Soient* A *un anneau complètement intégralement clos,* $\mathfrak{a}$ *un idéal fractionnaire divisoriel de* A. *Alors, pour tout idéal fractionnaire* $\mathfrak{b} \neq 0$ *de* A, *on a* $\operatorname{div}(\mathfrak{a} : \mathfrak{b}) = \operatorname{div} \mathfrak{a} - \operatorname{div} \mathfrak{b}$.

En vertu de la formule (1) du n° 1, on a :

$$\operatorname{div}(\mathfrak{a} : \mathfrak{b}) = \operatorname{div}\Big(\bigcap_{y \in \mathfrak{b}, y \neq 0} y^{-1}\mathfrak{a}\Big) = \sup_{y \in \mathfrak{b}, y \neq 0} \operatorname{div}(y^{-1}\mathfrak{a})$$

compte tenu de la prop. 2 et du fait que les idéaux fractionnaires $y^{-1}\mathfrak{a}$ sont divisoriels. Mais puisque D(A) est un groupe ordonné, on a (*Alg.*, chap. VI, § 1, n° 8) :

$$\sup_{y \in \mathfrak{b}, y \neq 0} \operatorname{div}(y^{-1}\mathfrak{a}) = \sup_{y \in \mathfrak{b}, y \neq 0} (\operatorname{div} \mathfrak{a} - \operatorname{div}(y)) = \operatorname{div} \mathfrak{a} - \inf_{y \in \mathfrak{b}, y \neq 0} \operatorname{div}(y)$$

$$= \operatorname{div} \mathfrak{a} - \operatorname{div} \mathfrak{b}.$$

3. *Anneaux de Krull*

DÉFINITION 3. — *On dit qu'un anneau* A *est un anneau de Krull s'il est intègre, et s'il existe une famille* $(v_\iota)_{\iota \in I}$ *de valuations du corps des fractions* K *de* A *possédant les propriétés suivantes:*

(AK_I) *les valuations* v_ι *sont discrètes;*

(AK_{II}) *l'intersection des anneaux des* v_ι *est* A;

(AK_{III}) *pour tout* $x \in K^*$, *l'ensemble des indices* $\iota \in I$ *tels que* $v_\iota(x) \neq 0$ *est fini.*

Il suffit évidemment de vérifier la condition (AK_{III}) pour les éléments x de A − (0).

Exemples. — 1) Tout anneau de valuation discrète est un anneau de Krull.

2) Plus généralement, tout anneau *principal* A est un anneau de Krull. En effet soit $(p_\iota)_{\iota\in I}$ un système représentatif d'éléments extrémaux de A, et soit v_ι la valuation du corps des fractions de A définie par p_ι (chap. VI, § 3, n° 3, *Exemple* 4). On voit aussitôt que la famille $(v_\iota)_{\iota\in I}$ vérifie les propriétés (AK_I), (AK_{II}) et AK_{III}).

3) Soient F un corps, et $(R_i)_{1\leqslant i\leqslant n}$ une famille *finie* de sous-anneaux de F qui soient des anneaux de Krull. Alors leur *intersection* $S = \bigcap_{j=1}^{n} R_j$ est un anneau de Krull. En effet, pour $1 \leqslant j \leqslant n$, soit $(v_{j\iota})_{\iota\in I_j}$ une famille de valuations du corps des fractions de R_j vérifiant (AK_I), (AK_{II}), (AK_{III}) (où A est remplacé par R_j). Notons $w_{j\iota}$ la restriction de $v_{j\iota}$ au corps des fractions de S. Alors la famille $(v_{j\iota})_{1\leqslant j\leqslant n, \iota\in I_j}$ vérifie évidemment (AK_{II}) (où A est remplacé par S), et aussi (AK_{III}) puisque l'ensemble des indices j est fini. Les valuations $w_{j\iota}$ sont, soit discrètes, soit impropres. En ne gardant que celles qui sont discrètes, on obtient évidemment une famille vérifiant (AK_I), (AK_{II}) et (AK_{III}) (où A est remplacé par S). Donc S est bien un anneau de Krull.

4) En particulier, si A est un anneau de Krull et K′ un sous-corps du corps des fractions K de A, K′ ∩ A est un anneau de Krull.

THÉORÈME 2. — *Soit* A *un anneau intègre. Pour que* A *soit un anneau de Krull, il faut et il suffit que les deux conditions suivantes soient satisfaites :*

a) A *est complètement intégralement clos ;*

b) toute famille non vide d'idéaux entiers divisoriels de A *admet un élément maximal (pour la relation* ⊂*).*

En outre, si P(A) *est l'ensemble des éléments extrémaux de* D(A), P(A) *est alors une base du* **Z***-module* D(A) *et les éléments positifs de* D(A) *sont les combinaisons linéaires des éléments de* P(A) *à coefficients* ⩾ 0.

Soit A un anneau de Krull. Il est complètement intégralement clos (chap. VI, § 4, n° 5, cor. de la prop. 9). Soit $(v_\iota)_{\iota\in I}$ une famille de valuations du corps des fractions K de A vérifiant (AK_I), (AK_{II}) et (AK_{III}). On peut supposer les v_ι normées (chap. VI,

§ 3, n° 6, déf. 3). Pour tout $\mathfrak{a} \in \mathrm{I(A)}$, nous poserons :

$$(3) \qquad v_\iota(\mathfrak{a}) = \sup_{\mathfrak{a} \subset \mathrm{A}x} (v_\iota(x));$$

on a $v_\iota(\mathfrak{a}) \in \mathbf{Z}$, car si a est un élément non nul de $\mathfrak{a}$, la relation $\mathrm{A}x \supset \mathrm{A}a$ implique $v_\iota(x) \leqslant v_\iota(a)$ (d'après $(\mathrm{AK_{II}})$), ce qui montre que la famille des $v_\iota(x)$ ($\mathfrak{a} \subset \mathrm{A}x$) est majorée. Etablissons les propriétés suivantes :

1) *Soit* $\mathfrak{a}$ *un idéal fractionnaire divisoriel ; pour que* $y \in \mathfrak{a}$, *il faut et il suffit que* $v_\iota(y) \geqslant v_\iota(\mathfrak{a})$ *pour tout* $\iota \in \mathrm{I}$.

En effet, comme $\mathfrak{a}$ est divisoriel, la relation $y \in \mathfrak{a}$ équivaut à la relation « $\mathfrak{a} \subset \mathrm{A}x$ implique $y \in \mathrm{A}x$ ». Or, en vertu de $(\mathrm{AK_{II}})$, la relation $y \in \mathrm{A}x$ équivaut à « $v_\iota(y) \geqslant v_\iota(x)$ pour tout $\iota \in \mathrm{I}$ ». D'où 1).

2) *Soient* $\mathfrak{a}$ *et* $\mathfrak{b}$ *deux idéaux fractionnaires divisoriels de* A ; *pour que* $\mathfrak{a} \subset \mathfrak{b}$, *il faut et il suffit que* $v_\iota(\mathfrak{a}) \geqslant v_\iota(\mathfrak{b})$ *pour tout* $\iota \in \mathrm{I}$.

Ceci résulte aussitôt de la propriété 1).

3) *Si* $x \in \mathrm{K}^*$, *on a* $v_\iota(\mathrm{A}x) = v_\iota(x)$.

En effet, si $\mathrm{A}y \supset \mathrm{A}x$, on a $v_\iota(y) \leqslant v_\iota(x)$ d'après $(\mathrm{AK_{II}})$, et la valeur maximum de $v_\iota(y)$ est prise pour $y = x$.

4) *Pour tout* $\mathfrak{a} \in \mathrm{I(A)}$, *les indices* $\iota \in \mathrm{I}$ *tels que* $v_\iota(\mathfrak{a}) \neq 0$ *sont en nombre fini.*

En effet, il existe x, y dans K^* tels que $\mathrm{A}x \subset \mathfrak{a} \subset \mathrm{A}y$. D'après les propriétés 2) et 3), on a $v_\iota(x) \geqslant v_\iota(\mathfrak{a}) \geqslant v_\iota(y)$ pour tout $\iota \in \mathrm{I}$. Il suffit alors d'appliquer $(\mathrm{AK_{III}})$.

Nous avons donc démontré le lemme suivant :

Lemme 1. — *Si* A *est un anneau de Krull, et* $(v_\iota)_{\iota \in \mathrm{I}}$ *une famille de valuations normées de* K *vérifiant* $(\mathrm{AK_I})$, $(\mathrm{AK_{II}})$ *et* $(\mathrm{AK_{III}})$, *l'application* $\mathfrak{a} \to (v_\iota(\mathfrak{a}))_{\iota \in \mathrm{I}}$ *est une application injective décroissante de l'ensemble des idéaux entiers divisoriels de* A (*ordonné par* $\subset$) *dans l'ensemble des éléments positifs du groupe ordonné somme directe* $\mathbf{Z}^{(\mathrm{I})}$.

Cela étant, tout ensemble non vide d'éléments positifs de $\mathbf{Z}^{(\mathrm{I})}$ possède un élément minimal (*Alg.*, chap. VI, § 1, n° 13, th. 2). Donc A vérifie bien la propriété *b*) de l'énoncé.

Réciproquement, soit A un anneau intègre vérifiant les propriétés *a*) et *b*) de l'énoncé. Puisque A est complètement intégralement clos, D(A) est un groupe ordonné (n° 2, th. 1). Ce groupe est réticulé (n° 1, prop. 2). D'après la condition *b*) de l'énoncé, toute famille non vide d'éléments positifs de D(A) possède un élément minimal. Soit P(A) l'ensemble des éléments extrémaux de D(A). Alors (*Alg.*, chap. VI, 2ᵉ éd., § 1, n° 13, th. 2), P(A) est une base du **Z**-module D(A), et les éléments positifs de D(A) sont les combinaisons linéaires à coefficients entiers positifs des éléments de P(A).

Ainsi, pour $x \in K^*$, on définit des entiers rationnels $v_P(x)$ (pour $P \in P(A)$) en posant :

$$\operatorname{div}(x) = \sum_{P \in P(A)} v_P(x) \,.\, P. \tag{4}$$

Posons aussi $v_P(0) = +\infty$.
Des relations

$$\operatorname{div}(xy) = \operatorname{div}(x) + \operatorname{div}(y)$$

et

$$\operatorname{div}(x+y) \geqslant \inf(\operatorname{div}(x), \operatorname{div}(y)),$$

pour x, y et $x + y$ dans K^*, on déduit que les v_P sont des *valuations discrètes* sur K. Pour que $x \in A$, il faut et il suffit que $\operatorname{div}(x) \geqslant 0$, c'est-à-dire que $v_P(x) \geqslant 0$ pour tout $P \in P(A)$. Ainsi les v_P vérifient les conditions (AK_I) et (AK_{II}), et évidemment aussi (AK_{III}).

C.Q.F.D.

COROLLAIRE. — *Pour qu'un anneau noethérien soit un anneau de Krull, il faut et il suffit qu'il soit intégralement clos.*

En effet un anneau noethérien intégralement clos est complètement intégralement clos (chap. V, § 1, n° 4).

Il y a des anneaux de Krull non noethériens, par exemple l'anneau de polynômes $K[X_n]_{n \in \mathbf{N}}$ sur un corps K, à une infinité d'indéterminées (cf. exerc. 8).

4. *Valuations essentielles d'un anneau de Krull*

Soient A un anneau de Krull, K son corps des fractions. On appelle *valuations essentielles* de K (ou de A) les valuations v_P définies par la formule (4) du n° 3 (pour $x \in K^*$).

On a remarqué, au cours de la démonstration du th. 2, que les valuations v_P vérifient les propriétés (AK_I), (AK_{II}) et (AK_{III}) de la déf. 3. En outre, ces valuations discrètes v_P sont *normées* : en effet, pour tout diviseur extrémal $P \in P(A)$, on a $P < 2P$, donc, si $\mathfrak{a}$ et $\mathfrak{b}$ sont les idéaux divisoriels correspondant à P et 2P, on a $\mathfrak{a} \supset \mathfrak{b}$ et $\mathfrak{a} \neq \mathfrak{b}$; pour $x \in \mathfrak{a} - \mathfrak{b}$, on a $\operatorname{div}(x) \geqslant P$ et $\operatorname{div}(x) \ngeqslant 2P$, d'où $v_P(x) = 1$, ce qui démontre notre assertion.

PROPOSITION 5. — *Soient* A *un anneau de Krull,* K *son corps des fractions, et* $(v_P)_{P \in P(A)}$ *la famille de ses valuations essentielles. Soit* $(n_P)_{P \in P(A)}$ *une famille d'entiers rationnels, nuls sauf pour un nombre fini d'indices. Alors l'ensemble des* $x \in K$ *tels que* $v_P(x) \geqslant n_P$ *pour tout* $P \in P(A)$ *est l'idéal divisoriel* $\mathfrak{a}$ *de* A *tel que* $\operatorname{div} \mathfrak{a} = \sum_{P \in P(A)} n_P . P$.

Soit $x \in K^*$. Pour que $x \in \mathfrak{a}$, il faut et il suffit que $Ax \subset \mathfrak{a}$, donc que $\operatorname{div}(x) \geqslant \operatorname{div} \mathfrak{a}$, donc, d'après (4), que $v_P(x) \geqslant n_P$ pour tout $P \in P(A)$.

PROPOSITION 6. — *Soient* A *un anneau de Krull,* K *son corps des fractions,* $(v_\iota)_{\iota \in I}$ *une famille de valuations de* K *possédant les propriétés de la déf.* 3, *et* A_ι *l'anneau de* v_ι. *Soient* S *une partie multiplicative de* A *ne contenant pas* 0, *et* J *l'ensemble des indices* $\iota \in I$ *tels que* v_ι *soit nulle dans* S. *Alors on a* $S^{-1}A = \bigcap_{\iota \in J} A_\iota$; *en particulier* $S^{-1}A$ *est un anneau de Krull.*

Posons $B = \bigcap_{\iota \in J} A_\iota$. On a $S^{-1} \subset B$ et $A \subset B$, donc $S^{-1}A \subset B$. Inversement, soit $x \in B$. Notons J′ l'ensemble fini des indices ι tels que $v_\iota(x) < 0$. Si $\iota \in J'$, on a $x \notin A_\iota$, donc $\iota \notin J$, donc il existe $s_\iota \in S$ tel que $v_\iota(s_\iota) > 0$. Soit $n(\iota)$ un entier > 0 tel que $v_\iota(s_\iota^{n(\iota)}x) \geqslant 0$; posons $s = \prod_{\iota \in J'} s_\iota^{n(\iota)}$. On a alors $v_\iota(sx) \geqslant 0$ pour tout $\iota \in I$, donc $sx \in A$, et $x \in S^{-1}A$. Ainsi $B = S^{-1}A$.

COROLLAIRE 1. — *Soient* P *un diviseur extrémal de* A, *et* $\mathfrak{p}$ *l'idéal divisoriel correspondant. Alors* $\mathfrak{p}$ *est premier, l'anneau de* v_P *est* $A_\mathfrak{p}$ *et le corps résiduel de* v_P *s'identifie au corps des fractions de* $A/\mathfrak{p}$.

Soit $S = A - \mathfrak{p}$. D'après la prop. 5, v_P est nulle dans S et > 0 dans $\mathfrak{p}$. Donc $\mathfrak{p}$ est l'intersection de A et de l'idéal de v_P, et par suite est premier. D'autre part, pour tout diviseur extrémal $Q \neq P$, on a $Q \ngeqslant P$, donc l'idéal divisoriel $\mathfrak{q}$ correspondant à Q n'est pas contenu dans $\mathfrak{p}$; ainsi $\mathfrak{q} \cap S \neq \phi$, donc, d'après la prop. 5, v_Q n'est pas nulle dans S. Ceci étant, le corollaire résulte de la prop. 6 et du chap. II, § 3, n° 1, prop. 3.

COROLLAIRE 2. — *Soient* A *un anneau de Krull,* K *son corps des fractions, et* $(v_\iota)_{\iota \in I}$ *une famille de valuations possédant les propriétés de la déf.* 3. *Alors toute valuation essentielle de* A *est équivalente à l'une des* v_ι.

Soient P un diviseur extrémal de A, et $\mathfrak{p}$ l'idéal divisoriel correspondant. D'après le cor. 1, la prop. 5, le lemme 1 et l'assertion 1) dans la démonstration du th. 2, n° 3, il existe $\iota \in I$ tel que l'anneau A_ι de v_ι contienne l'anneau $A_\mathfrak{p}$ de v_P. Comme v_ι et v_P sont de hauteur 1, elles sont donc équivalentes (chap. VI, § 4, n° 5, prop. 6).

PROPOSITION 7. — *Soient* A *un anneau de Krull,* $(v_P)_{P \in P(A)}$ *la famille de ses valuations essentielles, et* $\mathfrak{a} \in I(A)$. *Alors le coefficient de* P *dans* div $\mathfrak{a}$ *est* $\inf_{y \in \mathfrak{a}} (v_P(y))$. *Si* $\mathfrak{p}$ *est l'idéal premier divisoriel correspondant au diviseur extrémal* P, *on a* $\mathfrak{a}A_\mathfrak{p} = \tilde{\mathfrak{a}}A_\mathfrak{p}$.

Comme $\mathfrak{a} = \sum_{x \in \mathfrak{a}} Ax$, la prop. 2, *b*) (n° 1) montre qu'on a $\operatorname{div}(\mathfrak{a}) = \inf_{x \in \mathfrak{a}} (\operatorname{div}(Ax))$, d'où notre première assertion. La seconde s'en déduit aussitôt, puisque div $\tilde{\mathfrak{a}}$ = div $\mathfrak{a}$ et que $A_\mathfrak{p}$ est l'anneau de la valuation discrète v_P.

PROPOSITION 8. — *Soit* A *un anneau noethérien intégralement clos.*

a) *Soient* P *un diviseur extrémal de* A *et* $\mathfrak{p}$ *l'idéal premier divisoriel correspondant; pour* $n \in \mathbf{N}$. *posons* $\mathfrak{p}^{(n)} = \mathfrak{p}^n A_\mathfrak{p} \cap A$; *alors* $\mathfrak{p}^{(n)}$ *est l'ensemble des* $x \in A$ *tels que* $v_P(x) \geqslant n$, *et est un idéal* $\mathfrak{p}$-*primaire.*

b) *Soient* $\mathfrak{a}$ *un idéal entier divisoriel,* $n_1P_1 + \cdots + n_rP_r$ *le diviseur de* $\mathfrak{a}$ (*les* P_i *étant des diviseurs extrémaux distincts*), *et* $\mathfrak{p}_i$ *l'idéal premier divisoriel correspondant à* P_i. *Alors* $\mathfrak{a} = \bigcap_{i=1}^{r} \mathfrak{p}_i^{(n_i)}$ *est l'unique décomposition primaire réduite de* $\mathfrak{a}$ *et les* $\mathfrak{p}_i$ *sont non immergés.*

D'après le cor. 1 de la prop. 6, la relation $x \in \mathfrak{p}^n A_\mathfrak{p} = (\mathfrak{p}A_\mathfrak{p})^n$ équivaut à $v_P(x) \geqslant n$; d'autre part, comme $A_\mathfrak{p}$ est un anneau de valuation discrète, $(\mathfrak{p}A_\mathfrak{p})^n$ est $(\mathfrak{p}A_\mathfrak{p})$-primaire (chap. IV, § 2, n° 1, *Exemple* 4), donc $\mathfrak{p}^{(n)}$ est $\mathfrak{p}$-primaire (chap. IV, § 2, n° 1, prop. 3); ceci démontre *a*). La prop. 5 montre qu'on a bien $\mathfrak{a} = \bigcap_{i=1}^{r} \mathfrak{p}_i^{(n_i)}$. Comme on a $\mathfrak{p}_i \not\subset \mathfrak{p}_j$ pour $i \neq j$ cette décomposition primaire est réduite: en effet, si on avait $\mathfrak{p}_i^{(n_i)} \supset \bigcap_{j \neq i} \mathfrak{p}_j^{(n_j)} \supset \prod_{j \neq i} \mathfrak{p}_j^{n_j}$, $\mathfrak{p}_i$ contiendrait l'un des $\mathfrak{p}_j$ pour $j \neq i$ (chap. II, § 1, n° 1, prop. 1). L'unicité résulte du chap. IV, § 2, n° 3, prop. 5.

5. *Approximation pour les valuations essentielles*

Comme les valuations essentielles d'un anneau de Krull sont discrètes et normées, elles sont deux à deux inéquivalentes, donc indépendantes (chap. VI, § 7, n° 2). On peut donc leur appliquer le cor. 1 du théorème d'approximation (*loc. cit.*, th. 1) : étant donnés des $n_i \in \mathbf{Z}$ et des valuations essentielles v_i en nombre fini, deux à deux distinctes, il existe $x \in K$ tel que $v_i(x) = n_i$ pour tout i. Mais on a ici un résultat plus précis :

PROPOSITION 9. — *Soient $v_1, \ldots, v_r$ des valuations essentielles, deux à deux distinctes, d'un anneau de Krull* A, *et $n_1, \ldots, n_r$ des entiers rationnels. Il existe un élément x du corps des fractions* K *de* A *tel que $v_i(x) = n_i$ pour $1 \leqslant i \leqslant r$, et que $v(x) \geqslant 0$ pour toute valuation essentielle v de* A *distincte de $v_1, \ldots, v_r$.*

Soient, en effet, $\mathfrak{p}_1, \ldots, \mathfrak{p}_r$ les idéaux divisoriels de A correspondant aux valuations $v_1, \ldots, v_r$. Il existe $y \in K$ tel que $v_i(y) = n_i$ pour $1 \leqslant i \leqslant r$ (chap. VI, § 7, n° 2, cor. 1 du th. 1). Les valuations essentielles $w_1, \ldots, w_s$ de A distinctes des v_i pour lesquelles l'entier $w_j(y) = -m_j$ est < 0 sont en nombre fini ; soient $\mathfrak{q}_1, \ldots, \mathfrak{q}_s$ les idéaux divisoriels correspondants. Il n'existe aucune relation d'inclusion entre $\mathfrak{p}_1, \ldots, \mathfrak{p}_r, \mathfrak{q}_1, \ldots, \mathfrak{q}_s$ puisque ces idéaux correspondent à des diviseurs extrémaux, et ces idéaux sont premiers (cor. 1 de la prop. 6). Donc l'idéal entier $\mathfrak{a} = \mathfrak{q}_1^{m_1} \ldots \mathfrak{q}_s^{m_s}$ n'est contenu dans aucun des $\mathfrak{p}_i$ (chap. II, § 1, n° 1, prop. 1), et n'est par conséquent pas contenu dans leur réunion (*loc. cit.*, prop. 2). Par suite, il existe $z \in \mathfrak{a}$ tel que $z \notin \mathfrak{p}_i$ pour $1 \leqslant i \leqslant r$; on a $v_1(z) = \ldots = v_r(z) = 0$, et $w_j(z) \geqslant m_j$ pour $1 \leqslant j \leqslant s$; donc l'élément $x = yz$ répond à la question.

COROLLAIRE 1. — *Soient* A *un anneau de Krull,* K *son corps des fractions, $\mathfrak{a}$, $\mathfrak{b}$, et $\mathfrak{c}$ trois idéaux fractionnaires divisoriels de* A *tels que $\mathfrak{a} \subset \mathfrak{b}$. Il existe $x \in K$ tel que $\mathfrak{a} = \mathfrak{b} \cap x\mathfrak{c}$.*

En effet, soit $(v_\iota)_{\iota \in I}$ la famille des valuations essentielles de A, et soit (m_ι) (resp. (n_ι), (p_ι)) la famille d'entiers rationnels (nuls sauf pour un nombre fini d'indices) telle que $\mathfrak{a}$ (resp. $\mathfrak{b}$, $\mathfrak{c}$) soit l'ensemble des $x \in K$ pour lesquels $v_\iota(x) \geqslant m_\iota$ (resp. n_ι, p_ι), quel que soit $\iota \in I$ (prop. 5, n° 4). L'ensemble J des $\iota \in I$ tels que $m_\iota > n_\iota$ est fini. Comme on a $p_\iota = m_\iota = 0$ sauf pour un nombre fini d'indices, la prop. 9 montre qu'il existe $x \in K^*$ tel que $v_\iota(x^{-1}) + m_\iota = p_\iota$ pour $\iota \in J$ et $v_\iota(x^{-1}) + m_\iota \geqslant p_\iota$ pour $\iota \in I - J$. On a alors, pour tout $\iota \in I$, $m_\iota = \sup(n_\iota, v_\iota(x) + p_\iota)$. D'où $\mathfrak{a} = \mathfrak{b} \cap x\mathfrak{c}$.

COROLLAIRE 2. — *Soit* A *un anneau de Krull. Pour qu'un idéal fractionnaire* $\mathfrak{a}$ *de* A *soit divisoriel, il faut et il suffit qu'il soit intersection de deux idéaux principaux fractionnaires.*

La suffisance est évidente (n° 1, déf. 2). La nécessité se déduit du cor. 1 : on prend $\mathfrak{b}$ et $\mathfrak{c}$ principaux et tels que $\mathfrak{b} \supset \mathfrak{a}$.

6. *Idéaux premiers de hauteur 1 d'un anneau de Krull*

DÉFINITION 4. — *Soit* A *un anneau intègre. Un idéal premier* $\mathfrak{p}$ *de* A *est dit de hauteur* 1 *s'il est minimal parmi les idéaux premiers non nuls de* A.

Nous dirons aussi que l'idéal (0) dans A est *de hauteur* 0 ; un idéal premier *de hauteur* $\leqslant 1$ est donc par définition égal à (0) ou de hauteur 1.

Nous définirons ultérieurement, de manière générale, la hauteur d'un idéal premier.

THÉORÈME 3. — *Soient* A *un anneau de Krull, et* $\mathfrak{p}$ *un idéal entier de* A. *Pour que* $\mathfrak{p}$ *soit l'idéal divisoriel correspondant à un diviseur extrémal, il faut et il suffit que* $\mathfrak{p}$ *soit un idéal premier de hauteur* 1.

Si $\mathfrak{p}$ est l'idéal divisoriel correspondant à un diviseur extrémal, on sait (n° 4, cor. 1 de la prop. 6) que $\mathfrak{p}$ est premier et que $A_{\mathfrak{p}}$ est un anneau de valuation discrète ; comme $A_{\mathfrak{p}}$ n'a d'autres idéaux premiers que (0) et $\mathfrak{p}A_{\mathfrak{p}}$, (0) et $\mathfrak{p}$ sont les seuls idéaux premiers de A contenus dans $\mathfrak{p}$ (chap. II, § 3, n° 1, prop. 3) ; donc $\mathfrak{p}$ est de hauteur 1. Réciproquement, nous montrerons d'abord que tout idéal premier $\mathfrak{p} \neq (0)$ de A contient un idéal premier divisoriel $\mathfrak{q}$ correspondant à un diviseur extrémal : en effet, comme $A_{\mathfrak{p}} \neq K$, $A_{\mathfrak{p}}$ est l'intersection d'une famille non vide (A_ι) d'anneaux de valuations essentielles (n° 4, prop. 6) ; chaque A_ι est de la forme $A_{\mathfrak{q}_\iota}$ (n° 4, cor. 1 de la prop. 6), et, de $A_{\mathfrak{p}} \subset A_{\mathfrak{q}_\iota}$ on déduit $\mathfrak{q}_\iota \subset \mathfrak{p}$. Ainsi, si $\mathfrak{p}$ est de hauteur 1, on a $\mathfrak{p} = \mathfrak{q}$, ce qui montre que $\mathfrak{p}$ est l'idéal divisoriel correspondant à un diviseur extrémal.

COROLLAIRE 1. — *Dans un anneau de Krull, tout idéal premier non nul* $\mathfrak{m}$ *contient un idéal premier de hauteur* 1. *Si* $\mathfrak{m}$ *n'est pas de hauteur* 1, *on a* $\operatorname{div} \mathfrak{m} = 0$ *et* $A : \mathfrak{m} = A$.

La première assertion a été vue au cours de la démonstration du th. 3. Si $\mathfrak{m}$ n'est pas de hauteur 1 et si $\mathfrak{p}$ est un idéal premier de hauteur 1 contenu dans $\mathfrak{m}$, on a $\mathfrak{p} \subset \tilde{\mathfrak{m}}$ et $\mathfrak{p} \neq \tilde{\mathfrak{m}}$; comme $\operatorname{div} \mathfrak{p}$

est extrémal, on a nécessairement $\operatorname{div} \mathfrak{m} = \operatorname{div} \tilde{\mathfrak{m}} = 0$; donc $\operatorname{div}(A : \mathfrak{m}) = 0$ et comme $A : \mathfrak{m}$ est divisoriel (n° 1, prop. 1), $A : \mathfrak{m} = A$.

Corollaire 2. — *Soient* A *un anneau de Krull,* K *son corps des fractions,* v *une valuation de* K *positive sur* A, *et* $\mathfrak{p}$ *l'ensemble des* $x \in A$ *tels que* $v(x) > 0$. *Si l'idéal premier* $\mathfrak{p}$ *est de hauteur* 1, v *est équivalente à une valuation essentielle de* A.

Soient B l'anneau de v et $\mathfrak{m}$ son idéal. On a $\mathfrak{m} \cap A = \mathfrak{p}$, donc $A_{\mathfrak{p}} \subset B$. Or $A_{\mathfrak{p}}$ est un anneau de valuation discrète (th. 3, et cor. 1 de la prop. 6). Comme $\mathfrak{p} \neq (0)$, on a $B \neq K$, donc $B = A_{\mathfrak{p}}$ (chap. VI, § 4, n° 5, prop. 6).

Théorème 4. — *Soient* A *un anneau intègre,* M *l'ensemble de ses idéaux premiers de hauteur* 1. *Pour que* A *soit un anneau de Krull, il faut et il suffit que les propriétés suivantes soient vérifiées :*

(i) *Pour tout* $\mathfrak{p} \in M$, $A_{\mathfrak{p}}$ *est un anneau de valuation discrète.*

(ii) A *est l'intersection des* $A_{\mathfrak{p}}$ *pour* $\mathfrak{p} \in M$.

(iii) *Pour tout* $x \neq 0$ *dans* A, *il n'existe qu'un nombre fini d'idéaux* $\mathfrak{p} \in M$ *tels que* $x \in \mathfrak{p}$.

En outre, les valuations correspondant aux $A_{\mathfrak{p}}$ *pour* $\mathfrak{p} \in M$ *sont les valuations essentielles de* A.

Les conditions sont trivialement suffisantes. Leur nécessité résulte aussitôt du th. 3, du n° 4, cor. 1 de la prop. 6 et du fait que les valuations essentielles de A vérifient les conditions de la déf. 3 du n° 3.

Proposition 10. — *Soient* A *un anneau noethérien intégralement clos, et* $\mathfrak{a}$ *un idéal entier de* A. *Les conditions suivantes sont équivalentes :*

a) $\mathfrak{a}$ *est divisoriel ;*

b) *les idéaux premiers associés à* $A/\mathfrak{a}$ *sont de hauteur* 1.

Rappelons que, si $\mathfrak{a} = \bigcap_{i=1}^{n} \mathfrak{q}_i$ est une décomposition primaire réduite de $\mathfrak{a}$, et que si $\mathfrak{p}_i$ désigne l'idéal premier correspondant à $\mathfrak{q}_i$, les idéaux premiers associés à $A/\mathfrak{a}$ ne sont autres que les $\mathfrak{p}_i$ (chap. IV, § 2, n° 3, prop. 4). Le fait que *a*) implique *b*) résulte alors de la prop. 8 du n° 4. Réciproquement, si, avec les notations précédentes, les $\mathfrak{p}_i$ sont de hauteur 1, $A_{\mathfrak{p}_i}$ est un anneau de valuation discrète (th. 4); or, $\mathfrak{q}_i = \mathfrak{q}_i A_{\mathfrak{p}_i} \cap A$ (chap. IV, § 2, n° 1, prop. 3); notant v_i la valuation essentielle correspondant à $\mathfrak{p}_i$, il existe donc un entier n_i tel que $\mathfrak{q}_i$ soit l'ensemble des $x \in A$ tels que $v_i(x) \geqslant n_i$; ceci montre que les $\mathfrak{q}_i$ sont divisoriels (n° 4, prop. 5), donc aussi $\mathfrak{a}$.

7. *Application: nouvelles caractérisations des anneaux de valuation discrète*

PROPOSITION 11. — *Soient* A *un anneau de Krull local (en particulier un anneau noethérien local et intégralement clos) et* $\mathfrak{m}$ *son idéal maximal. Les conditions suivantes sont équivalentes:*

a) A *est un anneau de valuation discrète;*

b) $\mathfrak{m}$ *est inversible;*

c) on a $A : \mathfrak{m} \neq A$;

d) $\mathfrak{m}$ *est divisoriel;*

e) $\mathfrak{m}$ *est le seul idéal premier non nul de* A.

Comme tout idéal non nul d'un anneau de valuation discrète est principal (chap. VI, § 3, n° 6, prop. 9), il est inversible, donc *a)* implique *b)*. Si $\mathfrak{m}$ est inversible, son inverse est $A : \mathfrak{m}$ (chap. II, § 5, n° 6, prop. 10), donc $A : \mathfrak{m} \neq A$; ainsi *b)* implique *c)*. Si $A : \mathfrak{m} \neq A$, on a $A : (A : \mathfrak{m}) \neq A$; or $\mathfrak{m} \subset A : (A : \mathfrak{m})$; donc $\mathfrak{m} = A : (A : \mathfrak{m})$ puisque $\mathfrak{m}$ est maximal, de sorte que $\mathfrak{m}$ est divisoriel (n° 1, prop. 1, *c)*); ainsi *c)* implique *d)*. Le fait que *d)* implique *e)* résulte du th. 3 du n° 6. Enfin, si $\mathfrak{m}$ est le seul idéal premier non nul de A, il est de hauteur 1, donc $A_{\mathfrak{m}}$ est un anneau de valuation discrète (n° 6, th. 4); comme A est local, on a $A_{\mathfrak{m}} = A$, ce qui montre que *e)* implique *a)*.

8. *Fermeture intégrale d'un anneau de Krull dans une extension finie de son corps des fractions*

PROPOSITION 12. — *Soient* A *un anneau de Krull,* K *son corps des fractions,* K' *une extension de degré fini de* K, *et* A' *la fermeture intégrale de* A *dans* K'. *Alors* A' *est un anneau de Krull. Les valuations essentielles de* A' *sont les valuations discrètes normées de* K' *qui sont équivalentes aux prolongements des valuations essentielles de* A.

Soit $(v_\iota)_{\iota \in I}$ la famille des prolongements à K' des valuations essentielles de A. Puisque le degré $n = [K' : K]$ est fini, les v_ι sont des valuations discrètes de K' (chap. VI, § 8, n° 1, cor. 3 de la prop. 1). Soit B_ι l'anneau de v_ι; on a $A' \subset \bigcap_{\iota \in I} B_\iota$ (chap. VI, § 1, n° 3, th. 3). Inversement, tout élément x de $\bigcap_{\iota \in I} B_\iota$ est entier sur chacun des anneaux des valuations essentielles de A (chap. VI, § 1, n° 3, cor. 3 du th. 3); donc les coefficients du polynôme minimal de x sur K appartiennent à A (chap. V, § 1, n° 3, cor. de la prop. 11)), de sorte que $x \in A'$; ainsi $A' = \bigcap_{\iota \in I} B_\iota$. Soit maintenant x un élément non nul de A'; il vérifie une équation de la forme $x^s + a_{s-1}x^{s-1} + \cdots + a_0 = 0$ avec $a_i \in A$ et $a_0 \neq 0$; si $v_\iota(x) > 0$, on a $v_\iota(a_0) > 0$; or les valuations essentielles v de A telles que $v(a_0) > 0$ sont en nombre fini, et les valuations de K' prolongeant une valuation donnée de K sont aussi en nombre fini (chap. VI, § 8, n° 3, th. 1); on a donc $v_\iota(x) = 0$ sauf pour un nombre fini d'indices $\iota \in I$. On a ainsi prouvé que A' est un anneau de Krull (n° 3, déf. 3).

Il reste à montrer que les v_ι sont équivalentes à des valuations essentielles de A' (n° 4, cor. 2 de la prop. 6), c'est-à-dire (n° 6, cor. 2 du th. 3) que l'idéal premier $\mathfrak{p}_\iota$, formé par les $x \in A'$ tels que $v_\iota(x) > 0$, est de hauteur 1. S'il n'en était pas ainsi, il existerait un idéal premier $\mathfrak{q}$ de A' tel que $(0) \subset \mathfrak{q} \subset \mathfrak{p}_\iota$ distinct de (0) et de $\mathfrak{p}_\iota$; on aurait alors $(0) \subset \mathfrak{q} \cap A \subset \mathfrak{p}_\iota \cap A$, et $\mathfrak{q} \cap A$ serait distinct de (0) et de $\mathfrak{p}_\iota \cap A$ (chap. V, § 2, n° 1, cor. 1 de la prop. 1); l'idéal premier $\mathfrak{p}_\iota \cap A$ ne serait donc pas de hauteur 1, ce qui contredit le fait qu'il correspond à une valuation essentielle de A.

COROLLAIRE. — *Soient* $\mathfrak{p}$ (resp. $\mathfrak{p}'$) *un idéal premier de hauteur* 1 *de* A (resp. A'), *et* v (resp. v') *la valuation essentielle de* A (resp. A') *qui lui correspond. Pour que* $\mathfrak{p}'$ *soit au-dessus de* $\mathfrak{p}$, *il faut et il suffit que la restriction de* v' *à* K *soit équivalente à* v.

La valuation v' est équivalente au prolongement d'une valuation essentielle w de A (prop. 12). Soit $\mathfrak{q} = \mathfrak{p}' \cap A$, qui est un idéal premier de hauteur 1 de A. Pour que la restriction de v' à K soit équivalente à v, il faut et il suffit que $w = v$, donc que $\mathfrak{q} = \mathfrak{p}$.

9. *Anneaux de polynômes sur un anneau de Krull*

PROPOSITION 13. — *Soient* A *un anneau de Krull*, $X_1, X_2, \ldots, X_n$ *des indéterminées. L'anneau* $A[X_1, \ldots, X_n]$ *est un anneau de Krull.*

Raisonnant par récurrence sur n, il suffit de montrer que, si X est une indéterminée, A[X] est un anneau de Krull. Soit K le corps des fractions de A. Le corps des fractions de A[X] est K(X). Soit I l'ensemble des polynômes unitaires de K[X] irréductibles sur K; pour tout $f \in I$, soit v_f la valuation de K(X) définie par f (chap. VI, § 3, n° 3, *Exemple* 4). D'autre part, pour toute valuation essentielle w de A, soit $\bar{w}$ le prolongement de w à K(X) défini par $\bar{w}\left(\sum_j a_j X^j\right) = \inf_j(w(a_j))$ pour $\sum_j a_j X^j \in K[X]$ (chap. VI, § 10, n° 1, lemme 1). Il est clair que les v_f et les $\bar{w}$ sont discrètes, normées, et que, pour tout $u \in K[X]$, on a $v_f(u) = 0$ (resp. $\bar{w}(u) = 0$), sauf pour un nombre fini de valuations v_f (resp. $\bar{w}$).

Pour démontrer la proposition, il suffit donc de montrer que A[X] est l'intersection des anneaux des valuations v_f et $\bar{w}$. Or l'intersection des anneaux des valuations v_f est K[X]. D'autre part, pour $\sum_j a_j X^j \in K[X]$, la relation $\bar{w}\left(\sum_j a_j X^j\right) \geqslant 0$ équivaut à « $w(a_j) \geqslant 0$ pour tout j »; donc la relation « $\bar{w}\left(\sum_j a_j X^j\right) \geqslant 0$ pour toute valuation $\bar{w}$ » équivaut à « $w(a_j) \geqslant 0$ pour tout j et toute valuation essentielle w de A ». Ceci démontre notre assertion.

Remarque. — Les valuations v_f et $\bar{w}$ introduites dans la démonstration de la prop. 13 sont les *valuations essentielles* de A[X]. Il nous suffira de montrer que si V est l'ensemble des valuations v_f (f irréductible) et $\bar{w}$ (w essentielle), alors, pour toute $v' \in V$, il existe un élément $g \in K(X)$ *non dans* A[X] tel que $v''(g) \geqslant 0$ pour toutes les valuations $v'' \in V$ distinctes de v'; cela prouvera que $V - \{v'\}$ ne vérifie pas (AK_{II}) et la conclusion résultera donc du n° 4, cor. 2 de la prop. 6. Supposons d'abord que v' soit de la forme $\bar{w}$: on peut alors prendre pour g un élément $b \in K$ tel que $w(b) < 0$, $w'(b) \geqslant 0$ pour les valuations essentielles w' de A distinctes de w, car on aura alors $v_f(b) = 0$ pour tout polynôme unitaire irréductible f de K[X]; l'existence d'un élément b vérifiant les conditions précédentes résulte du n° 5, prop. 9. Supposons en second lieu que v' soit de la forme v_f pour un polynôme unitaire irréductible $f \in K[X]$ de degré m; on peut alors prendre $g = a/f$ avec $a \in A$. En effet, on aura $v_h(g) \geqslant 0$ pour tout polynôme unitaire irréductible $h \neq f$ de K[X]; reste à choisir $a \in A$ tel que pour toute valuation essentielle w de A, $w(a)$ soit au moins égal à la borne inférieure des éléments $w(c_i)$, où les c_i sont les coefficients de f ($1 \leqslant i \leqslant m$); or l'existence d'un tel $a \in A$ résulte de (AK_{III}) et du n° 5, prop. 9.

On peut encore dire (n° 6, th. 4) que les *idéaux premiers de hauteur* 1 de A[X] sont:

1) *les idéaux premiers de la forme* $\mathfrak{p}A[X]$, *où* $\mathfrak{p}$ *est un idéal premier de hauteur* 1 *de* A;

2) *les idéaux premiers de la forme* $\mathfrak{m} \cap A[X]$, *où* $\mathfrak{m}$ *est un idéal premier* (*nécessairement principal*) *de* $K[X]$.

Les seconds se caractérisent par le fait que leur intersection avec A *est réduite à* 0.

10. Classes de diviseurs dans les anneaux de Krull

Soit A un anneau de Krull. Rappelons que le groupe D(A) de diviseurs de A est le groupe commutatif libre engendré par l'ensemble P(A) de ses éléments extrémaux (n° 3, th. 2), et que P(A) *s'identifie* à l'ensemble des idéaux premiers de hauteur 1 de A (n° 6); pour $\mathfrak{p} \in P(A)$, nous noterons $v_{\mathfrak{p}}$ la valuation essentielle *normée* correspondant à $\mathfrak{p}$ (n° 4); rappelons que l'anneau de $v_{\mathfrak{p}}$ est $A_{\mathfrak{p}}$ (n° 4, cor. 1 de la prop. 6). Nous noterons F(A) le sous-groupe de D(A) formé des diviseurs principaux, et par $C(A) = D(A)/F(A)$ le *groupe des classes de diviseurs* de A (n° 2).

PROPOSITION 14. — *Soient* A *un anneau de Krull, et* B *un anneau de Krull contenant* A. *On suppose vérifiée la condition suivante:*
(PDE) *Pour tout idéal premier* $\mathfrak{P}$ *de hauteur* 1 *de* B, *l'idéal premier* $\mathfrak{P} \cap A$ *est nul ou de hauteur* 1.

Pour $\mathfrak{p} \in P(A)$, *les* $\mathfrak{P} \in P(B)$ *tels que* $\mathfrak{P} \cap A = \mathfrak{p}$ *sont en nombre fini; posons*

$$i(\mathfrak{p}) = \sum_{\mathfrak{P} \in P(B),\, \mathfrak{P} \cap A = \mathfrak{p}} e(\mathfrak{P}/\mathfrak{p})\mathfrak{P},$$

où $e(\mathfrak{P}/\mathfrak{p})$ *désigne l'indice de ramification de* $v_{\mathfrak{P}}$ *par rapport à* $v_{\mathfrak{p}}$ (chap. VI, § 8, n° 1). *Alors i définit, par linéarité, un homomorphisme croissant de* D(A) *dans* D(B) *qui jouit des propriétés suivantes:*

a) pour tout élément non nul x du corps des fractions de A, *on a*

$$i(\mathrm{div}_A(x)) = \mathrm{div}_B(x);$$

b) quels que soient D, D' *dans* D(A), *on a*

$$i(\sup(D, D')) = \sup(i(D), i(D')).$$

Soit, en effet, $\mathfrak{p} \in P(A)$; considérons un élément non nul a de $\mathfrak{p}$; les $\mathfrak{P} \in P(B)$ qui contiennent a sont en nombre fini (n° 6, th. 4); *a fortiori* les $\mathfrak{P} \in P(B)$ tels que $\mathfrak{P} \cap A = \mathfrak{p}$ sont en nombre fini.

Démontrons maintenant *a*). Par additivité, on peut supposer $x \in A^* = A - \{0\}$. Par définition, on a $\mathrm{div}_B(x) = \sum_{\mathfrak{P} \in P(B)} v_{\mathfrak{P}}(x) \,.\, \mathfrak{P}$.

Pour tout $\mathfrak{P} \in P(B)$ tel que $v_{\mathfrak{P}}(x) > 0$, $\mathfrak{P} \cap A$ n'est pas nul (car $x \in \mathfrak{P}$), et est donc de hauteur 1 d'après (PDE); posant $\mathfrak{p} = \mathfrak{P} \cap A$, on a, par définition de l'indice de ramification, $v_{\mathfrak{P}}(x) = e(\mathfrak{P}/\mathfrak{p})v_{\mathfrak{p}}(x)$ (puisque $v_{\mathfrak{p}}$ et $v_{\mathfrak{P}}$ sont normées). Comme $\operatorname{div}_A(x) = \sum_{\mathfrak{p}\in P(A)} v_{\mathfrak{p}}(x).\mathfrak{p}$, et que $i(\mathfrak{q}) = 0$ pour tout $\mathfrak{q} \in P(A)$ qui n'est pas de la forme $\mathfrak{Q} \cap A$ avec $\mathfrak{Q} \in P(B)$, on en déduit *a*).

Pour démontrer *b*), posons

$$D = \sum_{\mathfrak{p}\in P(A)} n(\mathfrak{p}).\mathfrak{p} \quad \text{et} \quad D' = \sum_{\mathfrak{p}\in P(A)} n'(\mathfrak{p}).\mathfrak{p};$$

le coefficient de $\mathfrak{p}$ dans $\sup(D, D')$ est $\sup(n(\mathfrak{p}), n'(\mathfrak{p}))$. Soit $\mathfrak{P}$ un élément de P(B). Si $\mathfrak{P} \cap A = (0)$, les coefficients de $\mathfrak{P}$ dans $i(D)$ et $i(D')$, donc aussi dans $\sup(i(D), i(D'))$, sont nuls; par suite le coefficient de $\mathfrak{P}$ dans $i(\sup(D, D'))$ est nul. Si $\mathfrak{P} \cap A \neq (0)$, c'est un idéal premier $\mathfrak{p}$ de hauteur 1 (d'après (PDE)); posant $e = e(\mathfrak{P}/\mathfrak{p})$, les coefficients de $\mathfrak{P}$ dans $i(D)$, $i(D')$ et $i(\sup(D, D'))$ sont respectivement $en(\mathfrak{p})$, $en'(\mathfrak{p})$ et $e.\sup(n(\mathfrak{p}), n'(\mathfrak{p}))$; celui de $\sup(i(D), i(D'))$ est $\sup(e.n(\mathfrak{p}), e.n'(\mathfrak{p})) = e.\sup(n(\mathfrak{p}), n'(\mathfrak{p}))$. Ceci démontre *b*).

Sous les hypothèses de la prop. 14, il résulte de *a*) que i définit, par passage aux quotients, un *homomorphisme* $\bar{i}$, dit *canonique*, de C(A) dans C(B), que nous écrirons encore parfois i, par abus de notation.

La condition (PDE) est satisfaite dans les deux cas suivants:

1) B est *entier* sur A; dans ce cas, *pour que l'idéal premier* $\mathfrak{P}$ *de* B *soit de hauteur* 1, *il faut et il suffit que* $\mathfrak{p} = \mathfrak{P} \cap A$ *soit de hauteur* 1. En effet, (0) est le seul idéal premier de B au-dessus de l'idéal (0) de A (chap. V, § 2, n° 1, cor. 1 de la prop. 1); si $\mathfrak{P}$ est de hauteur 1, on a donc $\mathfrak{p} \neq 0$; si $\mathfrak{p}$ n'était pas de hauteur 1, il existerait un idéal premier $\mathfrak{p}'$ de A, distinct de 0 et de $\mathfrak{p}$ et tel que $0 \subset \mathfrak{p}' \subset \mathfrak{p}$; mais alors, comme B est intègre et A intégralement clos, il y aurait un idéal premier $\mathfrak{P}'$ de B tel que $\mathfrak{P}' \cap A = \mathfrak{p}'$ et $\mathfrak{P}' \subset \mathfrak{P}$ (chap. V, § 2, n° 4, th. 3), contrairement à l'hypothèse. Inversement, si $\mathfrak{p}$ est de hauteur 1, il ne peut exister d'idéal premier $\mathfrak{P}'$ de B, distinct de 0 et de $\mathfrak{P}$ et tel que $0 \subset \mathfrak{P}' \subset \mathfrak{P}$, sans quoi on aurait $0 \subset \mathfrak{P}' \cap A \subset \mathfrak{p}$, et $\mathfrak{P}' \cap A$ serait distinct de 0 et de $\mathfrak{p}$ en vertu du chap. V, § 2, n° 1, cor. 1 de la prop. 1.

2) B est un A-module *plat*. Plus précisément:

PROPOSITION 15. — *Soient* A *et* B *des anneaux de Krull tels que* B *contienne* A *et soit un* A-*module plat. Alors:*

a) *la condition* (PDE) *de la prop.* 14 *est satisfaite;*

b) pour tout idéal divisoriel $\mathfrak{a}$ *de* A, B$\mathfrak{a}$ *est l'idéal divisoriel de* B *qui correspond au diviseur* $i(\mathrm{div}_A(\mathfrak{a}))$.

Pour démontrer *a*), supposons qu'il existe un idéal premier $\mathfrak{P}$ de hauteur 1 de B tel que $\mathfrak{P} \cap A$ ne soit ni nul, ni de hauteur 1. Prenons un élément $x \neq 0$ dans $\mathfrak{P} \cap A$. Les idéaux $\mathfrak{p}_i$ de hauteur 1 de A qui contiennent x sont en nombre fini, et aucun ne contient $\mathfrak{P} \cap A$; il existe donc un élément y de $\mathfrak{P} \cap A$ tel que $y \notin \mathfrak{p}_i$ pour tout i (chap. II, § 2, n° 1, prop. 2). Ainsi $\mathrm{div}_A(x)$ et $\mathrm{div}_A(y)$ sont des éléments étrangers du groupe ordonné P(A), de sorte que $\sup(\mathrm{div}_A(x), \mathrm{div}_A(y)) = \mathrm{div}_A(x) + \mathrm{div}_A(y) = \mathrm{div}_A(xy)$; comme les idéaux $Ax \cap Ay$ et Axy sont divisoriels, on en déduit $Ax \cap Ay = Axy$. Puisque B est un A-module plat, on a donc $Bx \cap By = Bxy$ (chap. I, § 2, n° 6, prop. 6). Ceci implique $\sup(v_{\mathfrak{P}}(x), v_{\mathfrak{P}}(y)) = v_{\mathfrak{P}}(xy) = v_{\mathfrak{P}}(x) + v_{\mathfrak{P}}(y)$, ce qui contredit les inégalités $v_{\mathfrak{P}}(x) > 0$, $v_{\mathfrak{P}}(y) > 0$ (qui ont lieu puisque x et y sont dans $\mathfrak{P}$). Ainsi *a*) est démontré par l'absurde.

Démontrons *b*). Si $\mathfrak{a}$ est un idéal divisoriel de A, c'est l'intersection de deux idéaux principaux fractionnaires (n° 5, cor. 2 de la prop. 9), soit $\mathfrak{a} = d^{-1}(Aa \cap Ab)$ avec a, b, d dans A*; comme B est plat sur A, on a $B\mathfrak{a} = d^{-1}(Ba \cap Bb)$ (chap. I, § 2, n° 6, prop. 6), ce qui montre que $B\mathfrak{a}$ est divisoriel. Ceci montre aussi que $\mathrm{div}_B(B\mathfrak{a}) = \sup(\mathrm{div}_B(a), \mathrm{div}_B(b)) - \mathrm{div}_B(d)$; utilisant la prop. 14, *a*) et *b*), on voit que $\mathrm{div}_B(B\mathfrak{a}) = \sup(i(\mathrm{div}_A(a)), i(\mathrm{div}_A(b))) - i(\mathrm{div}_A(d))$ $= i(\sup(\mathrm{div}_A(a), \mathrm{div}_A(b))) - i(\mathrm{div}_A(d)) = i(\mathrm{div}_A(Aa \cap Ab)) - i(\mathrm{div}_A(d))$ $= i(\mathrm{div}_A(d^{-1}(Aa \cap Ab))) = i(\mathrm{div}_A(\mathfrak{a}))$. C.Q.F.D.

COROLLAIRE. — *Soient* A *un anneau de Krull local, et* B *un anneau de valuation discrète tel que* B *domine* A *et soit un* A-*module plat. Alors* A *est un corps ou un anneau de valuation discrète.*

Soit, en effet, $\mathfrak{M}$ l'idéal maximal de B. D'après (PDE), $\mathfrak{M} \cap A$ est nul ou de hauteur 1. Comme c'est, par hypothèse, l'idéal maximal de A, notre assertion résulte de la prop. 11 du n° 7.

Remarque. — Dans le premier des deux cas précédents, l'application $i : D(A) \to D(B)$ est *injective*: comme les éléments de P(B) forment une base de D(B) et que deux idéaux distincts de P(A) ne peuvent être traces sur A du même idéal de P(B), tout revient à voir que $i(\mathfrak{p}) \neq 0$ pour tout $\mathfrak{p} \in P(A)$; or, cela résulte du chap. V, § 2, n° 1, th. 1. On voit de même que lorsque B est un A-module *fidèlement plat*, i est injective (chap. II, § 2, n° 5, cor. 4 de la prop. 11).

Dans ce qui suit, nous nous proposons d'étudier l'homomorphisme canonique $\bar{i}$ de C(A) dans C(B) pour certains couples d'anneaux de Krull A, B.

PROPOSITION 16. — *Soit* A *un anneau de Zariski tel que son complété* $\hat{A}$ *soit un anneau de Krull. Alors* A *est un anneau de Krull, et l'homomorphisme canonique* $\bar{i}$ *de* C(A) *dans* C($\hat{A}$) (*qui est défini puisque* $\hat{A}$ *est un* A-*module plat*; cf. chap. III, § 3, n° 4, th. 3) *est injectif.*

Comme $\hat{A}$ est intègre et $A \subset \hat{A}$, A est intègre. Soient L le corps des fractions de $\hat{A}$, et $K \subset L$ celui de A. Comme $A = \hat{A} \cap K$ (chap. III, § 3, n° 5, cor. 4 de la prop. 9), A est un anneau de Krull (n° 3, *Exemple* 4). L'injectivité de $\bar{i}$: $C(A) \to C(\hat{A})$ résulte de la prop. 15*b*) et du fait que, si $\mathfrak{b}\hat{A}$ est principal, $\mathfrak{b}$ est principal (chap. III, § 3, n° 5, cor. 3 de la prop. 9).

C.Q.F.D.

Soient maintenant A un anneau de Krull, et S une partie *multiplicative* de A ne contenant pas 0. Le groupe D(A) (resp. $D(S^{-1}A)$) est le groupe commutatif libre ayant pour base l'ensemble des div($\mathfrak{p}$) (resp. div($S^{-1}\mathfrak{p}$)), où $\mathfrak{p}$ parcourt l'ensemble des idéaux premiers de hauteur 1 de A (resp. l'ensemble des idéaux premiers de hauteur 1 de A tels que $\mathfrak{p} \cap S = \phi$) (n° 4, prop. 6) et si $\mathfrak{p} \cap S = \phi$ on a $i(\mathrm{div}(\mathfrak{p})) = \mathrm{div}(S^{-1}\mathfrak{p})$. Ainsi $D(S^{-1}A)$ s'identifie au *facteur direct* de D(A) engendré par les éléments div($\mathfrak{p}$) tels que $\mathfrak{p} \cap S = \phi$, et admet pour supplémentaire le sous-groupe commutatif libre de D(A) ayant pour base l'ensemble des div($\mathfrak{p}$) tels que $\mathfrak{p} \cap S \neq \phi$; nous noterons G ce supplémentaire. Comme i: $D(A) \to D(S^{-1}A)$ est surjectif, il en est de même de $\bar{i}$: $C(A) \to C(S^{-1}A)$; et on a:

$$G/(G \cap F(A)) = (G + F(A))/F(A) = \mathrm{Ker}(\bar{i}); \tag{5}$$

en effet, si un élément de $D(S^{-1}A)$ est égal à $\mathrm{div}_{S^{-1}A}(x/s)$ où $x \in A$ et $s \in S$, il est l'image par i du diviseur principal $\mathrm{div}_A(x)$ (prop. 14).

Supposons maintenant que S soit engendrée par une famille d'éléments $(p_\iota)_{\iota \in I}$ de A tels que les idéaux principaux Ap_ι soient tous *premiers*. Alors, si $\mathfrak{p}$ est un idéal premier de hauteur 1 de A tel que $\mathfrak{p} \cap S \neq \phi$, $\mathfrak{p}$ contient un produit de puissances des p_ι, et donc l'un des p_ι, soit p_α; comme Ap_α est non nul et premier, et que $\mathfrak{p}$ est de hauteur 1, il en résulte que $\mathfrak{p} = Ap_\alpha$. Avec les notations ci-dessus, on a donc $G \subset F(A)$, et (5) montre que le noyau de $\bar{i}$ est nul. On a donc démontré le résultat suivant:

PROPOSITION 17. — *Soient* A *un anneau de Krull, et* S *une partie multiplicative de* A *ne contenant pas* 0. *Alors l'homomorphisme canonique* $\bar{i}$ *de* C(A) *dans* $C(S^{-1}A)$ *est surjectif. Si, de plus,* S *est engendrée par une famille d'éléments* p_ι *tels que les idéaux principaux* Ap_ι *soient tous premiers, alors* $\bar{i}$ *est bijectif.*

Comme seconde application de la formule (5), considérons la situation suivante : soit R un anneau de Krull ; prenons pour A l'anneau de polynômes A = R[X] (n° 9, prop. 13), et pour S l'ensemble R − (0) des polynômes constants non nuls de A. Les idéaux premiers $\mathfrak{p}$ de hauteur 1 de A tels que $\mathfrak{p} \cap S \neq \emptyset$ sont ceux de la forme $\mathfrak{p}_0A$, où $\mathfrak{p}_0$ est un idéal premier de hauteur 1 de R (n° 9, *Remarque*). Donc, avec les notations introduites ci-dessus, G s'identifie à D(R) en identifiant $\mathrm{div}_A(\mathfrak{p}_0A)$ à $\mathrm{div}_R(\mathfrak{p}_0)$. D'autre part $G \cap F(A)$ s'identifie à F(R) : en effet, si un idéal $\mathfrak{a}_0$ de R engendre un idéal principal $\mathfrak{a}_0A = f(X)A$ dans A = R[X], on a $f(0) \in \mathfrak{a}_0A$ puisque $\mathfrak{a}_0A$ est un idéal gradué de l'anneau A (gradué par le degré usuel des polynômes), donc $f(0) \in \mathfrak{a}_0$; de plus, pour $a \in \mathfrak{a}_0$, on a $a = f(X)g(X)$ avec $g(X) \in R$, d'où par comparaison des termes de degré 0, $a = f(0)g(0)$; il s'ensuit que $\mathfrak{a}_0$ est l'idéal principal de R engendré par $f(0)$. Enfin, en notant K le corps des fractions de R, $S^{-1}A$ s'identifie à l'anneau de polynômes K[X], qui est principal ; donc $C(S^{-1}A) = (0)$. Ainsi, en vertu de (5), C(A) = Ker ($\bar{i}$) s'identifie à C(R), et on a démontré le résultat suivant :

PROPOSITION 18. — *Soient* R *un anneau de Krull, et* A *l'anneau de polynômes* R[X]. *L'homomorphisme canonique de* C(R) *dans* C(R[X]) *est bijectif.*

§ 2. Anneaux de Dedekind

1. Définition des anneaux de Dedekind

Soit A un anneau intègre. Il est clair que les conditions suivantes sont équivalentes :

a) les idéaux premiers non nuls de A sont deux à deux non comparables pour la relation d'inclusion ;

b) les idéaux premiers non nuls de A sont maximaux ;

c) les idéaux premiers non nuls de A sont de hauteur 1.

DÉFINITION 1. — *On appelle anneau de Dedekind un anneau de Krull dont tous les idéaux premiers non nuls sont maximaux.*

Exemples d'anneaux de Dedekind. — 1) Tout anneau principal est un anneau de Dedekind.

2) Soient K une extension de degré fini de **Q**, et A la fermeture intégrale de **Z** dans K. L'anneau A est un anneau de Krull (§ 1, n° 8, prop. 12). Soit $\mathfrak{p}$ un idéal premier non nul de A. Alors $\mathfrak{p} \cap \mathbf{Z}$ est non nul (chap. V, § 2, n° 1, cor. de la prop. 1), donc est un idéal maximal de **Z**; donc $\mathfrak{p}$ est un idéal maximal de A (*loc. cit.*, prop 1). Par suite, A est un anneau de Dedekind. En général, A n'est pas principal (*Alg.*, chap. VII, § 1, exerc. 12).

3) * Soient V une variété algébrique affine, et A l'anneau des fonctions régulières sur A. Supposons que A ne soit pas un corps (i.e., que V ne soit pas réduite à un point). Pour que A soit un anneau de Dedekind, il faut et il suffit que V soit une courbe irréductible sans point singulier: en effet, dire que A est intègre revient à dire que V est irréductible; dire que tout idéal premier non nul de A est maximal revient à dire que A est une courbe; enfin, comme A est noethérien, dire que c'est un anneau de Krull revient à dire qu'il est intégralement clos, c'est-à-dire que V est une courbe normale, ou encore sans point singulier. *

4) Un anneau de fractions $S^{-1}A$ d'un anneau de Dedekind A est un anneau de Dedekind si $0 \notin S$. En effet, $S^{-1}A$ est un anneau de Krull (§ 1, n° 4, prop. 6), et tout idéal premier non nul de $S^{-1}A$ est maximal d'après le chap. II, § 2, n° 5, prop. 11.

2. *Caractérisations des anneaux de Dedekind*

THÉORÈME 1. — *Soient* A *un anneau intègre,* K *son corps des fractions. Les conditions suivantes sont équivalentes:*

a) A *est un anneau de Dedekind;*

b) A *est un anneau de Krull, et toute valuation non impropre de* K *qui est positive sur* A *est équivalente à une valuation essentielle de* A;

c) A *est un anneau de Krull, et tout idéal fractionnaire* $\mathfrak{J} \neq (0)$ *de* A *est divisoriel;*

d) tout idéal fractionnaire $\mathfrak{J} \neq (0)$ *de* A *est inversible;*

e) A *est noethérien, intégralement clos, et tout idéal premier non nul de* A *est maximal;*

f) A *est noethérien, et, pour tout idéal maximal* $\mathfrak{m}$ *de* A, $A_{\mathfrak{m}}$ *est un corps ou un anneau de valuation discrète;*

g) A *est noethérien, et, pour tout idéal maximal* $\mathfrak{m}$ *de* A, $A_{\mathfrak{m}}$ *est principal.*

Démontrons d'abord l'équivalence de *a*) et de *b*). Le cor. 2

du th. 3, § 1, n° 6, montre aussitôt que *a*) implique *b*). Inversement *b*) implique *a*), car, pour tout idéal premier $\mathfrak{p}$ de A, il existe un anneau de valuation pour K qui domine $A_{\mathfrak{p}}$ (chap. VI, § 1, n° 2, cor. du th. 2).

Le reste de la démonstration se fait suivant le schéma logique

$$a) \Rightarrow c) \Rightarrow d) \Rightarrow e) \Rightarrow f) \Rightarrow g) \Rightarrow a).$$

Si A est un anneau de Dedekind, et si $\mathfrak{b}$ est un idéal fractionnaire non nul, on a $\mathfrak{b}A_{\mathfrak{p}} = \tilde{\mathfrak{b}}A_{\mathfrak{p}}$ pour tout idéal maximal $\mathfrak{p}$ (§ 1, n° 4, prop. 7), donc $\mathfrak{b} = \tilde{\mathfrak{b}}$ (chap. II, § 3, n° 3, cor. 3 du th. 1); ainsi *a*) implique *c*).

Montrons que *c*) implique *d*). Si *c*) est vraie, l'application $\mathfrak{a} \to \operatorname{div} \mathfrak{a}$ est une bijection de I(A) sur D(A) (cf. § 1, n° 1); comme c'est un homomorphisme (§ 1, n° 2) et que D(A) est un groupe, tout élément de I(A) est bien inversible.

Montrons que *d*) implique *e*). Si *d*) est vraie, tout idéal entier $\neq (0)$ de A est de type fini (chap. II, § 5, n° 6, th. 4), donc A est noethérien; comme I(A) est un groupe, D(A) est un groupe, et A est donc complètement intégralement clos (§ 1, n° 2, th. 1). Enfin, si $\mathfrak{p}$ est un idéal premier non nul de A, et si $\mathfrak{m}$ est un idéal maximal de A contenant $\mathfrak{p}$, l'anneau $A_{\mathfrak{m}}$ est principal (chap. II, § 5, n° 6, th. 4); comme $\mathfrak{p}A_{\mathfrak{m}}$ est premier non nul, on a nécessairement $\mathfrak{p}A_{\mathfrak{m}} = \mathfrak{m}A_{\mathfrak{m}}$ (un anneau principal étant un anneau de Dedekind), d'où $\mathfrak{p} = \mathfrak{m}$ (chap. II, § 2, n° 5, prop. 11), et $\mathfrak{p}$ est maximal.

Montrons que *e*) implique *f*). En effet, si $\mathfrak{m}$ est un idéal maximal de A, et si *e*) est vraie, $A_{\mathfrak{m}}$ est un anneau noethérien intégralement clos, et son idéal maximal $\mathfrak{m}A_{\mathfrak{m}}$ est, ou bien (0), ou bien le seul idéal premier non nul de $A_{\mathfrak{m}}$; donc $A_{\mathfrak{m}}$ est un corps ou un anneau de valuation discrète d'après la prop. 11 du § 1, n° 7.

Le fait que *f*) implique *g*) est évident.

Montrons enfin que *g*) implique *a*). Comme A est l'intersection des $A_{\mathfrak{m}}$, où $\mathfrak{m}$ parcourt l'ensemble des idéaux maximaux (chap. II, § 3, n° 3, cor. 4 du th. 1), *g*) implique que A est intégralement clos et noethérien, donc que A est un anneau de Krull (§ 1, n° 3, cor. du th. 2). D'autre part, on montre que tout idéal premier non nul de A est maximal comme dans la démonstration de *d*) ⇒ *e*).

C.Q.F.D.

PROPOSITION 1. — *Un anneau de Dedekind semi-local est principal.*

Soient A un anneau de Dedekind semi-local, K son corps des

fractions, $\mathfrak{p}_1, \ldots, \mathfrak{p}_n$ ses idéaux maximaux, et $v_1, \ldots, v_n$ les valuations essentielles correspondantes; ce sont les seules valuations essentielles de A. Soit $\mathfrak{a}$ un idéal entier non nul de A. Puisqu'il est divisoriel, il existe (§ 1, n° 4, prop. 5) des entiers $q_1, \ldots, q_n$ tels que $\mathfrak{a}$ soit l'ensemble des $x \in K$ tels que $v_i(x) \geqslant q_i$ pour $1 \leqslant i \leqslant n$. Soit x_0 un élément de K tel que $v_i(x_0) = q_i$ pour $1 \leqslant i \leqslant n$ (chap. VI, § 7, n° 2, cor. 1 du th. 1). Alors $\mathfrak{a}$ est l'ensemble des $x \in K$ tels que $v_i(xx_0^{-1}) \geqslant 0$ pour $1 \leqslant i \leqslant n$. Ainsi $\mathfrak{a} = Ax_0$.

Si A est un anneau de Dedekind, on a vu, dans la démonstration du th. 1, que le groupe D(A) des diviseurs de A s'identifie au *groupe* I(A) *des idéaux fractionnaires* $\mathfrak{a} \neq (0)$ (comme A est noethérien, tout idéal fractionnaire non nul est de type fini). Le groupe C(A) des *classes de diviseurs* de A (§ 1, n° 2) s'identifie alors au groupe des *classes d'idéaux* $\neq 0$ de A (défini au chap. II, § 5, n° 7).

3. *Décomposition des idéaux en produits d'idéaux premiers*

Soient A un anneau de Dedekind, I(A) le groupe multiplicatif ordonné des idéaux fractionnaires non nuls de A, et D(A) le groupe des diviseurs de A. L'isomorphisme $\mathfrak{a} \to \operatorname{div} \mathfrak{a}$ de I(A) sur D(A) fait correspondre les diviseurs extrémaux aux idéaux premiers non nuls de A (§ 1, n° 6, th. 3), donc le groupe multiplicatif I(A) admet pour base l'ensemble des idéaux premiers non nuls de A (§ 1, n° 3, th. 2). Autrement dit, *tout idéal fractionnaire non nul* $\mathfrak{a}$ *de* A *admet une décomposition et une seule de la forme :*

(1) $$\mathfrak{a} = \prod \mathfrak{p}^{n(\mathfrak{p})}$$

où le produit est étendu aux idéaux premiers non nuls de A, les exposants $n(\mathfrak{p})$ étant nuls à l'exception d'un nombre fini d'entre eux. De plus $\mathfrak{a}$ est entier si et seulement si les $n(\mathfrak{p})$ sont tous positifs. On dit que la relation (1) est la *décomposition de* $\mathfrak{a}$ *en facteurs premiers*. En particulier, si $\mathfrak{a}$ est un idéal principal Ax, on a, pour tout $\mathfrak{p}$, $n(\mathfrak{p}) = v_\mathfrak{p}(x)$, où $v_\mathfrak{p}$ désigne la valuation essentielle correspondant à $\mathfrak{p}$; ceci résulte en effet de la formule (4) du § 1, n° 3. Soient

$$\mathfrak{a} = \prod \mathfrak{p}^{m(\mathfrak{p})}, \qquad \mathfrak{b} = \prod \mathfrak{p}^{n(\mathfrak{p})}$$

deux idéaux fractionnaires non nuls de A. On a alors :

(2) $$\mathfrak{ab} = \prod \mathfrak{p}^{m(\mathfrak{p}) + n(\mathfrak{p})}$$

$$\mathfrak{a} : \mathfrak{b} = \mathfrak{a}\mathfrak{b}^{-1} = \prod \mathfrak{p}^{m(\mathfrak{p}) - n(\mathfrak{p})} \tag{3}$$

$$\mathfrak{a} + \mathfrak{b} = \prod \mathfrak{p}^{\inf(m(\mathfrak{p}), n(\mathfrak{p}))} \tag{4}$$

$$\mathfrak{a} \cap \mathfrak{b} = \prod \mathfrak{p}^{\sup(m(\mathfrak{p}), n(\mathfrak{p}))}. \tag{5}$$

En effet, la relation (2) est évidente; la relation (3) en résulte, l'égalité $\mathfrak{a} : \mathfrak{b} = \mathfrak{a}\mathfrak{b}^{-1}$ découlant de la formule

$$\operatorname{div}(\mathfrak{a} : \mathfrak{b}) = \operatorname{div} \mathfrak{a} - \operatorname{div} \mathfrak{b}$$

(§ 1, n° 2, cor. du th. 1); les formules (4) et (5) résultent de la prop. 2, § 1, n° 1.

Ces résultats s'appliquent notamment à la clôture intégrale de **Z** dans une extension de degré fini de **Q**.

Lorsque A est principal, les résultats ci-dessus redonnent ceux d'*Alg.*, chap. VII, § 1, n° 3.

4. *Théorème d'approximation dans les anneaux de Dedekind*

Dans les anneaux de Dedekind, on a un « théorème d'approximation » qui améliore à la fois le th. 1 du chap. VI, § 7, n° 2 et la prop. 9 du § 1, n° 5:

PROPOSITION 2. — *Soient* A *un anneau de Dedekind,* K *son corps des fractions, et* P *l'ensemble des idéaux premiers non nuls de* A; *pour* $\mathfrak{p} \in$ P, *notons* $v_{\mathfrak{p}}$ *la valuation essentielle correspondante de* A. *Soient* $\mathfrak{p}_1, \ldots, \mathfrak{p}_q$ *des éléments deux à deux distincts de* P, $n_1, \ldots, n_q$ *des entiers rationnels, et* $x_1, \ldots, x_q$ *des éléments de* K. *Il existe alors* $x \in$ K *tel que* $v_{\mathfrak{p}_i}(x - x_i) \geqslant n_i$ *pour* $1 \leqslant i \leqslant q$, *et que* $v_{\mathfrak{p}}(x) \geqslant 0$ *pour tout* $\mathfrak{p} \in$ P *distinct des* $\mathfrak{p}_i$.

En remplaçant au besoin les n_i par des entiers qui leur sont supérieurs, on peut les supposer tous positifs. Examinons d'abord le cas où les x_i sont dans A; tout revient évidemment à trouver un $x \in$ A vérifiant les congruences

$$x \equiv x_i \pmod{\mathfrak{p}_i^{n_i}}$$

et l'existence de x résulte alors du chap. II, § 1, n° 2, prop. 5.

Passons au cas général. On peut écrire $x_i = s^{-1}y_i$ avec s, y_i dans A; posant $x = s^{-1}y$, tout revient à trouver un $y \in$ A tel que l'on ait, d'une part, $v_{\mathfrak{p}_i}(y - y_i) \geqslant n_i + v_{\mathfrak{p}_i}(s)$, et, d'autre part, $v_{\mathfrak{p}}(y) \geqslant v_{\mathfrak{p}}(s)$ pour tout $\mathfrak{p} \in$ P distinct des $\mathfrak{p}_i$; comme $v_{\mathfrak{p}}(s) = 0$ sauf pour un nombre fini d'indices $\mathfrak{p}$, on est ainsi ramené au cas précédent; d'où la proposition.

La proposition 2 peut s'interpréter comme un théorème de *densité*. De façon précise, pour tout $\mathfrak{p} \in P$, soit $\hat{K}_\mathfrak{p}$ (resp. $\hat{A}_\mathfrak{p}$) le complété de K (resp. A) pour la valuation discrète $v_\mathfrak{p}$, et considérons le produit $\prod_{\mathfrak{p} \in P} \hat{K}_\mathfrak{p}$; on dit qu'un élément $x = (x_\mathfrak{p})$ de ce produit est un *adèle restreint* de A si l'on a $x_\mathfrak{p} \in \hat{A}_\mathfrak{p}$ pour tout $\mathfrak{p} \in P$ à l'exception d'un nombre fini d'entre eux. Il est clair que l'ensemble $\boldsymbol{A}$ des adèles restreints est un *sous-anneau* de $\prod_{\mathfrak{p} \in P} \hat{K}_\mathfrak{p}$, qui contient l'anneau produit $\boldsymbol{A}_0 = \prod_{\mathfrak{p} \in P} \hat{A}_\mathfrak{p}$. Considérons sur $\boldsymbol{A}_0$ la topologie produit, pour laquelle $\boldsymbol{A}_0$ est *complet*; il y a sur $\boldsymbol{A}$ une topologie et une seule $\mathscr{T}$, compatible avec sa structure de groupe additif, pour laquelle les voisinages de 0 *dans* $\boldsymbol{A}_0$ forment un système fondamental $\mathfrak{S}$ de voisinages de 0. La topologie $\mathscr{T}$ est compatible avec la structure d'*anneau* de $\boldsymbol{A}$; en effet, il est clair que l'axiome (AV_{II}) de *Top. Gén.*, chap. III, 3ᵉ éd., § 6, n° 3 est vérifié, la topologie induite par $\mathscr{T}$ sur $\boldsymbol{A}_0$ étant compatible avec la structure d'anneau de $\boldsymbol{A}_0$. D'autre part, pour tout $x \in \boldsymbol{A}$ il existe une partie finie J de P telle que si on pose $J' = P - J$, $\boldsymbol{K}_J = \prod_{\mathfrak{p} \in J} \hat{K}_\mathfrak{p}$, $\boldsymbol{A}_{J'} = \prod_{\mathfrak{p} \in J'} \hat{A}_\mathfrak{p}$, on ait $x \in \boldsymbol{K}_J \times \boldsymbol{A}_{J'}$, et comme $\hat{A}_\mathfrak{p}$ est ouvert dans $\hat{K}_\mathfrak{p}$ pour tout $\mathfrak{p}$, $\mathfrak{S}$ est un système fondamental de voisinages de 0 pour la topologie produit de $\boldsymbol{K}_J \times \boldsymbol{A}_{J'}$; cette dernière étant compatible avec la structure d'anneau de ce produit, on voit que l'axiome (AV_I) de *Top. Gén.*, chap. III, 3ᵉ éd., *loc. cit.* est aussi vérifié, ce qui prouve notre assertion. Il est clair que $\boldsymbol{A}_0$ est un sous-anneau *ouvert* de $\boldsymbol{A}$, donc $\boldsymbol{A}$ est aussi un anneau *complet* (*Top. Gén.*, chap. III, 3ᵉ éd., § 3, n° 3, prop. 4).

Pour tout $x \in K$, soit $\Delta(x)$ l'élément $(x_\mathfrak{p}) \in \prod_{\mathfrak{p} \in P} \hat{K}_\mathfrak{p}$ tel que $x_\mathfrak{p} = x$ pour tout $\mathfrak{p} \in P$; comme $x_\mathfrak{p} \in \hat{A}_\mathfrak{p}$ sauf pour un nombre fini de valeurs de $\mathfrak{p}$, on a $\Delta(x) \in \boldsymbol{A}$; on définit donc ainsi un homomorphisme $\Delta : K \to \boldsymbol{A}$, qui est *injectif* si $P \neq \phi$ (c'est-à-dire si A n'est pas un corps); les éléments de $\Delta(K)$ sont dits *adèles restreints principaux,* et il est clair que $\Delta(A) \subset \boldsymbol{A}_0$. Dans la suite de ce numéro, nous supposerons que A n'est pas un corps.

PROPOSITION 3. — *L'anneau* $\boldsymbol{A}_0$ (resp. $\boldsymbol{A}$) *s'identifie au complété de* A (resp. K) *pour la topologie d'anneau dont un système fondamental de voisinages de* 0 *est formé de tous les idéaux entiers* $\neq (0)$ *de* A.

Il est immédiat que la topologie considérée sur A (ou K) est séparée. Compte tenu du n° 3, l'assertion relative à A_0 résulte du chap. III, § 2, n° 13, prop. 17. Cela montre donc que $\Delta(A)$ est dense dans A_0; pour voir de même que $\Delta(K)$ est dense dans A, on remarque que pour tout $\boldsymbol{x} = (x_\mathfrak{p}) \in A$, il n'y a qu'un nombre fini de $\mathfrak{p} \in P$ tels que $v_\mathfrak{p}(x_\mathfrak{p}) < 0$; en vertu du § 1, n° 5, prop. 9, il y a donc un $s \in K$ tel que $sx_\mathfrak{p} \in \hat{A}_\mathfrak{p}$ pour tout $\mathfrak{p} \in P$, autrement dit $\Delta(s)\boldsymbol{x} \in A_0$, et comme la multiplication par $\Delta(s)$ est un homéomorphisme de A sur lui-même, il suffit d'appliquer le fait que $\Delta(A)$ est dense dans A_0 pour en déduire que $\Delta(K)$ est dense dans A.

On pourrait naturellement aussi prouver que $\Delta(K)$ est dense dans A en utilisant la prop. 2.

Considérons maintenant le groupe multiplicatif $\mathbf{SL}(n, A)$, formé des matrices $U \in \mathbf{M}_n(A)$ telles que $\det(U) = 1$; si on munit $\mathbf{M}_n(A) = A^{n^2}$ de la topologie produit, elle induit sur $\mathbf{SL}(n, A)$ une topologie *compatible avec la structure de groupe* de $\mathbf{SL}(n, A)$. En effet, il suffit de voir que l'application $U \to U^{-1}$ est continue dans $\mathbf{SL}(n, A)$; mais comme U est unimodulaire, on sait (*Alg.*, chap. III, § 6, n° 5, formule (17)) que les éléments de U^{-1} sont des *mineurs* de U, donc des polynômes en les éléments de U, ce qui prouve notre assertion. Si on identifie K à un sous-anneau de A au moyen de Δ, le groupe $\mathbf{SL}(n, K)$ est un sous-groupe de $\mathbf{SL}(n, A)$.

PROPOSITION 4. — *Le groupe* $\mathbf{SL}(n, K)$ *est dense dans* $\mathbf{SL}(n, A)$.

Soit G l'adhérence de $\mathbf{SL}(n, K)$ dans $\mathbf{SL}(n, A)$; comme K est dense dans A (prop. 3), G contient toutes les matrices de la forme $I + \boldsymbol{a} . E_{ij}$ pour $i \neq j$ et $\boldsymbol{a} \in A$. Pour tout $\mathfrak{p} \in P$ et tout $\lambda \in \hat{K}_\mathfrak{p}$, soit $\lambda(\mathfrak{p})$ l'adèle restreint $\boldsymbol{x} = (x_\mathfrak{q})_{\mathfrak{q} \in P}$ tel que $x_\mathfrak{p} = \lambda$ et $x_\mathfrak{q} = 0$ pour $\mathfrak{q} \neq \mathfrak{p}$; ce qui précède montre que G contient les matrices $I + \lambda(\mathfrak{p})E_{ij}$ pour $i \neq j$. Mais, on sait que les matrices de la forme $I + \lambda E_{ij}$, pour $\lambda \in \hat{K}_\mathfrak{p}$, engendrent le groupe $\mathbf{SL}(n, \hat{K}_\mathfrak{p})$ (*Alg.*, chap. III, 3ᵉ éd.) Pour toute matrice $U \in \mathbf{SL}(n, A)$, désignons par $U_\mathfrak{p}$ l'image canonique de U dans $\mathbf{SL}(n, \hat{K}_\mathfrak{p})$; on voit donc que pour tout $\mathfrak{p} \in P$, G contient les matrices $U \in \mathbf{SL}(n, A)$ telles que $U_\mathfrak{q} = I$ pour tout $\mathfrak{q} \neq \mathfrak{p}$. Puisque G est un groupe, il contient aussi toutes les matrices $U \in \mathbf{SL}(n, A)$ telles que $U_\mathfrak{p} = I$ sauf pour un nombre *fini* de $\mathfrak{p} \in P$; or, la définition de la topologie de A montre aussitôt que l'ensemble de ces matrices est dense dans $\mathbf{SL}(n, A)$.

5. *Le théorème de Krull–Akizuki.*

Lemme 1. — *Soient* A *un anneau noethérien intègre dans lequel tout idéal premier non nul est maximal, et* M *un* A-*module de torsion de type fini. Alors la longueur* $\mathrm{long}_A(M)$ *de* M *est finie.*

En effet, comme M est un module de torsion, tout idéal premier associé à M est $\neq(0)$, donc maximal. Le lemme résulte alors du chap. IV, § 2, n° 5, prop. 7.

Lemme 2. — *Soient* A *un anneau,* T *un* A-*module,* (T_ι) *une famille filtrante croissante de sous-modules de* T, *de réunion* T. *Alors* $\mathrm{long}_A(T) = \sup_\iota (\mathrm{long}_A(T_\iota))$.

On a $\mathrm{long}_A(T_\iota) \leqslant \mathrm{long}_A(T)$ pour tout ι. Le lemme est évident si aucun entier ne majore les $\mathrm{long}_A(T_\iota)$, les deux membres étant alors infinis. Sinon, soit ι_0 un indice pour lequel $\mathrm{long}_A(T_\iota)$ prenne sa plus grande valeur; on a $T_{\iota_0} = T$ puisque la famille (T_ι) est filtrante; d'où notre assertion dans ce cas.

Remarque. — Cette démonstration ne suppose pas A commutatif.

Lemme 3. — *Soient* A *un anneau intègre noethérien tel que tout idéal premier non nul de* A *soit maximal,* M *un* A-*module sans torsion de rang fini* r, *et* a *un élément non nul de* A. *Alors* A/Aa *est un* A-*module de longueur finie, et on a:*

$$\mathrm{long}_A(M/aM) \leqslant r.\mathrm{long}_A(A/Aa). \tag{6}$$

Le lemme 1 montre que $\mathrm{long}_A(A/Aa)$ est finie. Démontrons d'abord (6) dans le cas où M est de *type fini*. Comme M est sans torsion et de rang r, il existe un sous-module L de M isomorphe à A^r et tel que $Q = M/L$ soit un A-module de torsion de type fini, donc de longueur finie (lemme 1). Pour tout entier $n \geqslant 1$, le noyau de la surjection canonique $M/a^nM \to Q/a^nQ$ est égal à $(L + a^nM)/a^nM$, isomorphe à $L/(a^nM \cap L)$; comme $a^nL \subset a^nM \cap L$, on a donc

$$\begin{aligned} \mathrm{long}_A(M/a^nM) &\leqslant \mathrm{long}_A(L/a^nL) + \mathrm{long}_A(Q/a^nQ) \\ &\leqslant \mathrm{long}_A(L/a^nL) + \mathrm{long}_A(Q). \end{aligned} \tag{7}$$

Or, puisque M est sans torsion, la multiplication par a définit un isomorphisme de M/aM sur aM/a^2M; de même pour L; d'où, par récurrence sur n, les formules:

$$(8)\qquad \begin{aligned} \mathrm{long}_A(M/a^nM) &= n\,.\,\mathrm{long}_A(M/aM),\\ \mathrm{long}_A(L/a^nL) &= n\,.\,\mathrm{long}_A(L/aL). \end{aligned}$$

Tenant compte de (7), on en déduit:

$$(9)\qquad \mathrm{long}_A(M/aM) \leqslant \mathrm{long}_A(L/aL) + n^{-1}\,\mathrm{long}_A(Q)$$

pour tout $n > 0$; comme L est isomorphe à A^r, on a $\mathrm{long}_A(L/aL) = r\,\mathrm{long}_A(A/Aa)$; d'où (6) en faisant tendre n vers l'infini dans (9).

Passons maintenant au cas général. Soit (M_ι) la famille des sous-modules de type fini de M. Le module $T = M/aM$ est réunion des sous-modules $T_\iota = (M_\iota + aM)/aM = M_\iota/(M_\iota \cap aM)$. Or, T_ι est isomorphe à un quotient de M_ι/aM_ι, donc

$$\mathrm{long}_A(T_\iota) \leqslant r\,\mathrm{long}_A(A/Aa)$$

en vertu de ce qu'on vient de prouver. D'où

$$\mathrm{long}_A(T) \leqslant r\,\mathrm{long}_A(A/Aa)$$

d'après le lemme 2. C.Q.F.D.

PROPOSITION 5 (Krull-Akizuki). — *Soient* A *un anneau intègre noethérien dont tout idéal premier non nul est maximal,* K *son corps des fractions,* L *une extension de degré fini de* K, *et* B *un sous-anneau de* L *contenant* A. *Alors* B *est noethérien, et tout idéal premier non nul de* B *est maximal. En outre, pour tout idéal* $\mathfrak{b} \neq (0)$ *de* B, $B/\mathfrak{b}$ *est un* A-*module de type fini.*

Soit $\mathfrak{b}$ un idéal non nul de B. Nous allons montrer que $B/\mathfrak{b}$ est un A-module de longueur finie (donc, *a fortiori*, un B-module de longueur finie), et que $\mathfrak{b}$ est un B-module de type fini.

Un élément non nul y de $\mathfrak{b}$ vérifie une équation de la forme:

$$a_r y^r + a_{r-1} y^{r-1} + \cdots + a_0 = 0 \qquad (a_i \in A,\ a_0 \neq 0).$$

Cette équation montre que $a_0 \in By \subset \mathfrak{b}$. En appliquant le lemme 3 à $M = B$, on voit que B/a_0B est un A-module de longueur finie; il en est de même de $B/\mathfrak{b}$, qui en est un module quotient. De plus le B-module $\mathfrak{b}$ contient, comme sous-module, a_0B qui est de type fini; comme $\mathfrak{b}/a_0B$ est de longueur finie (en tant que sous-module de B/a_0B), donc de type fini, $\mathfrak{b}$ est bien un B-module de type fini.

Ce qui précède montre d'abord que B est noethérien. D'autre part, si $\mathfrak{p}$ est un idéal premier non nul de B, l'anneau $B/\mathfrak{p}$ est intègre et de longueur finie, donc est un corps (*Alg.*, chap. VIII, § 6, n° 4, prop. 9), de sorte que $\mathfrak{p}$ est maximal. C.Q.F.D.

Corollaire 1. — *Pour tout idéal premier $\mathfrak{p}$ de A, l'ensemble des idéaux premiers de B au-dessus de $\mathfrak{p}$ est fini.*

Supposons d'abord $\mathfrak{p} = (0)$; alors le seul idéal premier $\mathfrak{q}$ de B tel que $\mathfrak{q} \cap A = (0)$ est (0) ; sinon, en posant $S = A - \{0\}$, $S^{-1}\mathfrak{q}$ serait un idéal premier non nul de $S^{-1}B$ (chap. II, § 2, n° 5, prop. 11), et $S^{-1}B$ n'est autre que le corps des fractions de B, car c'est un sous-anneau de L contenant K (*Alg.*, chap. V, § 3, n° 2, prop. 3) ; d'où une conclusion absurde. Si maintenant $\mathfrak{p} \neq (0)$, il résulte de la prop. 5 que $B/\mathfrak{p}B$ est un espace vectoriel de dimension finie sur le corps $A/\mathfrak{p}$, donc un anneau *artinien*, et par suite n'a qu'un nombre fini d'idéaux premiers (chap. IV, § 2, n° 5, prop. 9), ce qui prouve qu'il n'y a qu'un nombre fini d'idéaux premiers de B contenant $\mathfrak{p}$.

Corollaire 2. — *La fermeture intégrale de* A *dans* L *est un anneau de Dedekind.*

Cette fermeture intégrale est, en effet, un anneau noethérien intégralement clos dont les idéaux premiers non nuls sont maximaux ; il suffit donc d'appliquer le th. 1 du n° 2.

En particulier :

Corollaire 3. — *La fermeture intégrale d'un anneau de Dedekind dans une extension de degré fini de son corps des fractions est un anneau de Dedekind.*

Proposition 6. — *Soient* A *un anneau de Dedekind,* K *son corps des fractions,* L *une extension de degré fini de* K, *et* B *la fermeture intégrale de* A *dans* L. *Soient $\mathfrak{p}$ un idéal premier non nul de* A, *v la valuation essentielle de* K *correspondante, et*

$$B\mathfrak{p} = \prod_i \mathfrak{p}_i^{e(i)}$$

la décomposition de l'idéal $B\mathfrak{p}$ en produit d'idéaux premiers. Alors :

a) les idéaux premiers de B *au-dessus de $\mathfrak{p}$ sont les $\mathfrak{p}_i$ tels que* $e(i) > 0$;

b) les valuations v_i de L *correspondant à ces idéaux $\mathfrak{p}_i$ sont, à une équivalence près, les valuations de* L *prolongeant v ;*

c) on a $[B/\mathfrak{p}_i : A/\mathfrak{p}] = f(v_i/v)$ *;*

d) on a $e(i) = e(v_i/v)$ (cf. chap. VI, § 8, n° 1, déf. 1 et 2).

a) Dire qu'un idéal premier $\mathfrak{q}$ de B est au-dessus de $\mathfrak{p}$ revient à dire que $\mathfrak{q} \supset \mathfrak{p}$, donc que $\mathfrak{q} \supset B\mathfrak{p}$, donc que $\mathfrak{q}$ contient l'un des $\mathfrak{p}_i$ tels que $e(i) > 0$ (chap. II, § 1, n° 1, prop. 1).

b) Ceci résulte, compte tenu de *a*), du § 1, n° 8, cor. de la prop. 12.

c) Le corps résiduel de v s'identifie à $A/\mathfrak{p}$, et celui de v_i à $B/\mathfrak{p}_i$ (§ 1, n° 4, cor. 1 de la prop. 6).

d) Soit a (resp. a_i) une uniformisante pour v (resp. v_i). On a

$$aB_{\mathfrak{p}_i} = aA_{\mathfrak{p}}B_{\mathfrak{p}_i} = \mathfrak{p}A_{\mathfrak{p}}B_{\mathfrak{p}_i} = \mathfrak{p}B \,.\, B_{\mathfrak{p}_i} = \Big(\prod_j \mathfrak{p}_j^{e(j)}\Big)B_{\mathfrak{p}_i}$$

$$= \prod_j (\mathfrak{p}_j B_{\mathfrak{p}_i})^{e(j)} = (\mathfrak{p}_i B_{\mathfrak{p}_i})^{e(i)} = a_i^{e(i)} B_{\mathfrak{p}_i}$$

puisque $\mathfrak{p}_j B_{\mathfrak{p}_i} = B_{\mathfrak{p}_i}$ pour $j \neq i$; d'où *d*), puisque $e(v_i/v) = v_i(a)$.

§ 3. Anneaux factoriels

1. Définition des anneaux factoriels

DÉFINITION 1. — *On appelle anneau factoriel un anneau de Krull dont tous les idéaux divisoriels sont principaux.*

En d'autres termes, le groupe des classes de diviseurs (§ 1, n° 2) est *réduit à* 0.

Exemples. — 1) Tout anneau principal est factoriel (et, rappelons-le, est un anneau de Dedekind). Réciproquement tout anneau de Dedekind factoriel est principal en vertu du § 2, n° 2, th. 1, *c*).

2) En particulier, si K est un corps, les anneaux K[X] et K[[X]] sont factoriels (voir th. 2 et prop. 8 ci-dessous pour des généralisations).

3) * L'anneau local d'un point simple d'une variété algébrique est factoriel. L'anneau des germes de fonctions analytiques à l'origine de $\mathbf{C}^n$ est factoriel. *

2. Caractérisations des anneaux factoriels

Etant donné un anneau A, nous aurons à considérer la condition suivante :

(M) *Toute famille non vide d'idéaux principaux entiers de* A *possède un élément maximal.*

THÉORÈME 1. — *Soit* A *un anneau intègre. Les conditions suivantes sont équivalentes :*

a) A *est factoriel ;*

b) le groupe ordonné des idéaux principaux fractionnaires non nuls de A *est somme directe de groupes isomorphes à* **Z** *(ordonnée par l'ordre produit);*

c) la condition (M) *est satisfaite, et l'intersection de deux idéaux principaux de* A *est un idéal principal;*

d) la condition (M) *est satisfaite, et, pour tout élément extrémal* p *de* A, *l'idéal* Ap *est premier;*

e) A *est un anneau de Krull, et tout idéal premier de hauteur* 1 *est principal.*

Nous noterons K le corps des fractions de A, et $\mathscr{P}^*$ (ou $\mathscr{P}^*(A)$) le groupe ordonné des idéaux principaux fractionnaires non nuls de A. Nous ferons la démonstration suivant le schéma logique:

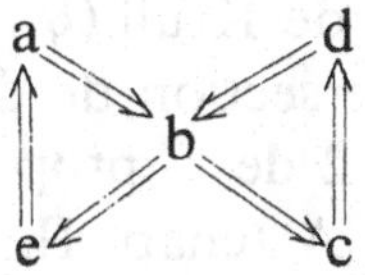

Montrons que *a*) implique *b*): en effet, si A est factoriel, $\mathscr{P}^*$ est isomorphe au groupe des diviseurs de A, donc à une somme directe de groupes **Z** (§ 1, n° 3, th. 2).

Notons maintenant que la relation « l'intersection de deux idéaux principaux entiers de A est un idéal principal » veut dire que tout couple d'éléments de A admet un p.p.c.m., c'est-à-dire que $\mathscr{P}^*$ est un groupe réticulé (*Alg.*, chap. VI, § 1, n° 9, prop. 8). Le fait que *b*) implique *c*) (et lui est même équivalent) résulte donc d'*Alg.*, chap. VI, § 1, n° 13, th. 2. Le fait que *c*) implique *d*) résulte d'*Alg.*, chap. VI, § 1, n° 13, prop. 14, (DIV).

Le fait que *d*) implique *b*) résulte d'*Alg.*, chap. VI, § 1, n° 13, th. 2 appliqué au groupe $\mathscr{P}^*$.

Montrons que *b*) implique *e*). Si *b*) est vérifiée, on a un isomorphisme de $\mathscr{P}^*$ sur $\mathbf{Z}^{(I)}$; notons $(v_\iota(x))_{\iota\in I}$ l'élément de $\mathbf{Z}^{(I)}$ correspondant à l'idéal Ax ($x \in K^*$). On voit aussitôt que chaque v_ι est une valuation discrète de K, que A est l'intersection des anneaux des v_ι, et que, pour $x \in K^*$, on a $v_\iota(x) = 0$ sauf pour un nombre fini d'indices ι; donc A est un anneau de Krull. D'autre part, soit $\mathfrak{q}$ un idéal premier de hauteur 1 de A; il contient un élément non nul a, nécessairement non inversible, donc aussi (par définition d'un idéal premier) l'un des éléments extrémaux p de A; comme Ap est premier non nul, on a $\mathfrak{q} = Ap$, ce qui montre bien que $\mathfrak{q}$ est principal.

Montrons enfin que *e*) implique *a*). Soit $\mathfrak{a}$ un idéal divisoriel de A. Il existe des idéaux premiers $\mathfrak{p}_i$ de hauteur 1 de A tels que div $\mathfrak{a} = \sum_i n_i$ div $\mathfrak{p}_i$ avec $n_i \in \mathbf{Z}$. Si *e*) est satisfaite, $\mathfrak{p}_i$ est de la forme Ap_i, d'où div $\mathfrak{a} = \operatorname{div}\left(\prod_i Ap_i^{n_i}\right)$, donc $\mathfrak{a} = \prod_i Ap_i^{n_i}$ puisque $\mathfrak{a}$ est divisoriel.

C.Q.F.D.

PROPOSITION 1. — *Soit* A *un anneau de Krull. Si tout idéal divisoriel de* A *est inversible, alors, pour tout idéal maximal* $\mathfrak{m}$ *de* A, $A_{\mathfrak{m}}$ *est factoriel. La réciproque est vraie si on suppose en outre que tout idéal divisoriel de* A *est de type fini* (en particulier si A est *noethérien*).

Supposons que tout idéal divisoriel de A soit inversible; comme $A_{\mathfrak{m}}$ est un anneau de Krull (§ 1, n° 4, prop. 6), tout idéal divisoriel $\mathfrak{a}$ de $A_{\mathfrak{m}}$ est intersection de deux idéaux fractionnaires principaux (§ 1, n° 5, cor. 2 de la prop. 9); donc $\mathfrak{a} = \mathfrak{b}A_{\mathfrak{m}}$, où $\mathfrak{b}$ est un idéal divisoriel de A (chap. II, § 2, n° 4); comme $\mathfrak{b}$ est inversible par hypothèse, on déduit du chap. II, § 5, n° 6, th. 4 que $\mathfrak{a}$ est principal, donc $A_{\mathfrak{m}}$ est un anneau factoriel (n° 1, déf. 1). Inversement, si tous les $A_{\mathfrak{m}}$ sont factoriels, et si $\mathfrak{c}$ est un idéal divisoriel de type fini de A, $\mathfrak{c}A_{\mathfrak{m}}$ est un idéal divisoriel de $A_{\mathfrak{m}}$, comme il résulte du § 1, n° 5, cor. 2 de la prop. 9 et du chap. II, § 2, n° 4; par hypothèse $\mathfrak{c}A_{\mathfrak{m}}$ est principal, donc il résulte du chap. II, § 5, n° 6, th. 4 que $\mathfrak{c}$ est inversible.

3. Décomposition en éléments extrémaux

Soient A un anneau intègre, K son corps des fractions, et U le groupe multiplicatif des éléments inversibles de A. Rappelons (*Alg.*, chap. VI, § 1, n° 5) qu'on a un isomorphisme canonique de K^*/U sur le groupe $\mathscr{P}^*$ des idéaux principaux fractionnaires non nuls de A. La condition *b*) du th. 1 se traduit alors de la manière suivante:

PROPOSITION 2. — *Soit* A *un anneau intègre. Pour que* A *soit factoriel, il faut et il suffit qu'il existe une partie* P *de* A *telle que tout* $a \in A - \{0\}$ *s'écrive de manière unique sous la forme* $a = u \prod_{p \in P} p^{n(p)}$, *où* $u \in U$, *et où les* $n(p)$ *sont des entiers positifs, nuls sauf un nombre fini d'entre eux.*

Si P vérifie cette condition, il est clair que tous ses éléments sont *extrémaux*, et que tout élément extrémal de A est associé à un élément de P et à un seul. Rappelons qu'on dit alors que P est un *système représentatif d'éléments extrémaux* de A (*Alg.*, chap. VII, § 1, n° 3, déf. 2).

Supposons toujours A factoriel. On a vu (n° 2, th. 1) que le groupe $\mathscr{P}^*$ est réticulé. On peut donc appliquer les résultats d'*Alg.*, chap. VI, § 1, n°s 9 à 13. En particulier, tout élément de K* s'écrit, d'une façon et essentiellement d'une seule, sous forme de *fraction irréductible*. Deux éléments quelconques a, b de K* ont un p.g.c.d. et un p.p.c.m.; si $a = u \prod_{p \in P} p^{n(p)}$ et $b = u' \prod_{p \in P} p^{m(p)}$ sont des décompositions de a et b en produits d'éléments extrémaux, on a:

$$\text{p.g.c.d.}\,(a, b) = w \prod_{p \in P} p^{\inf(m(p), n(p))} \tag{1}$$

$$\text{p.p.c.m.}\,(a, b) = w' \prod_{p \in P} p^{\sup(m(p), n(p))} \tag{2}$$

avec w, w' dans U. On retrouve, en particulier, les résultats d'*Alg.*, chap. VII, § 1, n° 3.

Pour tout $p \in P$, l'application $a \to n(p)$ est une valuation discrète v_p de K, dont l'anneau est évidemment A_{Ap}. Il résulte du th. 1, *e*) que les v_p ne sont autres que les valuations essentielles de A, et que les idéaux Ap ($p \in P$) ne sont autres que les idéaux premiers de hauteur 1 de A.

4. *Anneaux de fractions d'un anneau factoriel*

PROPOSITION 3. — *Soient* A *un anneau de Krull,* S *une partie multiplicative de* A *ne contenant pas* 0.

(i) *Si* A *est factoriel,* $S^{-1}A$ *est factoriel.*

(ii) *Si* S *est engendrée par une famille d'éléments* p_ι *telle que les idéaux principaux* Ap_ι *soient premiers, et si* $S^{-1}A$ *est factoriel, alors* A *est factoriel.*

Cela résulte aussitôt de la déf. 1 du n° 1 et du § 1, n° 10, prop. 17.

5. *Anneaux de polynômes sur un anneau factoriel*

Soient A un anneau factoriel, K son corps des fractions, et f un élément non nul de K[X]; un élément c de K* sera appelé un *contenu* de f si c'est un p.g.c.d. des coefficients de f. Soient v une valuation de K essentielle pour A, et $\bar{v}$ son prolongement canonique à K[X] (défini par $\bar{v}\left(\sum_i a_i X^i\right) = \inf_i v(a_i)$; cf. chap. VI, § 10, n° 1, prop. 2) ; on a $\bar{v}(f) = v(c)$.

Lemme 1 (Gauss). — *Soient* f, f' *des éléments non nuls de* K[X], c, c' *des contenus de* f, f'. *Alors* cc' *est un contenu de* ff'.

Soit d un contenu de ff'. Pour toute valuation v de K essentielle pour A, notons $\bar{v}$ son prolongement canonique à K[X]. On a $v(d) = \bar{v}(ff') = \bar{v}(f) + \bar{v}(f') = v(c) + v(c') = v(cc')$. Donc $cc'd^{-1}$ est un élément inversible de A.

THÉORÈME 2. — *Soient* A *un anneau factoriel,* K *son corps des fractions,* (p_ι) *un système représentatif d'éléments extrémaux de* A, *et* (P_λ) *un système représentatif de polynômes irréductibles de* K[X], *chaque* P_λ *ayant pour contenu* 1. *Alors :*

(i) A[X] *est un anneau factoriel ;*

(ii) *l'ensemble des* p_ι *et des* P_λ *est un système représentatif d'éléments extrémaux de* A[X].

Soit f un élément non nul de A[X]. Dans l'anneau K[X], on peut décomposer f de manière unique sous la forme :

$$f = a\prod_\lambda \mathrm{P}_\lambda^{n(\lambda)} \qquad (a \in \mathrm{K}^*,\ n(\lambda) \geqslant 0).$$

La lemme 1 prouve que a est un contenu de f. Donc $a \in$ A. Comme A est factoriel, on peut décomposer a de manière unique sous la forme :

$$a = u\prod_\iota p_\iota^{m(\iota)} \qquad (u \text{ inversible dans A},\ m(\iota) \geqslant 0).$$

D'où l'existence et l'unicité de la décomposition :

$$f = u\prod_\iota p_\iota^{m(\iota)}\prod_\lambda \mathrm{P}_\lambda^{n(\lambda)}.$$

On notera que cette proposition prouve que tout élément de A admet la *même* décomposition en éléments extrémaux dans A et dans A[X]. Le p.g.c.d. d'une famille d'éléments de A est donc le même dans A et dans A[X].

On peut aussi utiliser la prop. 18 du § 1, n° 10, pour montrer que A[X] est un anneau factoriel si et seulement si A est factoriel.

COROLLAIRE. — *Si* A *est un anneau factoriel, l'anneau* $\mathrm{A}[\mathrm{X}_1, \ldots, \mathrm{X}_n]$ *est factoriel.*

On raisonne par récurrence sur n.

Ce corollaire s'étend au cas d'une famille infinie d'indéterminées (cf. exerc. 2).

6. *Anneaux factoriels et anneaux de Zariski*

PROPOSITION 4. — *Soient* A *un anneau de Zariski,* $\hat{A}$ *son complété. Si* $\hat{A}$ *est factoriel,* A *est factoriel.*

Cela résulte du n° 1, déf. 1, et du § 1, n° 10, prop. 16.

COROLLAIRE. — *Si le complété d'un anneau local noethérien* A *est factoriel,* A *est factoriel.*

7. *Préliminaires sur les automorphismes des anneaux de séries formelles*

Lemme 2. — *Soit* $f(X_1, X_2, \ldots, X_n)$ *une série formelle* $\neq 0$ *à coefficients dans un anneau* E. *Il existe des entiers* $u(i) \geqslant 1$ $(1 \leqslant i \leqslant n-1)$ *tels que* $f(T^{u(1)}, \ldots, T^{u(n-1)}, T) \neq 0$.

Supposons déterminés des entiers $u(i) \geqslant 1$ $(1 \leqslant i \leqslant k-1)$ tels que $f(X_n^{u(1)}, \ldots, X_n^{u(k-1)}, X_k, \ldots, X_n) \neq 0$. Nous allons déterminer un entier $u(k) \geqslant 1$ tel que

$$f(X_n^{u(1)}, \ldots, X_n^{u(k-1)}, X_n^{u(k)}, X_{k+1}, \ldots, X_n) \neq 0.$$

Le lemme sera alors démontré par récurrence.

Observons que la série $f(X_n^{u(1)}, \ldots, X_n^{u(k-1)}, X_k, \ldots, X_n)$ peut être considérée comme une série en X_k et X_n à coefficients dans $E[[X_{k+1}, \ldots, X_{n-1}]]$. On voit ainsi qu'il suffit d'établir le lemme pour $n = 2$.
Soit donc

$$f = \sum_{i,j} e_{ij} X^i Y^j \in E[[X, Y]]$$

avec $f \neq 0$. Soit $G \subset \mathbf{N} \times \mathbf{N}$ l'ensemble non vide des couples (i, j) tels que $e_{ij} \neq 0$. Munissons $\mathbf{N} \times \mathbf{N}$ de l'ordre lexicographique. Soit (c, d) le plus petit élément de G. Choisissons un entier $p > d$.

Dans le développement de $f(T^p, T) = \sum_{(i,j) \in G} e_{ij} T^{ip+j}$, cherchons quels sont les termes de degré $cp + d$. Si $ip + j = cp + d$, on ne peut avoir $i \geqslant c + 1$, car ceci donnerait

$$ip + j \geqslant (c+1)p + j \geqslant (c+1)p > cp + d;$$

on ne peut pas non plus avoir $i < c$, car (c, d) est le plus petit élément de G ; on a donc $i = c$, et alors $j = d$. Le terme de degré

$cp + d$ de $f(\mathrm{T}^p, \mathrm{T})$ est donc $e_{cd}\mathrm{T}^{cp+d}$. Puisque $e_{cd} \neq 0$, on a $f(\mathrm{T}^p, \mathrm{T}) \neq 0$. D'où le lemme.

Dans l'anneau $\mathrm{E}[[\mathrm{X}_1, \ldots, \mathrm{X}_n]]$, soit $\mathfrak{a}$ l'idéal des séries formelles sans terme constant. Si $w_1, \ldots, w_n$ sont des éléments de $\mathfrak{a}$, rappelons que l'application $f(\mathrm{X}_1, \ldots, \mathrm{X}_n) \to f(w_1, \ldots, w_n)$ est l'unique endomorphisme s de l'anneau $\mathrm{E}[[\mathrm{X}_1, \ldots, \mathrm{X}_n]]$ tel que $s(\mathrm{X}_i) = w_i$ pour $1 \leqslant i \leqslant n$ (chap. III, § 4, n° 5, prop. 6).

Prenons $w_1 = \mathrm{X}_1 + \mathrm{X}_n^{u(1)}, \ldots, w_{n-1} = \mathrm{X}_{n-1} + \mathrm{X}_n^{u(n-1)}, w_n = \mathrm{X}_n$, où les $u(i)$ sont des entiers $\geqslant 1$. Soit s' l'endomorphisme de $\mathrm{E}[[\mathrm{X}_1, \ldots, \mathrm{X}_n]]$ qui transforme X_1 en $\mathrm{X}_1 - \mathrm{X}_n^{u(1)}, \ldots, \mathrm{X}_{n-1}$ en $\mathrm{X}_{n-1} - \mathrm{X}_n^{u(n-1)}$, et X_n en X_n. On a $s'(s(\mathrm{X}_i)) = \mathrm{X}_i$ pour $1 \leqslant i \leqslant n$, donc $s' \circ s$ est l'automorphisme identique; de même $s \circ s'$. Donc s est un *automorphisme*.

Lemme 3. — *Soit f un élément non nul de* $\mathrm{E}' = \mathrm{E}[[\mathrm{X}_1, \ldots, \mathrm{X}_n]]$. *Il existe des entiers* $u(i) \geqslant 1$ $(1 \leqslant i \leqslant n-1)$ *tels que l'automorphisme s de* E' *défini par* $s(\mathrm{X}_i) = \mathrm{X}_i + \mathrm{X}_n^{u(i)}$ $(1 \leqslant i \leqslant n-1)$ *et* $s(\mathrm{X}_n) = \mathrm{X}_n$ *transforme f en un élément g tel que* $g(0, \ldots, 0, \mathrm{X}_n) \neq 0$.

En effet, on a $g(0, \ldots, 0, \mathrm{X}_n) = f(\mathrm{X}_n^{u(1)}, \ldots, \mathrm{X}_n^{u(n-1)}, \mathrm{X}_n)$. Le lemme 3 est donc une conséquence du lemme 2.

8. *Le théorème de préparation*

Dans ce n°, on désigne par A un anneau *local*, par $\mathfrak{m}$ son idéal maximal, par $k = \mathrm{A}/\mathfrak{m}$ son corps résiduel. On suppose que A est *séparé et complet* pour la topologie $\mathfrak{m}$-adique. Soit $\mathrm{B} = \mathrm{A}[[\mathrm{X}]]$; c'est un anneau local dont l'idéal maximal $\mathfrak{N}$ est engendré par $\mathfrak{m}$ et X; pour la topologie $\mathfrak{N}$-adique, B est séparé et complet (chap. III, § 2, n° 6, prop. 6).

Pour toute série formelle

$$f = \sum_{i=0}^{\infty} a_i \mathrm{X}^i \in \mathrm{B},$$

posons

$$\bar{f} = \sum_{i=0}^{\infty} \bar{a}_i \mathrm{X}^i \in k[[\mathrm{X}]],$$

où $\bar{a}_i$ désigne l'image canonique de a_i dans k. La série $\bar{f}$ sera appelée la *série réduite* de f; si $\bar{f} \neq 0$, l'ordre de $\bar{f}$ (c'est-à-dire le plus petit entier s tel que $a_s \notin \mathfrak{m}$) sera appelé l'*ordre réduit* de f.

PROPOSITION 5. — *Soit* $f \in \mathrm{B}$ *une série dont la série réduite n'est pas nulle. Notons s son ordre réduit, et* M *le sous-A-module de* B *ayant* $\{1, \mathrm{X}, \ldots, \mathrm{X}^{s-1}\}$ *pour base. Alors* B *est somme directe de* M *et de* fB *et f n'est pas diviseur de zéro dans* B.

a) Montrons que $f\mathrm{B} \cap \mathrm{M} = (0)$. Supposons que l'on ait une relation :

$$(3) \quad \left(\sum_{i=0}^{\infty} b_i \mathrm{X}^i\right) f = r_0 + r_1 \mathrm{X} + \cdots + r_{s-1}\mathrm{X}^{s-1} \qquad (b_i \in \mathrm{A}, r_j \in \mathrm{A}).$$

Montrons que les b_i (donc les r_j) sont tous nuls, ce qui prouvera en particulier que f n'est pas diviseur de zéro dans B. Puisque A est séparé, il suffit de montrer que $b_i \in \mathfrak{m}^n$ pour tout $i \geqslant 0$ et tout $n \geqslant 0$. C'est évident pour $n = 0$. Nous raisonnerons par double récurrence : nous supposerons qu'on a $b_i \in \mathfrak{m}^{n-1}$ pour tout i et $b_i \in \mathfrak{m}^n$ pour $i < k$, et nous démontrerons que ceci implique $b_k \in \mathfrak{m}^n$. Pour cela, posons $f = \sum_{i=1}^{\infty} a_i \mathrm{X}^i$, et comparons les coefficients de X^{s+k} dans (3) ; il vient :

$$(4) \quad (b_0 a_{s+k} + \cdots + b_{k-1}a_{s+1}) + b_k a_s + (b_{k+1}a_{s-1} + \cdots + b_{k+s}a_0) = 0.$$

Les termes de la première parenthèse appartiennent à $\mathfrak{m}^n$ puisque $b_i \in \mathfrak{m}^n$ pour $i < k$; il en est de même de ceux de la seconde, puisque $b_i \in \mathfrak{m}^{n-1}$ pour tout i et que $a_i \in \mathfrak{m}$ pour $i \leqslant s - 1$. Donc $b_k a_s \in \mathfrak{m}^n$, et, comme a_s est un élément inversible de A, on a bien $b_k \in \mathfrak{m}^n$.

b) Montrons que $f\mathrm{B} + \mathrm{M} = \mathrm{B}$. Posons

$$g = a_s + a_{s+1}\mathrm{X} + a_{s+2}\mathrm{X}^2 + \cdots ;$$

c'est un élément inversible de B. On a

$$f - \mathrm{X}^s g = a_0 + a_1 \mathrm{X} + \cdots + a_{s-1}\mathrm{X}^{s-1} ;$$

si donc on pose $fg^{-1} - \mathrm{X}^s = (f - \mathrm{X}^s g)g^{-1} = -h$, les coefficients de h appartiennent à $\mathfrak{m}$. Ceci posé, soit r un élément de B. Par récurrence sur n, définissons une suite $(q^{(n)})$ d'éléments de B : on prend pour $q^{(0)}$ l'unique série vérifiant :

$$(5) \quad r \equiv \mathrm{X}^s q^{(0)} \pmod{\mathrm{M}} ;$$

posant $h = \sum_{i=0}^{\infty} h_i \mathrm{X}^i$ et $q^{(n)} = \sum_{i=0}^{\infty} q_i^{(n)} \mathrm{X}^i$, les $q_i^{(n)}$ sont définis par :

$$(6) \quad q_i^{(n)} = \sum_{j=0}^{i+s} h_j q_{i+s-j}^{(n-1)}.$$

Il résulte aussitôt de (6) qu'on a :

$$(7) \quad \mathrm{X}^s q^{(n)} \equiv h q^{(n-1)} \pmod{\mathrm{M}}.$$

Comme on a $h_j \in \mathfrak{m}$ pour tout j, il résulte aussi de (6), par récurrence sur n, qu'on a $q_i^{(n)} \in \mathfrak{m}^n$ pour tout i et pour tout n. Comme A est complet, il s'ensuit que la série $q^{(0)} + q^{(1)} + \cdots + q^{(n)} + \cdots$ converge vers un élément q de B. D'après (5) et (7), on a:

(8)

$$X^s(q^{(0)} + q^{(1)} + \cdots + q^{(n)}) \equiv r + h(q^{(0)} + \cdots + q^{(n-1)}) \pmod{M}.$$

Comme M est fermé, (8) donne à la limite $r \equiv (X^s - h)q \pmod{M}$, c'est-à-dire $r \in fg^{-1}q + M \subset fB + M$.

C.Q.F.D.

On peut aussi utiliser les résultats du chap. III, § 2, pour démontrer la relation $B = fB + M$ (cf. exerc. 12). La méthode suivie ici a l'avantage de s'appliquer aux séries convergentes.

COROLLAIRE. — *Les hypothèses et notations étant celles de la prop.* 5, *on suppose que* $s \geqslant 1$, *de sorte que* $f \in B\mathfrak{m} + BX$. *Alors le* A-*homomorphisme* h *de* $B' = A[[T]]$ *dans* $B = A[[X]]$ *tel que* $h(T) = f$ (chap. III, § 2, n° 9, prop. 11, *a*) *définit sur* B *une structure de* B'-*module libre admettant* $\{1, X, \ldots, X^{s-1}\}$ *pour base. En particulier* h *est injectif.*

Munissons en effet le B'-module B de la filtration (T)-adique, qui est formée des f^nB pour $n \geqslant 0$ (chap. III, § 2, n° 1). Alors B/fB est un module libre sur l'anneau $A = B'/TB'$, et les images des X^i $(0 \leqslant i \leqslant s - 1)$ dans cet A-module en forment une base (prop. 5); comme en outre f n'est pas diviseur de zéro dans B (prop. 5), Bf^n/Bf^{n+1} est aussi un (B'/TB')-module libre de rang s, de sorte que la condition (GR) du chap. III, § 2, n° 8 est satisfaite (en y remplaçant A par B' et M par B). D'autre part, puisque B' est séparé et complet pour la filtration (T)-adique, et que gr(B) est un gr(B')-module de type fini en vertu de ce qui précède, on voit d'abord (chap. III, § 2, n° 9, cor. 1 de la prop. 12) que B est un B'-module de type fini. La première assertion du corollaire résulte alors du chap. III, § 2, n° 9, prop. 13. La seconde s'en déduit aussitôt.

DÉFINITION 2. — *On dit qu'un polynôme* $F = A[X]$ *est distingué s'il est de la forme* $F = X^s + a_{s-1}X^{s-1} + \cdots + a_0$, *avec* $a_i \in \mathfrak{m}$ *pour* $0 \leqslant i \leqslant s - 1$.

Notons que le produit de deux polynômes distingués est un polynôme distingué.

PROPOSITION 6 (*Théorème de préparation*). — *Soient* $f \in B$ *une série dont la série réduite n'est pas nulle, et s son ordre réduit. Il existe alors un couple* (u, F) *et un seul tel que u soit un élément inversible de* B, F *un polynôme distingué de degré s, et* $f = uF$.

Posons $F = X^s + G$, avec $G = g_0 + \cdots + g_{s-1}X^{s-1}$ $(g_i \in A)$. La relation $f = uF$ équivaut à $F = u^{-1}f$, c'est-à-dire à $X^s = u^{-1}f - G$. Donc la prop. 5 montre l'unicité de G et de u^{-1}, et par suite de F et de u. Elle montre aussi qu'il existe $v \in B$, et un polynôme $G = g_0 + \cdots + g_{s-1}X^{s-1}$ $(g_i \in A)$ tels que $X^s = vf - G$; il reste à démontrer que v est inversible dans B, et qu'on a $g_i \in \mathfrak{m}$ pour tout i. Or, en notant $\bar{g}_i$ l'image canonique de g_i dans k, et $\bar{f}, \bar{v}$ les séries réduites de f, g, on a :

$$X^s + \bar{g}_0 + \bar{g}_1X + \cdots + \bar{g}_{s-1}X^{s-1} = \bar{f}\bar{v};$$

puisque $\bar{f}$ est d'ordre s, on a $\bar{g}_i = 0$ pour tout i, et $\bar{v}$ est d'ordre 0, donc v est inversible.

C.Q.F.D.

PROPOSITION 7. — *Soient* F *un polynôme distingué, et g, h deux séries formelles de* B *telles que* $F = gh$. *Il existe alors un élément inversible u de* B *tel que ug et* $u^{-1}h$ *soient des polynômes distingués, et l'on a* $F = (ug)(u^{-1}h)$.

En effet, les séries réduites de g et h sont $\neq 0$; donc, d'après la prop. 6, il existe des éléments inversibles u, v de B tels que ug et vh soient des polynômes distingués. Alors $uvF = (ug)(vh)$ est un polynôme distingué, et uv est inversible. Par passage aux séries réduites, on voit aussitôt que F et uvF ont même ordre réduit, c'est-à-dire même degré. L'assertion d'unicité dans la prop. 6 montre donc qu'on a $F = uvF$, d'où $uv = 1$.

COROLLAIRE. — *Supposons en outre que* A *soit intègre, et soit* F *un polynôme distingué de degré s. Pour que* F *soit extrémal dans* A[X], *il faut et il suffit qu'il soit extrémal dans* B = A[[X]].

Supposons que F ne soit pas extrémal dans A[X], de sorte que l'on a $F = f_1 f_2$, où f_1 et f_2 sont des éléments non inversibles de A[X] ; le produit des coefficients dominants de f_1 et f_2 étant égal à 1, ces coefficients sont inversibles dans A, et l'hypothèse entraîne que f_1 et f_2 sont de degrés > 0 et $< s$; comme les polynômes réduits $\bar{f}_1, \bar{f}_2$ sont tels que $\bar{f}_1\bar{f}_2 = X^s$, ni $\bar{f}_1$ ni $\bar{f}_2$ ne peut être inversible dans k[[X]], car si $\bar{f}_1$ était inversible, $\bar{f}_2$ serait d'ordre s, ce qui est absurde. *A fortiori*, ni f_1 ni f_2 n'est inversible dans B, et F est non extrémal dans B.

Réciproquement, si F n'est pas extrémal dans A[[X]], on a $F = gh$, où ni g ni h n'est inversible dans B; leurs ordres réduits sont donc $\geqslant 1$; alors les polynômes distingués ug et $u^{-1}h$ de la prop. 7 ne sont pas constants, ce qui montre que F n'est pas extrémal dans A[X].

9. *Factorialité des anneaux de séries formelles*

PROPOSITION 8. — *Soit* C *un anneau qui est, soit un corps, soit un anneau de valuation discrète. Alors l'anneau de séries formelles* $C[[X_1, \ldots, X_n]]$ *est factoriel.*

Soient $\mathfrak{p}$ l'idéal maximal de C, et π un générateur de $\mathfrak{p}$ (si C est un corps, on a $\pi = 0$). Munissons C de la topologie $\mathfrak{p}$-adique, qui est séparée. Comme C est un anneau local noethérien, $B = C[[X_1, \ldots, X_n]]$ est un anneau local noethérien, et son complété est $\hat{C}[[X_1, \ldots, X_n]]$ (chap. III, § 2, n° 6, prop. 6). D'après le cor. de la prop. 4 (n° 6), il suffit de prouver que $\hat{C}[[X_1, \ldots, X_n]]$ est factoriel. Or, si C est un corps, on a $\hat{C} = C$; si C est un anneau de valuation discrète, il en est de même de $\hat{C}$ (chap. VI, § 5, n° 3, prop. 5). Nous supposerons donc, dans la suite de la démonstration, que C est *complet*.

Raisonnant par récurrence à partir du cas trivial $n = 0$, nous supposerons démontré que $A = C[[X_1, \ldots, X_{n-1}]]$ est factoriel. Nous identifierons B à $A[[X_n]]$, et nous noterons $\mathfrak{m}$ l'idéal maximal de A (engendré par $\pi, X_1, \ldots, X_{n-1}$). Nous démontrerons que tout élément non nul g de B est, de façon essentiellement unique, produit d'éléments extrémaux.

Soit K le corps $C/C\pi$; comme $B/B\pi$ s'identifie à $K[[X_1, \ldots, X_n]]$, l'idéal $B\pi$ est premier, et π est extrémal. Si $\pi \neq 0$, $B_{B\pi}$ est donc l'anneau d'une valuation discrète normée w (chap. VI, § 3, n° 6, prop. 9); tout élément non nul g de B s'écrit donc $g = \pi^{w(g)}f$, avec $f \in B$ et f non multiple de π. Il suffira donc de démontrer que f est, de façon essentiellement unique, produit d'éléments extrémaux. Or l'image canonique de f dans $K[[X_1, \ldots, X_n]]$ n'est pas nulle; le lemme 3 (n° 7) montre donc qu'il existe un automorphisme de B qui transforme f en un élément f' tel que les coefficients de $f'(0, \ldots, 0, X_n)$ ne soient pas tous dans $C\pi$; ceci veut dire que les coefficients de la série f', considérée comme série formelle en

X_n, ne sont pas tous dans $\mathfrak{m}$. Il suffira de démontrer notre assertion pour f'.

Dans la suite, tous les éléments de B seront considérés comme des séries formelles en X_n à coefficients dans A. D'après la prop. 6 du n° 8 (applicable puisque C, et donc A, sont séparés et complets, et que la série réduite de f' est $\neq 0$), f' est associée, dans B, à un polynôme distingué et à un seul F. D'après la prop. 7 du n° 8, toute série qui divise f' (ou, ce qui revient au même, qui divise F) est associée à un polynôme distingué qui divise F, et toute décomposition de f' est, à des facteurs inversibles près, de la forme $f' = uF_1 \dots F_q$, où u est inversible et où les F_i sont des polynômes distingués extrémaux (dans B) tels que $F = F_1 \dots F_q$. D'après le cor. de la prop. 7 du n° 8, les F_i sont aussi extrémaux dans $A[X_n]$. Or, comme A est factoriel d'après l'hypothèse de récurrence, il en est de même de $A[X_n]$ (th. 2, n° 5); donc, puisqu'ils sont unitaires, les F_i sont déterminés de façon unique par F (à une permutation près). Ceci montre l'unicité de la décomposition $f' = uF_1 \dots F_q$; son existence résulte du fait que B est noethérien ce qui termine la démonstration.

Remarques. — 1) Il existe des anneaux factoriels A tels que l'anneau A[[X]] ne soit pas factoriel (exerc. 8). Cependant, si A est principal, $A[[X_1, \dots, X_n]]$ est factoriel (exerc. 9).

2) * Nous verrons plus tard, par des méthodes homologiques, que tout anneau local régulier est factoriel (cf. § 4, n° 7, cor. 3 de la prop. 16). Cela donnera une autre démonstration, conceptuellement plus simple, de la prop. 8.*

§ 4. Modules sur les anneaux noethériens intégralement clos

Dans tout ce paragraphe, A est un *anneau commutatif intègre*, de corps des fractions K. A partir du n° 2, on suppose en outre que A est *noethérien et intégralement clos* (donc un anneau de Krull (§ 1, n° 3, cor. du th. 2)); on note alors respectivement P(A), D(A) et C(A) l'ensemble des idéaux premiers de A de hauteur 1 (§ 1, n° 6), le groupe des diviseurs de A (§ 1, n° 3), et le groupe des classes de diviseurs de A (§ 1, n° 10), ces derniers étant notés *additivement*.

La méthode générale d'étude des modules de type fini sur un anneau noethérien intégralement clos A consiste à « *localiser* » les modules pour tous les idéaux premiers $\mathfrak{p} \in P(A)$ *de hauteur* 1 dans A; comme $A_\mathfrak{p}$ est alors un *anneau de valuation discrète*

(§ 1, n° 6, th. 4), la structure des $A_{\mathfrak{p}}$-modules de type fini est bien connue (*Alg.*, chap. VII, § 4) et donne des renseignements sur la structure des A-modules de type fini. Dans le cas particulier où A est un anneau de Dedekind, on peut ainsi arriver à une théorie aussi achevée que lorsque A est un anneau principal (n° 10).

1. Réseaux

DÉFINITION 1. — *Soit* V *un espace vectoriel de dimension finie sur le corps* K. *On appelle réseau de* V *par rapport à* A (ou simplement *réseau de* V) *tout sous-*A*-module* M *de* V *vérifiant la condition suivante :*

*Il existe deux sous-*A*-modules libres* L_1, L_2 *de* V *tels que* $L_1 \subset M \subset L_2$ *et que* $\mathrm{rg}_A(L_1) = \mathrm{rg}_K(V)$.

Exemples. — 1) Si on prend $V = K$, les réseaux de K ne sont autres que les *idéaux fractionnaires* $\neq (0)$ de K (§ 1, n° 1, déf. 1).

2) Si $\mathrm{rg}_K(V) = n$, tout sous-A-module *libre* L de V possède une base ayant au plus n éléments, toute partie de V libre sur A étant libre sur K ; pour que L soit un réseau de V, il faut et il suffit que L ait une base de n éléments (autrement dit, que $\mathrm{rg}_A(L) = n$).

3) Si A est un anneau *principal*, tout réseau M de V est un A-module de type fini (puisque A est noethérien) et sans torsion, donc est un A-module *libre* (*Alg.*, chap. VII, § 4, n° 3, cor. 2 du th. 2).

PROPOSITION 1. — *Pour qu'un sous-*A*-module* M *de* V *soit un réseau de* V, *il faut et il suffit que* $KM = V$ *et que* M *soit contenu dans un sous-*A*-module de type fini de* V.

Les conditions sont évidemment nécessaires, car un sous-A-module libre de V ayant même rang que V engendre V. Inversement, si $KM = V$, M contient une base $(a_i)_{1 \leqslant i \leqslant n}$ de V sur K, donc il contient le sous-A-module libre L_1 engendré par les a_i ; d'autre part, si $M \subset M_1$, où M_1 est un sous-A-module de V engendré par un nombre fini d'éléments b_j et si $(e_i)_{1 \leqslant i \leqslant n}$ est une base de V sur K, il existe un élément $s \neq 0$ de A tel que chacun des b_j soit combinaison linéaire des $s^{-1}e_i$ à coefficients *dans* A ; si L_2 est le sous-A-module libre de V engendré par les $s^{-1}e_i$, on a donc $M \subset L_2$.

Corollaire. — *Supposons* A *noethérien; pour qu'un sous-*A*-module* M *de* V *soit un réseau de* V, *il faut et il suffit que* KM = V *et que* M *soit de type fini.*

Remarque. — 1) Rappelons que pour tout sous-A-module M de V, l'application canonique $M \otimes_A K \to V$ est injective et a pour image KM (*Alg.*, chap. II, 3ᵉ éd., § 7, n° 10, prop. 26); dire que KM = V signifie donc que cette application est *bijective.*

Proposition 2. — *Soient* M *un réseau de* V, M_1 *un sous-*A*-module de* V. *S'il existe deux éléments* x, y *de* K^* *tels que* $xM \subset M_1 \subset yM$, M_1 *est un réseau de* V; *inversement, si* M_1 *est un réseau de* V, *il existe deux éléments* a, b *non nuls de* A *tels que* $aM \subset M_1 \subset b^{-1}M$.

En effet, si L_1, L_2 sont deux réseaux libres de V tels que $L_1 \subset M \subset L_2$, les relations $xM \subset M_1 \subset yM$ entraînent $xL_1 \subset M_1 \subset yL_2$ et xL_1 et yL_2 sont des réseaux libres; inversement, si M_1 est un réseau et $(e_i)_{1 \leqslant i \leqslant n}$ une base de L_2 sur A, la relation $KM_1 = V$ entraîne l'existence de $x = a/s \in K^*$ (où a et s sont des éléments non nuls de A) tel que $xe_i \in M_1$ pour tout i, d'où $xM \subset xL_2 \subset M_1$, et *a fortiori* $aM \subset M_1$; échangeant les rôles de M et M_1, on montre de même l'existence de $b \neq 0$ dans A tel que $bM_1 \subset M$.

Proposition 3. — (i) *Si* M_1 *et* M_2 *sont des réseaux de* V, *il en est de même de* $M_1 \cap M_2$ *et de* $M_1 + M_2$.

(ii) *Si* W *est un sous-espace vectoriel de* V, *et si* M *est un réseau de* V, $M \cap W$ *est un réseau de* W.

(iii) *Soient* V, $V_1, \ldots, V_k$ *des espaces vectoriels de rang fini sur* K, *et soit* $f : V_1 \times \cdots \times V_k \to V$ *une application multilinéaire dont l'image engendre* V. *Si* M_i *est un réseau de* V_i *pour* $1 \leqslant i \leqslant k$, *le sous-*A*-module de* V *engendré par* $f(M_1 \times \cdots \times M_k)$ *est un réseau de* V.

(iv) *Soient* V *et* W *deux espaces vectoriels de rang fini sur* K, M *un réseau de* V, N *un réseau de* W. *Le sous-*A*-module* N : M *de* $\mathrm{Hom}_K(V, W)$, *formé des applications* K*-linéaires* f *telles que* $f(M) \subset N$, *est un réseau de* $\mathrm{Hom}_K(V, W)$.

(i) En vertu de la prop. 2, il existe a et b non nuls dans A et tels que $aM_1 \subset M_2 \subset b^{-1}M_1$; on en conclut que $M_1 \cap M_2$ et $M_1 + M_2$ sont compris entre aM_1 et $b^{-1}M_1$, donc sont des réseaux en vertu de la prop. 2.

(ii) Soient S un supplémentaire de W dans V, L_W un réseau libre de W, L_S un réseau libre de S, de sorte que $L = L_W \oplus L_S$ est un réseau libre de V. Il existe donc x, y dans K^* tels que $xL \subset M \subset yL$. On en déduit $xL_W \subset M \cap W \subset yL_W$, ce qui montre que $M \cap W$ est un réseau de W (prop. 2).

(iii) Comme $KM_i = V_i$, il est clair par linéarité que $f(M_1 \times \cdots \times M_k)$ engendre le K-espace vectoriel V; d'autre part, pour tout i, il existe un sous-A-module N_i de type fini de V_i tel que $M_i \subset N_i$; le sous-A-module N de V engendré par $f(N_1 \times \cdots \times N_k)$ est de type fini et contient M, donc M est un réseau de V (prop. 1).

(iv) Soit P (resp. Q) un réseau libre de V (resp. W), contenant M (resp. contenu dans N); on a évidemment $N : M \supset Q : P$. Or il est immédiat que $Q : P$ est isomorphe à $\mathrm{Hom}_A(P, Q)$, donc est un A-module libre de rang $(\mathrm{rg}_A P)(\mathrm{rg}_A Q)$ (*Alg.*, chap. II, 3e éd., § 1, n° 6, cor. 1 de la prop. 6), et par suite un réseau de $\mathrm{Hom}_K(V, W)$. De même, si P′ (resp. Q′) est un réseau libre de V (resp. W) contenu dans M (resp. contenant N), on a $Q' : P' \supset N : M$, et $Q' : P'$ est un réseau de $\mathrm{Hom}_K(V, W)$; d'où la conclusion.

Remarques. — 2) La prop. 3, (i), montre que l'ensemble R(V) des réseaux de V est *réticulé* pour la relation d'inclusion; de plus, si M est un réseau fixe de V, les xM, où x parcourt K^*, forment une partie de R(V) qui est à la fois *coinitiale* et *cofinale* (*Ens.*, chap. III, 2e éd., § 1, n° 7).

3) Avec les notations de la prop. 3, (iv), l'application canonique $N : M \to \mathrm{Hom}_A(M, N)$ qui à toute application K-linéaire $f \in N : M$ associe l'application A-linéaire de M dans N qui a même graphe que $f|M$, est *bijective*: en effet, toute application A-linéaire $g : M \to N$ se prolonge en une application K-linéaire $g \otimes 1 : M \otimes_A K \to N \otimes_A K$, et on a vu que $M \otimes_A K$ et $N \otimes_A K$ s'identifient respectivement à V et W.

En particulier, si l'on prend $W = K$, $N = A$, $\mathrm{Hom}_K(V, W)$ n'est autre que le K-*espace vectoriel dual* V^* de V, et $A : M$ s'identifie au A-*module dual* M^* de M; nous ferons désormais cette identification et nous dirons que M^* est le *réseau dual* de M : c'est donc *l'ensemble des* $x^* \in V^*$ *tels que* $\langle x, x^* \rangle \in A$ *pour tout* $x \in M$.

COROLLAIRE. — *Soient* U, V, W *trois espaces vectoriels de rang fini sur* K, $f : U \times V \to W$ *une application* K-*bilinéaire non dégénérée à gauche* (*Alg.*, chap. IX, § 1, n° 1, déf. 3). *Si* M *est un réseau de* V *et* N *un réseau de* W, *l'ensemble* $N :_f M$ *des* $x \in U$ *tels que* $f(x, y) \in N$ *pour tout* $y \in M$ *est un réseau de* U.

Soit $s_f : U \to \mathrm{Hom}_K(V, W)$ l'application K-linéaire associée à gauche à f (*Alg.*, chap. IX, *loc. cit.*), telle que $s_f(x)$ soit l'application linéaire $y \to f(x, y)$; rappelons que dire que f est non dégénérée à gauche signifie que s_f est *injective*. En vertu de la prop. 3, (iv), $N : M$ est un réseau de $\mathrm{Hom}_K(V, W)$; comme on a $N :_f M = s_f^{-1}(N : M)$ et que s_f est injective, le corollaire résulte de la prop. 3, (ii).

Exemples. — 4) Soit S une K-algèbre de rang fini (non nécessairement associative) ayant un élément unité; alors l'application bilinéaire $(x, y) \to xy$ de $S \times S$ dans S est non dégénérée (à gauche et à droite). Si M et N sont des réseaux de S par rapport à A, il en est de même de M . N (prop. 3, (iii)) et de l'ensemble des $x \in S$ tels que $xM \subset N$ (cor. de la prop. 3). Notons qu'il existe une *sous-A-algèbre* de S contenant l'élément unité de S qui est un *réseau* de S; considérons en effet une base $(e_i)_{1 \leqslant i \leqslant n}$ de S telle que e_1 soit l'élément unité de S, et soit $e_i e_j = \sum_k c_{ijk} e_k$ la table de multiplication de S ($1 \leqslant i \leqslant n$, $1 \leqslant j \leqslant n$), de sorte que l'on a $c_{1jk} = \delta_{jk}$, $c_{i1k} = \delta_{ik}$ (symboles de Kronecker). Soit $s \in A$ non nul et tel que $c'_{ijk} = s \, . \, c_{ijk} \in A$ pour tout triplet d'indices (i, j, k); si on pose $e'_i = se_i$ pour $i \geqslant 2$, on a $e'_i e'_j = sc'_{ij1} e_1 + \sum_{k \geqslant 2} c'_{ijk} e'_k$ pour $i \geqslant 2$ et $j \geqslant 2$; le réseau de S ayant pour base e_1 et les e'_i ($2 \leqslant i \leqslant n$) est une sous-A-algèbre de S dont e_1 est l'élément unité.

5) Soient V un espace vectoriel de dimension finie sur K, f une forme bilinéaire non dégénérée sur V. Si M est un réseau de V, il résulte du cor. de la prop. 3 que l'ensemble M_f^* des $x \in V$ tels que $f(x, y) \in A$ pour tout $y \in M$ est encore un réseau de V; si $s_f : V \to V^*$ est l'application linéaire associée à gauche à f (qui est bijective), $s_f(M_f^*)$ n'est autre que le réseau dual M^* de M.

PROPOSITION 4. — *Soient* B *un anneau commutatif intègre,* A *un sous-anneau de* B, K *et* L *les corps des fractions respectifs de* A *et de* B. *Soit* V *un espace vectoriel de dimension finie sur* K.

(i) *Pour tout réseau* M *de* V *par rapport à* A, *l'image* BM *de* $M_{(B)} = M \otimes_A B$ *dans* $V_{(L)} = V \otimes_K L$ *est un réseau de* $V_{(L)}$ *par rapport à* B.

(ii) *Supposons de plus que* B *soit un* A-*module plat. Alors l'application canonique* $M_{(B)} \to BM$ *est bijective. Si en outre* B *est fidèlement plat, l'application qui, à tout réseau* M *de* V *par rapport à* A, *fait correspondre le réseau* BM *de* $V_{(L)}$ *par rapport à* B, *est injective.*

(i) Comme KM = V, il est clair que $L.(BM) = V_{(L)}$; d'autre part M est contenu dans un sous-A-module de type fini M_1 de V, donc BM est contenu dans BM_1, qui est un B-module de type fini; d'où l'assertion (i) (prop. 1).

(ii) On a $V_{(L)} = V \otimes_K L = V \otimes_A L$ (chap. II, § 2, n° 7, prop. 18), et comme L est un B-module plat, c'est aussi un A-module plat (chap. I, § 2, n° 7, cor. 3 de la prop. 8). Comme B est un A-module plat, l'application canonique $M \otimes_A B \to V \otimes_A B$ est injective; d'autre part, V étant un K-module libre et K un A-module plat, V est un A-module plat (chap. I, § 2, n° 7, cor. 3 de la prop. 8), donc l'application canonique $V \otimes_A B \to V \otimes_A L$ est injective, ce qui établit la première assertion. Pour voir en outre que la relation $BM_1 = BM_2$ implique $M_1 = M_2$ pour deux réseaux M_1, M_2 de V par rapport à A lorsque B est un A-module fidèlement plat, notons d'abord que l'on a $BM_1 \cap BM_2 = B(M_1 \cap M_2)$ (chap. I, § 2, n° 6, prop. 6); on peut donc se borner au cas où $M_1 \subset M_2$, et notre assertion résulte alors du chap. I, § 3, n° 1, prop. 3, appliqué à l'injection canonique $M_1 \to M_2$.

COROLLAIRE. — *Supposons que* A *soit un anneau de valuation discrète. Soit* $\hat{A}$ *son complété, et soit* $\hat{K}$ *le corps des fractions de* $\hat{A}$ (chap. VI, § 5, n° 3). *L'application* φ *qui, à tout réseau* M *de* V, *fait correspondre le réseau* $\hat{A}M$ *de* $\hat{V} = V \otimes_K \hat{K}$ *par rapport à* $\hat{A}$, *est bijective et son application réciproque fait correspondre à tout réseau* M' *de* $\hat{V}$ *par rapport à* $\hat{A}$ *son intersection* $M' \cap V$ (V *étant canoniquement identifié à un sous*-K-*espace vectoriel de* $\hat{V}$).

Si L est un réseau libre de V, les réseaux aL (pour $a \in A$, $a \neq 0$) forment un système fondamental de voisinages de 0 pour une topologie $\mathscr{T}$ sur V (compatible avec sa structure de A-module), qui (lorsqu'on prend une base de L sur A) s'identifie à la *topologie produit* sur K^n; en vertu de la prop. 2, un système fondamental de voisinages de 0 pour $\mathscr{T}$ est encore formé de *tous les réseaux* de V par rapport à A; il est clair que $\hat{V}$ est le *complété* de V pour $\mathscr{T}$. En outre, si $\mathfrak{m}$ est l'idéal maximal de A, la topologie $\mathscr{T}$ induit sur tout réseau M de V par rapport à A la topologie $\mathfrak{m}$-adique puisque M est un A-module de type fini (chap. III, § 3, n° 2, th. 2), et $\hat{A}M$ est le complété de M pour cette topologie (chap. III, § 2, n° 12, prop. 16); d'ailleurs, comme M est ouvert (et par suite fermé) dans V, on a $\hat{A}M \cap V = M$, ce qui démontre à nouveau le fait que φ est *injective* (qui découle directement de la prop. 4, (ii), puisque $\hat{A}$ est un A-module fidèlement plat). Enfin, si M′ est un réseau de $\hat{V}$ par rapport à $\hat{A}$, $M = M' \cap V$ est un réseau de V par rapport à A, car tout élément de $\hat{A}$ est produit d'un élément de A et d'un élément inversible de $\hat{A}$, donc il résulte de la prop. 2 qu'il existe a, b dans $A - \{0\}$ tels que $a\hat{A}L \subset M' \subset b\hat{A}L$, d'où $aL \subset M' \cap V \subset bL$. En outre, M′ est ouvert dans V, et comme V est dense dans $\hat{V}$, M′ est la complétion de $M' \cap V = M$; cela prouve que φ est *surjective*, d'où le corollaire.

Exemple 6. — Soient S une partie multiplicative de A ne contenant pas 0; appliquons la prop. 4 à $B = S^{-1}A$; on a alors $L = K$, $BM = S^{-1}M$; donc $S^{-1}M$ est un réseau de V par rapport à $S^{-1}A$. En outre:

PROPOSITION 5. — *Soient* V, W *deux espaces vectoriels de rang fini sur* K, M *un réseau de* V, N *un réseau de* W. *Si* M *est de type fini, on a (avec les notations de la prop.* 3):

$$S^{-1}(N : M) = S^{-1}N : S^{-1}M \tag{1}$$

dans $\mathrm{Hom}_K(V, W)$.

Il est clair que le premier membre de (1) est contenu dans le second. Réciproquement, soit $f \in S^{-1}N : S^{-1}M$, et soit $(x_i)_{1 \leqslant i \leqslant n}$ un système de générateurs de M. Il existe $s \in S$ tel que $f(x_i) \in s^{-1}N$ pour tout i, donc $sf \in N : M$, ce qui démontre la proposition.

2. *Dualité*; *modules réflexifs*

On rappelle qu'à partir de maintenant l'anneau A est supposé *noethérien et intégralement clos*, et que l'on note P(A) (ou simplement P) l'ensemble des idéaux premiers *de hauteur* 1 de A. Tout réseau par rapport à A est un A-module *de type fini* (n° 1, cor. de la prop. 1).

Soient V un espace vectoriel de rang fini sur K, V* son dual, V** son bidual; nous identifierons V et V** au moyen de l'application canonique c_V (*Alg.*, chap. II, 3e éd., § 7, n° 5, th. 6). Soit M un réseau de V; rappelons que le A-module dual M* de M s'identifie canoniquement au *réseau dual* de M, ensemble des $x^* \in V^*$ tels que $\langle x, x^* \rangle \in A$ pour tout $x \in M$; le A-module *bidual*

M^{**} de M est donc un *réseau de* V, qui contient M. En outre on a $M^{***} = M^{*}$, car la relation $M \subset M^{**}$ entraîne $(M^{**})^{*} \subset M^{*}$, et on a d'autre part $M^{*} \subset (M^{*})^{**}$ d'après ce qui précède (cf. *Ens.*, chap. III, 2e éd., § 1, n° 5, prop. 2).

Si $\mathfrak{p}$ est un idéal premier, la prop. 5 appliquée pour $N = A$ donne la relation $(M^{*})_{\mathfrak{p}} = (M_{\mathfrak{p}})^{*}$, ce qui justifie la notation $M^{*}_{\mathfrak{p}}$ pour les deux membres.

THÉORÈME 1. — *Si* M *est un réseau de* V, *on a* $M^{*} = \bigcap_{\mathfrak{p} \in P} M^{*}_{\mathfrak{p}}$.

Il est clair que M^{*} est contenu dans chacun des $M^{*}_{\mathfrak{p}}$. Inversement, supposons que $x^{*} \in \bigcap_{\mathfrak{p} \in P} M^{*}_{\mathfrak{p}}$; si $x \in M$, on a $\langle x, x^{*} \rangle \in \bigcap_{\mathfrak{p} \in P} A_{\mathfrak{p}}$, et comme $A = \bigcap_{\mathfrak{p} \in P} A_{\mathfrak{p}}$ (§ 1, n° 6, th. 4), on a bien $x^{*} \in M^{*}$.

COROLLAIRE. — *On a* $M^{**} = \bigcap_{\mathfrak{p} \in P} M_{\mathfrak{p}}$.

En effet, le th. 1 appliqué à M^{*} montre que $M^{**} = \bigcap_{\mathfrak{p} \in P} M^{**}_{\mathfrak{p}}$. Mais comme $A_{\mathfrak{p}}$ est un anneau principal (§ 1, n° 6, th. 4), $M_{\mathfrak{p}}$ est un $A_{\mathfrak{p}}$-module libre de type fini, donc $M^{**}_{\mathfrak{p}}$ s'identifie canoniquement à $M_{\mathfrak{p}}$ (*Alg.*, chap. II, 3e éd., § 2, n° 7, prop. 14), d'où le corollaire.

Pour un réseau quelconque M par rapport à A, l'application canonique $c_M : M \to M^{**}$ (*Alg.*, chap. II, 3e éd., § 2, n° 7) identifie un élément $x \in M$ à lui-même, car x est l'unique élément y de $V = V^{**}$ tel que $\langle x, x^{*} \rangle = \langle y, x^{*} \rangle$ pour tout $x^{*} \in M^{*}$, puisque M^{*} engendre V^{*}. Nous dirons que M est *réflexif* si $M^{**} = M$ (*loc. cit.*). Comme on a vu plus haut que $M^{*} = (M^{*})^{**}$, on voit que le *dual* d'un réseau quelconque M est toujours *réflexif.*

Remarque 1. — Soit M un A-module de type fini; il est immédiat que le dual M^{*} de M, identifié à un sous-A-module de $\mathrm{Hom}_A(M, K)$, est un *réseau* du K-espace vectoriel $\mathrm{Hom}_A(M, K)$; en particulier, tout A-module *réflexif* de type fini est isomorphe à un réseau d'un K-espace vectoriel convenable.

THÉORÈME 2. — *Si* M *est un réseau de* V, *les conditions suivantes sont équivalentes:*

a) M *est réflexif.*

b) $M = \bigcap_{\mathfrak{p} \in P} M_{\mathfrak{p}}$.

c) On a $\mathrm{Ass}(V/M) \subset P$.

L'équivalence de *a*) et *b*) résulte du cor. du th. 1. Si *b*) est vérifiée, V/M s'identifie canoniquement à un sous-A-module du produit $\prod_{\mathfrak{p}\in P} (V/M_{\mathfrak{p}})$; mais en fait, il est contenu dans la *somme directe* $\bigoplus_{\mathfrak{p}\in P}(V/M_{\mathfrak{p}})$: en effet, si $L \subset M$ est un réseau libre et $(e_i)_{1\leqslant i\leqslant n}$ une base de L, chacune des coordonnées x_i d'un point $x \in V$ par rapport à (e_i) appartient à $A_{\mathfrak{p}}$ sauf pour un nombre fini de valeurs de $\mathfrak{p}$ (§ 1, n° 6, th. 4), donc $x \in L_{\mathfrak{p}} \subset M_{\mathfrak{p}}$ sauf pour un nombre fini de valeurs de $\mathfrak{p} \in P$. La relation $V/M \subset \bigoplus_{\mathfrak{p}\in P}(V/M_{\mathfrak{p}})$ entraîne alors:

$$\mathrm{Ass}(V/M) \subset \bigcup_{\mathfrak{p}\in P} \mathrm{Ass}(V/M_{\mathfrak{p}}).$$

Comme $V/M_{\mathfrak{p}}$ est un $A_{\mathfrak{p}}$-module, un élément de $A - \mathfrak{p}$ ne peut annuler un élément $\neq 0$ de $V/M_{\mathfrak{p}}$, puisque les éléments de $A - \mathfrak{p}$ sont inversibles dans $A_{\mathfrak{p}}$; les éléments de $\mathrm{Ass}(V/M_{\mathfrak{p}})$ sont donc contenus dans $\mathfrak{p}$ et sont $\neq 0$, puisque $V/M_{\mathfrak{p}}$ est un $A_{\mathfrak{p}}$-module de torsion; comme $\mathfrak{p}$ est de hauteur 1, on a nécessairement $\mathrm{Ass}(V/M_{\mathfrak{p}}) = \{\mathfrak{p}\}$ si $V/M_{\mathfrak{p}} \neq \{0\}$, et $\mathrm{Ass}(V/M_{\mathfrak{p}}) = \emptyset$ si $V/M_{\mathfrak{p}} = \{0\}$; donc $\mathrm{Ass}(V/M) \subset P$.

Enfin, si la condition *c*) est vérifiée, on a

$$\mathrm{Ass}(M^{**}/M) \subset \mathrm{Ass}(V/M) \subset P.$$

D'autre part, si $\mathfrak{p} \in P$, on a vu dans la démonstration du cor. du th. 1 que l'on a $M^{**}_{\mathfrak{p}} = M_{\mathfrak{p}}$, d'où $\mathfrak{p} \notin \mathrm{Ass}(M^{**}/M)$ (chap. IV, § 1, n° 3, cor. 1 de la prop. 7). On en conclut que l'on a $\mathrm{Ass}(M^{**}/M) = \emptyset$ d'où $M^{**} = M$ (chap. IV, § 1, n° 1, cor. 1 de la prop. 2).

COROLLAIRE. — *Soient* M, N *deux réseaux de* V *par rapport à* A, *tels que* N *soit réflexif. Pour que* $M \subset N$, *il faut et il suffit que, pour tout* $\mathfrak{p} \in P$, *on ait* $M_{\mathfrak{p}} \subset N_{\mathfrak{p}}$.

La condition est évidemment nécessaire, et si elle est remplie, on a $\bigcap_{\mathfrak{p}\in P} M_{\mathfrak{p}} \subset \bigcap_{\mathfrak{p}\in P} N_{\mathfrak{p}} = N$. Comme $M \subset M^{**} = \bigcap_{\mathfrak{p}\in P} M_{\mathfrak{p}}$, on a bien $M \subset N$.

Exemples. — 1) Tout réseau *libre* est réflexif.

2) Prenons $V = K$. Pour qu'un idéal fractionnaire $\mathfrak{a}$ de K soit un réseau réflexif, il faut et il suffit qu'il soit un *idéal divisoriel*, en vertu du critère *b*) du th. 2 et du § 1, n° 4, prop. 5 et 7.

3) Soit M un réseau par rapport à A; si S est une partie multiplicative de A ne contenant pas 0, la prop. 5 du n° 1 montre que $S^{-1}(M^*) = (S^{-1}M)^*$; si M est réflexif, $S^{-1}M$ est donc un réseau réflexif par rapport à $S^{-1}A$.

PROPOSITION 6. — (i) *Si* M_1 *et* M_2 *sont des réseaux réflexifs de* V, *il en est de même de* $M_1 \cap M_2$.

(ii) *Si* W *est un sous-espace vectoriel de* V *et si* M *est un réseau réflexif de* V, $M \cap W$ *est un réseau réflexif de* W.

(iii) *Soient* V, W *deux espaces vectoriels de rang fini sur* K, M (resp. N) *un réseau de* V (resp. W). *Si* N *est réflexif, le réseau* $N : M$ *de* $\mathrm{Hom}_K(V, W)$ (n° 1, prop. 3) *est réflexif.*

(i) On a $(M_1 \cap M_2)_\mathfrak{p} = (M_1)_\mathfrak{p} \cap (M_2)_\mathfrak{p}$ pour tout $\mathfrak{p} \in P$ (chap. II, § 2, n° 4, th. 1). Si $M_1 = \bigcap_{\mathfrak{p}\in P} (M_1)_\mathfrak{p}$ et $M_2 = \bigcap_{\mathfrak{p}\in P} (M_2)_\mathfrak{p}$, on a donc $M_1 \cap M_2 = \bigcap_{\mathfrak{p}\in P} (M_1 \cap M_2)_\mathfrak{p}$, d'où la conclusion en vertu du th. 2.

(ii) De la même manière, on a $(M \cap W)_\mathfrak{p} = M_\mathfrak{p} \cap W_\mathfrak{p} = M_\mathfrak{p} \cap W$, d'où $M \cap W = \bigcap_{\mathfrak{p}\in P} (M \cap W)_\mathfrak{p}$, ce qui prouve (ii).

(iii) Comme M est de type fini, il résulte du n° 1, prop. 5 que l'on a $(N : M)_\mathfrak{p} = N_\mathfrak{p} : M_\mathfrak{p}$; en outre, la relation $N = \bigcap_{\mathfrak{p}\in P} N_\mathfrak{p}$ entraîne :

$$N : M = \bigcap_{\mathfrak{p}\in P} (N_\mathfrak{p} : M_\mathfrak{p}).$$

En effet, si $f \in \bigcap_{\mathfrak{p}\in P} (N_\mathfrak{p} : M_\mathfrak{p})$ et si $x \in M$, on a $f(x) \in \bigcap_{\mathfrak{p}\in P} N_\mathfrak{p} = N$, d'où $f \in N : M$; cela démontre que $N : M$ est réflexif.

Remarques. — 2) Si M_1 et M_2 sont des réseaux réflexifs de V, le réseau $M_1 + M_2$ n'est pas nécessairement réflexif (cf. § 1, exerc. 2).

3) Si M est un A-module de type fini, T son sous-module de torsion, le dual M^* de M est le même que le dual de M/T, car pour toute forme linéaire f sur M, l'image $f(T)$ est un sous-module de torsion de A, donc est nulle. Comme M/T est isomorphe à un réseau d'un espace vectoriel sur K, on voit que le dual de *tout* A-module de type fini est *réflexif.*

PROPOSITION 7. — *Soit* $0 \to M \to N \to Q \to 0$ *une suite exacte de* A-*modules. On suppose que* N *est de type fini et est sans torsion.*

(i) *Si* M *est réflexif, on a* $\mathrm{Ass}(Q) \subset P \cup \{\{0\}\}$ (autrement dit, *tout idéal associé à* Q *est, soit* (0), *soit de hauteur* 1).

(ii) *Réciproquement, si* N *est réflexif et si* $\mathrm{Ass}(Q) \subset P \cup \{\{0\}\}$, *alors* M *est réflexif.*

Comme A est noethérien, M est aussi de type fini ; si on pose $V = M_{(K)}$, $W = N_{(K)}$, M (resp. N) s'identifie canoniquement à un réseau de V (resp. W) (n° 1, prop. 1). Considérons les deux suites exactes:

$$0 \to V/M \to W/M \to W/V \to 0$$

$$0 \to Q \to W/M \to W/N \to 0.$$

(i) On en déduit (chap. IV, § 1, n° 1, prop. 3):

$$\mathrm{Ass}(Q) \subset \mathrm{Ass}(W/M) \subset \mathrm{Ass}(V/M) \cup \mathrm{Ass}(W/V).$$

Si M est réflexif, on a $\mathrm{Ass}(V/M) \subset P$ (th. 2); d'autre part, il est clair que $\mathrm{Ass}(W/V)$ est, soit vide, soit réduit à $\{0\}$; d'où (i).

(ii) On a de même:

$$\mathrm{Ass}(V/M) \subset \mathrm{Ass}(W/M) \subset \mathrm{Ass}(Q) \cup \mathrm{Ass}(W/N).$$

Les hypothèses entraînent donc $\mathrm{Ass}(V/M) \subset P \cup \{\{0\}\}$. Mais V/M est un A-module de torsion, donc $\{0\} \notin \mathrm{Ass}(V/M)$; le th. 2 montre alors que M est réflexif.

PROPOSITION 8. — *Soient* R *et* S *deux anneaux commutatifs,* $\rho : R \to S$ *un homomorphisme d'anneaux,* M *un* R*-module de type fini. On suppose que* R *est noethérien et que* S *est un* R*-module plat. Alors, si* M *est réflexif, il en est de même du* S*-module* $M_{(S)} = M \otimes_R S$.

On sait (chap. I, § 2, n° 10, prop. 11) qu'il existe un isomorphisme canonique $\omega_M : (M^*)_{(S)} \to (M_{(S)})^*$, tel que

$$\langle x \otimes 1, \omega_M(x^* \otimes 1)\rangle = \rho(\langle x, x^*\rangle)$$

pour $x \in M$, $x^* \in M^*$. Comme M est quotient d'un R-module libre L de type fini, M^* est isomorphe à un sous-R-module du dual L^*, et L^* est libre de type fini; puisque R est noethérien, M^* est donc aussi un R-module de type fini, d'où un isomorphisme $\omega_{M^*} : (M^{**})_{(S)} \to ((M^*)_{(S)})^*$ tel que

$$\langle x^* \otimes 1, \omega_{M^*}(x^{**} \otimes 1)\rangle = \rho(\langle x^*, x^{**}\rangle)$$

pour $x^* \in M^*$ et $x^{**} \in M^{**}$. D'autre part, on a un isomorphisme ${}^t\omega_M : (M_{(S)})^{**} \to ((M^*)_{(S)})^*$, d'où par composition un isomorphisme canonique:

$$\varphi = ({}^t\omega_M^{-1}) \circ (\omega_{M^*}) : (M^{**})_{(S)} \to (M_{(S)})^{**}$$

tel que l'on ait, avec les notations précédentes:

$$\langle \omega_M(x^* \otimes 1), \varphi(x^{**} \otimes 1)\rangle = \rho(\langle x^*, x^{**}\rangle). \quad (1)$$

Considérons alors l'homomorphisme canonique $c_M : M \to M^{**}$, et montrons que l'homomorphisme composé :

$$(2) \qquad \psi : \mathrm{M}_{(\mathrm{S})} \xrightarrow[c_{\mathrm{M}} \otimes 1]{} (\mathrm{M}^{**})_{(\mathrm{S})} \to (\mathrm{M}_{(\mathrm{S})})^{**}$$

n'est autre que l'homomorphisme canonique $c_{\mathrm{M}_{(\mathrm{S})}}$. Cela résulte aussitôt de (1) qui donne les relations :

$$\begin{aligned}\langle \omega_{\mathrm{M}}(x^* \otimes 1), \psi(x \otimes 1)\rangle &= \rho(\langle x^*, c_{\mathrm{M}}(x)\rangle) = \rho(\langle x, x^*\rangle) \\ &= \langle x \otimes 1, \omega_{\mathrm{M}}(x^* \otimes 1)\rangle\end{aligned}$$

et du fait que les éléments $\omega_{\mathrm{M}}(x^* \otimes 1)$ engendrent $(\mathrm{M}_{(\mathrm{S})})^*$. Cela étant, l'hypothèse que M est réflexif signifie que c_{M} est bijectif, donc il en est de même de $c_{\mathrm{M}} \otimes 1$, et par suite $\psi = c_{\mathrm{M}_{(\mathrm{S})}}$ est bijectif, ce qui démontre la proposition.

3. Construction locale de modules réflexifs

Les notations et hypothèses sont celles du n° 2. On dira qu'une propriété a lieu « *pour presque tout* $\mathfrak{p} \in \mathrm{P}$ » si l'ensemble des $\mathfrak{p} \in \mathrm{P}$ pour lesquels elle n'est pas vraie est *fini*.

THÉORÈME 3. — *Soient* V *un espace vectoriel de rang fini sur* K, M *un réseau de* V *par rapport à* A.

(i) *Soit* N *un réseau de* V *par rapport à* A ; *alors, pour tout idéal premier* $\mathfrak{p}$ *de* A, $\mathrm{N}_{\mathfrak{p}}$ *est un réseau de* V *par rapport à* $\mathrm{A}_{\mathfrak{p}}$, *et pour presque tout* $\mathfrak{p} \in \mathrm{P}$, *on a* $\mathrm{N}_{\mathfrak{p}} = \mathrm{M}_{\mathfrak{p}}$.

(ii) *Réciproquement, supposons donné pour tout* $\mathfrak{p} \in \mathrm{P}$ *un réseau* $\mathrm{N}(\mathfrak{p})$ *de* V *par rapport à* $\mathrm{A}_{\mathfrak{p}}$ *tel que* $\mathrm{N}(\mathfrak{p}) = \mathrm{M}_{\mathfrak{p}}$ *pour presque tout* $\mathfrak{p} \in \mathrm{P}$. *Alors* $\mathrm{N} = \bigcap_{\mathfrak{p} \in \mathrm{P}} \mathrm{N}(\mathfrak{p})$ *est un réseau réflexif de* V *par rapport à* A, *et c'est le seul réseau réflexif* N′ *de* V *par rapport à* A *tel que* $\mathrm{N}'_{\mathfrak{p}} = \mathrm{N}(\mathfrak{p})$ *pour tout* $\mathfrak{p} \in \mathrm{P}$.

(i) La première assertion résulte du n° 1, prop. 4. En outre, il existe x, y dans K* tels que $x\mathrm{N} \subset \mathrm{M} \subset y\mathrm{N}$ (n° 1, prop. 2); on sait que pour presque tout $\mathfrak{p} \in \mathrm{P}$, on a $v_{\mathfrak{p}}(x) = v_{\mathfrak{p}}(y) = 0$ (§ 1, n° 6, th. 4), ce qui montre que x et y sont inversibles dans $\mathrm{A}_{\mathfrak{p}}$, donc $\mathrm{M}_{\mathfrak{p}} = \mathrm{N}_{\mathfrak{p}}$.

(ii) Quitte à remplacer M par $x^{-1}\mathrm{M}$ avec $x \neq 0$ dans A, on peut supposer que l'on a $\mathrm{N}(\mathfrak{p}) \subset \mathrm{M}_{\mathfrak{p}}$ pour tout $\mathfrak{p} \in \mathrm{P}$. Soient $\mathfrak{p}_1, \ldots, \mathfrak{p}_h$ les éléments de P tels que $\mathrm{N}(\mathfrak{p}) = \mathrm{M}_{\mathfrak{p}}$ pour $\mathfrak{p}$ distinct des $\mathfrak{p}_i$ $(1 \leqslant i \leqslant h)$; posons :

$$\mathrm{Q} = \mathrm{M} \cap \mathrm{N}(\mathfrak{p}_1) \cap \ldots \cap \mathrm{N}(\mathfrak{p}_h).$$

Comme chacun des $N(\mathfrak{p}_i)$ contient un réseau libre par rapport à $A_{\mathfrak{p}_i}$, il contient *a fortiori* un réseau de V par rapport à A, donc Q contient un réseau de V par rapport à A (n° 1, prop. 3), et comme Q est contenu dans M, Q est un réseau par rapport à A. Pour prouver que $Q_{\mathfrak{p}} = N(\mathfrak{p})$ pour tout $\mathfrak{p} \in P$, nous utiliserons le lemme suivant:

Lemme 1. — *Soient* $\mathfrak{p}$ *et* $\mathfrak{p}'$ *deux idéaux premiers de* A *tels que* (0) *soit le seul idéal premier de* A *contenu dans* $\mathfrak{p} \cap \mathfrak{p}'$. *Pour tout sous*-A-*module* E *de* V, *on a alors* $(E_{\mathfrak{p}})_{\mathfrak{p}'} = K.E$.

Soit S la partie multiplicative $(A - \mathfrak{p})(A - \mathfrak{p}')$ de A; en vertu du chap. II, § 2, n° 3, prop. 7, on a $(E_{\mathfrak{p}})_{\mathfrak{p}'} = S^{-1}E$. De plus, on a $A \subset S^{-1}A \subset K$; les idéaux premiers de $S^{-1}A$ correspondent aux idéaux premiers $\mathfrak{q}$ de A tels que $\mathfrak{q} \cap S = \phi$ (chap. II, § 2, n° 5, prop. 11), et par hypothèse (0) est le seul idéal premier de A ne rencontrant pas S; donc $S^{-1}A = K$ et $S^{-1}E = K.E$.

Revenons maintenant à la démonstration de (ii). Si $\mathfrak{p} \in P$ est distinct des $\mathfrak{p}_i$ $(1 \leqslant i \leqslant h)$, le lemme 1 appliqué à $N(\mathfrak{p}_i)$ donne $(N(\mathfrak{p}_i))_{\mathfrak{p}} = ((N(\mathfrak{p}_i))_{\mathfrak{p}_i})_{\mathfrak{p}} = K\,.\,N(\mathfrak{p}_i) = V$, puisque les $\mathfrak{p}_i$ et $\mathfrak{p}$ sont de hauteur 1. On a alors:

$$Q_{\mathfrak{p}} = M_{\mathfrak{p}} \cap (N(\mathfrak{p}_1))_{\mathfrak{p}} \cap \ldots \cap (N(\mathfrak{p}_h))_{\mathfrak{p}} = M_{\mathfrak{p}} = N(\mathfrak{p})$$

(chap. II, § 2, n° 4). D'autre part, si $\mathfrak{p}$ est égal à $\mathfrak{p}_i$ $(1 \leqslant i \leqslant h)$, on a $(N(\mathfrak{p}_i))_{\mathfrak{p}_j} = V$ pour $i \neq j$ par le même raisonnement que ci-dessus, et $(N(\mathfrak{p}_i))_{\mathfrak{p}_i} = N(\mathfrak{p}_i)$, d'où:

$$Q_{\mathfrak{p}_i} = M_{\mathfrak{p}_i} \cap N(\mathfrak{p}_i) = N(\mathfrak{p}_i).$$

On a donc prouvé que $Q_{\mathfrak{p}} = N(\mathfrak{p})$ quel que soit $\mathfrak{p} \in P$. Alors $N = Q^{**} = \bigcap_{\mathfrak{p} \in P} Q_{\mathfrak{p}}$ est réflexif et vérifie les relations $N_{\mathfrak{p}} = Q_{\mathfrak{p}} = N(\mathfrak{p})$ pour tout $\mathfrak{p} \in P$; la propriété d'unicité découle aussitôt du th. 2 du n° 2.

Remarque. — Soit L un réseau libre de V par rapport à A. Puisque $A_{\mathfrak{p}}$ est un anneau principal pour $\mathfrak{p} \in P$, $N(\mathfrak{p})$ est un $A_{\mathfrak{p}}$-module libre de même rang que L, et il existe $u(\mathfrak{p}) \in \mathbf{GL}(V)$ tel que $u(\mathfrak{p})(L_{\mathfrak{p}}) = N_{\mathfrak{p}}$; cette condition détermine d'ailleurs $u(\mathfrak{p})$ à la multiplication à droite près par un élément de $\mathbf{GL}(L_{\mathfrak{p}})$. La condition $N(\mathfrak{p}) = L_{\mathfrak{p}}$ pour presque tout $\mathfrak{p} \in P$ signifie que l'on doit avoir $u(\mathfrak{p}) \in \mathbf{GL}(L_{\mathfrak{p}})$ pour presque tout $\mathfrak{p} \in P$. Les familles $(u(\mathfrak{p}))_{\mathfrak{p} \in P}$ vérifiant cette dernière propriété forment un groupe multiplicatif $\mathbf{GL}_a(V)$ contenant comme sous-groupe le produit $\prod_{\mathfrak{p} \in P} \mathbf{GL}(L_{\mathfrak{p}})$. Le th. 3 montre alors que *l'ensemble des réseaux réflexifs de* V *est canoniquement en correspondance biunivoque avec l'espace homogène* $\mathbf{GL}_a(V)/\prod_{\mathfrak{p}\in P} \mathbf{GL}(L_{\mathfrak{p}})$. Si on choisit une base $(e_i)_{1\leqslant i\leqslant n}$ de L sur A, $\mathbf{GL}(V)$ (resp. $\mathbf{GL}(L_{\mathfrak{p}})$) s'identifie au groupe de matrices inversibles $\mathbf{GL}(n, K)$ (resp. $\mathbf{GL}(n, A_{\mathfrak{p}})$) et le groupe $\mathbf{GL}_a(V)$ au groupe des systèmes de matrices d'ordre n, $(U(\mathfrak{p}))_{\mathfrak{p}\in P}$, tels que $U(\mathfrak{p}) \in \mathbf{GL}(n, K)$ pour tout $\mathfrak{p} \in P$ et $U(\mathfrak{p}) \in \mathbf{GL}(n, A_{\mathfrak{p}})$ pour presque tout $\mathfrak{p} \in P$. Lorsque A est un anneau de Dedekind, le groupe $\mathbf{GL}_a(V)$ s'identifie aussi au groupe $\mathbf{GL}(n, \mathcal{A})$, où $\mathcal{A}$ est l'anneau des adèles restreints (§ 2, n° 4).

4. *Pseudo-isomorphismes*

Les notations et hypothèses sont celles des n°s 2 et 3.

PROPOSITION 9. — *Soit* M *un* A-*module de type fini. Les conditions suivantes sont équivalentes :*

a) $M_{\mathfrak{p}} = 0$ *pour tout idéal premier* $\mathfrak{p}$ *de hauteur* $\leqslant 1$.

b) L'annulateur $\mathfrak{a}$ *de* M *est un idéal* $\neq (0)$, *et on a* $A : \mathfrak{a} = A$ ($A : \mathfrak{a}$ *désignant, comme au* § 1, n° 1, *l'ensemble des* $x \in K$ *tels que* $x\mathfrak{a} \subset A$).

On sait (chap. II, § 2, n° 2, cor. 2 de la prop. 4) que la condition $M_{\mathfrak{p}} = 0$ équivaut à $\mathfrak{a} \not\subset \mathfrak{p}$, donc à $\mathfrak{a}A_{\mathfrak{p}} = A_{\mathfrak{p}}$ (chap. II, § 2, n° 5, *Remarque*) ; d'autre part, pour tout idéal entier $\mathfrak{b} \neq 0$ de A, la relation « $\mathfrak{b}A_{\mathfrak{p}} = A_{\mathfrak{p}}$ pour tout $\mathfrak{p} \in P$ » équivaut à $\operatorname{div} \mathfrak{b} = \operatorname{div} A = 0$ dans $D(A)$ (§ 1, n° 4, prop. 7), ou encore à $\operatorname{div}(A : \mathfrak{b}) = 0$, et comme $A : \mathfrak{b}$ est divisoriel (§ 1, n° 1, prop. 1), cette relation est aussi équivalente à $A : \mathfrak{b} = A$. La proposition en résulte, en remarquant que dire que $\mathfrak{a} \not\subset \mathfrak{p}$ pour $\mathfrak{p} = (0)$ signifie que $\mathfrak{a} \neq (0)$.

Remarque 1. — Les conditions équivalentes de la prop. 9 signifient aussi que Ass(M) ne contient aucun idéal premier de hauteur $\leqslant 1$. * On peut les interpréter en disant que Supp(M) est de *codimension* $\geqslant 2$ dans Spec(A). *

DÉFINITION 2. — *On dit qu'un* A-*module* M *est pseudo-nul s'il est de type fini et s'il vérifie les conditions équivalentes de la prop.* 9.

Cette définition, et la prop. 9, montrent qu'un A-module pseudo-nul est un A-*module de torsion* ; la réciproque est inexacte.

Exemples. — 1) Si A est un anneau de Dedekind, tout idéal premier de A est de hauteur $\leqslant 1$; dire que M est pseudo-nul signifie alors que $\mathrm{Supp}(M) = \emptyset$, donc que $M = 0$ (chap. II, § 4, n° 4).

2) Soient k un corps, $A = k[X, Y]$ l'anneau des polynômes sur k à deux indéterminées; si $\mathfrak{m}$ est l'idéal maximal $AX + AY$ de A, le A-module $A/\mathfrak{m}$ est pseudo-nul; en effet, son annulateur $\mathfrak{m}$ n'est pas de hauteur $\leqslant 1$ puisqu'il contient les idéaux premiers principaux AX et AY et en est distinct; on a donc $A : \mathfrak{m} = A$ (§ 1, n° 6, cor. 1 du th. 3).

DÉFINITION 3. — *Soient* M *et* N *deux* A-*modules, et* $f : M \to N$ *un homomorphisme. On dit que* f *est pseudo-injectif* (resp. *pseudo-surjectif, pseudo-nul*), *si* $\mathrm{Ker}(f)$ (resp. $\mathrm{Coker}(f)$, $\mathrm{Im}(f)$), *est pseudo-nul ; on dit que* f *est pseudo-bijectif s'il est à la fois pseudo-injectif et pseudo-surjectif.*

On dit encore qu'un homomorphisme pseudo-bijectif est un *pseudo-isomorphisme.*

Supposons que M et N soient de type fini; alors, pour que $f: M \to N$ soit pseudo-injectif (resp. pseudo-surjectif, pseudo-nul), il faut et il suffit que pour tout $\mathfrak{p} \in P \cup \{\{0\}\}$, $f_{\mathfrak{p}} : M_{\mathfrak{p}} \to N_{\mathfrak{p}}$ soit injectif (resp. surjectif, nul); cela résulte de la platitude du A-module $A_{\mathfrak{p}}$ (cf. chap. I, § 2, n° 3, *Remarque* 2).

Exemple 3. — Soit M un A-module sans torsion de type fini; alors l'application canonique $c_M : M \to M^{**}$ de M dans son bidual est un *pseudo-isomorphisme.* En effet, M s'identifie à un réseau de $V = M \otimes_A K$ (n° 1, prop. 1); on a vu que $M_{\mathfrak{p}} = M_{\mathfrak{p}}^{**}$ pour tout $\mathfrak{p} \in P$ (n° 2, *Exemple* 2), et pour $\mathfrak{p} = 0$, $M_{\mathfrak{p}}$ et $M_{\mathfrak{p}}^{**}$ sont tous deux égaux à V.

THÉORÈME 4. — *Soient* E *un* A-*module de type fini,* T *le sous-module de torsion de* E, *et* $M = E/T$. *Il existe un pseudo-isomorphisme :*

$$f : E \to T \times M.$$

Nous démontrerons d'abord deux lemmes.

Lemme 2. — *Soit* $(\mathfrak{p}_i)_{1 \leqslant i \leqslant k}$ *une famille finie non vide d'idéaux premiers de* A *de hauteur* 1, *et soit* $S = \bigcap_i (A - \mathfrak{p}_i)$; *alors l'anneau* $S^{-1}A$ *est principal.*

En effet, $S^{-1}A$ est un anneau semi-local dont les idéaux maximaux sont les $\mathfrak{m}_i = \mathfrak{p}_i S^{-1}A$ pour $1 \leqslant i \leqslant k$, l'anneau local $(S^{-1}A)_{\mathfrak{m}_i}$ étant isomorphe à $A_{\mathfrak{p}_i}$ (chap. II, § 3, n° 5, prop. 17), donc un anneau de valuation discrète. L'anneau $S^{-1}A$ est donc un anneau de Dedekind (§ 2, n° 2, th. 1, f)), et comme il est semi-local, il est principal (§ 2, n° 2, prop. 1).

Lemme 3. — *Il existe un homomorphisme* $g : E \to T$ *dont la restriction à* T *est à la fois une homothétie et un pseudo-isomorphisme.*

Soit $\mathfrak{a}$ l'annulateur de T; comme T est un A-module de torsion de type fini, on a $\mathfrak{a} \neq 0$. Soient $\mathfrak{p}_i$ $(1 \leqslant i \leqslant k)$ les idéaux premiers de hauteur 1 contenant $\mathfrak{a}$ (qui sont en nombre fini (§ 1, n° 6, th. 4)); si ce nombre est 0, T est pseudo-nul (prop. 9, *a*)), et on peut prendre $g = 0$. Sinon, soit $S = \bigcap_i (A - \mathfrak{p}_i)$; en vertu du lemme 2, $S^{-1}A$ est un anneau principal, donc $S^{-1}M$, qui est un $S^{-1}A$-module de type fini sans torsion, est *libre* (*Alg.*, chap. VII, § 4, n° 3, cor. 2 du th. 2), et comme $S^{-1}M = (S^{-1}E)/(S^{-1}T)$, $S^{-1}T$ est facteur direct de $S^{-1}E$ (*Alg.*, chap. II, 3e éd., § 1, n° 11, prop. 21). Or, on a $\mathrm{Hom}_{S^{-1}A}(S^{-1}E, S^{-1}T) = S^{-1}\mathrm{Hom}_A(E, T)$ (chap. II, § 2, n° 7, prop. 19); donc il existe $s_0 \in S$ et $g_0 \in \mathrm{Hom}_A(E, T)$ tel que $s_0^{-1}g_0$ soit un projecteur de $S^{-1}E$ sur $S^{-1}T$. Si l'on note $h_0 \in \mathrm{Hom}_A(T, T)$ la restriction de g_0 à T, il existe par suite $s_1 \in S$ tel que $s_1 h_0(x) = s_1 s_0 x$ pour tout $x \in T$; posant $s = s_1 s_0$, $g = s_1 g$, $h = s_1 h_0$, h est donc l'homothétie de rapport s dans T et est la restriction de g à T. Reste à vérifier que h est un pseudo-isomorphisme. Or, si $\mathfrak{p} = 0$, ou si $\mathfrak{p} \in P$ est distinct des $\mathfrak{p}_i$ $(1 \leqslant i \leqslant k)$, on a $T_{\mathfrak{p}} = 0$ (chap. II, § 4, n° 4, prop. 17), et $h_{\mathfrak{p}} : T_{\mathfrak{p}} \to T_{\mathfrak{p}}$ est un isomorphisme; si au contraire $\mathfrak{p}$ est égal à l'un des $\mathfrak{p}_i$ $(1 \leqslant i \leqslant k)$, s est inversible dans $A_{\mathfrak{p}_i}$, et $h_{\mathfrak{p}_i}$, homothétie de rapport s dans $T_{\mathfrak{p}_i}$, est encore un isomorphisme, ce qui achève la démonstration du lemme 3.

Prouvons maintenant le th. 4. Soit $g : E \to T$ un homomorphisme vérifiant les propriétés du lemme 3; soit h la restriction de g à T, et soit π la projection canonique de E sur M. Montrons que l'homomorphisme $f = (g, \pi) : E \to T \times M$ répond à la question. On a en effet le diagramme commutatif:

$$\begin{array}{ccccccccc}
0 & \to & T & \longrightarrow & E & \longrightarrow & M & \to & 0 \\
 & & \downarrow{\scriptstyle h} & & \downarrow{\scriptstyle f} & & \downarrow{\scriptstyle 1_M} & & \\
0 & \to & T & \to & T \times M & \to & M & \to & 0
\end{array}$$

où les lignes sont exactes. Le diagramme du serpent (chap. I,

§ 1, n° 4, prop. 2) donne la suite exacte :

$$0 \to \mathrm{Ker}(h) \to \mathrm{Ker}(f) \to 0 \to \mathrm{Coker}(h) \to \mathrm{Coker}(f) \to 0$$

donc Ker(f) est isomorphe à Ker(h) et Coker(f) à Coker(h). Comme h est un pseudo-isomorphisme, il en est de même de f.

C.Q.F.D.

On peut dire qu' « à un pseudo-isomorphisme près », le th. 4 ramène l'étude des A-modules de type fini à celle des modules sans torsion, d'une part, et à celle des modules de torsion, d'autre part. En outre, on a vu ci-dessus (*Exemple* 3), qu'un module sans torsion est pseudo-isomorphe à son bidual, donc à un module *réflexif*. Quant aux modules de torsion, on a le résultat suivant, qui les détermine à un pseudo-isomorphisme près :

THÉORÈME 5. — *Soit* T *un* A-*module de torsion de type fini. Il existe deux familles finies* $(n_i)_{i\in I}$ *et* $(\mathfrak{p})_{i\in I}$, *où les* n_i *sont des entiers* $\geqslant 1$ *et les* $\mathfrak{p}_i$ *des idéaux premiers de hauteur* 1 *de* A, *telles que si l'on pose* $T' = \bigoplus_{i\in I} A/\mathfrak{p}_i^{n_i}$, *il existe un pseudo-isomorphisme de* T *dans* T'. *De plus, les familles* $(n_i)_{i\in I}$ *et* $(\mathfrak{p}_i)_{i\in I}$ *ayant cette propriété sont uniques à une bijection près de l'ensemble d'indices, et les* $\mathfrak{p}_i$ *contiennent l'annulateur de* T.

Unicité : Si $f : T \to T'$ est un pseudo-isomorphisme, et si $\mathfrak{p} \in P$, $f_\mathfrak{p} : T_\mathfrak{p} \to T'_\mathfrak{p}$ est un isomorphisme. Or, $T'_\mathfrak{p}$ est somme directe des $A_\mathfrak{p}/\mathfrak{p}^{n_i}A_\mathfrak{p}$, la somme étant étendue aux indices i tels que $\mathfrak{p}_i = \mathfrak{p}$; les $\mathfrak{p}^{n_i}A_\mathfrak{p}$ sont donc les *diviseurs élémentaires* du $A_\mathfrak{p}$-module de torsion $T_\mathfrak{p}$ (*Alg*., chap. VII, § 4, n° 7) ; leur unicité a été démontrée en *Alg*., chap. VII, § 4, n° 7, prop. 7.

Existence : On peut se borner au cas où $T \neq 0$. Soient $\mathfrak{a}$ l'annulateur (non nul et distinct de A) de T, $\mathfrak{p}_i$ $(1 \leqslant i \leqslant k)$ les idéaux premiers de hauteur 1 de A contenant $\mathfrak{a}$ (qui sont en nombre fini (§ 1, n° 6, th. 4)), et $S = \bigcap_i (A - \mathfrak{p}_i)$. L'anneau semi-local $A' = S^{-1}A$ est principal (lemme 2) et a pour idéaux maximaux les $\mathfrak{m}_i = \mathfrak{p}_i A'$; comme $S^{-1}T$ est un A'-module de torsion de type fini, il est isomorphe à une somme directe finie $\bigoplus_{j\in I} A'/\mathfrak{m}_{\varphi(j)}^{n_j}$, où φ est une application d'un ensemble fini I dans $(1, k)$ (*Alg*., chap. VII, § 4, n° 7, prop. 7) ; comme $A'/\mathfrak{m}_{\varphi(j)}^{n_j}$ est isomorphe à $S^{-1}(A/\mathfrak{p}_{\varphi(j)}^{n_j})$ (chap. II, § 2, n° 4), on a bien obtenu un A-module de torsion T' du type cherché et un isomorphisme

f_0 de $S^{-1}T$ sur $S^{-1}T'$. Comme $\mathrm{Hom}_{S^{-1}A}(S^{-1}T, S^{-1}T')$ est égal à $S^{-1}\mathrm{Hom}_A(T, T')$ (chap. II, § 2, n° 7, prop. 19), il existe $s \in S$ et un homomorphisme $f: T \to T'$ tel que $f_0 = s^{-1}f$. Reste à montrer que f est un pseudo-isomorphisme: or, si $\mathfrak{p} = 0$ ou si $\mathfrak{p} \in P$ est distinct des $\mathfrak{p}_i$, on a $T_\mathfrak{p} = T'_\mathfrak{p} = 0$ (chap. II, § 4, n° 4, prop. 17); si au contraire $\mathfrak{p}$ est l'un des $\mathfrak{p}_i$ $(1 \leqslant i \leqslant k)$, s est inversible dans $A_{\mathfrak{p}_i}$, et comme $f_{\mathfrak{p}_i} = s(f_0)_{\mathfrak{p}_i}$, et que $(f_0)_{\mathfrak{p}_i}$ est un isomorphisme de $T_{\mathfrak{p}_i} = (S^{-1}T)_{\mathfrak{m}_i}$ sur $T'_{\mathfrak{p}_i} = (S^{-1}T')_{\mathfrak{m}_i}$, il en est de même de $f_{\mathfrak{p}_i}$.

C.Q.F.D.

Remarque 2. — Dans l'énoncé du th. 5, on peut remplacer les modules $A/\mathfrak{p}_i^{n_i}$ par $A/\mathfrak{p}_i^{(n_i)}$ (§ 1, n° 4, prop. 8). En effet, pour tout $\mathfrak{p} \in P$, l'application canonique $g: A/\mathfrak{p}^n \to A/\mathfrak{p}^{(n)} = A/(A \cap \mathfrak{p}^n A_\mathfrak{p})$ est un pseudo-isomorphisme, car pour $\mathfrak{q} \in P$ distinct de $\mathfrak{p}$, on a $A_\mathfrak{q}/\mathfrak{p}^n A_\mathfrak{q} = A_\mathfrak{q}/\mathfrak{p}^{(n)} A_\mathfrak{q} = 0$, et $A_\mathfrak{p}/\mathfrak{p}^n A_\mathfrak{p} = A_\mathfrak{p}/\mathfrak{p}^{(n)} A_\mathfrak{p}$.

* Etant donnée une suite exacte de A-modules, $E \to F \to G$, si E et G sont pseudo-nuls, il en est de même de F, comme il résulte de la déf. 2 et du chap. II, § 2, n° 4, th. 1. Dans le langage des catégories, on peut donc dire que dans la catégorie $\mathscr{C}$ des A-modules, la sous-catégorie $\mathscr{C}'$ des modules pseudo-nuls est *épaisse*, et on peut alors définir la catégorie *quotient* $\mathscr{C}/\mathscr{C}'$: les objets de cette catégorie sont encore les A-modules, mais l'ensemble des morphismes de E dans F (pour E, F dans $\mathscr{C}/\mathscr{C}'$) est la limite inductive de l'ensemble des groupes commutatifs $\mathrm{Hom}_A(E', F')$, où E' (resp. F') parcourt l'ensemble des sous-modules de E (resp. l'ensemble des modules quotients F/F'' de F) tels que E/E' (resp. F'') soit pseudo-nul. On a bien entendu, pour tout couple de A-modules E, F, un homomorphisme canonique $\mathrm{Hom}_{\mathscr{C}}(E, F) \to \mathrm{Hom}_{\mathscr{C}/\mathscr{C}'}(E, F)$. Dire qu'un homomorphisme $u \in \mathrm{Hom}_A(E, F)$ est pseudo-nul (resp. pseudo-injectif, pseudo-surjectif, pseudo-bijectif) signifie que son image canonique dans $\mathrm{Hom}_{\mathscr{C}/\mathscr{C}'}(E, F)$ est nulle (resp. un monomorphisme, un épimorphisme, un isomorphisme). *

5. *Diviseurs attachés aux modules de torsion*

Les notations et hypothèses sont celles des n°s 2, 3 et 4. Rappelons que D(A) (ou simplement D) désigne le *groupe des diviseurs* de A, noté additivement: on sait (§ 1, n° 3, th. 2) que D est le **Z**-module libre engendré par les éléments de P.

Soit T un A-module de torsion de type fini. Pour tout $\mathfrak{p} \in P$, $T_{\mathfrak{p}}$ est un $A_{\mathfrak{p}}$-module de torsion de type fini, donc un module de *longueur finie* (chap. IV, § 2, n° 5, cor. 2 de la prop. 7); nous noterons $l_{\mathfrak{p}}(T)$ cette longueur. On a $T_{\mathfrak{p}} = 0$ pour tout $\mathfrak{p}$ ne contenant pas l'annulateur de T, donc pour presque tout $\mathfrak{p}$ (§ 1, n° 6, th. 4), ce qui justifie la définition suivante :

DÉFINITION 4. — *Si* T *est un* A-*module de torsion de type fini, on appelle contenu de* T, *et l'on note* $\chi(T)$, *le diviseur :*

$$\chi(T) = \sum_{\mathfrak{p} \in P} l_{\mathfrak{p}}(T) \, . \, \mathfrak{p} \, .$$

PROPOSITION 10. — (i) *Soit* $0 \to T_1 \to T_2 \to T_3 \to 0$ *une suite exacte de* A-*modules de torsion de type fini. On a alors :*

$$\chi(T_2) = \chi(T_1) + \chi(T_3).$$

(ii) *S'il existe un pseudo-isomorphisme* $f : T_1 \to T_2$, *on a* $\chi(T_1) = \chi(T_2)$.

(iii) *Pour que* $\chi(T) = 0$, *il faut et il suffit que* T *soit pseudo-nul.*

Vu la déf. 4, il suffit de considérer pour chaque $\mathfrak{p} \in P$, les valeurs de $l_{\mathfrak{p}}$ pour les modules de torsion considérés. La propriété (i) résulte alors du chap. II, § 2, n° 4, th. 1 et de l'additivité des longueurs dans une suite exacte (*Alg.*, chap. II, 3e éd., § 1, n° 10, prop. 16) et les propriétés (ii) et (iii) résultent aussitôt des définitions du n° 4.

COROLLAIRE. — *Soit* $0 \to T_n \to T_{n-1} \to \cdots \to T_0 \to 0$ *une suite exacte de* A-*modules de torsion de type fini. On a* $\sum_{i=0}^{n} (-1)^i \chi(T_i) = 0$.

Vu le chap. II, § 2, n° 4, th. 1, cela résulte encore de la propriété analogue des $l_{\mathfrak{p}}$ (*Alg.*, chap. II, 3e éd., § 1, n° 10, cor. 3 de la prop. 16).

Rappelons (chap. II, § 5, n° 4) que l'on peut parler de *l'ensemble* ***F***(A) *des classes de* A-*modules de type fini* pour la relation d'isomorphie ; pour tout A-module M de type fini, on désigne par cl(M) l'élément correspondant de ***F***(A) ; nous désignerons par ***T***(A) la partie de ***F***(A) formée des classes de A-modules de torsion de type fini. Il est clair que χ définit une application de ***T***(A) dans D(A), notée encore χ, telle que $\chi(\mathrm{cl}(T)) = \chi(T)$.

PROPOSITION 11. — *Soient* G *un groupe commutatif, noté additivement, et* $\varphi : \boldsymbol{T}(A) \to G$ *une application ; pour tout* A-*module de torsion de type fini* T, *on pose encore, par abus de langage,* $\varphi(\mathrm{T}) = \varphi(\mathrm{cl}\,(\mathrm{T}))$. *On suppose vérifiées les conditions suivantes :*

1) *Si* $0 \to \mathrm{T}_1 \to \mathrm{T}_2 \to \mathrm{T}_3 \to 0$ *est une suite exacte de* A-*modules de torsion de type fini, on a* $\varphi(\mathrm{T}_2) = \varphi(\mathrm{T}_1) + \varphi(\mathrm{T}_3)$.

2) *Si* T *est pseudo-nul, on a* $\varphi(\mathrm{T}) = 0$.

Il existe alors un homomorphisme $\theta : \mathrm{D(A)} \to \mathrm{G}$ *et un seul tel que* $\varphi = \theta \circ \chi$.

Comme $\chi(\mathrm{A}/\mathfrak{p}) = \mathfrak{p}$ pour tout $\mathfrak{p} \in \mathrm{P}$, on doit avoir $\theta(\mathfrak{p}) = \varphi(\mathrm{A}/\mathfrak{p})$ pour tout $\mathfrak{p} \in \mathrm{P}$, ce qui prouve l'unicité de θ, puisque les éléments de P forment une base de D(A). Inversement, soit θ l'homomorphisme de D(A) dans G tel que $\theta(\mathfrak{p}) = \varphi(\mathrm{A}/\mathfrak{p})$ pour tout $\mathfrak{p} \in \mathrm{P}$, et montrons qu'il répond à la question. Pour cela, posons $\psi(\mathrm{T}) = \varphi(\mathrm{T}) - \theta(\chi(\mathrm{T}))$ pour tout A-module de torsion de type fini T ; il est clair que les conditions 1) et 2) sont encore vérifiées lorsqu'on y remplace φ par ψ. D'autre part, on a $\psi(\mathrm{A}/\mathfrak{p}) = 0$ si $\mathfrak{p} \in \mathrm{P}$; si $\mathfrak{p}$ est un idéal premier $\neq 0$ et non dans P, l'annulateur de $\mathrm{A}/\mathfrak{p}$ n'est contenu dans aucun idéal de P, donc (n° 4, th. 5) $\mathrm{A}/\mathfrak{p}$ est pseudo-nul, et par suite $\psi(\mathrm{A}/\mathfrak{p}) = 0$. Cela étant, tout A-module de torsion de type fini T admet une suite de composition dont les facteurs sont isomorphes à des A-modules de la forme $\mathrm{A}/\mathfrak{p}$, avec $\mathfrak{p} \in \mathrm{Supp(T)}$ (chap. IV, § 1, n° 4, th. 1 et 2), donc $\mathfrak{p} \neq 0$ puisque T est de torsion. Par récurrence sur la longueur de cette suite de composition, on en déduit (vu la propriété 1) pour ψ), que $\psi(\mathrm{T}) = 0$.

C.Q.F.D.

* On peut, comme au n° 4, considérer la catégorie quotient $\mathscr{T}/\mathscr{T}'$ de la catégorie $\mathscr{T}$ des A-modules de torsion de type fini par la sous-catégorie épaisse $\mathscr{T}'$ des A-modules de torsion de type fini pseudo-nuls. Dans le langage des catégories abéliennes, la prop. 11 exprime alors que le *groupe de Grothendieck* de la catégorie abélienne $\mathscr{T}/\mathscr{T}'$ est canoniquement isomorphe à D(A). *

PROPOSITION 12. — *Si* $\mathfrak{a}$ *est un idéal* $\neq 0$ *de* A,

$$\chi(\mathrm{A}/\mathfrak{a}) = \chi((\mathrm{A} : \mathfrak{a})/\mathrm{A}) = \mathrm{div}\ \mathfrak{a}.$$

Soit $\mathfrak{p} \in \mathrm{P}$. On a $\mathfrak{a}\mathrm{A}_\mathfrak{p} = \mathfrak{p}^{n_\mathfrak{p}}\mathrm{A}_\mathfrak{p}$ avec $n_\mathfrak{p} \geqslant 0$, puisque $\mathrm{A}_\mathfrak{p}$ est un anneau de valuation discrète. Comme $(\mathrm{A}/\mathfrak{a})_\mathfrak{p} = \mathrm{A}_\mathfrak{p}/\mathfrak{a}\mathrm{A}_\mathfrak{p}$, on a $l_\mathfrak{p}(\mathrm{A}/\mathfrak{a}) = n_\mathfrak{p}$, d'où $\chi(\mathrm{A}/\mathfrak{a}) = \sum_{\mathfrak{p} \in \mathrm{P}} n_\mathfrak{p}\mathfrak{p} = \mathrm{div}\ \mathfrak{a}$ (§ 1, n° 4, prop. 7).

D'autre part, $(\mathrm{A} : \mathfrak{a})_\mathfrak{p} = \mathrm{A}_\mathfrak{p} : \mathfrak{a}\mathrm{A}_\mathfrak{p} = \mathfrak{p}^{-n_\mathfrak{p}}\mathrm{A}_\mathfrak{p}$, donc $l_\mathfrak{p}((\mathrm{A} : \mathfrak{a})/\mathrm{A}) = n_\mathfrak{p}$, et on conclut de la même façon.

6. *Invariant relatif de deux réseaux*

Les notations et hypothèses sont celles des nos 2 à 5. Soient V un espace vectoriel de rang fini n sur K, M un réseau de V par rapport à A. Soit W la puissance extérieure $\bigwedge^n$ V, qui est un espace vectoriel de *rang* 1 sur K, et désignons par M_W le réseau de W engendré par l'image de M^n par l'application canonique $V^n \to \bigwedge^n V$ (n° 1, prop. 3, (iii); on notera que M_W n'est pas nécessairement isomorphe à $\bigwedge^n M$ (*Alg.*, chap. III, § 5, exerc. 9)). Si e est une base de W sur K, on peut donc écrire $M_W = \mathfrak{a}.e$, où $\mathfrak{a}$ est un idéal fractionnaire $\neq 0$ de A.

Soit M′ un second réseau de V, et posons $M'_W = \mathfrak{a}'.e$, où $\mathfrak{a}'$ est un idéal fractionnaire $\neq 0$ de A; le diviseur $\operatorname{div}(\mathfrak{a}) - \operatorname{div}(\mathfrak{a}')$ *ne dépend pas du choix de la base e de* W, $\mathfrak{a}$ et $\mathfrak{a}'$ étant multipliés par un même élément de K* quand on change de base; nous poserons $\chi(M, M') = \operatorname{div}(\mathfrak{a}) - \operatorname{div}(\mathfrak{a}')$ et nous dirons que ce diviseur est l'*invariant relatif de* M′ *par rapport à* M. Il est clair que si M, M′, M″ sont trois réseaux de V, on a:

(3) $$\chi(M, M') + \chi(M', M'') + \chi(M'', M) = 0$$

(4) $$\chi(M, M') + \chi(M', M) = 0.$$

Pour tout $\mathfrak{p} \in P$, il résulte aussitôt des définitions que l'on a $(M_W)_\mathfrak{p} = (M_\mathfrak{p})_W$; en outre, $M_\mathfrak{p}$ étant alors un $A_\mathfrak{p}$-module *libre* puisque $A_\mathfrak{p}$ est principal, une base de $M_\mathfrak{p}$ sur $A_\mathfrak{p}$ est une base de V sur K, donc $(M_\mathfrak{p})_W = \bigwedge^n (M_\mathfrak{p})$ (chap. II, § 2, n° 8), et l'idéal fractionnaire $\mathfrak{a}_\mathfrak{p} = \mathfrak{a}A_\mathfrak{p}$ est principal. Si on pose $\mathfrak{a}_\mathfrak{p} = \mathfrak{p}^{n_\mathfrak{p}}A_\mathfrak{p}$, $\mathfrak{a}'_\mathfrak{p} = \mathfrak{p}^{n'_\mathfrak{p}}A_\mathfrak{p}$, on a donc:

$$\chi(M, M') = \sum_{\mathfrak{p} \in P} (n_\mathfrak{p} - n'_\mathfrak{p}).\mathfrak{p},$$

ce que l'on peut aussi écrire:

(5) $$\chi(M, M') = \sum_{\mathfrak{p} \in P} \chi(M_\mathfrak{p}, M'_\mathfrak{p})$$

en identifiant $D(A_\mathfrak{p})$ au sous-Z-module de D(A) engendré par $\mathfrak{p}$.

PROPOSITION 13. — *Soient* M *un réseau de* V, *u un* K-*automorphisme de* V. *Alors on a:*

(6) $$-\chi(M, u(M)) = \operatorname{div}(\det(u)).$$

En effet, pour tout $\mathfrak{p} \in P$, on a alors $\bigwedge^n (u(M)_\mathfrak{p}) = \bigwedge^n (u(M_\mathfrak{p}))$; si $(e_i)_{1 \leqslant i \leqslant n}$ est une base de $M_\mathfrak{p}$, on a

$$\bigwedge^n (M_\mathfrak{p}) = A_\mathfrak{p} . e_1 \wedge e_2 \wedge \cdots \wedge e_n,$$

et $\bigwedge^n (u(M_\mathfrak{p})) = A_\mathfrak{p} . \det(u) e_1 \wedge e_2 \wedge \cdots \wedge e_n$, d'où la proposition en vertu de la formule (5).

PROPOSITION 14. — *Si* M, M′ *sont deux réseaux de* V *tels que* $M' \subset M$, M/M' *est un* A-*module de torsion de type fini, et l'on a:*

$$\chi(M, M') = -\chi(M/M'). \tag{7}$$

En effet, il est clair que $M/M' \subset V/M'$ est un module de torsion de type fini; d'autre part, pour tout $\mathfrak{p} \in P$, on sait (*Alg.*, chap. VII, § 4, n° 2, th. 1) qu'il existe des bases $(e_i)_{1 \leqslant i \leqslant n}$ de $M_\mathfrak{p}$ et $(e'_i)_{1 \leqslant i \leqslant n}$ de $M'_\mathfrak{p}$ telles que $e'_i = \pi^{\nu_i} e_i$ pour $1 \leqslant i \leqslant n$ et des entiers $\nu_i \geqslant 0$, π étant une uniformisante de $A_\mathfrak{p}$. On a donc (avec les notations introduites ci-dessus) $n'_\mathfrak{p} - n_\mathfrak{p} = \sum_{i=1}^{n} \nu_i$; et d'autre part, $(M/M')_\mathfrak{p} = M_\mathfrak{p}/M'_\mathfrak{p}$ est isomorphe au $A_\mathfrak{p}$-module de torsion $\bigoplus_{i=1}^{n} A_\mathfrak{p}/\mathfrak{p}^{\nu_i} A_\mathfrak{p}$, donc sa longueur est $\sum_{i=1}^{n} \nu_i$, ce qui démontre la proposition, vu (5) et la déf. 4 du n° 5.

COROLLAIRE. — *Soient* L_1, L_2 *deux* A-*modules libres de même rang fini* n *et soit* $f : L_1 \to L_2$ *un homomorphisme. Soit* U *la matrice de* f *par rapport à des bases de* L_1 *et de* L_2. *Pour que* Coker(f) *soit un* A-*module de torsion, il faut et il suffit que* $\det(U) \neq 0$, *et l'on a alors:*

$$\chi(\mathrm{Coker}(f)) = \mathrm{div}(\det(U)). \tag{8}$$

On peut considérer L_1 et L_2 comme des réseaux dans $V_1 = L_1 \otimes_A K$ et $V_2 = L_2 \otimes_A K$ respectivement, f s'étendant en un K-homomorphisme $f_{(K)} : V_1 \to V_2$. On a alors $(\mathrm{Coker}(f))_{(K)} = \mathrm{Coker}(f_{(K)})$ et dire que Coker(f) est un A-module de torsion signifie que $\mathrm{Coker}(f_{(K)}) = 0$; or, il revient au même de dire que $f_{(K)}$ est surjectif ou que $\det(U) \neq 0$, d'où la première assertion. D'autre part, on peut écrire $f(L_1) = u(L_2)$, où u est un endomorphisme de L_2 de déterminant $\det(U)$; comme $\mathrm{Coker}(f) = L_2/u(L_2)$, la formule (8) résulte de (7) et (6).

Exemple. — Si $A = \mathbf{Z}$, le groupe des diviseurs de A s'identifie au groupe multiplicatif $\mathbf{Q}_+^*$ des nombres rationnels > 0. Pour tout groupe commutatif fini T, $\chi(T)$ est l'*ordre* de T ; le corollaire précédent montre que l'ordre du groupe $\mathrm{Coker}(f)$ est égal à la *valeur absolue* de $\det(U)$ (cf. *Alg.*, chap. VII, 2ᵉ éd., § 4, n° 7, cor. 3 du th. 3).

7. *Classes de diviseurs attachées aux modules de type fini*

Les notations et hypothèses sont celles des nᵒˢ 2 à 6. Rappelons que l'on note C(A) (ou simplement C) le *groupe des classes de diviseurs* de A, quotient de D(A) par le sous-groupe des diviseurs principaux. Pour tout diviseur $d \in D$, nous noterons $c(d)$ sa classe dans C.

PROPOSITION 15. — *Soit* M *un* A-*module de type fini. Il existe un sous-module libre* L *de* M *tel que* M/L *soit un module de torsion, et l'élément* $c(\chi(M/L))$ *de* C *ne dépend pas du sous-module libre* L *choisi.*

Posons $S = A - \{0\}$, et soit $V = S^{-1}M = M \otimes_A K$; si n est le rang de V sur K, il existe n éléments e_i $(1 \leqslant i \leqslant n)$ de M dont les images canoniques dans V forment une base de V ; ces éléments sont évidemment linéairement indépendants dans M, donc engendrent un sous-module libre L de M tel que $S^{-1}(M/L) = S^{-1}M/S^{-1}L = 0$, de sorte que M/L est un module de torsion.

Soit maintenant L_1 un second sous-module libre de M, de rang n. Puisque $S^{-1}L = S^{-1}L_1$, il existe $s \in S$ tel que $sL_1 \subset L$; on peut donc se borner à prouver que si $L_1 \subset L_2$ sont deux sous-modules libres de rang n de M, on a $c(\chi(M/L_1)) = c(\chi(M/L_2))$. Or, on a $\chi(M/L_1) = \chi(M/L_2) + \chi(L_2/L_1)$, et il résulte du n° 6, cor. de la prop. 14, que $\chi(L_2/L_1)$ est un diviseur principal, donc

$$c(\chi(L_2/L_1)) = 0. \qquad \text{C.Q.F.D.}$$

L'élément $c(\chi(M/L))$ sera noté $-c(M)$ dans ce qui suit ; nous dirons que $c(M)$ est la *classe de diviseurs attachée à* M.

PROPOSITION 16. — (i) *Soit* $0 \to M_1 \xrightarrow{f} M_2 \xrightarrow{g} M_3 \to 0$ *une suite exacte de* A-*modules de type fini. On a :*

$$c(M_2) = c(M_1) + c(M_3).$$

(ii) *S'il existe un pseudo-isomorphisme de* M_1 *dans* M_2, *on a* $c(M_1) = c(M_2)$.

(iii) *Si* T *est un module de torsion, on a* $c(\mathrm{T}) = -c(\chi(\mathrm{T}))$.

(iv) *Si* $\mathfrak{a} \neq 0$ *est un idéal fractionnaire de* K, *on a*

$$c(\mathfrak{a}) = c(\operatorname{div}(\mathfrak{a})).$$

(v) *Si* L *est un* A-*module libre, on a* $c(\mathrm{L}) = 0$.

Pour prouver (i), considérons un sous-module libre L_1 (resp. L_3) de M_1 (resp. M_3) tel que $\mathrm{M}_1/\mathrm{L}_1$ (resp. $\mathrm{M}_3/\mathrm{L}_3$) soit un module de torsion. Puisque L_3 est libre et g surjectif, il existe dans $g^{-1}(\mathrm{L}_3)$ un supplémentaire libre L_{23} de $\mathrm{Ker}(g)$, isomorphe à L_3 (*Alg.*, chap. II, 3ᵉ éd., § 1, nº 11, prop. 21); mais $\mathrm{Ker}(g) = f(\mathrm{M}_1)$ contient $f(\mathrm{L}_1) = \mathrm{L}_{12}$ qui est libre puisque f est injectif. La somme $\mathrm{L}_2 = \mathrm{L}_{12} + \mathrm{L}_{23}$ est directe, et L_2 est donc un sous-module *libre* de M_2. On a en outre le diagramme commutatif:

$$\begin{array}{ccccccccc} 0 & \to & \mathrm{L}_1 & \to & \mathrm{L}_2 & \to & \mathrm{L}_3 & \to & 0 \\ & & \downarrow & & \downarrow & & \downarrow & & \\ 0 & \to & \mathrm{M}_1 & \xrightarrow[f]{} & \mathrm{M}_2 & \xrightarrow[g]{} & \mathrm{M}_3 & \to & 0 \end{array}$$

où les lignes sont exactes et les flèches verticales des injections. On tire donc du diagramme du serpent (chap. I, § 1, nº 4, prop. 2) la suite exacte:

$$0 \to \mathrm{M}_1/\mathrm{L}_1 \to \mathrm{M}_2/\mathrm{L}_2 \to \mathrm{M}_3/\mathrm{L}_3 \to 0.$$

Comme $\mathrm{M}_1/\mathrm{L}_1$ et $\mathrm{M}_3/\mathrm{L}_3$ sont des modules de torsion, cette suite exacte montre d'abord qu'il en est de même de $\mathrm{M}_2/\mathrm{L}_2$, puis, en vertu de la prop. 10 du nº 5, que l'on a:

$$\chi(\mathrm{M}_2/\mathrm{L}_2) = \chi(\mathrm{M}_1/\mathrm{L}_1) + \chi(\mathrm{M}_3/\mathrm{L}_3)$$

ce qui démontre (i).

Les assertions (iii) et (v) sont évidentes sur la définition. Démontrons (ii). Soit donc $f: \mathrm{M}_1 \to \mathrm{M}_2$ un pseudo-isomorphisme, et soit L_1 un sous-module libre de M_1 tel que $\mathrm{M}_1/\mathrm{L}_1$ soit un module de torsion. Posons $\mathrm{L}_2 = f(\mathrm{L}_1)$; comme $\mathrm{Ker}(f)$ est pseudo-nul, c'est un module de torsion, donc $\mathrm{Ker}(f) \cap \mathrm{L}_1 = 0$, et par suite L_2 est libre. Soit $\bar{f}: \mathrm{M}_1/\mathrm{L}_1 \to \mathrm{M}_2/\mathrm{L}_2$ l'homomorphisme déduit de f par passage aux quotients; $\mathrm{Ker}(\bar{f})$ est isomorphe à $\mathrm{Ker}(f)$, et $\mathrm{Coker}(\bar{f})$ à $\mathrm{Coker}(f)$, donc $\bar{f}$ est un pseudo-isomorphisme; d'ailleurs $\mathrm{Coker}(\bar{f}) = \mathrm{M}_2/f(\mathrm{M}_1)$ est un module de torsion et il en est de même de $f(\mathrm{M}_1)/\mathrm{L}_2 = \bar{f}(\mathrm{M}_1/\mathrm{L}_1)$, donc $\mathrm{M}_2/\mathrm{L}_2$ est un module de torsion, et il résulte du nº 5, prop. 10, (ii) que l'on a $\chi(\mathrm{M}_1/\mathrm{L}_1) = \chi(\mathrm{M}_2/\mathrm{L}_2)$.

Reste enfin à prouver (iv). Soit $x \in \mathrm{K}^*$ tel que $\mathfrak{a} \subset x\mathrm{A}$. En considérant la suite exacte $0 \to \mathfrak{a} \to x\mathrm{A} \to x\mathrm{A}/\mathfrak{a} \to 0$, on a

$c(\mathfrak{a}) = c(xA) - c(xA/\mathfrak{a}) = -c(xA/\mathfrak{a})$ d'après (i) et (v). Mais $xA/\mathfrak{a}$ est isomorphe à $A/x^{-1}\mathfrak{a}$, d'où en vertu de (iii),

$$c(xA/\mathfrak{a}) = -c(\chi(A/x^{-1}\mathfrak{a})) = -c(\operatorname{div}(x^{-1}\mathfrak{a})) = -c(\operatorname{div}(\mathfrak{a}))$$

(n° 5, prop. 12). Ceci achève la démonstration.

Lorsque M est un *réseau* de V par rapport à A, on a $\chi(M/L) = -\chi(M, L)$ (n° 6, prop. 14); soient $(e_i)_{1 \leqslant i \leqslant n}$ une base de L, $e = e_1 \wedge e_2 \wedge \ldots \wedge e_n$ et $M_W = \mathfrak{a}.e$ (notation du n° 6); on a $\chi(M, L) = \operatorname{div}(\mathfrak{a})$, d'où $c(M) = c(\operatorname{div}(\mathfrak{a}))$, ce qui généralise la prop. 16 (v).

COROLLAIRE 1. — *Soit* $0 \to M_n \xrightarrow{u} M_{n-1} \to \cdots \to M_0 \to 0$ *une suite exacte de* A*-modules de type fini. On a alors*

$$\sum_{i=0}^{n} (-1)^i c(M_i) = 0.$$

Raisonnons par récurrence sur n, le cas $n = 2$ étant la prop. 16, (i). Si $M'_{n-1} = \operatorname{Coker}(u)$, on a les deux suites exactes :

$$0 \to M_n \to M_{n-1} \to M'_{n-1} \to 0$$
$$0 \to M'_{n-1} \to M_{n-2} \to \cdots \to M_0 \to 0.$$

La première montre que M'_{n-1} est de type fini, et l'hypothèse de récurrence donne

$$(-1)^{n-1} c(M'_{n-1}) + \sum_{i=0}^{n-2} (-1)^i c(M_i) = 0$$
$$\text{et} \quad c(M'_{n-1}) = c(M_{n-1}) - c(M_n),$$

d'où le corollaire.

On appelle *résolution libre finie* d'un A-module E une suite exacte :

$$0 \to L_n \to L_{n-1} \to \cdots \to L_0 \to E \to 0$$

où les L_i $(0 \leqslant i \leqslant n)$ sont des A-modules *libres de type fini.*

COROLLAIRE 2. — *Si un idéal fractionnaire divisoriel* $\mathfrak{a} \neq 0$ *de* A *admet une résolution libre finie, il est principal.*

Appliquons en effet le cor. 1 à une résolution libre finie de $\mathfrak{a}$:

$$0 \to L_n \to L_{n-1} \to \cdots \to L_0 \to \mathfrak{a} \to 0.$$

En vertu de la prop. 16 (v), il vient $c(\mathfrak{a}) = 0$, donc, en vertu de la prop. 16 (iv), $\operatorname{div}(\mathfrak{a})$ est principal ; comme $\mathfrak{a}$ est supposé être divisoriel, il est principal (§ 1, n° 1).

COROLLAIRE 3. — *Si tout idéal divisoriel* $\neq 0$ *de* A *admet une résolution libre finie,* A *est factoriel.*

C'est une conséquence immédiate du cor. 2 et du § 3, n° 1, déf. 1.

* Nous verrons plus tard qu'un anneau local *régulier* vérifie l'hypothèse du cor. 3, donc est *factoriel.*$_*$

Si M est un A-module de type fini, nous noterons $r(\mathrm{M})$ son *rang* (rappelons que c'est le rang sur K de $\mathrm{M}_{(\mathrm{K})} = \mathrm{M} \otimes_{\mathrm{A}} \mathrm{K}$); si $0 \to \mathrm{M}_1 \to \mathrm{M}_2 \to \mathrm{M}_3 \to 0$ est une suite exacte de A-modules de type fini, la suite $0 \to (\mathrm{M}_1)_{(\mathrm{K})} \to (\mathrm{M}_2)_{(\mathrm{K})} \to (\mathrm{M}_3)_{(\mathrm{K})} \to 0$ est encore exacte, donc $r(\mathrm{M}_2) = r(\mathrm{M}_1) + r(\mathrm{M}_3)$. Nous poserons

$$\gamma(\mathrm{M}) = (r(\mathrm{M}), c(\mathrm{M})) \in \mathbf{Z} \times \mathrm{C}(\mathrm{A});$$

γ vérifie donc la propriété (i) de la prop. 16 et, si M est pseudo-nul, $\gamma(\mathrm{M}) = 0$ (puisque M est de torsion). Il existe une application unique de $\boldsymbol{F}(\mathrm{A})$ dans $\mathbf{Z} \times \mathrm{C}(\mathrm{A})$ notée encore γ, telle que $\gamma(\mathrm{M}) = \gamma(\mathrm{cl}(\mathrm{M}))$ pour tout A-module M de type fini. Nous allons voir que les propriétés précédentes *caractérisent* essentiellement γ:

PROPOSITION 17. — *Soient* G *un groupe commutatif, noté additivement, et* φ *une application de l'ensemble* $\boldsymbol{F}(\mathrm{A})$ *des classes de* A*-modules de type fini dans* G; *pour tout* A*-module de type fini* M, *on pose encore, par abus de langage,* $\varphi(\mathrm{M}) = \varphi(\mathrm{cl}(\mathrm{M}))$. *On suppose vérifiées les conditions suivantes:*

1) *Si* $0 \to \mathrm{M}_1 \to \mathrm{M}_2 \to \mathrm{M}_3 \to 0$ *est une suite exacte de* A*-modules de type fini, on a* $\varphi(\mathrm{M}_2) = \varphi(\mathrm{M}_1) + \varphi(\mathrm{M}_3)$.

2) *Si* T *est pseudo-nul, on a* $\varphi(\mathrm{T}) = 0$.

Il existe alors un homomorphisme $\theta : \mathbf{Z} \times \mathrm{C} \to \mathrm{G}$ *et un seul tel que* $\varphi = \theta \circ \gamma$.

En vertu de la prop. 16, (iv), tout élément de $\mathbf{N}^* \times \mathrm{C}$ est de la forme $(r(\mathrm{M}), c(\mathrm{M}))$ pour un A-module de type fini M convenable; d'où l'unicité de θ. Appliquons la prop. 11 du n° 5 à la restriction de $-\varphi$ à $\boldsymbol{T}(\mathrm{A})$: il existe donc un homomorphisme $\theta_0 : \mathrm{D} \to \mathrm{G}$ tel que $-\varphi(\mathrm{T}) = \theta_0(\chi(\mathrm{T}))$ pour tout A-module de torsion T de type fini. Soit x un élément non nul de A; appliquant la propriété 1) à la suite exacte:

$$0 \to \mathrm{A} \xrightarrow{h_x} \mathrm{A} \to \mathrm{A}/x\mathrm{A} \to 0$$

où h_x est la multiplication par x, il vient $\varphi(\mathrm{A}/x\mathrm{A}) = 0$, d'où

$\theta_0(\mathrm{div}(x)) = 0$. Par passage au quotient, θ_0 définit donc un homomorphisme $\theta_1 : \mathrm{C} \to \mathrm{G}$ et l'on a $\varphi(\mathrm{T}) = \theta_1(c(\mathrm{T}))$ pour tout A-module de torsion T. Montrons alors que l'homomorphisme θ défini par $\theta(n, z) = n.\varphi(\mathrm{A}) + \theta_1(z)$ répond à la question. Pour cela, posons $\varphi'(\mathrm{M}) = \varphi(\mathrm{M}) - \theta(\gamma(\mathrm{M}))$ pour tout A-module M de type fini; il est clair que la condition 1) est encore vérifiée lorsqu'on y remplace φ par φ'. En outre, on a $\varphi'(\mathrm{M}) = 0$ lorsque M est un module de torsion ou un module libre; mais comme pour tout A-module M de type fini, il existe un sous-module libre L de M tel que M/L soit un module de torsion (prop. 15), la propriété 1) montre que $\varphi'(\mathrm{M}) = 0$ pour tout A-module M de type fini.

* Dans le langage des catégories abéliennes, la prop. 17 montre que $\mathbf{Z} \times \mathrm{C(A)}$ est canoniquement isomorphe au *groupe de Grothendieck* de la catégorie quotient $\mathscr{F}/\mathscr{F}'$, où $\mathscr{F}$ est la catégorie des A-modules de type fini, $\mathscr{F}'$ la sous-catégorie épaisse de $\mathscr{F}$ formée des modules pseudo-nuls. *

8. *Propriétés relatives aux extensions finies de l'anneau des scalaires*

Dans ce n°, A et B désignent *deux anneaux noethériens intégralement clos tels que* $\mathrm{A} \subset \mathrm{B}$ *et que* B *soit un* A-*module de type fini*, K et L les corps des fractions de A et B respectivement. On écrira div_A, χ_A, c_A, γ_A, r_A au lieu de div, χ, c, γ, r respectivement lorsqu'il s'agira de A-modules, et on utilisera des notations analogues pour les B-modules.

On sait (§ 1, n° 10) que pour qu'un idéal premier $\mathfrak{P}$ de B soit de hauteur 1, il faut et il suffit que $\mathfrak{p} = \mathfrak{P} \cap \mathrm{A}$ soit de hauteur 1; en outre (*loc. cit.*, prop 14) pour $\mathfrak{p} \in \mathrm{P(A)}$, il n'y a qu'un nombre fini d'idéaux premiers $\mathfrak{P} \in \mathrm{P(B)}$ au-dessus de $\mathfrak{p}$. Pour abréger, nous noterons $\mathfrak{P}|\mathfrak{p}$ la relation « $\mathfrak{P}$ est au-dessus de $\mathfrak{p}$ » (c'est-à-dire $\mathfrak{p} = \mathfrak{P} \cap \mathrm{A}$); nous noterons alors $e_{\mathfrak{P}/\mathfrak{p}}$ ou $e(\mathfrak{P}/\mathfrak{p})$ l'indice de ramification $e(v_\mathfrak{P}/v_\mathfrak{p})$ de la valuation $v_\mathfrak{P}$ par rapport à la valuation $v_\mathfrak{p}$ (chap. VI, § 8, n° 1) et $f_{\mathfrak{P}/\mathfrak{p}}$ ou $f(\mathfrak{P}/\mathfrak{p})$ le degré résiduel $f(v_\mathfrak{P}/v_\mathfrak{p})$ (*loc. cit.*); rappelons que les valuations discrètes $v_\mathfrak{p}$ et $v_\mathfrak{P}$ sont *normées*, et que $f_{\mathfrak{P}/\mathfrak{p}}$ est le degré du corps des fractions de $\mathrm{B}/\mathfrak{P}$ sur le corps des fractions de $\mathrm{A}/\mathfrak{p}$. Posons $n = r_\mathrm{A}(\mathrm{B})$, où B est considéré comme A-module; on a donc par définition $n = [\mathrm{L} : \mathrm{K}]$, et, pour tout $\mathfrak{p} \in \mathrm{P(A)}$, n est aussi le rang du $\mathrm{A}_\mathfrak{p}$-module libre $\mathrm{B}_\mathfrak{P}$ pour tout $\mathfrak{P}|\mathfrak{p}$. Il résulte donc du chap. VI,

§ 8, n° 5, th. 2 que l'on a pour tout $\mathfrak{p} \in \mathrm{P(A)}$:

$$\sum_{\mathfrak{P}|\mathfrak{p}} e_{\mathfrak{P}/\mathfrak{p}} f_{\mathfrak{P}/\mathfrak{p}} = n. \tag{9}$$

Cela étant, comme D(A) et D(B) sont des **Z**-modules libres, on définit un homomorphisme croissant de groupes ordonnés $\mathrm{N} : \mathrm{D(B)} \to \mathrm{D(A)}$ (aussi noté $\mathrm{N_{B/A}}$), par la condition :

$$\mathrm{N}(\mathfrak{P}) = f_{\mathfrak{P}/\mathfrak{p}} . \mathfrak{p} \qquad \text{pour } \mathfrak{P} \in \mathrm{P(B)}, \text{ avec } \mathfrak{p} = \mathfrak{P} \cap \mathrm{A}. \tag{10}$$

On a d'autre part (§ 1, n° 10, prop. 14) défini un homomorphisme croissant de groupes ordonnés $i : \mathrm{D(A)} \to \mathrm{D(B)}$ (aussi noté $i_{\mathrm{B/A}}$), par la condition :

$$i(\mathfrak{p}) = \sum_{\mathfrak{P}|\mathfrak{p}} e_{\mathfrak{P}/\mathfrak{p}} . \mathfrak{P} \qquad \text{pour } \mathfrak{p} \in \mathrm{P(A)}. \tag{11}$$

Il est clair que pour toute famille (d_ι) (resp. (d'_ι)) de diviseurs de A (resp. B), on a :

$$\mathrm{N}(\sup(d'_\iota)) = \sup(\mathrm{N}(d'_\iota)), \qquad \mathrm{N}(\inf(d'_\iota)) = \inf(\mathrm{N}(d'_\iota)) \tag{12}$$

$$i(\sup(d_\iota)) = \sup(i(d_\iota)), \qquad i(\inf(d_\iota)) = \inf(i(d_\iota)). \tag{13}$$

La formule (9) montre que l'on a :

$$\mathrm{N} \circ i = n . 1_{\mathrm{D(A)}}. \tag{14}$$

Pour tout $a \in \mathrm{A}$, on a (§ 1, n° 10, prop. 14):

$$i(\mathrm{div_A}(a)) = \mathrm{div_B}(a). \tag{15}$$

On en déduit (grâce à (13)) que, pour tout idéal fractionnaire $\mathfrak{a}$ de A, on a aussi :

$$i(\mathrm{div_A}(\mathfrak{a})) = \mathrm{div_B}(\mathfrak{a}\mathrm{B}). \tag{16}$$

Pour tout élément $b \in \mathrm{B}$, on sait (chap. V, § 1, n° 3, cor. de la prop. 11) que $\mathrm{N_{L/K}}(b) \in \mathrm{A}$; en outre (chap. VI, § 8, n° 5, formule (9)) on a :

$$v_{\mathfrak{p}}(\mathrm{N_{L/K}}(b)) = \sum_{\mathfrak{P}|\mathfrak{p}} f_{\mathfrak{P}/\mathfrak{p}} v_{\mathfrak{P}}(b) \tag{17}$$

d'où :

$$\mathrm{N}(\mathrm{div_B}(b)) = \mathrm{div_A}(\mathrm{N_{L/K}}(b)). \tag{18}$$

Les formules (15) et (18) montrent que, par passage aux quotients, les homomorphismes N et i définissent des homomorphismes que l'on notera encore, par abus de langage :

$$\mathrm{N} : \mathrm{C(B)} \to \mathrm{C(A)}, \qquad i : \mathrm{C(A)} \to \mathrm{C(B)}.$$

On notera que l'homomorphisme $i : C(A) \to C(B)$ n'est pas injectif en général (§ 3, exerc. 7).

Rappelons que pour tout B-module R, on note $R_{[A]}$ le A-module obtenu à partir de R par restriction des scalaires à A (*Alg.*, chap. II, 3ᵉ éd., § 1, n° 13).

PROPOSITION 18. — (i) *Pour que* R *soit un* B-*module pseudo-nul, il faut et il suffit que le* A-*module* $R_{[A]}$ *soit pseudo-nul.*

(ii) *Pour que* R *soit un* B-*module de torsion de type fini, il faut et il suffit que* $R_{[A]}$ *soit un* A-*module de torsion de type fini, et l'on a alors :*

$$\chi_A(R_{[A]}) = N(\chi_B(R)). \tag{19}$$

(iii) *Pour que* R *soit un* B-*module de type fini, il faut et il suffit que* $R_{[A]}$ *soit un* A-*module de type fini, et l'on a alors :*

$$c_A(R_{[A]}) = N(c_B(R)) + r_B(R)c_A(B) \tag{20}$$

$$r_A(R_{[A]}) = n.r_B(R) \qquad \text{(on rappelle que } n = r_A(B)). \tag{21}$$

Comme B est un A-module de type fini, pour que R soit un B-module de type fini, il faut et il suffit que $R_{[A]}$ soit un A-module de type fini. En outre, si $\mathfrak{b}$ est l'annulateur de R, $\mathfrak{b} \cap A = \mathfrak{a}$ est l'annulateur de $R_{[A]}$; comme B est entier sur A, il n'y a pas d'autre idéal que 0 au-dessus de l'idéal 0 de A (chap. V, § 2, n° 1, cor. 1 de la prop. 1), donc il revient au même de dire que $\mathfrak{a} \neq 0$ ou que $\mathfrak{b} \neq 0$.

(i) En vertu de cette dernière remarque, on peut se borner au cas où R est un B-module de torsion. Si $\mathfrak{b}$ est contenu dans un idéal premier $\mathfrak{P} \in P(B)$, $\mathfrak{a}$ est contenu dans $\mathfrak{P} \cap A = \mathfrak{p}$, qui est de hauteur 1. Inversement, si $\mathfrak{a}$ est contenu dans un idéal premier $\mathfrak{p} \in P(A)$, il existe un idéal premier $\mathfrak{P}$ de B qui contient $\mathfrak{b}$ et est au-dessus de $\mathfrak{p}$ (chap. V, § 2, n° 1, cor. 2 du th. 1). L'assertion (i) résulte de ces remarques et du n° 4, déf. 2.

(ii) Pour tout B-module de torsion de type fini R, posons $\varphi(R) = \chi_A(R_{[A]})$; il est clair que (pour les B-modules de torsion de type fini) φ vérifie les conditions 1) et 2) de la prop. 11 du n° 5 (compte tenu de (i)). Il existe par suite un homomorphisme $\theta : D(B) \to D(A)$ tel que $\varphi(R) = \theta(\chi_B(R))$ pour tout B-module de torsion R de type fini. L'homomorphisme θ est déterminé par sa valeur pour tout B-module de la forme $B/\mathfrak{P}$ où $\mathfrak{P} \in P(B)$, puisque $\chi_B(B/\mathfrak{P}) = \mathfrak{P}$. Or, pour tout idéal premier $\mathfrak{q} \neq \mathfrak{p} = \mathfrak{P} \cap A$ dans P(A), on a $\mathfrak{p} \not\subset \mathfrak{q}$, donc $(B/\mathfrak{P})_{\mathfrak{q}} = 0$. D'autre part, si on pose

$S = A - \mathfrak{p}$, $\mathfrak{P}.S^{-1}B$ est un idèal maximal de $S^{-1}B$ et $(B/\mathfrak{P})_{\mathfrak{p}} = S^{-1}B/\mathfrak{P}.S^{-1}B$ est isomorphe au corps des fractions de $B/\mathfrak{P}$ (chap. II, § 2, n° 5, prop. 11), c'est-à-dire au corps résiduel de $v_{\mathfrak{P}}$; sa longueur en tant que $A_{\mathfrak{p}}$-module est donc $f_{\mathfrak{P}/\mathfrak{p}}$; ce qui prouve que $\theta = N$ (n° 5, déf. 4).

(iii) Si T est le sous-module de torsion de R, $T_{[A]}$ est le sous-module de torsion de $R_{[A]}$, et $(R/T)_{[A]} = R_{[A]}/T_{[A]}$; pour prouver (21), on peut donc se borner au cas où R est sans torsion. Alors R est identifié à un sous-B-module de $R_{(L)}$, et contient une base $(e_i)_{1 \leqslant i \leqslant m}$ de $R_{(L)}$ sur L. Si $(b_j)_{1 \leqslant j \leqslant n}$ est une base de L sur K formée d'éléments de B, les $b_j e_i$ constituent une base de $R_{(L)}$ sur K, formée d'éléments de R, d'où (21). Soit d'autre part M un sous-B-module libre de R tel que R/M soit un B-module de torsion; comme $M_{[A]}$ est somme directe de $r_B(R)$ A-modules isomorphes à B, on a (prop. 16, (i)) $c_A(M_{[A]}) = r_B(R).c_A(B)$. En outre, $c_A((R/M)_{[A]}) = -c_A(N(\chi_B(R/M)))$ en vertu de (19); mais par définition de l'homomorphisme $N : C(B) \to C(A)$, on a $c_A(N(d)) = N(c_B(d))$ pour tout $d \in D(B)$, et comme $c_B(\chi(R/M)) = -c_B(R)$ par définition, on a finalement $c_A((R/M)_{[A]}) = N(c_B(R))$; il suffit alors d'appliquer la prop. 16, (i) pour obtenir (20).

PROPOSITION 19. — *Soit* R *un* B-*module de type fini. Pour que* R *soit réflexif, il faut et il suffit que* $R_{[A]}$ *soit un* A-*module réflexif.*

On a remarqué dans la démonstration de la prop. 18 que pour que R soit un B-module sans torsion, il faut et il suffit que $R_{[A]}$ soit un A-module sans torsion. On peut donc supposer que R est un réseau de $W = R \otimes_B L$ par rapport à B. Nous utiliserons le lemme suivant :

Lemme 4. — *Soit* W *un espace vectoriel de rang fini sur* L *et soit* R *un réseau de* W *par rapport à* B. *Pour tout* $\mathfrak{p} \in P(A)$, *on a alors* $(R_{[A]})_{\mathfrak{p}} = \bigcap_{\mathfrak{P}|\mathfrak{p}} R_{\mathfrak{P}}$.

En effet, si $S = A - \mathfrak{p}$, les idéaux premiers de l'anneau $S^{-1}B$ sont engendrés par les idéaux premiers de B ne rencontrant pas S, autrement dit les idéaux $\mathfrak{P}_i$ $(1 \leqslant i \leqslant m)$ au-dessus de $\mathfrak{p}$ et l'idéal (0); cela montre que $S^{-1}B$ est un anneau semi-local dont les idéaux maximaux sont les $\mathfrak{m}_i = \mathfrak{P}_i(S^{-1}B)$ pour $1 \leqslant i \leqslant m$; en outre l'anneau local $(S^{-1}B)_{\mathfrak{m}_i}$ est isomorphe à $B_{\mathfrak{P}_i}$ (chap. II, § 2, n° 5, prop. 11), donc est un anneau de valuation discrète. L'anneau $S^{-1}B$ est par suite un anneau de Dedekind (§ 2, n° 2, th. 1, f)), et comme il est semi-local, il est principal (§ 2, n° 2, prop. 1). Cela étant, $(R_{[A]})_{\mathfrak{p}}$ est égal à $S^{-1}R$, considéré comme $A_{\mathfrak{p}}$-module;

d'après ce qui précède, $S^{-1}R$ est un réseau *libre* de W par rapport à $S^{-1}B$ et on peut par suite lui appliquer le th. 2 du n° 2, qui donne $S^{-1}R = \bigcap_i (S^{-1}R)_{\mathfrak{m}_i}$: mais $(S^{-1}R)_{\mathfrak{m}_i} = R_{\mathfrak{P}_i}$, ce qui prouve le lemme.

Revenant à la démonstration de la prop. 19, on a, en vertu du lemme 4, $\bigcap_{\mathfrak{P}\in P(B)} R_{\mathfrak{P}} = \bigcap_{\mathfrak{p}\in P(A)} (R_{[A]})_{\mathfrak{p}}$, et la conclusion résulte du n° 2, th. 2.

COROLLAIRE. — *L'anneau* B *est un* A-*module réflexif.*

PROPOSITION 20. — (i) *Pour qu'un* A-*module de type fini* M *soit pseudo-nul, il faut et il suffit que* $M \otimes_A B$ *soit un* B-*module pseudo-nul.*

(ii) *Si* M *est un* A-*module de torsion de type fini,* $M \otimes_A B$ *est un* B-*module de torsion de type fini, et l'on a*:

$$\chi_B(M \otimes_A B) = i(\chi_A(M)). \tag{22}$$

(iii) *Si* M *est un* A-*module de type fini,* $M \otimes_A B$ *est un* B-*module de type fini, et l'on a :*

$$c_B(M \otimes_A B) = i(c_A(M)) \tag{23}$$

$$r_B(M \otimes_A B) = r_A(M). \tag{24}$$

(i) Soient $\mathfrak{P}$ un idéal premier de B, $\mathfrak{p} = \mathfrak{P} \cap A$; on a $(M \otimes_A B)_{\mathfrak{P}} = M \otimes_A B_{\mathfrak{P}}$ (chap. II, § 2, n° 7, prop. 18), et d'autre part $M \otimes_A B_{\mathfrak{P}} = (M \otimes_A A_{\mathfrak{p}}) \otimes_{A_{\mathfrak{p}}} B_{\mathfrak{P}} = M_{\mathfrak{p}} \otimes_{A_{\mathfrak{p}}} B_{\mathfrak{P}}$; la relation $M_{\mathfrak{p}} = 0$ est donc équivalente à $(M \otimes_A B)_{\mathfrak{P}} = 0$ (chap. II, § 4, n° 4, lemme 4). Il suffit d'appliquer cette remarque à l'idéal $\mathfrak{P} = (0)$ et aux idéaux $\mathfrak{P} \in P(B)$ pour prouver (i), compte tenu du n° 4, déf. 2.

Pour prouver (ii), nous utiliserons le lemme suivant :

Lemme 5. — *Soient* M_1, M_2 *deux* A-*modules de type fini,* $f: M_1 \to M_2$ *un homomorphisme injectif. Alors le noyau de* $f \otimes 1_B : M_1 \otimes_A B \to M_2 \otimes_A B$ *est pseudo-nul.*

Soit $\mathfrak{p}$ un idéal premier de A de hauteur $\leqslant 1$. On a $(M_i \otimes_A B)_{\mathfrak{p}} = (M_i)_{\mathfrak{p}} \otimes_{A_{\mathfrak{p}}} B_{\mathfrak{p}}$ $(i = 1, 2)$ (chap. II, § 2, n° 7, prop. 18) et $(f \otimes 1_B)_{\mathfrak{p}} = f_{\mathfrak{p}} \otimes 1_{B_{\mathfrak{p}}}$; l'hypothèse que f est injectif entraîne qu'il en est de même de $f_{\mathfrak{p}}$ (chap. II, § 2, n° 4, th. 1) ; d'autre part, vu le choix de $\mathfrak{p}$, $A_{\mathfrak{p}}$ est un anneau principal et $B_{\mathfrak{p}}$ un $A_{\mathfrak{p}}$-module sans torsion de type fini, donc *libre* ; on en conclut que $f_{\mathfrak{p}} \otimes 1_{B_{\mathfrak{p}}}$ est lui aussi injectif. Si $I = \operatorname{Ker}(f \otimes 1)$, on a $I_{\mathfrak{p}} = \operatorname{Ker}((f \otimes 1)_{\mathfrak{p}})$ (chap. II,

§ 2, n° 4, th. 1); on a donc $I_{\mathfrak{p}} = 0$, d'où *a fortiori* $I_{\mathfrak{P}} = (I_{\mathfrak{p}})_{\mathfrak{P}} = 0$ pour $\mathfrak{P}|\mathfrak{p}$, ce qui prouve le lemme (n° 4, déf. 2).

Revenons à la démonstration de (ii). Pour tout A-module de torsion de type fini M, posons $\varphi(M) = \chi_B(M \otimes_A B)$; il résulte de (i) que si M est pseudo-nul, on a $\varphi(M) = 0$. D'autre part, considérons une suite exacte de A-modules de torsion de type fini:

$$0 \to M_1 \to M_2 \to M_3 \to 0.$$

Il résulte du lemme 4 que l'on a une suite exacte de B-modules:

$$0 \to I \to M_1 \otimes_A B \to M_2 \otimes_A B \to M_3 \otimes_A B \to 0$$

où I est pseudo-nul. En utilisant le n° 5, cor. de la prop. 10, on a donc $\varphi(M_2) = \varphi(M_1) + \varphi(M_3)$. On conclut donc de la prop. 11 du n° 5 qu'il existe un homomorphisme $\theta : D(A) \to D(B)$ tel que $\varphi(M) = \theta(\chi_A(M))$ pour tout A-module de torsion de type fini M. Pour prouver que $\theta = i$, il suffit de montrer que $\varphi(A/\mathfrak{p}) = i(\mathfrak{p})$ pour tout $\mathfrak{p} \in P(A)$; or on a $(A/\mathfrak{p}) \otimes_A B = B/\mathfrak{p}B$, et pour tout $\mathfrak{P} \in P(B)$, $(B/\mathfrak{p}B)_{\mathfrak{P}} = B_{\mathfrak{P}}/\mathfrak{p}B_{\mathfrak{P}}$; ce dernier module est 0 si $\mathfrak{P}$ n'est pas au-dessus de $\mathfrak{p}$; si au contraire $\mathfrak{P}|\mathfrak{p}$, $B_{\mathfrak{P}}/\mathfrak{p}B_{\mathfrak{P}}$ est un $B_{\mathfrak{P}}$-module de longueur $e(\mathfrak{P}/\mathfrak{p})$ par définition de l'indice de ramification (chap. VI, § 8, n° 1); on a donc $\chi_B(B/\mathfrak{p}B) = \sum_{\mathfrak{P}|\mathfrak{p}} e_{\mathfrak{P}/\mathfrak{p}} . \mathfrak{P} = i(\mathfrak{p})$, ce qui achève de prouver (ii).

La formule (24) est immédiate, car

$$(M \otimes_A B) \otimes_B L = M \otimes_A L = (M \otimes_A K) \otimes_K L$$

et le rang sur L de $(M \otimes_A K) \otimes_K L$ est égal au rang sur K de $M \otimes_A K$. Pour démontrer (23), considérons un sous-module libre H de M tel que $Q = M/H$ soit un A-module de torsion. Appliquant comme ci-dessus le lemme 4, on a une suite exacte de B-modules:

$$0 \to I \to H \otimes_A B \to M \otimes_A B \to Q \otimes_A B \to 0$$

où I est pseudo-nul. Il résulte donc du n° 7, prop. 16, (ii) et (v) et cor. 1 de la prop. 16, que l'on a

$$c_B(M \otimes_A B) = c_B(Q \otimes_A B) = -c_B(\chi_B(Q \otimes_A B)) = -c_B(i(\chi_A(Q)))$$

en vertu de (ii); mais par définition de l'homomorphisme i: $C(A) \to C(B)$ on a $c_B(i(\chi_A(Q))) = i(c_A(\chi_A(Q))) = -i(c_A(M))$, ce qui achève de prouver (23).

Remarques. — 1) Si M est un A-module réflexif, $M \otimes_A B$ n'est pas nécessairement réflexif (exerc. 6). Il en est toutefois ainsi lorsque B est un A-module *plat* (n° 2, prop. 8).

2) Soit C un troisième anneau noethérien intégralement clos, tel que $B \subset C$ et que C soit un B-module de type fini (donc aussi un A-module de type fini). On a alors les formules de transitivité:

(25) $$N_{C/A} = N_{B/A} \circ N_{C/B},$$

(26) $$i_{C/A} = i_{C/B} \circ i_{B/A}$$

qui résultent immédiatement des formules de transitivité pour les indices de ramification et les degrés résiduels (chap. VI, § 8, n° 1, lemme 1).

9. *Un théorème de réduction*

Les notations et hypothèses sont de nouveau celles des n°s 2 à 7.

Lemme 6. — *Soient* R *un anneau commutatif,* $\mathfrak{p}_i$ $(1 \leqslant i \leqslant n)$ *des idéaux premiers de* R, *deux à deux distincts.*

(i) *Pour* $1 \leqslant i \leqslant n$, *soit* H_i *une partie de* $R/\mathfrak{p}_i$ *vérifiant la condition suivante: il n'existe aucun élément* $\alpha_i \in R/\mathfrak{p}_i$ *tel que* $\alpha_i + H_i$ *contienne un idéal* $\neq 0$ *de* $R/\mathfrak{p}_i$. *Alors il existe* $a \in R$ *tel que, pour* $1 \leqslant i \leqslant n$, *l'image canonique de* a *dans* $R/\mathfrak{p}_i$ *n'appartienne pas à* H_i.

(ii) *Si* $\mathrm{Card}(H_i) < \mathrm{Card}(R/\mathfrak{p}_i)$, *les* H_i *vérifient la condition de* (i).

(i) Raisonnons par récurrence sur n, le cas $n = 0$ étant trivial. Soit donc $n \geqslant 1$. Quitte à faire une permutation sur les indices i, on peut supposer que $\mathfrak{p}_1$ est minimal parmi les $\mathfrak{p}_i$ et par suite, pour $2 \leqslant i \leqslant n$, il existe $c_i \in \mathfrak{p}_i$ tel que $c_i \notin \mathfrak{p}_1$. En vertu de l'hypothèse de récurrence, il existe $b \in R$ tel que l'image canonique de b dans $R/\mathfrak{p}_i$ n'appartienne pas à H_i pour $2 \leqslant i \leqslant n$. Pour tout $x \in R$, posons $a_x = b + xc_2c_3 \cdots c_n$; comme $c_i \in \mathfrak{p}_i$, on a évidemment $a_x \equiv b \pmod{\mathfrak{p}_i}$ pour $2 \leqslant i \leqslant n$. Il suffit donc de prouver qu'il existe $x \in R$ tel que l'image canonique de a_x dans $R/\mathfrak{p}_1$ n'appartienne pas à H_1. Or, l'ensemble des images canoniques des a_x dans $R/\mathfrak{p}_1$, lorsque x parcourt R, n'est autre que $\beta + \mathfrak{c}$, où β est l'image canonique de b et $\mathfrak{c}$ l'idéal de $R/\mathfrak{p}_1$ engendré par l'image canonique de $c_2c_3 \cdots c_n$; en vertu du choix des c_i, on a $\mathfrak{c} \neq 0$ puisque $R/\mathfrak{p}_1$ est intègre, et l'hypothèse sur H_1 entraîne l'existence d'un x répondant à la question.

(ii) Comme $R/\mathfrak{p}_i$ est intègre, tout idéal $\neq 0$ de $R/\mathfrak{p}_i$ a un cardinal égal à celui de $R/\mathfrak{p}_i$, et il en est de même de tout translaté d'un idéal par un élément de $R/\mathfrak{p}_i$, d'où la conclusion.

THÉORÈME 6. — *Soit* M *un* A-*module sans torsion de type fini. Il existe un sous-module libre* L *de* M *tel que* M/L *soit isomorphe à un idéal de* A.

Nous désignerons par n le *rang* de M (rang de $V = M \otimes_A K$ sur K) et nous considérerons M comme un réseau de V par rapport à A. Alors pour tout $\mathfrak{p} \in P(A)$, $M_\mathfrak{p}$ est un réseau de V par rapport à $A_\mathfrak{p}$ (n° 1, *Exemple* 6), et comme $A_\mathfrak{p}$ est un anneau principal, $M_\mathfrak{p}$ est un $A_\mathfrak{p}$-module *libre* de rang n. Nous poserons:

$$M(\mathfrak{p}) = M_\mathfrak{p}/\mathfrak{p}M_\mathfrak{p}.$$

Nous désignerons par $k(\mathfrak{p})$ le corps des fractions de $A/\mathfrak{p}$ (isomorphe au corps résiduel de $A_\mathfrak{p}$); $M(\mathfrak{p}) = M \otimes_A k(\mathfrak{p})$ est donc un espace vectoriel de rang n sur $k(\mathfrak{p})$. Pour tout $x \in M$, nous noterons $x(\mathfrak{p})$ l'image canonique de x dans $M(\mathfrak{p})$.

Lemme 7. — *Soient* x_i $(1 \leqslant i \leqslant m)$ *des éléments de* M *linéairement indépendants* (*sur* A *ou sur* K, *ce qui revient au même*), *et soit* L *le sous*-A-*module de* M *engendré par les* x_i. *Alors, pour presque tout* $\mathfrak{p} \in P$, *les* $x_i(\mathfrak{p}) \in M(\mathfrak{p})$ *sont linéairement indépendants sur* $k(\mathfrak{p})$; *pour qu'ils soient linéairement indépendants sur* $k(\mathfrak{p})$ *pour tout* $\mathfrak{p} \in P$, *il faut et il suffit que* M/L *soit sans torsion.*

Soient $x_{m+1}, \ldots, x_n$ des éléments de M qui, avec $x_1, \ldots, x_m$, forment une base de V, et soit N le sous-A-module libre de M engendré par les x_i $(1 \leqslant i \leqslant n)$. Il résulte du n° 3, th. 3 que l'on a $N_\mathfrak{p} = M_\mathfrak{p}$ pour presque tout $\mathfrak{p} \in P$; comme $x_1(\mathfrak{p}), \ldots, x_n(\mathfrak{p})$ forment une base de $N(\mathfrak{p})$ sur $k(\mathfrak{p})$, cela établit la première assertion.

Si M/L est sans torsion, il en est de même de $(M/L)_\mathfrak{p} = M_\mathfrak{p}/L_\mathfrak{p}$ pour tout $\mathfrak{p} \in P$ (n° 1, *Exemple* 6), et comme $A_\mathfrak{p}$ est principal, $M_\mathfrak{p}/L_\mathfrak{p}$ est libre. Par suite, $M_\mathfrak{p}$ est somme directe de $L_\mathfrak{p}$ et d'un $A_\mathfrak{p}$-module libre E de rang $n - m$; donc $M(\mathfrak{p})$ est somme directe de $L(\mathfrak{p})$ et du $k(\mathfrak{p})$-espace vectoriel $E/\mathfrak{p}E$, de rang $n - m$; par suite $L(\mathfrak{p})$ est de rang m, et comme il est engendré par les $x_i(\mathfrak{p})$ $(1 \leqslant i \leqslant m)$, ces derniers sont linéairement indépendants.

Inversement, supposons que les $x_i(\mathfrak{p})$ $(1 \leqslant i \leqslant m)$, soient linéairement indépendants sur $k(\mathfrak{p})$ pour tout $\mathfrak{p} \in P$. Alors $L_\mathfrak{p}$ est facteur direct de $M_\mathfrak{p}$ pour tout $\mathfrak{p}$ (chap. II, § 3, n° 2, cor. 1 de la prop. 5), et par suite $M_\mathfrak{p}/L_\mathfrak{p} = (M/L)_\mathfrak{p}$ est sans torsion pour tout $\mathfrak{p} \in P$. On en conclut que $P \cap \mathrm{Ass}(M/L) = \phi$ en vertu du chap. IV, § 1, n° 2, cor. de la prop. 5. Mais comme L est réflexif, il résulte du n° 2, prop. 7, (i), que le seul idéal premier qui puisse appartenir à Ass(M/L) est l'idéal (0); donc M/L est sans torsion.

Lemme 8. — *Supposons que le rang n de* M *soit* $\geqslant 2$; *alors il existe un élément* $x \neq 0$ *de* M *tel que* M/Ax *soit sans torsion.*

Soit $y \neq 0$ un élément de M. En vertu du lemme 7, l'ensemble Y des $\mathfrak{p} \in \mathrm{P}$ tels que $y(\mathfrak{p}) = 0$ est fini. Si $\mathrm{Y} = \phi$, il résulte du lemme 7, appliqué à la suite (x_i) formée du seul élément y, que M/Ay est sans torsion. Supposons donc $\mathrm{Y} \neq \phi$, et posons $\mathrm{S} = \bigcap_{\mathfrak{p} \in \mathrm{Y}} (\mathrm{A} - \mathfrak{p})$; on sait (n° 4, lemme 2) que $\mathrm{S}^{-1}\mathrm{A}$ est un anneau principal semi-local, dont les idéaux maximaux sont les $\mathfrak{p}\mathrm{S}^{-1}\mathrm{A}$, où $\mathfrak{p} \in \mathrm{Y}$, les anneaux locaux correspondants étant les $\mathrm{A}_\mathfrak{p}$. On a donc

$$\mathrm{S}^{-1}\mathrm{A}/\mathfrak{p}\mathrm{S}^{-1}\mathrm{A} = k(\mathfrak{p}),$$

d'où

$$\mathrm{S}^{-1}\mathrm{M}/\mathfrak{p}\mathrm{S}^{-1}\mathrm{M} = (\mathrm{M}/\mathfrak{p}\mathrm{M}) \otimes_\mathrm{A} \mathrm{S}^{-1}\mathrm{A} = \mathrm{M} \otimes_\mathrm{A} ((\mathrm{A}/\mathfrak{p}) \otimes_\mathrm{A} \mathrm{S}^{-1}\mathrm{A})$$
$$= \mathrm{M} \otimes_\mathrm{A} k(\mathfrak{p}) = \mathrm{M}(\mathfrak{p})$$

pour tout $\mathfrak{p} \in \mathrm{Y}$. En vertu du chap. II, § 1, n° 2, prop. 6, il existe un élément $z/s \in \mathrm{S}^{-1}\mathrm{M}$ ($z \in \mathrm{M}$, $s \in \mathrm{S}$) dont les images canoniques dans les $\mathrm{M}(\mathfrak{p})$ pour $\mathfrak{p} \in \mathrm{Y}$ sont toutes $\neq 0$. Par définition de S, on a donc $z(\mathfrak{p}) \neq 0$ pour tout $\mathfrak{p} \in \mathrm{Y}$. On peut en outre supposer que y et z sont *linéairement indépendants* sur K. En effet, dans le cas contraire, considérons un élément $t \in \mathrm{M}$ linéairement indépendant de y (il en existe puisque $n \geqslant 2$); prenons d'autre part un élément $a \neq 0$ appartenant à $\bigcap_{\mathfrak{p} \in \mathrm{Y}} \mathfrak{p}$ (qui n'est pas réduit à 0 puisque A est intègre), et posons $z' = z + at$: il est clair que y et z' sont linéairement indépendants sur K et que l'on a $z'(\mathfrak{p}) = z(\mathfrak{p}) \neq 0$ pour tout $\mathfrak{p} \in \mathrm{Y}$.

Supposant donc y et z linéairement indépendants sur K, soit Z l'ensemble des $\mathfrak{p} \in \mathrm{P} - \mathrm{Y}$ tels que $y(\mathfrak{p})$ et $z(\mathfrak{p})$ soient linéairement dépendants sur $k(\mathfrak{p})$; il résulte du lemme 7 que cet ensemble est *fini*. Pour tout $\mathfrak{p} \in \mathrm{Z}$, on peut donc écrire $z(\mathfrak{p}) = \lambda(\mathfrak{p})y(\mathfrak{p})$ avec $\lambda(\mathfrak{p}) \in k(\mathfrak{p})$. Or, on a $\mathrm{Card}(\mathrm{A}/\mathfrak{p}) \geqslant 2$ pour tout $\mathfrak{p} \in \mathrm{P}$; il résulte donc du lemme 6 qu'il existe $b \in \mathrm{A}$ tel que, pour tout $\mathfrak{p} \in \mathrm{Z}$, l'image canonique de b dans $\mathrm{A}/\mathfrak{p}$ soit distincte de $\lambda(\mathfrak{p})$. Montrons alors que l'élément $x = z - by$ répond à la question; il suffit (en vertu du lemme 7 appliqué pour $m = 1$), de vérifier que $x(\mathfrak{p}) \neq 0$ pour *tout* $\mathfrak{p} \in \mathrm{P}$. Or:

—si $\mathfrak{p} \in \mathrm{Y}$, on a $x(\mathfrak{p}) \neq 0$ par construction;

—si $\mathfrak{p} \in \mathrm{Z}$, on a $x(\mathfrak{p}) = \mu_\mathfrak{p} . y(\mathfrak{p})$ avec $\mu_\mathfrak{p} \neq 0$ en vertu du choix de b, donc $x(\mathfrak{p}) \neq 0$ puisque $y(\mathfrak{p}) \neq 0$;

—si $\mathfrak{p} \in P - (Y \cup Z)$, $y(\mathfrak{p})$ et $z(\mathfrak{p})$ sont linéairement indépendants, donc $x(\mathfrak{p}) \neq 0$.

Ces lemmes étant établis, passons à la démonstration du th. 6. Raisonnons par récurrence sur n, le cas $n \leqslant 1$ étant trivial puisque M lui-même est alors isomorphe à un idéal de A. Supposons donc $n \geqslant 2$; en vertu du lemme 8, il existe un sous-module libre L_0 de M, de rang 1, tel que M/L_0 soit sans torsion ; M/L_0 est donc de rang $n - 1$. En vertu de l'hypothèse de récurrence, il y a donc un sous-module libre L_1 de M/L_0 tel que $(M/L_0)/L_1$ soit isomorphe à un idéal de A. Soit L l'image réciproque de L_1 dans M ; L/L_0 est isomorphe à L_1, et puisque L_1 est libre, L est isomorphe à $L_0 \oplus L_1$ (*Alg.*, chap. II, 3e éd., § 1, n° 11, prop. 21), donc libre ; comme M/L est isomorphe à $(M/L_0)/L_1$, le théorème est démontré.

Remarque. — Si M est réflexif, il n'en est pas nécessairement de même de M/L (exerc. 9).

10. Modules sur les anneaux de Dedekind

On suppose maintenant que A soit un *anneau de Dedekind* ; on sait alors que les idéaux $\mathfrak{p} \in P$ sont *maximaux* et que ce sont les seuls idéaux premiers $\neq 0$ de A (§ 2, n° 1) ; le groupe D(A) s'identifie au groupe I(A) des idéaux fractionnaires $\neq 0$ de A.

PROPOSITION 21. — *Soit* A *un anneau de Dedekind. Tout* A-*module pseudo-nul est nul. Tout homomorphisme pseudo-injectif* (resp. *pseudo-surjectif*, *pseudo-bijectif*, *pseudo-nul*) *de* A-*modules est injectif* (resp. *surjectif*, *bijectif*, *nul*).

Le première assertion a déjà été démontrée (n° 4, *Exemple* 1) ; les autres s'en déduisent immédiatement.

PROPOSITION 22. — *Soient* A *un anneau de Dedekind,* M *un* A-*module de type fini. Les propriétés suivantes sont équivalentes :*

a) M *est sans torsion.*

b) M *est réflexif.*

c) M *est projectif.*

On sait déjà (sans hypothèse sur l'anneau intègre A) que b) implique a) (n° 2, *Remarque* 1) et que c) implique b) (*Alg.*, chap. II,

3e éd., § 2, n° 7, cor. 4 de la prop. 14). Si M est sans torsion, il s'identifie à un réseau de $V = M \otimes_A K$ par rapport à A; $M_\mathfrak{p}$ est donc un $A_\mathfrak{p}$-module libre pour tout idéal *maximal* $\mathfrak{p} \in P$, puisque $A_\mathfrak{p}$ est principal. La conclusion résulte alors du chap. II, § 5, n° 2, th. 1, *b*).

COROLLAIRE. — *Soit* M *un* A-*module de type fini, et soit* T *son sous-module de torsion. Alors* T *est facteur direct dans* M.

En effet, comme M/T est sans torsion et de type fini, il est projectif en vertu de la prop. 22, et le corollaire résulte donc d'*Alg.*, chap. II, 3e éd., § 2, n° 2, prop. 4.

PROPOSITION 23. — *Soient* A *un anneau de Dedekind,* T *un* A-*module de torsion de type fini. Il existe deux familles finies* $(n_i)_{i\in I}$ *et* $(\mathfrak{p}_i)_{i\in I}$, *où les* n_i *sont des entiers* $\geqslant 1$ *et les* $\mathfrak{p}_i$ *des éléments de* P, *telles que* T *soit isomorphe à la somme directe* $\bigoplus_{i\in I}(A/\mathfrak{p}_i^{n_i})$. *De plus, les familles* $(n_i)_{i\in I}$ *et* $(\mathfrak{p}_i)_{i\in I}$ *sont uniques à une bijection près de l'ensemble d'indices.*

Cela résulte du n° 4, th. 5, compte tenu du fait qu'un pseudo-isomorphisme est ici un isomorphisme.

PROPOSITION 24. — *Soient* A *un anneau de Dedekind,* M *un* A-*module sans torsion de type fini, de rang* $n \geqslant 1$. *Il existe alors un idéal* $\mathfrak{d} \neq 0$ *de* A *tel que* M *soit isomorphe à la somme directe des modules* A^{n-1} *et* $\mathfrak{d}$. *De plus, la classe de l'idéal* $\mathfrak{d}$ *est déterminée de manière unique par cette condition.*

Le th. 6 du n° 9 montre qu'il existe un sous-module libre L de M tel que M/L soit isomorphe à un idéal $\mathfrak{a}$ de A. Si $\mathfrak{a} = 0$, on prend $\mathfrak{d} = A$. Dans le cas contraire, $\mathfrak{a}$ est de rang 1, donc $L = A^{n-1}$, et $\mathfrak{a}$ est un module *projectif* (prop. 22); M est par suite isomorphe à la somme directe de L et de $\mathfrak{a}$ (*Alg.*, chap. II, 3e éd., § 2, n° 2, prop. 4), ce qui prouve la première partie de la proposition. En outre, il résulte du n° 7, prop. 16, (i), (iv) et (v), que l'on a $c(M) = c(\mathfrak{d})$, d'où l'unicité de la classe de $\mathfrak{d}$.

Remarques. — 1) Les prop. 23, 24 et le cor. de la prop. 22 déterminent complètement la structure des A-modules de type fini. La prop. 24 montre qu'un A-module sans torsion de type fini est déterminé à un isomorphisme près par son *rang* et par la *classe de diviseurs* qui lui est attachée.

2) On peut montrer que sur un anneau de Dedekind, un module projectif qui n'est pas de type fini est nécessairement *libre* (exerc. 21) et que tout sous-module d'un module projectif est projectif (exerc. 20).

EXERCICES

§ 1.

1) Soient K un corps, A le sous-anneau de l'anneau de séries formelles K[[T]] formé des séries dans lesquelles le coefficient de T est 0; A est un anneau local noethérien intègre, non intégralement clos.

a) Montrer que tout idéal principal de A, non nul et distinct de A, contient un élément et un seul de la forme $T^n + \lambda T^{n+1}$ avec $\lambda \in K$, $n \geqslant 2$; en outre, cet idéal contient toutes les puissances T^m pour $m \geqslant n + 2$. En déduire que les idéaux non principaux de A sont les idéaux $AT^n + AT^{n+1}$ pour $n \geqslant 2$.

b) Montrer que tout idéal fractionnaire de A est divisoriel (prouver que tout idéal non principal est intersection de deux idéaux principaux). Décrire la structure du monoïde D(A). Les seuls idéaux premiers de A sont l'idéal maximal $\mathfrak{m} = AT^2 + AT^3$ et (0).

2) *a*) Dans l'anneau factoriel K[X, Y] des polynômes à deux indéterminées sur un corps K, donner un exemple de deux idéaux principaux $\mathfrak{a}$, $\mathfrak{b}$ tels que $\mathfrak{a} + \mathfrak{b}$ ne soit pas divisoriel.

b) Soit K l'extension quadratique du corps $\mathbf{Q}(X)$ des fonctions rationnelles en une indéterminée sur $\mathbf{Q}$, obtenue par adjonction à $\mathbf{Q}(X)$ d'une racine y du polynôme $Y^2 - 2X \in \mathbf{Q}(X)[Y]$. Soit A le sous-anneau de K engendré par $\mathbf{Z}$, X et y; A est un anneau noethérien intégralement clos. Montrer que $\mathfrak{p} = AX + Ay$ est un idéal premier de hauteur 1, mais que $\mathfrak{p}^2$ n'est pas divisoriel (montrer que $X^{-1}\mathfrak{p}^2$ est un idéal premier contenant strictement $\mathfrak{p}$). En outre, on a $\mathfrak{p}.(A:\mathfrak{p}) \neq A$.

c) Soit A un anneau local noethérien intégralement clos, dont l'idéal maximal $\mathfrak{m}$ n'est pas de hauteur $\leqslant 1$; soit $\mathfrak{p}$ un idéal premier de hauteur 1 dans A; pour tout entier $i > 0$, soit $\mathfrak{a}_i = \mathfrak{p} + \mathfrak{m}^i$; montrer que $\operatorname{div}\left(\bigcap_i \mathfrak{a}_i\right)$ est distinct de $\sup_i(\operatorname{div}(\mathfrak{a}_i))$.

3) Soient A un anneau intègre noethérien, $\mathfrak{p}$ un idéal premier de hauteur 1. Montrer que l'on a $A:\mathfrak{p} \neq A$ (dans le corps des fractions de A). (Si $c \neq 0$ est un élément de $\mathfrak{p}$, remarquer que $\mathfrak{p} \in \operatorname{Ass}(A/Ac)$ et en déduire que $Ac:\mathfrak{p} \neq Ac$ en vertu du chap. IV, § 2, exerc. 30). Le résultat est-il encore valable pour un anneau intègre non noethérien (considérer un anneau de valuation non discrète de hauteur 1)?

4) Soient A un anneau intègre complètement intégralement clos, $\mathfrak{m}$ un idéal maximal de A. Montrer que, ou bien $\mathfrak{m}$ est inversible, ou bien $\mathfrak{m}$ n'est pas divisoriel et $A : \mathfrak{m} = A$. (Remarquer que si $\mathfrak{m}$ n'est pas inversible, on a nécessairement $\mathfrak{m} . (A : \mathfrak{m})^k = \mathfrak{m}$ pour tout entier $k > 0$).

5) Soient A un anneau intègre, K son corps des fractions, U le sous-groupe de K^* formé des éléments inversibles de A; on considère le groupe $K^*/U = G$ comme ordonné par la relation déduite par passage au quotient de la relation $x^{-1}y \in A$ dans K^* (*Alg.*, chap. VI, § 1, n° 5).

a) Pour qu'un idéal fractionnaire $\mathfrak{a} \neq 0$ de K soit divisoriel, il faut et il suffit que l'image de $\mathfrak{a} - \{0\}$ dans G soit un ensemble *majeur* dans G (*Alg.*, chap. VI, § 1, exerc. 30); pour tout idéal fractionnaire $\mathfrak{a} \neq 0$ de K, l'image de $\tilde{\mathfrak{a}} - \{0\}$ est le plus petit ensemble majeur contenant l'image de $\mathfrak{a} - \{0\}$. Si A est un anneau de Krull, G est un groupe ordonné isomorphe à un sous-groupe filtrant d'un groupe ordonné de la forme $\mathbf{Z}^{(I)}$.

b) Montrer que pour qu'un homomorphisme w de G dans un groupe totalement ordonné Γ soit tel que la restriction à $A - \{0\}$ de l'application composée $K^* \rightarrow K^*/U \xrightarrow{w} \Gamma$ soit une valuation, il faut et il suffit que w soit un homomorphisme *croissant*.

c) Soit H le sous-groupe filtrant du groupe ordonné produit $\mathbf{Z} \times \mathbf{Z}$ formé des couples (s_1, s_2) tels que $s_1 + s_2 \equiv 0 \pmod{2}$. Montrer qu'il n'existe aucun anneau intègre A tel que K^*/U soit un groupe ordonné isomorphe à H (déduire de *b*) qu'un tel anneau serait nécessairement un anneau de Krull, mais la prop. 9 du n° 5 ne serait pas vérifiée pour cet anneau (cf. exerc. 22)).

6) Soit A un anneau intègre.

a) Pour qu'un idéal divisoriel $\mathfrak{a}$ de A soit tel que $\operatorname{div}(\mathfrak{a})$ soit inversible dans D(A), il faut et il suffit que $\mathfrak{a} : \mathfrak{a} = A$ (cf. exerc. 5 et *Alg.*, chap. VI, § 1, exerc. 30). En particulier, pour que $\mathfrak{a} : \mathfrak{a} = A$ pour tout idéal divisoriel $\mathfrak{a}$ de A, il faut et il suffit que A soit complètement intégralement clos.

b) Pour que $\mathfrak{a} : \mathfrak{a} = A$ pour tout idéal de type fini $\mathfrak{a} \neq 0$ de A, il faut et il suffit que A soit intégralement clos.

7) Soient K un corps, $(v_\iota)_{\iota \in I}$ une famille de valuations discrètes sur K vérifiant les conditions (AK_I) et (AK_{III}) du n° 3, et telle que pour tout entier r, toute famille $(n_h)_{1 \leqslant h \leqslant r}$ d'entiers rationnels et toute famille $(\iota_h)_{1 \leqslant h \leqslant r}$ d'éléments distincts de I, il existe $x \in K$ tel que $v_{\iota_h}(x) = n_h$ pour $1 \leqslant h \leqslant r$ et $v_\iota(x) \geqslant 0$ pour ι distinct des ι_h. Montrer que l'intersection des anneaux de valuation des v_ι est un anneau de Krull A dont K est le corps des fractions, et que $(v_\iota)_{\iota \in I}$ est la famille des valuations essentielles de A. (Montrer d'abord que K est le corps des fractions de A, donc que A est un anneau de Krull; prouver ensuite que pour tout $\iota \in I$, l'idéal premier de A formé des x tels que $v_\iota(x) > 0$ est nécessairement de hauteur 1, en raisonnant par l'absurde et utilisant le cor. 2 de la prop. 6 du n° 4).

8) Soit A un anneau de Krull; montrer que, pour tout ensemble I, l'anneau de polynômes $A[X_\iota]_{\iota \in I}$ est un anneau de Krull. (Observer que si B est un anneau de Krull, les valuations induites sur B par les valuations essentielles de $B[X_1, \ldots, X_n]$ sont les valuations essentielles de B).

¶ 9) *a*) Soient B un anneau de valuation discrète, A = B[[X]] l'anneau des séries formelles à une indéterminée sur B, C = A_X l'anneau de fractions $S^{-1}A$, où S est l'ensemble multiplicatif des X^h ($h \geqslant 0$). Soit v la valuation normée sur B; pour tout élément $f = \sum_{n \geqslant h} b_n X^n \neq 0$ de C avec $b_h \neq 0$ dans B (h positif ou négatif), on pose $s(f) = v(b_h)$. Montrer que s est un *stathme euclidien* sur C (*Alg.*, chap. VII, § 1, exerc. 7), tel que $s(fg) = s(f) + s(g)$ pour f, g non nuls dans C. (Si $s(f) = p \geqslant s(g) = q$, et si h est le plus petit des degrés des termes $\neq 0$ de f, montrer qu'il existe $u \in C$ tel que $f - ug = X^{h+1} f_1$ où $f_1 \in C$, et, en raisonnant par l'absurde, en déduire l'existence d'un processus de « division euclidienne » dans C). Si $s(f) = 0$, f est inversible dans C.
* Montrer que A n'est pas un anneau de Dedekind. *

b) Déduire de *a*) que si B est un anneau de Krull, A = B[[X]] est aussi un anneau de Krull. (Si K est le corps des fractions de B, remarquer que A est intersection de K[[X]] et d'une famille (C_ι) d'anneaux principaux ayant même corps des fractions que A, et que tout élément de A est inversible dans presque tous les C_ι).

10) Soient A un anneau de Krull, K son corps des fractions, L un corps contenant K, (B_α) une famille filtrante croissante d'anneaux de Krull contenant A et contenus dans L, tels que le corps des fractions L_α de B_α soit une extension algébrique de degré fini de K et que B_α soit la fermeture intégrale de A dans L_α. Pour toute valuation essentielle v de A et tout α, soit $e_\alpha(v)$ la somme des indices de ramification des valuations de B_α qui prolongent v. Montrer que pour que la réunion des B_α soit un anneau de Krull, il faut et il suffit que pour toute valuation essentielle v de A, l'ensemble des $e_\alpha(v)$ soit borné.

¶ 11) On dit que dans un anneau intègre A, un diviseur d est *de type fini* s'il est de la forme div($\mathfrak{a}$), où $\mathfrak{a}$ est un idéal fractionnaire de type fini (non nécessairement divisoriel; cf. *b*)).

a) Montrer que si A est un anneau de Krull, tout diviseur de D(A) est de la forme div($\mathfrak{a}$), où $\mathfrak{a} = Ax + Ay$, x, y étant des éléments $\neq 0$ du corps des fractions de A (utiliser le cor. 2 de la prop. 9 du n° 5).

* *b*) Soient K un corps, $A = K[X_n]_{n \in \mathbf{N}}$ l'anneau de polynômes sur K à une infinité dénombrable d'indéterminées, qui est un anneau de Krull (exerc. 8). Soit A' le sous-anneau de A engendré par l'élément unité et les monômes $X_i X_j$ pour tous les couples (i, j) (ensemble des polynômes dont tous les termes sont de degré total pair). Si L et L' sont les corps des fractions de A et A', montrer que $A' = A \cap L'$, et par suite que A' est un anneau de Krull. Soit $\mathfrak{p}$ l'idéal de l'anneau A' engendré par les produits $X_0 X_i$ pour tout $i \geqslant 0$; montrer que $\mathfrak{p}$ est un idéal premier de hauteur 1 (donc *divisoriel*), mais qu'*il n'est pas de type fini*.

12) *a*) Soient A un anneau intégralement clos, $f(X) = \sum_i a_i X^i$ et

$g(X) = \sum_j b_j X^j$ deux polynômes de A[X]; montrer que si $c \in A$ est tel que tous les coefficients de $f(X)g(X)$ appartiennent à Ac, alors tous les produits $a_i b_j$ appartiennent à Ac (se ramener au cas où A est un anneau de valuation).

b) Si A est l'anneau défini dans l'exerc. 1, donner un exemple de deux polynômes f, g de degré 1 dans A[X] et d'un élément $c \in A$ pour lequel la conclusion de *a*) est en défaut (prendre $c = T^4 + T^5$).

c) Les hypothèses étant celles de *a*), soient $\mathfrak{a}$, $\mathfrak{b}$, $\mathfrak{c}$ les idéaux de A engendrés respectivement par les coefficients de f, g et fg; montrer que l'on a $\operatorname{div}(\mathfrak{c}) = \operatorname{div}(\mathfrak{a}) + \operatorname{div}(\mathfrak{b})$. Donner un exemple où $\tilde{\mathfrak{c}} \neq \tilde{\mathfrak{a}}\tilde{\mathfrak{b}}$. Montrer que si $\mathfrak{c}$ est principal, on a $\mathfrak{c} = \mathfrak{a}\mathfrak{b}$, et $\mathfrak{a}$ et $\mathfrak{b}$ sont inversibles; si en outre A est un anneau local, $\mathfrak{a}$ et $\mathfrak{b}$ sont principaux.

13) Soient A un anneau intègre, $(p_\iota)_{\iota \in I}$ une famille d'éléments non nuls tels que les idéaux principaux Ap_ι soient premiers; soit S la partie multiplicative engendrée par les p_ι.

a) Montrer que l'on a $A = S^{-1}A \cap \left(\bigcap_\iota A_{Ap_\iota}\right)$.

b) On suppose que toute famille non vide d'idéaux *principaux* de A possède un élément maximal. Montrer que chacun des anneaux A_{Ap_ι} est un anneau de valuation discrète (cf. chap. VI, § 3, n° 5, prop. 9). En déduire que si $S^{-1}A$ est intégralement clos (resp. complètement intégralement clos), A est intégralement clos (resp. complètement intégralement clos). Si $S^{-1}A$ est un anneau de Krull, montrer que A est un anneau de Krull.

14) Soient A un anneau de Krull, S une partie multiplicative *saturée* de A ne contenant pas 0 (chap. II, § 2, exerc. 1). Montrer que si l'homomorphisme canonique $\bar{i}$: $C(A) \to C(S^{-1}A)$ (n° 10, prop. 17) est bijectif, S est engendrée par une famille (p_ι) d'éléments tels que chaque Ap_ι soit un idéal premier (remarquer que tout idéal premier divisoriel qui rencontre S est principal).

¶ 15) *a*) Soient A un anneau intègre, a, b deux éléments $\neq 0$ de A tels que $Aa \cap Ab = Aab$. Montrer que, dans l'anneau de polynômes A[X], l'idéal principal engendré par $aX + b$ est premier (prouver que tout polynôme $f(X) \in A[X]$, tel que $f(-b/a) = 0$, est multiple de $aX + b$, en procédant par récurrence sur le degré de f).

b) Soient A un anneau de Krull, a, b deux éléments de A tels que Aa et $Aa + Ab$ soient premiers et distincts. Montrer que $A[X]/(aX + b)$ est un anneau de Krull, et que $C(A[X]/(aX + b))$ est isomorphe à C(A). (Remarquer, à l'aide de *a*), que $A[X]/(aX + b)$ est isomorphe à $A[b/a] = B$; montrer que Ba est premier dans B. Observer que $A[a^{-1}] = B[a^{-1}]$ est un anneau de Krull et utiliser l'exerc. 12).

c) Soient A un anneau noethérien intégralement clos, a, b deux éléments du radical $\mathfrak{r}$ de A. On suppose que l'idéal $Aa + Ab$ est un idéal premier *non divisoriel*; montrer que Aa et Ab sont des idéaux premiers. (Prouver d'abord que $Aa \cap Ab = Aab$ en considérant les idéaux de Ass(A/Aa). Montrer en second lieu que les relations $xy \in Ab$ et $y \notin Aa + Ab$ entraînent $x \in Ab + Aa^h$ pour tout h, par récurrence sur h ; en déduire que l'on a alors $x \in Ab$. Enfin, en déduire que si $xy \in Ab$, $x \notin Ab$, $y \notin Ab$, on a nécessairement $x \in Ab + Aa^h$ et $y \in Ab + Aa^h$ pour tout h, en procédant par récurrence sur h : en déduire une contradiction).

16) Soit $A = \bigoplus_{n \in \mathbf{Z}} A_n$ un anneau de Krull gradué. On désigne par $D_g(A)$ (resp. $F_g(A)$) le groupe engendré par les diviseurs des idéaux divisoriels entiers *gradués* (resp. par les diviseurs $\operatorname{div}(a)$, où a est *homogène* dans A); posons $C_g(A) = D_g(A)/F_g(A)$. Soit S l'ensemble multiplicatif des éléments homogènes $\neq 0$ de A.

a) Montrer que tout idéal premier de hauteur 1 de A qui rencontre S est gradué (utiliser le chap. III, § 1, n° 4, prop. 5).

b) Soit $B = S^{-1}A$, qui est un anneau gradué (chap. II, § 2, n° 9); posons $B = \bigoplus_{n \in \mathbf{Z}} B_n$; montrer que B_0 est un corps, et que si $A \neq A_0$, B est isomorphe à l'anneau $B_0[X, X^{-1}]$ des fractions rationnelles $P(X)/X^k$, où $P(X) \in B_0[X]$.

c) Montrer que $C_g(A)$ et $C(A)$ sont canoniquement isomorphes (utiliser *a*), *b*) et la formule (5) du n° 10).

17) Soient $A = \bigoplus_{n \in \mathbf{Z}} A_n$ un anneau de Krull gradué, $p \in A_1$ tel que Ap soit premier et $\neq 0$.

a) Montrer que si B est l'anneau $A_{(p)}$ défini au chap. III, § 1, exerc. 1 *a*), B est un anneau de Krull et les groupes C(A) et C(B) sont canoniquement isomorphes. (Montrer d'abord que C(B) est isomorphe à $C(B[p, p^{-1}])$ et observer que $B[p, p^{-1}] = A[p^{-1}]$).

b) Les hypothèses étant celles de l'exerc. 15 *b*), montrer que les groupes C(A) et $C(A[X, Y]/(aX + bY))$ sont isomorphes.

¶ 18) Soit $A = \bigoplus_{n \in \mathbf{N}} A_n$ un anneau de Krull gradué à degrés positifs, tel que A_0 soit un corps, et soit $\mathfrak{m} = \bigoplus_{n \geqslant 1} A_n$, idéal maximal de A. Soit S l'ensemble multiplicatif des éléments homogènes $\neq 0$ de A, de sorte que l'anneau $S^{-1}A$ est principal (exerc. 16 *b*)).

a) Soit $\mathfrak{p}$ un idéal premier de hauteur 1 de A qui rencontre $A - \mathfrak{m}$; alors $\mathfrak{p}$ n'est pas gradué (sans quoi on aurait $\mathfrak{p} = A$), l'idéal $S^{-1}\mathfrak{p}$ de $S^{-1}A$ est principal, engendré par un élément de la forme $x = 1 + x_1 + \cdots + x_n$ avec $x_j \in (S^{-1}A)_j$. En écrivant qu'un élément de $\mathfrak{p}$ de la forme $1 + a_1 + \cdots + a_q$ ($a_i \in A_i$) est multiple de x dans $S^{-1}A$ et en utilisant le chap. V, § 1, n° 3, prop. 11, montrer que l'on a $x \in \mathfrak{p}$; en écrivant enfin que tout élément de $\mathfrak{p}$ est multiple de x dans $S^{-1}A$, montrer que $\mathfrak{p} = Ax$.

b) Déduire de *a*) que C(A) et $C(A_{\mathfrak{m}})$ sont canoniquement isomorphes (utiliser la prop. 17 du n° 10).

19) Soient A un anneau de Krull local, $\mathfrak{m}$ son idéal maximal ; si $A' = (A[X])_{\mathfrak{m}A[X]}$, montrer que C(A) et C(A') sont canoniquement isomorphes. (Appliquer le critère de la prop. 17 du n° 10, en utilisant l'exerc. 12 *c*)).

¶ 20) On dit qu'un anneau intègre A est *bezoutien* (ou *anneau de Bezout*), si tout idéal *de type fini* de A est principal. Tout anneau noethérien et bezoutien est principal. Tout anneau de valuation est bezoutien (et par suite un anneau bezoutien n'est pas nécessairement noethérien ni complètement intégralement clos).

a) Montrer que tout anneau bezoutien est intégralement clos (cf. exerc. 6). Si un anneau intègre est réunion d'une famille filtrante croissante de sous-anneaux bezoutiens, il est bezoutien. Si A est un anneau bezoutien, il en est de même de $S^{-1}A$ pour toute partie multiplicative S de A telle que $0 \notin S$.

b) Soient v_i $(1 \leqslant i \leqslant n)$ des valuations indépendantes sur un corps K, A_i l'anneau de la valuation v_i. Montrer que l'intersection A des A_i est un anneau bezoutien. (Si un idéal $\mathfrak{a}$ de A est de type fini, l'ensemble des $v_i(x)$ pour $x \in \mathfrak{a}$ admet un plus petit élément α_i dans le groupe des valeurs de v_i; pour tout i, soit $x_i \in \mathfrak{a}$ tel que $v_i(x_i) = \alpha_i$. En utilisant le th. d'approximation (chap. VI, § 7, n° 2, th. 1), montrer qu'il y a des éléments $a_i \in A$ tels que $x = \sum_{i=1}^{n} a_i x_i \in \mathfrak{a}$ vérifie les relations $v_i(x) = \alpha_i$ pour $1 \leqslant i \leqslant n$). Si les v_i sont des valuations discrètes, A est principal.

c) Soit K un corps algébriquement clos de caractéristique $\neq 2$, et soit A le sous-anneau d'une clôture algébrique de K(X), engendré par K et par deux suites d'éléments (x_n), $(1/x_n)$ $(1 \leqslant n < +\infty)$, où $x_1 = X$ et $x_{n-1} = x_n^2$. Montrer que A est bezoutien (utiliser *a*)). Si $\mathfrak{p}$ est un idéal premier $\neq 0$ de A, montrer que $\mathfrak{p}$ est engendré par une suite d'éléments de la forme $x_n - a_n$, avec $a_n \in K$, $a_n \neq 0$ et $a_n^2 = a_{n-1}$ (considérer pour tout n l'intersection $\mathfrak{p} \cap K[x_n, 1/x_n]$). Montrer que $\mathfrak{p}$ n'est pas de type fini.

21) On dit qu'un anneau intègre A est *pseudo-bezoutien* (resp. *pseudo-principal*) si, avec les notations de l'exerc. 5, le groupe K^*/U est réticulé (resp. complètement réticulé). Tout anneau bezoutien *(resp. factoriel)$_*$ est pseudo-bezoutien *(resp. pseudo-principal)$_*$. Tout anneau pseudo-principal est pseudo-bezoutien. Un anneau de valuation dont le groupe des ordres est **R** est pseudo-principal mais non principal. Tout anneau pseudo-bezoutien (resp. pseudo-principal) est intégralement clos (resp. complètement intégralement clos) (utiliser l'exerc. 6). *Tout anneau pseudo-bezoutien noethérien est factoriel.$_*$ Donner un exemple d'anneau noethérien intégralement clos (donc de Krull) et non pseudo-bezoutien (cf. exerc. 2). Si A est pseudo-bezoutien, il en est de même de $S^{-1}A$ pour toute partie multiplicative S de A telle que $0 \notin A$ (utiliser le chap. II, § 2, exerc. 1).

¶ 22) *a*) Soient Γ un groupe additif ordonné réticulé, A l'algèbre de Γ sur un corps k; A est un anneau intègre (*Alg.*, chap. II, 3e éd., § 11, n° 4, prop. 8). Tout élément $x \neq 0$ dans A s'écrit d'une seule manière $x = \sum_{i=1}^{n} \alpha_i e^{\gamma_i}$, où les γ_i sont des éléments deux à deux distincts de Γ, les e^{γ_i} les éléments correspondants de la base canonique de A sur k, et les α_i des éléments $\neq 0$ de k. On pose $\varphi(x) = \inf(\gamma_1, \ldots, \gamma_n)$ dans Γ; montrer que l'on a $\varphi(x + y) \geqslant \inf(\varphi(x), \varphi(y))$ si x, y et $x + y$ sont $\neq 0$ dans A, et $\varphi(xy) = \varphi(x) + \varphi(y)$ si $xy \neq 0$ dans A. (Pour démontrer la seconde assertion, on établira d'abord le lemme suivant: étant donnée une famille finie (ξ_j) d'éléments de Γ, pour que $\inf_j(\xi_j) = 0$, il faut et il suffit que pour tout $\eta > 0$ dans Γ, il existe un indice j et un élément $\zeta \in \Gamma$ tels que $0 < \zeta \leqslant \eta$ et $\inf(\xi_j, \zeta) = 0$. On appliquera ce lemme en se ramenant au cas où $\varphi(x) = \varphi(y) = 0$).

b) Déduire de *a*) que si K est le corps des fractions de A, φ se prolonge en un homomorphisme de K^* dans Γ (encore noté φ), tel que $\varphi(x + y) \geqslant \inf(\varphi(x), \varphi(y))$ si x, y et $x + y$ sont $\neq 0$ dans K. En déduire que si B est l'ensemble des $x \in K$ tels que $x = 0$ ou $\varphi(x) \geqslant 0$, B est un anneau dont le corps des fractions est K et tel que, si U est le groupe des éléments inversibles de B, K^*/U soit isomorphe à Γ (et en particulier B est un anneau pseudo-bezoutien). En déduire des exemples d'un anneau pseudo-bezoutien non complètement intégralement clos, d'un anneau pseudo-bezoutien complètement intégralement clos mais non pseudo-principal (cf. *Alg*., chap. VI, § 1, exerc. 31), *et d'un anneau pseudo-principal non factoriel$_*$.

* *c*) Déduire de *b*) un exemple d'anneau intègre réunion d'une famille filtrante croissante de sous-anneaux factoriels et qui est complètement intégralement clos, mais non pseudo-bezoutien. (Soit θ un nombre irrationnel dans $]0, 1[$, et pour tout entier j, soit q_j le plus grand entier tel que $q_j/2^j < \theta$. Pour tout j, définir sur le groupe produit $\mathbf{Q} \times \mathbf{Q}$ une structure de groupe réticulé en prenant pour ensemble $(G_j)_+$ des éléments $\geqslant 0$ de ce groupe les couples (ξ, η) tels que $\xi \geqslant 0$ et $0 \leqslant \eta \leqslant (q_j 2^{-j})\xi$).$_*$

23) *a*) Soient A un anneau pseudo-bezoutien (exerc. 21), K son corps des fractions; pour tout polynôme $f \in A[X]$, on appelle *contenu* de f un p.g.c.d. des coefficients de f (déterminé à un élément inversible de A près). Soient f, g deux polynômes de A[X]; montrer que pour que f divise g dans A[X], il faut et il suffit que f divise g dans K[X] et qu'un contenu de f divise un contenu de g (utiliser l'exerc. 12) (cf. exerc. 30 *c*)).

b) Déduire de *a*) que, si A est un anneau pseudo-bezoutien (resp. pseudo-principal), alors il en est de même de A[X]. En outre, si (a_ι) est une famille finie (resp. quelconque) d'éléments $\neq 0$ de A et d un p.g.c.d. de cette famille dans A, d est aussi un p.g.c.d. de cette famille dans A[X].

c) Déduire de *b*) que, si A est pseudo-bezoutien (resp. pseudo-principal), alors $A[X_\lambda]_{\lambda \in L}$ est pseudo-bezoutien (resp. pseudo-principal) pour toute famille $(X_\lambda)_{\lambda \in L}$ d'indéterminées.

24) Soient K un corps algébriquement clos, A = K[X, Y] l'anneau des polynômes à deux indéterminées sur K, qui est un anneau de Krull *(et même un anneau factoriel)$_*$. Pour tout couple $(\alpha, \beta) \in K^2$, soit $w_{\alpha,\beta}$ la valuation discrète sur A telle que, pour tout polynôme $f \neq 0$, $w_{\alpha,\beta}(f)$ soit le plus petit degré des monômes $\neq 0$ dans $f(X + \alpha, Y + \beta)$. Montrer que A est l'intersection des anneaux des valuations $w_{\alpha,\beta}$, dont aucune n'est une valuation essentielle de A.

25) On dit qu'un anneau intégralement clos A est de *caractère fini* s'il existe une famille $(v_\iota)_{\iota \in I}$ de valuations du corps des fractions K de A vérifiant les propriétés (AK_{II}) et (AK_{III}).

a) Montrer que si A est intégralement clos de caractère fini, pour tout élément $x \neq 0$ dans A, il ne peut y avoir qu'un nombre fini d'éléments extrémaux du groupe ordonné des diviseurs principaux qui soient $\leqslant \operatorname{div}(x)$. (Soit $J \subset I$ l'ensemble fini des indices tels que $v_\iota(x) > 0$. Si m est le nombre d'éléments de J, montrer qu'il ne peut y avoir $m+1$ éléments y_j $(1 \leqslant j \leqslant m+1)$ divisant x et tels que les éléments $\operatorname{div}(y_j)$ soient extrémaux, en observant que pour tout j, $\operatorname{div}(y_j)$ doit être étranger à $\sum_{k \neq j} \operatorname{div}(y_k)$).

**b*) Montrer que l'anneau des fonctions entières d'une variable complexe (chap. V, § 1, exerc. 12) est un anneau pseudo-principal (exerc. 21), mais n'est pas un anneau de caractère fini (utiliser *a*)).*

¶ 26) Soient A un anneau intègre, K son corps des fractions. On dit qu'une valuation v sur K est *essentielle* pour A si l'anneau de v est un anneau local $A_\mathfrak{p}$ en un idéal premier $\mathfrak{p}$ de A (intersection de A et de l'idéal de v).

a) Soit v une valuation essentielle pour A, de hauteur 1, et soit $\mathfrak{p}$ l'idéal premier de A formé des $x \in A$ tels que $v(x) > 0$. Montrer que $\mathfrak{p}$ est de hauteur 1. Si $x \in K$ n'appartient pas à $A_\mathfrak{p}$, on a $A \cap x^{-1}A \subset \mathfrak{p}$. Si w est une valuation sur K dont l'anneau B contient A et dont l'idéal $\mathfrak{q}$ est tel que $\mathfrak{q} \cap A \subset \mathfrak{p}$, montrer que w est équivalente à v.

b) On dit qu'un anneau intégralement clos A est *de caractère fini et de type réel* s'il existe une famille $(v_\iota)_{\iota \in I}$ de valuations sur K, *de hauteur* 1, vérifiant les propriétés (AK_{II}) et (AK_{III}). Montrer que sous ces conditions, si $z \in K$ n'appartient pas à A et si $\mathfrak{p}$ est un idéal premier de A tel que $A \cap z^{-1}A \subset \mathfrak{p}$, il existe $\iota \in I$ tel que $v_\iota(z) < 0$, et que l'idéal premier $\mathfrak{q}_\iota$ des $x \in A$ tels que $v_\iota(x) > 0$ soit contenu dans $\mathfrak{p}$. (Raisonner par l'absurde en considérant les v_{ι_k} en nombre fini telles que $v_{\iota_k}(z) < 0$; prouver l'existence d'un $a \in A$ tel que $a \notin \mathfrak{p}$ et $v_{\iota_k}(a) > 0$ pour tout k; en déduire que $a^n z \notin A$ pour tout entier $n > 0$, et montrer que cela entraîne contradiction). Conclure de là que toute valuation essentielle de hauteur 1 pour A est équivalente à l'une des v_ι (utiliser *a*)). Toute intersection finie de sous-anneaux de K qui sont de caractère fini et de type réel est aussi un anneau de caractère fini et de type réel.

c) On suppose vérifiées les hypothèses de *b*), et en outre que *toutes* les v_ι sont essentielles. Montrer que pour tout idéal premier $\mathfrak{p}$ de hauteur 1 dans A, $A_\mathfrak{p}$ est l'anneau de l'une des valuations v_ι (utiliser *b*) en prenant $z^{-1} \in \mathfrak{p}$). Pour tout $x \in A$, l'idéal principal Ax admet alors une décomposition primaire réduite (chap. IV, § 2, exerc. 20) unique, les idéaux premiers correspondant à cette décomposition étant les idéaux premiers de hauteur 1 contenant x.

d) On suppose vérifiées les hypothèses de *b*). Soient S une partie multiplicative de A ne contenant pas 0, et $J \subset I$ l'ensemble des $\iota \in I$ tels que $v_\iota(x) = 0$ dans S. Montrer que la famille $(v_\iota)_{\iota \in I - J}$ vérifie pour l'anneau $S^{-1}A$ les propriétés (AK_{II}) et (AK_{III}); cette famille est formée de valuations essentielles pour $S^{-1}A$ si $(v_\iota)_{\iota \in I}$ est formée de valuations essentielles pour A.

e) Généraliser la prop. 9 du nº 5 au cas où les hypothèses de *c*) sont remplies.

f) On suppose vérifiées les hypothèses de *b*). Soient K′ une extension de degré fini de K, A′ la fermeture intégrale de A dans K′. Montrer que les valuations (deux à deux non équivalentes) sur K′ qui prolongent les v_ι vérifient les propriétées (AK_{II}) et (AK_{III}) pour A′, et ce dernier est donc un anneau de caractère fini et de type réel; si les v_ι sont toutes essentielles pour A, il en est de même de leurs prolongements pour A′ (raisonner comme dans le n° 8, prop. 12 et utiliser en outre le chap. VI, § 8, n° 3, *Remarque*).

g) Si A est un anneau de caractère fini et de type réel, il en est de même de A[X]; si les conditions de *c*) sont vérifiées, déterminer les valuations essentielles pour A[X] (raisonner comme dans le n° 9). Généraliser de même l'exerc. 8.

27) Dans l'exerc. 22, on prend pour Γ une somme directe d'une famille $(\Gamma_\iota)_{\iota\in I}$, où les Γ_ι sont des sous-groupes du groupe additif **R**. Montrer que l'anneau B défini dans l'exerc. 22 *b*) est un anneau de caractère fini et de type réel, et qu'il est intersection d'une famille d'anneaux de valuations essentielles pour B; en outre, tout idéal premier $\neq 0$ de B est maximal.

¶ 28) On dit qu'un anneau intégralement clos A est *de caractère fini et de type rationnel* s'il existe une famille $(v_\iota)_{\iota\in I}$ de valuations de son corps des fractions K, vérifiant les propriétés (AK_{II}) et (AK_{III}) et dont les groupes des valeurs sont des *sous-groupes du groupe additif* **Q**. Montrer que la famille des valuations essentielles de hauteur 1 pour A vérifie (AK_{II}) et (AK_{III}). (Pour tout $\iota\in I$, soit $\mathfrak{p}_\iota$ l'idéal premier de A formé des x tels que $v_\iota(x) > 0$, et soit V_ι l'anneau de la valuation v_ι. Montrer que s'il y a deux indices α, β tels que $\mathfrak{p}_\beta \subset \mathfrak{p}_\alpha$, alors A est l'intersection des V_ι d'indice $\iota \neq \alpha$. Pour cela, raisonner par l'absurde, en montrant qu'il y aurait un élément $x \in K^*$, un élément $y \in \mathfrak{p}_\beta$ et deux entiers positifs r, s tels que $v_\beta(x^r y^s) > 0$, $v_\alpha(x^r y^s) = 0$ et $v_\iota(x^r y^s) \geqslant 0$ pour tout $\iota \in I$, contrairement à l'hypothèse).

29) Soient A un anneau intégralement clos, K son corps des fractions.

a) Soient L une extension algébrique de K, B la fermeture intégrale de A dans L. Montrer que pour tout idéal fractionnaire $\mathfrak{a}$ de A, si on pose $\mathfrak{b} = \mathfrak{a}B$, on a $\tilde{\mathfrak{b}} \cap A = \tilde{\mathfrak{a}}$. (Se ramener au cas où $A \subset \tilde{\mathfrak{a}}$, autrement dit $A : \mathfrak{a} \subset A$, et prouver que $B : \mathfrak{b} \subset B$; pour cela, soit $x \in B : \mathfrak{b}$ et soient c_i $(1 \leqslant i \leqslant n)$ les coefficients de son polynôme minimal sur K; remarquer que pour tout $y \in \mathfrak{a}$, les éléments $c_i y^i$ $(1 \leqslant i \leqslant n)$ appartiennent à A, et en déduire que les c_i appartiennent à A).

b) Soit C un anneau de polynômes $A[X_\lambda]_{\lambda\in L}$ par rapport à une famille quelconque d'indéterminées. Montrer que pour tout idéal fractionnaire $\mathfrak{a}$ de A, si on pose $\mathfrak{c} = \mathfrak{a}C$, on a $\tilde{\mathfrak{c}} \cap A = \tilde{\mathfrak{a}}$ (même méthode).

¶ 30) On dit qu'un anneau intègre A est *régulièrement intégralement clos* si, dans le monoïde D(A), tout diviseur de type fini (exerc. 11) est un élément *régulier*. Tout anneau complètement intégralement clos est régulièrement intégralement clos; tout anneau pseudo-bezoutien (exerc. 21) est régulièrement intégralement clos.

a) Si A est régulièrement intégralement clos et si d, d', d'' sont trois diviseurs de type fini, la relation $d + d'' \leqslant d' + d''$ entraîne $d \leqslant d'$.

b) Déduire de *a*) que, pour qu'un anneau intègre A soit régulièrement intégralement clos, il faut et il suffit que pour tout idéal fractionnaire $\mathfrak{a}$ de A tel que div($\mathfrak{a}$) soit un diviseur de type fini, on ait $\mathfrak{a} : \mathfrak{a} = A$; en particulier, A est intégralement clos (exerc. 6 *b*)). (Utiliser le fait que $A : (\mathfrak{b}\mathfrak{c}) = (A : \mathfrak{b}) : \mathfrak{c}$ pour deux idéaux fractionnaires $\mathfrak{b}$, $\mathfrak{c}$ de A, en prenant $\mathfrak{b} = \mathfrak{a}$, $\mathfrak{c} = A : \mathfrak{a}$). En outre, div($\mathfrak{a}$) est alors inversible dans D(A).

c) Soient A un anneau régulièrement intégralement clos, K son corps des fractions ; le monoïde $D_f(A)$ des diviseurs de type fini de A engendre dans D(A) un groupe réticulé $G_f(A)$. Pour tout polynôme $p \in K[X]$, on désigne par $d(p)$ le diviseur de l'idéal fractionnaire de A engendré par les coefficients de p ; pour toute fraction rationnelle $r = p/q$ de K(X), où p, q sont dans K[X] et $q \neq 0$, $d(p) - d(q)$ est bien défini dans $G_f(A)$ (indépendamment de l'expression de r comme quotient de deux polynômes) ; on le note $d(r)$ (cf. exerc. 12 *c*)). Si on pose alors $\gamma(r) = ((r), d(r))$, où (r) est l'idéal principal fractionnaire de K[X] engendré par r, γ est un isomorphisme du groupe ordonné $\mathscr{P}^*(A[X])$ (notation du § 3, n° 2) sur un sous-groupe du groupe ordonné produit

$$\mathscr{P}^*(K[X]) \times G_f(A) \subset \mathscr{P}^*(K[X]) \times D(A).$$

En déduire que A[X] est un anneau régulièrement intégralement clos et que $D_f(A[X])$ est isomorphe à $\mathscr{P}^*(K[X]) \times D_f(A)$ (utiliser *a*) et *b*) et l'exerc. 29 *b*)).

d) Soient B un anneau intégralement clos, K son corps des fractions, A le sous-anneau de l'anneau de polynômes K[X, Y] formé des polynômes dont le terme constant appartient à B. Montrer que, si $B \neq K$, A est intégralement clos, mais n'est pas régulièrement intégralement clos (montrer que le diviseur inf(div(X),div(Y)) correspond à un idéal divisoriel $\mathfrak{a}$ tel que $\mathfrak{a} : \mathfrak{a} \neq A$).

¶ 31) *a*) Soient A un anneau régulièrement intégralement clos (exerc. 30), K son corps des fractions ; pour tout polynôme $P \in K[X]$, on désigne par $c(P)$ le diviseur div($\mathfrak{a}$), où $\mathfrak{a}$ est l'idéal fractionnaire de K engendré par les coefficients de P. On désigne par B le sous-anneau de K(X) formé des fractions rationnelles P/Q telles que $c(P) \geqslant c(Q)$ (on montrera que cette condition ne dépend bien que de l'élément P/Q, en utilisant l'exerc. 30 *a*) et l'exerc. 12 *c*)). On a $B \cap K = A$.

b) Montrer que B est un anneau bezoutien (exerc. 20) (observer que si P, Q sont deux polynômes de A[X], $P + X^m Q$ divise P et Q dans B lorsque m est assez grand).

c) Montrer que si A est un anneau de Krull, l'anneau B est principal (considérer une suite croissante d'idéaux principaux fractionnaires de type fini dans B). Donner un exemple où A est complètement intégralement clos, mais où B n'est pas principal (cf. exerc. 22).

d) Déduire de *c*) un exemple d'anneau intègre noethérien B pour lequel il existe un sous-corps K de son corps des fractions tel que $B \cap K$ ne soit pas noethérien.

32) Soient A un anneau intègre, $(a_i)_{1 \leqslant i \leqslant n}$ une famille finie d'éléments de A, $\mathfrak{a}$ l'idéal $\sum_i Aa_i$, R le sous-module de A^n engendré par l'élément $(a_1, \ldots, a_n)$. Montrer que, pour que le sous-module de torsion du

A-module $M = A^n/R$ soit facteur direct de M, il faut et il suffit que l'on ait $\mathfrak{a}(A:\mathfrak{a}) + (A:(A:\mathfrak{a})) = A$.

§ 2.

1) *a*) Montrer que si $\mathfrak{a}$ est un idéal $\neq 0$ dans un anneau de Dedekind A, l'anneau $A/\mathfrak{a}$ est quasi-principal (*Alg.*, chap. VII, § 1, exerc. 5) (noter que $A/\mathfrak{a}$ est semi-local et raisonner comme dans la prop. 1 du n° 2). En déduire à nouveau que tout idéal fractionnaire de A est engendré par deux éléments au plus (cf. § 1, exerc. 11 *a*)).

b) Dans l'anneau de polynômes $A = k[X, Y]$ sur un corps k, soit $\mathfrak{m}$ l'idéal $AX + AY$. Montrer que pour tout entier n, le nombre minimum de générateurs de l'idéal $\mathfrak{m}^n$ est $n + 1$.

2) *a*) Soient $\mathfrak{a}$, $\mathfrak{b}$ deux idéaux entiers dans un anneau de Dedekind A; montrer qu'il existe un idéal entier $\mathfrak{c}$ étranger à $\mathfrak{b}$ et tel que $\mathfrak{a}\mathfrak{c}$ soit principal (utiliser la prop. 9 du § 1, n° 5).

b) Soient $\mathfrak{a}$, $\mathfrak{b}$ deux idéaux entiers de A; montrer qu'il existe $x \neq 0$ dans le corps des fractions de A tel que $x\mathfrak{a}$ soit un idéal entier de A, étranger à $\mathfrak{b}$ (même méthode). En déduire que le module $\mathfrak{a}/\mathfrak{a}\mathfrak{b}$ est isomorphe à $A/\mathfrak{b}$.

3) Soient A un anneau de Dedekind, K son corps des fractions, P l'ensemble des idéaux premiers $\neq 0$ de A, et pour tout $\mathfrak{p} \in P$, soit $v_\mathfrak{p}$ la valuation essentielle correspondante de K. Pour tout sous-A-module M de K, et tout $\mathfrak{p} \in P$, on pose $v_\mathfrak{p}(M) = \inf_{x \in M} v_\mathfrak{p}(x)$ (prise dans $\bar{\mathbf{R}}$); si $M \neq 0$, on a $v_\mathfrak{p}(M) < +\infty$ pour tout $\mathfrak{p} \in P$, et $v_\mathfrak{p}(M) \leqslant 0$ pour presque tout $\mathfrak{p} \in P$. Si M, N sont deux sous-A-modules de K, montrer que la relation $M \subset N$ équivaut à $v_\mathfrak{p}(N) \leqslant v_\mathfrak{p}(M)$ pour tout $\mathfrak{p} \in P$ (utiliser la prop. 9 du § 1, n° 5). Inversement, pour toute famille $(v_\mathfrak{p})_{\mathfrak{p} \in P}$ d'éléments égaux à un entier ou à $-\infty$, et telle que $v_\mathfrak{p} \leqslant 0$ pour presque tout $\mathfrak{p} \in P$, il existe un sous-A-module unique M de K tel que $v_\mathfrak{p}(M) = v_\mathfrak{p}$ pour tout $\mathfrak{p} \in P$.

4) Soient A un anneau de Dedekind, K son corps des fractions. Si L est un sous-corps de K tel que A soit entier sur $A \cap L$, alors $A \cap L$ est un anneau de Dedekind (montrer d'abord que $A \cap L$ est un anneau de Krull, puis que tout idéal premier de $A \cap L$ est maximal, en utilisant le chap. V, § 2, n° 1, th. 1).

5) *a*) Soient k un corps, K le corps $k(X, Y)$ des fractions rationnelles à deux indéterminées sur k, A l'anneau de polynômes $K[Z]$ en une indéterminée, qui est un anneau principal. Soit L le sous-corps $k(Z, X + YZ)$ de $k(X, Y, Z)$; montrer que $A \cap L$ n'est pas un anneau de Dedekind (prouver qu'il y a des idéaux premiers non maximaux et $\neq 0$ dans cet anneau).

b) Soit A un anneau de Dedekind non principal dans lequel le groupe C(A) des classes d'idéaux est fini * (l'anneau des entiers d'une extension algébrique finie de $\mathbf{Q}$ a cette dernière propriété) $_*$. Soit $(\mathfrak{a}_j)_{1 \leqslant j \leqslant r}$ un système de représentants du groupe I(A) des idéaux fractionnaires $\neq 0$ modulo le sous-groupe des idéaux fractionnaires principaux, formé d'idéaux entiers de A, et soient $\mathfrak{p}_i$ $(1 \leqslant i \leqslant s)$ les idéaux premiers divisant l'un des $\mathfrak{a}_j$ au moins. On désigne par S (resp. T) l'ensemble multiplicatif des éléments $x \in A$ tels que $v_{\mathfrak{p}_i}(x) = 0$ pour tout i (resp. formé de 1 et des $x \in A$ tels que $v_{\mathfrak{q}}(x) = 0$ pour tous les idéaux premiers $\mathfrak{q}$ distincts des $\mathfrak{p}_i$, et $v_{\mathfrak{p}_i}(x) \geqslant 1$ pour tout i; l'hypothèse entraîne que T n'est pas réduit à 1). Montrer que $S^{-1}A$ et $T^{-1}A$ sont des anneaux principaux et que l'on a $A = (S^{-1}A) \cap (T^{-1}A)$.

6) Montrer que dans un anneau de Dedekind, les notions d'idéal primaire, d'idéal irréductible, d'idéal primal (chap. IV, § 2, exerc. 33), d'idéal quasi-premier (chap. IV, § 2, exerc. 34), et de puissance d'idéal premier sont identiques.

7) Soit A un anneau noethérien intègre. Montrer que les propriétés suivantes sont équivalentes :

α) A est un anneau de Dedekind.

β) Pour tout idéal maximal $\mathfrak{m}$ de A, il n'existe aucun idéal $\mathfrak{a}$ distinct de $\mathfrak{m}$ et de $\mathfrak{m}^2$ et tel que $\mathfrak{m}^2 \subset \mathfrak{a} \subset \mathfrak{m}$.

γ) Pour tout idéal maximal $\mathfrak{m}$ de A, l'ensemble des idéaux primaires pour $\mathfrak{m}$ est totalement ordonné par inclusion.

δ) Pour tout idéal maximal $\mathfrak{m}$ de A, tout idéal primaire pour $\mathfrak{m}$ est produit d'idéaux premiers.

(Prouver que chacune des propriétés γ) et δ) entraîne β); montrer ensuite que β) entraîne que $A_{\mathfrak{m}}$ est un corps ou un anneau de valuation discrète (cf. chap. VI, § 3, n° 5, prop. 9)).

Donner un exemple d'anneau local intègre vérifiant les propriétés β), γ) et δ), et qui n'est pas un anneau de valuation (cf. chap. VI, § 3, exerc. 7).

¶ 8) Soit A un anneau intègre dans lequel tout idéal premier $\neq 0$ est inversible. Montrer que A est un anneau de Dedekind. (Prouver d'abord que tout idéal premier $\mathfrak{p}' \neq 0$ de A est maximal, en notant que si $\mathfrak{p}$ est un idéal premier tel que $\mathfrak{p} \neq \mathfrak{p}'$ et $\mathfrak{p} \supset \mathfrak{p}'$, on a $\mathfrak{p}' : \mathfrak{p} = \mathfrak{p}'$ (chap. II, § 1, exerc. 8 *b*)), et d'autre part que l'on a $\mathfrak{p}' : \mathfrak{p} = \mathfrak{p}'\mathfrak{p}^{-1}$, d'où on déduit une contradiction. En déduire que A est noethérien (chap. II, § 1, exerc. 6 *b*)), et appliquer enfin le chap. II, § 5, n° 6, th. 4 pour montrer que $A_{\mathfrak{m}}$ est un corps ou un anneau de valuation discrète pour tout idéal maximal $\mathfrak{m}$ de A).

¶ 9) Soit A un anneau intègre.

a) Soient $(\mathfrak{p}_i)_{1 \leqslant i \leqslant m}$, $(\mathfrak{p}'_j)_{1 \leqslant j \leqslant n}$ deux familles finies d'idéaux premiers *inversibles*, telles que $\mathfrak{p}_1\mathfrak{p}_2 \ldots \mathfrak{p}_m = \mathfrak{p}'_1\mathfrak{p}'_2 \ldots \mathfrak{p}'_n$. Montrer que l'on a $m = n$ et qu'il existe une permutation π de $(1, n)$ telle que $\mathfrak{p}'_i = \mathfrak{p}_{\pi(i)}$ pour tout i tel que $1 \leqslant i \leqslant n$.

b) Soient $\mathfrak{p}$ un idéal premier de A, a un élément de $A - \mathfrak{p}$; si $\mathfrak{p} \subset Aa + \mathfrak{p}^2$, montrer que l'on a $\mathfrak{p} = \mathfrak{p}(Aa + \mathfrak{p})$; en déduire que si $\mathfrak{p}$ est inversible, on a $Aa + \mathfrak{p} = A$.

c) Montrer que si tout idéal de A est produit (non nécessairement unique *a priori*) d'idéaux premiers de A, A est un anneau de Dedekind. (Montrer d'abord que tout idéal premier inversible $\mathfrak{p}$ est maximal, en considérant un élément $a \in A - \mathfrak{p}$, des décompositions de $Aa + \mathfrak{p}$ et $Aa^2 + \mathfrak{p}$ en produit d'idéaux premiers, et en appliquant *a*) dans l'anneau $A/\mathfrak{p}$ pour montrer que $Aa^2 + \mathfrak{p} = (Aa + \mathfrak{p})^2$; utiliser ensuite *b*). Prouver ensuite que tout idéal premier $\mathfrak{p} \neq 0$ est inversible, en décomposant en produit d'idéaux premiers un idéal principal Ab pour $b \in \mathfrak{p}$, observant que les facteurs de ce produit sont inversibles, et en appliquant ce qui précède, montrer que $\mathfrak{p}$ est nécessairement égal à un de ces facteurs. Conclure à l'aide de l'exerc. 8).

¶ 10) Soit A un anneau dans lequel tout idéal est produit d'idéaux premiers.

a) Montrer que pour tout idéal premier $\mathfrak{p}$ de A, $A/\mathfrak{p}$ est un anneau de Dedekind (exerc. 9).

b) Montrer que l'ensemble des idéaux premiers minimaux $\mathfrak{p}_i$ de A est fini (décomposer (0) en produit d'idéaux premiers).

c) On suppose que $A/\mathfrak{p}_i$ n'est pas un corps. Montrer que si $y \in \mathfrak{p}_i$, alors, pour *tout* $x \in A - \mathfrak{p}_i$, il existe $z \in \mathfrak{p}_i$ tel que $y = zx$. (Considérer dans A les décompositions en produits d'idéaux premiers de Ax et $Ax + Ay$, et les décompositions correspondantes dans $A/\mathfrak{p}_i$). En déduire que pour tout $y \in \mathfrak{p}_i$, non nul, on a $Ay = \mathfrak{p}_i$ (considérer $\mathfrak{p}_i/Ay$, en décomposant Ay en produit d'idéaux premiers); montrer enfin que l'on a $\mathfrak{p}_i = \mathfrak{p}_i^2$ et par suite qu'il existe dans $\mathfrak{p}_i$ un idempotent e_i tel que $\mathfrak{p}_i = Ae_i$ (cf. chap. II, § 4, exerc. 15)). Alors A est composé direct de l'anneau Ae_i et de l'anneau $A(1 - e_i)$, isomorphe à l'anneau de Dedekind $A/\mathfrak{p}_i$.

d) On suppose maintenant que tous les $\mathfrak{p}_i$ sont maximaux, de sorte que A est composé direct d'anneaux de la forme $A/\mathfrak{p}_i^{\nu_i}$ (chap. II, § 1, n° 2, prop. 5), et on peut donc se borner au cas où A est primaire et où l'unique idéal premier $\mathfrak{p}$ de A est nilpotent. Montrer que dans ce cas l'hypothèse entraîne que A est quasi-principal (*Alg*., chap. VII, § 1, exerc. 5 et 6).

e) Conclure de *c*) et *d*) que A est produit d'un nombre fini d'anneaux de Dedekind et d'un anneau quasi-principal.

11) Soient K un corps, $(v_\iota)_{\iota \in I}$ une famille de valuations discrètes sur K vérifiant les conditions (AK_I) et (AK_{III}) du § 1, n° 3 et telle que, pour tout entier r, toute famille $(n_h)_{1 \leqslant h \leqslant r}$ d'entiers $\geqslant 0$, toute famille $(\iota_h)_{1 \leqslant h \leqslant r}$ d'éléments distincts de I et toute famille $(a_h)_{1 \leqslant h \leqslant r}$ d'éléments de K, il existe $x \in K$ tel que $v_{\iota_h}(x - a_h) \geqslant n_h$ pour $1 \leqslant h \leqslant r$ et $v_\iota(x) = 0$ pour ι distinct des ι_h. Montrer que l'intersection A des anneaux de valuation des v_ι est un anneau de Dedekind, dont K est le corps des fractions, et que $(v_\iota)_{\iota \in I}$ est la famille des valuations essentielles de A. (Utiliser l'exerc. 7 du § 1 ; prouver ensuite que deux idéaux premiers distincts de hauteur 1 sont étrangers, et en déduire que tout idéal premier $\neq 0$ de A est maximal).

¶ 12) Soient A un anneau intègre, K son corps des fractions. Montrer que les propriétés suivantes sont équivalentes :

α) Pour tout idéal premier $\mathfrak{p}$ de A, l'anneau local $A_\mathfrak{p}$ est un anneau de valuation.

β) Pour tout idéal maximal $\mathfrak{m}$ de A, l'anneau local $A_\mathfrak{m}$ est un anneau de valuation.

γ) Tout idéal $\neq 0$ et de type fini dans A est inversible (et par suite les idéaux fractionnaires $\neq 0$ et de type fini forment un *groupe*).

δ) Tout A-module sans torsion et de type fini est projectif.

ε) Pour tout $x \in K$, l'idéal fractionnaire $A + Ax$ est inversible.

ζ) Pour tout $x \neq 0$ dans K, il existe $y \in K$ tel que $y \equiv 0 \pmod{1}$, $y \equiv 0 \pmod{x}$, $y \equiv 1 \pmod{1 - x}$.

η) Si $(\mathfrak{a}_i)$ est une famille finie d'idéaux de A, pour que le système de congruences $x \equiv c_i \pmod{\mathfrak{a}_i}$ ait une solution, il faut et il suffit que $c_i \equiv c_j \pmod{(\mathfrak{a}_i + \mathfrak{a}_j)}$ pour tout couple d'indices i, j (« théorème chinois »).

θ) Si $\mathfrak{a}$, $\mathfrak{b}$, $\mathfrak{c}$ sont trois idéaux de A, on a $\mathfrak{a} \cap (\mathfrak{b} + \mathfrak{c}) = \mathfrak{a} \cap \mathfrak{b} + \mathfrak{a} \cap \mathfrak{c}$.

ι) Si $\mathfrak{a}$, $\mathfrak{b}$, $\mathfrak{c}$ sont trois idéaux de A, on a $\mathfrak{a} + (\mathfrak{b} \cap \mathfrak{c}) = (\mathfrak{a} + \mathfrak{b}) \cap (\mathfrak{a} + \mathfrak{c})$.

κ) A est intégralement clos et tout idéal de type fini dans A est divisoriel.

λ) A est intégralement clos et pour tout $z \neq 0$ dans K, il existe x, y dans A tels que $z = x + yz^2$.

μ) A est intégralement clos et si $\mathfrak{a}$, $\mathfrak{b}$, $\mathfrak{c}$ sont trois idéaux fractionnaires $\neq 0$ de type fini, la relation $\mathfrak{a}\mathfrak{b} = \mathfrak{a}\mathfrak{c}$ entraîne $\mathfrak{b} = \mathfrak{c}$.

ν) Pour tout A-module M de type fini, le sous-module de torsion de M est facteur direct de M.

σ) Tout anneau B tel que $A \subset B \subset K$ est intégralement clos.

On dit alors que A est un anneau *prüférien* (ou *anneau de Prüfer*).

(Pour prouver l'équivalence de α), β), γ) et δ), utiliser le chap. II, § 5, nº 2, th. 1 et nº 6, th. 4. Pour prouver que ε) entraîne γ), on utilisera l'identité $(\mathfrak{a} + \mathfrak{b})(\mathfrak{b} + \mathfrak{c})(\mathfrak{c} + \mathfrak{a}) = (\mathfrak{a} + \mathfrak{b} + \mathfrak{c})(\mathfrak{a}\mathfrak{b} + \mathfrak{b}\mathfrak{c} + \mathfrak{c}\mathfrak{a})$ entre trois idéaux fractionnaires dans un anneau intègre. Pour prouver que ζ) entraîne η), raisonner par récurrence sur le nombre des $\mathfrak{a}_i$. L'équivalence de η), θ) et ι) a été démontrée dans *Alg.*, chap. VI, § 1, exerc. 25. Prouver que λ) entraîne ε) en remarquant que λ) entraîne la relation

$$x(A + Az) \subset z(A + Az),$$

en utilisant l'exerc. 6 *b*) du § 1, et en notant que

$$(A + Az)(Ay + Ax/z) = A.$$

Prouver que μ) entraîne λ) en remarquant que l'on a toujours

$$z(A + Az) \subset (A + Az^2)(A + Az).$$

Prouver que κ) entraîne λ) en notant que tout idéal principal fractionnaire At qui contient A et Az^2 contient aussi Az. Pour prouver que ν) entraîne γ), considérer, pour un idéal entier de type fini $\mathfrak{a} \neq 0$ de A, un élément $c \in \mathfrak{a}(A : \mathfrak{a})$ non nul et appliquer l'exerc. 32 du § 1 à l'idéal $\mathfrak{b} = c\mathfrak{a}$. Pour prouver que σ) entraîne β), se ramener au cas où A est un anneau local, considérer un élément $z \in K - A$, et montrer que $z^{-1} \in A$ en remarquant que l'hypothèse entraîne que $z \in A[z^2]$).

¶ 13) *a*) Dans un anneau prüférien A, soient $\mathfrak{a}$, $\mathfrak{b}$ deux idéaux de type fini; montrer que si $\mathfrak{b} \not\subset \mathfrak{a}$, il existe un idéal $\mathfrak{c}$ de type fini tel que $\mathfrak{a} \subset \mathfrak{c}$, $\mathfrak{a} \neq \mathfrak{c}$ et $\mathfrak{b}\mathfrak{c} \subset \mathfrak{a}$ (considérer l'idéal $\mathfrak{a} + \mathfrak{b}$).

b) Déduire de *a*) que si $\mathfrak{a}$ est un idéal de type fini dans un anneau prüférien A, alors, dans l'anneau $A/\mathfrak{a}$, tout élément non diviseur de zéro est inversible. En particulier, un idéal premier de A ne peut être de type fini que s'il est maximal.

c) Montrer que dans un anneau prüférien A, deux idéaux premiers

$\mathfrak{p}$, $\mathfrak{p}'$ dont aucun n'est contenu dans l'autre sont étrangers (considérer, pour tout idéal maximal $\mathfrak{m}$ de A, l'idéal $\mathfrak{p}A_{\mathfrak{m}} + \mathfrak{p}'A_{\mathfrak{m}}$).

d) Dans un anneau prüférien A, soit $\mathfrak{a}$ un idéal de type fini. Pour que $\mathfrak{a}$ soit primal (chap. IV, § 2, exerc. 33), il faut et il suffit que $\mathfrak{a}$ ne soit contenu que dans un seul idéal maximal de A (utiliser *b*)); $\mathfrak{a}$ est alors irréductible et quasi-premier (chap. IV, § 2, exerc. 34), si bien que, pour les idéaux de type fini, ces trois notions coïncident. Pour que $\mathfrak{a}$ soit primaire, il faut et il suffit qu'il ne soit contenu que dans un seul idéal premier (nécessairement maximal) $\mathfrak{m}$; pour que $\mathfrak{a}$ soit fortement primaire (chap. IV, § 2, exerc. 27), il faut et il suffit en outre que $\mathfrak{m}A_{\mathfrak{m}}$ soit principal.

14) Soit A un anneau prüférien. Montrer que pour qu'un A-module M soit plat, il faut et il suffit qu'il soit sans torsion (utiliser l'exerc. 12, δ)). En déduire que A est un anneau cohérent (chap. I, § 2, exerc. 12).

15) *a*) Si A est un anneau prüférien, $A/\mathfrak{p}$ est prüférien pour tout idéal premier $\mathfrak{p}$ de A.

b) Si A est prüférien, il en est de même de $S^{-1}A$ pour toute partie multiplicative S de A ne contenant pas 0.

c) Soient K un corps, (A_λ) une famille filtrante croissante non vide de sous-anneaux de K. Montrer que si les A_λ sont des anneaux prüfériens, il en est de même de leur réunion A (utiliser l'exerc. 12, ζ)).

16) Soient A un anneau prüférien, K son corps des fractions, L une extension algébrique de K (de degré fini ou non); montrer que la fermeture intégrale A′ de A dans L est un anneau prüférien. (Soit $x \in L$ et soit $a_0X^n + a_1X^{n-1} + \cdots + a_n$ un polynôme de A[X] dont x soit racine; si on pose $a_0X^n + a_1X^{n-1} + \cdots + a_n = (X - x)(b_0X^{n-1} + \cdots + b_{n-1})$, montrer que les b_i et les b_ix appartiennent à A′, en utilisant le § 1, exerc. 12*a*). Si $\mathfrak{a} = \sum_{i=0}^{n} Aa_i$, $\mathfrak{b} = \sum_{j=0}^{n-1} Bb_j$, montrer alors que l'idéal $\mathfrak{b}.B\mathfrak{a}^{-1}$ est l'inverse de $B + Bx$).

¶17) Soit A un anneau intègre.

a) Pour que A soit bezoutien (§ 1, exerc. 20), il faut et il suffit qu'il soit prüférien et pseudo-bezoutien (§ 1, exerc. 21).

b) Pour que A soit un anneau de Dedekind, il faut et il suffit qu'il soit un anneau de Krull prüférien (montrer que tout idéal divisoriel de A est de type fini, en utilisant l'exerc. 12, κ) et le § 1, exerc. 11*a*); en déduire que tout idéal premier $\neq 0$ de A est maximal (exerc. 13*b*)), puis que tout idéal premier de A est de type fini, et conclure à l'aide du chap. II, § 1, exerc. 6).

c) Pour que A soit un anneau de Dedekind, il faut et il suffit qu'il soit prüférien et fortement laskérien (chap. IV, § 2, exerc. 28). (Observer que si A est prüférien et fortement laskérien, tout idéal maximal $\mathfrak{m}$ de A est tel que $A_{\mathfrak{m}}$ soit un anneau de valuation discrète (chap. VI, § 3, exerc. 8), puis que pour tout $x \in A$ non nul, il y a un produit d'un nombre fini d'idéaux maximaux de A contenu dans l'idéal Ax, et en conclure que A est un anneau de Krull).

18) Soit A un anneau, réunion d'une famille filtrante croissante de sous-anneaux A_α qui sont des anneaux de Dedekind. On suppose que,

pour tout idéal premier $\mathfrak{p}$ de A_α, il existe $\beta \geqslant \alpha$ tel qu'il y ait au moins deux idéaux premiers distincts de A_β au-dessus de $\mathfrak{p}$.

a) Montrer que l'anneau de tous les entiers algébriques (fermeture intégrale de **Z** dans **C**) vérifie les conditions précédentes (cf. chap. V, § 2, exerc. 6).

b) Soient v une valuation non impropre de A, $z \in A$ tel que $v(z) > 0$, et soit $\mathfrak{a}$ l'idéal de A formé des x tels que $v(x) \geqslant v(z)$. Montrer que $A : \mathfrak{a} = A$, donc que $\mathfrak{a}$ n'est pas inversible, bien que pour tout idéal maximal $\mathfrak{m}$ de A, $\mathfrak{a}A_\mathfrak{m}$ soit un idéal principal dans l'anneau de valuation $A_\mathfrak{m}$ (cf. chap. II, § 5, n° 6, th. 4).

c) Déduire de *a*) et *b*) un exemple d'anneau prüférien, complètement intégralement clos, mais qui n'est pas un anneau de Krull (cf. exerc. 15*c*) et 17*b*), et chap. V, § 1, exerc. 14).

¶ 19) On dit qu'un anneau intègre A est *pseudo-prüférien* si l'ensemble des diviseurs de type fini de D(A) (§ 1, exerc. 11) est un *groupe*. Un anneau pseudo-prüférien est régulièrement intégralement clos (§ 1, exerc. 29). Un anneau pseudo-bezoutien (§ 1, exerc. 21) est pseudo-prüférien; un anneau prüférien est pseudo-prüférien; un anneau de Krull est pseudo-prüférien.

a) Montrer par des exemples que les réciproques de ces trois dernières assertions ne sont pas nécessairement vraies.

b) Soient θ un nombre irrationnel > 0, Γ le groupe $\mathbf{R}^2$ ordonné en prenant l'ensemble des couples (α, β) tels que $\alpha \geqslant 0$ et $\beta \geqslant \theta\alpha$ pour ensemble des éléments positifs; le groupe ordonné Γ est complètement réticulé. Soit B l'anneau pseudo-principal déduit de Γ par le procédé du § 1, exerc. 22, et soit A le sous-anneau intersection de B et de l'algèbre sur k du sous-groupe $\mathbf{Q}^2$ de $\mathbf{R}^2$. Montrer que A est un anneau complètement intégralement clos, mais n'est pas pseudo-prüférien (noter que si K est le corps des fractions de A, et U le groupe des éléments inversibles de A, le groupe ordonné K^*/U est isomorphe au groupe $\Gamma \cap \mathbf{Q}^2$, ordonné par l'ordre induit par celui de Γ).

c) Si l'anneau A est pseudo-prüférien, montrer que l'anneau de polynômes A[X] est pseudo-prüférien (cf. § 1, exerc. 30*c*)).

d) Soient A un anneau pseudo-prüférien, K son corps des fractions. Montrer que la fermeture intégrale B de A dans une extension algébrique L de K est un anneau pseudo-prüférien (méthode de l'exerc. 16, en utilisant le § 1, exerc. 29*a*)).

* *e*) Déduire de l'exerc. 30*d*) du § 1 un exemple d'une suite croissante (A_n) d'anneaux factoriels ayant même corps des fractions, dont la réunion n'est pas un anneau régulièrement intégralement clos (ni *a fortiori* un anneau pseudo-prüférien) (dans l'exemple cité, prendre pour B un anneau de valuation discrète). *

20) Soient A un anneau de Dedekind, K son corps des fractions, L une extension algébrique de K, de degré fini, B la fermeture intégrale de A dans L, qui est un anneau de Dedekind. Soit $\mathfrak{f}$ un idéal de B. Pour qu'il existe un anneau C tel que $A \subset C \subset B$ et tel que $\mathfrak{f}$ soit le conducteur de B dans C (chap. V, § 1, n° 5), il faut et il suffit que pour tout idéal premier $\mathfrak{p}'$ de B contenant $\mathfrak{f}$, tel que le corps $B/\mathfrak{p}'$ soit isomorphe à

$A/(\mathfrak{p}' \cap A)$ (idéaux premiers de *degré résiduel* 1), les intersections de $\mathfrak{f}$ et du transporteur $\mathfrak{f} : \mathfrak{p}'$ de $\mathfrak{p}'$ dans $\mathfrak{f}$ avec A soient égales. (Noter que s'il existe un tel anneau C, le conducteur de B dans l'anneau $C_0 = A + \mathfrak{f}$ est encore égal à $\mathfrak{f}$; l'existence de C équivaut donc au fait que $A + \mathfrak{f}$ ne contient aucun idéal de B distinct de $\mathfrak{f}$ et contenant $\mathfrak{f}$. Pour prouver que cette dernière condition équivaut à celle de l'énoncé, se ramener au cas où A est un anneau de valuation discrète).

¶ 21) *a*) Soient A un anneau intègre, f, g deux polynômes de A[X], $h = fg$. Désignons par $\mathfrak{a}$, $\mathfrak{b}$, $\mathfrak{c}$ les idéaux de A engendrés respectivement par les coefficients de f, g, h. Montrer que si $\deg(g) = n$, on a $\mathfrak{a}^{n+1}\mathfrak{b} = \mathfrak{a}^n\mathfrak{c}$. (Soit $f(X) = \sum_{i=1}^{m} a_i X^i$, $g(X) = \sum_{j=1}^{n} b_j X^j$; pour toute suite croissante $\sigma = (i_k)_{1 \leqslant k \leqslant n+1}$ d'entiers $\leqslant m$ et tout j, soit

$$u_{\sigma,j} = a_{i_1} a_{i_2} \cdots a_{i_{j+1}} b_j a_{i_{j+2}} \cdots a_{i_{n+1}};$$

on prend sur l'ensemble des $u_{\sigma,j}$ un ordre total tel que, pour $j < j'$, on ait $u_{\sigma,j} < u_{\tau,j'}$ quels que soient σ, τ, et pour tout j, $u_{\sigma,j} \leqslant u_{\tau,j}$ si et seulement si $\sigma \leqslant \tau$ dans l'ordre lexicographique sur $[0, m]^{n+1}$. Raisonner alors par récurrence dans cet ensemble totalement ordonné).

b) Déduire de *a*) que si A est prüférien (exerc. 12), on a $\mathfrak{c} = \mathfrak{a}\mathfrak{b}$.

c) Prenant pour A l'anneau de polynômes $\mathbf{Z}[Y]$, donner un exemple de deux polynômes f, g du premier degré dans A[X] tels que $\mathfrak{c} \neq \mathfrak{a}\mathfrak{b}$.

¶ 22) *a*) Soit A un anneau intègre noethérien dont tout idéal premier $\neq 0$ est maximal, de sorte que tout idéal $\mathfrak{a} \neq 0$ s'écrit d'une seule manière comme produit $\prod_i \mathfrak{q}_i$ d'idéaux primaires relatifs aux idéaux premiers distincts $\mathfrak{p}_i$ contenant $\mathfrak{a}$. Soit $\mathfrak{a}$ un idéal *inversible* dans A, et soit $\mathfrak{b}$ un idéal $\neq 0$ quelconque dans A; montrer qu'il existe un idéal $\mathfrak{c}$ tel que $\mathfrak{b} + \mathfrak{c} = A$ et que $\mathfrak{a}\mathfrak{c}$ soit principal. (Observer que, si $(\mathfrak{p}_i)_{1 \leqslant i \leqslant n}$ est une famille finie d'idéaux maximaux distincts de A, et si l'on pose $\mathfrak{r}_i = \prod_{j \neq i} \mathfrak{p}_j$, on a $\mathfrak{a} = \sum_i \mathfrak{a}\mathfrak{r}_i$ et $\bigcap_i \mathfrak{a}\mathfrak{r}_i = \mathfrak{a}\mathfrak{p}_1\mathfrak{p}_2 \ldots \mathfrak{p}_n$; en utilisant le chap. II, § 1, n° 2, prop. 6, en déduire l'existence d'un élément $x \in \mathfrak{a}$ tel que $x\mathfrak{a}^{-1} + \mathfrak{b} = A$). En déduire que $\mathfrak{a}$ est engendré par deux éléments (cf. exerc. 1).

b) Soient K un corps, A le sous-anneau de l'anneau des séries formelles K[[T]] formé des séries $a_0 + T^n P(T)$, où $a_0 \in K$, $P(T) \in K[[T]]$, pour un entier n donné. Montrer que A est un anneau local noethérien intègre, ayant un seul idéal premier $\mathfrak{m} \neq 0$, mais que le plus petit cardinal d'un système de générateurs de $\mathfrak{m}$ est n.

§ 3.

1) Pour qu'un anneau intègre A soit factoriel, il faut et il suffit qu'il existe une application $x \to s(x)$ de $A - \{0\}$ dans $\mathbf{N}$, telle que $s(xy) = s(x) + s(y)$, que la relation $s(x) = 0$ entraîne que x est inversible dans A, et enfin que pour deux éléments quelconques x, y de $A - \{0\}$, dont aucun ne divise l'autre, il existe des éléments a, b, z, t de $A - \{0\}$

tels que $ax + by = zt$, $s(z) < s(x)$, t étant étranger à x et à y. (Si cette condition est remplie, montrer d'abord que tout élément non nul de A est produit d'éléments extrémaux, puis que pour tout élément extrémal p, Ap est un idéal premier; conclure à l'aide du th. 1, *d*)).

2) *a*) Soit A un anneau intègre, réunion d'une famille filtrante croissante (A_λ) de sous-anneaux. On suppose que chacun des A_λ est factoriel et que si $\lambda \leqslant \mu$, tout élément extrémal de A_λ est extrémal dans A_μ. Montrer que A est un anneau factoriel dont l'ensemble des éléments extrémaux est la réunion des ensembles d'éléments extrémaux de chacun des A_λ (cf. § 2, exerc. 19 *e*)).

b) Déduire de *a*) que pour tout anneau factoriel A, l'anneau de polynômes $A[X_\lambda]_{\lambda \in L}$ par rapport à une famille quelconque d'indéterminées est factoriel.

c) Soit A un anneau factoriel tel que tout anneau de séries formelles $A[[X_1, \ldots, X_n]]$ par rapport à un nombre fini d'indéterminées soit factoriel. Montrer que tout anneau de séries formelles $A[[X_\lambda]]_{\lambda \in L}$ par rapport à une famille quelconque d'indéterminées (*Alg.*, chap. IV, § 5, exerc. 1) est factoriel (même méthode).

3) *a*) Soit $A = \bigoplus_{n \geqslant 0} A_n$ une algèbre graduée à degrés positifs sur un corps k; on suppose que $A_0 = k$, et que A est un anneau de Krull. Montrer que, pour que A soit factoriel, il faut et il suffit que tout idéal premier gradué $\mathfrak{p}$ de hauteur 1 dans A soit de la forme $\mathfrak{p} = Aa$, où a est un élément homogène (utiliser l'exerc. 16 du § 1). Montrer que tout élément homogène $\neq 0$ de A est produit d'éléments extrémaux homogènes.

b) Soit A une k-algèbre graduée vérifiant les conditions de *a*). Soit k' une extension de k, et supposons que $A \otimes_k k'$ soit un anneau factoriel; montrer que A est factoriel. (Si un idéal gradué $\mathfrak{a}$ de A est tel que $\mathfrak{a} \otimes_k k'$ soit principal dans $A \otimes_k k'$, montrer que $\mathfrak{a}$ est principal; utiliser ensuite *a*)).

4) *a*) Montrer que l'anneau $A = \mathbf{Q}[X, Y]/\mathfrak{p}$, où $\mathfrak{p}$ est l'idéal principal engendré par $X^2 + Y^2 - 1$ dans $\mathbf{Q}[X, Y]$, est un anneau de Krull non factoriel (si x est l'image de X dans A, montrer que x est un élément extrémal de A mais que Ax n'est pas un idéal maximal de A).

b) Montrer que l'anneau $A \otimes_{\mathbf{Q}} \mathbf{Q}(i)$ est factoriel (prouver que cet anneau est isomorphe au quotient de $\mathbf{Q}(i)[X, Y]$ par l'idéal principal $(XY - 1)$; comparer à l'exerc. 3 *b*)).

¶ 5) *a*) Soient k un anneau factoriel noethérien, B l'anneau de polynômes $k[X_1, \ldots, X_n]$ avec $n \geqslant 3$; soient g_i $(0 \leqslant i \leqslant r)$ des éléments de $k[X_3, \ldots, X_n]$ où g_0 est extrémal. On pose $g = X_1X_2 - \sum_{i=0}^{r} g_i X_1^i$, et on considère l'anneau quotient $A = B/gB$. Montrer que A est factoriel. (Soit S la partie multiplicative de A engendrée par 1 et l'image de X_1 dans A; appliquer à $S^{-1}A$ la prop. 3 du n° 4).

b) Soient k un corps de caractéristique $\neq 2$, F un polynôme homogène du second degré de $k[X_1, \ldots, X_n]$ avec $n \geqslant 5$, tel que la fonction polynôme correspondante sur k^n soit une forme quadratique non dégénérée. Montrer que l'anneau $k[X_1, \ldots, X_n]/(F)$ est factoriel. (On prouvera d'abord qu'un polynôme homogène G du second degré dans $k[X_1, \ldots, X_n]$, tel que la fonction polynôme correspondante soit une forme quadratique non dégénérée, est extrémal pour $n \geqslant 3$. Prouver ensuite la proposition lorsque k est algébriquement clos, en utilisant *a*); passer enfin au cas général à l'aide de l'exerc. 3 *b*)).

c) Si $F = X_1X_2 - X_3X_4$, montrer que l'anneau $k[X_1, X_2, X_3, X_4]/(F)$ n'est pas factoriel. (Montrer que les images des X_i dans cet anneau sont des éléments extrémaux).

¶ 6) *a*) Soit K un corps algébriquement clos de caractéristique $\neq 2$. Déterminer les idéaux premiers gradués de l'anneau

$$K[X, Y, Z]/(X^2 + Y^2 + Z^2).$$

b) Soient k un corps ordonné, a, b, c des éléments > 0 de k et A l'anneau $k[X, Y, Z]/(aX^2 + bY^2 + cZ^2)$. Montrer que A est un anneau factoriel. (Se ramener au cas où k est un corps ordonné maximal, en utilisant l'exerc. 3 *b*); prouver alors, en utilisant *a*), que tout idéal premier gradué de hauteur 1 dans A est principal, et appliquer l'exerc. 3 *a*)).

c) Soient k un corps ordonné, a, b des éléments > 0 de k et B l'anneau $k[X, Y]/(aX^2 + bY^2 + 1)$. Montrer que B est un anneau factoriel (utiliser *b*) et l'exerc. 17 *a*) du § 1).

d) Montrer que l'anneau $C = \mathbf{Q}[X, Y]/(X^2 + 2Y^2 + 1)$ est factoriel, mais que l'anneau $C \otimes_{\mathbf{Q}} \mathbf{Q}(i)$ (avec $i^2 = -1$) n'est pas factoriel.

¶ 7) Soient K un anneau factoriel noethérien, F un élément extrémal de l'anneau de polynômes $K[X_1, \ldots, X_n]$; on suppose que lorsque l'on attribue à chaque X_i un poids $q(i) > 0$ $(1 \leqslant i \leqslant n)$ F est isobare et de poids $q > 0$. Soit A l'anneau engendré, dans une clôture algébrique Ω du corps des fractions de $K(X_1, \ldots, X_n)$, par K, les X_i $(1 \leqslant i \leqslant n)$, et une racine z du polynôme $Z^c - F$, où c est un entier étranger à q. Montrer que A est factoriel dans les deux cas suivants:

1) on a $c \equiv 1 \pmod{q}$;

2) tout K-module projectif de type fini est libre (ce qui a lieu par exemple lorsque K est un corps, ou un anneau principal, ou un anneau local). (Dans le premier cas, considérer l'anneau de fractions $A[1/z]$; montrer qu'il est factoriel et appliquer la prop. 3 du n° 4. Dans le second cas, considérer un entier d tel que $cd \equiv 1 \pmod{q}$, et soit $z' \in \Omega$ tel que $z = z'^d$; l'anneau $B = A[z']$ est factoriel en vertu du premier cas, et est un A-module libre. Considérer B comme un anneau gradué en prenant z' de poids q, chacun des X_i de poids $cdq(i)$, et se ramener à prouver que pour deux éléments homogènes u, v de A, l'idéal $Au \cap Av$ est principal, en utilisant l'exerc. 16 du § 1; considérer enfin l'idéal $Bu \cap Bv$ dans B et utiliser le chap. I, § 3, n° 6, prop. 12). En particulier, si K est un corps, a, b, c trois entiers > 0 étrangers deux à deux, l'anneau

$$A = K[X, Y, Z]/(Z^a - X^b - Y^c)$$

est factoriel.

¶ 8) Soient A un anneau intègre, x, y, z trois éléments non nuls de de A, où x est extrémal et $Ax \cap Ay = Axy$. Soit S l'ensemble multiplicatif des x^n $(n \geqslant 0)$, et soit $B = S^{-1}A$; on considère les anneaux de séries formelles A[[T]] et B[[T]].

a) Soient i, j, k trois entiers $\geqslant 0$ tels que $ijk - ij - jk - ki \geqslant 0$ et $z^i \in \mathrm{A}x^j + \mathrm{A}y^k$. On considère dans A[[T]] l'élément $v = xy - z^{i-1}\mathrm{T}$. Montrer qu'il existe un entier $t > 0$ et une série

$$v' = y^t x^{-1} + b_1 x^{-2}\mathrm{T} + \cdots + b_{n-1}x^{-n}\mathrm{T}^{n-1} + \cdots$$

dans B[[T]] tels que $vv' \in \mathrm{A}[[\mathrm{T}]]$ (on déterminera par récurrence les b_n, en procédant dans **N** par intervalles de longueur ij ; à l'intérieur de chaque intervalle, prendre $b_{n+1} = b_n z^{i-1} x^{-1}$; à l'extrémité de chaque intervalle, utiliser l'inégalité $ijk - ij - jk - ki \geqslant 0$).

b) On suppose que $z^{i-1} \notin \mathrm{A}x + \mathrm{A}y$. Montrer qu'il n'existe dans l'anneau A[[T]] aucune série formelle de terme constant y^k (k entier > 0) et qui soit un élément associé à v dans B[[T]] (calculer le coefficient de T dans le produit de v et d'un élément inversible de B[[T]]).

c) Déduire de *a*), *b*) et de l'exerc. 7 un exemple d'anneau factoriel A tel que l'anneau de séries formelles A[[T]] ne soit pas factoriel. (Avec les notations précédentes, et en supposant remplies les conditions de *a*) et *b*) sur x, y, z, i, j, k, montrer que vv' ne peut être produit de facteurs extrémaux u_h ($1 \leqslant h \leqslant r$) dans A[[T]] ; on observera que les u_h sont des séries formelles dont les termes constants sont des puissances de y. Considérer ensuite l'anneau $\mathrm{C} = \mathrm{S}'^{-1}\mathrm{A}[[\mathrm{T}]]$, où S' est formé des séries dont le terme constant est dans S ; B[[T]] est le complété de l'anneau de Zariski C ; montrer que $v' \in \mathrm{C}$, et que v et les u_h sont extrémaux dans C ; obtenir finalement une contradiction avec *b*)).

d) Déduire de *c*) un exemple d'anneau local factoriel noethérien A dont le complété $\hat{\mathrm{A}}$ est un anneau de Krull non factoriel.

¶ 9) *a*) Soit A un anneau intègre noethérien tel que pour tout idéal maximal $\mathfrak{m}$ de A, $\mathrm{A}_\mathfrak{m}$ soit un anneau de valuation discrète. Si B est l'anneau de séries formelles $\mathrm{A}[[\mathrm{X}_1, \ldots, \mathrm{X}_n]]$, montrer que pour tout idéal maximal $\mathfrak{n}$ de B, l'anneau $\mathrm{B}_\mathfrak{n}$ est factoriel (considérer son complété, en utilisant la prop. 8 du n° 9). En déduire que tout idéal divisoriel de B est un B-module projectif.

b) Soit C un anneau noethérien tel que tout C-module projectif de type fini soit libre ; montrer que l'anneau de séries formelles C[[X]] a la même propriété (cf. chap. II, § 3, n° 2, prop. 5).

c) Déduire de *a*) et *b*) que si A est un anneau principal, l'anneau de séries formelles $\mathrm{A}[[\mathrm{X}_1, \ldots, \mathrm{X}_n]]$ est factoriel.

10) *a*) Un anneau factoriel prüférien (§ 2, exerc. 12) est principal.
b) Un anneau de Krull pseudo-bezoutien (§ 1, exerc. 21) est factoriel.

11) Soient K un corps, A l'anneau de polynômes K[X, Y], qui est factoriel ; si L est le corps $\mathrm{K}(\mathrm{X}^2, \mathrm{Y}/\mathrm{X}) \subset \mathrm{K}(\mathrm{X}, \mathrm{Y})$, montrer que l'anneau $\mathrm{A} \cap \mathrm{L}$ n'est pas factoriel.

12) Démontrer la prop. 5 du n° 8 en utilisant le chap. III, § 2, n° 8, cor. 3 du th. 1.

13) Etendre le cor. de la prop. 7 du n° 8 au cas où l'anneau local séparé et complet A n'est pas intègre (utiliser *Alg.*, chap. VIII, § 6, exerc. 6 *b*)).

14) Soient A un anneau local complet noethérien, dont le corps résiduel est de caractéristique $p > 0$. Dans l'anneau de séries formelles A[[T]], on considère les éléments $\omega_n = (1 - T)^{p^n}$ et $\gamma_n = 1 - \omega_n$ pour tout entier $n > 0$. Montrer que γ_n est, au signe près, un polynôme distingué (n° 8); en déduire que $A_n = A[[T]]/(\gamma_n)$ s'identifie à l'algèbre sur A du groupe $G_n = \mathbf{Z}/p^n\mathbf{Z}$. Montrer que l'intersection des idéaux principaux (γ_n) est réduite à 0; en déduire que A[[T]] s'identifie à la limite projective $\varprojlim A_n$.

¶ 15) Soient K un corps complet pour une valuation discrète v, A l'anneau de la valuation, k son corps résiduel, P un polynôme de $A[X_1, \ldots, X_n]$ de degré total d ayant la propriété suivante: il existe une extension algébrique K' de K telle que dans $K'[X_1, \ldots, X_n]$, P soit produit de polynômes de degré total 1. On suppose en outre qu'il existe deux polynômes Q, R de $A[X_1, \ldots, X_n]$ tels que Q soit de degré total s et contienne un monôme aX_1^s où $\varphi(a) \neq 0$ (φ désignant l'homomorphisme canonique $A \to k$), que R soit de degré $\leqslant d - s$, et que l'on ait $\bar{P} = \bar{Q}.\bar{R}$ (notations du chap. III, § 4). Montrer qu'il existe alors dans $A[X_1, \ldots, X_n]$ deux polynômes Q_0, R_0 de degrés respectifs s, $d - s$, tels que $P = Q_0R_0$, $\bar{Q} = \bar{Q}_0$, $\bar{R} = \bar{R}_0$ et que Q_0 contienne un monôme $a_0X_1^s$ avec $\varphi(a) = \varphi(a_0)$. (Considérer P, Q, R comme des polynômes en X_1 à coefficients dans l'anneau B, complété de $A[X_2, \ldots, X_n]$ pour la valuation obtenue en prolongeant v suivant la méthode du chap. VI, § 10, n° 1, prop. 2; appliquer ensuite le lemme de Hensel; utiliser enfin l'hypothèse initiale sur P).

16) Soient B un anneau de valuation discrète, dont le corps résiduel k est fini et n'est pas un corps premier; soient k_0 le sous-corps premier de k, et soit A le sous-anneau de B formé des éléments dont la classe dans le corps résiduel appartient à k_0. Soient π une uniformisante de B, et $(\theta_i)_{1 \leqslant i \leqslant m}$ un système d'éléments inversibles de B tel que les classes $\bar{\theta}_i$ mod. π des θ_i forment un système de représentants de k^* mod. k_0^*. Montrer que les éléments $p_i = \theta_i\pi$ et l'élément π sont extrémaux dans A et que tout élément de A est produit d'un élément inversible et de puissances des p_i et de π, bien que A ne soit pas intégralement clos.

17) *a*) Soit A un anneau intègre; montrer que dans l'anneau $A[X_{ij}]$, où (X_{ij}) est une famille de n^2 indéterminées ($1 \leqslant i \leqslant n$, $1 \leqslant j \leqslant n$), l'élément $\det(X_{ij})$ est extrémal. (Se ramener au cas où A est un corps; observer que les facteurs de $\det(X_{ij})$ seraient nécessairement des polynômes homogènes, et raisonner par récurrence sur n).

b) Soient K un corps infini, F un polynôme de $K[Y_1, \ldots, Y_m]$, qu'on écrit aussi F(Y); pour toute matrice carrée $s = (\alpha_{ij})$ d'ordre m à éléments dans K, on note $F(s.Y)$ le polynôme F où on a substitué à chaque Y_i l'élément $\sum_{j=1}^{m} \alpha_{ij}Y_j$. Montrer que si F est extrémal, il en est de même de $F(s.Y)$ pour toute matrice inversible s. S'il existe un entier $k \geqslant 0$ tel que $F(s.Y) = (\det(s))^kF(Y)$ pour toute matrice inversible s, F est nécessairement homogène par rapport à chacun des Y_j; en outre, si $F = GH$ où G et H sont deux polynômes de $K[Y_1, \ldots, Y_m]$, il existe deux entiers p et q tels que $p + q = k$ et $G(s.Y) = (\det(s))^p G(Y)$, $H(s.Y) = (\det(s))^q H(Y)$ pour toute matrice inversible s (utiliser *a*)).

c) Soient A un anneau non réduit à 0; on considère l'anneau de polynômes $A[X_{ij}]$, où les X_{ij} sont $n(n+1)/2$ (resp. $2n(2n-1)/2$) indéterminées, avec $1 \leqslant i \leqslant j \leqslant n$ (resp. $1 \leqslant i < j \leqslant 2n$); soit $U = (\xi_{ij})$ (resp. $V = (\eta_{ij})$) la matrice carrée d'ordre n (resp. $2n$) sur $A[X_{ij}]$ telle que $\xi_{ij} = X_{ij}$ pour $1 \leqslant i \leqslant j \leqslant n$ et $\xi_{ij} = X_{ji}$ pour $i > j$ (resp. $\eta_{ii} = 0$ pour $1 \leqslant i \leqslant 2n$, $\eta_{ij} = X_{ij}$ pour $1 \leqslant i < j \leqslant 2n$, $\eta_{ij} = -X_{ji}$ pour $i > j$). Montrer que $\det(U)$ (resp. $\mathrm{Pf}(V)$) est un élément extrémal dans $A[X_{ij}]$ (raisonner comme dans *b*), en considérant $\det(s.U.{}^t s)$ et $\mathrm{Pf}(s.V.{}^t s)$).

18) Soient K un corps, $f = g/h$ un élément du corps de fractions rationnelles K(U, V) à deux indéterminées, où g et h sont deux polynômes étrangers de K[U, V]. Montrer que dans le corps des fractions rationnelles $K(X_1, Y_1, \ldots, X_n, Y_n)$ à $2n$ indéterminées, le déterminant $\det(f(X_i, Y_j))$ est égal à :

$$\Big(\prod_{i,j} h(X_i, Y_j)\Big)^{-1} V(X_1, \ldots, X_n)V(Y_1, \ldots, Y_n)F(X_1, Y_1, \ldots, X_n, Y_n)$$

où F est un polynôme de $K[X_1, Y_1, \ldots, X_n, Y_n]$ et $V(X_1, \ldots, X_n)$ est le déterminant de Vandermonde (*Alg.*, chap. III, § 6, n° 4). Cas particulier où $f = 1/(U + V)$ (« *identité de Cauchy* »).

19) Si U est une matrice carrée d'ordre n, Δ son déterminant, Δ_p le déterminant de la puissance extérieure p-ème de U (*Alg.*, chap. III, § 6, n° 3), montrer que l'on a :

$$\Delta_p = \Delta^{\binom{n-1}{p-1}}$$

(utiliser l'exerc. 11 d'*Alg.*, chap. III, § 6, et l'exerc. 17 *a*) ci-dessus).

20) Soient A un anneau factoriel, $f = \sum_{k=0}^{n} a_k X^k$ un polynôme de A[X]; on suppose qu'il existe un élément extrémal p de A tel que :

1°) il existe un indice $k \leqslant n$ tel que a_k ne soit pas divisible par p, mais que a_i soit divisible par p pour $i < k$;

2°) a_0 soit divisible par p, mais non par p^2.

Montrer que dans ces conditions, un des facteurs irréductibles de f dans A[X] est de degré $\geqslant k$ (raisonner dans $(A/pA)[X]$). Cas particulier où $k = n$ (« *critère d'irréductibilité d'Eisenstein* »).

21) Montrer que dans **Z**[X] les polynômes suivants sont irréductibles :
$X^n - a$, où un des facteurs premiers de a a pour exposant 1 ;
$X^{2^k} + 1$, (remplacer X par X + 1);
$X^4 + 3X^3 + 3X^2 - 5$;
$5X^4 - 6X^3 - aX^2 - 4X + 2$.
(Utiliser l'exerc. 20).

¶ 22) *a*) Soient k un corps ordonné, A le quotient de l'anneau de polynômes $k[X, Y, Z]$ par l'idéal principal $(X^2 + Y^2 + Z^2 - 1)$; on désigne par x, y, z les images canoniques de X, Y, Z dans A. Montrer que A est factoriel (considérer l'anneau de fractions A_{z-1} (notation du chap II, § 5, n° 1), et utiliser le n° 4, prop. 3).

b) Soit $(e_i)_{1 \leqslant i \leqslant 3}$ la base canonique de A^3, et soit M le quotient de A^3 par le sous-A-module monogène N engendré par $xe_1 + ye_2 + ze_3$; montrer que M est un A-module projectif (former un sous-module supplémentaire de N dans A^3).

* *c*) Montrer que si $k = \mathbf{R}$, le A-module M n'est pas libre (identifier M à un sous-module du module des sections continues de l'espace fibré des vecteurs tangents à la sphère unité, et utiliser le fait qu'il n'existe aucun champ continu de vecteurs tangents $\neq 0$ en tout point de la sphère). *

¶ 23) Soient B un anneau de Krull, E son corps des fractions, Δ une dérivation de E telle que $\Delta(B) \subset B$, K le sous-corps de E noyau de Δ et A l'anneau de Krull $B \cap K$; on suppose K de caractéristique $p > 0$; on a $E^p \subset K$ et $B^p \subset A$, de sorte que B est la fermeture intégrale de A dans E, et l'homomorphisme canonique $\bar{i} : C(A) \to C(B)$ est défini (§ 1, n° 10). On désigne par U le groupe des éléments inversibles de B.

a) Si $b \in E$ est tel que $\mathrm{div}_B(b)$ soit l'image canonique d'un diviseur de D(A), montrer que l'on a $\Delta b/b \in B$ (noter que pour tout idéal premier $\mathfrak{P}$ de hauteur 1 de B, il existe $b' \in K$ tel que $v_{\mathfrak{P}}(b) = v_{\mathfrak{P}}(b')$, et observer que $B_{\mathfrak{P}}$ est stable par Δ). Soient L le sous-groupe additif de B formé des $\Delta b/b$ (« dérivées logarithmiques ») qui appartiennent à B (pour $b \in E$ ou $b \in B$, ce qui revient au même, et $b \neq 0$), et soit L' le sous-groupe de L formé des $\Delta u/u$, où $u \in U$. Montrer que, pour tout diviseur $d \in D(A)$ tel que l'image de d soit un diviseur principal dans D(B), la classe mod. L' de $\Delta b/b$ pour tout b tel que $i(d) = \mathrm{div}_B(b)$ ne dépend que de la classe de d dans C(A), et en déduire un homomorphisme injectif canonique φ de $\mathrm{Ker}(\bar{i})$ dans L/L'.

b) Montrer que si $\Delta(B)$ n'est contenu dans aucun idéal premier de hauteur 1 de B et si $[E : K] = p$, φ est *bijectif*. (Se ramener à montrer que si $b \in E$ est tel que $\Delta b/b \in B$ et si $\mathfrak{P}$ est un idéal premier de hauteur 1 dans B tel que $v_{\mathfrak{P}}(b)$ ne soit pas multiple de p, alors $e(\mathfrak{P}/\mathfrak{p}) = 1$, où $\mathfrak{p} = \mathfrak{P} \cap A$; pour cela, déduire de l'hypothèse que si t est une uniformisante de $B_{\mathfrak{P}}$, on a $\Delta t/t \in B_{\mathfrak{P}}$, de sorte que $\mathfrak{P}B_{\mathfrak{P}}$ est stable par Δ, et que Δ définit donc par passage aux quotients une dérivation $\bar{\Delta}$ du corps résiduel $k = B_{\mathfrak{P}}/\mathfrak{P}B_{\mathfrak{P}}$; montrer que $\bar{\Delta} \neq 0$, et en déduire que $f(\mathfrak{P}/\mathfrak{p}) = p$).

c) Soient k un corps de caractéristique 2, B l'anneau de polynômes $k[X, Y, Z]$, Δ la dérivation de $E = k(X, Y, Z)$ telle que $\Delta(X) = Y^4$, $\Delta(Y) = X^2$, $\Delta(Z) = XYZ$; le corps K noyau de Δ est tel que $[E : K] = 4$. On a $\Delta(Z)/Z \in B$, mais montrer que $\mathrm{div}_B(Z)$ n'est pas l'image canonique d'un diviseur de D(A). (Raisonner par l'absurde en supposant que $e(\mathfrak{P}/\mathfrak{p}) = 1$ pour $\mathfrak{P} = BZ$, $\mathfrak{p} = \mathfrak{P} \cap A$; il y aurait alors dans A une uniformisante de $B_{\mathfrak{P}}$, nécessairement de la forme $a(X, Y, Z)Z$ avec $b = a(X, Y, 0) \neq 0$; en déduire que l'on aurait $\Delta b/b = -XY$ et obtenir une contradiction en calculant $\Delta(-XY)$).

24) *a*) Soient E un corps de caractéristique 2, Δ une dérivation de E, K le sous-corps de E noyau de Δ; on suppose que $[E : K] = 2$. Montrer que l'on a $\Delta^2 = a\Delta$ avec $a \in K$, et que pour qu'un élément $t \in E$ soit de la forme $\Delta x/x$, il faut et il suffit que $\Delta t = at + t^2$.

b) Soient B un anneau local factoriel de caractéristique 2, $\mathfrak{m}$ son idéal maximal, E son corps des fractions, Δ une dérivation de E; on suppose que le sous-corps K de E, noyau de Δ, est tel que $[E:K] = 2$; en outre, on suppose qu'il existe deux éléments x, y de $\mathfrak{m}$ tels que Δx et Δy engendrent l'idéal $\mathfrak{q}$ de B engendré par $\Delta(B)$. Montrer alors que si $t = \Delta z/z$ appartient à $\mathfrak{q}$, il existe un élément inversible u de B tel que $t = \Delta u/u$ (écrire $t = r\Delta x + s\Delta y$ avec r, s dans B et utiliser *a*)).

¶ 25) Soient k un corps de caractéristique 2, B l'anneau de séries formelles $k[[X, Y]]$, E son corps des fractions, Δ la k-dérivation de E définie par $\Delta(X) = Y^{2j}$, $\Delta(Y) = X^{2i}$ (i, j entiers $\geqslant 0$); le sous-anneau A de B formé des $x \in B$ tels que $\Delta x = 0$ est l'anneau des séries formelles de $k[[X, Y, Z]]$ où on substitue X^2 à X, Y^2 à Y et $X^{2i+1} + Y^{2j+1}$ à Z.

a) Montrer que le groupe C(A) contient un espace vectoriel sur k de dimension $N(i, j)$, égale au nombre des couples d'entiers (a, b) tels que $0 \leqslant a < i$, $0 \leqslant b < j$ et $(2j + 1)a + (2i + 1)b \geqslant 2ij$. (Utilisant l'exerc. 23 *b*) et l'exerc. 24 *a*), noter que les éléments de L sont les séries formelles $F \in B$ telles que $\Delta F = F^2$; en attribuant à X le poids $2j + 1$ et à Y le poids $2i + 1$, décomposer F en somme infinie de polynômes isobares; si L_q est le sous-groupe de L formé des $F \in L$ dont les composantes isobares sont de poids $\geqslant q$, L/L' est isomorphe à la somme directe des groupes C_q/C_{q+1}, où $C_q = L_q/(L' \cap L_q)$; calculer ces groupes pour $q \geqslant 4ij$, en utilisant l'exerc. 24 *b*)).

b) Montrer que l'idéal AX^2 de A est premier; si $A' = A[X^{-2}]$, en déduire que C(A') et C(A) sont isomorphes (n° 4, prop. 3). Montrer que A' est un anneau de Dedekind (considérer l'anneau $B' = B[X^{-2}]$, qui est entier sur A' et est principal, et utiliser le chap. V, § 2, n° 4, th. 3). En déduire un exemple d'anneau de Dedekind dont le groupe des classes d'idéaux est infini.

26) Soient A un anneau factoriel, K son corps des fractions. Pour que des éléments f_i $(1 \leqslant i \leqslant r)$ de $B = A[X_1, \ldots, X_n]$ soient tels que l'idéal $\sum_{i=1}^{r} Bf_i$ soit égal à B, il faut et il suffit qu'il existe des polynômes v_i $(1 \leqslant i \leqslant r)$ de $K[X_1, \ldots, X_n]$ tels que $\sum_{i=1}^{r} v_i f_i = 1$ et qui vérifient en outre la condition suivante: si l'on pose $v_i = w_i/d$, où $d \in A$, où les polynômes w_i appartiennent à $A[X_1, \ldots, X_n]$ et le p.g.c.d. de l'ensemble des coefficients de tous les w_i $(1 \leqslant i \leqslant r)$ est égal à 1, alors, pour tout élément extrémal p de A divisant d, l'idéal engendré par les classes des f_i dans l'anneau $(A/Ap)[X_1, \ldots, X_n]$ est cet anneau tout entier.

¶27) *a*) Soient K un corps, B l'anneau engendré, dans une clôture algébrique du corps de fractions rationnelles K(U, V, X, Y) à 4 indéterminées, par l'anneau de polynômes K[U, V, X, Y] et par une racine z du polynôme $F = Z^7 - U^5X^2 - V^4Y^3$. Montrer que B est un anneau factoriel (cf. exerc. 7).

b) Soit $\mathfrak{p}$ l'idéal (premier) engendré par X, Y, U, V et z dans A, et posons $C = A_{\mathfrak{p}}[[T]]$; montrer que C est un anneau local noethérien, qui n'est pas factoriel, mais dont le gradué associé gr(C) est factoriel (utiliser l'exerc. 8).

§ 4.

1) Soient A un anneau noethérien intégralement clos, V un espace vectoriel de rang fini sur le corps des fractions de A. Montrer que si (M_λ) est une famille quelconque de réseaux réflexifs de V contenant tous un même réseau N, le réseau $M = \bigcap_\lambda M_\lambda$ est réflexif (considérer les réseaux duals M_λ^*).

* 2) Soient A un anneau noethérien intégralement clos, E, F deux A-modules de type fini. On suppose que E est sans torsion, que $\mathrm{Hom}_A(E, F)$ est réflexif et que $\mathrm{Ext}_A^1(E, F) = 0$. Montrer alors que F est réflexif. (Prouver d'abord que F est sans torsion; si $T = F^{**}/c_F(F)$, calculer de deux manières $\mathrm{Ass}(\mathrm{Hom}_A(E, T))$ en utilisant la suite exacte:

$$0 \to \mathrm{Hom}(E, F) \to \mathrm{Hom}(E, F^{**}) \to \mathrm{Hom}(E, T) \to 0$$

et le chap. IV, § 1, n° 4, prop. 10). *

3) Soient A un anneau noethérien intégralement clos, K son corps des fractions, M un réseau réflexif d'un espace vectoriel V de rang fini sur K, L un réseau *libre* de V contenant M. Montrer qu'il existe un réseau libre L_1 de V tel que $M = L \cap L_1$. (Considérer l'ensemble fini I des idéaux premiers $\mathfrak{p}$ de hauteur 1 de A tels que $L_\mathfrak{p} \neq M_\mathfrak{p}$, et l'anneau principal $S^{-1}A$, où $S = \bigcap_{\mathfrak{p} \in I} (A - \mathfrak{p})$; montrer qu'il existe un réseau libre L_0 de V tel que $M_\mathfrak{p} = (L_0)_\mathfrak{p}$ pour tout $\mathfrak{p} \in I$, et un $s \in S$ tel que $M \subset s^{-1}L_0 = L_1$).

4) Soient k un corps, A l'anneau de polynômes $k[X, Y]$.

a) Soit (e_1, e_2) la base canonique du A-module A^2, et soit E le sous-A-module de A^2 engendré par $(X - Y)e_1$, $e_1 + Xe_2$ et $e_1 + Ye_2$; soit F le sous-module monogène de E engendré par $(X - Y)^2 e_1$. Montrer que le A-module $M = E/F$ n'est pas somme directe de son sous-module de torsion et d'un module sans torsion.

b) Montrer que le A-module de torsion A/AXY n'est pas somme directe de sous-modules monogènes de la forme $A/\mathfrak{P}_i^{n_i}$, où les $\mathfrak{P}_i$ sont des idéaux premiers de hauteur 1.

5) Soient A un anneau noethérien intégralement clos, M un A-module de type fini. Montrer que si $\mathfrak{a}$, $\mathfrak{b}$ sont deux idéaux de A, le A-module $((\mathfrak{a}M) \cap (\mathfrak{b}M))/(\mathfrak{a} \cap \mathfrak{b})M$ est pseudo-nul; donner un exemple où il n'est pas nul.

6) Soient k un corps, B l'anneau de polynômes $k[X, Y]$, A le sous-anneau $k[X^2, XY, Y^2]$ de B.

a) Montrer que A est un anneau noethérien intégralement clos et que B est un A-module de type fini.

b) Montrer que l'idéal $\mathfrak{p} = AX^2 + AXY$ de A est un idéal premier de hauteur 1 (donc divisoriel), mais que le B-module $\mathfrak{p} \otimes_A B$ a un module de torsion $\neq 0$ et n'est donc pas réflexif; l'idéal $\mathfrak{p}B$ de B n'est pas divisoriel, l'application canonique $\mathfrak{p} \otimes_A B \to \mathfrak{p}B$ n'est pas injective et $\mathfrak{p}$ n'est pas un A-module plat.

7) Soient A un anneau noethérien intégralement clos, E un A-module sans torsion de type fini, E^* son dual.

a) Montrer que l'homomorphisme canonique $E^* \otimes_A E \to \mathrm{End}_A(E)$ est un pseudo-isomorphisme.

b) Déduire de *a*) que pour que E soit un A-module projectif, il faut et il suffit que $E^* \otimes_A E$ soit un A-module réflexif. (Remarquer que si $E^* \otimes_A E$ est réflexif, l'homomorphisme canonique $E^* \otimes_A E \to \mathrm{End}_A(E)$ est bijectif).

¶ *8) Soient A un anneau noethérien intégralement clos, M_1, M_2 deux A-modules de type fini.

a) Montrer que les A-modules $\mathrm{Tor}_i^A(M_1, M_2)$, $\mathrm{Ext}_A^i(M_1, M_2)$ sont pseudo-nuls pour $i \geqslant 2$ (se ramener au cas où A est principal).

b) Si M_1 est sans torsion, montrer que $\mathrm{Tor}_1^A(M_1, M_2)$ et $\mathrm{Ext}_A^1(M_1, M_2)$ sont pseudo-nuls (même méthode).

c) Si M_1 est un A-module de torsion, montrer que l'on a (avec les notations du n° 5):

$$\chi(M_1 \otimes_A M_2) - \chi(\mathrm{Tor}_1^A(M_1, M_2)) = r(M_2)\chi(M_1)$$
$$\chi(\mathrm{Hom}_A(M_1, M_2)) - \chi(\mathrm{Ext}_A^1(M_1, M_2)) = -r(M_2)\chi(M_1)$$
$$\chi(\mathrm{Hom}_A(M_2, M_1)) - \chi(\mathrm{Ext}_A^1(M_2, M_1)) = r(M_2)\chi(M_1)$$

d) Montrer que pour tout couple de A-modules de type fini M_1, M_2, on a:

$$c(M_1 \otimes_A M_2) - c(\mathrm{Tor}_1^A(M_1, M_2)) = r(M_1)c(M_2) + r(M_2)c(M_1)$$
$$c(\mathrm{Hom}_A(M_1, M_2)) - c(\mathrm{Ext}_A^1(M_1, M_2)) = r(M_1)c(M_2) - r(M_2)c(M_1).*$$

9) Soient k un corps, A l'anneau de polynômes $k[X, Y]$. Dans le A-module $M = A^2$, on considère la forme linéaire f telle que $f(e_1) = X$, $f(e_2) = Y$ ((e_1, e_2) étant la base canonique). Montrer que le noyau L de f est un A-module libre monogène, mais que le quotient M/L (qui est isomorphe à un idéal de A), n'est pas réflexif.

¶ 10) Soit A un anneau commutatif. Pour tout sous-module R d'un A-module libre de type fini $L = A^n$, on désigne par $\mathfrak{c}_1(R)$ l'idéal engendré par les $\langle x, x^* \rangle$, où x parcourt R et x^* parcourt le dual L^*; on pose $\mathfrak{c}_k(R) = \mathfrak{c}_1\left(\mathrm{Im}\left(\bigwedge^k R\right)\right)$, $\mathrm{Im}\left(\bigwedge^k R\right)$ étant l'image canonique de la puissance extérieure k-ème de R dans $\bigwedge^k L$. Si $R_1 \subset R_2$ sont deux sous-modules de L, on a $\mathfrak{c}_k(R_1) \subset \mathfrak{c}_k(R_2)$ pour tout k.

a) Soit M un A-module de type fini; M est isomorphe à un module quotient L/R, où $L = A^n$ pour un n convenable. Montrer que la suite d'idéaux $(\mathfrak{a}_k)_{k \geqslant 0}$ telle que $\mathfrak{a}_k = \mathfrak{c}_{n-k}(R)$ pour $k \leqslant n$ et $\mathfrak{a}_k = A$ pour $k > n$, est indépendante de l'expression de M sous la forme L/R. (Considérer d'abord le cas où L/R et L/R' sont isomorphes; remarquer ensuite que A^n/R est isomorphe à $A^{n+h}/(R \times A^h)$ pour tout $h > 0$). On pose $\mathfrak{d}_k(M) = \mathfrak{a}_k$ pour tout $k \geqslant 0$, et on dit que ce sont les *idéaux déterminantiels* associés à M. On a $\mathfrak{d}_k(M) \subset \mathfrak{d}_{k+1}(M)$ pour $k \geqslant 0$.

b) Si A est un anneau principal et $M = L/R$ où L est libre de type fini, montrer que les idéaux $\mathfrak{c}_{k+1}(R)(\mathfrak{c}_k(R))^{-1}$ sont les *facteurs invariants* de R dans L.

c) Soit $r = \gamma(M)$ le plus petit des cardinaux des systèmes de générateurs de M, et soit r_0 le plus petit entier h tel que $\mathfrak{d}_h(M) = A$. Montrer que $r_0 \leqslant r$ et donner un exemple où $r_0 < r$ (prendre pour A un anneau de Dedekind).

d) Si $\mathfrak{a}$ est l'annulateur de M, montrer que l'on a $\mathfrak{d}_0(M) \subset \mathfrak{a}$ et $\mathfrak{a}^{r-k} \subset \mathfrak{d}_k(M)$ pour $k \leqslant r = \gamma(M)$.

e) On suppose que M est somme directe de sous-modules M_i $(1 \leqslant i \leqslant h)$. Montrer que l'on a :

$$\mathfrak{d}_k(M) = \sum \mathfrak{d}_{k_1}(M_1) \ldots \mathfrak{d}_{k_h}(M_h)$$

où la somme est étendue aux suites finies $(k_i)_{1 \leqslant i \leqslant h}$ telles que $\sum_{i=1}^{h} k_i = k$.

f) Si N est un sous-module de type fini de M, on a $\mathfrak{d}_k(M/N) \subset \mathfrak{d}_k(M)$ pour tout $k \geqslant 0$. Montrer que l'on a :

$$\sum_{j=0}^{k} \mathfrak{d}_j(N)\mathfrak{d}_{k-j}(M/N) \subset \mathfrak{d}_k(M).$$

g) Soient K un corps, A l'anneau de polynômes K[X, Y, Z], $\mathfrak{m}$ l'idéal maximal $AX + AY + AZ$, $\mathfrak{q}$ l'idéal de A engendré par X, Y^2, YZ et Z^2. On considère le A-module $M = A/\mathfrak{q}$ et son sous-module $N = \mathfrak{m}/\mathfrak{q}$. Montrer que l'on a $\mathfrak{d}_0(M) = \mathfrak{q}$, $\mathfrak{d}_1(M) = A$, $\mathfrak{d}_0(N) = \mathfrak{m}^2$, $\mathfrak{d}_1(N) = \mathfrak{m}$.

11) Soient A un anneau de Krull, M, N deux réseaux de type fini dans un espace vectoriel V de rang fini n sur le corps des fractions de A. Pour tout $c \neq 0$ dans A tel que $cN \subset M$, on considère les idéaux déterminantiels $\mathfrak{d}_k(M/cN)$ (exerc. 10), et on pose :

$$d_k(N, M) = \operatorname{div}(\mathfrak{d}_k(M/cN)) - (n-k)\operatorname{div}(c).$$

a) Montrer que $d_k(N, M)$ ne dépend pas du choix de c tel que $cN \subset M$; on dit que $d_k(N, M)$ est le *diviseur déterminantiel* d'indice k de N par rapport à M.

b) On a $d_k(N, M) \geqslant d_{k+1}(N, M)$, et $d_n(N, M) = 0$. Montrer que si l'on pose

$$e_k(N, M) = d_{n-k}(N, M) - d_{n-k+1}(N, M),$$

on a

$$e_k(N, M) \leqslant e_{k+1}(N, M)$$

pour $1 \leqslant k \leqslant n$; on dit que les diviseurs $e_k(N, M)$ sont les *facteurs invariants* de N par rapport à M (se ramener au cas où A est un anneau principal).

c) Montrer que l'on a $d_0(N, M) = \chi(M, N)$ (n° 5).

d) Lorsque M est un réseau dans V mais que N est un réseau dans un sous-espace W de V de rang $q < n$, on appelle *facteurs invariants* de N par rapport à M les facteurs invariants de N par rapport à $M \cap W$. Montrer comment s'étendent les exerc. 8 à 10 et 14 à 16 d'*Alg.*, chap. VII, § 4 (en supposant au besoin dans certains cas que A est noethérien et intégralement clos).

12) Soient A un anneau noethérien intégralement clos, M, N deux

A-modules sans torsion de type fini, de même rang r, tels que $N \subset M$; soit $j : N \to M$ l'injection canonique.

a) Montrer que, pour tout k, $\bigwedge^k j : \bigwedge^k N \to \bigwedge^k M$ est pseudo-injectif, que $\mathrm{Coker}\left(\bigwedge^k j\right)$ est un A-module de torsion et que l'on a:

$$\chi\left(\mathrm{Coker}\left(\bigwedge^k j\right)\right) = \binom{r-1}{k-1}\chi(\mathrm{Coker}\, j).$$

b) En utilisant *a*), démontrer que si M est un A-module sans torsion de type fini, le sous-module de torsion de $\bigwedge^k M$ est pseudo-nul pour tout k, et l'on a $c\left(\bigwedge^k M\right) = \binom{r-1}{k-1}c(M)$, où M est de rang r; en particulier, on a $c\left(\bigwedge^r M\right) = c(M)$.

13) Soient k un corps, A l'anneau de polynômes $k[X, Y]$.

a) Soit $\mathfrak{m}$ l'idéal maximal $AX + AY$ dans A; montrer qu'il existe un pseudo-isomorphisme de $\mathfrak{m}$ dans A, mais qu'il n'existe aucun pseudo-isomorphisme de A dans $\mathfrak{m}$.

b) Soit $\mathfrak{m}'$ l'idéal maximal $A(X - 1) + AY$ de A; montrer que l'on a $c(\mathfrak{m}) = c(\mathfrak{m}') = 0$, mais qu'il n'existe aucun pseudo-isomorphisme de $\mathfrak{m}$ dans $\mathfrak{m}'$ ou de $\mathfrak{m}'$ dans $\mathfrak{m}$.

c) Soient $\mathfrak{p} = AX$, $\mathfrak{q} = AY$, qui sont des idéaux premiers de hauteur 1. Dans le A-module $L = A^2$, on considère les sous-modules $M = \mathfrak{p}e_1 \oplus \mathfrak{q}e_2$, $N = Ae_1 \oplus \mathfrak{p}\mathfrak{q}e_2$ (e_1, e_2 étant les vecteurs de la base canonique de L). Montrer que M et N sont isomorphes et qu'il existe un pseudo-isomorphisme de L/M dans L/N et un pseudo-isomorphisme de L/N dans L/M mais qu'il n'existe aucun pseudo-isomorphisme de L dans lui-même appliquant M dans N ou appliquant N dans M (observer qu'un pseudo-isomorphisme de L dans lui-même est nécessairement un automorphisme de L, à l'aide de la prop. 10).

¶ 14) Soient A un anneau prüférien (§ 2, exerc. 12), M, N deux réseaux de type fini dans un espace vectoriel V de rang fini n sur le corps des fractions de A. Pour tout $c \neq 0$ dans A tel que $cN \subset M$, on considère les idéaux déterminantiels $\mathfrak{d}_k(M/cN)$ (exerc. 10), et on pose:

$$\mathfrak{d}_k(N, M) = c^{k-n}\mathfrak{d}_k(M/cN).$$

a) Montrer que $\mathfrak{d}_k(N, M)$ ne dépend pas du choix de c tel que $cN \subset M$; on dit que ce sont les *idéaux déterminantiels* de N par rapport à M.

b) On a $\mathfrak{d}_k(N, M) \subset \mathfrak{d}_{k+1}(N, M)$ et $\mathfrak{d}_n(N, M) = A$. Montrer que si l'on pose $\mathfrak{e}_k(N, M) = \mathfrak{d}_{n-k}(N, M)(\mathfrak{d}_{n-k+1}(N, M))^{-1}$, les idéaux entiers $\mathfrak{e}_k(N, M)$ sont tels que $\mathfrak{e}_k(N, M) \supset \mathfrak{e}_{k+1}(N, M)$ pour $1 \leqslant k \leqslant n$; on dit que les idéaux de type fini $\mathfrak{e}_k(N, M)$ sont les *facteurs invariants* de N par rapport à M (considérer les $A_\mathfrak{m}$-modules $M_\mathfrak{m}$ et $N_\mathfrak{m}$ pour tout idéal maximal $\mathfrak{m}$ de A).

c) Lorsque M est un réseau de V mais que N est un réseau dans un sous-espace W de V de rang $q < n$, on appelle *facteurs invariants* de N par rapport à M les facteurs invariants de N par rapport à $M \cap W$.

Montrer comment s'étendent les exerc. 8 à 10 et 14 à 16 d'*Alg.*, chap. VII, § 4.

15) Soient A l'anneau de polynômes $\mathbf{Z}[X, Y, T, U, V, W]$, L le A-module libre A^4, $(e_i)_{1 \leqslant i \leqslant 4}$ sa base canonique, M le sous-module de L engendré par les 4 vecteurs Xe_1, Ye_2, $Te_3 + Ue_4$, $Ve_3 + We_4$. Montrer que l'on a

$$\mathfrak{d}_1(L/M)\mathfrak{d}_3(L/M) \not\subset (\mathfrak{d}_2(L/M))^2$$

(comparer à l'exerc. 14 *b*)).

¶ 16) *a*) Soient A un anneau prüférien, M un réseau de type fini dans un espace vectoriel V de rang fini n sur le corps des fractions K de A. Montrer qu'il existe une base $(e_i)_{1 \leqslant i \leqslant n}$ de V et n idéaux fractionnaires $\mathfrak{a}_i$ $(1 \leqslant i \leqslant n)$, tels que M soit égal à la somme directe des $\mathfrak{a}_i e_i$. (Procéder par récurrence sur n : si $(u_i)_{1 \leqslant i \leqslant n}$ est une base de V, considérer l'idéal fractionnaire de type fini $\mathfrak{b}_1$ engendré par les coordonnées sur u_1 des éléments de M ; en considérant le A-module $\mathfrak{b}_1^{-1}M$, se ramener au cas où $\mathfrak{b}_1 = A$).

En déduire que si W est un sous-espace de V, $M \cap W$ est facteur direct dans M.

b) Supposons que M soit un sous-module de A^n égal à la somme directe des $\mathfrak{a}_i e_i$, où les $\mathfrak{a}_i$ sont des idéaux (entiers) de type fini de A et $(e_i)_{1 \leqslant i \leqslant n}$ la base canonique de A^n. Montrer qu'il existe une base $(u_i)_{1 \leqslant i \leqslant n}$ de A^n et des idéaux $\mathfrak{b}_i$ de A tels que M soit somme directe des $\mathfrak{b}_i u_i$ et que $\mathfrak{b}_i$ *divise* $\mathfrak{b}_{i+1}$ pour $1 \leqslant i \leqslant n - 1$. (Se ramener au cas où $n = 2$, et où $\mathfrak{a}_1 + \mathfrak{a}_2 = A$).

17) Soient k un corps, A l'anneau des polynômes $k[X, Y]$, L le A-module libre A^2, (e_1, e_2) la base canonique de L. Soit M le sous-module de L engendré par les deux vecteurs $(X + 1)e_1 + Ye_2$, $Ye_1 + Xe_2$. Montrer qu'il n'existe aucun pseudo-isomorphisme de L dans lui-même dont la restriction à M soit un pseudo-isomorphisme de M dans un sous-module N de la forme $\mathfrak{a}u + \mathfrak{b}v$ où (u, v) est une base du A-module L et $\mathfrak{a}$, $\mathfrak{b}$ deux idéaux de A, ou dont la restriction à N soit un pseudo-isomorphisme de N dans M. (En considérant les idéaux déterminantiels (exerc. 10) et en notant que M est réflexif, on peut se limiter au cas où N serait aussi réflexif, et alors on doit nécessairement avoir $\mathfrak{a} = A$, $\mathfrak{b} = AP$, où $P(X, Y) = X(X + 1) - Y^2$ est un élément extrémal de A ; montrer enfin que pour toute base (u, v) de L, $M \cap Au$ ne peut ni contenir Au, ni être contenu dans APu).

¶ 18) Soient A un anneau de Dedekind, K son corps des fractions, M, N deux réseaux dans un espace vectoriel V de rang fini n sur K. Soient $\mathfrak{e}_k = \mathfrak{e}_k(N, M)$ les facteurs invariants de N par rapport à M (exerc. 14). Montrer qu'il existe une base $(u_i)_{1 \leqslant i \leqslant n}$ de V telle que M soit égal à une somme directe $\bigoplus_i \mathfrak{a}_i u_i$, où les $\mathfrak{a}_i$ sont des idéaux fractionnaires, et que N soit égal à la somme directe $\bigoplus_i \mathfrak{e}_i \mathfrak{a}_i u_i$. (Utiliser la théorie des modules de type fini sur un anneau principal (*Alg.*, chap. VII, § 4, n° 2, th. 1) et le théorème d'approximation dans le groupe unimodulaire $\mathbf{SL}(n, A)$ (§ 2, n° 4)).

Etendre ce résultat au cas où A est réunion d'une famille filtrante croissante de sous-anneaux qui sont des anneaux de Dedekind (par exemple la fermeture intégrale d'un anneau de Dedekind dans la clôture algébrique de son corps des fractions).

19) Soient A un anneau de Dedekind, $\mathfrak{a}$, $\mathfrak{b}$ deux idéaux fractionnaires de A. Montrer que les A-modules $A \oplus \mathfrak{a}\mathfrak{b}$ et $\mathfrak{a} \oplus \mathfrak{b}$ sont isomorphes.

20) Soient A un anneau de Dedekind, P un A-module projectif, N un sous-module de P. Montrer que N est projectif et somme directe de modules isomorphes à des idéaux de A. (On peut se borner au cas où P est libre. Procéder alors comme dans l'exerc. 16, en utilisant un raisonnement par récurrence transfinie calqué sur celui d'*Alg.*, chap. VII, § 3, th. 1).

21) Soit P un module projectif sur un anneau de Dedekind A. Montrer que si P n'est pas de type fini, il est libre. (En vertu de l'exerc. 20, on peut écrire P comme somme directe infinie $\bigoplus_{\lambda}(\mathfrak{b}_\lambda \oplus \mathfrak{c}_\lambda)$, où pour chaque λ, $\mathfrak{b}_\lambda$ et $\mathfrak{c}_\lambda$ sont deux idéaux de A. Utilisant l'exerc. 19, on a $P = L \oplus Q$ où L est isomorphe à $A^{(I)}$ (I infini) et $Q = \bigoplus_{\alpha \in I} \mathfrak{a}_\alpha$, où les $\mathfrak{a}_\alpha$ sont des idéaux de A. Appliquer alors l'exerc. 3 d'*Alg.*, chap. II, 3e éd., § 2).

¶ 22) Soient A un anneau local, $\mathfrak{m}$ son idéal maximal, E un A-module de type fini.

a) Si $r = \gamma(E)$ est le plus petit des cardinaux d'un système de générateurs de E, r est aussi le plus petit entier h tel que l'idéal déterminantiel $\mathfrak{d}_h(E)$ soit égal à A et aussi le plus petit des entiers k tels que $\bigwedge^{k+1} E = 0$ (noter que r est le rang de $E/\mathfrak{m}E$ sur $A/\mathfrak{m}$).

b) Si on pose $\mathfrak{e}(E) = \mathfrak{d}_{r-1}(E)$, montrer que $\bigwedge^{r} E$ est isomorphe à $A/\mathfrak{e}(E)$. Pour qu'un idéal $\mathfrak{a}$ de A contienne $\mathfrak{e}(E)$, il faut et il suffit que $E/\mathfrak{a}E$ soit un $(A/\mathfrak{a})$-module libre (se ramener au cas où $\mathfrak{a} = 0$).

c) Si $\mathfrak{e}(E)$ est un idéal principal $A\alpha$, montrer que E contient un facteur direct isomorphe à $A/A\alpha$ (écrire E comme quotient de A^r par un sous-module R et noter qu'il y a dans R un élément de la forme αy, où y est un élément d'une base de A^r).

d) Soit $\mathfrak{d}'_h(E)$ l'annulateur de $\bigwedge^{h+1} E$ pour $0 \leqslant h \leqslant r-1$. Montrer que les conditions suivantes sont équivalentes :

α) Les idéaux $\mathfrak{d}_h(E)$ $(0 \leqslant h \leqslant r-1)$ sont principaux.

β) Les idéaux $\mathfrak{d}'_h(E)$ $(0 \leqslant h \leqslant r-1)$ sont principaux.

γ) E est somme directe de r modules isomorphes à $A/A\lambda_h$, où λ_{h+1} divise λ_h pour $0 \leqslant h \leqslant r-1$.

En outre, lorsque ces conditions sont vérifiées, on a $\mathfrak{d}'_h(E) = A\lambda_h$ pour $0 \leqslant h \leqslant r-1$, et $\mathfrak{d}_h(E) = \lambda_h\lambda_{h+1}\ldots\lambda_{r-1}A$ pour $0 \leqslant h \leqslant r-1$. (Procéder par récurrence sur r, en utilisant *c*)).

e) On suppose en outre que A est intègre. Montrer que si $\mathfrak{p}$ est un idéal premier de A tel que $E/\mathfrak{p}E$ soit un $(A/\mathfrak{p})$-module libre et $E_\mathfrak{p}$ un

$A_{\mathfrak{p}}$-module libre, alors E est un A-module libre (en utilisant *b*), montrer que $\gamma(E_{\mathfrak{p}}) = \gamma(E)$ et que $\mathfrak{e}(E_{\mathfrak{p}}) = \mathfrak{e}(E)$).

23) Soient A un anneau, E un A-module de type fini, *r* le plus petit des entiers *k* tels que $\bigwedge^{k+1} E = 0$, $\mathfrak{e}(E)$ l'annulateur de $\bigwedge^{r} E$. Montrer que pour tout idéal $\mathfrak{a} \supset \mathfrak{e}(E)$ dans A, le $(A/\mathfrak{a})$-module $E/\mathfrak{a}E$ est plat (se ramener au cas où A est un anneau local, et utiliser l'exerc. 22 *b*)). En déduire que si $\mathfrak{r}$ est le radical de A et si, pour tout idéal maximal $\mathfrak{m}$ de A, le rang du $(A/\mathfrak{m})$-espace vectoriel $E/\mathfrak{m}E$ est le même, alors $E/\mathfrak{r}E$ est un $(A/\mathfrak{r})$-module plat.

24) Soit A un anneau noethérien intégralement clos. Pour qu'un réseau M (relatif à A) soit réflexif, il faut et il suffit qu'il vérifie la condition suivante: pour tout couple (a, b) d'éléments de A tel que $a \neq 0$ et que l'homothétie de rapport *b* dans A/aA soit injective, alors l'homothétie de rapport *b* dans M/aM est injective. (Pour voir que la condition est nécessaire, considérer deux éléments *x*, *y* de M tels que $ax + by = 0$ et montrer que pour tout $\mathfrak{p} \in P(A)$, on a $y \in aM_{\mathfrak{p}}$. Pour montrer que la condition est nécessaire, utiliser le critère *c*) du th. 2, et observer (en utilisant la prop. 8 du § 1, n° 4) que l'hypothèse s'écrit

$$\mathrm{Ass}(M/aM) = \mathrm{Ass}(A/aA)$$

pour tout $a \neq 0$ dans A, et que pour tout module E tel que $M \subset E \subset V$, il existe $a \neq 0$ dans A tel que $aM \subset aE \subset M$).

25) Soit $A = \bigoplus_{n \geqslant 0} A_n$ un anneau gradué noethérien à degrés positifs. Montrer que si A est factoriel, alors A_0 est factoriel et les A_0-modules A_n sont réflexifs. (Pour montrer que A_0 est factoriel, utiliser le critère *c*) du § 3, n° 2, th. 1; pour montrer que les A_n sont réflexifs, utiliser l'exerc. 24).

¶ 26) Soient A un anneau noethérien, M un A-module de type fini. Pour que l'algèbre symétrique S(M) soit un anneau factoriel, il faut et il suffit que A soit un anneau factoriel et que les $S^n(M)$ soient des A-modules réflexifs. (Pour voir que la condition est suffisante, observer d'abord que si $T = A - \{0\}$, S(M) s'identifie à un sous-anneau de $T^{-1}S(M)$; montrer ensuite que tout élément extrémal *p* de A est extrémal dans S(M), en se ramenant à prouver que si *p* divise dans S(M) un produit *xy* de deux éléments homogènes, il divise l'un d'eux; enfin, appliquer la prop. 3 du § 3, n° 4).

NOTE HISTORIQUE

(chap. I à VII)

(N.B. — Les chiffres romains placés entre parenthèses renvoient à la bibliographie placée à la fin de cette note.)

L'algèbre commutative « abstraite » est de création récente, mais son développement ne peut se comprendre qu'en fonction de celui de la théorie des nombres algébriques et de la géométrie algébrique, qui lui ont donné naissance.

On a pu conjecturer sans trop d'invraisemblance que la fameuse « démonstration » que prétendait posséder Fermat de l'impossibilité de l'équation $x^p + y^p = z^p$ pour p premier impair et x, y, z entiers $\neq 0$, aurait reposé sur la décomposition

$$(x + y)(x + \zeta y) \ldots (x + \zeta^{p-1} y) = z^p$$

dans l'anneau $\mathbf{Z}[\zeta]$ (où $\zeta \neq 1$ est une racine p-ème de l'unité), et sur un raisonnement de divisibilité dans cet anneau, en le supposant *principal.* On trouve en tout cas un raisonnement analogue ébauché chez Lagrange ((II), t. II, p. 531); c'est par des raisonnements de ce genre, avec diverses variantes (notamment des changements de variables destinés à abaisser le degré de l'équation) qu'Euler ((I), t. I, p. 488)(*) et Gauss ((III), t. II, p. 387) démontrent le théorème de Fermat pour $p = 3$, Gauss (*loc. cit.*) et Dirichlet ((IV), t. I, p. 42) pour $p = 5$, et Dirichlet l'impossibilité de l'équation $x^{14} + y^{14} = z^{14}$ ((IV), t. I, p. 190). Enfin, dans ses premières recherches sur la théorie des nombres, Kummer avait cru obtenir de cette façon une démonstration générale, et c'est sans doute cette erreur (qui lui fut signalée par Dirichlet) qui l'amena à ses études sur l'arithmétique des corps cyclotomiques, d'où il devait enfin réussir à déduire une version correcte de sa démonstration pour les nombres premiers $p < 100$ (VII *d*)).

D'un autre côté, le célèbre mémoire de Gauss de 1831 sur les résidus biquadratiques, dont les résultats sont déduits d'une étude détaillée

(*) Dans sa démonstration, Euler procède comme si $\mathbf{Z}[\sqrt{-3}]$ était principal, ce qui n'est pas le cas; toutefois, son raisonnement peut être rendu correct par la considération du conducteur de $\mathbf{Z}[\rho]$ (ρ racine cubique de l'unité) sur $\mathbf{Z}[\sqrt{-3}]$ (cf. SOMMER, *Introduction à la théorie des nombres algébriques* (trad. A. Lévy), Paris (Hermann), 1911, p. 190).

de la divisibilité dans l'anneau $\mathbf{Z}[i]$ des « entiers de Gauss » ((III), t. II, p. 109) montrait clairement l'intérêt que pouvait présenter pour les problèmes classiques de la théorie des nombres l'extension de la notion de divisibilité aux nombres algébriques(*); aussi n'est-il pas surprenant qu'entre 1830 et 1850 cette théorie ait fait l'objet de nombreux travaux des mathématiciens allemands, Jacobi, Dirichlet et Eisenstein d'abord, puis, un peu plus tard, Kummer et son élève et ami Kronecker. Nous n'avons pas à parler ici de la théorie des unités, trop particulière à la théorie des nombres, où les progrès sont rapides, Eisenstein obtenant la structure du groupe des unités pour les corps cubiques, Kronecker pour les corps cyclotomiques, peu avant que Dirichlet, en 1846 ((IV), t. I, p. 640) ne démontre le théorème général, auquel était presque parvenu de son côté Hermite ((VIII), t. I, p. 159). Beaucoup plus difficile apparaissait la question (centrale dans toute la théorie) de la décomposition en facteurs premiers. Depuis que Lagrange avait donné des exemples de nombres de la forme $x^2 + \mathrm{D}y^2$ (x, y, D entiers) ayant des diviseurs qui ne sont pas de la forme $m^2 + \mathrm{D}n^2$ ((II), t. II, p. 465), on savait en substance qu'il ne fallait pas s'attendre en général à ce que les anneaux $\mathbf{Z}[\sqrt{-\mathrm{D}}]$ fussent principaux, et à la témérité d'Euler avait succédé une grande circonspection; quand Dirichlet, par exemple, démontre que la relation $p^2 - 5q^2 = r^5$ (p, q, r entiers) équivaut à $p + q\sqrt{5} = (x + y\sqrt{5})^5$ pour x, y entiers, il se borne à signaler en note qu'« *il y a des théorèmes analogues pour beaucoup d'autres nombres premiers* [que 5] » ((IV), t. I, p. 31). Avec le mémoire de Gauss de 1831 et le travail d'Eisenstein sur les résidus cubiques (VI*a*)), on avait bien, il est vrai, des études poussées de l'arithmétique dans les anneaux principaux $\mathbf{Z}[i]$ et $\mathbf{Z}[\rho]$ ($\rho = (-1 + i\sqrt{3})/2$, racine cubique de l'unité) en parfaite analogie avec la théorie des entiers rationnels, et sur ces exemples au moins, le lien étroit entre l'arithmétique dans les corps quadratiques et la théorie des formes quadratiques binaires développée par Gauss était très apparent; mais il manquait pour le cas général un « dictionnaire » qui eût permis de traiter du corps quadratique par une simple traduction de la théorie de Gauss(†).

En fait, ce n'est pas pour les corps quadratiques, mais bien pour les corps cyclotomiques (et pour des raisons qui n'apparaîtront nettement que bien plus tard (cf. p. 119)) que l'énigme allait d'abord être résolue. Dès 1837, Kummer, analyste à ses débuts, se tourne vers l'arithmétique des corps cyclotomiques, qui ne va plus cesser de l'occuper de façon presque exclusive pendant 25 ans. Comme ses prédécesseurs, il étudie la divisibilité dans les anneaux $\mathbf{Z}[\zeta]$, où ζ est une racine p-ème de l'unité

(*) Les recherches de Gauss sur la division de la lemniscate et les fonctions elliptiques liées à cette courbe, non publiées de son vivant, mais datant des environs de 1800, avaient dû l'amener dès cette époque à réfléchir sur les propriétés arithmétiques de l'anneau $\mathbf{Z}[i]$, la division par les nombres de cet anneau jouant un rôle important dans la théorie; voir ce que dit à ce propos Jacobi ((V), t. VI, p. 275) ainsi que les calculs relatifs à ces questions trouvés dans les papiers de Gauss ((III), t. II, p. 411; voir aussi (III), t. X_2, p. 33 et suiv.)

(†) Le lecteur trouvera une description précise de cette correspondance entre formes quadratiques et corps quadratiques dans SOMMER, *loc. cit.*, p. 205–229.

$\neq 1$ (p premier impair); il s'aperçoit vite que, là aussi, on rencontre des anneaux non principaux, bloquant tout progrès dans l'extension des lois de l'arithmétique (VII *a*)), et c'est seulement en 1845, au bout de 8 ans d'efforts, qu'apparaît enfin la lumière, grâce à sa définition des « nombres idéaux » (VII *c*) et *d*)).

Ce que fait Kummer revient exactement, en langage moderne, à définir les *valuations* sur le corps $\mathbf{Q}(\zeta)$: elles sont en correspondance biunivoque avec ses « nombres premiers idéaux », l'« exposant » avec lequel un tel facteur figure dans la « décomposition » d'un nombre $x \in \mathbf{Z}[\zeta]$ n'étant autre que la valeur en x de la valuation correspondante. Comme les conjugués de x appartiennent aussi à $\mathbf{Z}[\zeta]$, et que leur produit $N(x)$ (la « norme » de x(*)) est un entier rationnel, les « facteurs premiers idéaux » à définir devaient aussi être « facteurs » des nombres premiers rationnels, et pour en donner la définition, on pouvait se borner à dire ce qu'étaient les « diviseurs premiers idéaux » d'un nombre premier $q \in \mathbf{Z}$. Pour $q = p$, Kummer avait déjà prouvé en substance (VII *a*)) que l'idéal principal $(1 - \zeta)$ était premier et que sa puissance $(p - 1)$-ème était l'idéal principal (p); ce cas ne soulevait donc aucun problème nouveau. Pour $q \neq p$, l'idée qui semble avoir guidé Kummer est de remplacer l'équation cyclotomique $\Phi_p(z) = 0$ par la congruence $\Phi_p(u) \equiv 0$ (mod. q), autrement dit de décomposer le polynôme cyclotomique $\Phi_p(X)$ *sur le corps* $\mathbf{F}_q$, et d'associer à chaque facteur irréductible de ce polynôme un « facteur premier idéal ». Un cas simple (explicitement cité dans la Note (VII *b*)) où Kummer annonce ses résultats sans démonstration) est celui où $q \equiv 1$ (mod. p); si $q = mp + 1$ et si $\gamma \in \mathbf{F}_q$ est une racine $(q - 1)$-ème primitive de 1, on a, dans $\mathbf{F}_q[X]$,

$$\Phi_p(X) = \prod_{k=1}^{p-1} (X - \gamma^{km})$$

puisque $\gamma^{pm} = 1$. Associant alors à chaque facteur $X - \gamma^{km}$ un « facteur premier idéal » $\mathfrak{q}_k$ de q, Kummer dit qu'un élément $x \in \mathbf{Z}[\zeta]$, dont P est le polynôme minimal sur $\mathbf{Q}$, est *divisible par* $\mathfrak{q}_k$ si dans $\mathbf{F}_q$ on a $P(\gamma^{km}) = 0$; en somme, en langage moderne, il écrit l'anneau quotient $\mathbf{Z}[\zeta]/q\mathbf{Z}[\zeta]$ comme composé direct de corps isomorphes à $\mathbf{F}_q$. Pour $q \not\equiv 1$ (mod. p), les facteurs irréductibles de $\Phi_p(X)$ dans $\mathbf{F}_q[X]$ ne sont plus du premier degré, et il faudrait donc substituer à X dans P(X) des

(*) La notion de norme d'un nombre algébrique remonte à Lagrange: si $\alpha_i (1 \leqslant i \leqslant n)$ sont les racines d'un polynôme de degré n, il considère même la « forme norme » $N(x_0, x_1, \ldots, x_{n-1}) = \prod_{i=1}^{n} (x_0 + \alpha_i x_1 + \ldots + \alpha_i^{n-1} x_{n-1})$ en les variables x_i, qui lui avait sans doute été suggérée par ses recherches sur la résolution des équations et les « résolvantes de Lagrange » ((II), t. VII, p. 170). Il est à noter que c'est la propriété multiplicative de la norme qui conduit Lagrange à son identité sur les formes quadratiques binaires, d'où Gauss devait tirer la « composition » de ces formes ((II), t. II, p. 522). D'autre part, lorsque la théorie des nombres algébriques débute aux environs de 1830, c'est très souvent sous forme de résolution d'équations $N(x_0, \ldots, x_{n-1}) = \lambda$ (en particulier avec $\lambda = 1$ pour la recherche des unités) ou d'étude des « formes normes » (dites aussi « formes décomposables ») que sont présentés les problèmes; et même dans des travaux récents, les propriétés de ces équations diophantiennes particulières sont utilisées avec fruit, notamment en théorie des nombres $\mathfrak{p}$-adiques (Skolem, Chabauty).

racines « imaginaires de Galois » des facteurs de Φ_p dans $\mathbf{F}_q[X]$. Kummer évite cette difficulté en passant, comme nous dirions aujourd'hui, dans le *corps de décomposition* K de q: si f est le plus petit entier tel que $q^f \equiv 1 \pmod{p}$, et si l'on pose $p - 1 = ef$, K n'est autre que le sous-corps de $\mathbf{Q}(\zeta)$ formé des invariants du sous-groupe d'ordre f du groupe de Galois (cyclique d'ordre $p - 1$) de $\mathbf{Q}(\zeta)$ sur $\mathbf{Q}$; autrement dit c'est l'unique sous-corps de $\mathbf{Q}(\zeta)$ qui soit de degré e sur $\mathbf{Q}$; il était fort bien connu depuis les *Disquisitiones* de Gauss, étant engendré par les « périodes »

$$\eta_k = \zeta_k + \zeta_{k+f} + \zeta_{k+2f} + \cdots + \zeta_{k+(e-1)f}$$

($0 \leqslant k \leqslant e - 1$, $\zeta_\nu = \zeta^{g^\nu}$ où g est une racine primitive de la congruence $z^{p-1} \equiv 1 \pmod{p}$), qui en forment une base normale. Si R(X) est le polynôme minimal (unitaire et à coefficients entiers rationnels) d'une quelconque de ces « périodes » η, Kummer, se basant sur les formules de Gauss, prouve que, sur le corps $\mathbf{F}_q$, R(X) se décompose encore en facteurs distincts du premier degré $X - u_j (1 \leqslant j \leqslant e)$, et c'est à chacun des u_j qu'il associe cette fois un « facteur premier idéal » $\mathfrak{q}_j$. Pour définir la « divisibilité par $\mathfrak{q}_j$ », Kummer écrit tout $x \in \mathbf{Z}[\zeta]$ sous la forme $x = \sum_{k=0}^{f-1} \zeta^k y_k$, où chaque $y_k \in K$ s'écrit lui-même d'une façon unique comme polynôme de degré $\leqslant e - 1$ en η, à coefficients entiers rationnels; il dit que x est divisible par $\mathfrak{q}_j$ si et seulement si, lorsqu'on substitue u_j à η dans chacun des y_k, les éléments de $\mathbf{F}_q$ obtenus sont *tous* nuls. Mais il fallait encore définir l'« exposant » de $\mathfrak{q}_j$ dans x. Pour cela, Kummer introduit ce que nous appellerions maintenant une *uniformisante* pour $\mathfrak{q}_j$, c'est-à-dire un élément $\rho_j \in K$ tel que $N(\rho_j) \equiv 0 \pmod{q}$, $N(\rho_j) \not\equiv 0 \pmod{q^2}$, et enfin tel que ρ_j soit divisible par $\mathfrak{q}_j$ (au sens défini ci-dessus) mais par *aucun autre* des facteurs idéaux $\neq \mathfrak{q}_j$ de q. L'existence d'un tel ρ_j avait en substance été prouvée par Kronecker dans sa dissertation l'année précédente ((IX *a*)), p. 23); posant alors $\rho'_j = N(\rho_j)/\rho_j$, Kummer dit que l'exposant de $\mathfrak{q}_j$ dans x est égal à h si l'on a $x\rho'^h_j \equiv 0 \pmod{q^h}$, mais $x\rho'^{h+1}_j \not\equiv 0 \pmod{q^{h+1}}$; il commence bien entendu par prouver que la relation $x\rho'_j \equiv 0 \pmod{q}$ équivaut au fait que x est divisible par $\mathfrak{q}_j$ (au sens antérieur). Une fois ces définitions posées, l'extension à $\mathbf{Z}[\zeta]$ des lois usuelles de divisibilité pour les « nombres idéaux » n'offrait plus de difficulté sérieuse; et dès son premier mémoire (VII *c*)) Kummer put même, en utilisant la « méthode des tiroirs » de Dirichlet, démontrer que les « classes » de « facteurs idéaux » étaient en nombre *fini*(*).

Nous ne poursuivrons pas l'histoire des travaux ultérieurs de Kummer sur les corps cyclotomiques, en ce qui concerne la détermination du

(*) Il ne fait d'ailleurs en cela que reprendre un raisonnement de Kronecker dans sa dissertation, relatif aux classes de solutions d'équations de la forme $N(x_0, x_1, \ldots, x_{n-1}) = a$ ((IX *a*)), p. 25). D'autre part, Kummer fait plusieurs fois allusion à des résultats qu'aurait obtenus Dirichlet sur des équations de ce type (pour un corps de nombres algébriques quelconque); mais ces résultats n'ont été ni publiés, ni retrouvés dans les papiers de Dirichlet.

nombre de classes et l'application à la démonstration du théorème de Fermat dans divers cas. Mentionnons seulement la manière dont, en 1859, il étend sa méthode pour obtenir (au moins partiellement) les « nombres premiers idéaux » dans un « corps kummerien » $\mathbf{Q}(\zeta, \mu)$, où μ est une racine d'un polynôme irréductible $P(X) = X^p - \alpha$, avec $\alpha \in \mathbf{Z}[\zeta]$ (VII *e*)). Il est intéressant que Kummer envisage le problème en considérant précisément $\mathbf{Q}(\zeta, \mu)$ comme une extension cyclique *du corps* $\mathbf{Q}(\zeta)$ pris comme « corps de base »(*) : il part d'un « nombre premier idéal » $\mathfrak{q}$ de $\mathbf{Z}[\zeta]$, qu'il suppose ne pas diviser p ni α, et cette fois, il examine (en termes modernes) le polynôme $\bar{P}(X) = X^p - \bar{\alpha}$ dans le *corps résiduel* k de la valuation de $\mathbf{Q}(\zeta)$ correspondant à $\mathfrak{q}$ ($\bar{\alpha}$ étant l'image canonique de α dans k). Comme $\mathbf{Q}(\zeta)$ est le corps des racines p-èmes de l'unité, $\bar{P}$ est, soit irréductible sur k, soit produit de facteurs du premier degré. Dans le premier cas, Kummer dit que $\mathfrak{q}$ reste premier dans $\mathbf{Z}[\zeta, \mu]$; dans le second, il introduit des éléments w_i ($1 \leqslant i \leqslant p$) de $\mathbf{Z}[\zeta]$ dont les images dans k sont les racines de $\bar{P}$, et il associe à chaque indice i un facteur premier idéal $\mathfrak{r}_i$ de $\mathfrak{q}$; posant ensuite $W_i(X) = \prod_{j \neq i} (X - w_j)$, il dit que, pour un polynôme f à coefficients dans $\mathbf{Z}[\zeta]$, $f(\mu)$ contient m fois le facteur idéal $\mathfrak{r}_i$ si l'on a

$$f(w_i)W_i^m(w_i) \equiv 0 \quad (\text{mod. } \mathfrak{q}^m)$$

mais

$$f(w_i)W_i^{m+1}(w_i) \not\equiv 0 \quad (\text{mod. } \mathfrak{q}^{m+1}).$$

En somme, il obtient de cette façon les valuations de $\mathbf{Q}(\zeta, \mu)$ *non ramifiées* sur $\mathbf{Q}$, ce qui lui suffit pour les applications qu'il a en vue.

*
* *

Kummer avait eu la chance de rencontrer, dans l'étude des corps particuliers auxquels ses recherches sur le théorème de Fermat l'avaient conduit d'abord, nombre de circonstances fortuites qui en rendaient l'étude beaucoup plus abordable. L'extension au cas général des résultats de Kummer présentait de redoutables difficultés et allait coûter des années d'efforts.

Avec Kronecker et Dedekind, qui y tiennent les rôles principaux, l'histoire de la théorie des nombres algébriques, pendant les 40 années qui suivent la découverte de Kummer, n'est pas sans rappeler (mais heureusement sans le même caractère d'acrimonie) celle de la rivalité de Newton et de Leibniz 180 ans plus tôt, autour de l'invention du Calcul infinitésimal. Elève et bientôt collègue de Kummer à Berlin, Kronecker

(*) Dans son mémoire sur les formes quadratiques à coefficients dans l'anneau des entiers de Gauss ((IV), t. I, p. 533–618) Dirichlet avait, à divers endroits, été amené à considérer la norme relative du corps $\mathbf{Q}(\sqrt{D}, i)$ sur son sous-corps quadratique $\mathbf{Q}(\sqrt{D})$. De même, Eisenstein, étudiant les racines 8-èmes de l'unité, considère le corps qu'elles engendrent comme extension quadratique de $\mathbf{Q}(i)$ et utilise la norme relative à ce sous-corps ((VI *b*)), p. 253). Mais le travail de Kummer est le premier exemple d'étude arithmétique approfondie d'un « corps relatif ».

(dont la thèse, comme nous l'avons vu, avait servi à Kummer pour un point essentiel de sa théorie) s'intéressait de très près aux « nombres idéaux » dans le dessein de les appliquer à ses propres recherches; et nous admirons son étonnante pénétration lorsque nous le voyons, dès 1853 ((IX *b*)), p. 10), énoncer le théorème général sur la structure des extensions abéliennes de **Q**, et, ce qui est peut-être plus remarquable encore, créer, dans les années qui suivent, la théorie de la multiplication complexe et découvrir le premier germe de la théorie du corps de classes (IX *c*) et *d*)). Une lettre de Kronecker à Dirichlet, en 1857 ((IX), t. V, p. 418–421), le montre déjà, à cette époque, en possession d'une généralisation de la théorie de Kummer, ce que confirme d'ailleurs Kummer lui-même dans un de ses propres travaux ((VII *e*)), p. 57), et Kronecker fera mainte fois allusion à cette théorie dans ses mémoires entre 1860 et 1880(*).

Mais bien qu'à cette époque aucun des mathématiciens de l'école allemande de Théorie des nombres n'ignorât l'existence de ces travaux de Kronecker, ce dernier ne semble avoir communiqué les principes de ses méthodes qu'à un cercle restreint d'amis et d'élèves, et lorsqu'il se décide enfin à les publier, dans son mémoire de 1881 sur le discriminant (IX *e*)) et surtout dans son grand « Festschrift » de 1882 (IX *f*)), Dedekind ne peut s'empêcher d'exprimer sa surprise ((X), t. III, p. 427), ayant imaginé de tout autres procédés d'après les échos qu'il en avait eus ((X), t. III, p. 287). Kronecker était d'ailleurs loin de posséder au même degré les remarquables dons d'exposition et de clarté de Dedekind, et il n'est donc pas étonnant que ce soient surtout les méthodes de ce dernier, publiées dès 1871, qui aient formé l'armature de la théorie des nombres algébriques; pour intéressante qu'elle soit, la méthode d'« adjonction d'indéterminées » de Kronecker, en ce qui concerne la Théorie des nombres, n'est plus guère à nos yeux qu'une variante de celle de Dedekind (cf. chap. VII, § 1, exerc. 31) et c'est surtout dans une autre direction, orientée vers la Géométrie algébrique, que les idées de Kronecker acquièrent toute leur importance pour l'histoire de l'Algèbre commutative, comme nous le verrons plus loin.

Pour des raisons qui ne pouvaient apparaître clairement que beaucoup plus tard, un premier préalable à tout essai de théorie générale était bien entendu la clarification de la notion d'entier algébrique. Celle-ci est acquise vers 1845–50, bien qu'il soit assez difficile de dater son apparition de façon précise; il paraît vraisemblable que c'est l'idée de système stable par addition et multiplication (ou, plus précisément, ce que nous appelons maintenant une **Z**-algèbre de rang fini) qui, plus ou moins consciemment, ait conduit à la définition générale des entiers algébriques: on tombe en effet inévitablement sur cette définition quand on impose à une **Z**-algèbre de la forme $\mathbf{Z}[\theta]$ d'être de rang fini, par analogie avec l'anneau $\mathbf{Z}[\zeta]$ engendré par une racine de l'unité, qui était au centre des préoccupations des arithméticiens de cette époque. Toujours est-il que lorsque, de façon indépendante, Dirichlet ((IV), t. I,

(*) Sur l'évolution de ses idées sur ce sujet, voir la très intéressante introduction de son mémoire de 1881 sur le discriminant ((IX *e*)), p. 195).

p. 640), Hermite ((VIII), t. I, p. 115 et 146) et Eisenstein ((VI*c*)), p. 236) introduisent la notion d'entier algébrique, ils n'ont pas l'air de considérer qu'il s'agisse d'une idée nouvelle ni de juger qu'il soit utile d'en faire une étude détaillée; seul Eisenstein démontre en substance (*loc. cit.*) que la somme et le produit de deux entiers algébriques sont des entiers algébriques, sans prétendre d'ailleurs que ce résultat soit original.

Un point beaucoup plus caché était la détermination des anneaux dans lesquels on pouvait espérer généraliser la théorie de Kummer. Ce dernier, dans sa première note (VII *b*)), n'hésite pas à affirmer qu'il peut retrouver par sa méthode la théorie des formes quadratiques binaires de Gauss en considérant les anneaux $\mathbf{Z}[\sqrt{D}]$ (D entier); il ne développa jamais cette idée, mais il semble bien que ni lui, ni personne avant Dedekind ne se soit aperçu que la décomposition unique en facteurs premiers « idéaux » n'est pas possible dans les anneaux $\mathbf{Z}[\sqrt{D}]$ lorsque $D \equiv 1 \pmod{4}$ (bien que l'exemple des racines cubiques de l'unité montrât que l'anneau $\mathbf{Z}[\rho]$ considéré depuis Gauss est distinct de $\mathbf{Z}[\sqrt{-3}]$)(*). Avant Dedekind et Kronecker, les seuls anneaux étudiés sont toujours du type $\mathbf{Z}[\theta]$ ou parfois certains anneaux particuliers du type $\mathbf{Z}[\theta, \theta']$ (†). En ce qui concerne Kronecker, il est possible que l'idée de considérer l'anneau de *tous* les entiers d'une extension algébrique lui ait d'abord été suggérée par l'étude des corps de fonctions algébriques, où cet anneau s'introduit de façon naturelle comme l'ensemble des fonctions « finies à distance finie »; il insiste en tout cas dans son mémoire de 1881 sur le discriminant (écrit et annoncé à l'Académie de Berlin dès 1862) sur cette caractérisation des « entiers » dans ces corps (IX *e*)). Dedekind ne donne pas d'indication quant à l'origine de ses propres idées sur ce point, mais dès ses premières publications sur les corps de nombres en 1871, l'anneau de tous les entiers d'un tel corps joue un rôle capital dans sa théorie; c'est aussi Dedekind qui clarifie le rapport entre un tel anneau et ses sous-anneaux ayant même corps des fractions, par l'introduction de la notion de *conducteur* (X *c*)).

Mais là n'était pas la seule difficulté. Pour généraliser les idées de Kummer, il fallait d'abord se débarrasser du passage par le corps de décomposition, qui ne pouvait naturellement avoir d'analogue dans le cas d'un corps non abélien. Ce détour paraît d'ailleurs à première vue très surprenant et artificiel, car si l'on part du polynôme irréductible $\Phi_p(X)$ de $\mathbf{Z}[X]$, on se demande pourquoi Kummer ne pousse pas jusqu'au bout les conséquences logiques de ses idées, et ce qui l'empêche de se servir de la théorie des « imaginaires de Galois », bien connue à cette époque. L'obstacle apparaît plus clairement à la lumière d'une tentative

(*) Bien que Kronecker ait dû être amené à étudier l'arithmétique des anneaux $\mathbf{Z}[\sqrt{-D}]$ $(D > 0)$ par ses travaux sur la multiplication complexe, il n'a rien publié à ce sujet, et la caractérisation des entiers d'un corps quadratique quelconque $\mathbf{Q}(\sqrt{D})$ est donnée explicitement pour la première fois par Dedekind en 1871 ((X *c*)), p. 105–106).

(†) On a vu plus haut l'exemple de l'anneau $\mathbf{Z}[\zeta, \mu]$ introduit par Kummer (VII *e*)). Auparavant, Eisenstein avait été amené à envisager un sous-anneau engendré par deux éléments de l'anneau des entiers dans le corps des racines 21-èmes de l'unité (VI *b*)).

malheureuse de généralisation faite dès 1865 par Selling, un élève de Dedekind : étant donné un polynôme irréductible $P \in \mathbf{Z}[X]$, Selling décompose le polynôme correspondant $\bar{P}(X)$ en facteurs irréductibles dans $\mathbf{F}_q[X]$; les racines de ce polynôme appartiennent donc à une extension finie $\mathbf{F}_r$ de $\mathbf{F}_q$; mais Selling, pour définir à la façon de Kummer l'exposant d'un « facteur premier idéal » de q dans un entier du corps des racines de P(X), n'hésite pas à parler *dans le corps* $\mathbf{F}_r$ de congruences modulo une *puissance de* q ((XI), p. 26) ; et un peu plus loin, lorsqu'il essaie d'aborder la question de la ramification, il « adjoint » à $\mathbf{F}_r$ des « racines imaginaires » d'une équation de la forme $x^h = q$ ((XI), p. 34). Il est clair que ces hardiesses (qui se justifieraient en remplaçant le corps fini $\mathbf{F}_q$ par le corps q-adique) ne pouvaient à cette époque aboutir qu'à des non-sens. Heureusement, Dedekind venait en 1857 (X *a*)), sous le nom de « théorie des congruences supérieures », de reprendre sous une autre forme la théorie des corps finis(*) : il interprète les éléments de ces derniers comme « restes » des polynômes de $\mathbf{Z}[X]$ suivant un « double module » formé des combinaisons linéaires, à coefficients dans $\mathbf{Z}[X]$, d'un nombre premier p et d'un polynôme unitaire irréductible $P \in \mathbf{Z}[X]$ (ce qui est sans doute pour lui, comme pour Kronecker, à l'origine de l'idée générale de *module* à laquelle ils vont aboutir indépendamment un peu plus tard). A son propre témoignage ((X *d*)), p. 218) il semble que Dedekind ait commencé par attaquer le problème des « facteurs idéaux » de p dans un corps $\mathbf{Q}(\xi)$, où $P \in \mathbf{Z}[X]$ est le polynôme minimal de ξ, de la façon suivante (tout au moins dans le cas « non ramifié », c'est-à-dire lorsque dans $\mathbf{F}_p[X]$ le polynôme $\bar{P}$ correspondant à P n'a pas de racine multiple) : on écrit, dans $\mathbf{Z}[X]$,

$$P = P_1 P_2 \ldots P_h + p.G$$

où les $\bar{P}_i$ sont irréductibles et distincts dans $\mathbf{F}_p[X]$; on peut supposer que G n'est divisible (dans $\mathbf{Z}[X]$) par aucun des P_i, et pour tout i, on pose $W_i = \prod_{j \neq i} P_j$; alors, si $f \in \mathbf{Z}[X]$, on dira que $f(\xi)$ contient k fois le « facteur idéal » $\mathfrak{p}_i$ de p correspondant à P_i si l'on a

$$f W_i^k \equiv 0 \qquad (\text{modd. } p^k, P)$$

et

$$f W_i^{k+1} \not\equiv 0 \qquad (\text{modd. } p^{k+1}, P).$$

La parenté avec la méthode suivie par Kummer pour les « corps kummeriens » est ici manifeste, et l'on peut également, de cette façon, rejoindre aisément la définition initiale de Kummer pour les corps cyclotomiques (voir par exemple le travail de Zolotareff (XIV) qui, d'abord indépendamment de Dedekind, développe ces idées un peu plus tard).

(*) On sait que certains résultats de cette théorie, publiés d'abord par Galois, avaient été obtenus (dans le langage des congruences) par Gauss vers 1800 ; après la mort de Gauss, Dedekind s'était chargé de la publication d'une partie de ses œuvres et avait en particulier retrouvé dans les papiers laissés par Gauss le mémoire sur les corps finis ((III), t. II, p. 212–240).

Toutefois, ni Dedekind, ni Kronecker qui paraît avoir aussi fait des essais analogues, ne devaient poursuivre plus avant dans cette voie, arrêtés l'un et l'autre par les difficultés présentées par la ramification ((X *d*)), p. 218 et (IX *f*)), p. 325)(*). Si l'anneau des entiers A du corps de nombres K que l'on considère admet une base (sur **Z**) formée des puissances d'un même entier θ, il n'est pas difficile de généraliser la méthode précédente pour les nombres premiers ramifiés dans $\mathbf{Z}[\theta]$ (comme l'indique Zolotareff (*loc. cit.*)). Mais il y a des corps K où aucune base de ce type n'existe dans l'anneau A ; et Dedekind finit même par découvrir qu'il y a des cas où certains nombres premiers p (les « facteurs extraordinaires du discriminant » du corps K) sont tels que, *quel que soit* $\theta \in A$, l'application de la méthode précédente au polynôme minimal de θ sur **Q** conduirait à attribuer à p des facteurs idéaux multiples alors qu'en fait p ne se ramifie pas dans A(†) ; il avoue avoir été longtemps arrêté par cette difficulté imprévue, avant de parvenir à la surmonter en créant de toutes pièces la théorie des modules et des idéaux, exposée de façon magistrale (et déjà toute moderne, contrastant avec le style discursif de ses contemporains) dans ce qui est sans doute son chef-d'oeuvre, le fameux « XIe supplément » au livre de Dirichlet sur la Théorie des nombres (X *f*)). Cet ouvrage connaîtra trois versions successives, mais dès la première (publiée comme « X[e] supplément » à la seconde édition du livre de Dirichlet en 1871 (IV bis)) l'essentiel de la méthode est déjà acquis, et presque d'un seul coup la théorie des nombres algébriques passe des ébauches et des tâtonnements antérieurs à une discipline en pleine maturité et déjà en possession de ses outils essentiels : dès le début, l'anneau de tous les entiers d'un corps de nombres est placé au centre de la théorie ; Dedekind prouve l'existence d'une base de cet anneau sur **Z**, et en déduit la définition du discriminant du corps, comme carré du déterminant formé des éléments d'une base de l'anneau des entiers et de leurs conjugués ; il ne donne toutefois dans le XIe supplément la caractérisation des nombres premiers ramifiés (comme facteurs premiers du discriminant) que pour les corps quadratiques ((X *f*)), p. 202), alors qu'il était en possession du théorème général depuis 1871(‡). Le résultat central de l'ouvrage est le théorème d'existence et d'unicité de la décomposition des idéaux en facteurs premiers, pour lequel Dedekind commence par développer une théorie élémentaire des « modules » ; en fait, dans le XIe supplément, il réserve ce nom aux sous-**Z**-modules d'un corps de nombres, mais la conception qu'il s'en forme et les résultats qu'il démontre sont déjà exposés de façon immédiatement

(*) Zolotareff tourne la difficulté par un raffinement de sa méthode, qui ne paraît plus guère présenter qu'un intérêt anecdotique (XIV).

(†) Kronecker dit avoir rencontré le même phénomène dans un sous-corps du corps des racines 13èmes de l'unité, qu'il ne précise d'ailleurs pas ((IX *f*)), p. 384). L'exemple de facteur extraordinaire du discriminant donné par Dedekind est traité en détail dans HASSE, *Zahlentheorie* (Berlin, Akad. Verlag, 1949), p. 333 ; un peu plus loin, Hasse donne un exemple de corps K où il n'y a pas de facteur extraordinaire du discriminant, mais où il n'existe aucun $\theta \in A$ tel que $A = \mathbf{Z}[\theta]$ (*loc. cit.*, p. 335).

(‡) Il ne publia la démonstration de ce théorème que dans son mémoire de 1882 sur la différente (X *e*)).

applicables aux modules les plus généraux(*) ; il faut noter entre autres, dès 1871, l'introduction de la notion de « transporteur » qui joue un rôle important (ainsi d'ailleurs que la « condition des chaînes ascendantes ») dans la première démonstration du théorème d'unique factorisation. Dans les deux éditions suivantes, Dedekind devait encore donner deux autres démonstrations de ce théorème, qu'il considérait à juste titre comme la pierre angulaire de sa théorie. Il faut noter ici que c'est dans la troisième démonstration qu'interviennent les idéaux fractionnaires (déjà introduits par Kummer dès 1859 pour les corps cyclotomiques) et le fait qu'ils forment un *groupe* ; nous reviendrons plus loin sur la seconde démonstration (p. 127).

Tous ces résultats (au langage près) étaient sans doute déjà connus de Kronecker vers 1860 comme cas particuliers de ses conceptions plus générales dont nous parlons plus bas (alors que Dedekind reconnaît n'avoir surmonté les dernières difficultés de sa théorie qu'en 1869–70 ((X *e*)), p. 351))(†) ; en ce qui concerne les corps de nombres, il faut en particulier souligner que, dès cette époque, Kronecker savait que toute la théorie est applicable sans changement essentiel quand on part d'un « corps de base » k qui est lui-même un corps de nombres (autre que $\mathbf{Q}$), point de vue auquel conduisait naturellement la théorie de la multiplication complexe ; il avait ainsi reconnu, pour certains corps k, l'existence d'extensions algébriques $K \neq k$ *non ramifiées sur* k ((IX *f*)), p. 269) ce qui ne peut pas se produire pour $k = \mathbf{Q}$ (comme il résulte de minorations de Hermite et Minkowski pour le discriminant). Dedekind ne devait jamais développer ce dernier point de vue (bien qu'il en indique la possibilité dans son mémoire de 1882 sur la différente), et le premier exposé systématique de la théorie du « corps relatif » est dû à Hilbert (XVI *d*)).

Enfin, en 1882 (X *e*)), Dedekind complète la théorie par l'introduction de la *différente*, qui lui donne une nouvelle définition du discriminant et lui permet de préciser les exposants des facteurs premiers idéaux dans la décomposition de ce dernier. C'est aussi vers cette époque qu'il s'intéresse aux particularités présentées par les extensions galoisiennes, introduisant les notions de groupe de décomposition et de groupe d'inertie (dans un mémoire (X g)) qui ne fut publié qu'en 1894), et même (dans des papiers non publiés de son vivant ((X), t. II, p. 410–411)) une ébauche des groupes de ramification, que Hilbert (indépendamment de Dedekind) développera un peu plus tard (XVI *c*) et *d*)).

Ainsi, vers 1895, la théorie des nombres algébriques a terminé la première étape de son développement ; les outils forgés au cours de cette période de formation vont lui permettre d'aborder presque aussitôt l'étape suivante, la théorie générale du corps de classes (ou, ce qui

---

(*) Dans son mémoire de 1882 sur les courbes algébriques (en commun avec H. Weber) (X bis), il utilise de la même manière la théorie des modules sur l'anneau C[X].

(†) Kronecker n'avait toutefois pas réussi à obtenir par ses méthodes la caractérisation complète des idéaux ramifiés dans le cas des corps de nombres. Par contre, il a cette caractérisation pour les corps de fonctions algébriques d'une variable, et prouve en outre que dans ce cas il n'y a pas de « facteur extraordinaire » du discriminant (IX *e*)).

revient au même, la théorie des extensions abéliennes des corps de nombres) qui se poursuit jusqu'à nos jours et que nous n'avons pas à décrire ici. Du point de vue de l'Algèbre commutative, on peut dire qu'à la même époque la théorie des anneaux de Dedekind est pratiquement achevée, mises à part leur caractérisation axiomatique, ainsi que la structure des modules de type fini sur ces anneaux (qui, pour le cas des corps de nombres, sera seulement élucidée en substance par Steinitz en 1912 (XX *b*))(*).

*
* *

Les progrès ultérieurs de l'Algèbre commutative vont surtout provenir de problèmes assez différents, issus de la Géométrie algébrique (qui d'ailleurs influencera de façon directe la Théorie des nombres, même avant les développements « abstraits » de l'époque contemporaine).

Nous n'avons pas ici à faire l'histoire détaillée de la Géométrie algébrique, qui, jusqu'à la mort de Riemann, ne touche guère notre sujet. Qu'il suffise de rappeler qu'elle avait surtout pour but l'étude des courbes algébriques dans le plan projectif complexe, abordée le plus souvent par les méthodes de la géométrie projective (avec ou sans usage de coordonnées). Parallèlement s'était développée, avec Abel, Jacobi, Weierstrass et Riemann, la théorie des « fonctions algébriques » d'une variable complexe et de leurs intégrales ; on était évidemment conscient du lien entre cette théorie et la géométrie des courbes algébriques planes, et on savait à l'occasion « appliquer l'Analyse à la Géométrie » ; mais les méthodes utilisées pour l'étude des fonctions algébriques étaient surtout de nature « transcendante », même avant Riemann(†) ; ce caractère s'accentue encore dans les travaux de ce dernier, avec l'introduction des « surfaces de Riemann » et des fonctions analytiques quelconques définies sur une telle surface. Presque aussitôt après la mort de Riemann, Roch, et surtout Clebsch, reconnurent la possibilité de tirer des profonds résultats obtenus par les méthodes transcendantes de Riemann de nombreuses et frappantes applications à la géométrie projective des courbes, ce qui devait naturellement inciter les géomètres contemporains à donner de ces résultats des démonstrations purement « géométriques » ; ce programme, incomplètement suivi par Clebsch et Gordan, fut

(*) Un début d'étude des modules sur un anneau d'entiers algébriques avait déjà été amorcé par Dedekind (X *h*)).

(†) Il faut noter toutefois que Weierstrass, dans ses recherches sur les fonctions abéliennes (qui remontent à 1857 mais ne furent exposées dans ses cours que vers 1865 et publiées seulement dans ses Oeuvres complètes ((XVII), t. IV)), donne, au contraire de Riemann, une définition purement algébrique du genre d'une courbe, comme le plus petit entier p tel qu'il y ait des fonctions rationnelles sur la courbe ayant des pôles en $p + 1$ points arbitraires donnés. Il est intéressant de signaler que, cherchant à obtenir des éléments qui lui tiennent lieu de fonctions n'ayant qu'un seul pôle sur la courbe, Weierstrass, avant d'utiliser finalement à cet effet des fonctions transcendantes, avait, au témoignage de Kronecker ((IX *e*)), p. 197), incité ce dernier à étendre aux fonctions algébriques d'une variable les résultats qu'il venait à cette époque d'obtenir sur les corps de nombres (les « facteurs premiers idéaux » jouant effectivement le rôle désiré par Weierstrass).

accompli par Brill et M. Noether quelques années plus tard (XIII), à l'aide de l'étude des systèmes de points variables sur une courbe donnée et des courbes auxiliaires (les « adjointes ») passant par de tels systèmes de points. Mais même pour les contemporains, les méthodes transcendantes de Riemann (et notamment son usage de notions topologiques et du « principe de Dirichlet ») paraissaient reposer sur des fondements incertains ; et bien que Brill et Noether soient plutôt plus soigneux que la plupart des géomètres « synthétiques » contemporains (voir plus loin p. 126), leurs raisonnements géométrico-analytiques ne sont pas à l'abri de tout reproche. C'est essentiellement pour donner à la théorie des courbes algébriques planes une base solide que Dedekind et Weber publient en 1882 leur grand mémoire sur ce sujet (X bis) : « *Les recherches publiées ci-dessous* », disent-ils, « *ont pour but de poser les fondements de la théorie des fonctions algébriques d'une variable, une des créations principales de Riemann, d'une façon à la fois simple, rigoureuse et entièrement générale. Dans les recherches antérieures sur ce sujet, on fait en général des hypothèses restrictives sur les singularités des fonctions considérées, et les soi-disant cas d'exception sont, ou bien mentionnés en passant comme des cas limites, ou bien entièrement négligés. De même, on admet certains théorèmes fondamentaux sur la continuité ou l'analyticité, dont l'« évidence » s'appuie sur des intuitions géométriques de nature variée* » ((X bis), p. 181)(*). L'idée essentielle de leur travail est de calquer la théorie des fonctions algébriques d'une variable sur la théorie des nombres algébriques telle que venait de la développer Dedekind ; pour ce faire, ils doivent d'abord se placer au point de vue « affine » (au contraire de leurs contemporains, qui considéraient invariablement les courbes algébriques comme plongées dans l'espace projectif complexe) : ils partent donc d'une extension algébrique finie K du corps **C**(X) des fractions rationnelles, et de l'anneau A des « fonctions algébriques entières » dans K, i.e. des éléments de ce corps entiers sur l'anneau **C**[X] des polynômes ; leur résultat fondamental, qu'ils obtiennent sans utiliser aucune considération topologique(†), est que A est un anneau de Dedekind, auquel s'appliquent *mutatis mutandis* (et même, comme le remarquent Dedekind et Weber sans en voir encore clairement la raison ((X), t. I. p. 268), d'une façon plus simple) tous les résultats du « XIe supplément ». Cela fait, ils prouvent que leurs théorèmes sont

(*) On sait que, malgré les efforts de Dedekind, Weber et Kronecker, le relâchement dans la conception de ce qui constituait une démonstration correcte, déjà sensible dans l'école allemande de Géométrie algébrique des années 1870–1880, ne devait que s'aggraver de plus en plus dans les travaux des géomètres français et surtout italiens des deux générations suivantes, qui, à la suite des géomètres allemands, et en développant leurs méthodes, s'attaquent à la théorie des surfaces algébriques : « scandale » mainte fois dénoncé (surtout à partir de 1920) par les algébristes, mais que n'étaient pas sans justifier en une certaine mesure les brillants succès obtenus par ces méthodes « non rigoureuses », contrastant avec le fait que, jusque vers 1940, les successeurs orthodoxes de Dedekind s'étaient révélés incapables de formuler avec assez de souplesse et de puissance les notions algébriques qui eussent permis de donner de ces résultats des démonstrations correctes.

(†) Ils soulignent que, grâce à ce fait, tous leurs résultats resteraient valables en remplaçant le corps **C** par le corps de tous les nombres algébriques ((X), t. I, p. 240).

en fait birationnellement invariants (autrement dit, ne dépendent que du corps K) et en particulier ne dépendent pas du choix de la « droite à l'infini » fait au départ. Ce qui est sans doute encore plus intéressant pour nous, c'est que, voulant définir les points de la « surface de Riemann » correspondant à K (et en particulier les « points à l'infini », qui ne pouvaient correspondre à des idéaux de A), ils sont amenés à introduire la notion de *place* du corps K : ils se trouvent devant la situation que retrouvera Gelfand en 1940 pour fonder la théorie des algèbres normées, savoir un ensemble K d'éléments qui ne sont pas donnés à l'avance comme fonctions, mais que pourtant on veut pouvoir considérer comme telles ; et, pour obtenir l'ensemble de définition de ces fonctions hypothétiques, ils ont pour la première fois l'idée (que reprendra Gelfand, et qui est devenue banale à force d'être utilisée à tout propos dans la mathématique moderne) d'associer à un point x d'un ensemble E et à un ensemble $\mathscr{F}$ d'applications de E dans un ensemble G l'application $f \rightarrow f(x)$ de $\mathscr{F}$ dans G, autrement dit de considérer, dans l'expression $f(x)$, *f comme variable et x comme fixe*, au rebours de la tradition classique. Enfin, ils n'ont pas de peine, à partir de la notion de place, à définir les « diviseurs positifs » (« Polygone » dans leur terminologie) qui comprennent les idéaux de A comme cas particuliers et correspondent aux « systèmes de points » de Brill et Noether ; mais, bien qu'ils écrivent les diviseurs principaux et les diviseurs de différentielles comme « quotients » de diviseurs positifs, ils ne donnent pas la définition générale des *diviseurs*, et c'est seulement en 1902 que Hensel et Landsberg introduiront, par analogie avec les idéaux fractionnaires, cette notion qui embarrassera toujours les tenants des méthodes purement « géométriques » (obligés malgré eux de les définir sous le nom de « systèmes virtuels », mais gênés de ne pouvoir leur donner une interprétation « concrète »).

La même année 1882 voit aussi paraître le grand mémoire de Kronecker attendu depuis plus de 20 ans (IX f)). Beaucoup plus ambitieux que le travail de Dedekind–Weber, il est malheureusement aussi beaucoup plus vague et plus obscur. Son thème central est (en langage moderne) l'étude des idéaux d'une algèbre finie intègre sur un des anneaux de polynômes $\mathbf{C}[X_1, \ldots, X_n]$ ou $\mathbf{Z}[X_1, \ldots, X_n]$; Kronecker se limite *a priori* à ceux de ces idéaux qui sont de type fini (le fait qu'ils le sont *tous* devait seulement être prouvé (pour les idéaux de $\mathbf{C}[X_1, \ldots, X_n]$) quelques années plus tard par Hilbert au cours de ses travaux sur les invariants (XVI *a*))). En ce qui concerne $\mathbf{C}[X_1, \ldots, X_n]$ ou $\mathbf{Z}[X_1, \ldots, X_n]$, on était naturellement amené à associer à tout idéal de l'un de ces anneaux la « variété algébrique » formée par les zéros communs à tous les éléments de l'idéal ; et les études de géométrie en dimensions 2 et 3 faites au cours du XIXe siècle devaient conduire intuitivement à l'idée que toute variété est réunion de variétés « irréductibles » en nombre fini dont les « dimensions » ne sont pas nécessairement les mêmes. Il semble que la démonstration de ce fait soit le but que se propose Kronecker, bien qu'il ne le dise explicitement nulle part, et qu'on ne puisse trouver dans son mémoire aucune définition de « variété irréductible » ni de « dimension ». En fait, il se borne à indiquer sommairement comment une méthode générale d'élimination(*) donne, à partir d'un système de générateurs de l'idéal considéré, un nombre fini de variétés algébriques, pour chacune desquelles, dans un système de coordonnées convenable, un certain nombre de coordonnées sont arbitraires et les autres en sont des « fonctions algébriques »(†). Mais, si c'est vraiment la décomposition en variétés irréductibles que vise Kronecker, force est de reconnaître qu'il n'y arrive que dans le cas élémentaire d'un idéal *principal*, où il prouve en substance, en étendant un lemme classique de Gauss sur **Z**[X] ((III), t. I, p. 34), que les anneaux $\mathbf{C}[X_1, \ldots, X_n]$ et $\mathbf{Z}[X_1, \ldots, X_n]$ sont factoriels; et, dans le cas général, on peut même se demander si Kronecker était en possession de la notion d'idéal premier (ce qu'il appelle « Primmodulsystem » est un idéal *indécomposable en produit* de deux autres ((IX *f*)), p. 336); cela est d'autant plus étonnant que la définition donnée depuis 1871 par Dedekind était parfaitement générale).

Il faut dire toutefois que la méthode d'élimination de Kronecker, convenablement appliquée, conduit bien à la décomposition d'une variété algébrique en ses composantes irréductibles: c'est ce qui est clairement établi par E. Lasker au début de son grand mémoire de 1905 sur les idéaux de polynômes (XIX); il définit correctement la notion de variété irréductible (dans $\mathbf{C}^n$) comme une variété algébrique V telle qu'un produit de deux polynômes ne puisse s'annuler dans toute la variété V que si l'un d'eux s'y annule, et il a aussi une définition de la dimension indépendante des axes choisis. Dans les intéressantes considérations historiques qu'il insère dans ce travail, Lasker indique d'autre part qu'il se rattache, non seulement à la tendance purement algébrique de Kronecker et Dedekind, mais aussi aux problèmes soulevés par les méthodes géométriques de l'école de Clebsch et M. Noether, et notamment au fameux théorème démontré par ce dernier en 1873 (XII). Il s'agit essentiellement, comme nous dirions aujourd'hui, de la détermination de l'idéal $\mathfrak{a}$ des polynômes de $\mathbf{C}[X_1, \ldots, X_n]$ qui s'annulent aux points d'un ensemble donné M dans $\mathbf{C}^n$; le plus souvent, M était la « variété algébrique » des zéros communs à des polynômes f_i en nombre fini, et pendant longtemps il semble que l'on ait admis (bien entendu sans justification) que, tout au moins pour $n = 2$ ou $n = 3$, l'idéal $\mathfrak{a}$ était tout bonnement engendré par les f_i(‡); M. Noether

(*) Par un changement linéaire de coordonnées, on peut supposer que les générateurs $F_i (1 \leqslant i \leqslant r)$ de l'idéal sont des polynômes où le terme de plus haut degré en X_1 est de la forme $c_i X_1^{m_i}$, où c_i est une constante $\neq 0$. On peut aussi supposer que les F_i n'ont aucun facteur commun. On considère alors pour $2r$ indéterminées u_i, v_i $(1 \leqslant i \leqslant r)$ les polynômes $\sum_{i=1}^{r} u_i F_i$ et $\sum_{i=1}^{r} v_i F_i$, en tant que *polynômes en* X_1; on forme leur résultant de Sylvester, qui est un polynôme en les u_i et v_i, à coefficients dans $\mathbf{C}[X_2, \ldots, X_n]$ (resp. $\mathbf{Z}[X_2, \ldots, X_n]$); en annulant ces coefficients, on obtient un système d'équations dont les solutions $(x_2, \ldots, x_n)$ sont exactement les projections des solutions $(x_1, \ldots, x_n)$ du système d'équations $F_i(x_1, x_2, \ldots, x_n) = 0$ $(1 \leqslant i \leqslant r)$. On peut alors poursuivre l'application de la méthode par récurrence sur n.

(†) C'est ce nombre de coordonnées arbitraires qu'il appelle la *dimension* (« Stufe »).

(‡) Voir les remarques de M. Noether au début de son mémoire (XIII). Il est intéressant de noter à ce propos que, selon Lasker, Cayley, vers 1860, aurait conjecturé que pour toute courbe gauche algébrique dans $\mathbf{C}^3$, il y avait un nombre fini de polynômes engendrant avait montré que déjà pour $n = 2$ et pour deux polynômes f_1, f_2, cela est généralement inexact, et il avait donné des conditions suffisantes pour que $\mathfrak{a}$ soit engendré par f_1 et f_2. Dix ans plus tard, Netto prouve que, sans hypothèse sur f_1 et f_2, une *puissance* de $\mathfrak{a}$ est en tout cas contenue dans l'idéal engendré par f_1 et f_2 (XV), théorème que généralise Hilbert en 1893 dans son célèbre « théorème des zéros » (XVI *b*)). C'est sans doute inspiré par ce résultat que Lasker, dans son mémoire, introduit la notion générale d'idéal *primaire*(*) dans les anneaux $\mathbf{C}[X_1, \ldots, X_n]$ et $\mathbf{Z}[X_1, \ldots, X_n]$ (après avoir donné dans ces anneaux la définition des idéaux premiers, en transcrivant la définition de Dedekind), et démontre(†) l'existence d'une décomposition primaire pour tout idéal dans ces anneaux(‡). Il ne semble pas s'être soucié des questions d'*unicité* dans cette décomposition; c'est Macaulay qui, un peu plus tard (XXI) introduit la distinction entre idéaux primaires « immergés » et « non immergés » et montre que les seconds sont déterminés de façon unique, mais non les premiers. Il est enfin à noter que Lasker étend aussi ses résultats à l'anneau des *séries entières convergentes* au voisinage d'un point, en s'appuyant sur le « théorème de préparation » de Weierstrass. Cette partie de son mémoire est sans doute le premier endroit où cet anneau ait été considéré d'un point de vue purement algébrique, et les méthodes que développe à cette occasion Lasker devaient fortement influencer Krull lorsqu'en 1938 il créera la théorie générale des anneaux locaux (cf. (XXIX *d*)), p. 204 et *passim*).

* * *

l'idéal des polynômes de $\mathbf{C}[X, Y, Z]$ qui s'annulent sur la courbe (autrement dit, un cas particulier du th. de finitude de Hilbert (XVI *a*))).

(*) Des exemples d'idéaux primaires non puissances d'idéaux premiers avaient été rencontrés par Dedekind dans les « ordres », i.e. les anneaux de nombres algébriques ayant un corps de nombres donné comme corps des fractions ((X), t. III, p. 306). Kronecker donne aussi comme exemple d'idéal « indécomposable » en produit de deux autres non triviaux, l'idéal de $\mathbf{Z}[X]$ engendré par p^2 et $X^2 + p$, où p est un nombre premier (idéal qui est primaire pour l'idéal premier engendré par X et p ((IX *f*)), p. 341)).

(†) Lasker procède par récurrence sur la dimension maxima h des composantes irréductibles de la variété V des zéros de l'idéal considéré $\mathfrak{a}$. En termes modernes, il considère d'abord les idéaux premiers $\mathfrak{p}_i$ ($1 \leqslant i \leqslant r$) contenant $\mathfrak{a}$, qui correspondent aux composantes irréductibles de dimension maxima h de V. A chaque $\mathfrak{p}_i$, il associe le saturé $\mathfrak{q}_i$ de $\mathfrak{a}$ relativement à $\mathfrak{p}_i$ (cf. chap. IV, § 2, n° 3, prop. 5); il considère ensuite le transporteur $\mathfrak{b}_i = \mathfrak{a} : \mathfrak{q}_i$ de $\mathfrak{q}_i$ dans $\mathfrak{a}$, prend dans $\sum_i \mathfrak{b}_i$ un élément c n'appartenant à aucun des $\mathfrak{p}_i$ et montre d'une part que $\mathfrak{a}$ est intersection des $\mathfrak{q}_i$ et de $\mathfrak{a} + (c) = \mathfrak{a}'$, et d'autre part que la variété V' des zéros de $\mathfrak{a}'$ n'a que des composantes irréductibles de dimension $\leqslant h - 1$, ce qui lui permet de conclure par récurrence.

(‡) Il est intéressant de remarquer que la seconde démonstration de Dedekind pour le théorème d'unique décomposition procède en établissant d'abord l'existence d'une décomposition primaire réduite unique; et dans un passage non publié dans le XIe supplément, Dedekind observe explicitement que cette partie de la démonstration vaut non seulement pour l'anneau A de tous les entiers d'un corps de nombres K, mais aussi pour tous les « ordres » de K ((X), t. III, p. 303). C'est seulement ensuite, après avoir prouvé explicitement que A est « complètement intégralement clos » (à la terminologie près) qu'il démontre, en utilisant ce fait, que les idéaux primaires de la décomposition précédente sont en fait des puissances d'idéaux premiers ((X), t. III, p. 307).

Le mouvement d'idées qui aboutira à l'Algèbre commutative moderne commence à prendre forme aux environs de 1910. Si la notion générale de corps est acquise dès le début du XXe siècle, par contre le premier travail où soit définie la notion générale d'anneau est sans doute celui de Fraenkel en 1914 (XXIII). A cette époque, on avait déjà comme exemples d'anneaux, non seulement les anneaux intègres de la Théorie des nombres et de la Géométrie algébrique, mais aussi les anneaux de séries (formelles ou convergentes), et enfin les algèbres (commutatives ou non) sur un corps de base. Toutefois, tant pour la théorie des anneaux que pour celle des corps, le rôle catalyseur semble avoir été joué par la théorie des *nombres p-adiques* de Hensel, que Fraenkel aussi bien que Steinitz (XX *a*)) mentionnent tout spécialement comme point de départ de leurs recherches.

La première publication de Hensel sur ce sujet remonte à 1897; il y part de l'analogie mise en lumière par Dedekind et Weber entre les points d'une surface de Riemann d'un corps de fonctions algébriques K et les idéaux premiers d'un corps de nombres k; il se propose de transporter en Théorie des nombres les « développements de Puiseux » (classiques depuis le milieu du XIXe siècle) qui, au voisinage d'un point quelconque de la surface de Riemann de K, permettent d'exprimer tout élément $x \in \mathrm{K}$ sous forme d'une série convergente de puissances de l'« uniformisante » au point considéré (séries n'ayant qu'un nombre fini de termes à exposants négatifs). Hensel montre de même que si $\mathfrak{p}$ est un idéal premier de k au-dessus d'un nombre premier p, on peut associer à tout $x \in k$ une « série p-adique » de la forme $\sum_i \alpha_i p^i$ (ou $\sum_i \alpha_i p^{i/e}$ lorsque $\mathfrak{p}$ est ramifié au-dessus de p) les α_i étant pris dans un système de représentants donné du corps de restes de l'idéal $\mathfrak{p}$; mais sa grande originalité est d'avoir eu l'idée de considérer de tels « développements » même lorsqu'ils ne correspondent à *aucun élément* de k, par analogie avec les développements en série entière des fonctions transcendantes sur une surface de Riemann (XVIII *a*)).

Pendant toute la suite de sa carrière, Hensel va s'attacher à polir et perfectionner peu à peu son nouveau calcul; et si sa démarche peut nous paraître hésitante ou pesante, il ne faut pas oublier qu'au début tout au moins il ne dispose encore d'aucun des outils topologiques ou algébriques de la mathématique actuelle qui lui auraient facilité sa tâche. Dans ses premières publications il ne parle guère d'ailleurs de notions topologiques, et en somme pour lui l'anneau des entiers $\mathfrak{p}$-adiques ($\mathfrak{p}$ idéal premier de l'anneau des entiers A d'un corps de nombres k), c'est, en termes modernes, la limite projective des anneaux $\mathrm{A}/\mathfrak{p}^n$ pour n croissant indéfiniment, au sens purement algébrique; et pour établir les propriétés de cet anneau et de son corps des fractions, il doit à chaque pas utiliser plus ou moins péniblement des raisonnements *ad hoc* (par exemple pour prouver que les nombres $\mathfrak{p}$-adiques forment un anneau intègre). L'idée d'introduire dans un corps $\mathfrak{p}$-adique des notions topologiques n'apparaît guère chez Hensel avant 1905 (XVIII *d*)); et c'est seulement en 1907, après avoir entièrement écrit le livre où il réexpose suivant ses idées la théorie des nombres algébriques (XVIII *f*)), qu'il arrive à la définition et aux propriétés essentielles des valeurs absolues p-adiques (XVIII *e*)), à partir desquelles il pourra développer, en la calquant sur la théorie de Cauchy, toute une « analyse p-adique » qu'il saura appliquer avec fruit en Théorie des nombres (notamment avec l'utilisation de l'exponentielle et du logarithme p-adiques), et dont l'importance n'a cessé de croître depuis.

Hensel avait fort bien vu, dès le début, les simplifications qu'apportait sa théorie aux exposés classiques, en permettant de « localiser » les problèmes et de se placer dans un corps où non seulement les propriétés de divisibilité sont triviales, mais encore où, grâce au lemme fondamental qu'il dégagea dès 1902 (XVIII *c*)), l'étude des polynômes dont le polynôme « réduit » mod. p est sans racine multiple se ramène à l'étude des polynômes sur un corps fini. Il avait donné dès 1897 (XVIII *b*)) des exemples frappants de ces simplifications, notamment dans les questions relatives au discriminant (en particulier, une courte démonstration du critère donné par lui quelques années auparavant pour l'existence des « diviseurs extraordinaires »). Mais pendant longtemps il semble que les nombres p-adiques aient inspiré aux mathématiciens contemporains une grande méfiance; attitude courante sans doute vis-à-vis d'idées trop « abstraites », mais que l'enthousiasme un peu excessif de leur auteur (si fréquent en mathématiques parmi les zélateurs de théories nouvelles) n'était pas sans justifier en partie. Non content en effet d'appliquer sa théorie avec fruit aux nombres algébriques, Hensel, impressionné comme tous ses contemporains par les démonstrations de transcendance de e et π, et peut-être abusé par le qualificatif « transcendant » appliqué à la fois aux nombres et aux fonctions, en était arrivé à penser qu'il existait un lien entre ses nombres p-adiques et les nombres réels transcendants, et il avait cru un moment obtenir ainsi une démonstration simple de la transcendance de e et même de e^e ((XVIII *d*)), p. 556)(*).

Peu après 1910, la situation change, avec la montée de la génération suivante, influencée par les idées de Fréchet et de F. Riesz sur la topologie, par celles de Steinitz sur l'algèbre, et dès l'abord conquise à l'« abstraction »; elle va savoir rendre assimilables et mettre à leur vraie place les travaux de Hensel. Dès 1913, Kürschak (XXII) définit de façon générale la notion de valeur absolue, reconnaît l'importance des valeurs absolues ultramétriques (dont la valeur absolue p-adique donnait l'exemple), prouve (en calquant la démonstration sur le cas des nombres réels) l'existence du complété d'un corps par rapport à une valeur absolue, et surtout démontre de façon générale la possibilité du prolongement d'une valeur absolue à une extension algébrique quelconque du corps donné. Mais il n'avait pas vu que le caractère ultramétrique d'une

(*) Cette recherche à tout prix d'un étroit parallélisme entre séries p-adiques et séries de Taylor pousse aussi Hensel à se poser d'étranges problèmes: il prouve par exemple que tout entier p-adique peut s'écrire sous forme d'une série $\sum_{k=0}^{\infty} a_k p^k$ où les a_k sont des nombres rationnels choisis de sorte que la série converge non seulement dans $\mathbf{Q}_p$, mais aussi *dans* $\mathbf{R}$ (sans doute par souvenir des séries de Taylor qui convergent en plusieurs places à la fois?) (XVIII *e*) et *f*)).

valeur absolue se décelait déjà dans le corps premier; ce point fut établi par Ostrowski, à qui l'on doit aussi la détermination de toutes les valeurs absolues sur le corps **Q**, et le théorème fondamental caractérisant les corps munis d'une valeur absolue non ultramétrique comme sous-corps de **C** (XXIV). Dans les années qui vont de 1920 à 1935, la théorie s'achèvera par une étude plus détaillée des valeurs absolues non nécessairement discrètes, comprenant entre autres l'examen des diverses circonstances qui se produisent quand on passe à une extension algébrique ou transcendante (Ostrowski, Deuring, F.K.Schmidt); d'autre part, en 1931, Krull introduit et étudie la notion générale de valuation (XXIX *b*)) qui sera fort utilisée dans les années qui suivent par Zariski et son école de Géométrie algébrique(*). Il nous faut aussi mentionner ici, bien que cela sorte de notre cadre, les études plus profondes sur la structure des corps valués complets et anneaux locaux complets, qui datent de la même époque (Hasse-Schmidt, Witt, Teichmüller, I. Cohen).

* * *

Le travail de Fraenkel mentionné plus haut (p. 128) ne traitait qu'un type d'anneau très particulier (les anneaux artiniens n'ayant qu'un seul idéal premier, qui est en outre supposé principal). Si l'on excepte l'ouvrage de Steinitz sur les corps (XX *a*)), les premiers travaux importants dans l'étude des anneaux commutatifs généraux sont les deux grands mémoires de E. Noether sur la théorie des idéaux: celui de 1921 (XXV *a*)), consacré à la décomposition primaire, qui reprend sur le plan le plus général et complète sur bien des points les résultats de Lasker et Macaulay; et celui de 1927 caractérisant axiomatiquement les anneaux de Dedekind (XXV *b*)). De même que Steinitz l'avait montré pour les corps, on voit dans ces mémoires comment un petit nombre d'idées abstraites, comme la notion d'idéal irréductible, les conditions de chaînes et l'idée d'anneau intégralement clos (les deux dernières, comme nous l'avons vu, déjà mises en évidence par Dedekind) peuvent à elles seules conduire à des résultats généraux qui semblaient inextricablement liés à des résultats de pur calcul dans les cas où on les connaissait auparavant.

Avec ces mémoires de E. Noether, joints aux travaux légèrement postérieurs d'Artin–van der Waerden sur les idéaux divisoriels (XXXI) et de Krull reliant ces idéaux aux valuations essentielles (XXIX *b*)) s'achève ainsi la longue étude de la décomposition des idéaux commencée un siècle auparavant(†), en même temps que s'inaugure l'Algèbre commutative moderne.

(*) Un exemple de valuation de hauteur 2 avait déjà été incidemment introduit par H. Jung en 1925 (XXVII).

(†) A la suite de la définition des idéaux divisoriels, d'assez nombreuses recherches (Prüfer, Krull, Lorenzen, etc.) ont été entreprises sur les idéaux qui sont *stables* par d'autres opérations $\mathfrak{a} \to \mathfrak{a}'$ vérifiant des conditions axiomatiques analogues aux propriétés de l'opération $\mathfrak{a} \to \mathrm{A} : (\mathrm{A} : \mathfrak{a})$ qui donne naissance aux idéaux divisoriels; les résultats obtenus dans cette voie n'ont pas trouvé d'application jusqu'ici en Géométrie algébrique ou en Théorie des nombres.

Les innombrables recherches ultérieures d'Algèbre commutative se groupent le plus aisément suivant quelques grandes tendances directrices:

A) *Anneaux locaux et topologies.* Bien que contenue en germe dans tous les travaux antérieurs de Théorie des nombres et de Géométrie algébrique, l'idée générale de localisation se dégage fort lentement. La notion générale d'anneau de fractions n'est définie qu'en 1926 par H. Grell, un élève de E. Noether, et seulement pour les anneaux intègres (XXVIII); son extension aux anneaux plus généraux ne sera donnée qu'en 1944 par C. Chevalley pour les anneaux noethériens et en 1948 par Uzkov dans le cas général. Jusqu'en 1940 environ, Krull et son école sont pratiquement seuls à utiliser dans des raisonnements généraux la considération des anneaux locaux $A_\mathfrak{p}$ d'un anneau intègre A; ces anneaux ne commenceront à apparaître explicitement en Géométrie algébrique qu'avec les travaux de Chevalley et Zariski à partir de 1940(*).

L'étude générale des anneaux locaux eux-mêmes ne commence qu'en 1938 avec le grand mémoire de Krull (XXIX *d*)). Les résultats les plus importants de ce travail concernent la théorie de la dimension et les anneaux réguliers, dont nous n'avons pas à parler ici; mais c'est là aussi qu'apparaît pour la première fois le complété d'un anneau local noethérien quelconque, ainsi qu'une forme encore imparfaite de l'anneau gradué associé à un anneau local(†); ce dernier ne sera défini que vers 1948 par P. Samuel (XXXVI) et indépendamment dans les recherches de Topologie algébrique de Leray et H. Cartan. Krull, dans le travail précité, n'utilise guère le langage topologique; mais dès 1928 (XXIX *a*)), il avait prouvé que, dans un anneau noethérien A, l'intersection des puissances d'un même idéal $\mathfrak{a}$ est l'ensemble des $x \in A$ tels que $x(1-a) = 0$ pour un $a \in \mathfrak{a}$; on déduit aisément de là que pour tout idéal $\mathfrak{m}$ de A, la topologie $\mathfrak{m}$-adique sur A induit sur un idéal $\mathfrak{a}$ la topologie $\mathfrak{m}$-adique de $\mathfrak{a}$; dans son mémoire de 1938, Krull complète ce résultat en prouvant que dans un anneau local noethérien, tout idéal est fermé. Ces théorèmes furent peu après étendus par Chevalley aux anneaux semi-locaux noethériens, puis par Zariski aux anneaux qui portent son nom (XXXIII *b*)); c'est aussi à Chevalley que remonte l'introduction de la « compacité linéaire » dans les anneaux topologiques, ainsi que la détermination de la structure des anneaux semi-locaux complets (XXXII *b*)).

B) *Passage du local au global.* Depuis Weierstrass, on a pris l'habitude d'associer une fonction analytique d'une variable (et en

(*) Dans les travaux de Hensel et de ses élèves sur la Théorie des nombres, les anneaux locaux $A_\mathfrak{p}$ sont systématiquement négligés au profit de leurs complétés, sans doute en raison de la possibilité d'appliquer le lemme de Hensel à ces derniers.

(†) Si $\mathfrak{m}$ est l'idéal maximal de l'anneau local noethérien A considéré, $(\alpha_i)_{1 \leqslant i \leqslant r}$ un système minimal de générateurs de $\mathfrak{m}$, Krull définit pour tout $x \neq 0$ dans A les « formes initiales » de x de la façon suivante: si j est le plus grand entier tel que $x \in \mathfrak{m}^j$, les formes initiales de x sont tous les polynômes homogènes de degré j, $P(X_1, \ldots, X_r)$, à coefficients dans le corps résiduel $k = A/\mathfrak{m}$, tels que $x \equiv P(\alpha_1, \ldots, \alpha_r) \pmod{\mathfrak{m}^{j+1}}$. A tout idéal $\mathfrak{a}$ de A il fait correspondre l'idéal gradué de $k[X_1, \ldots, X_r]$ engendré par les formes initiales de tous les éléments de $\mathfrak{a}$ (« Leitideal »); ces deux notions lui tiennent lieu de l'anneau gradué associé.

particulier une fonction algébrique) à l'ensemble de ses «développements» en tous les points de la surface de Riemann où elle est définie. Dans l'introduction de son livre sur la Théorie des nombres ((XVIII *f*), p. V), Hensel associe de même à tout élément d'un corps *k* de nombres algébriques l'ensemble des éléments qui lui correspondent dans les *complétés* de *k* pour *toutes* les valeurs absolues sur *k*(*). On peut dire que c'est ce point de vue qui, en Algèbre commutative moderne, a remplacé la formule de décomposition d'un idéal en produit d'idéaux premiers (prolongeant en un certain sens le point de vue initial de Kummer). La remarque de Hensel revient implicitement à plonger *k* dans le *produit* de tous ses complétés; c'est ce que fait explicitement Chevalley en 1936 avec sa théorie des « idèles » (XXXII *a*)), qui perfectionne des idées antérieures analogues de Prüfer et von Neumann (ces derniers se bornaient à plonger *k* dans le produit de ses complétés $\mathfrak{p}$-adiques)(†). Bien que cela sorte quelque peu de notre cadre, il importe de mentionner ici que, grâce à une topologie appropriée sur le groupe des idèles, on peut ainsi appliquer à la Théorie des nombres toute la technique des groupes localement compacts (y compris la mesure de Haar) de façon très efficace.

Dans un ordre d'idées plus général, le théorème de Krull (XXIX *b*)) caractérisant un anneau intégralement clos comme intersection d'anneaux de valuation (ce qui revient encore à plonger l'anneau considéré dans un produit d'anneaux de valuation) facilite souvent l'étude de ces anneaux, bien que la méthode ne soit vraiment maniable que pour les valuations essentielles des anneaux de Krull. On trouve d'ailleurs fréquemment chez Krull (XXIX *e*)) des exemples (assez élémentaires) de la méthode du «passage du local au global» consistant à démontrer une propriété d'un anneau intègre A en se ramenant à la vérifier pour les « localisés » $A_{\mathfrak{p}}$ de A en tous ses idéaux premiers(‡); plus récemment, Serre s'est aperçu que cette méthode est valable pour les anneaux commutatifs quelconques A, qu'elle s'applique aussi aux A-modules et à leurs homomorphismes et qu'il suffit même souvent de «localiser» en

(*) Hensel prend, comme valeurs absolues non ultramétriques sur un corps K de degré n sur **Q**, les fonctions $x \to |x^{(i)}|$ (où les $x^{(i)}$ pour $1 \leqslant i \leqslant n$ sont les conjugués de x) couramment utilisées depuis Dirichlet; Ostrowski montra un peu plus tard que ces fonctions sont essentiellement les seules valeurs absolues non ultramétriques sur K.

(†) En raison de cette remarque de Hensel, on a pris l'habitude d'appeler (par abus de langage) « places à l'infini » d'un corps de nombres K les valeurs absolues non ultramétriques de K, par analogie avec le processus par lequel Dedekind et Weber définissent les « points à l'infini » de la surface de Riemann d'une courbe affine (cf. p. 125).

(‡) Quand on parle du « passage du local au global », on fait souvent allusion à des questions beaucoup plus difficiles, liées à la théorie du corps de classes, et dont les exemples les plus connus sont ceux traités dans les mémoires de Hasse (XXVI *a*) et *b*)) sur les formes quadratiques sur un corps de nombres algébriques *k*; il y montre entre autres que pour qu'une équation $f(x_1, \ldots, x_n) = a$ ait une solution dans k^n (f forme quadratique, $a \in k$), il faut et il suffit qu'elle ait une solution dans chacun des complétés de *k*. Au témoignage de Hasse, l'idée de ce type de théorèmes lui aurait été suggérée par son maître Hensel (XXVI *c*)). L'extension de ce « principe de Hasse » à d'autres groupes que le groupe orthogonal est l'un des objectifs de la théorie moderne des « adélisés » des groupes algébriques.

les idéaux maximaux de A (chap. II, § 3, th. 1): point de vue qui se rattache étroitement aux idées sur les «spectres» et sur les faisceaux définis sur ces spectres (voir plus bas, p. 135).

C) *Entiers et clôture intégrale.* Nous avons vu que la notion d'entier algébrique, d'abord introduite pour les corps de nombres, avait déjà été étendue par Kronecker et Dedekind aux corps de fonctions algébriques, bien que dans ce cas elle pût paraître assez artificielle (ne correspondant pas à une notion projective). Le mémoire de E. Noether de 1927, suivi par les travaux de Krull à partir de 1931, devaient montrer l'intérêt que présentent ces notions pour les anneaux les plus généraux(*). C'est à Krull en particulier que l'on doit les théorèmes de relèvement des idéaux premiers dans les algèbres entières (XXIX *c*)), ainsi que l'extension de la théorie des groupes de décomposition et d'inertie de Dedekind-Hilbert (XXIX *b*)). Quant à E. Noether, on lui doit la formulation générale du lemme de normalisation(†) (d'où découle entre autres le théorème des zéros de Hilbert) ainsi que le premier critère général (transcription des raisonnements classiques de Kronecker et Dedekind) permettant d'affirmer que la clôture intégrale d'un anneau intègre est *finie* sur cet anneau.

Enfin, il faut signaler ici qu'une des raisons de l'importance moderne de la notion d'anneau intégralement clos est due aux études de Zariski sur les variétés algébriques; il a découvert en effet que les variétés «normales» (c'est-à-dire celles dont les anneaux locaux sont intégralement clos) se distinguent par des propriétés particulièrement agréables, notamment le fait qu'elles n'ont pas de « singularité de codimension 1 »; et l'on s'est aperçu ensuite que des phénomènes analogues ont lieu pour les « espaces analytiques ». Aussi la « normalisation » (c'est-à-dire l'opération qui, pour les anneaux locaux d'une variété, consiste à prendre leurs clôtures intégrales) est-elle devenue un outil puissant dans l'arsenal de la Géométrie algébrique moderne.

D) *L'étude des modules et l'influence de l'Algèbre homologique.* Une des caractéristiques marquantes de l'oeuvre de E. Noether et W. Krull en Algèbre est la tendance à la «linéarisation», prolongeant la direction analogue imprimée à la théorie des corps par Dedekind et Steinitz; en d'autres termes, c'est comme *modules* que sont avant tout considérés les idéaux, et on est donc amené à leur appliquer toutes les constructions de l'Algèbre linéaire (quotient, produit, et plus récemment produit tensoriel et formation de modules d'homomorphismes) donnant en général des modules qui ne sont plus des idéaux. On s'aperçoit ainsi rapidement que dans beaucoup de questions (qu'il s'agisse d'ailleurs

---

(*) Krull et E. Noether se limitent aux anneaux intègres, mais l'extension de leurs méthodes au cas général n'est pas difficile; le mémoire le plus intéressant à cet égard est celui où I. Cohen et Seidenberg étendent les théorèmes de relèvement de Krull, en indiquant exactement leurs limites de validité (XXXV). Il convient de noter que E. Noether avait explicitement mentionné la possibilité de telles généralisations dans son mémoire de 1927 ((XXV *b*)), p. 30).

(†) Un cas particulier avait déjà été énoncé par Hilbert en 1893 ((XVI *b*)), p. 316).

d'anneaux commutatifs ou non commutatifs), on n'a pas intérêt à se borner à l'étude des idéaux d'un anneau A, mais qu'il faut au contraire énoncer plus généralement les théorèmes pour des A-modules (éventuellement soumis à certaines conditions de finitude).

L'intervention de l'Algèbre homologique n'a fait que renforcer la tendance précédente, puisque cette branche de l'Algèbre s'occupe essentiellement de questions de nature *linéaire*. Nous n'avons pas ici à en retracer l'histoire; mais il est intéressant de signaler que plusieurs des notions fondamentales de l'Algèbre homologique (telles que celle de module projectif et celle du foncteur Tor) ont pris naissance à l'occasion d'une étude serrée du comportement des modules sur un anneau de Dedekind relativement au produit tensoriel, étude entreprise par H. Cartan en 1948.

Inversement, on pouvait prévoir que les nouvelles classes de modules introduites de façon naturelle par l'Algèbre homologique comme «annulateurs universels» des foncteurs Ext (modules projectifs et modules injectifs) et des foncteurs Tor (modules plats) jetteraient une lumière nouvelle sur l'Algèbre commutative. Il se trouve que ce sont surtout les modules projectifs et plus encore les modules plats qui se sont révélés utiles: l'importance de ces derniers tient avant tout à la remarque, faite d'abord par Serre (XXXVIII *b*)), que localisation et complétion introduisent naturellement des modules plats, «expliquant» ainsi de façon beaucoup plus satisfaisante les propriétés déjà connues de ces deux opérations et rendant beaucoup plus aisée leur utilisation. Il convient de mentionner d'ailleurs (ainsi que nous le verrons dans des chapitres ultérieurs) que les applications de l'Algèbre homologique sont loin de se limiter là, et qu'elle joue un rôle de plus en plus profond dans la Géométrie algébrique.

E) *La notion de spectre.* La dernière en date des notions nouvelles de l'Algèbre commutative a une histoire complexe. Le théorème spectral de Hilbert introduisait des ensembles ordonnés de projecteurs orthogonaux d'un espace hilbertien, formant une «algèbre booléienne» (ou mieux un *réseau booléien*)(*), en correspondance biunivoque avec un réseau booléien de classes de parties mesurables (pour une mesure convenable) de **R**. Ce sont sans doute ses travaux antérieurs sur les opérateurs dans les espaces hilbertiens qui, vers 1935, amènent M. H. Stone à étudier de façon générale les réseaux booléiens, et notamment à en chercher des « représentations » par des parties d'un ensemble (ou des classes de parties pour une certaine relation d'équivalence). Il observe qu'un réseau booléien devient un *anneau commutatif* (d'un type très spécial d'ailleurs), lorsqu'on y définit la multiplication par $xy = \inf(x, y)$ et l'addition par $x + y = \sup(\inf(x, y'), \inf(x', y))$. Dans le cas particulier où l'on part du réseau booléien $\mathfrak{P}(X)$ de toutes les parties d'un ensemble *fini* X, on voit aussitôt que les éléments de X sont en correspondance

(*) Un *réseau booléien* est un ensemble ordonné réticulé E, ayant un plus petit élément α et un plus grand élément ω, où chacune des lois sup et inf est *distributive* par rapport à l'autre et où, pour tout $a \in E$, il existe un $a' \in E$ et un seul tel que $\inf(a, a') = \alpha$ et $\sup(a, a') = \omega$ (cf. *Ens.*, chap. III, 2e éd., § 1, exerc. 17).

biunivoque naturelle avec les *idéaux maximaux* de l'anneau «booléien» correspondant; et Stone obtient précisement son théorème général de représentation d'un réseau booléien en considérant de même l'ensemble des idéaux maximaux de l'anneau correspondant, et en associant à tout élément du réseau booléien l'ensemble des idéaux maximaux qui le contiennent (XXX *a*)).

D'autre part, on connaissait, comme exemple classique de réseau booléien, l'ensemble des parties à la fois ouvertes et fermées d'un espace topologique. Dans un second travail (XXX *b*)), Stone montra qu'en fait *tout* réseau booléien est aussi isomorphe à un réseau booléien de cette nature. Il fallait naturellement pour cela définir une *topologie* sur l'ensemble des idéaux maximaux d'un anneau « booléien »; ce qui se fait très simplement en prenant pour ensembles fermés, pour chaque idéal $\mathfrak{a}$, l'ensemble des idéaux maximaux contenant $\mathfrak{a}$.

Nous n'avons pas à parler ici de l'influence de ces idées en Analyse fonctionnelle, où elles jouèrent un rôle important dans la naissance de la théorie des algèbres normées développée par I. Gelfand et son école. Mais en 1945, Jacobson observe (XXXIV) que le procédé de définition d'une topologie, imaginé par Stone, peut en fait s'appliquer à *tout* anneau A (commutatif ou non) pourvu que l'on prenne comme ensemble d'idéaux non pas l'ensemble des idéaux maximaux, mais l'ensemble des idéaux « primitifs » bilatères (i.e. les idéaux bilatères $\mathfrak{b}$ tels que $A/\mathfrak{b}$ soit un anneau primitif); pour un anneau commutatif, on retrouve bien entendu les idéaux maximaux. De son côté, Zariski, en 1944 (XXXIII *a*)), utilise une méthode analogue pour définir une topologie sur l'ensemble des *places* d'un corps de fonctions algébriques. Toutefois, ces topologies restaient pour la plupart des algébristes de simples curiosités, en raison du fait qu'elles sont d'ordinaire non séparées, et qu'on éprouvait une répugnance assez compréhensible à travailler sur des objets aussi insolites. Cette méfiance ne fut dissipée que lorsque A. Weil montra, en 1952, que toute variété algébrique peut être munie de façon naturelle d'une topologie du type précédent et que cette topologie permet de définir, en parfaite analogie avec le cas des variétés différentiables ou analytiques, la notion d'*espace fibré* (XXXVII); peu après, Serre eut l'idée d'étendre à ces variétés ainsi topologisées la théorie des *faisceaux cohérents*, grâce à laquelle la topologie rend dans le cas des variétés « abstraites » les mêmes services que la topologie usuelle lorsque le corps de base est **C**, notamment en ce qui concerne l'application des méthodes de la Topologie algébrique (XXXVIII *a*) et *b*)).

Dès lors il était naturel d'utiliser ce langage géométrique dans toute l'Algèbre commutative. On s'est rapidement aperçu que la considération des idéaux maximaux est d'ordinaire insuffisante pour obtenir des énoncés commodes(*), et que la notion adéquate est celle de l'ensemble

(*) L'inconvénient de se borner au « spectre maximal » provient de ce que, si $\varphi : A \to B$ est un homomorphisme d'anneaux et $\mathfrak{n}$ un idéal maximal de B, $\overset{-1}{\varphi}(\mathfrak{n})$ n'est pas nécessairement un idéal maximal de A, alors que pour tout idéal premier $\mathfrak{p}$ de B, $\overset{-1}{\varphi}(\mathfrak{p})$ est un idéal premier de A. On ne peut donc en général associer à φ de façon naturelle une application de l'ensemble des idéaux maximaux de B dans l'ensemble des idéaux maximaux de A.

des idéaux *premiers* de l'anneau, topologisé de la même manière. Avec l'introduction de la notion de spectre, on dispose maintenant d'un dictionnaire permettant d'exprimer tout théorème d'Algèbre commutative dans un langage géométrique très proche de celui de la Géométrie algébrique de l'époque Weil-Zariski; ce qui d'ailleurs a amené aussitôt à élargir considérablement le cadre de cette dernière, de sorte que l'Algèbre commutative n'en est plus guère, de ce point de vue, que la partie la plus élémentaire (XXXIX).

(I) L. EULER, Vollständige Anleitung zur Algebra (= *Opera Omnia* (1), t. I, Leipzig–Berlin (Teubner), 1911).

(II) J. L. LAGRANGE, *Oeuvres*, 14 vol., Paris (Gauthier–Villars), 1867–1892.

(III) C. F. GAUSS, *Werke*, 12 vol., Göttingen, 1870–1927.

(IV) P. G. LEJEUNE-DIRICHLET, *Werke*, 2 vol., Berlin (Reimer), 1889–1897.

(IV bis) P. G. LEJEUNE-DIRICHLET, Vorlesungen über Zahlentheorie, 2te Aufl., Braunschweig (Vieweg), 1871.

(V) C. G. J. JACOBI, *Gesammelte Werke*, 7 vol., Berlin (Reimer), 1881–1891.

(VI) G. EISENSTEIN: a) Beweis der Reciprocitätsgesetze für die cubischen Reste in der Theorie der aus dritten Wurzeln der Einheit zusammengesetzen Zahlen, *J. de Crelle*, t. XXVII (1844), p. 289–310: *b*) Zur Theorie der quadratischen Zerfällung der Primzahlen $8n+3$, $7n+2$ und $7n+4$, *J. de Crelle*, t. XXXVII (1848), p. 97–126; *c*) Über einige allgemeine Eigenschaften der Gleichung von welcher die Teilung der ganzen Lemniscate abhängt, nebst Anwendungen derselben auf die Zahlentheorie, *J. de Crelle*, t. XXXIX (1850), p. 160–179 et 224–287.

(VII) E. KUMMER: *a*) Sur les nombres complexes qui sont formés avec les nombres entiers réels et les racines de l'unité, *J. de Math*, (1), t. XII (1847), p. 185–212; *b*) Zur Theorie der complexen Zahlen, *J. de Crelle*, t. XXXV (1847), p. 319–326; *c*) Ueber die Zerlegung der aus Wurzeln der Einheit gebildeten complexen Zahlen in Primfactoren, *J. de Crelle*, t. XXXV (1847), p. 327–367; *d*) Mémoire sur les nombres complexes composés de racines de l'unité et des nombres entiers, *J. de Math.*, (1), t. XVI (1851), p. 377–498; *e*) Über die allgemeinen Reciprocitätsgesetze unter den Resten und Nichtresten der Potenzen deren Grad eine Primzahl ist (*Abh. der Kön. Akad. der Wiss. zu Berlin* (1859), Math. Abhandl., p. 19–159).

(VIII) C. HERMITE, *Oeuvres*, 4 vol., Paris (Gauthier-Villars), 1905–1917.

(IX) L. KRONECKER, *Werke*, 5 vol., Leipzig (Teubner), 1895–1930: *a*) De unitatibus complexis, vol. I, p. 5–71 (= *Inaug. Diss.*, Berolini, 1845); *b*) Über die algebraisch auflösbaren Gleichungen I, vol. IV, p. 1–11 (= *Monatsber. der Kön. Preuss. Akad. der Wiss.*, 1853, p. 365–374); *c*) Über die elliptischen Functionen für welche complexe Multiplication stattfindet, vol. IV, p. 177–183 (= *Monatsber. der Kön. Preuss. Akad. der Wiss.*, 1857, p. 455–460); *d*) Über die complexe Multiplication der elliptischen Functionen, vol. IV, p. 207–217 (= *Monatsber. der Kön. Preuss. Akad. der Wiss.*, 1862, p. 363–372); *e*) Über die Discriminante algebraischer Functionen einer Variabeln, vol. II, p. 193–236 (= *J. de Crelle*, t. XCI (1881), p. 301–334); *f*) Grundzüge einer arithmetischen Theorie der algebraischen Grössen, vol. II, p. 237–387 (= *J. de Crelle*, t. XCII (1882), p. 1–122).

(X) R. Dedekind, *Gesammelte mathematische Werke*, 3 vol., Braunschweig (Vieweg), 1932: *a*) Abriss einer Theorie der höheren Kongruenzen in bezug auf einen reellen Primzahl-Modulus, vol. I, p. 40–66 (= *J. de Crelle*, t. LIV (1857), p. 1–26); *b*) Sur la Théorie des Nombres entiers algébriques, vol. III, p. 262–296 (= *Bull. Sci. Math.*, (1), t. XI (1876), p. 278–288 et (2), t. I, (1877), p. 17–41, 69–92, 144–164, 207–248); *c*) Über die Anzahl der Ideal-Klassen in den verschiedenen Ordnungen eines endlichen Körpers, vol. I, p. 105–157 (= *Festschrift der Technischen Hochschule in Braunschweig zur Säkularfeier des Geburtstages von C. F. Gauss*, Braunschweig, 1877, p. 1–55); *d*) Über den Zusammenhang zwischen der Theorie der Ideals une der Theorie der höheren Kongruenzen, vol. I, p. 202–230 (= *Abh. Kön. Ges. Wiss. zu Göttingen*, t. XXIII (1878), p. 1–23); *e*) Über die Diskriminanten endlicher Körper, vol. I, p. 351–396 (= *Abh. Kön. Ges. Wiss. zu Göttingen*, t. XXIX (1882), p. 1–56); *f*) Über die Theorie der ganzen algebraischen Zahlen, vol. III, p. 1–222 (= Supplement XI von Dirichlets *Vorlesungen über Zahlentheorie*, 4. Aufl. (1894), p. 434–657): *g*) Zur Theorie der Ideale, vol. II, p. 43–48 (= *Nachr. Göttingen*, 1894, p. 272–277); *h*) Über eine Erweiterung des Symbols (a, b) in der Theorie der Moduln, vol. II, p. 59–85 (= *Nachr. Göttingen*, 1895, p. 183–208).

(X bis) R. Dedekind–H. Weber, Theorie der algebraischen Funktionen einer Veränderlichen, *J. de Crelle*, t. XCII (1882), p. 181–290 (= R. Dedekind, *Ges. Math. Werke*, t. I, p. 238–349).

(XI) E. Selling, Ueber die idealen Primfactoren der complexen Zahlen, welche aus den Wurzeln einer beliebigen irreductiblen Gleichung rational gebildet sind, *Zeitschr. für Math. und Phys.*, t. X (1865), p. 17–47.

(XII) M. Noether, Über einen Satz aus der Theorie der algebraischen Funktionen, *Math. Ann.*, t. VI (1873), p. 351–359.

(XIII) A. Brill–M. Noether, Ueber algebraische Funktionen, *Math. Ann.*, t. VII (1874), p. 269–310.

(XIV) G. Zolotareff, Sur la théorie des nombres complexes, *J. de Math.*, (3), t. VI (1880), p. 51–84 et 129–166.

(XV) E. Netto, Zur Theorie der Elimination, *Acta Math.*, t. VII (1885), p. 101–104.

(XVI) D. Hilbert: *a*) Über die Theorie der algebraischen Formen, *Math. Ann.*, t. XXXVI (1890), p. 473–534; *b*) Über die vollen Invariantensysteme, *Math. Ann.*, t. XLII (1893), p. 313–373; *c*) Grundzüge einer Theorie des Galoischen Zahlkörpers, *Gött. Nachr.*, (1894), p. 224–236; *d*) Zahlbericht, *Jahresber. der D.M.V.*, t. IV (1897), p. 175–546 (trad. française par A. Lévy et Th. Got sous le nom « *Théorie des corps de nombres algébriques* », Paris (Hermann), 1913).

(XVII) K. Weierstrass, *Mathematische Werke*, 7 vol. Berlin (Mayer und Müller), 1894–1927.

(XVIII) K. Hensel: *a*) Über eine neue Begründung der Theorie der algebraischen Zahlen, *Jahresber. der D.M.V.*, t. VI (1899), p. 83–88; *b*) Ueber die Fundamentalgleichung und die ausserwesentlichen Diskriminantentheiler eines algebraischen Körpers, *Gött. Nachr.*, (1897), p. 254–260; *c*) Neue Grundlagen der Arithmetik, *J. de Crelle*, t. CXXVII (1902), p. 51–84; *d*) Über die arithmetische Eigenschaften der algebraischen und transzendenten Zahlen, *Jahresber. der D.M.V.*, t. XIV (1905), p. 545–558; *e*) Ueber die arithmetischen Eigenschaften der Zahlen, *Jahresber. der D.M.V.*, t. XVI (1907), p. 299–319, 388–393, 474–496; *f*) *Theorie der algebraischen Zahlen*, Leipzig (Teubner), 1908.

(XIX) E. Lasker, Zur Theorie der Moduln und Ideale, *Math. Ann.*, t. LX (1905), p. 20–116.

(XX) E. Steinitz: *a*) Algebraische Theorie der Körper, *J. de Crelle*, t. CXXXVII (1910), p. 167–308; *b*) Rechteckige Systeme und Moduln in algebraischen Zahlkörpern, *Math. Ann.*, t. LXXI (1912), p. 328–354 et t. LXXII (1912), p. 297–345.

(XXI) F. S. Macaulay, On the resolution of a given modular system into primary systems including some properties of Hilbert numbers, *Math. Ann.*, t. LXXIV (1913), p. 66–121.

(XXII) J. Kürschak, Über Limesbildung und allgemeine Körpertheorie, *J. de Crelle*, t. CXLII (1913), p. 211–253.

(XXIII) A. Fraenkel, Über die Teiler der Null und die Zerlegung von Ringen, *J. de Crelle*, t. CXLV (1914), p. 139–176.

(XXIV) A. Ostrowski, Über einige Lösungen der Funktionalgleichung $\varphi(x)\varphi(y) = \varphi(x \, . \, y)$, *Acta Math.*, t. XLI (1917), p. 271–284.

(XXV) E. Noether: *a*) Idealtheorie in Ringbereichen, *Math. Ann.*, t. LXXXIII (1921), p. 24–66; *b*) Abstrakter Aufbau der Idealtheorie in algebraischen Zahl- und Funktionenkörpern, *Math. Ann.*, t. XCVI (1927), p. 26–61.

(XXVI) H. Hasse: *a*) Ueber die Darstellbarkeit von Zahlen durch quadratischen Formen im Körper der rationalen Zahlen, *J. de Crelle*, t. CLII (1923), p. 129–148; *b*) Ueber die Äquivalenz quadratischer Formen im Körper der rationalen Zahlen, *J. de Crelle*, t. CLII (1923), p. 205–224; *c*) Kurt Hensels entscheidender Anstoss zur Entdeckung des Lokal-Global-Prinzips, *J. de Crelle*, t. CCIX (1960), p. 3–4.

(XXVII) H. Jung, *Algebraischen Flächen*, Hannover (Helwing), 1925.

(XXVIII) H. Grell, Beziehungen zwischen den Idealen verschiedener Ringe, *Math. Ann.*, t. XCVII (1927), p. 490–523.

(XXIX) W. Krull: *a*) Primidealketten in allgemeine Ringbereichen, *Sitz. Ber. Heidelberg Akad. Wiss.*, 1928; *b*) Allgemeine Bewertungstheorie, *J. de Crelle*, t. CLXVII (1931), p. 160–196; *c*) Beiträge zur Arithmetik kommutativer Integritätsbereiche, III, *Math. Zeitschr.*, t. XLII (1937), p. 745–766; *d*) Dimensionstheorie in Stellenringen, *J. de Crelle*, t. CLXXIX (1938), p. 204–226; *e*) *Idealtheorie*, Berlin (Springer), 1935.

(XXX) M. H. Stone: *a*) The theory of representation for Boolean algebras, *Trans. Amer. Math. Soc.*, t. XL (1936), p. 37–111; *b*) Applications of the theory of Boolean rings to general topology, *Trans. Amer. Math. Soc.*, t. XLI (1937), p. 375–481.

(XXXI) B. L. van der Waerden, *Moderne Algebra*, t. II, Berlin (Springer), 1931.

(XXXII) C. Chevalley: *a*) Généralisation de la théorie du corps de classes pour les extensions infinies, *J. de Math.*, (9), t. XV (1936), p. 359–371; *b*) On the theory of local rings, *Ann. of Math.*, t. XLIV (1943), p. 690–708.

(XXXIII) O. Zariski: *a*) The compactness of the Riemann manifold of an abstract field of algebraic functions, *Bull. Amer. Math. Soc.*, t. L (1944), p. 683–691; *b*) Generalized semi-local rings, *Summa Bras. Math.*, t. I (1946), p. 169–195.

(XXXIV) N. Jacobson, A topology for the set of primitive ideals in an arbitrary ring, *Proc. Nat. Acad. Sci. U.S.A.*, t. XXXI (1945), p. 333–338.

(XXXV) I. Cohen–A. Seidenberg, Prime ideals and integral dependence, *Bull. Amer. Math. Soc.*, t. LII (1946), p. 252–261.

(XXXVI) P. Samuel, La notion de multiplicité en Algèbre et en Géométrie algébrique, *J. de Math.*, (9), t. XXX (1951), p. 159–274.

(XXXVII) A. Weil, *Fibre-spaces in Algebraic Geometry* (Notes by A. Wallace), Chicago Univ., 1952.

(XXXVIII) J. P. Serre: *a*) Faisceaux algébriques cohérents, *Ann. of Math.*, t. LXI (1955), p. 197–278; *b*) Géométrie algébrique et géométrie analytique, *Ann. Inst. Fourier*, t. VI (1956), p. 1–42.

(XXXIX) A. Grothendieck, *Eléments de géométrie algébrique*, Publ. math. Inst. Htes. Et. Scient., 1960.

Index des notations

Les chiffres de référence indiquent successivement le chapitre, le paragraphe et le numéro.

Chapitre V

$A^{\mathcal{G}}$ (A algèbre, $\mathcal{G}$ groupe opérant sur A) : V, 1, 9.
$\mathcal{G}^Z(\mathfrak{p}')$, $\mathcal{G}^Z$, $A^Z(\mathfrak{p}')$, A^Z ($\mathcal{G}$ groupe opérant sur un anneau A', $\mathfrak{p}'$ idéal premier de A') : V, 2, 2.
$\mathcal{G}^T(\mathfrak{p}')$, $\mathcal{G}^T$, $A^T(\mathfrak{p}')$, A^T ($\mathcal{G}$ groupe opérant sur un anneau A', $\mathfrak{p}'$ idéal premier de A') : V, 2, 2.
$K^Z(\mathfrak{p}')$, K^Z, $K^T(\mathfrak{p}')$, K^T (K corps des fractions d'un anneau intégralement clos A, $\mathfrak{p}'$ idéal premier dans la fermeture intégrale de A dans une extension quasi-galoisienne de K) : V, 2, 3.
$Y^{\mathbf{p}}$ (avec $\mathbf{p} = (p_1, \ldots, p_m)$, les p_i entiers $\geqslant 0$) : V, 3, 1.

Chapitre VI

$\mathfrak{m}(A)$, $\kappa(A)$, U(A) (A anneau local) : VI.
$\tilde{K}$, ∞ : VI, 2, 1.
$+\infty$: VI, 3, 1.
Γ_A, v_A : VI, 3, 2.
$\mathfrak{a}(M)$ (M ensemble majeur) : VI, 3, 5.
$h(G)$ (G groupe totalement ordonné) : VI, 4, 4.
$\mathcal{T}_v$ (v valuation) : VI, 5, 2.
$e(v'/v)$, $e(A'/A)$, $e(L/K)$: VI, 8, 1.
$f(v'/v)$, $f(A'/A)$, $f(L/K)$: VI, 8, 1.
$\varepsilon(G, H)$ (G groupe totalement ordonné, H sous-groupe d'indice fini de G) : VI, 8, 4.
$\varepsilon(v'/v)$ (v valuation, v' prolongement de v) : VI, 8, 4.
$\mathrm{mod}(x)$, $\mathrm{mod}_K(x)$ (K corps localement compact non discret, $x \in K$) : VI, 9, 1.
$r(G)$ (rang rationnel d'un groupe commutatif) : VI, 10, 2.
$d(K'/K)$, $s(v'/v)$, $r(v'/v)$ (v valuation sur K, v' prolongement de v à une extension transcendante K' de K) : VI, 10, 3.

Chapitre VII

I(A), D(A) (A anneau intègre) : VII, 1, 1.
$\mathfrak{a} < \mathfrak{b}$, $\mathrm{div}(\mathfrak{a})$, $\mathrm{div}(x)$ ($\mathfrak{a}$, $\mathfrak{b}$ idéaux fractionnaires, x élément du corps des fractions) : VII, 1, 1.
$\tilde{\mathfrak{a}}$ ($\mathfrak{a}$ idéal fractionnaire) : VII, 1, 1.
$d_1 \leqslant d_2$ (d_1, d_2 diviseurs) : VII, 1, 1.
$\mathfrak{b} : \mathfrak{a}$ ($\mathfrak{a}$, $\mathfrak{b}$ idéaux fractionnaires) : VII, 1, 1.
J(A) (A anneau intègre) : VII, 1, 2.
P(A) (A anneau de Krull) : VII, 1, 3.
$\mathfrak{p}^{(n)}$ ($\mathfrak{p}$ idéal premier divisoriel) : VII, 1, 4.
$v_{\mathfrak{p}}$ ($\mathfrak{p}$ idéal premier de hauteur 1 dans un anneau de Krull) : VII, 1, 10.
F(A), C(A) (A anneau de Krull) : VII, 1, 10.
$e(\mathfrak{P}/\mathfrak{p})$ ($\mathfrak{p} \in P(A)$, $\mathfrak{P} \in P(B)$. A et B anneaux de Krull, $A \subset B$, $\mathfrak{P} \cap A = \mathfrak{p}$) : VII, 1, 10.
i (homomorphisme de D(A) dans D(B), ou de C(A) dans C(B)) : VII, 1, 10.
$\bar{i}$ (homomorphisme de C(A) dans C(B)) : VII, 1, 10.
$\mathcal{A}$, $\mathcal{A}_0$, $\Delta(K)$ (anneaux d'adèles restreints) : VII, 2, 4.
$\mathfrak{P}^*$, $\mathfrak{P}^*(A)$ (A anneau intègre) : VII, 3, 2.
M* (réseau dual d'un réseau M) : VII, 4, 2.
$l_{\mathfrak{p}}(T)$, $\chi(T)$ (T A-module de torsion, $\mathfrak{p}$ idéal premier de hauteur 1) : VII, 4, 5.
$\boldsymbol{F}(A)$, $\boldsymbol{T}(A)$, cl(M) : VII, 4, 5.
$\chi(M, M')$ (M, M' réseaux) : VII, 4, 6.
$c(d)$ (d diviseur) : VII, 4, 7.
$c(M)$, $r(M)$, $\gamma(M)$ (M réseau) : VII, 4, 7.
$\mathfrak{P}/\mathfrak{p}$, $e_{\mathfrak{P}/\mathfrak{p}}$, $f_{\mathfrak{P}/\mathfrak{p}}$, $f(\mathfrak{P}/\mathfrak{p})$ ($A \subset B$ anneaux de Krull tels que B soit une A-algèbre finie, $\mathfrak{p} \in P(A)$, $\mathfrak{P} \in P(B)$, $\mathfrak{P} \cap A = \mathfrak{p}$) : VII, 4, 8.
$N_{B/A}$, N, $i_{B/A}$: VII, 4, 8.

Index des notations

Index terminologique

Les chiffres de référence indiquent successivement le paragraphe et le numéro (ou exceptionnellement, l'exercice).

Adèle restreint, adèle restreint principal : VII, 2, 4.
Algèbre entière, finie, sur un anneau : V, 1, 1.
Algébrique (fermeture) d'un corps dans une algèbre : V, 1, 2.
Algébriquement fermé (corps) dans une algèbre : V, 1, 2.
Anneau bezoutien (ou de Bezout) : VII, 1, exerc. 20.
Anneau complètement intégralement clos : V, 1, 4.
Anneau de décomposition : V, 2, 2.
Anneau de Dedekind : VII, 2, 1.
Anneau de Jacobson : V, 3, 4.
Anneau de Krull : VII, 1, 3.
Anneau de valuation, anneau de valuation pour un corps : VI, 1, 1.
Anneau d'inertie : V, 2, 2.
Anneau d'une place : VI, 2, 3.
Anneau d'une valuation : VI, 3, 2.
Anneau factoriel : VII, 3, 1.
Anneau intégralement clos : V, 1, 2.
Anneau intégralement clos de caractère fini : VII, 1, exerc. 25, 26, 28.
Anneau intégralement fermé dans une algèbre : V, 1, 2.
Anneau intégralement noethérien : V, 3, exerc. 6.
Anneau local dominant un anneau local : VI, 1, 1.
Anneau local intègre de dimension 1 : VI, 4, exerc. 7.
Anneau non ramifié : V, 2, exerc. 19.
Anneau prüférien (ou de Prüfer) : VII, 2, exerc. 12.
Anneau pseudo-bezoutien : VII, 1, exerc. 21.
Anneau pseudo-principal : VII, 1, exerc. 21.
Anneau pseudo-prüférien : VII, 2, exerc. 19.
Anneau régulièrement intégralement clos : VII, 1, exerc. 30.
Anneaux de valuation indépendants : VI, 7, 2.
Apparentés (anneaux locaux) : VI, 1, exerc. 1.
Approximation (théorème d') pour les valuations : VI, 7, 2.
Approximation (théorème d') pour les valeurs absolues : VI, 7, 3.
Associés (anneau, place, valuation) : VI, 3, 3.
Au-dessus (idéal) d'un idéal : V, 2, 1.

Canonique (décomposition) d'une place : VI, 2, 3.
Canonique (factorisation) d'une valuation : VI, 3, 2.
Canonique (homomorphisme) du groupe de décomposition d'un idéal premier $\mathfrak{p}'$ de A' dans le groupe des automorphismes de $A'/\mathfrak{p}'$: V, 2, 2.
Classe de diviseurs attachée à un module de type fini : VII, 4, 7.

Classes de diviseurs (monoïde des) : VII, 1, 2.
Clôture intégrale d'un anneau intègre : V, 1, 2.
Complet (système) de prolongements d'une valuation : VI, 8, 2.
Complètement intégralement clos (anneau) : V, 1, 4.
Conducteur d'un sous-anneau : V, 1, 5.
Contenu d'un module de torsion : VII, 4, 5.
Contenu d'un polynôme sur un anneau pseudo-bezoutien : VII, 1, exerc. 23.
Corps algébriquement fermé dans une algèbre : V, 1, 2.
Corps de décomposition : V, 2, 3.
Corps des valeurs d'une place : VI, 2, 2.
Corps projectif : VI, 2, 1.
Corps résiduel d'une place : VI, 2, 3.
Corps résiduel d'une valuation : VI, 3, 2.
Critère d'irréductibilité d'Eisenstein : VII, 3, exerc. 20.

Décomposition canonique d'une place : VI, 2, 3.
Décomposition complète d'un idéal premier : V, 2, 2.
Décomposition en facteurs premiers d'un idéal dans un anneau de Dedekind : VII, 2, 3.
Décomposition (groupe, anneau de) d'un idéal premier : V, 2, 2.
Décomposition (corps de) d'un idéal premier : V, 2, 3.
Dedekind (anneau de) : VII, 2, 1.
Degré résiduel d'une valuation sur une autre : VI, 8, 1.
Dépendance intégrale (équation de) : V, 1, 1.
Discrète (valuation) : VI, 3, 6.
Distingué (polynôme) : VII, 3, 8.
Diviseur, diviseur principal : VII, 1, 1.
Diviseur déterminantiel : VII, 4, exerc. 11.
Diviseur de type fini : VII, 1, exerc. 11.
Diviseurs équivalents : VII, 1, 2.
Divisoriel (idéal fractionnaire) : VII, 1, 1.
Dominant (anneau local) un anneau local : VI, 1, 1.
Dual (réseau) : VII, 4, 2.
Dual torique algébrique d'un module : VI, 5, exerc. 9.
Dual torique topologique : VI, 5, exerc. 10.

Ensemble majeur dans un groupe totalement ordonné : VI, 3, 5.
Entier algébrique : V, 1, 1.
Entier (idéal) : VII, 1, 1.
Entier sur un anneau : V, 1, 1.
Entier de Gauss : V, 1, 1.
Entière (algèbre) sur un anneau : V, 1, 1.
Équivalents (diviseurs) : VII, 1, 2.
Équivalentes (valuations) : VI, 3, 2.
Essentielle (valuation) : VII, 1, 4.
Euclidien (corps ordonné) : VI, 2, exerc. 4.
Extension quasi galoisienne : V, 2, 2.

Facteur invariant : VII, 4, exerc. 11 et 14.
Factoriel (anneau) : VII, 3, 1.
Factorisation canonique d'une valuation : VI, 3, 2.
Fermeture algébrique d'un corps dans une algèbre : V, 1, 2.

Fermeture intégrale d'un anneau dans une algèbre : V, 1, 2.
Finie (algèbre) sur un anneau : V, 1, 1.
Finie (place) en un élément : VI, 2, 2.
Fractionnaire (idéal) : VII, 1, 1.

Gauss (entier de) : V, 1, 1.
Gauss (lemme de) : VII, 3, 5.
Gelfand-Mazur (théorème de) : VI, 6, 4.
Groupe de décomposition : V, 2, 2.
Groupe des ordres d'une valuation : VI, 3, 2.
Groupe d'inertie : V, 2, 2.
Groupe d'opérateurs localement fini : V, 1, 9.
Groupe opérant sur un anneau : V, 1, 9.
Groupe ordonné de hauteur n, de hauteur $+\infty$: VI, 4, 4.

Hauteur d'un groupe ordonné, d'une valuation : VI, 4, 4.
Hauteur $\leqslant 1$ (idéal premier de) : VII, 1, 6.
Homomorphisme canonique du groupe de décomposition d'un idéal premier $\mathfrak{p}'$ de A' dans le groupe des automorphismes de $A'/\mathfrak{p}'$: V, 2, 2.
Homomorphisme pseudo-injectif, pseudo-surjectif, pseudo-nul, pseudo-bijectif : VII, 4, 4.

Idéal au-dessus d'un idéal : V, 2, 1.
Idéal déterminantiel : VII, 4, exerc. 10 et 14.
Idéal d'une place : VI, 2, 3.
Idéal d'une valuation : VI, 3, 2.
Idéal entier, idéal fractionnaire : VII, 1, 1.
Idéal non ramifié : V, 2, exerc. 18 et 19.
Idéal premier de hauteur $\leqslant 1$: VII, 1, 6.
Idéal premier se décomposant complètement : V, 2, 2.
Identité de Cauchy : VII, 3, exerc. 18.
Impropre (valuation) : VI, 3, 1.
Indépendants (anneaux de valuation) : VI, 7, 2.
Indépendantes (valuations) : VI, 7, 2.
Indice de ramification : VI, 8, 1.
Indice initial d'un sous-groupe d'un groupe ordonné, indice initial de ramification d'une valuation : VI, 8, 4.
Inertie (anneau, groupe d') : V, 2, 2.
Inertie (corps d') : V, 2, 3.
Initial (indice) de ramification : VI, 8, 4.
Intégrale (clôture) : V, 1, 2.
Intégrale (fermeture) : V, 1, 2.
Intégralement clos (anneau) : V, 1, 2.
Intégralement fermé dans une algèbre (anneau) : V, 1, 2.
Invariant relatif d'un réseau par rapport à un autre : VII, 4, 6.
Isolé (sous-groupe) : VI, 4, 2.

Jacobson (anneau de) : V, 3, 4.

Krull (anneau de) : VII, 1, 3.
Krull-Akizuki (théorème de) : VII, 2, 5.

Lemme de Gauss : VII, 3, 5.
Lemme de normalisation : V, 3, 1.
Localement fini (groupe d'opérateurs) : V, 1, 9.

Majeur (ensemble) : VI, 3, 5.
Minimal (polynôme) : V, 1, 3.
Module pseudo-nul : VII, 4, 4.
Monoïde des classes de diviseurs : VII, 1, 2.
Morphisme pour des lois de composition non partout définies : VI, 2, 1.

Non ramifiée (valuation) : VI, 8, 1.
Normalisation (lemme de) : V, 3, 1.
Normée (valuation discrète) : VI, 3, 6.

Ordre d'un élément pour une valuation : VI, 3, 2.
Ordre réduit d'une série formelle : VII, 3, 8.
Ordres (groupe des) d'une valuation : VI, 3, 2.
Ostrowski (théorème d') : VI, 6, 4.

Place d'un corps : VI, 2, 2.
Place finie en x : VI, 2, 2.
Place triviale : VI, 2, 2.
Polygone de Newton : VI, 4, exerc. 11.
Polynôme minimal : V, 1, 3.
Polynôme distingué : VII, 3, 8.
Préparation (théorème de) : VII, 3, 8.
Presque tout $\mathfrak{p} \in \mathrm{P}(\mathrm{A})$ (propriété valable pour) : VII, 4, 3.
Principal (adèle restreint) : VII, 2, 4.
Principal (diviseur) : VII, 1, 1.
Projectif (corps) : VI, 2, 1.
Pseudo-injectif, pseudo-surjectif, pseudo-nul, pseudo-bijectif (homomorphisme) : VII, 4, 4.
Pseudo-isomorphisme : VII, 4, 4.
Pseudo-nul (module) : VII, 4, 4.

Quasi-galoisienne (extension) : V, 2, 2.

Rang rationnel d'un groupe commutatif : VI, 10, 2.
Rang résiduel : VI, 8, 5.
Rationnel (rang) d'un groupe commutatif : VI, 10, 2.
Réduit (ordre) : VII, 3, 8.
Réduite (série) : VII, 3, 8.
Réflexif (réseau) : VII, 4, 2.
Représentatif (système) d'éléments extrémaux : VII, 3, 3.
Réseau : VII, 4, 1.
Réseau dual : VII, 4, 2.
Réseau réflexif : VII, 4, 2.
Résiduel (degré) d'une valuation : VI, 8, 1.
Résiduel (rang) d'une valuation : VI, 8, 5.
Résolution libre finie d'un module : VII, 4, 7.
Restreint (adèle) : VII, 2, 4.

Série réduite : VII, 3, 8.
Sous-groupe isolé d'un groupe ordonné : VI, 4, 2.
Système complet de prolongements d'une valuation : VI, 8, 2.
Système représentatif d'éléments extrémaux : VII, 3, 3.

Théorème d'approximation pour les valuations : VI, 7, 2.
Théorème d'approximation pour les valeurs absolues : VI, 7, 3.
Théorème de Gelfand-Mazur : VI, 6, 4.
Théorème de Krull-Akizuki : VII, 2, 5.
Théorème de préparation : VII, 3, 8.
Théorème de Stickelberger : VI, 8, exerc. 18.
Théorème d'Ostrowski : VI, 6, 3.
Théorème principal de Zariski : V, 3, exerc. 7.
Théorème des zéros de Hilbert : V, 3, 3.
Triviale (place) : VI, 2, 2.

Ultramétrique (valeur absolue) : VI, 6, 1.
Uniformisante pour une valuation discrète : VI, 3, 6.

Valeur absolue ultramétrique : VI, 6, 1.
Valeurs (corps des) d'une place : VI, 2, 2.
Valuation, valuation d'un élément x : VI, 3, 1 et VI, 3, 2.
Valuation (anneau de) : VI, 1, 1.
Valuation impropre : VI, 3, 1.
Valuation discrète, valuation discrète normée : VI, 3, 6.
Valuation essentielle : VII, 1, 4 et 1, exerc. 26.
Valuation non ramifiée : VI, 8, 1.
Valuations équivalentes : VI, 3, 2.
Valuations indépendantes : VI, 7, 2.

Zéros (théorème des) : V, 3, 3.

TABLE DES MATIERES

CHAPITRE V. — *Entiers* 5
§ 1. Notion d'élément entier 5
1. Éléments entiers sur un anneau 5
2. Fermeture intégrale d'un anneau. Anneaux intégralement clos 11
3. Exemples d'anneaux intégralement clos 13
4. Anneaux complètement intégralement clos 16
5. Fermeture intégrale d'un anneau de fractions 18
6. Normes et traces d'entiers 20
7. Extension des scalaires dans une algèbre intégralement close 23
8. Entiers sur un anneau gradué 25
9. Application : invariants d'un groupe d'automorphismes d'une algèbre 28
§ 2. Relèvement des idéaux premiers 31
1. Le premier théorème d'existence 31
2. Groupe de décomposition et groupe d'inertie 36
3. Décomposition et inertie pour les anneaux intégralement clos 45
4. Deuxième théorème d'existence 52
§ 3. Algèbres de type fini sur un corps 54
1. Le lemme de normalisation 54
2. Fermeture intégrale d'une algèbre de type fini sur un corps 59
3. Le théorème des zéros 60
4. Anneaux de Jacobson 62
Exercices du § 1 66
Exercices du § 2 73
Exercices du § 3 80

CHAPITRE VI. — *Valuations* 84
§ 1. Anneaux de valuation 84
1. Relation de domination entre anneaux locaux 84
2. Anneaux de valuation 85
3. Caractérisation des éléments entiers 88
4. Exemples d'anneaux de valuation 89
§ 2. Places 91
1. Notion de morphisme pour les lois de composition non partout définies 91
2. Places 92
3. Places et anneaux de valuation 93
4. Extension des places 95
5. Caractérisation des éléments entiers au moyen des places 96

§ 3. Valuations 97
1. Valuations sur un anneau 97
2. Valuations sur un corps 98
3. Traductions 101
4. Exemples de valuations 102
5. Idéaux d'un anneau de valuation 104
6. Valuations discrètes 104

§ 4. Hauteur d'une valuation 106
1. Inclusion des anneaux de valuation d'un même corps 106
2. Sous-groupes isolés d'un groupe ordonné 108
3. Comparaison des valuations 109
4. Hauteur d'une valuation 110
5. Valuations de hauteur 1 111

§ 5. Topologie définie par une valuation 113
1. Topologie définie par une valuation 113
2. Espaces vectoriels topologiques sur un corps muni d'une valuation 116
3. Complétion d'un corps muni d'une valuation 117

§ 6. Valeurs absolues 118
1. Préliminaires sur les valeurs absolues 118
2. Valeurs absolues ultramétriques 120
3. Valeurs absolues sur **Q** 121
4. Structure des corps munis d'une valeur absolue non ultramétrique 123

§ 7. Théorème d'approximation 128
1. Intersection d'un nombre fini d'anneaux de valuation 128
2. Valuations indépendantes 130
3. Cas des valeurs absolues 132

§ 8. Prolongements d'une valuation à une extension algébrique ... 133
1. Indice de ramification. Degré résiduel 133
2. Prolongement d'une valuation et complétion 136
3. La relation $\sum e_i f_i \leqslant n$ 138
4. Indice initial de ramification 141
5. La relation $\sum e_i f_i = n$ 142
6. Anneaux de valuation dans une extension algébrique 147
7. Prolongement des valeurs absolues 149

§ 9. Application : corps localement compacts 151
1. Fonction module sur un corps localement compact 151
2. Existence de représentants 153
3. Structure des corps localement compacts 154

§ 10. Prolongements d'une valuation à une extension transcendante 156
1. Cas d'une extension transcendante monogène 156
2. Rang rationnel d'un groupe commutatif 159
3. Cas d'une extension transcendante quelconque 161

Exercices du § 1 164
Exercices du § 2 167
Exercices du § 3 169
Exercices du § 4 171
Exercices du § 5 177
Exercices du § 6 181

Exercices du § 7 182
Exercices du § 8 183
Exercices du § 9 191
Exercices du § 10 193

CHAPITRE VII. — *Diviseurs* 195
§ 1. Anneaux de Krull 195
1. Idéaux divisoriels d'un anneau intègre 195
2. Structure de monoïde sur D(A) 198
3. Anneaux de Krull 200
4. Valuations essentielles d'un anneau de Krull 203
5. Approximation pour les valuations essentielles 206
6. Idéaux premiers de hauteur 1 d'un anneau de Krull 207
7. Application : nouvelles caractérisations des anneaux de valuation discrète 209
8. Fermeture intégrale d'un anneau de Krull dans une extension finie de son corps des fractions 209
9. Anneaux de polynômes sur un anneau de Krull 210
10. Classes de diviseurs dans les anneaux de Krull 212
§ 2. Anneaux de Dedekind 216
1. Définition des anneaux de Dedekind 216
2. Caractérisations des anneaux de Dedekind 217
3. Décomposition des idéaux en produits d'idéaux premiers . 219
4. Théorème d'approximation dans les anneaux de Dedekind 220
5. Le théorème de Krull-Akizuki 223
§ 3. Anneaux factoriels 226
1. Définition des anneaux factoriels 226
2. Caractérisation des anneaux factoriels 226
3. Décomposition en éléments extrémaux 228
4. Anneaux de fractions d'un anneau factoriel 229
5. Anneaux de polynômes sur un anneau factoriel 229
6. Anneaux factoriels et anneaux de Zariski 231
7. Préliminaires sur les automorphismes des anneaux de séries formelles 231
8. Le théorème de préparation 232
9. Factorialité des anneaux de séries formelles 236
§ 4. Modules sur les anneaux noethériens intégralement clos 237
1. Réseaux 238
2. Dualité ; modules réflexifs 243
3. Construction locale de modules réflexifs 248
4. Pseudo-isomorphismes 250
5. Diviseurs attachés aux modules de torsion 254
6. Invariant relatif de deux réseaux 257
7. Classes de diviseurs attachées aux modules de type fini .. 259
8. Propriétés relatives aux extensions finies de l'anneau des scalaires 263
9. Un théorème de réduction 269
10. Modules sur les anneaux de Dedekind 272
Exercices du § 1 275
Exercices du § 2 285
Exercices du § 3 291

Exercices du § 4 299
Note historique (chap. I à VII) 307
Index des notations 335
Index terminologique 337
Tableau des stabilités I 348
Tableau des stabilités II 349
Stabilités par complétion 350
Tableau des implications 351

Dans ce tableau et le suivant, chaque ligne correspond à une propriété que peut posséder un anneau, et chaque colonne à un anneau déduit de l'anneau A. L'anneau A est supposé posséder la propriété indiquée dans la ligne : le mot « oui » (resp. « non ») à l'intersection de cette ligne et d'une colonne veut dire qu'il est vrai (resp. faux) que tout anneau construit à partir de A par le procédé indiqué par la colonne a la propriété indiquée par la ligne.

Les références renvoient à l'endroit de ce Livre ou du Livre d'*Algèbre* où le résultat en question est démontré.

Dans ce tableau, $\mathfrak{p}$ désigne un idéal premier de l'anneau (commutatif) A, S une partie multiplicative de A ne contenant pas 0, et A′ la fermeture intégrale de A (supposé intègre) dans une extension de degré fini L du corps des fractions K de A.

	$A/\mathfrak{p}$	$S^{-1}A$	A[X]	A[[X]]	A′
A principal	OUI	OUI	NON A, VII, p. 48, exerc. 1	NON	NON A, VII, p. 51, exerc. 12
A anneau de Dedekind	OUI	OUI VII, § 2, n° 1, exemple 4	NON VIII, § 1, n° 3, exemple 4	NON VII, § 1, exerc. 9	OUI VII, § 2, cor. 2 de la prop. 5
A anneau factoriel	NON V, § 1, exerc. 9	OUI VII, § 3, prop. 3	OUI VII, § 3, th. 2	NON (*) VII, § 3, exerc. 8	NON A, VII, p. 51, exerc. 12
A noethérien intégralement clos	NON V, § 1, exerc. 9	OUI V, § 1, cor. 1 de la prop. 16 et II, § 2, cor. 2 de la prop. 10	OUI V, § 1, cor. 1 de la prop. 13 et III, § 2, cor. 1 du th. 2	OUI V, § 1, prop. 14 et III, § 2, cor. 6 du th. 2	NON (**) V, § 1, exerc. 21
A corps ou anneau de valuation discrète	OUI VI, § 3, n° 6	OUI VI, § 3, n° 6	NON	NON VI, § 1, n° 4	NON V, § 1 exerc. 13
A corps ou anneau de valuation de hauteur 1	OUI VI, § 4,	OUI VI, § 4, prop. 1	NON	NON VI, § 1, n° 4	NON V, § 1 exerc. 13
A anneau de valuation	OUI VI, § 1, th. 1	OUI VI, § 1, th. 1	NON	NON VI, § 1, n° 4	NON V, § 1 exerc. 13
A anneau de valuation complet	NON	OUI VI, § 7, prop. 3	NON	NON VI, § 1, n° 4	NON V, § 1 exerc. 13
A anneau de Krull	NON V, § 1, exerc. 9	OUI VII, § 1, prop. 6	OUI VII, § 1, prop. 13	OUI VII, § 1, exerc. 9	OUI VII, § 1, prop. 12

(*) OUI, cependant, si l'anneau A est principal (VII, § 3, exerc. 9).

(**) OUI, cependant, si l'extension L de K est séparable (V, § 1, cor. 1 de la prop. 18).

Dans ce tableau, $\mathfrak{a}$ désigne un idéal de A distinct de A, S une partie multiplicative de A, et A′ la clôture intégrale de A, supposé intègre.

	A/$\mathfrak{a}$	$S^{-1}A$	A[X]	A[[X]]	A′
A local	OUI	NON II, § 2, prop. 11	NON	OUI A, IV, p. 26, prop. 6	NON V, § 2, exerc. 20
A local séparé et complet	NON OUI si A est noethérien (III, § 3, prop. 6)	NON II, § 2 prop. 11	NON	OUI III, § 2, prop. 6	NON (*)
A semi-local	OUI	NON II, § 2, prop. 11	NON	OUI A, IV, p. 26, prop. 6	NON OUI si A est noethérien (V, § 2, exerc. 7)
A semi-local séparé et complet	NON OUI si A est noethérien (III, § 3, prop. 6)	NON II, § 2, prop. 11	NON	OUI III, § 2, prop. 6	
A noethérien	OUI *Alg.* VIII, § 2, prop. 6	OUI II, § 2, cor. 2 de la prop. 10	OUI III, § 2, cor. 1 du th. 2	OUI III, § 2, cor. 6 du th. 2	NON (*) V, § 1, exerc. 21, mais A′ est un anneau de Krull (IX, § 4, exerc. 14)

(*) Cependant si l'anneau A est un anneau local noethérien intègre, séparé et complet, l'anneau A′ possède les mêmes propriétés (IX, § 4, cor. du th. 2 et lemme 1).

a) Soient A un anneau, et $\mathfrak{m}$ un idéal de A distinct de A. On munit A de la topologie $\mathfrak{m}$-adique, et on note $\hat{A}$ son séparé complété.

	$\hat{A}$
A séparé	OUI
A noethérien	OUI (III, § 3, prop. 8)
A local	OUI (*)
A semi-local	OUI (*)
A anneau de Zariski	OUI (III, § 3, prop. 8)

(*) En effet $\hat{\mathfrak{m}}$ est contenu dans le radical de $\hat{A}$ (III, § 2, n° 13, lemme 3) et l'homomorphisme cononique $A/\mathfrak{m} \to \hat{A}/\hat{\mathfrak{m}}$ est bijectif (III, § 2, n° 12, formule (21)).

b) On suppose maintenant que A est local noethérien, et que $\mathfrak{m}$ est son idéal maximal.

	$\hat{A}$
A intègre	NON (III, § 3, exerc. 15 *b*))
A intégralement clos	NON (1) OUI pour les anneaux excellents (2)
A anneau de valuation discrète	OUI (VI, § 5, prop. 5)
A réduit	NON (IX, § 4, exerc. 1 et V, § 1, exerc. 20) OUI pour les anneaux de Nagata (IX, § 4, prop. 4)

(1) M. Nagata, *Local rings,* Interscience (New York), 1962.
(2) A. Grothendieck, *Eléments de Géométrie algébrique,* chap. IV (Publ. Inst. Htes Etudes Scient., n°s 20 et 24, 1964).

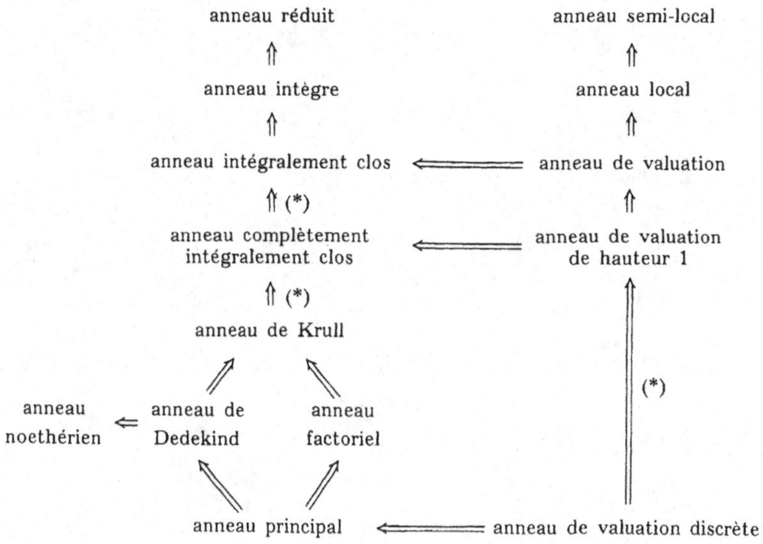

Les flèches signalées par un astérique (*) sont des équivalences dans le cas des anneaux noethériens.